Matematik 5000

Kurs 2bc Vux lärobok

Natur & Kultur

NATUR & KULTUR
Box 27323, 102 54 Stockholm
Produktinf0rmation/kundsupport: Tel 08-453 87 00, produktinfo@nok.se
Redaktion: Tel 08-453 86 00, info@nok.se
www.nok.se

Order och distribution: Förlagssystem, Box 30195, 104 25 Stockholm
Tel 08-657 95 00, order@forlagssystem.se
www.fsbutiken.se

Projektledare: Irene Bonde
Textredaktör: Mats Karlsson/Devella HB
Bildredaktör: Erica Högsborn
Grafisk form och omslag: Graffoto AB och Åsa Lundbom
Layout: Måns Björkman/Typ & Design och
Mats Karlsson/Devella HB
Sättning: Måns Björkman/Typ & Design och
Mats Karlsson/Devella HB

Tryckt i Lettland 2014
Första upplagans andra tryckning

ISBN 978-91-27-43504-9

Välkommen till Matematik 5000

Matematik 5000 är en läroboksserie för gymnasieskolan och vuxenutbildningen. Den är inriktad på *färdigheter, förståelse, kommunikation* och *problemlösning* och erbjuder stora möjligheter till en varierad undervisning.

Matematik 5000 ger eleverna goda förutsättningar att utveckla de förmågor och nå de kunskapsmål som beskrivs i den nya ämnesplanen.

Denna bok, **Kurs 2bc Vux lärobok**, riktar sig till elever som studerar på komvux och liknande utbildningar.

Kapitel 1, 2, 3 och 4 motsvarar kurs 2b.

Kapitel 1, 2, 3, 4 och 5 motsvarar kurs 2c.

Hur är boken upplagd?

- **Teoriavsnitten** utgår ofta från konkreta exempel som framställs och förklaras på ett sätt som ger eleverna möjlighet att förstå och upptäcka matematiken.
  Teorin avslutas med flera *lösta exempel* som belyser det viktigaste.
  Därefter kommer *övningsuppgifter* i tre nivåer, a, b och c, i stigande svårighetsgrad.
- **Aktiviteterna** ger stora möjligheter att variera undervisningen. De finns i fem olika kategorier: *Upptäck, Undersök, Diskutera, Laborera och Modellera.*
  De flesta är avsedda för arbete i grupp. I varje kapitel finns dessutom en kort *Inledande aktivitet* som introducerar delar av kapitlets innehåll.
- I **Teman** finns teori och uppgifter anpassade till ekonomi-, estetiska-, humanistiska- och samhällsvetenskapsprogrammet och i **Historik**, med tillhörande uppgifter, sätts matematiken in i ett historiskt sammanhang.
- På många sidor blandas uppgifter av standardkaraktär med uppgifter som kräver matematisk problemlösning.

Varje kapitel avslutas med:

- En *Aktivitet* som uppmuntrar till kommunikation: **Sant eller falskt?**
- En kort **Sammanfattning** av kapitlet.
- **Kan du det här?** och **Diagnos** som tillsammans ger eleverna en god möjlighet till egen kunskapskontroll. I *Kan du det här?* kan eleverna i par eller smågrupper värdera sina kunskaper om matematiska begrepp och strategier och i *Diagnos* kan de enskilt testa sina grundläggande kunskaper.
- Om en elev behöver repetera delar av kapitlet finns **Repetitionsuppgifter** i slutet av boken. Repetitionsuppgifterna är texten till de lösta uppgifterna i bokens teoriavsnitt.
- Två olika varianter av **Blandade övningar** avslutar varje kapitel. Den första innehåller endast uppgifter från det aktuella kapitlet. Den andra innehåller även uppgifter från tidigare kapitel. Blandade övningar består av tre delar: *Utan räknare, Med räknare* och *Utredande uppgifter*.

I **Svarsdelen** finns ledtrådar till många uppgifter.

Till läroboken finns en lärarhandledning med kommentarer, ytterligare aktiviteter och övningsuppgifter samt en provbank.

Med **Matematik 5000** inbjuder vi lärare och elever till en variation av arbetssätt och arbetsformer och erbjuder många olika möjligheter för eleverna att utveckla sina matematiska förmågor.

Mer information om läromedlet och digitalt material finns på *www.nok.se/matematik5000*

Lycka till med matematiken!
önskar Hans, Kajsa, Lena och Patrik

Innehåll

* Fördjupningsavsnitt

1 ALGEBRA OCH LINJÄRA MODELLER

Centralt innehåll

* Hantering av algebraiska uttryck och ekvationer.
* Konstruktion av grafer till funktioner samt bestämning av funktionsvärde och nollställe.
* Räta linjens ekvation.
* Begreppet linjärt ekvationssystem.
* Algebraiska och grafiska metoder för att lösa linjära ekvationssystem.
* Matematiska problem av betydelse för samhällsliv och tillämpningar i andra ämnen.

Inledande aktivitet

POSITIVA OCH NEGATIVA TAL

Arbeta tillsammans två och två.

Skaffa fyra papperslappar och skriv talen 2, –3, –5 och 4 på lapparna.

1 Placera talen i storleksordning.

2 Beräkna summan av talen.

3 a) Välj två av lapparna och lägg dem så att summan blir så stor som möjligt.

$\square + \square =$

b) Välj på nytt och lägg två lappar så att differensen blir så stor som möjligt.

$\square - \square =$

c) Välj på nytt och lägg två lappar så att produkten blir så stor som möjligt.

$\square \cdot \square =$

4 a) Välj två av lapparna och lägg dem så att summan blir så liten som möjligt.

$\square + \square =$

b) Välj två av lapparna och lägg dem så att produkten blir så liten som möjligt.

$\square \cdot \square =$

5 Placera ut alla fyra talen så att resultatet av beräkningen

$\square \cdot \square + \square \cdot \square =$

blir så

a) stor som möjligt

b) liten som möjligt.

1.1 Algebra

Negativa tal och prioriteringsregler

Vi börjar med att repetera beräkningar med negativa tal och prioriteringsreglerna från kurs 1.

Exempel 1

Temperaturen är –3 °C och ökar 7 °C.

$-3 + 7 = 4$

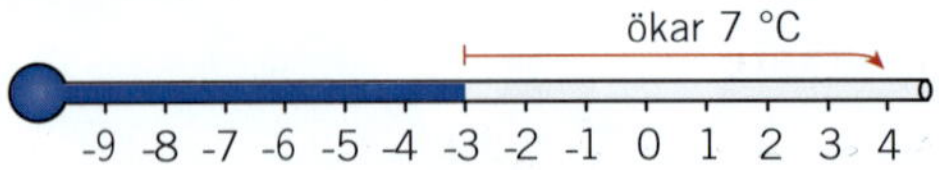

Temperaturen är –3 °C och minskar 5 °C.

$-3 - 5 = -8$

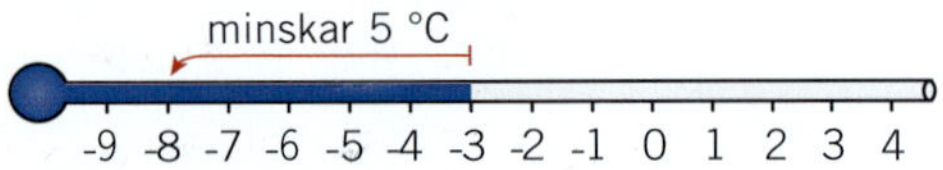

Exempel 2 Addition och subtraktion

$500 + (-200) = 500 - 200 = 300$

Två *olika* tecken intill varandra kan ersättas med ett minustecken.

$500 - (-200) = 500 + 200 = 700$

Två *lika* tecken intill varandra kan ersättas med ett plustecken.

Exempel 3 Multiplikation och division

$6 \cdot (-3) = -18$

$\frac{6}{-3} = -2$

Olika tecken ger ett negativt resultat.

$-6 \cdot (-3) = 18$

$\frac{-6}{-3} = 2$

Lika tecken ger ett positivt resultat.

Prioriteringsregler

Vid beräkningar med flera räknesätt:

1. **Först parenteser**
2. **Därefter upphöjt till (potenser)**
3. **Sedan multiplikation och division**
4. **Sist addition och subtraktion**

1101 **Beräkna utan räknare**

a) $5 - 9$ c) $-25 - (-50)$

b) $9 - 4 + 2$ d) $16 + (-9)$

a) $5 - 9 = -4$

c) $-25 - (-50) =$
$= -25 + 50 = 25$

Tecknen – (–) ersätts med +

b) $9 - 4 + 2 =$
$= 5 + 2 = 7$

d) $16 + (-9) =$
$= 16 - 9 = 7$

Tecknen + (–) ersätts med –

1102 **Beräkna utan räknare**

a) $-5 \cdot (-4)$ c) $\dfrac{-2 - 8}{2 - (-3)}$

b) $13 - 2 \cdot 5$ d) $10 - (1 - 3)^2$

a) $-5 \cdot (-4) = 20$

c) $\dfrac{-2 - 8}{2 - (-3)} = \dfrac{-10}{2 + 3} = \dfrac{-10}{5} = -2$

b) $13 - 2 \cdot 5 =$
$= 13 - 10 = 3$

d) $10 - (1 - 3)^2 = 10 - (-2)^2 =$
$= 10 - (-2) \cdot (-2) = 10 - 4 = 6$

Det är vanligt att det på räknare finns två olika knappar för minustecken.

[—] används för subtraktion och [(—)] används för negativa tal.

$-5 - 8$ = [(—)] [5] [—] [8]

1103 **Beräkna med räknare** $\dfrac{24 + (-6)}{-2 - 4}$

På räknaren skriver vi en parentes runt uttrycket i täljaren och uttrycket i nämnaren.

$\dfrac{24 + (-6)}{-2 - 4} = (24 + (-6))/(-2 - 4) = -3$

Beräkna utan räknare.

1104 a) $5 - 8$ b) $-7 + 2$ c) $-3 - 12$ d) $-5 + 9$

1105 a) $7 + (-3)$ b) $5 - (-4)$ c) $-8 + (-2)$ d) $-3 - (-9)$

1106 a) $4 \cdot (-3)$ b) $(-10) \cdot (-5)$ c) $(-7) \cdot 6$ d) $-6 \cdot (-2)$

1107 a) $\frac{-15}{3}$ b) $\frac{-45}{-5}$ c) $36/(-6)$ d) $(-32)/(-8)$

1108 a) $8 + 4 \cdot 6$ b) $16 - 6 + 4$ c) $2 \cdot (3 - 8)$ d) $2 \cdot 3 - 8$

1109 a) $\frac{7-2}{9-(-6)}$ b) $\frac{-5-(-7)}{1-(-1)}$ c) $\frac{8-(-4)}{-7-(-1)}$ d) $\frac{-10-6}{-5-(-3)}$

1110 Beräkna med räknare

a) $2{,}97 - (-1{,}68)$ b) $-3{,}7 - 9{,}6$ c) $3{,}5 \cdot (-26)$ d) $\frac{-608}{8}$

1111 Beräkna med räknare

a) $\frac{252}{25 \cdot 3}$ b) $\frac{117 + 265}{4}$ c) $\frac{5{,}7 - 1{,}2}{-2{,}2 - 3{,}8}$ d) $\frac{82 - 98}{13 - (-3)}$

1112 Vilka belopp ska stå i de tomma vita rutorna?

Insättning	*Uttag*	*Behållning*
		2 500
		−1 300
	900	
		100

1113 I Målilla i Småland är det ofta varmt på sommaren. Värmerekordet i Målilla är $+38{,}0$ °C och köldrekordet är $-33{,}8$ °C. Hur stor är temperaturdifferensen?

1114 Skriv $3 \cdot (-20)$ som en addition och beräkna summan.

1115 Beräkna utan räknare

a) $4 \cdot (-5) + 15$

b) $16 + (-6) \cdot 6$

c) $12 - (2 - 5)^2$

d) $(-14 + 3) \cdot (-9)$

1116 Vilket tal ska stå i den tomma rutan?

a) $18 - \square = 30$

b) $16 - \square \cdot 5 = -4$

c) $-8 - \frac{35}{\square} = -3$

1117 I en frågesport får du +2 poäng om du svarar rätt men −3 poäng om du svarar fel. Undersök om det är möjligt att du kan ha

a) 0 poäng efter att ha svarat på 10 st frågor

b) 0 poäng efter att ha svarat på 8 st frågor?

1118 Talen …, −4, −2, 0, 2, 4, … är jämna.
Talen …, −3, −1, 1, 3, … är udda.
En kompis hävdar att differensen mellan två udda tal alltid är ett jämnt tal.
Har din kompis rätt? Motivera!

Tal i bråkform

På British Museum finns ett för matematiken viktigt dokument, Rhind-papyrusen. Den skrevs för nästan 4000 år sedan och visar bl a hur de gamla egyptierna räknade med bråk. Metoderna har sedan dess utvecklats. Vi repeterar här några metoder/regler som du mött tidigare.

Exempel 1 **Addition eller subtraktion av bråk med *samma* nämnare**

Addera /subtrahera täljarna. Nämnaren ändras inte.

$$\frac{1}{5} + \frac{2}{5} = \frac{1+2}{5} = \frac{3}{5}$$

Exempel 2 **Addition eller subtraktion av bråk med *olika* nämnare**

förlänga Börja med att *förlänga* bråken till samma nämnare.

$$\frac{1}{5} + \frac{6}{12} = \frac{1 \cdot 12}{5 \cdot 12} + \frac{6 \cdot 5}{12 \cdot 5} = \frac{12}{60} + \frac{30}{60} = \frac{42}{60}$$

förkorta
enklaste form
Avsluta med att *förkorta* så långt som möjligt, dvs skriv bråket i *enklaste form.*

$$\frac{42}{60} = \frac{42/2}{60/2} = \frac{21}{30} = \frac{21/3}{30/3} = \frac{7}{10}$$

Exempel 3 **Multiplikation av bråk**

Multiplicera täljarna för sig och nämnarna för sig.

$$\frac{1}{5} \cdot \frac{2}{3} = \frac{1 \cdot 2}{5 \cdot 3} = \frac{2}{15}$$

Exempel 4 **Multiplikation av ett heltal och ett bråk**

Multiplicera endast täljaren med heltalet.

$$3 \cdot \frac{2}{5} = \frac{3 \cdot 2}{5} = \frac{6}{5}$$

$3 \cdot \frac{2}{5}$ kan även beräknas med addition: $\frac{2}{5} + \frac{2}{5} + \frac{2}{5} = \frac{6}{5}$

blandad form När täljaren är större än nämnaren kan du svara i *blandad form*:

$$\frac{6}{5} = \frac{5}{5} + \frac{1}{5} = 1\frac{1}{5}$$

1119 **Beräkna utan räknare och svara i enklaste form.**

a) $\frac{1}{6} + \frac{3}{6}$ c) $\frac{3}{5} \cdot \frac{2}{9}$

b) $\frac{4}{5} - \frac{3}{10}$ d) $2 \cdot \frac{3}{8}$

a) $\frac{1}{6} + \frac{3}{6} = \frac{1+3}{6} = \frac{4}{6} = \frac{4/2}{6/2} = \frac{2}{3}$

b) $\frac{4}{5} - \frac{3}{10} = \frac{4 \cdot 2}{5 \cdot 2} - \frac{3}{10} = \frac{8}{10} - \frac{3}{10} = \frac{5}{10} = \frac{5/5}{10/5} = \frac{1}{2}$

c) $\frac{3}{5} \cdot \frac{2}{9} = \frac{\cancel{3}^{1} \cdot 2}{5 \cdot \cancel{9}_{3}} = \frac{1 \cdot 2}{5 \cdot 3} = \frac{2}{15}$

d) $2 \cdot \frac{3}{8} = \frac{2 \cdot 3}{8} = \frac{6}{8} = \frac{6/2}{8/2} = \frac{3}{4}$

Beräkna utan räknare och svara i enklaste form.

1120 a) $\frac{4}{7} + \frac{2}{7}$ c) $\frac{11}{18} - \frac{5}{18}$

b) $\frac{5}{8} - \frac{2}{8}$ d) $\frac{1}{10} + \frac{7}{10}$

1121 a) $\frac{1}{3} + \frac{1}{6}$ c) $\frac{2}{3} + \frac{1}{4}$

b) $\frac{2}{3} - \frac{1}{15}$ d) $\frac{2}{3} - \frac{2}{8}$

1122 a) $\frac{4}{5} \cdot \frac{2}{5}$ c) $5 \cdot \frac{1}{6}$

b) $\frac{1}{2} \cdot \frac{6}{7}$ d) $\frac{4}{9} \cdot 2$

1123 Skriv i blandad form.

a) $\frac{4}{3}$ b) $\frac{8}{3}$ c) $\frac{7}{4}$

1124 Beräkna utan räknare.

a) $1 + \frac{3}{5} + \frac{2}{3}$

b) $2 \cdot \frac{3}{5} \cdot \frac{1}{3}$

c) $2 \cdot \frac{3}{5} + \frac{1}{3}$

1125 Visa att $\frac{3}{8}$ är större än $\frac{1}{3}$

1126 Hur förändras värdet på bråket 4/5 om du

a) multiplicerar täljaren med 2

b) multiplicerar nämnaren med 2?

1127 Vilket tal i bråkform ska man

a) subtrahera från 18/11 för att differensen ska bli 1

b) multiplicera 5/9 med för att produkten ska bli 1?

1128 För flera tusen år sedan räknade man i Egypten nästan bara med bråk där täljaren är 1. Sådana bråk kallas stambråk.

a) 15/180 kan skrivas som ett stambråk. Vilket?

b) 2/7 kan skrivas som summan av två olika stambråk. Det ena är 1/4. Vilket är det andra?

c) ”Sju tolftedelar” kan skrivas som summan av två olika stambråk. Det ena är 1/3. Vilket är det andra?

Algebraiska uttryck

algebraiskt uttryck

Ett *algebraiskt uttryck* är ett uttryck som innehåller tal och variabler samt tecken för räkneoperationer. Med räkneoperationer menas här de fyra räknesätten, rotutdragning och upphöjande till en potens.

$3x - 5$ är ett algebraiskt uttryck med en variabelterm och en konstantterm.

$4x - 5y + 2$ är ett algebraiskt uttryck med två variabler.

Exempel 1 En kopp kaffe kostar x kr och en bulle kostar 5 kr mer. Ett äpple kostar 2 kr mindre än kaffet.

x $x + 5$ $x - 2$ kr

Anton köper en kopp kaffe, en bulle och ett äpple.

Vi skriver ett uttryck för kostnaden: $x + x + 5 + x - 2$

Variabelterm → x; Konstantterm → 5

Vi förenklar uttrycket:

$x + x + 5 + x - 2 = x + x + x + 5 - 2 = 3x + 3$

> **I uttryck med olika slags termer förenklas variabeltermerna för sig och konstanttermerna för sig.**

Exempel 2 Bea köper två bullar och tre äpplen.

Vi skriver ett uttryck för kostnaden: $2 \cdot (x + 5) + 3 \cdot (x - 2)$

multiplicera in

Vi *multiplicerar in* faktorn 2 och faktorn 3 i respektive parentes och förenklar uttrycket:

$2 \cdot (x + 5) + 3 \cdot (x - 2) = 2 \cdot x + 2 \cdot 5 + 3 \cdot x - 3 \cdot 2 =$

$= 2x + 10 + 3x - 6 = 5x + 4$

> **En faktor multipliceras med en parentes genom att faktorn multipliceras med varje term i parentesen.**
>
> $a(b + c) = ab + ac$

Exempel 3 Hur förenklar vi uttryck med parenteser?

$5 + (x - 8) = 5 + x - 8 = x - 3$

+ *före parentes:* Ta bort parentesen utan att ändra något.

$5 - (x - 8) = 5 - x + 8 = -x + 13$

$x - (-5 + x) = x + 5 - x = 5$

– *före parentes:* Ta bort parentesen och ändra tecken för alla termer i parentesen.

1129 **Förenkla**

a) $6 - 4x - 2 + 2x$

b) $(3x - y + 5) + (2x + y - 2)$

c) $(x + 4y) - (2x + y - 2)$

a) $6 - 4x - 2 + 2x = 6 - 2 - 4x + 2x = 4 - 2x$

b) $(3x - y + 5) + (2x + y - 2) = 3x - y + 5 + 2x + y - 2 = 5x + 3$

c) $(x + 4y) - (2x + y - 2) = x + 4y - 2x - y + 2 = -x + 3y + 2$

1130 **Förenkla**

a) $18 - 2(3x + 5)$

b) $4(a + b) - 3(b - a)$

a) $18 - 2(3x + 5) = 18 - 6x - 10 = 8 - 6x$

b) $4(a + b) - 3(b - a) = 4a + 4b - 3b + 3a = 7a + b$

1131 **Förenkla**

$x(x + 5) + (3x)^2$

$x(x + 5) + (3x)^2 =$

$= x \cdot x + x \cdot 5 + 3^2x^2 =$

$= x^2 + 5x + 9x^2 =$

$= 10x^2 + 5x$

$(3x)^2$ förenklas enligt potenslagen $(ab)^2 = a^2 \cdot b^2$.

x^2-termer förenklas för sig och x-termer för sig.

1132 Förenkla

@

a) $4x + 3x + 6 - 2$

b) $5a + 3 - a + 4$

c) $6 - 10x - 4 + 2x$

d) $7 - 3y - 7 - 3y$

1133 Förenkla

a) $(5x + 2y) + (2x + y)$

b) $(3x - 2y) + (4x - 2y)$

c) $9y - (5y + 3)$

d) $13x - (6x - 4)$

1134 Vilka uttryck är lika?

A $2x - x$

B $2x - 2$

C $2 + x - 2$

D $3x + 2 - x - 4$

E $x + 2 - x$

F $-2 + 2 \cdot x$

1135 Multiplicera in och förenkla

a) $4(x + 2) + 2$

b) $3(2x - 5)$

c) $2 + 2(5 - x)$

d) $3 + 4(3x - 5) - x$

1136 Förenkla

a) $x + x + x + x - 3x$

b) $3x - 2(5 + x) + 12$

c) $5 - (-2a + 3) + 4(1 - a)$

d) $(2y - 8) - 3(4 - 3y)$

1137 En rektangulär äng ska inhägnas. Långsidan är 130 m längre än kortsidan. Sidornas längder kan skrivas x och $x + 130$. Skriv ett förenklat uttryck för

a) omkretsen

b) arean.

1138 Förenkla

a) $3x + 5y - 2x - y$

b) $4a - 5b + a + 6b$

c) $2a - (3b - a)$

d) $5x - 2(7 - y) + 7y$

1139 Förenkla

a) $x(x + 3) - 2x$

b) $5x - 5 + 3x^2 - 3x$

c) $x \cdot x - x^2 + (2x)^2$

d) $7 + x(x - 5) + x$

1140 Förenkla

a) $(x^2 + 3x - 5) + (-3x^2 - 8x + 9)$

b) $(x^2 - 4x + 8) - (-x^2 - 4x + 7)$

c) $(a + 2) + (3a - 3) - (2a + 1)$

d) $(b - 2) - (2 - b) - (-b - 2)$

1141 När Levi ska förenkla uttrycket
$30 - (x - 6) - 3(6 - x)$
har han bråttom och skriver
$30 - x - 6 - 18 + x$
Han gör två fel. Vilka?

1142 Figuren visar två identiska rektanglar.

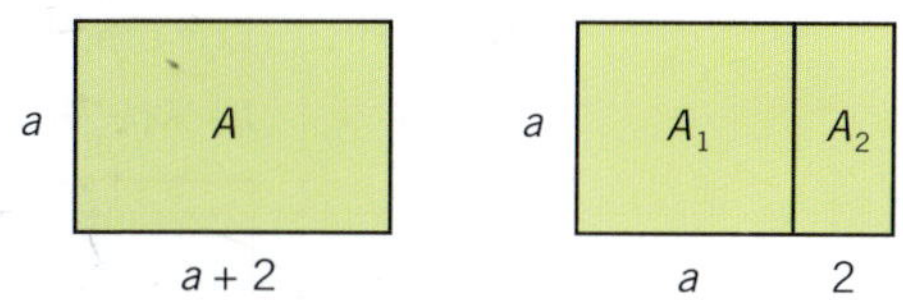

Skriv likheten $A = A_1 + A_2$ med algebraiska uttryck som motsvarar respektive area.

1143 I en triangel är basen x cm. Höjden är 8 cm längre än dubbla basen.

a) Skriv ett uttryck för höjden.

b) Skriv ett förenklat uttryck för triangelns area.

c) Beräkna arean då höjden är 30 cm.

Ekvationer

ekvation En *ekvation* är ett matematiskt påstående som innehåller en likhet. En ekvation innehåller en eller flera obekanta (variabler).

Lösningen är de variabelvärden som gör att vänstra ledet (VL) är lika med det högra ledet (HL).

$2x - 5 = 9$ är en ekvation med en obekant, x. Ekvationens lösning är $x = 7$.

$x + y = 10$ är en ekvation som innehåller två obekanta, x och y. Ekvationen har oändligt många lösningar, t ex $x = 2$ och $y = 8$.

1144 **Lös ekvationen**

a) $3x + 7 = 19$ **b)** $\frac{x}{2} - 1 = 9$

a) $3x + 7 = 19$

$3x + 7 - 7 = 19 - 7$

$3x = 12$

$\frac{3x}{3} = \frac{12}{3}$

$x = 4$

b) $\frac{x}{2} - 1 = 9$

$\frac{x}{2} - 1 + 1 = 9 + 1$

$\frac{x}{2} = 10$

$\frac{x \cdot 2}{2} = 10 \cdot 2$

$x = 20$

1145 **Lös ekvationen**

a) $9x - 4 = 5x + 12$ **b)** $60 - 4x = 2x$

> $5x$ är den minsta x-termen. Subtrahera $5x$ från båda leden.

> $-4x$ är den minsta x-termen. Addera $4x$ till båda leden.

a) $9x - 4 = 5x + 12$

$9x - 5x - 4 = 5x - 5x + 12$

$4x - 4 = 12$

$4x - 4 + 4 = 12 + 4$

$4x = 16$

$\frac{4x}{4} = \frac{16}{4}$

$x = 4$

b) $60 - 4x = 2x$

$60 - 4x + 4x = 2x + 4x$

$60 = 6x$

$\frac{60}{6} = \frac{6x}{6}$

$10 = x$

$x = 10$

1146 **Lös ekvationen**

a) $5y = 2(y - 3)$ b) $x - 2(3 - 2x) = 9$

a)
$$5y = 2(y-3)$$
$$5y = 2y - 6$$
$$5y - 2y = 2y - 2y - 6$$
$$3y = -6$$
$$y = -2$$

b)
$$x - 2(3 - 2x) = 9$$
$$x - 6 + 4x = 9$$
$$5x - 6 = 9$$
$$5x = 15$$
$$x = 3$$

Lös ekvationerna.

1147 a) $x + 18 = 45$

@ b) $x - 29 = 17$

c) $7x = 119$

d) $\frac{x}{0,2} = 6$

1148 a) $2x + 8 = 20$

b) $5x - 12 = 23$

c) $9 + 3x = 30$

d) $100 + 4x = 400$

1149 a) $106 = 15 + 7x$

b) $51 = 6x - 21$

c) $\frac{5x}{4} = 125$

d) $19 = \frac{-9,5x}{3}$

1150 a) $7x = 3x + 36$

b) $x - 75 = 6x$

c) $\frac{2x}{4} - 6 = 2,5$

d) $17 - 3x = 5$

1151 Sonjas hund ökade i vikt med 80 % under första levnadsveckan. Den vägde då 810 g.

Hur mycket vägde hunden som nyfödd?

1152

x kr

$2x$ kr

$x + 5$ kr

$x + 7$ kr

Bestäm priserna om

a) en kaffe och en ostfralla kostar lika mycket som ett glas juice och en havrekaka.

b) en kaffe och en havrekaka är 8 kr billigare än en ostfralla och ett glas juice.

c) två ostfrallor är 14 kr dyrare än ett glas juice.

1153 Värdet på en aktie sjönk med 15 % till 200 kr under ett år.

Hur mycket var aktien värd innan nedgången?

1154 **Lös ekvationen**

a) $\frac{78}{x} = 6{,}5$ b) $\frac{x}{x+5} = \frac{3}{7}$

a) $\frac{78}{x} = 6{,}5$

Multiplicera båda leden med nämnaren, *x*.

$\frac{78 \cdot x}{x} = 6{,}5 \cdot x$

$78 = 6{,}5x$

$\frac{6{,}5x}{6{,}5} = \frac{78}{6{,}5}$

$x = 12$

b) $\frac{x}{x+5} = \frac{3}{7}$

Multiplicera båda leden med nämnaren, 7.

$\frac{x \cdot 7}{x+5} = \frac{3 \cdot 7}{7}$

$\frac{7x}{x+5} = 3$

Multiplicera båda leden med nämnaren, $(x+5)$.

$\frac{7x \cdot (x+5)}{x+5} = 3 \cdot (x+5)$

$7x = 3(x+5)$

$7x = 3x + 15$

$4x = 15$

$x = 3{,}75$

1155 **Summan av tre på varandra följande hela tal är 36. Vilka är talen?**

Om vi kallar det minsta talet för x, så är de andra andra talen $x + 1$ och $x + 2$. Vi skriver och löser en ekvation.

$x + (x+1) + (x+2) = 36$

$3x + 3 = 36$

$3x = 33$

$x = 11$

$x + 1 = 12$ och $x + 2 = 13$

Svar: Talen är 11, 12 och 13.

1156 Lös ekvationen

a) $\frac{72}{x} = 24$

b) $0{,}30 = \frac{18}{x}$

c) $\frac{5{,}8}{x} - 62 = -4$

d) $12 + \frac{44}{x} = 100$

1157 Lös ekvationen utan räknare. Svara exakt.

a) $\frac{x}{2} = \frac{6}{4}$

b) $\frac{x}{3} = \frac{2}{18}$

c) $\frac{6}{20} = \frac{x}{2}$

d) $\frac{x}{12} = \frac{2}{16}$

1158 Lös ekvationen

a) $\frac{2x}{5} = \frac{12}{10}$

b) $\frac{5}{x} = \frac{1}{6}$

c) $\frac{3x}{7} = \frac{6}{5}$

d) $\frac{7}{2{,}5} = \frac{35}{y}$

1159 Lös ekvationen

a) $8x - (3x + 10) = 15$

b) $10 - (2x - 4) + 3x = 16$

c) $9(z - 1) - 2(3z + 4) = 7$

d) $2(x + 1) - 5(x - 3) = 5$

1160 Visa att $k = -3$ är lösningen till ekvationen
b $8{,}8 = k \cdot (-2{,}4) + 1{,}6$

1161 Lös ekvationen

a) $\dfrac{x+2}{8} = \dfrac{30}{12}$

b) $\dfrac{2x}{5} = \dfrac{x+4}{3}$

c) $\dfrac{4}{x+3} = \dfrac{2}{5}$

d) $\dfrac{y+7}{2} = \dfrac{y+5}{1{,}6}$

1162

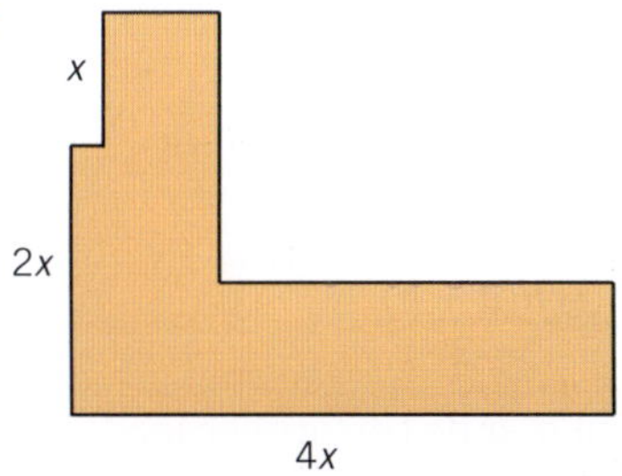

a) Skriv ett uttryck för figurens omkrets.

b) Beräkna figurens omkrets om $x = 2{,}5$ cm.

c) Bestäm x om omkretsen är 196 cm.

1163 En konsertbiljett kostar 280 kr mer än en biobiljett. Tre konsertbiljetter kostar lika mycket som elva biobiljetter.

Hur mycket kostar en biobiljett?

1164 Lös ekvationen

a) $\dfrac{x+12}{x} = \dfrac{3}{2}$

b) $\dfrac{x}{x+10} = \dfrac{24}{54}$

c) $\dfrac{y+4{,}5}{y} = \dfrac{28}{10}$

d) $\dfrac{z}{z-7{,}5} = \dfrac{12{,}5}{10}$

1165 Lös ekvationen

a) $14 - 2x = 68 - x$

b) $2(4 - 3x) = 8x - 13$

c) $8 - (x + 13) = -25$

d) $2(7 - x) = 10 - 4(x - 5)$

1166 Summan av tre tal är 405. Det andra talet är dubbelt så stort som det första talet och det tredje talet är tre gånger så stort som det andra.

Vilka är talen?

Omskrivning av formler

formel En *formel* beskriver ett samband mellan variabler. Ofta skrivs formeln som en ekvation med en variabel i vänsterledet och ett uttryck med en eller flera variabler i högerledet. Med en formel gör vi ofta en beräkning genom att sätta in variabelvärden i högerledet.

Formeln för triangelns area är $A = \frac{b \cdot h}{2}$, där b är basen och h är höjden.

lösa ut Då vi *löser ut* en variabel ur en formel använder vi samma metoder som vid ekvationslösning.

1167 **Lös ut y.**

a) $2y - 6x = 12$ **b)** $12x - 4y + 8 = 0$

a) $2y - 6x = 12$

Addera $6x$ till båda leden.

$2y - 6x + 6x = 12 + 6x$

$2y = 12 + 6x$

Dividera båda leden med 2.

$y = 6 + 3x$

b) $12x - 4y - 8 = 0$

y-termen är negativ. Vi börjar därför med att addera $4y$ till båda leden.

$12x - 4y - 8 + 4y = 0 + 4y$

$12x - 8 = 4y$

Låt vänsterled och högerled byta plats.

$4y = 12x - 8$

$\frac{4y}{4} = \frac{12x}{4} - \frac{8}{4}$

Dividera båda leden med 4.

$y = 3x - 2$

Lös ut y.

1168 a) $y - x = 3$ b) $y - x = 0$ c) $y + x = 3$ d) $y + x = 0$

1169 a) $2y - 10x = 0$ b) $4y + 12x = 0$ c) $y + x + 7 = 0$ d) $y - x + 2 = 5$

1170 a) $2x + 2y - 12 = 0$ b) $9x = 3y - 6$ c) $4x - y = 0$ d) $10x - 5y = 5$

1171 Multiplicera in och lös sedan ut y.

a) $y - 3 = 2(2x - 4)$ b) $y - 7 = -3(x - 2)$ c) $y - (-5) = 7(x - 3)$ d) $y - (-1) = -6(x - 1)$

1172 Arean av en rektangel, en triangel respektive ett parallelltrapets kan beräknas med formlerna

I $A = b \cdot h$

II $A = \frac{b \cdot h}{2}$

III $A = \frac{h(a + b)}{2}$

a) Lös ut h ur de tre formlerna.

b) Lös ut b ur de tre formlerna.

1173 Kan formeln $a - b = c$ skrivas om till $b = c - a$? Motivera ditt svar.

1.2 Funktioner

Koordinatsystem

1201 **Pricka in punkterna $A = (1, 3)$, $B = (-1, 5)$, $C = (4, 0)$, och $D = (0, -2)$ i ett koordinatsystem.**

Vi ritar en horistontell x-axel och en vertikal y-axel och graderar axlarna.
Punkten A har x-koordinaten 1 och y-koordinaten 3.

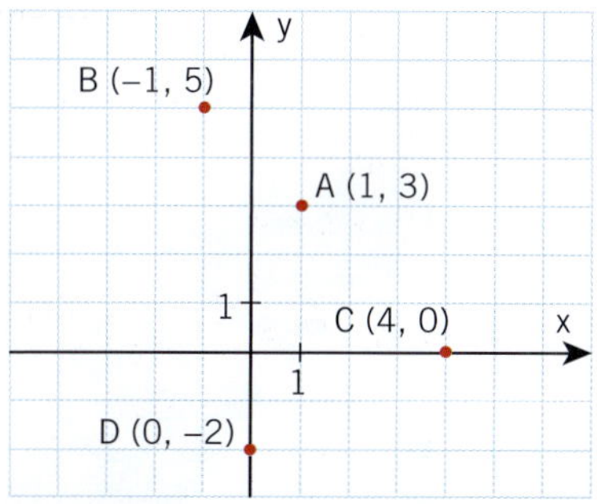

1202 Ange koordinaterna för punkterna P, Q, R och S.

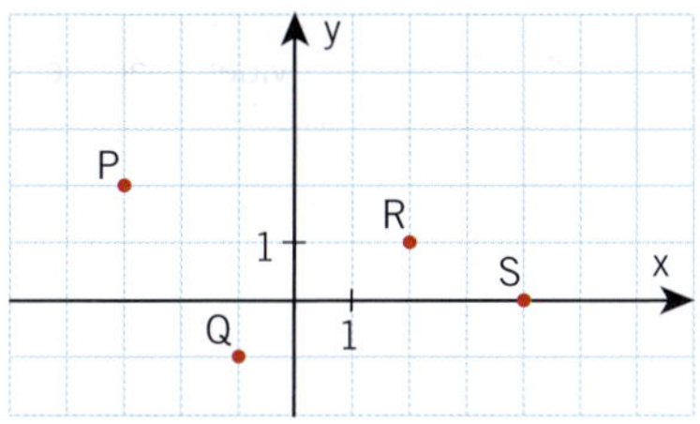

1203 Pricka in punkterna $A\ (5, -2)$, $B\ (0, 7)$, $C\ (-3, -4)$ och $D\ (-6, 0)$ i ett koordinatsystem.

1204 Pricka in punkterna $A\ (5, 1)$, $B\ (5, -1)$, $C\ (-5, -1)$ och $D\ (-5, 1)$ i ett koordinatsystem.

Vilken figur bildar sträckorna AB, BC, CD och DA?

1205 Vilka av punkterna $A\ (2, 1)$, $B\ (3, -1)$, $C\ (-5, 1)$ och $D\ (-3, -4)$ ligger

a) ovanför x-axeln

b) till höger om y-axeln?

1206 Rita ett koordinatsystem och pricka in tre punkter med

a) x-koordinaten 3

b) y-koordinaten -4

c) x-koordinaten 0

d) y-koordinaten 0.

1207

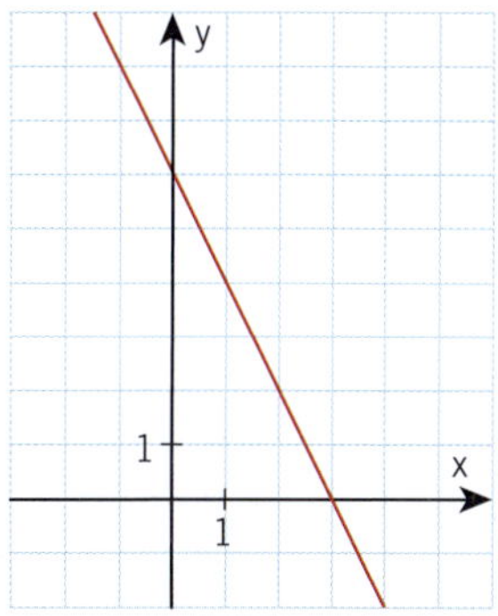

Avläs på linjen i figuren

a) y-koordinaten i punkten där $x = 1$

b) y-koordinaten i punkten där $x = 0$

c) x-koordinaten i punkten där $y = 8$

d) x-koordinaten i punkten där $y = 0$.

Funktion, formel, värdetabell och graf

Exempel 1 Ett flygplan håller en konstant hastighet av 800 km/h. Efter x h har det hunnit y km.

värdetabell och graf Vi visar sambandet mellan y och x i en *värdetabell* och i en *graf*.

Tiden x h	*Sträckan y km*
0	0
1	800
2	1600
3	2400
4	3200
5	4000

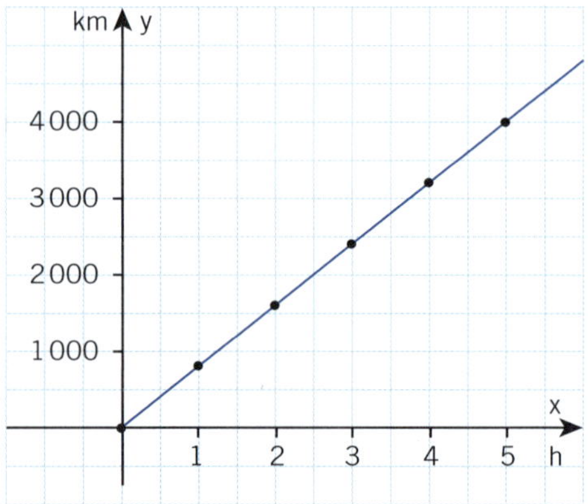

formel Sambandet kan uttryckas med *formeln*

$y = 800x$

där konstanten 800 är flygplanets hastighet i km/h.

Många olika situationer kan beskrivas som ett samband mellan två storheter som varierar, till exempel:

- Kostnaden, y kr, varierar med hur mycket, x liter, bensin vi köper.
- En växande plantas höjd, y cm, varierar med tiden, x dagar.

variabler Storheter som varierar kallas i matematiken för *variabler.*

funktion Om sambandet mellan två variabler x och y är sådant att varje x-värde, enligt någon regel, ger endast *ett* bestämt y-värde, kan vi säga att y är en *funktion* av x.

Exempel 2 Vi beskriver här en funktionsregel på fyra olika sätt.

1. **Med ord:**
   y-värdet får du genom att ” dubbla x-värdet och dra bort ett”

2. **Med en formel:**
   $y = 2x - 1$

3. **Med en värdetabell:**
   En värdetabell kan du göra själv genom att välja några x-värden och beräkna motsvarande y-värden med hjälp av formeln.

x	y
1	$2 \cdot 1 - 1 = 1$
2	$2 \cdot 2 - 1 = 3$
3	$2 \cdot 3 - 1 = 5$

Varje talpar i värdetabellen (1, 1) , (2, 3) och (3, 5) osv motsvarar en punkt i ett koordinatsystem.

4. **Med en graf:**
   Om punkterna från värdetabellen ligger på en rät linje kan du sammanbinda dem och förlänga linjen åt båda håll.

En linje består av oändligt många punkter.
Varje punkt på linjen motsvarar ett talpar (med ett x- och ett y-värde) som överensstämmer med formeln.

Vi kontrollerar:
Den röda punkten har koordinaterna (4, 7)
$x = 4$ ger i formeln
$y = 2 \cdot 4 - 1 = 7$

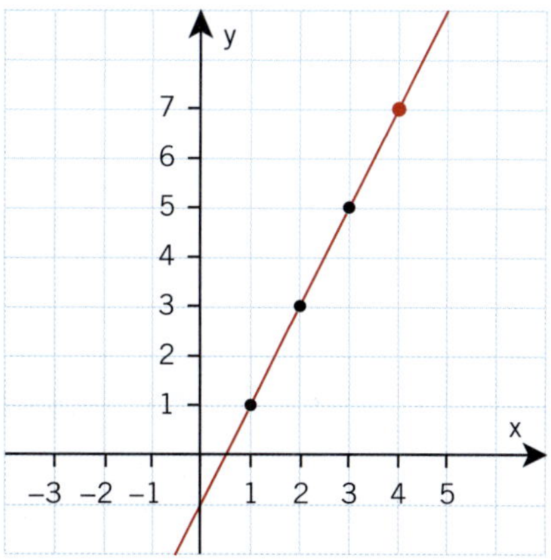

1208 En funktion beskrivs med formeln $y = 4x - 3$

a) Beräkna y då $x = 2$ b) Bestäm x så att $y = 25$

a) $y = 4x - 3$

$x = 2$ ger

$y = 4 \cdot 2 - 3 = 5$

$y = 5$

b) $y = 4x - 3$

$y = 25$ ger ekvationen

$25 = 4 \cdot x - 3$

$28 = 4x$

$x = 7$

1209 Funktionen $y = 3 - 2x$ är given.

a) Ställ upp en värdetabell för $x = 0, 1, 2, 3$

b) Rita grafen.

c) Avläs ur grafen x-värdet då $y = 5$

d) Var skär grafen x-axeln?

e) Ligger punkten (50, –103) på funktionens graf?

a)

x	$y = 3 - 2x$
0	$3 - 2 \cdot 0 = 3$
1	$3 - 2 \cdot 1 = 1$
2	$3 - 2 \cdot 2 = -1$
3	$3 - 2 \cdot 3 = -3$

b)

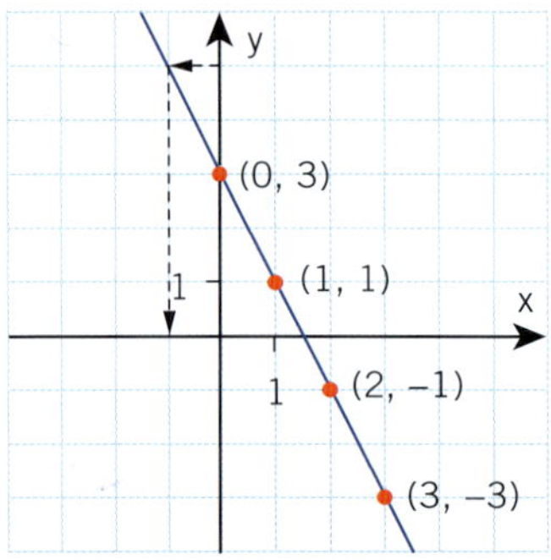

c) Ur figuren kan vi avläsa att $x = -1$ då $y = 5$.

d) Grafen skär x-axeln när $x = 1{,}5$.
Skärningspunktens koordinater är (1,5; 0).

e) Vi beräknar y-värdet då $x = 50$

$y = 3 - 2 \cdot 50 = 3 - 100 = -97$

Eftersom punkten (50, –97) ligger på linjen kan inte punkten (50, –103) ligga på linjen. $x = 50$ kan inte ge två olika värden på y.

1210 En funktion beskrivs av formeln

$y = 3x + 1$

Beräkna y då

a) $x = 2$ b) $x = 4$ c) $x = 5$

1211 En funktion beskrivs av formeln

$y = x - 2$

a) Gör en värdetabell där du väljer fyra värden på x.

b) Rita en graf till funktionen.

1212 En funktion beskrivs med ord:

"y-värdet får du genom att dubbla x-värdet och lägga till två"

Beskriv funktionen med

a) en formel

b) en värdetabell

c) en graf.

1213

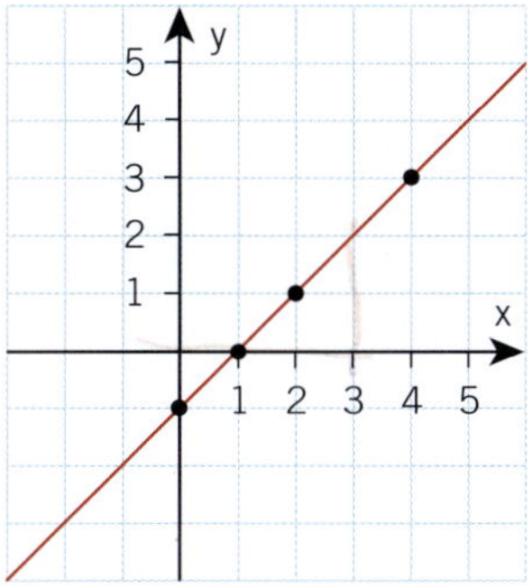

Grafen beskriver en funktion.

a) Beskriv funktionen med en värdetabell.

b) Vilket är y-värdet då $x = 3$?

c) Vilket är y-värdet då $x = -2$?

d) Bob säger att funktionen kan beskrivas: *"y-värdet är x-värdet minus två"* Stämmer det?

1214 En funktion beskrivs av formeln $y = 4x - 4$ Vilka värden saknas i tabellen?

x	1	2	5	
y	0	4		36

1215 a) Rita grafen till $y = 8 - 2x$

b) Bestäm x så att $y = 2$

c) Vilka koordinater har linjens skärningspunkt med y-axeln?

d) Vilka koordinater har linjens skärningspunkt med x-axeln?

1216 En ost kostar 85 kr/kg. Låt y vara priset för x kg.

a) Ställ upp en formel som visar hur y beror av x.

b) Vad är y om $x = 2,5$?

c) Vad är x om $y = 68$?

1217 En funktion beskrivs av formeln

$y = 250 + 75x$

a) Ligger någon av punkterna (3, 425) och (5, 625) på funktionens graf?

b) Är det sant att y-värdet blir dubbelt så stort då x ökar från 2 till 6?

1218 Julia cyklar 5 km på en kvart och fortsätter med samma hastighet.

a) Med vilken hastighet cyklar hon? Svara i km/h.

b) Ställ upp en formel som visar hur sträckan y km beror av tiden x h.

c) Rita en graf.

1219 Värdetabellen beskriver en funktion. Ange funktionen med ord och med en formel.

a)

x	y
1	4
2	7
3	10
4	13
5	16

b)

x	y
1	–2
2	–4
3	–6
4	–8
5	–10

1220 Punkterna (–2, –4), (0, 0), (4, a) och (b, 18) ligger på en rät linje.

Bestäm talen a och b.

Aktivitet **DISKUTERA**

Graf, formel, tabell och beskrivning

Materiel: Sax, papper och tejp.
Arbeta i par eller grupp.

Varje rad i tabellen nedan och på nästa sida innehåller fyra rutor:

1 En graf
2 En formel
3 En värdetabell
4 En funktionsbeskrivning

Tabellen är inte korrekt ordnad radvis.

Gör så här: Kopiera tabellen (ev uppförstorad), klipp den i rutor och klistra upp rutorna radvis i rätt ordning.

	Graf	Formel	Värdetabell	Funktionsbeskrivning
1	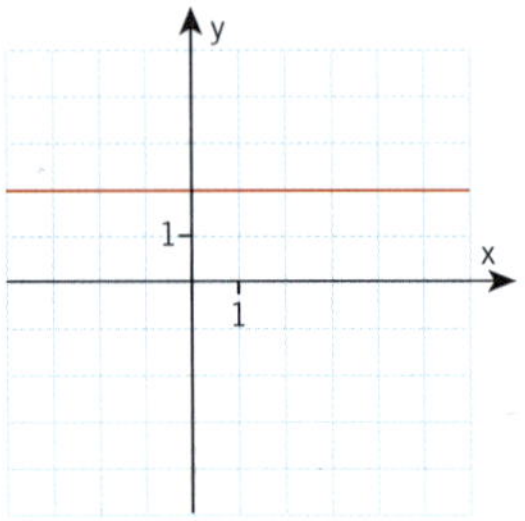	$y = 2x - 1$	x / y −1 / −2 0 / 0 1 / 2 2 / 4 3 / 6	y är alltid två
2	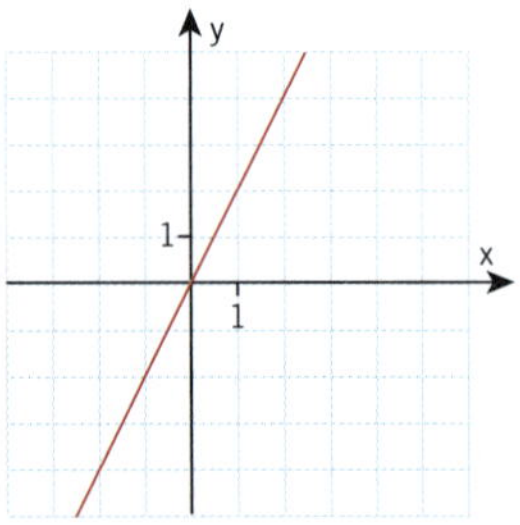	$y = 2$	x / y −1 / −3 0 / −1 1 / 1 2 / 3 3 / 5	y är halva x

<table>
<tr><th></th><th>Graf</th><th>Formel</th><th>Värdetabell</th><th>Funktionsbeskrivning</th></tr>
<tr><td>3</td><td>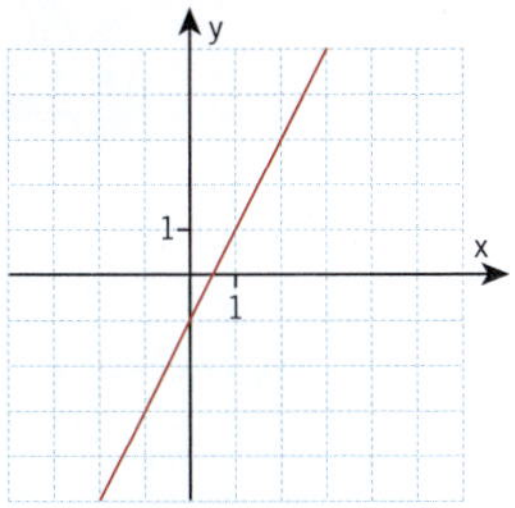</td><td>$y = x^2$</td><td><table><tr><th>x</th><th>y</th></tr><tr><td>–1</td><td>–6</td></tr><tr><td>0</td><td>–3</td></tr><tr><td>1</td><td>0</td></tr><tr><td>2</td><td>3</td></tr><tr><td>3</td><td>6</td></tr></table></td><td>y är dubbla x</td></tr>
<tr><td>4</td><td>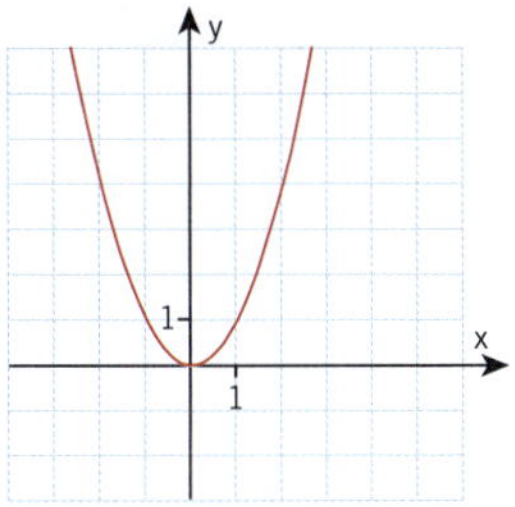</td><td>$y = 3x - 3$</td><td><table><tr><th>x</th><th>y</th></tr><tr><td>–1</td><td>–0,5</td></tr><tr><td>0</td><td>0</td></tr><tr><td>1</td><td>0,5</td></tr><tr><td>2</td><td>1</td></tr><tr><td>3</td><td>1,5</td></tr></table></td><td>y är ett mindre än dubbla x</td></tr>
<tr><td>5</td><td>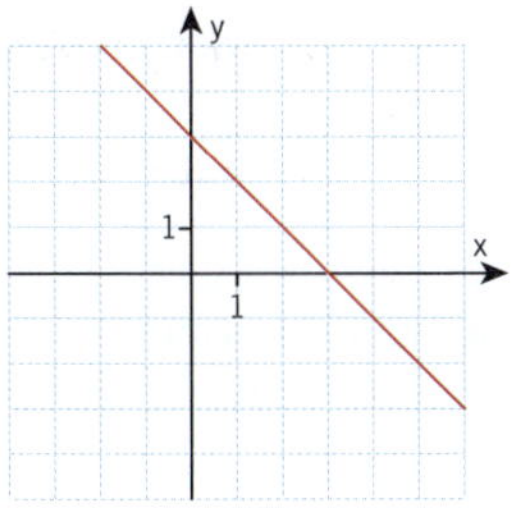</td><td>$y = 3 - x$</td><td><table><tr><th>x</th><th>y</th></tr><tr><td>–1</td><td>4</td></tr><tr><td>0</td><td>3</td></tr><tr><td>1</td><td>2</td></tr><tr><td>2</td><td>1</td></tr><tr><td>3</td><td>0</td></tr></table></td><td>y är tre gånger så mycket som x minus tre</td></tr>
<tr><td>6</td><td>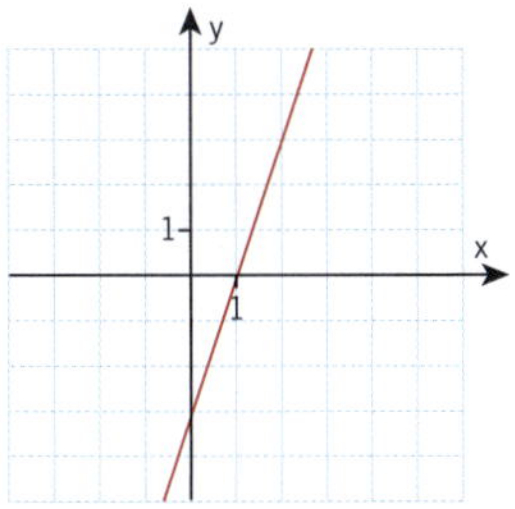</td><td>$y = 0{,}5x$</td><td><table><tr><th>x</th><th>y</th></tr><tr><td>–1</td><td>1</td></tr><tr><td>0</td><td>0</td></tr><tr><td>1</td><td>1</td></tr><tr><td>2</td><td>4</td></tr><tr><td>3</td><td>9</td></tr></table></td><td>y är tre minskat med x</td></tr>
<tr><td>7</td><td>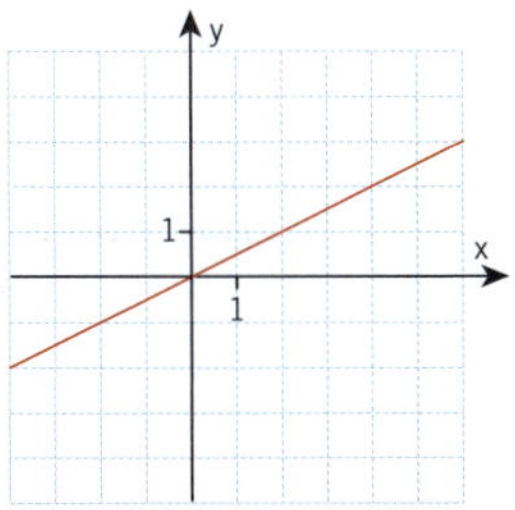</td><td>$y = 2x$</td><td><table><tr><th>x</th><th>y</th></tr><tr><td>–1</td><td>2</td></tr><tr><td>0</td><td>2</td></tr><tr><td>1</td><td>2</td></tr><tr><td>2</td><td>2</td></tr><tr><td>3</td><td>2</td></tr></table></td><td>y är kvadraten på x</td></tr>
</table>

Mer om funktioner

Exempel 1 Mikaela har ett litet företag som syr och designar kläder.
Hon köper en ny symaskin för 16 000 kr.
Mikaela antar att symaskinen minskar i värde med 2 000 kr per år.
En modell för symaskinens värde y kr är

$y = 16\,000 - 2\,000x$

där x är antal år efter inköpet.

Funktionen kan beskrivas på olika sätt.

En formel	*En tabell*	*En graf*

$y = 16000 - 2000x$

x	y
0	16000
1	14000
2	12000
3	10000

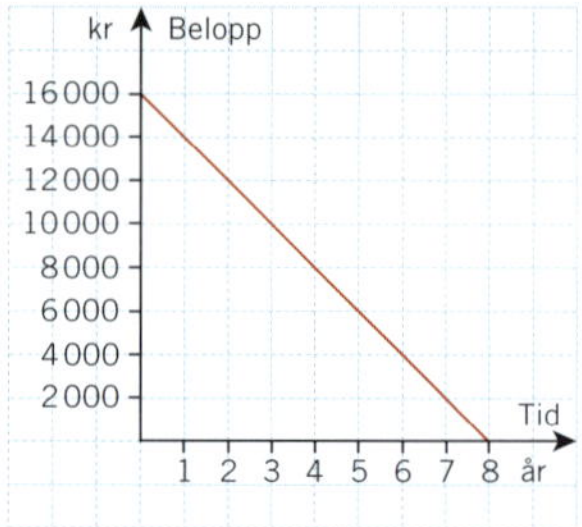

I många tillämpningar och i en del matematiska funktioner måste vi ta hänsyn till att alla värden på variablerna inte är tillåtna.

definitionsmängd

värdemängd

En funktions tillåtna x-värden kallas funktionens *definitionsmängd*. De värden på y som de tillåtna x-värdena ger, kallas funktionens *värdemängd*.

I vårt exempel gäller funktionen bara för x-värden mellan 0 och 8 år.
Efter 8 år är värdet 0 kr.
x-värden större än eller lika med 0 och mindre än eller lika med 8 ligger i ett intervall som kan beskrivas med hjälp av olikhetstecken.

Funktionens definitionsmängd: $0 \leq x \leq 8$
Definitionsmängden ger värdemängden: $0 \leq y \leq 16000$

symbolen $f(x)$

Matematikspråket är ett mycket kortfattat och internationellt språk.
På detta "språk" skrivs *"y är en funktion av x"* som $y = f(x)$.
Om vi skriver $f(3)$ så menar vi det y-värde som funktionen ger när $x = 3$.
$f(3)$ utläses *"f av 3"*.

Skrivsättet är kort och mycket praktiskt. Har vi flera funktioner kan vi använda $g(x)$, $h(x)$ osv.

Exempel 2 **Beräkningar med funktionens formel**

Funktionen f beskrivs med regeln $f(x) = 2x + 3$.

$f(5)$ är funktionsvärdet (y-värdet) då $x = 5$.
$f(5) = 2 \cdot 5 + 3 = 13$

Vilket x-värde ger funktionsvärdet (y-värdet) 21?
$f(x) = 21$

Nu måste vi lösa en ekvation

$2x + 3 = 21$
$2x = 18$
$x = 9$

Kontroll: $f(9) = 2 \cdot 9 + 3 = 21$

Exempel 3 **Avläsningar i funktionens graf**

Figuren visar grafen till funktionen $y = f(x)$.

Vi avläser värdet på $f(4)$ som y-värdet då $x = 4$.

$f(4) = 2$

Vi avläser värdet på $f(-2)$ som y-värdet då $x = -2$.

$f(-2) = 5$

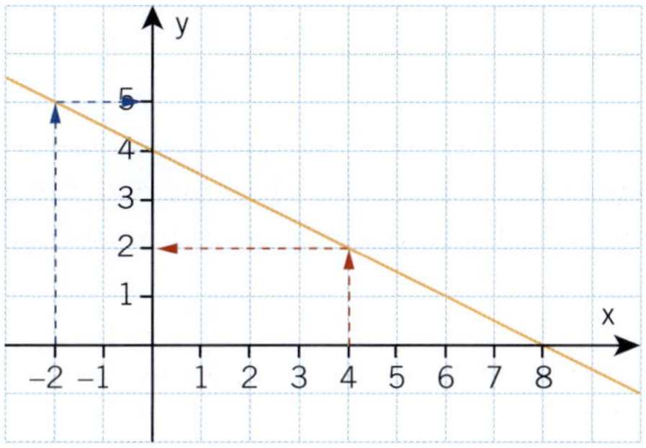

Vilket x-värde ger $f(x) = 3$?

Vi avläser x-värdet då $y = 3$.
$x = 2$

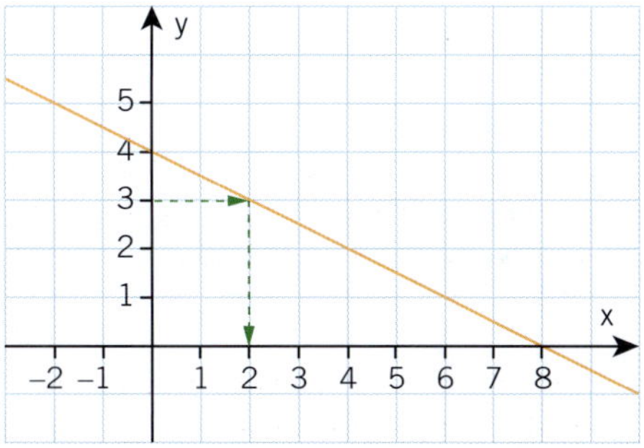

1221 Funktionen f kan beskrivas med formeln $f(x) = 4 - x$
Bestäm

a) $f(7)$

b) $f(-2)$

a) $f(7) = 4 - 7 = -3$

b) $f(-2) = 4 - (-2) = 4 + 2 = 6$

Parentes när två tecken står intill varandra.

1222 Bestäm x så att $f(x) = 23$ om $f(x) = 7 + 2x$

$f(x) = 23$ ger ekvationen
$7 + 2x = 23$
$2x = 16$
$x = 8$

1223 Låt $f(x) = 2x - x^2$ och bestäm

a) $f(5)$

b) $f(-5)$

a) Vi ersätter x i $f(x)$ med 5

$f(5) = 2 \cdot 5 - 5^2 =$
$= 10 - 25 = -15$

b) Vi ersätter x med -5

$f(-5) = 2 \cdot (-5) - (-5)^2 =$
$= -10 - 25 = -35$

Obs!
$-5^2 = -25$
$(-5)^2 = 25$

1224 Figuren visar grafen till funktionen $y = f(x)$.
Använd den för att avläsa

a) $f(4)$

b) $f(0)$

c) lösningen till ekvationen $f(x) = 0$

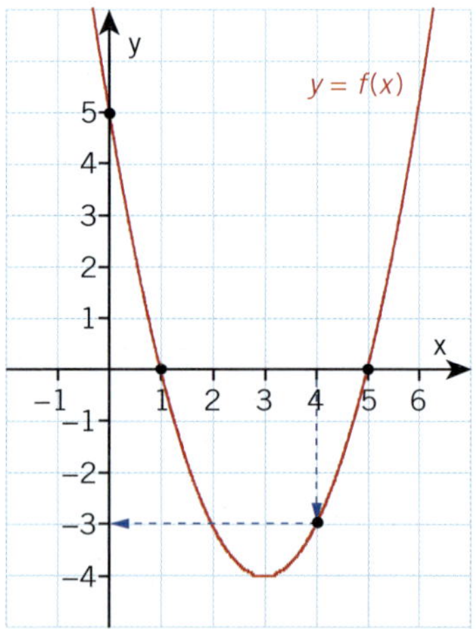

a) Vi avläser y-värdet på grafen där $x = 4$
$f(4) = -3$

b) Vi avläser y-värdet på grafen där $x = 0$.
Det är där grafen skär y-axeln.
$f(0) = 5$

c) Vi avläser x-värdena där $y = 0$.
Det är där grafen skär x-axeln.
$x_1 = 1$ och $x_2 = 5$

1225 Funktionen $f(x) = 3x + 6$

Beräkna

a) $f(4)$ b) $f(0)$ c) $f(-3)$

1226 Funktionen $f(x) = x^2 - x$

Beräkna

a) $f(5)$ b) $f(0)$ c) $f(-4)$

1227 Bestäm x så att $f(x) = 8$ om

a) $f(x) = 5x - 12$

b) $f(x) = 2x + 3$

1228

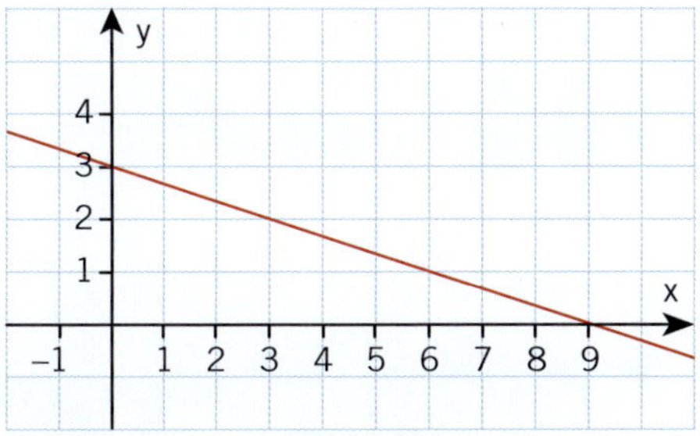

Figuren visar grafen till funktionen $y = f(x)$.

Använd den för att avläsa

a) $f(6)$

b) $f(0)$

c) lösningen till ekvationen $f(x) = 2$

1229 Då Anna sprungit i x minuter beskrivs sträckan y meter med formeln $y = 200x$.

Denna formel kan skrivas som $f(x) = 200x$.

a) Vilket värde har $f(2)$?

b) Vilket x ger $f(x) = 2000$?

c) Tolka svaren i a) och b) med ord.

1230 Ge exempel på en funktionsregel f och förklara med hjälp av din regel vad $f(3)$ betyder.

1231 Låt $f(x) = 5x - 2x^2$ och bestäm

a) $f(1)$ b) $f(3)$ c) $f(-2)$

1232 Figuren visar grafen till funktionen $y = f(x)$.

Bestäm med hjälp av grafen

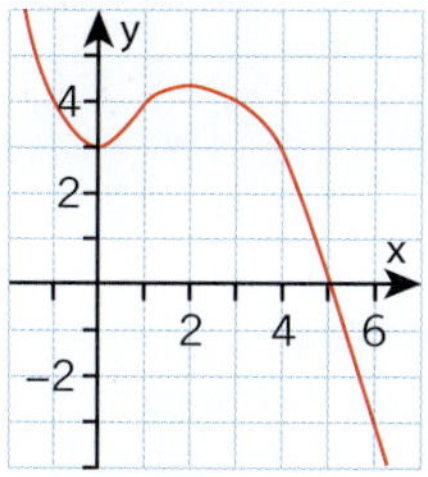

a) $f(6)$

b) $f(0)$

c) x så att $f(x) = 0$

d) x så att $f(x) = 3$.

1233 Här är en värdetabell för funktionen $y = f(x)$

x	0	1	2	3	4
y	2	3	6	11	18

a) Bestäm $f(2)$

b) Bestäm x så att $f(x) = 2$

c) Beräkna $f(3) - f(2)$

1234 Beräkna $f(5) - f(3)$ om

a) $f(x) = 10x + 6$

b) $f(x) = 15 - 4x$

1235

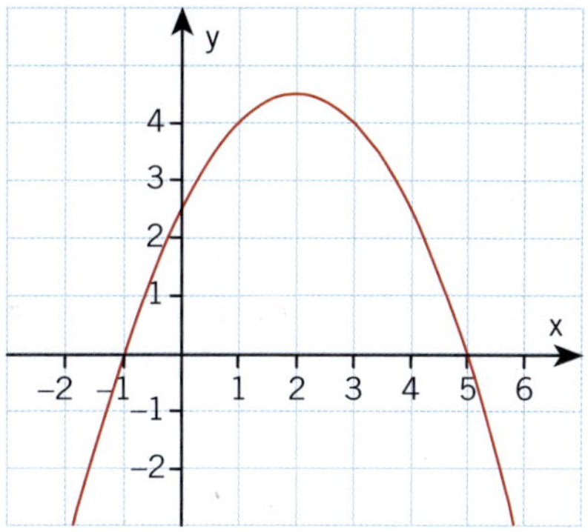

Figuren visar grafen till funktionen $y = f(x)$.

Bestäm med hjälp av grafen

a) $f(4)$

b) $f(3) - f(4)$

c) lösningen till ekvationen $f(x) = 4$

d) lösningen till ekvationen $f(x) = 0$

1236 En koppargruva beräknas innehålla ca 500 miljoner ton brytbar malm. Man planerar att varje år bryta ca 20 miljoner ton malm.

a) Ställ upp en funktion som beskriver hur mycket brytbar malm, y miljoner ton, som finns kvar efter x år.

b) Ange funktionens definitionsmängd och värdemängd.

1237 I figuren visas graferna till två funktioner $f(x)$ och $g(x)$.

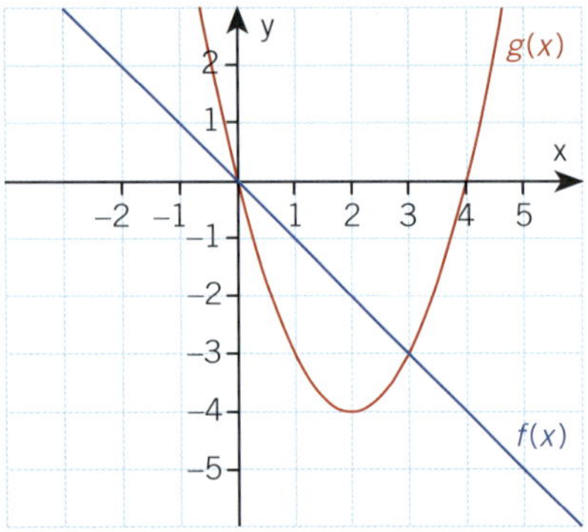

a) Bestäm $f(2)$ och $g(2)$.

b) För vilka x är $f(x) = g(x)$?

c) För vilka x är $f(x) > g(x)$?

d) För vilka x är $f(x) < g(x)$?

1238 Ge exempel på två funktioner för vilka gäller att

a) $f(4) = 9$ b) $f(-2) = 10$

1239 Funktionen $g(x)$ beskriver Tildas intjänade lön i kr för x dagars arbete.

Vad betyder

a) $g(8)$ b) $\frac{g(15)}{15}$?

1240 Låt $f(x) = x^2$ och visa att $f(3 + 4)$ inte är lika med $f(3) + f(4)$.

1241 Vinkeln y är en funktion av vinkeln x.

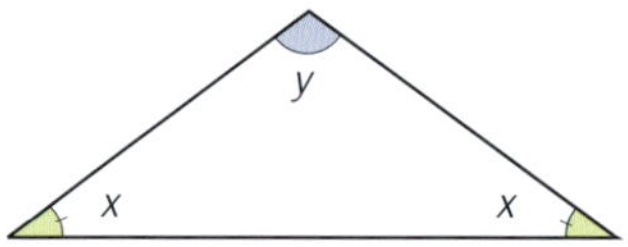

a) Ställ upp en formel som visar hur y beror av x.

b) Ange funktionens definitionsmängd och värdemängd.

1242 Funktionen $f(x) = -2x + m$

Bestäm talet m då

a) $f(3) = 0$ c) $f(-5) = 1$

b) $f(5) = 15$ d) $f(-3) = 3f(0)$

Grafer med digitala verktyg

Exempel 1 Grafen till $f(x) = 22{,}4 - 1{,}4x$ kan vara besvärlig att rita för hand. Vi tar hjälp av en dator med ett matematikprogram.

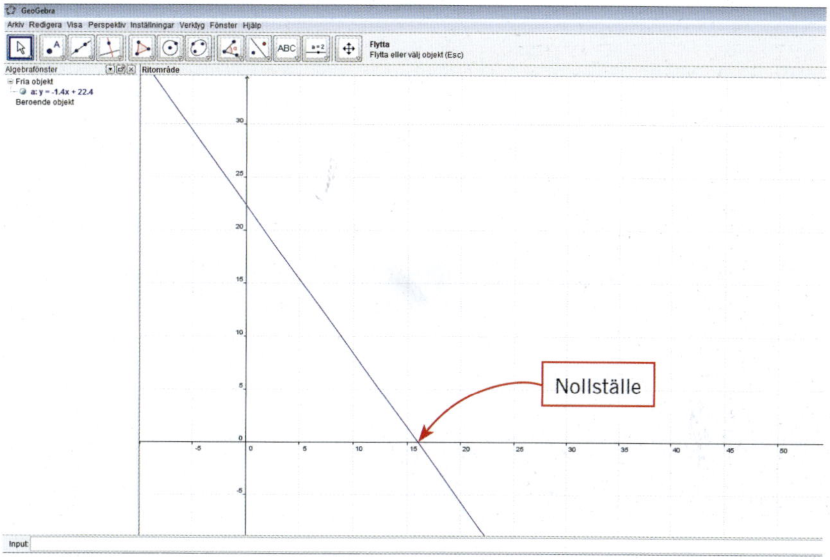

nollställe I den/de punkter där grafen till en funktion skär x-axeln är $f(x) = 0$. x-värdet i skärningspunkten kallas funktionens *nollställe*. Vi avläser nollstället $x = 16$.

grafisk lösning Vi kan *grafiskt lösa ekvationen* $22{,}4 - 1{,}4x = 8{,}4$ genom att rita $y = 22{,}4 - 1{,}4x$ och $y = 8{,}4$ och avläsa x-värdet i skärningspunkten. Lösningen är $x = 10$.

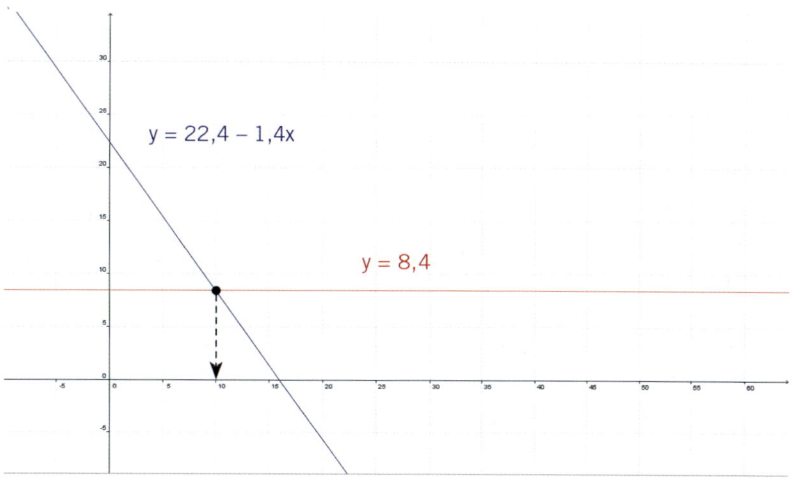

Exempel 2 Med en grafritande räknare ritar vi grafen till $f(x) = -x^2 + 2x + 4$

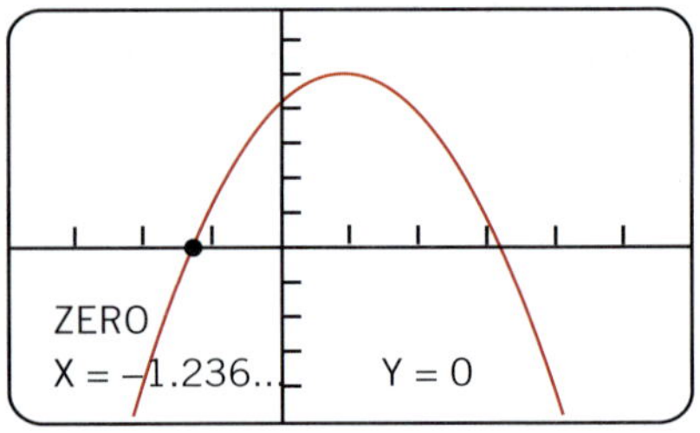

Vi ser att grafen skär x-axeln på två ställen, dvs funktionen har två nollställen. Räknarens program för nollställen ger $x_1 \approx -1{,}24$ och $x_2 \approx 3{,}24$

funktionsvärde

Räknarens program för beräkning av ett *funktionsvärde* ger y-värdet när $x = 1{,}5$.
$f(1{,}5) = 4{,}75$

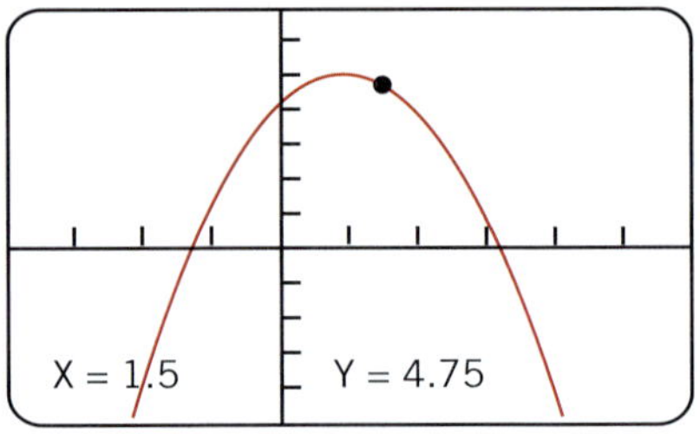

1243 Rita grafen till $f(x) = 8{,}6 - 2{,}4x$
a
Avläs

a) funktionens nollställe

b) funktionsvärdet då $x = 2$

c) funktionsvärdet då $x = 6$

d) lösningen till ekvationen $f(x) = 4$

e) lösningen till ekvationen $f(x) = -1$

1244 Rita grafen till $y = x^2 + 3x - 3$
Avläs

a) funktionens nollställen

b) funktionsvärdet då $x = 1{,}6$

c) funktionsvärdet då $x = -3{,}2$

d) lösningen till ekvationen $x^2 + 3x - 3 = 10$

1245 a) Hur många nollställen har funktionen $y = x^3 - x + 3$ i intervallet $-5 < x < 5$?

b) Stämmer det att funktionen $y = 9 - x^2$ har nollställena $x_1 = -3$ och $x_2 = 3$? Motivera.

1246 Vincent säljer almanackor. Resultatet (i kr) för försäljningen beskrivs av funktionen
b
$V(x) = 26{,}5x - 1050$
där x är antalet sålda almanackor.

Rita grafen till funktionen.

a) Bestäm resultatet då antalet sålda almanackor uppgår till 50.

b) Bestäm $V(10)$.

c) Förklara hur man grafiskt löser ekvationen $V(x) = 500$

d) Bestäm funktionens nollställe.

e) Beskriv vad nollstället betyder i detta sammanhang.

1247 Rita grafen till $f(x) = x^3 - 6x^2 + 8x$
c

a) Hur många nollställen har funktionen i intervallet $-10 < x < 10$?

b) Bestäm nollställena.

c) Avläs $f(0{,}4)$

d) Lös ekvationen $f(x) = 4$

1.3 Räta linjens ekvation

Inledning

Här visar vi graferna till funktionerna

$y = 3x - 1$ $\qquad$ $y = x + 2$ $\qquad$ $y = 3 - 2x$

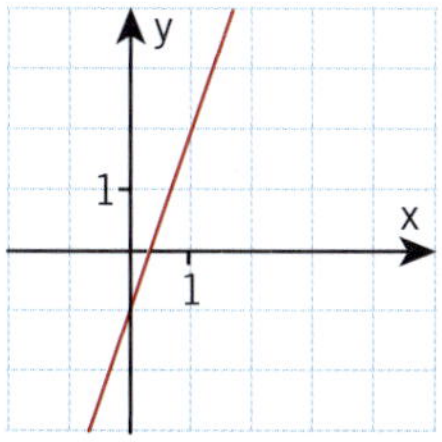

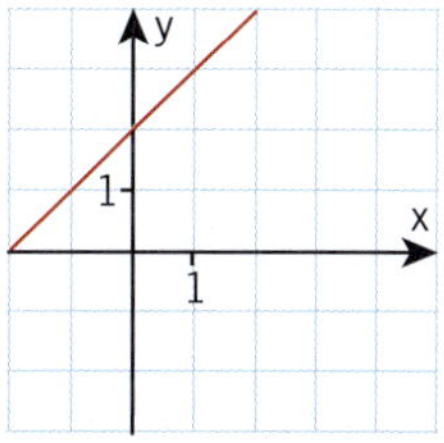

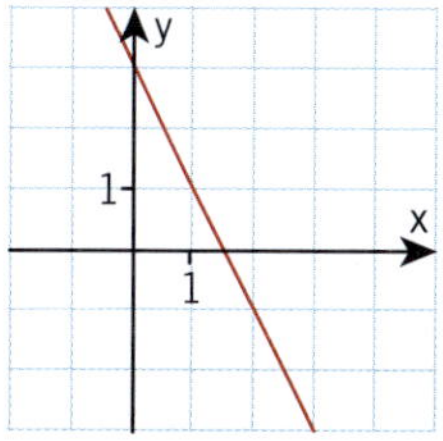

Du ser att graferna är räta linjer.

linjär funktion En funktion av denna typ kallas därför en *linjär funktion*.

$y = kx + m$ Allmänt gäller att grafen till $y = kx + m$, där k och m är konstanter, är en rät linje.

Vi avläser värdena på k och m för funktionerna ovan

$y = 3x - 1$	$k = 3$	och	$m = -1$
$y = x + 2$	$k = 1$	och	$m = 2$
$y = 3 - 2x$	$k = -2$	och	$m = 3$

Vi studerar två specialfall.

1. Formler där $y = kx + m$ och $m = 0$

   $y = 0{,}5x$
   $y = x$
   $y = 4x$

   Graferna till dessa funktioner är linjer som går genom origo.

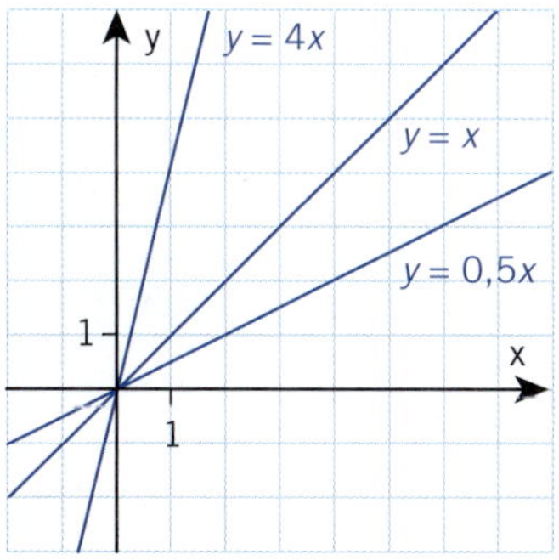

2. Formler där $y = kx + m$ och $k = 0$

   $y = 3$
   $y = 1$
   $y = -2$

   Graferna till dessa funktioner är horisontella linjer.

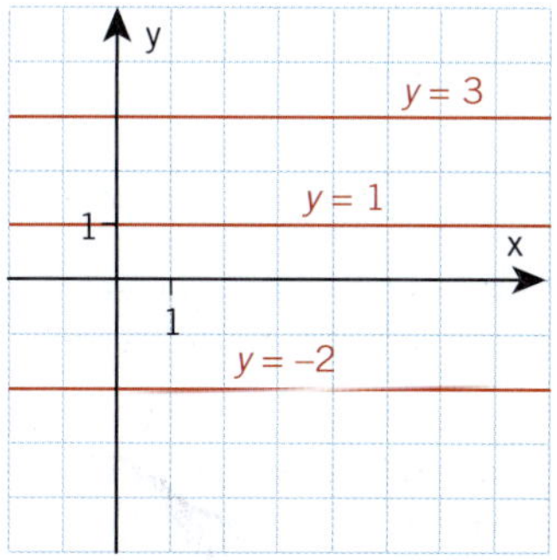

1301 Ange k och m till funktionen

a) $y = 3x - 1$ b) $y = -2x$ c) $y = 5$

a) $k = 3$, $m = -1$ b) $k = -2$, $m = 0$ c) $k = 0$, $m = 5$

1302 Skriv en funktion på formen $y = kx + m$ då

a) $m = 20$ och $k = 10$ b) $k = 0{,}5$ och $m = 0$

a) $y = 10x + 20$ b) $y = 0{,}5x$ eller $y = \frac{x}{2}$

1303 Kostnaden, y kr, för att åka taxi x km kan beskrivas med funktionen $y = 55 + 25x$.

a) Ange och tolka m-värdet.

b) Ange och tolka k-värdet.

a) $m = 55$ Den fasta kostnaden är 55 kr.

b) $k = 25$ Den rörliga kostnaden är 25 kr/km.

1304 Ange k och m till funktionen

a) $y = 7x + 5$

b) $y = 8x - 6$

c) $y = -6x + 1$

d) $y = 5 - 9x$

1305 Ange k och m till funktionen

a) $y = 4x$

b) $y = 10$

c) $y = x - 3$

d) $y = -2x$

1306 Skriv en funktion på formen $y = kx + m$ då

a) $k = 3$ och $m = 7$

b) $k = 0$ och $m = 2$

c) $m = 0$ och $k = -3$

d) $k = 0{,}25$ och $m = -1$

1307 Vilken/Vilka av följande funktioner har en graf som går genom origo?

A $y = 8 - x$

B $y = -8x$

C $y = -8$

D $y = 8x$

1308 Höjden, y m, på en granplanta x år efter planteringen kan beskrivas med funktionen $y = 0{,}6 + 0{,}4x$

a) Hur hög är plantan 3 år efter planteringen?

b) Ange och tolka funktionens m-värde.

c) Ange och tolka funktionens k-värde.

d) Efter hur många år är granen 3 m hög?

1309 Jonte påstår att uttrycken

$y = 0{,}75x + 0{,}5$ och $y = \frac{3x + 2}{4}$

har samma k- och m-värden.

Har han rätt? Förklara.

Aktivitet

UPPTÄCK

Torghandel

Materiel: Färgpennor, linjal

Fem kvinnor står på torget och säljer morötter.

Tant Grön:	Morötterna kostar 3 kr/kg och påsen 2 kr.
Tant Röd:	Morötterna kostar 5 kr/kg (påsen är gratis).
Tant Blå:	Morötterna kostar 5 kr/kg och påsen 2 kr.
Tant Svart:	Morötterna kostar 5 kr/kg och påsen 6 kr.
Tant Orange:	Morötterna kostar 10 kr/kg och påsen 6 kr.

1 a) Skriv en formel åt Tant Grön som beskriver vad kunderna ska betala. I formeln ska x ange vikten i kg och y priset i kr.

b) Skriv liknande formler åt de andra kvinnorna.

2 Gör en värdetabell till varje formel. Välj x-värdena 1, 2 och 3 kg.

3 a) Rita ett koordinatsystem. Låt 2 cm på x-axeln vara 1 kg och 1 cm på y-axeln vara 2 kr.

b) Rita en grön linje till Tant Gröns formel. Skriv formeln intill linjen.

c) Gör på motsvarande sätt för de andra kvinnornas formler.

4 Formlerna följer samma mönster, $y = kx + m$

a) Vad beskriver k-värdet i formlerna?

b) Vilka formler har samma k-värde? Hur kan man se det på linjerna?

c) Vilken formel har störst k-värde? Hur kan man se det på linjen?

5 a) Vad beskriver m-värdet i formlerna?

b) Vilka formler har samma m-värde? Hur kan man se det på linjerna?

c) Vilken formel har $m = 0$? Hur kan man se det på linjen?

6 En dag kommer det nya morotsförsäljare till torget. Använd graferna för att besvara frågorna.

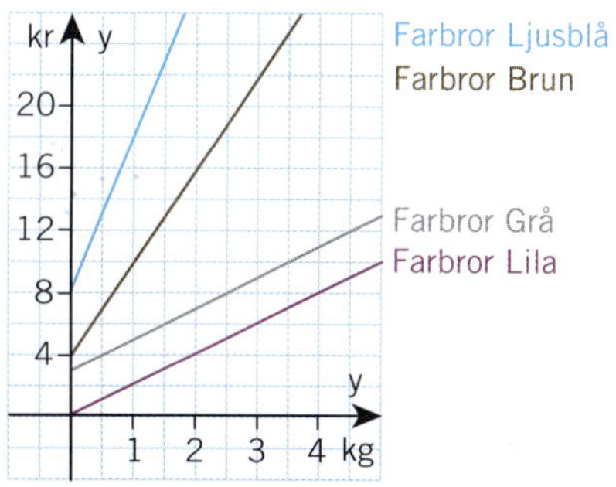

a) Vilka tar betalt för påsen?

b) Vad kostar deras morötter per kg?

c) Skriv en formel åt varje ny försäljare.

k-värde och m-värde

Vi undersöker sambandet mellan värdet på k respektive m och grafens utseende.

Exempel 1 Vi ritar grafen till tre funktioner med samma k-värde men med olika m-värde.

$y = x + 4$ $\quad k = 1$ och $m = 4$
$y = x + 2$ $\quad k = 1$ och $m = 2$
$y = x - 1$ $\quad k = 1$ och $m = -1$

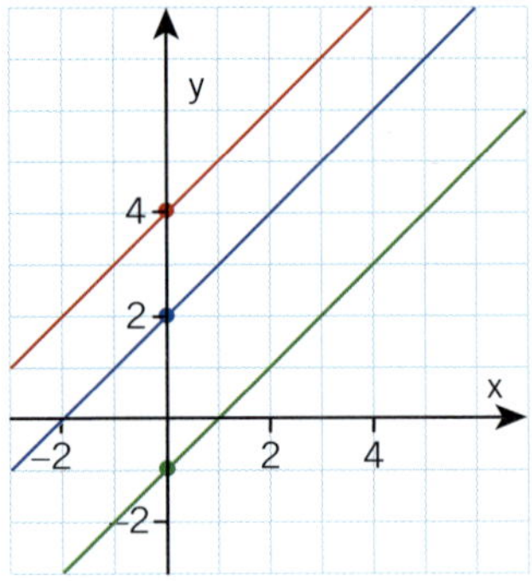

I den punkt där linjen skär y-axeln är $x = 0$.

Om $x = 0$ kan $y = kx + m$ skrivas $y = k \cdot 0 + m$. Vi får $y = m$.

***m*-värdet** *m-värdet* är detsamma som y-värdet där linjen skär y-axeln.

Exempel 2 Vi undersöker hur y-värdet ändras då x-värdet ökar med 1 för funktioner med olika k-värden.

a) $y = 2x + 1$ $\quad k = 2$ och $m = 1$

+1 +1 +1

x	0	1	2	3
y	1	3	5	7

+2 +2 +2

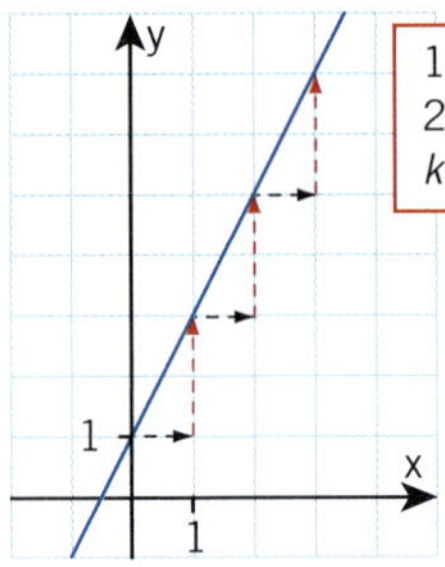

1 steg åt höger
2 steg uppåt
$k = 2$

Om x-värdet ökar med 1, ökar y-värdet med 2. Linjen stiger.

b) $y = -3x + 7$ $\quad k = -3$ och $m = 7$

+1 +1 +1

x	0	1	2	3
y	7	4	1	–2

–3 –3 –3

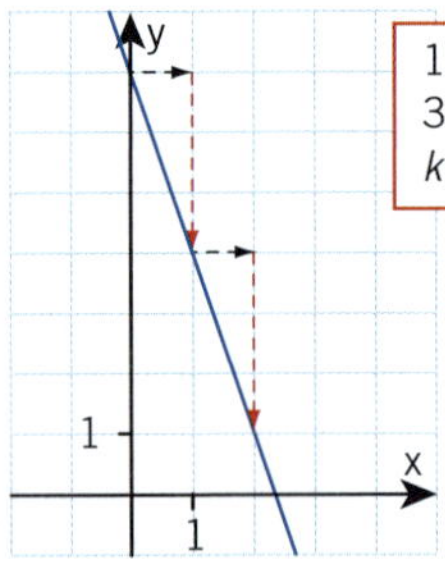

1 steg åt höger
3 steg nedåt
$k = -3$

Om x-värdet ökar med 1, minskar y-värdet med 3. Linjen faller.

***k*-värdet** *k-värdet* är ett mått på linjens lutning och anger hur mycket linjen ändras (stiger eller faller) för varje enhet vi går framåt i x-led.

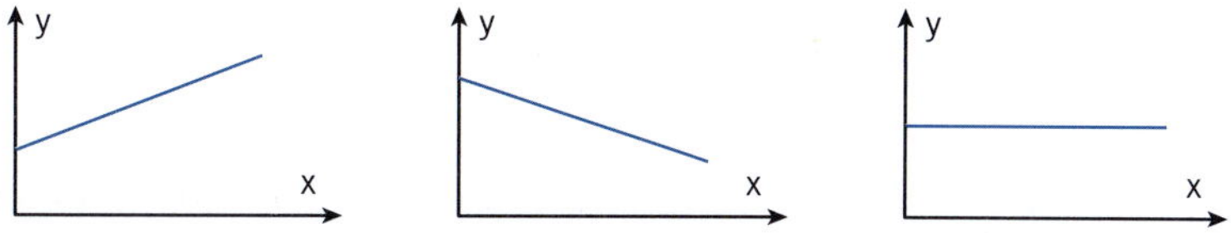

$k > 0$ $\qquad$ $k < 0$ $\qquad$ $k = 0$

Sammanfattning

Grafen till en funktion $y = kx + m$ är en rät linje.

m-värdet anger y-värdet för linjens skärningspunkt med y-axeln. Skärningspunktens koordinater är $(0, m)$.

k-värdet är ett mått på linjens lutning. Det anger hur mycket linjen ändras (stiger eller faller) för varje steg vi går åt höger i x-led.

1310 Bestäm genom avläsning i figuren, linjens

a) m-värde $\qquad$ b) k-värde $\qquad$ c) ekvation.

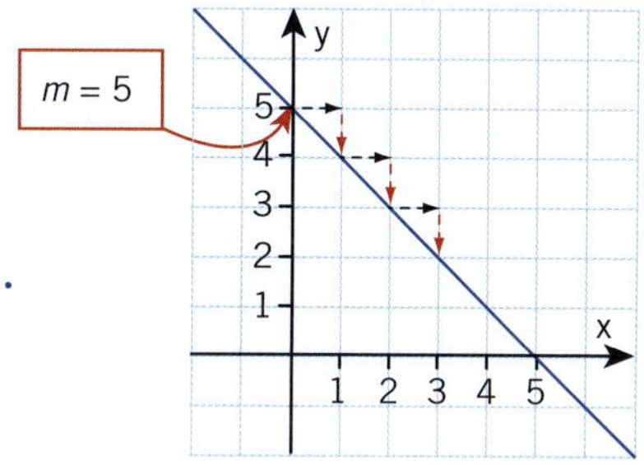

a) m-värdet avläses som y-värdet i skärningspunkten med y-axeln. $m = 5$

b) k-värdet är negativt, eftersom för varje steg vi går åt höger i x-led minskar y-värdet med 1. Linjen faller. $k = -1$

c) $k = -1$ och $m = 5$ insatt i ekvationen $y = kx + m$ ger

$y = -x + 5$ eller $y = 5 - x$

1311 Här är en värdetabell till funktionen $y = kx + m$.

x	0	1	2	3
y	4	7	10	13

a) Bestäm m. $\qquad$ b) Bestäm lutningen k. $\qquad$ c) Vilken är funktionen?

a) Vi avläser m som y-värdet då $x = 0$. Vi får $m = 4$.

b) För varje steg åt höger i x-led ökar y med 3. Vi får $k = 3$.

c) I linjens ekvation $y = kx + m$ sätter vi in $k = 3$ och $m = 4$. Vi får funktionen $y = 3x + 4$.

1312 Bestäm linjens

a) m-värde

b) k-värde

c) ekvation.

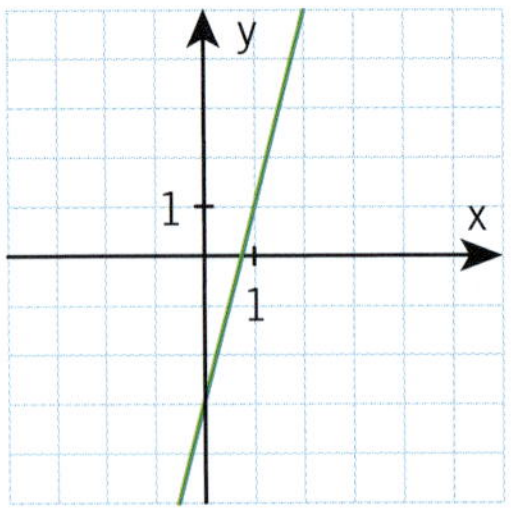

1313 Bestäm linjens

a) m-värde

b) k-värde

c) ekvation.

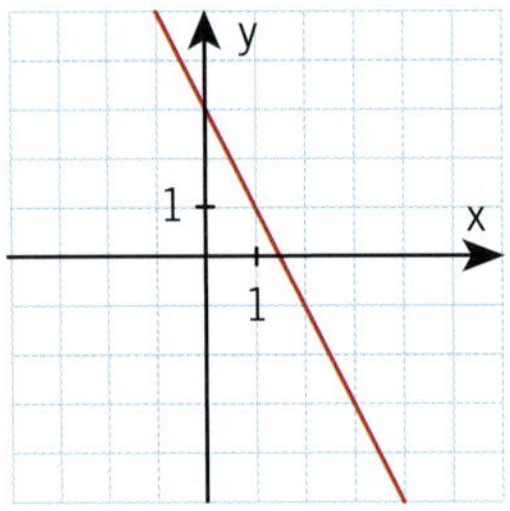

1314 Här är en värdetabell till funktionen $y = kx + m$

x	0	1	2	3
y	–3	–5	–7	–9

a) Bestäm m.

b) Bestäm lutningen k.

c) Vilken är funktionen?

1315 En linje går genom punkten (2, 3). Bestäm en annan punkt på linjen om

a) $k = 5$ b) $k = 1$ c) $k = -1$

1316 En linje går genom punkten (1, –2). Rita linjen om

a) $k = 1$ b) $k = -3$

1317 Vilken linje har

a) störst k-värde

b) minst k-värde

c) störst m-värde?

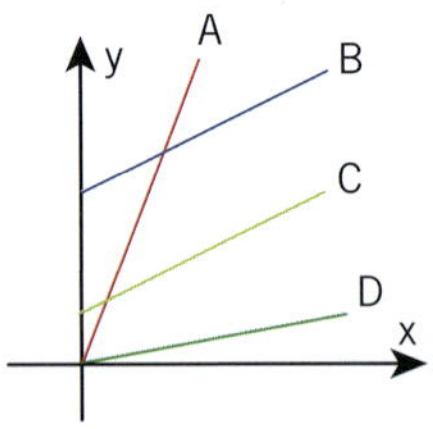

1318 Avgör om grafen till funktionen stiger eller faller när x-värdena ökar.

a) $f(x) = -3x + 2$

b) $f(x) = -4 + x$

c) $f(x) = -x$

d) $f(x) = -5$

1319 Linjerna i figuren beskrivs av funktionerna.

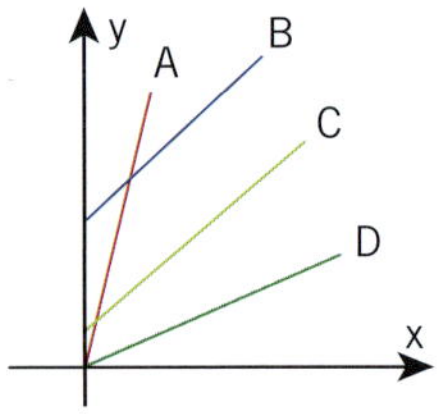

$y = 0{,}5x$

$y = x + 1$

$y = x + 4$

$y = 4x$

Vilken formel och graf hör ihop?

1320 En rät linje kan skrivas $y = 4x - 8$

a) Vilket värde har x där linjen skär y-axeln?

b) I vilken punkt skär linjen y-axeln?

1321 Förklara vad det betyder för grafen att funktionen

$y = kx + m$ har $k = 3$ och $m = -2$

1322 En rät linje går genom punkterna (1, 1) och (–1, –3).

a) Rita linjen.

b) Bestäm linjens ekvation.

1323 Bestäm ekvationen för en linje genom origo och punkten

a) (1, 3) c) (3, –12)

b) (2, 10) d) (–1, –2)

1324 Ge exempel på en rät linje som går genom punkten (3, 5) och som har ett

a) positivt k-värde

b) negativt k-värde

c) k-värde som är noll.

En formel för linjens lutning

Exempel 1 Vi beräknar lutningen för en linje genom punkterna $A = (4, 1)$ och $B = (6, 5)$. Hur förändras x- och y-värdet då vi går från A till B?

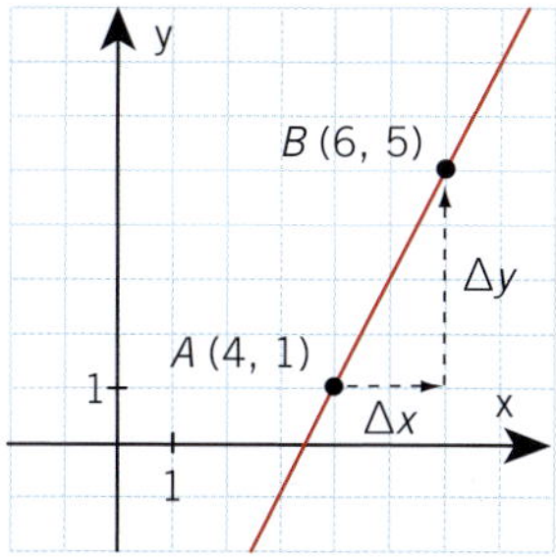

Vi kallar förändringen i x-led för Δx och förändringen i y-led för Δy.

Avläsning i figuren ger $\Delta x = 2$ och $\Delta y = 4$

Δx och Δy kan även bestämmas utan hjälp av figuren. Vi använder då punkternas koordinater.

$A = (4, 1)$ och $B = (6, 5)$

$\Delta x = 6 - 4 = 2$

$\Delta y = 5 - 1 = 4$

Δ i Δ*x* och Δ*y* utläses *delta.*

$$\text{Lutningen } k = \frac{\text{förändringen i } y\text{-led}}{\text{förändringen i } x\text{-led}} = \frac{\Delta y}{\Delta x} = \frac{4}{2} = 2$$

Exempel 2 Vi beräknar lutningen för en linje genom punkterna $(-1, 5)$ och $(1, 2)$.

Punkt 1: $(-1, 5)$ Punkt 2: $(1, 2)$

x_1, y_1 x_2, y_2

$\Delta x = x_2 - x_1 = 1 - (-1) = 2$

$\Delta y = y_2 - y_1 = 2 - 5 = -3$

$$\text{Lutningen } k = \frac{\Delta y}{\Delta x} = \frac{-3}{2} = -1{,}5$$

Om vi istället väljer
Punkt 1: $(x_1, y_1) = (1, 2)$ och Punkt 2: $(x_2, y_2) = (-1, 5)$ så får vi

$$k = \frac{\Delta y}{\Delta x} = \frac{y_2 - y_1}{x_2 - x_1} = \frac{5 - 2}{-1 - 1} = \frac{3}{-2} = -1{,}5$$

Vi kan alltså börja med vilken punkt vi vill, men vi måste börja med samma punkt i täljaren och nämnaren.

riktningskoefficient

Eftersom lutningen k anger linjens riktning och är lika med talet (koefficienten) framför x, kallas linjens k-värde för *riktningskoefficient*.

Formeln för k

Lutningen för en linje genom punkterna (x_1, y_1) och (x_2, y_2) beräknas med formeln

$$k = \frac{\text{förändring i } y\text{-led}}{\text{förändring i } x\text{-led}} = \frac{\Delta y}{\Delta x} = \frac{y_2 - y_1}{x_2 - x_1}$$

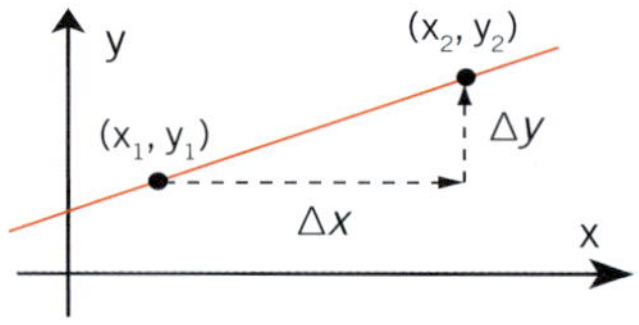

horisontell linje

En linje som är parallell med x-axeln kallas vågrät eller *horisontell*. Eftersom $\Delta y = 0$ är också $k = 0$.

Linjen i figuren skrivs $y = 3$.

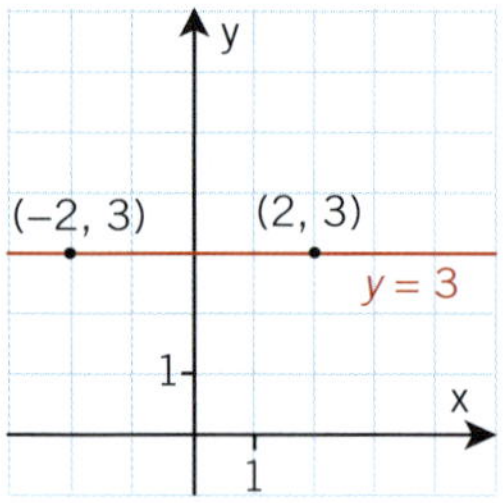

vertikal linje

En linje som är parallell med y-axeln kallas lodrät eller *vertikal*. Eftersom $\Delta x = 0$ är k inte definierat. (Vi kan inte dividera med noll!) En vertikal linje saknar alltså k-värde.

Linjen i figuren skrivs $x = 3$.

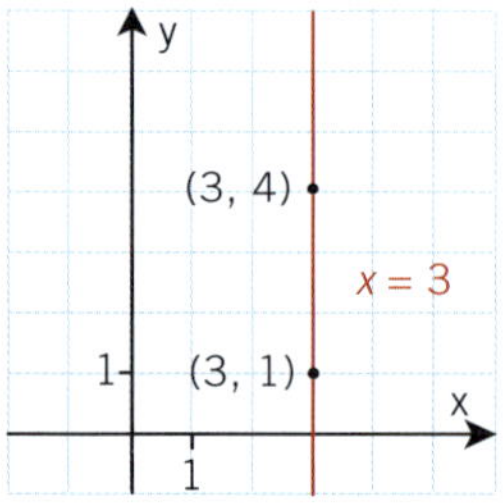

1325

Rita en linje som går genom punkten (1, 2) och har lutningen $k = \frac{2}{3}$

$k = \frac{\Delta y}{\Delta x} = \frac{2}{3}$

Vi börjar med att pricka in punkten (1, 2).
$k = \frac{2}{3}$ betyder att om vi går 3 steg åt höger i x-led ($\Delta x = 3$) så ska vi gå 2 steg uppåt i y-led ($\Delta y = 2$).

Vi kommer till punkten (4, 4) som ligger på linjen.

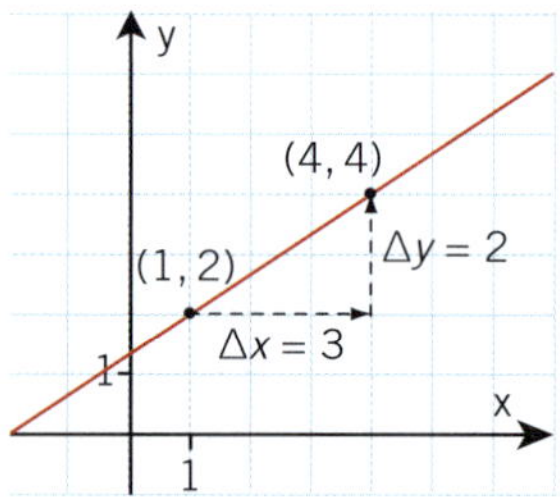

1326 **En rät linje går genom punkterna (–1, –3) och (3, 5). Bestäm linjens riktningskoefficient.**

Punkt 1: $(x_1, y_1) = (-1, -3)$

Punkt 2: $(x_2, y_2) = (3, 5)$

Formeln för k **ger** $k = \frac{y_2 - y_1}{x_2 - x_1} = \frac{5 - (-3)}{3 - (-1)} = \frac{8}{4} = 2$

Svar: Linjens riktningskoefficient är 2.

1327 Vi går från punkt A till punkt B på linjen. Bestäm

a) Δx

b) Δy

c) k-värdet.

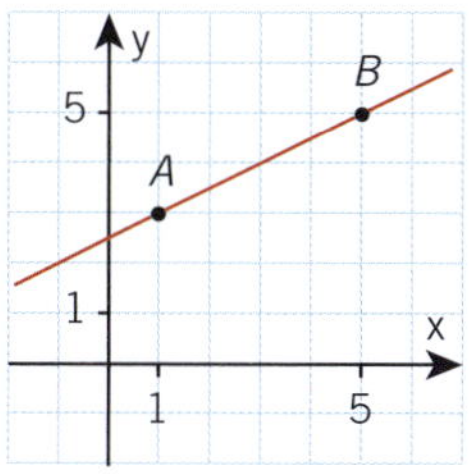

1328 Vi går från punkt A till punkt B på linjen. Bestäm

a) Δx

b) Δy

c) k-värdet.

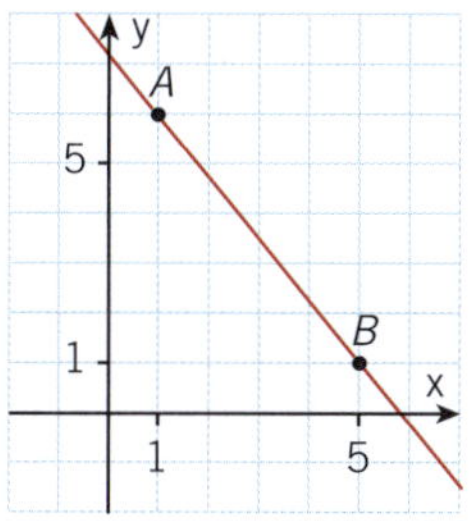

1329 Vi går från punkt (–2, 3) till (2, 14) på en linje. Bestäm

a) Δx b) Δy c) linjens lutning.

1330 Bestäm lutningen för en linje genom punkterna

a) (3, 6) och (4, 1)

b) (–3, –5) och (4, 2)

c) (3, 1) och (6, 1)

d) (–4, –1) och (2, –4)

1331 Rita en linje som går genom punkten (0, 0) och har lutningen

a) 2 b) 3/4 c) –3/5

1332 Avläs koordinaterna för två punkter på linjen samt beräkna k-värdet.

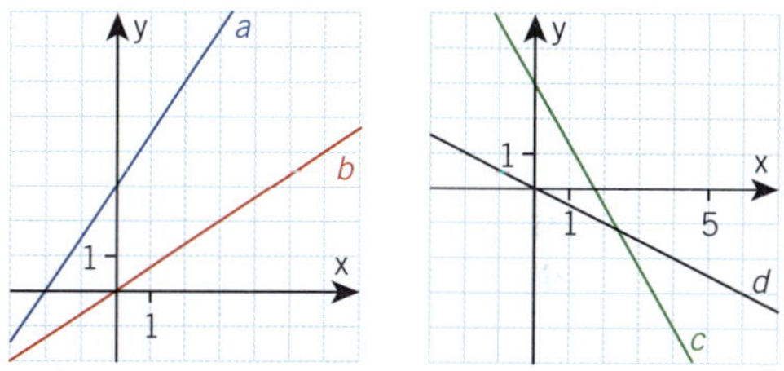

1333 Alicia vill ha långt hår. När hon fyller 16 år bestämmer hon sig för att inte klippa sig under ett helt år.

Hårets längd, y cm, är en linjär funktion av tiden, x månader efter födelsedagen. Efter 2 månader är håret 27 cm långt och efter 7 månader 34,5 cm.

a) Vilket värde har y_1 om $x_1 = 2$?

b) Vilket värde har x_2 om $y_2 = 34{,}5$?

c) Beräkna och tolka funktionens k-värde.

1334 Linjerna har k-värdena -3, 0, 1/2, 1 och 5. En linje saknar k-värde.

Tilldela varje linje rätt k-värde.

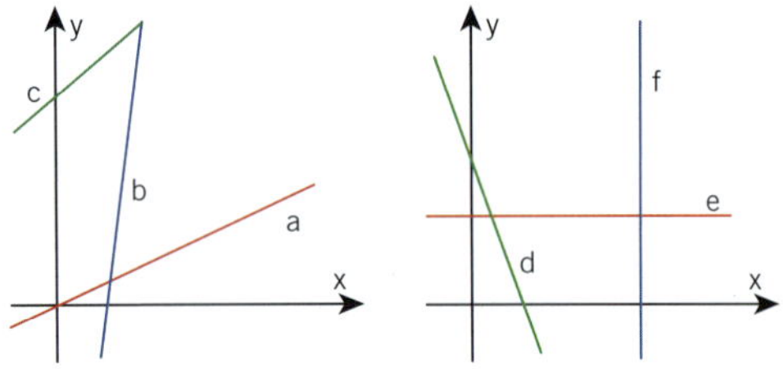

1335 För en funktion vars graf är en rät linje är $f(2) = 6$ och $f(0) = 3$

Vilken lutning har linjen?

1336 Ligger de tre punkterna på en linje?

a) $(-2, 1)$, $(-1, 0)$ och $(2, -2)$

b) $(0, 4)$, $(7, -6)$ och $(-7, 14)$

1337 Välj själv två punkter så att linjen genom punkterna får lutningen

a) 6   b) -3

1338 Två uthyrningsfirmor tar y kr för att hyra en båt med förare i x timmar enligt graferna i figuren.

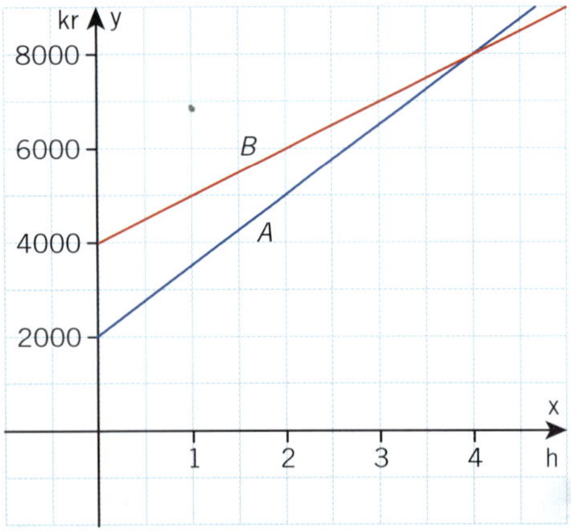

a) Bestäm k och m för linje A.

b) Bestäm ekvationen för linje A.

c) Bestäm ekvationen för linje B.

d) Hur stor är skillnaden i pris mellan A och B om du hyr en båt 7 timmar?

1339 Bestäm linjens lutning om kvadraten A har arean 25 areaenheter och kvadraten B arean 16 areaenheter.

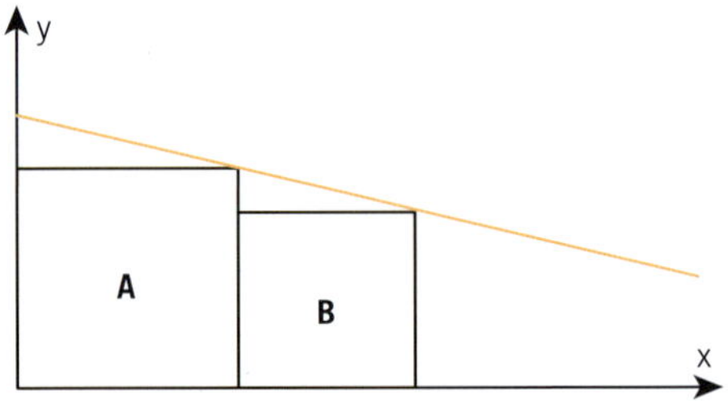

1340 För en linjär funktion gäller $f(a) = 1$ och $f(a+2) = 5$

Bestäm linjens lutning med formeln för k och visa att det inte spelar någon roll vilken punkt som är den första.

1341 En linje går genom punkten $(3, 5)$ och har lutningen $\frac{a}{3}$

Bestäm a så att linjen även går genom

a) punkten $(5, a)$

b) punkten på y-axeln där $y = -4a$

Aktivitet

UPPTÄCK

Vinkelräta linjer

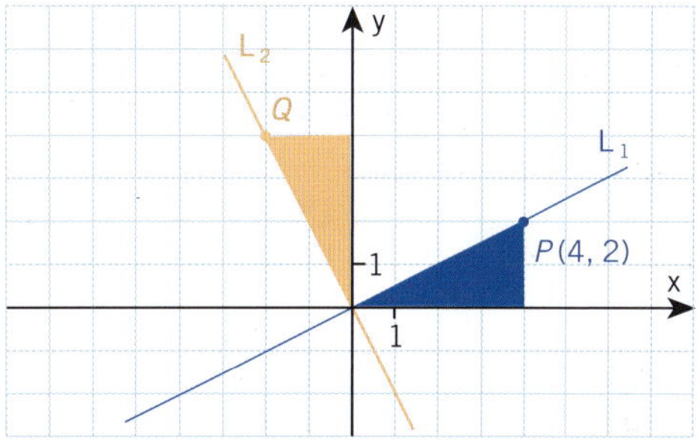

1 Linjen L_1 går genom origo och punkten P. Om man vrider den blå figuren 90° moturs runt origo så hamnar den på den gula figuren.

Linjerna L_1 och L_2 är vinkelräta.

a) Bestäm koordinaterna för punkten Q.

b) Bestäm lutningen på linjerna L_1 och L_2.

c) Beräkna produkten av linjernas k-värden.

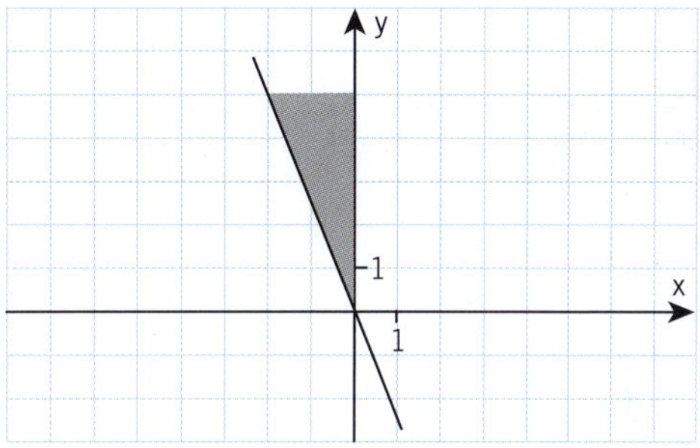

2 a) Rita av figuren till höger i ett koordinat-system. Rita också den bild du får om figuren roterar 90° moturs runt origo.

b) Bestäm lutningen på de två vinkelräta linjerna.

c) Beräkna produkten av linjernas k-värden.

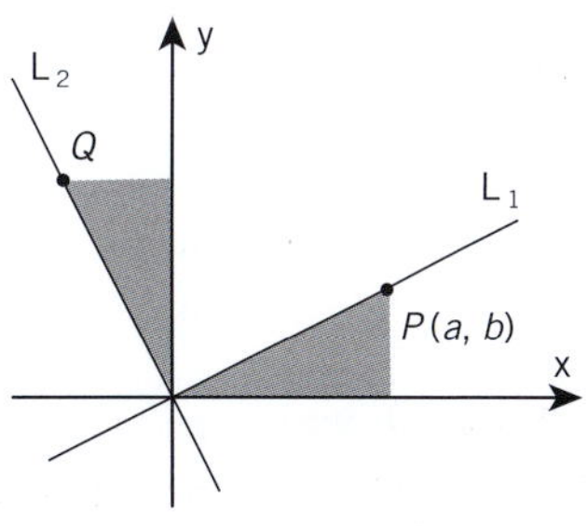

3 Rita av figuren. Linjerna L_1 och L_2 är vinkelräta. Punkterna P och Q har samma avstånd till origo.

a) Bestäm lutningen på linjen L_1 om punkten P har koordinaterna (a, b).

b) Bestäm koordinaterna för punkten Q och lutningen på linjen L_2.

c) Beräkna produkten av linjernas k-värden.

d) Formulera en slutsats.

Parallella och vinkelräta linjer

Exempel Vi ritar graferna till funktioner med samma k-värde.

$y = 2x$, $y = 2x - 2$ och $y = 2x - 4$ visas som blå linjer i figuren. Linjerna är parallella, alla har $k = 2$.

$y = 2 - 0{,}5x$, $y = -0{,}5x$ och $y = -0{,}5x - 2$ visas som röda linjer i figuren. Linjerna är parallella, alla har $k = -0{,}5$.

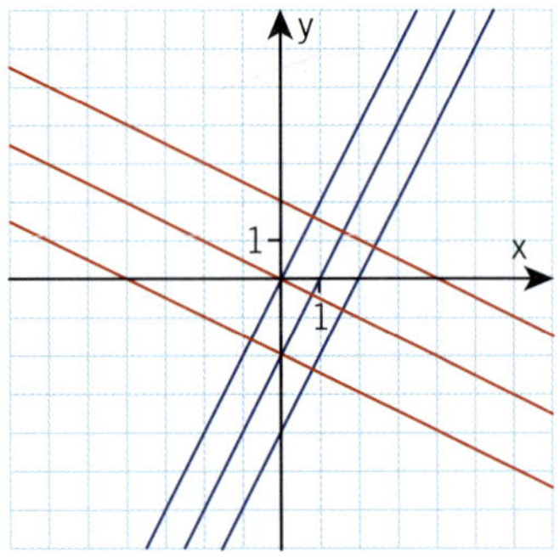

De röda och de blå linjerna är vinkelräta mot varandra. Om vi multiplicerar k-värdena får vi

$$k_{\text{blå}} \cdot k_{\text{röd}} = 2 \cdot \left(-\frac{1}{2}\right) = -1$$

Man kan visa att produkten av k-värdena för vinkelräta linjer alltid är –1.

Sammanfattning

För två linjer med riktningskoefficienterna k_1 och k_2 gäller:
om $k_1 = k_2$ är linjerna parallella
om $k_1 \cdot k_2 = -1$ är linjerna vinkelräta.

1342 Vilka linjer är parallella?

@

A $y = -3 + 2x$
B $y = -2x$
C $y = 3 - x$
D $y = -x + 1$
E $y = x - 5$
F $y = 5 - 2x$

1343 Bestäm k så att linjerna $y = kx - 4$ och $y = 3x + 1$ blir

a) parallella b) vinkelräta.

1344 Graferna till funktionerna $y = 0{,}25x - 4$ och $y = \frac{x}{4}$ är parallella.

Förklara hur man kan se detta utan att rita graferna.

1345 Linjerna i koordinatsystemet är inbördes parallella.

a) Ange en ekvation för var och en av linjerna a, b och c.

b) Ange ekvationen för en linje som är vinkelrät mot linjerna i figuren och går genom origo.

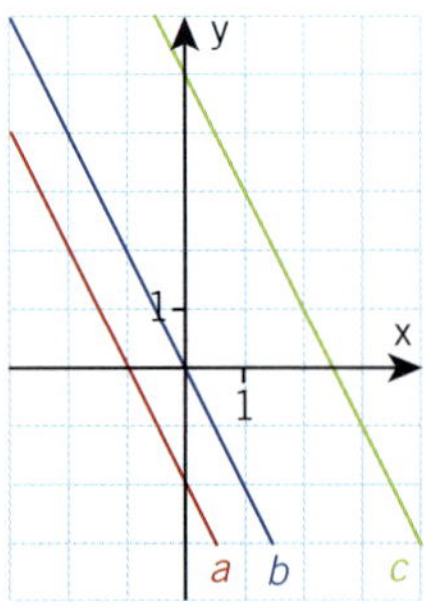

1346 En linje genom punkterna $P(0, 2)$ och $Q(a, 0)$ är parallell med linjen $y = 2x + 1$

b

Bestäm talet a.

Räta linjens ekvation

Vi har tidigare visat hur du kan beräkna lutningen, k, på en linje om två punkter är kända.

m-värdet kan grafiskt avläsas som y-värdet i skärningspunkten med y-axeln. Men hur beräknar man m-värdet?

Exempel En rät linje går genom punkten (3, 7) och har lutningen 2.
Vi använder räta linjens ekvation $y = kx + m$ och sätter in
$k = 2,\ x = 3$ och $y = 7$

$7 = 2 \cdot 3 + m$
$7 = 6 + m$
$m = 1$

Linjens ekvation är $y = 2x + 1$

1347 **Bestäm ekvationen för en linje som går genom punkterna (2, –5) och (–1, 1).**

Formeln för k ger $k = \dfrac{1-(-5)}{-1-2} = \dfrac{6}{-3} = -2$

Vi använder räta linjens ekvation
$y = kx + m$
och sätter in $k = -2,\ x = 2$ och $y = -5$

Vi väljer en av punkterna och sätter in koordinaterna.

$-5 = -2 \cdot 2 + m$

$-5 = -4 + m$

$m = -1$

Svar: Linjens ekvation är $y = -2x - 1$

1348 **Bestäm ekvationen för en linje som är parallell med linjen $y = -4x + 8$ och som skär x-axeln där $x = 3$.**

Linjen $y = -4x + 8$ har lutningen $k = -4$. Den sökta linjen har också $k = -4$ eftersom parallella linjer har samma k-värde.

Linjens skärningspunkt med x-axeln är (3, 0).

Vi sätter in $k = -4,\ x = 3$ och $y = 0$ i

$y = kx + m$

$0 = -4 \cdot 3 + m$

$0 = -12 + m$

$m = 12$

Svar: Linjens ekvation är $y = -4x + 12$

1349 En rät linje med lutningen –2 går genom punkten (1, 5).

a) Rita linjen och avläs m-värdet.

b) Beräkna m-värdet med hjälp av formeln $y = kx + m$.

1350 Bestäm ekvationen för en rät linje som har riktningskoefficienten $k = 2$ och går genom punkten

a) (3, 8) b) (0, 7)

1351 Bestäm ekvationen för en linje som går genom punkten (5, 4) och har riktningskoefficienten

a) $k = 3$ b) $k = -6$

1352 Vilken linje tillhör vilken ekvation? Ange de fem paren ekvation – linje.

a) $y = 3$ d) $y = 2x$

b) $y = 0{,}5x + 2$ e) $y = -5$

c) $y = -x + 1$

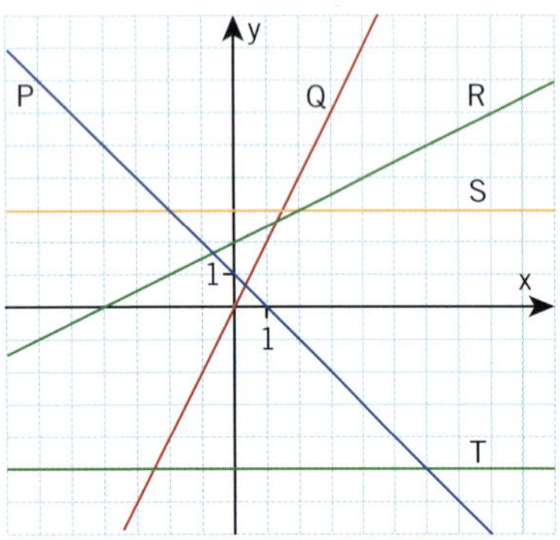

1353 Bestäm ekvationen för linjen som går genom punkterna

a) (4, 6) och (2, 2)

b) (–2, 1) och (1, –5)

c) (3, 0) och (0, 9)

d) (–3, –2) och (–2, 4)

1354 Bestäm ekvationen för en linje som går genom punkten (3, 2) och är parallell med linjen

a) $y = 2x$

b) $y = -x + 7$

c) $y = 4$

1355 Bestäm ekvationen för en linje som uppfyller följande villkor:

a) Lutning –2 och går genom (4, –1)

b) Lutning 0 och går genom (–5, 4)

c) Lutning saknas och går genom (3, 2)

1356 Undersök om någon/några av punkterna

A (2, 3) **B** (4, 4) **C** (6, –2) eller **D** = (4, –2)

ligger på grafen till

a) $y = 8 - x$ c) $y = 3$

b) $y = \frac{1}{2}x + 2$ d) $x = 4$

1357

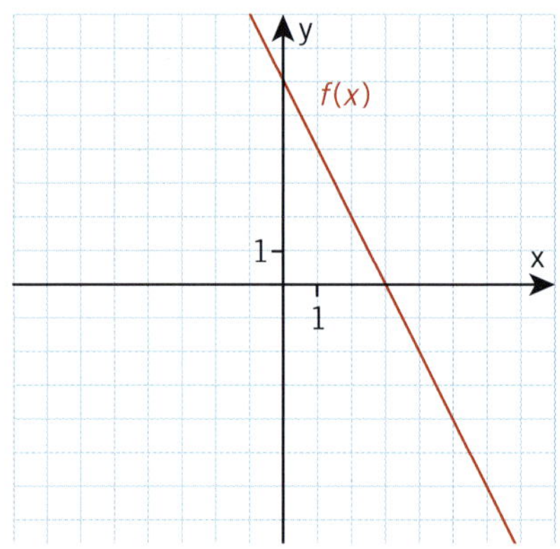

Figuren visar grafen till en funktion $f(x)$.

a) Vilken är funktionen $f(x)$?

b) När grafen till $f(x)$ speglas i y-axeln bildas en annan funktion, $g(x)$. Bestäm $g(x)$.

c) När grafen till $f(x)$ speglas i x-axeln bildas funktionen $h(x)$. Bestäm $h(x)$.

1358 En rät linje går genom punkten (1, –3) och är parallell med en linje som går genom punkterna (7, 4) och (2, –6).

Bestäm ekvationen för den förstnämnda linjen.

1359 Bestäm den funktion $f(x) = kx + m$ för vilken gäller $f(-2) = 5$ och $f(4) = -1$.

1360 En linje går genom punkterna (–2, 2) och (4, 0).

Beräkna exakt och utan räknare

a) lutningen k

b) linjens ekvation.

c) Bestäm på motsvarande sätt ekvationen för en linje genom punkterna (–2, –1) och (7, 5).

1361 Skriv ekvationen för en linje som skär den

a) negativa y-axeln och positiva x-axeln

b) positiva y-axeln och positiva x-axeln.

Motivera dina svar.

1362 Förklara hur du kan ta reda på en linjes lutning, om du har

a) grafen

b) linjens ekvation

c) en värdetabell för linjen.

1363 I jordens atmosfär, upp till höjden 10 km, avtar temperaturen y °C linjärt med höjden x km ovanför havsnivån.

I tabellen redovisas mätdata från en meteorologisk väderballong.

x (höjd i km)	y (temp i °C)
1,2	10,2
2,6	1,1
3,8	–6,7

a) Ställ upp en funktion $y = kx + m$

b) På vilken höjd är temperaturen 7,5 °C?

1364 Är det sant att linjerna $y = 0{,}15x + 0{,}25$ och $y = -7x - 4$ är vinkelräta? Motivera ditt svar.

1365 Bestäm x och y så att punkterna ligger i rät linje då

a) $A(-4, -2)$, $B(0, 2)$ och $C(x, 5)$

b) $P(4, -1)$, $Q(5, y)$ och $R(1, 8)$

1366 C Punkten (2, 2) speglas i linjen $y = -0{,}5x + 2$

Finn koordinaterna för spegelbilden.

1367 Bestäm på formen $f(x) = kx + m$ den funktion som uppfyller

a) $f(0) = 1$, $f(a) = 3$ och $f(a + 1) = 5$

b) $f(1) = 5$, $f(a) = -10$ och $f(a - 2) = -2$

Aktivitet

LABORERA

Trästavar med skruv

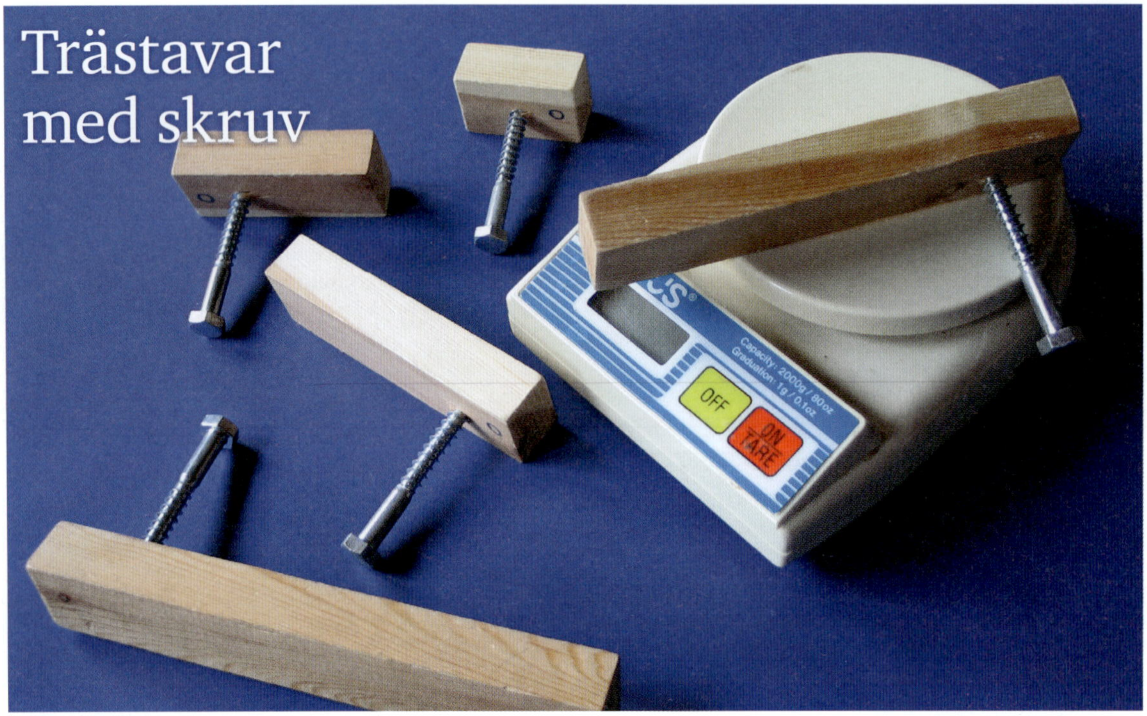

Materiel: Några olika långa trästavar med en skruv, våg och linjal.

1 Väg trästavarna och mät deras längd. Låt längden vara x och vikten y och visa resultatet i en tabell.

2 Pricka in de punkter som svarar mot värdetabellen i ett koordinatsystem. Dra den räta linje som bäst ansluter till punkterna.

3 Bestäm med hjälp av din graf linjens k- och m-värde. Ange linjens ekvation.

4 Tolka med ord vad värdet på k och värdet på m betyder i detta sammanhang.

5 Beräkna med hjälp av linjens ekvation

a) vikten på en trästav med skruv, vars längd du själv bestämmer

b) längden på en trästav med skruv, vars vikt du själv bestämmer.

6 Vad skulle hända om …?

a) Hur skulle grafen se ut om trästavarna hade varit smalare?

b) Hur skulle grafen se ut om trästavarna hade varit tjockare?

c) Hur skulle grafen (och linjens ekvation) se ut om trästavarna hade saknat skruv?

d) Hur skulle grafen (och linjens ekvation) se ut om trästavarna hade haft två skruvar?

Linjära modeller

Om vi vill beskriva en situation med hjälp av en matematisk modell där y är en funktion av x, behöver vi ofta veta hur snabbt y förändras då x ändras.

förändringshastighet Vi vill veta *förändringshastigheten* $\frac{\Delta y}{\Delta x}$

För linjära samband är förändringshastigheten konstant och lika med k-värdet. När vi tolkar k-värdet ingår en enhet av typen personer per år, m/s eller kr/mil.

1368 **Höjden, y cm, på ett brinnande stearinljus minskar enligt modellen $y = 20 - 4x$ där x är tiden i timmar.**

a) Ange och tolka funktionens m-värde.

b) Ange och tolka funktionens k-värde.

c) Bestäm modellens definitionsmängd.

a) $m = 20$ Ljuset var 20 cm högt från början.

b) $k = -4$ Ljusets höjd minskar med 4 cm / timme.

c) Definitionsmängd: $0 \le x \le 5$
Efter 5 timmar har ljuset brunnit ner.

1369 **De längsta oavbrutna mätningarna av koldioxidhalter inleddes år 1958 på den hawaiianska vulkanen Mauna Loa.**

År 1980 visade mätningarna ca 340 ppm och år 2010 ca 385 ppm. Ökningen var i det närmaste linjär.

a) Ställ upp en linjär modell $y = kx + m$ där x är antalet år efter 1980 och y är koldioxidhalten i ppm.

b) Tolka modellens k- och m-värde.

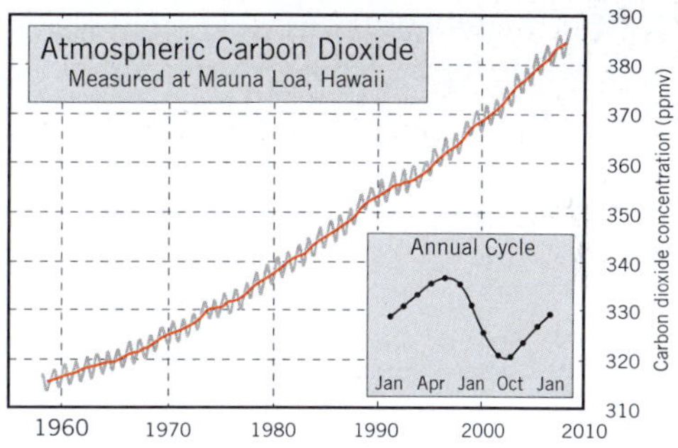

Källa: NOAA

Halten varierar naturligt med årstiderna.

a) $k = \frac{385 - 340}{30 - 0} = 1{,}5$ och $m = 340$

$y = 340 + 1{,}5x$

b) Koldioxidhalten ökar med 1,5 ppm per år.
Halten på Mauna Loa var 340 ppm år 1980.

1370 Höjden y cm av en solros som Asha planterar kan beskrivas med den linjära modellen $y = 9{,}5 + 1{,}5x$ där x är tiden i dygn.

a) Hur hög är solrosen efter en vecka?

b) Ange och tolka funktionens m-värde.

c) Ange och tolka funktionens k-värde.

1371 Att hyra en bil en dag kostar 240 kr i fast avgift plus 29 kr per mil.

a) Hur mycket kostar det att hyra bilen och köra 10 mil?

b) Skriv en formel för kostnaden y kr att köra x mil.

1372 Antalet besök på en blogg ökar enligt följande linjära modell:

$y = 400x + 200$

y är totala antalet besök och x är antalet månader efter årsskiftet.

Vilken fråga kan besvaras med hjälp av lösningen till ekvationen $400x + 200 = 3\,000$?

1373 Grafen visar hur Lukas vikt i gram ökade under de första månaderna efter födelsen.

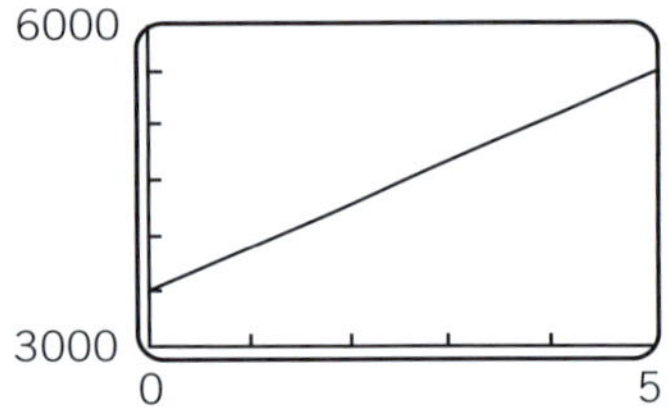

a) Ange och tolka funktionens m-värde.

b) Ange och tolka funktionens k-värde.

c) Vilken är funktionen?

1374 Under 1990-talet förändrades folkmängden i en stad i Norrland linjärt enligt funktionen

$y = 24\,500 - 200x$

där y är folkmängden x år efter 1990.

Förklara vad det betyder att denna modell för folkmängden har ett negativt värde på k.

1375 Zaras motionslopp kan beskrivas med den linjära modellen

$y = 3\,000 - 200x$

där y är antal meter till målet då Zara har sprungit i x minuter.

Ange och tolka modellens k- och m-värde.

1376 *Medellivslängd i Sverige år 1985–2010.*

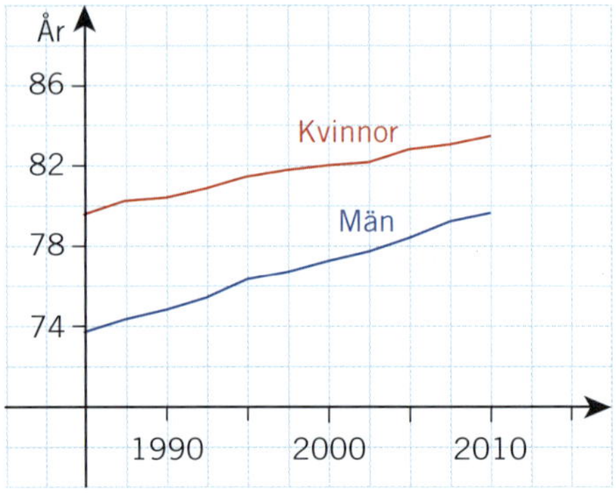

a) Gör en modell för ökningen av medellivslängden för kvinnor respektive män.

b) Beräkna medellivslängden för kvinnor respektive män år 2030 enligt modellerna.

c) När är medellivslängden 100 år för kvinnor enligt modellen?

1377 En sten som kastas rakt upp med hastigheten 15 m/s minskar sin hastighet v m/s linjärt enligt

$v(t) = 15 - 9{,}8t$

där t är tiden i sekunder.

a) Beräkna och tolka $v(0{,}75)$.

b) Vilken fråga kan besvaras med hjälp av lösningen till ekvationen $v(t) = 0$?

c) Ange och tolka funktionens k-värde.

1378 En lastbil väger totalt 14,4 ton med 2,1 m^3 grus och 19,5 ton med 5,1 m^3 grus.

a) Skriv formeln för y (totalvikten i ton) då bilen är lastad med x m^3 grus.

b) Lastbilen tål 9 ton last. Kan den ta 6,5 m^3 grus på en gång?

1379 Sveriges folkmängd ökade praktiskt taget linjärt från 3,5 miljoner år 1850 till 7,0 miljoner år 1950.

a) Ställ upp en linjär modell $y = kx + m$, där y miljoner är folkmängden x år efter 1850.

b) Vilket värde ger modellen för Sveriges befolkning idag? Jämför med det faktiska värdet.

c) Rita en graf för den linjära modellen för åren 1850–2050.

d) När var Sveriges folkmängd 5,0 miljoner enligt denna modell?

1380 Hugo odlar ekologiska tomater och säljer dem på sin gård. Han har studerat hur efterfrågan minskar i takt med att han höjer priset och visar detta i en graf.

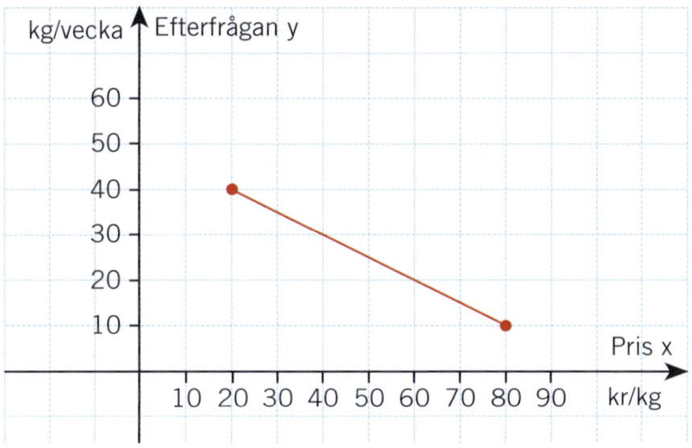

a) Hur mycket minskar efterfrågan om Hugo höjer priset från 40 kr/kg till 60 kr/kg?

b) Beräkna $\frac{\Delta y}{\Delta x}$

c) Tolka k-värdet.

d) Vilken är funktionens definitionsmängd och värdemängd enligt figuren?

1381 Sommaren 2011 bilade Tobbe och Anna genom USA. Inför resan växlade de till sig lite dollar. Växlingskontoret tog en avgift. Anna fick 700 dollar för 4 700 kr och Tobbe fick 520 dollar för 3500 kr.

Beskriv ett linjärt samband mellan valutorna dollar och kronor.

1382 En viss mängd gas är instängd i en kolv. Sambandet mellan gasens tryck och temperatur kan beskrivas med en linjär modell. Vid ett experiment fick några elever följande mätvärden:

Temperatur, °C	20	55	95
Tryck, Pascal	117 000	131 000	147 000

Vid vilken temperatur är trycket noll enligt detta experiment?

1383 Under ett ihållande regn förändras nederbörden y mm/h enligt ekvationen

$y = 20 - 5x$

där x är tiden i timmar från regnvädrets början.

a) Ange och tolka förändringshastigheten av y med avseende på x.

b) Rita en graf som visar hur y beror av x.

c) Hur länge regnar det och hur många millimeter har det då fallit totalt?

Mer om räta linjer

Vi har redan presenterat en algebraisk metod för att bestämma räta linjens ekvation. Vi visar ytterligare en metod.

Exempel 1 En rät linje går genom punkten (4, 3) och har lutningen 5.

Metod 1

Vi vet att $x = 4,\ y = 3$ och $k = 5$

$y = kx + m$
$3 = 5 \cdot 4 + m$
$3 = 20 + m$
$m = -17$
Linjens ekvation är $y = 5x - 17$

Finns det något sätt som ger oss ekvationen, utan att först bestämma m-värdet?
I formeln $k = \dfrac{y_2 - y_1}{x_2 - x_1}$ låter vi punkt 1 vara den punkt som vi vet ligger på linjen och punkt 2 en godtycklig punkt (x, y). Formeln kan då skrivas

$$k = \frac{y - y_1}{x - x_1} \quad \text{eller} \quad y - y_1 = k(x - x_1)$$

Metod 2

Vi vet att $x = 4,\ y = 3$ och $k = 5$

$y - y_1 = k(x - x_1)$
$y - 3 = 5(x - 4)$
$y - 3 = 5x - 20$
$y = 5x - 17$

k-form $y = kx + m$ är räta linjens ekvation i *k-form*, där k är lutningen och m skärningen med y-axeln.

enpunktsform $y - y_1 = k(x - x_1)$ är räta linjens ekvation i *enpunktsform*, där k är lutningen och (x_1, y_1) är koordinaterna för en punkt på linjen.

Exempel 2 En vertikal linje, t ex $x = 3$, saknar k-värde och kan därför inte skrivas på formen $y = kx + m$.

allmän form För att få en ekvation som omfattar alla räta linjer inför vi den *allmänna formen* $Ax + By + C = 0$

Linjerna i figuren kan skrivas $x - 3 = 0$, $x + y - 5 = 0$ respektive $y + 2 = 0$

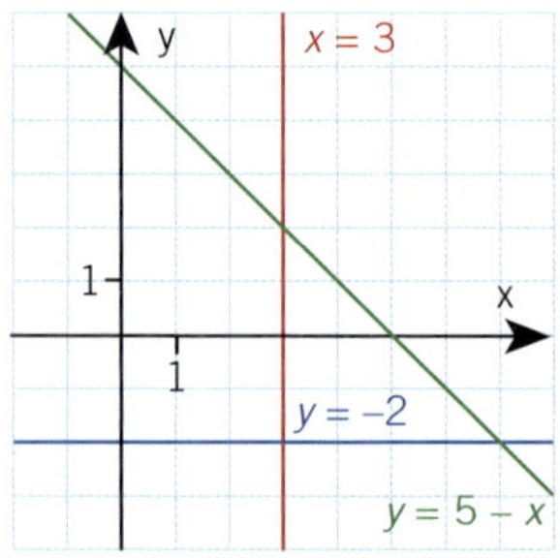

Olika former för räta linjens ekvation:

Sammanfattning

k-form	$y = kx + m$	
enpunktsform	$y - y_1 = k(x - x_1)$	
allmän form	$Ax + By + C = 0$	
horisontell linje	$y = m$	Skär y-axeln i punkten $(0, m)$.
vertikal linje	$x = p$	Skär x-axeln i punkten $(p, 0)$.

1384 **Du ska rita grafen till $6x + 2y - 10 = 0$ på räknaren.**

a) Lös ut y och ange linjens ekvation i k-form.

b) Välj fönster med både x och y från -10 till 10. Rita grafen.

a) $6x + 2y - 10 = 0$ — Addera 10 till båda leden.

$6x + 2y = 10$ — Subtrahera $6x$ från båda leden.

$2y = 10 - 6x$ — Dividera båda leden med 2.

$y = 5 - 3x$

b)

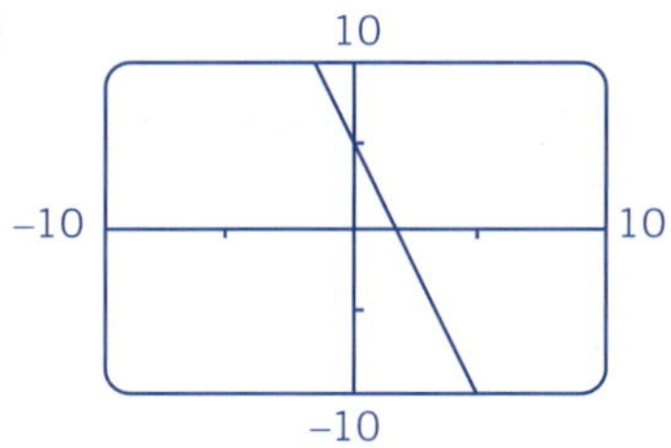

1385 **Bestäm ekvationen för en rät linje som går genom punkten $(-3, 2)$ och har lutningen $k = 4$.**

Metod 1 (med k-form)	*Metod 2* (med enpunktsform)
$x = -3,\ y = 2$ och $k = 4$	$x_1 = -3,\ y_1 = 2$ och $k = 4$
$y = kx + m$	$y - y_1 = k(x - x_1)$
$2 = 4 \cdot (-3) + m$	$y - 2 = 4\,(x - (-3))$
$2 = -12 + m$	$y - 2 = 4x + 12$
$m = 14$	$y = 4x + 14$
$y = 4x + 14$	

Svar: Linjens ekvation är $y = 4x + 14$

1386 **Ligger punkten (2, 4) på linjen $2y + x = 7$?**

Vi sätter in $x = 2$ och $y = 4$ i ekvationen $2y + x = 7$

Vänster led (VL) $= 2 \cdot 4 + 2 = 10$

Höger led (HL) $= 7$

VL $\neq$ HL

<u>Svar:</u> Punkten (2, 4) ligger inte på linjen.

1387 Lös ut y och bestäm k och m till linjerna

a) $7x + y + 4 = 0$ c) $y - 2 = 4(x + 1)$

b) $2x - y = 9$ d) $6x + 2y = 16$

1388 a) Rita grafen till $y + 3x = 7$ på räknaren. Börja med att skriva ekvationen i k-form.

b) Rita grafen till $2y - 2x = -10$

c) Har graferna någon gemensam punkt?

1389 Rita linjerna i samma koordinatsystem.

A $y = -3$ **C** $y = x$

B $x = 1$ **D** $2y - 4x = 2$

1390 Ligger punkten (4, –2) på linjen?

a) $y = 3x - 14$ c) $2x - 4y = 0$

b) $y = -2x + 10$ d) $-x - y = 6$

Motivera dina svar.

1391 a) Vilket värde har x i den punkt där en linje skär y-axeln?

b) I vilken punkt skär grafen till $2y + 3x = 1$ y-axeln?

1392 Skriv linjerna $y + 3x + 4 = 0$ och $2y + 6x = -8$ i k-form. Kommentera resultatet.

1393 Nadja påstår att graferna till $y = 7 - \frac{x}{2}$ och $y - 0{,}5x + 3 = 0$ är parallella.

Är detta sant? Motivera.

1394 Bestäm talet a så att linjen $ax - 5y + 3 = 0$ går genom punkten (2, –3).

1395 Undersök vilka linjer som är inbördes

a) parallella b) vinkelräta?

L1 $y = 4x - 3$ **L4** $4y - x = 0$

L2 $4x + y - 5 = 0$ **L5** $y = 3 - 0{,}25x$

L3 $5{,}2x - 1{,}3y = 0$ **L6** $4x + y = 8$

1396 I ett koordinatsystem delar koordinataxlarna planet i fyra *kvadranter*.

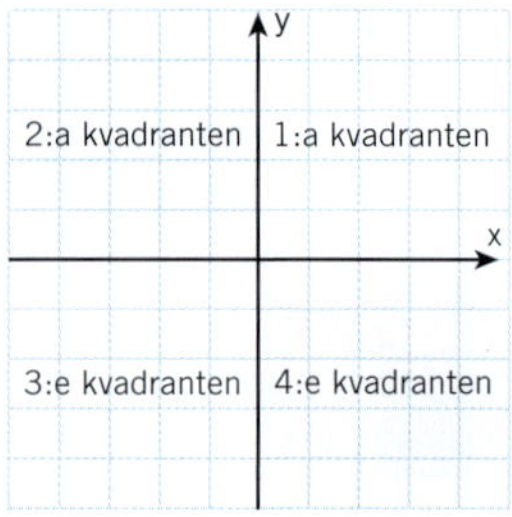

Linjen $1{,}5x + by - 6 = 0$ avgränsar tillsammans med koordinataxlarna en triangel i första kvadranten.

Bestäm talet b om triangeln har arean 6 areaenheter.

1397 Diagrammet visar linjen $p - at - 25 = 0$ Bestäm talet a genom lämplig avläsning.

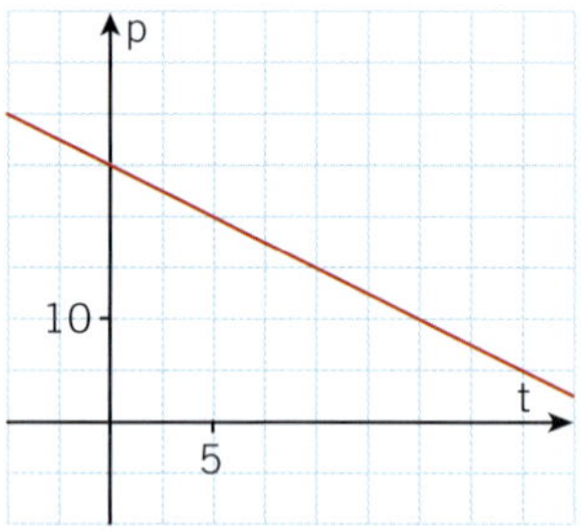

1.4 Linjära ekvationssystem

Grafisk lösning

Exempel Linn och Alice har var sin ryggsäck som handbagage när de flyger. Vid incheckningen vägs handbagaget. Deras ryggsäckar väger tillsammans 13 kg. Skillnaden i vikt är 3 kg. Hur mycket väger deras ryggsäckar?

Anta att den lättaste väger x kg och den tyngsta y kg. Vi kan då ställa upp följande samband:

$y + x = 13$
$y - x = 3$

Både $y + x = 13$ och $y - x = 3$ är ekvationer med två obekanta.

ekvationssystem Vi sammanför ekvationerna med en klammer och får ett *ekvationssystem*.

$$\begin{cases} y + x = 13 \\ y - x = 3 \end{cases}$$

Ekvationerna har var för sig oändligt många lösningar. Några av lösningarna ser du i värdetabellerna.

$y + x = 13$

x	y
2	11
4	9
5	8

$y - x = 3$

x	y
2	5
4	7
5	8

Varje lösning till $y + x = 13$ motsvaras av en punkt på den röda linjen i grafen. Lösningarna till $y - x = 3$ bildar den blå linjen. Linjerna skär varandra i en punkt med koordinaterna $x = 5$ och $y = 8$.

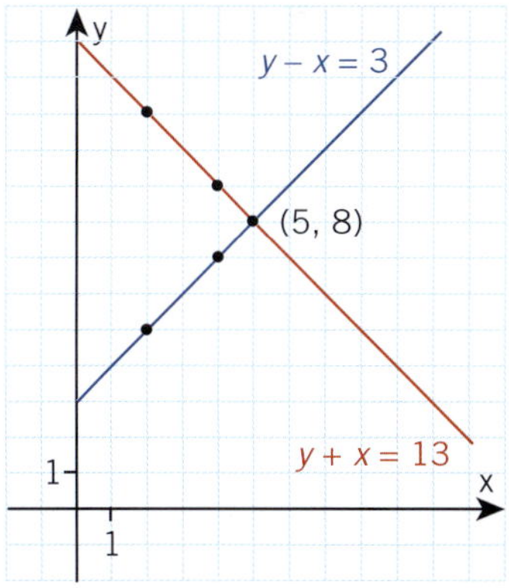

Skärningspunktens koordinater är en lösning till båda ekvationerna.

ekvationssystemets lösning Vi säger att *ekvationssystemet*

$$\begin{cases} y + x = 13 \\ y - x = 3 \end{cases} \text{ har } \textit{lösningen} \begin{cases} x = 5 \\ y = 8 \end{cases}$$

Ryggsäckarna väger 5 kg och 8 kg!

Sammanfattning

Att lösa ett ekvationssystem innebär att man bestämmer ekvationernas gemensamma lösning.

Till ett linjärt ekvationssystem med två obekanta kan man grafiskt finna lösningen i linjernas skärningspunkt.

1401 Lös ekvationssystemet grafiskt. $\begin{cases} y - 2x = 1 \\ y - 0{,}5x = 2 \end{cases}$

Svara med två decimaler.

Vi löser ut y ur ekvationerna, vilket ger

$y = 2x + 1$ och $y = 0{,}5x + 2$

Vi ritar båda graferna i samma koordinatsystem och avläser skärningspunkten med räknarens inbyggda verktyg för skärning.

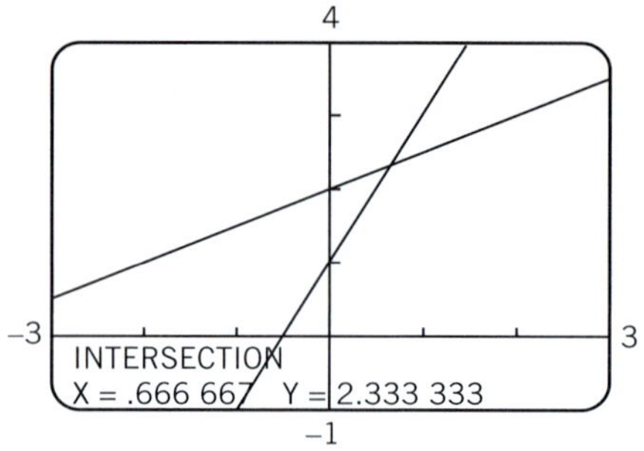

Lösningen är $\begin{cases} x \approx 0{,}67 \\ y \approx 2{,}33 \end{cases}$

1402 Lydia avläser lösningen till ekvationssystemet

$\begin{cases} y + 3x = 4 \\ y - x = 1 \end{cases}$

grafiskt och får

$x = 0{,}8$ och $y = 1{,}7$

Är lösningen exakt eller approximativ (ungefärlig)?

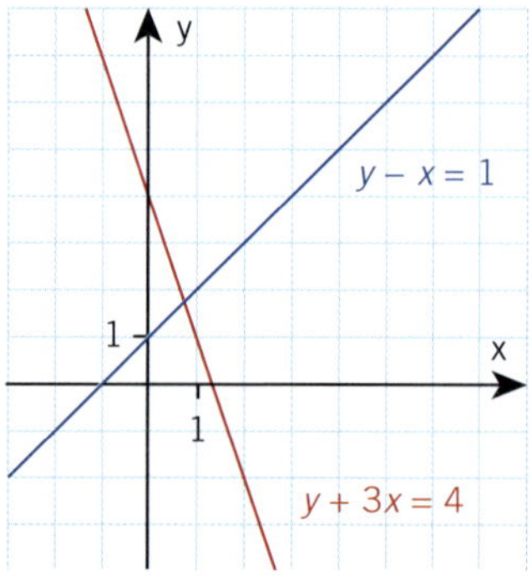

Sätt in $x = 0{,}8$ och $y = 1{,}7$ i de två ekvationerna.
Lösningen är exakt om VL = HL och approximativ om VL ≈ HL

$y + 3x = 4$

VL = $1{,}7 + 3 \cdot 0{,}8 = 4{,}1$ och HL = 4 dvs VL ≈ HL

$y - x = 1$

VL = $1{,}7 - 0{,}8 = 0{,}9$ och HL = 1 dvs VL ≈ HL

Svar: Lösningen är approximativ.

1403 Graferna till ekvationerna i ett ekvationssystem är ritade i figuren.

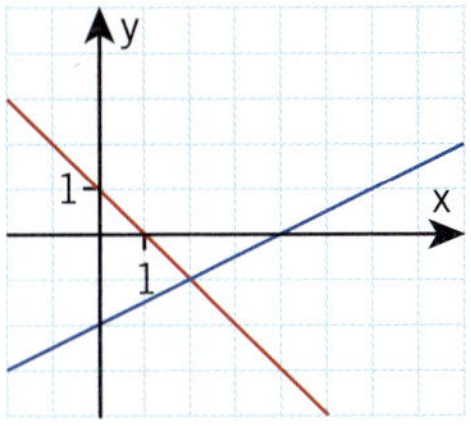

Avläs ekvationssystemets lösning.

1404 a) Rita graferna till $y = x - 1$ och $y = 3 - x$ i samma koordinatsystem.

b) Avläs lösningen till ekvationssystemet

$$\begin{cases} y = x - 1 \\ y = 3 - x \end{cases}$$

1405

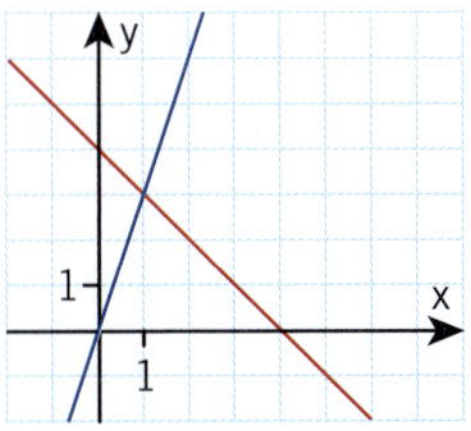

a) Bestäm ekvationen för den röda linjen.

b) Vilket ekvationssystem kan lösas grafiskt med hjälp av figuren?

c) Avläs lösningen.

1406 Är $x = 10$ och $y = 20$ en lösning till ekvationssystemet?

a) $\begin{cases} y = 50 - 3x \\ y = 12 + 2x \end{cases}$ b) $\begin{cases} x + 2y = 50 \\ 2x + y = 40 \end{cases}$

Motivera ditt svar.

1407 Lös ekvationssystemet grafiskt.

a) $\begin{cases} y = x + 1 \\ y = -2x + 3 \end{cases}$

b) $\begin{cases} 3x + y - 1 = 0 \\ y - 2x - 6 = 0 \end{cases}$

1408 Är $x = 0{,}7$ och $y = 3{,}3$ en exakt eller approximativ lösning till ekvationssystemet? Motivera.

a) $\begin{cases} x + y - 4 = 0 \\ 2x - y + 2 = 0 \end{cases}$

b) $\begin{cases} 8x - 2y = -1 \\ 2x + 2y = 8 \end{cases}$

1409 Ge ett exempel på ett ekvationssystem som har lösningen

a) $\begin{cases} x = 2 \\ y = 5 \end{cases}$ b) $\begin{cases} x = -3 \\ y = 1{,}5 \end{cases}$

1410 Graferna till ekvationerna i ett ekvationssystem är ritade i figuren.

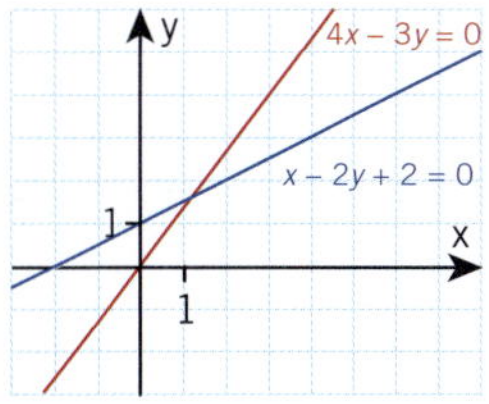

a) Bestäm en lösning med hjälp av figuren.

b) Kontrollera om din lösning i a) är exakt eller approximativ.

1411 Ekvationssystemet

$$\begin{cases} 3x - 2y = a \\ ax + by = 10 \end{cases}$$

har lösningen $x = -2$ och $y = -1$

Bestäm talen a och b.

1412 Ekvationssystemet

$$\begin{cases} 2x - y - 1 = 0 \\ 4x - 2y + 7 = 0 \end{cases}$$

saknar lösning.

Rita graferna till ekvationerna och förklara varför lösning saknas.

Substitutionsmetoden

Vi går nu över till algebraiska metoder.

substitutionsmetoden En metod kallas *substitutionsmetoden* och innebär

Substituera betyder *ersätta* eller *byta ut*.

1. Lös ut en variabel ur den ena ekvationen.
2. Ersätt variabeln i den andra ekvationen med detta uttryck och lös ekvationen.
3. Lösningen till ekvationen sätts in i någon av de ursprungliga ekvationerna, som därefter löses.

1413

Lös ekvationssystemet

$$\begin{cases} y = 3x - 2 & (1) \\ y = 4 - 2x & (2) \end{cases}$$

① **Enligt ekvation (1) är $y = 3x - 2$**

I ekvation (2) byter vi ut y mot uttrycket $3x - 2$

$$y = 4 - 2x$$

② $$3x - 2 = 4 - 2x$$
$$5x = 6$$
$$x = 1,2$$

③ **$x = 1,2$ sätts in i någon av ekvationerna. Vi väljer ekvation (1).**

$y = 3x - 2$

$y = 3 \cdot 1,2 - 2 = 1,6$

Ekvationssystemet har lösningen $x = 1,2$ och $y = 1,6$.

1414

Lös ekvationssystemet exakt

$$\begin{cases} 3y - 4z = 17 & (1) \\ y - 5z = 2 & (2) \end{cases}$$

① **Vi löser ut y ur ekvation (2) och får $y = 5z + 2$.**

Vi ersätter y med uttrycket $5z + 2$ i ekvation (1).

$$3y - 4z = 17$$

② $$3(5z + 2) - 4z = 17$$
$$15z + 6 - 4z = 17$$
$$11z = 11$$
$$z = 1$$

③ **$z = 1$ sätts in i någon av ekvationerna. Vi väljer ekvation (2)**

$y = 5z + 2$

$y = 5 \cdot 1 + 2 = 7$

Ekvationssystemet har lösningen $\begin{cases} z = 1 \\ y = 7 \end{cases}$

1415 Lös ekvationssystemet

a) $\begin{cases} y = 4x \\ y = x + 15 \end{cases}$ b) $\begin{cases} y = 2x - 8 \\ y = 10 - x \end{cases}$

1416 Lös ekvationssystemet

a) $\begin{cases} y = x + 3 \\ 2x + y = 9 \end{cases}$ b) $\begin{cases} x + y = 6 \\ y = 3x - 2 \end{cases}$

1417 Lös ut x.

a) $x + 5y = 8$ c) $z - 2x = -1$

b) $7y - x = 3$ d) $2x + 6y = 10$

1418 Multiplicera in och förenkla

a) $3(2x + 5) + 4(x - 3)$

b) $8x - 2(3x - 5)$

1419 Lös ekvationssystemet

a) $\begin{cases} 2x + y = 9 \\ x = y - 3 \end{cases}$ b) $\begin{cases} 2z + 3x = 5 \\ z = 4 - 2x \end{cases}$

1420 Lös först ut y ur den första ekvationen. Sätt sedan in uttrycket för y i den andra ekvationen. Lös därefter ekvationssystemet.

a) $\begin{cases} y - x = 1 \\ 2x + y = 13 \end{cases}$ b) $\begin{cases} 2x - y + 5 = 0 \\ 3y - x = 25 \end{cases}$

1421

a) Ställ upp ett ekvationssystem som beskriver situationen.

b) Bestäm priset på en banan.

c) Bestäm priset på en ostmacka.

1422 Lös ekvationssystemet med substitutionsmetoden.

a) $\begin{cases} 2x + 3y = 8 \\ 4x + y = -4 \end{cases}$

b) $\begin{cases} x - 5y = -3 \\ 4x - 3y = 5 \end{cases}$

1423 Lösningen till ekvationssystemet

$\begin{cases} y - 3x = 1 \\ y + 7x = 3 \end{cases}$

får vi när $y = 8/5$, men vilket värde har x?

Visa att lösningen stämmer.

1424 Bestäm exakt koordinaterna för skärningspunkten mellan de båda räta linjerna

$2x - y = 2$ och $3x - 2y = 1$

1425 Elvira säger att graferna till $y = 8 + 2x$ och $y = 2 - x$ skär varandra i punkten $(-2, 4)$.

Beskriv några olika metoder för att undersöka om detta stämmer.

1426 Bestäm talet a i ekvationen $5x + 4y = a$ så att uttrycket $5x + 4y - 3$ får värdet 9.

1427 Linjerna $y + 2x = 3$, $y = 2x + 1$ och $0{,}5x - y - 2 = 0$ innesluter en triangel.

Bestäm exakt koordinaterna för triangelns hörn.

1428 Undersök om linjerna $y - 2x + 3 = 0$, $2x + y - 53 = 0$ och $y - x - 11 = 0$ går genom en och samma punkt.

1429 Bestäm talen a och b så att ekvationssystemet

$\begin{cases} x - ay = b \\ bx + y = a + 6 \end{cases}$

får lösningen $x = 7$ och $y = 2$.

Additionsmetoden

Exempel Hur löser vi ett ekvationssystem där vi inte på ett enkelt sätt kan lösa ut en variabel?

Vi undersöker ekvationssystemet $\begin{cases} 2x + 3y = 16 & (1) \\ 4x - 3y = 14 & (2) \end{cases}$

Jämför ekvation (1) och ekvation (2). Koefficienterna framför y har samma siffervärde, men motsatt tecken. Adderar vi ledvis, tar y-termerna ut varandra.

$$\begin{array}{rl} & \begin{cases} 2x + 3y = 16 \\ 4x - 3y = 14 \end{cases} \\ + & \\ \hline & 6x + 0 \ = 30 \\ & x = 5 \end{array}$$

$x = 5$ sätts in i en av ekvationerna och ger $y = 2$

Ekvationssystemet har lösningen $\begin{cases} x = 5 \\ y = 2 \end{cases}$

additionsmetoden *Additionsmetoden* innebär

① Multiplicera den ena eller båda ekvationerna med lämpliga tal så att koefficienterna framför den ena variabeln blir motsatta tal.

② Addera ekvationerna ledvis. Vi får då en ekvation med en variabel. Lös ekvationen.

③ Lösningen till ekvationen sätts in i någon av de ursprungliga ekvationerna, som därefter löses.

1430 **Lös ekvationssystemet med additionsmetoden.**

$\begin{cases} 2x + 5y = 41 & (1) \\ 3x + 8y = 65 & (2) \end{cases}$

① $\begin{cases} 3(2x + 5y) = 3 \cdot 41 \\ -2(3x + 8y) = -2 \cdot 65 \end{cases}$

Ekvation (1) multipliceras med 3 och ekvation (2) med –2. Koefficienterna framför x blir motsatta tal, –6 och +6.

② $$\begin{array}{rl} & \begin{cases} 6x + 15y = 123 \\ -6x - 16y = -130 \end{cases} \\ + & \\ \hline & -y = -7 \\ & y = 7 \end{array}$$

Ekvationerna adderas ledvis.

③ $y = 7$ sätts in i ekvation (1)

$2x + 5 \cdot 7 = 41$
$2x = 6$
$x = 3$

Svar: Ekvationssystemets lösning är $x = 3$ och $y = 7$.

1431 Lös ekvationssystemet med additionsmetoden.

a) $\begin{cases} 2a + b = 25 \\ 7a - b = 11 \end{cases}$ b) $\begin{cases} 11y - 13z = 18 \\ y + 13z = 30 \end{cases}$

1432 $\begin{cases} -3x + 4y = 14 \\ 12x + y = 29 \end{cases}$

a) Vad ska du multiplicera den första ekvationen med för att x-termerna ska ”försvinna” vid additionen?

b) Lös ekvationssystemet.

1433 Lös ekvationssystemet med additionsmetoden.

a) $\begin{cases} 2x + 3y = 31 \\ 5x - y = 1 \end{cases}$ b) $\begin{cases} 2a + b = 6 \\ 3a - 2b = 2 \end{cases}$

1434 $\begin{cases} 5x + 4y = 55 \\ 3x - 6y = -9 \end{cases}$

Vad kan du multiplicera ekvation 1 respektive ekvation 2 med om du vid additionen vill eliminera (få bort)

a) x-termerna b) y-termerna?

1435

a) Ställ upp ett ekvationssystem som beskriver situationen.

b) Bestäm priset på en kopp kaffe.

c) Bestäm priset på en bulle.

Lös ekvationssystemet med additionsmetoden.

1436 a) $\begin{cases} 4s + 9t = 43 \\ 3s + 7t = 26 \end{cases}$

b) $\begin{cases} 3x + 2y = 65 \\ -x + 5y = 1 \end{cases}$

c) $\begin{cases} 7a - 3b = 6 \\ 5a + 2b = 25 \end{cases}$

1437 a) $\begin{cases} 2x - 8y + 12 = 0 \\ x - 12y + 8 = 0 \end{cases}$

b) $\begin{cases} 0{,}5z + 0{,}3y - 6 = 0 \\ z - y + 4 = 0 \end{cases}$

c) $\begin{cases} 4x + 7y = -9 \\ 5x + 8y = -10 \end{cases}$

1438 Förklara vad det innebär att ”lösa ett ekvationssystem” med två obekanta x och y.

1439 Lös följande ekvationssystem. Använd substitutionsmetoden eller additionsmetoden.

a) $\begin{cases} 1{,}2y = 2{,}0x - 5{,}4 \\ 0{,}8x + 1{,}4y = 7{,}8 \end{cases}$

b) $\begin{cases} 1\,000a = 10b - 330 \\ 100a + b = 27 \end{cases}$

c) $\begin{cases} 0{,}1z - x + 44 = 0 \\ 0{,}08z - x + 50 = 0 \end{cases}$

1440 Lös ekvationssystemet exakt.

$\begin{cases} 21x + 6y = 7 \\ 7x + 3y = 3 \end{cases}$

1441 Lös ekvationssystemet

$\begin{cases} \dfrac{x}{3} + \dfrac{y}{4} = \dfrac{1}{12} \\ \dfrac{x}{2} - \dfrac{y}{6} = \dfrac{2}{3} \end{cases}$

Några speciella ekvationssystem

Exempel När man löser ett ekvationssystem kan tre fall inträffa:
Att ekvationssystemet har en lösning, saknar lösning eller har obegränsat antal lösningar.
Låt oss titta på tre exempel.

1 $\begin{cases} y = x + 2 \\ y = 6 - x \end{cases}$ **2** $\begin{cases} y = x + 2 \\ y = x + 5 \end{cases}$ **3** $\begin{cases} y = x + 2 \\ 2y = 2x + 4 \end{cases}$

Algebraisk lösning **Grafisk tolkning**

Fall 1

$$\begin{cases} y = x + 2 \\ y = 6 - x \end{cases}$$

$x + 2 = 6 - x$

$2x = 4$

$x = 2$

$y = 6 - 2 = 4$

Ekvationssystemet har *en lösning*: $\begin{cases} x = 2 \\ y = 4 \end{cases}$

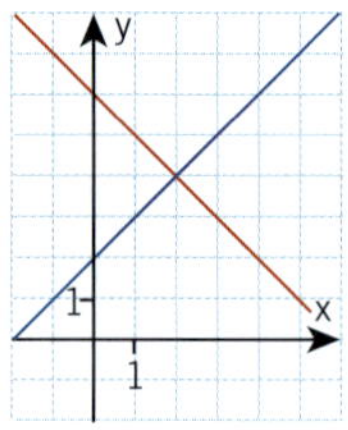

En skärningspunkt.
Detta gäller när linjerna har olika k-värde.

Fall 2

$$\begin{cases} y = x + 2 \\ y = x + 5 \end{cases}$$

$x + 2 = x + 5$

$0 = 3$ (orimligt)

Ekvationssystemet *saknar* lösning.

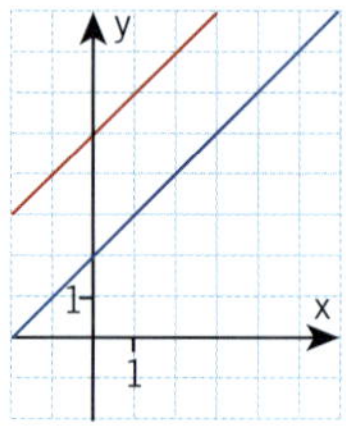

Ingen skärningspunkt.
Detta gäller när linjerna har samma k-värde och olika m-värde.

Fall 3

$$\begin{cases} y = x + 2 \\ 2y = 2x + 4 \end{cases}$$

Vi löser ut y ur den andra ekvationen och får $y = x + 2$
Ekvationerna beskriver samma räta linje.

Ekvationssystemet har *oändligt många lösningar.*

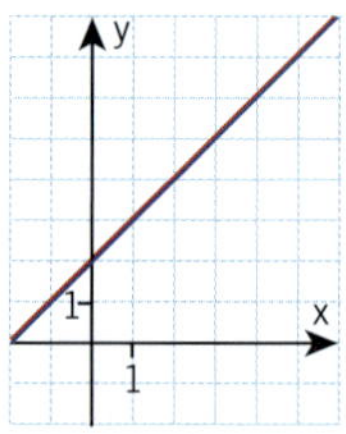

Alla punkter är gemensamma.
Detta gäller när linjerna har samma k-värde och samma m-värde.

1442 Ekvationssystemet

a

$$\begin{cases} y = 3x + 4 \\ y = kx \end{cases}$$

har endast en lösning
$x = 2$ och $y = 10$.

Bestäm talet k.

1443 Linjen L_1 har ekvationen
$y - x = 3$ och

L_2 har ekvationen
$y - x = -3$

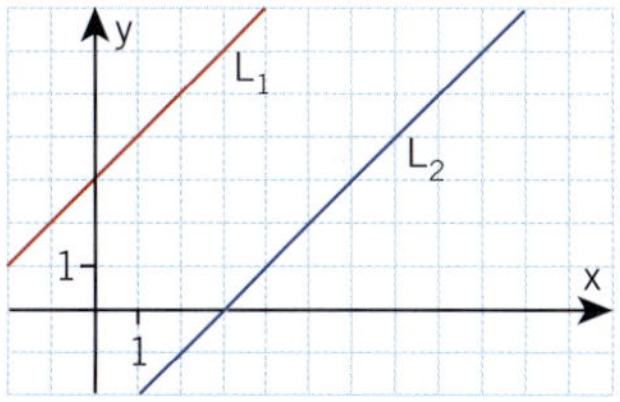

Vad kan du säga om lösningen till ekvationssystemet?

$$\begin{cases} y - x = 3 \\ y - x = -3 \end{cases}$$

Motivera ditt svar.

1444 Lös ekvationssystemet och tolka svaret grafiskt.

b

a) $\begin{cases} 2x - y = 3 \\ 2x - y = 5 \end{cases}$

b) $\begin{cases} 2x - y = 3 \\ 2x + y = 5 \end{cases}$

c) $\begin{cases} 2x - y = 3 \\ 10x - 5y = 15 \end{cases}$

d) $\begin{cases} 5x + 2y = 10 \\ 2{,}5x + y = 1 \end{cases}$

1445 $\begin{cases} y = 3x + a \\ y = bx - 7 \end{cases}$

a) Vilken lösning har ekvationssystemet då $a = -9$ och $b = 2$?

b) Undersök antalet lösningar till ekvationssystemet för olika värden på a och b. Motivera dina svar.

1446 Graferna till ekvationerna i ekvationssystemet är ritade i figuren.

$$\begin{cases} x + y = 2 \\ y = kx + m \end{cases}$$

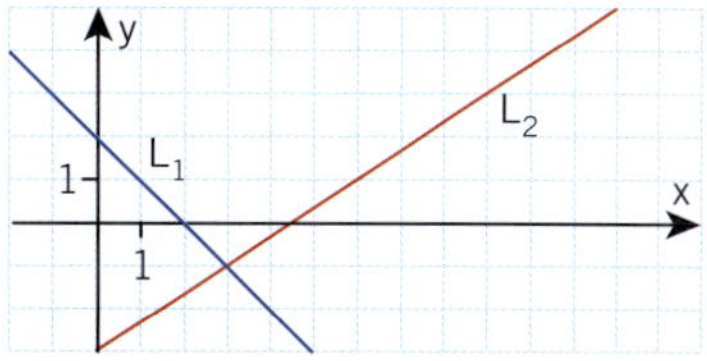

a) Bestäm talet k.

b) Vilken lösning har ekvationssystemet?

c) Om linjen L_2 roterar runt linjernas skärningspunkt så ändras värdet på k och m.
Vilket värde har k och m då ekvationssystemet har oändligt många lösningar?

d) Om linjen L_1 roterar runt linjens skärning med y-axeln så ändras linjens k-värde.
Vilket värde har k då ekvationssystemet har lösningen $x = 6$ och $y = 1$?

1447 Skriv en ekvation som tillsammans med ekvationen $2x + 3y = 5$ ger ett ekvationssystem som

a) saknar lösning

b) har oändligt många lösningar

c) har endast en lösning, $x = 4$ och $y = -1$.

1448 $\begin{cases} 2y + x = 6 \\ y - kx = 2 \end{cases}$

c

För vilka värden på k

a) saknar ekvationssystemet lösning

b) har ekvationssystemet en lösning

c) har ekvationssystemet en lösning i 1:a kvadranten $(x, y > 0)$?

1449 För vilka värden på talet a har ekvationssystemet

$$\begin{cases} 4x - 2y = 5 \\ ay - 6x = -1{,}5 \end{cases}$$

en enda lösning?

Tema

Vinst eller förlust?

Exempel Robin har ett bageri. Han bakar och säljer surdegslimpor för 40 kr/st. Han har gjort följande budget för 30 000 limpor nästa verksamhetsår.

Intäkter

Försäljning	(30 000 st · 40 kr/st)	1 200 000 kr

Kostnader

Rörliga kostnader

Ingredienser	(30 000 st · 15 kr/st)	450 000 kr

Fasta kostnader

Löner	570 000 kr
Lokal	120 000 kr
Övriga kostnader	+ 60 000 kr
	750 000 kr

resultat *Resultat* = Intäkter – Kostnader =
= 1 200 000 kr – (750 000 kr + 450 000 kr) = 0

För x st limpor är:
Intäkterna (i kr), $y = 40x$
Kostnaderna (i kr), $y = 750\,000 + 15x$

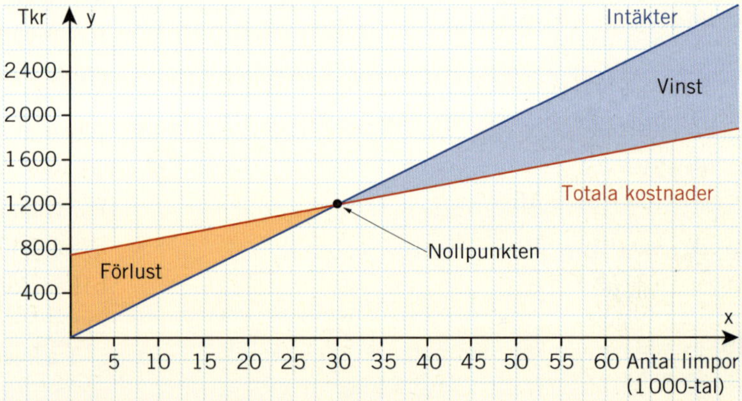

nollpunkt I nollpunkten (break even på engelska) är resultatet = 0, dvs verksamheten går varken med vinst eller förlust.

Lösningen till ekvationssystemet

$$\begin{cases} y = 40x \\ y = 750\,000 + 15x \end{cases}$$ ger nollpunkten.

1

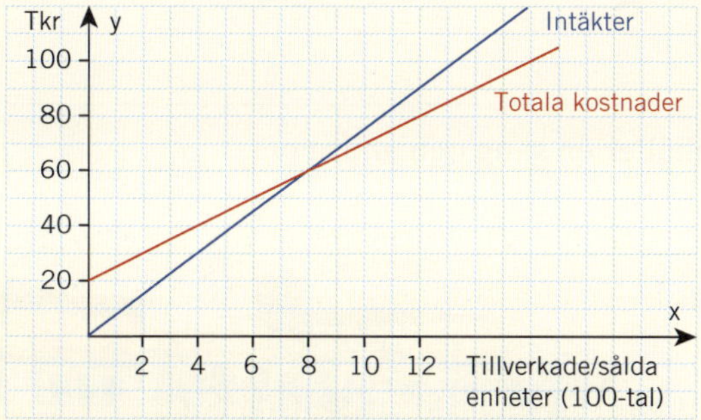

Avläs i figuren

a) den fasta kostnaden

b) antalet sålda enheter för resultatet = 0

c) vinsten vid 1 200 sålda enheter

d) förlusten vid 400 sålda enheter.

2 En silversmed räknar med följande kostnader och intäkter för att tillverka x smycken av en viss modell:

Kostnad i kr: $K(x) = 2\,000 + 85x$
Intäkter i kr: $I(x) = 300x$

a) Beräkna och tolka $I(5)$.

b) Beräkna och tolka $K(5)$.

c) Hur många smycken måste smeden tillverka för att gå med vinst?

3 Elvira har ett litet företag där hon säljer blommor. Hon köper in buketter för 30 kr/st och säljer dem för 55 kr/st. Hennes fasta kostnader uppgår till 30 000 kr/år.

Ett år säljer Elvira 3 000 buketter.

a) Beräkna den totala kostnaden.

b) Beräkna resultatet.

c) Beräkna resultatet om hon istället säljer 800 buketter.

d) Anta att Elvira säljer x buketter.
Skriv tre formler, en för de totala kostnaderna, en för intäkterna och en för resultatet.

4 Pierre har en målerifirma. Hans totala kostnader, y kr, i samband med arbetet kan beskrivas med funktionen $y = 350\,000 + 50x$, där x är antalet arbetade timmar.
Funktionen $y = 400x$ beskriver intäkterna y kr, för x timmar.

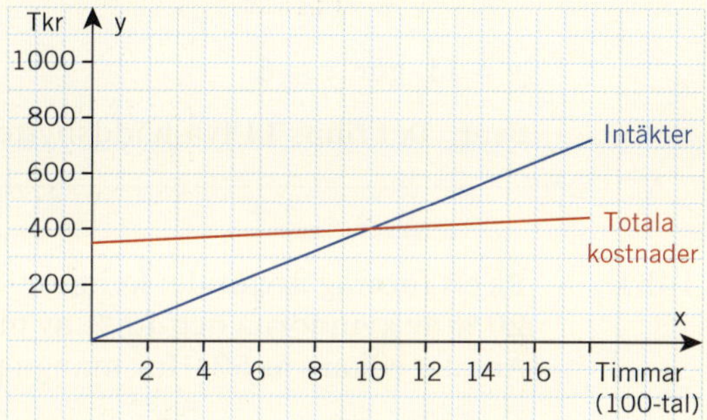

a) Avläs i grafen hur många timmar Pierre måste arbeta för ett nollresultat.

b) Beräkna med hjälp av formlerna vinsten om han arbetar 1 600 timmar.

c) Beräkna förlusten om han arbetar 800 timmar.

d) Antag att funktionen som beskriver intäkterna ändras till $y = 480x$.
Lös ekvationssystemet $\begin{cases} y = 350\,000 + 50x \\ y = 480x \end{cases}$
och förklara vad lösningen innebär i detta sammanhang.

Tillämpningar och problemlösning

1450 På en flodbåt finns 17 hytter. Några innehåller en säng och andra två. Det finns totalt 28 sängplatser på båten.
Hur många 2-bäddshytter finns det?

Anta att det finns x hytter med en säng och y hytter med två sängar.
Vi får då ekvationssystemet

$$\begin{cases} x + y = 17 & (1) \\ x + 2y = 28 & (2) \end{cases}$$

Vi väljer additionsmetoden och multiplicerar första ekvationen med –1.

$$\begin{cases} -1(x + y) = -1 \cdot 17 \\ x + 2y = 28 \end{cases}$$

Substitutionsmetoden hade också fungerat bra.

$$\begin{cases} -x - y = -17 \\ x + 2y = 28 \end{cases}$$

$$y = 11$$

$y = 11$ ger $x = 6$

Svar: Det finns 11 två-bäddshytter.

1451 På ett företag är antalet kvinnor 45 fler än antalet män.
20 % av kvinnorna och 12 % av männen röker.
Antalet rökare är 57. Hur många personer arbetar på företaget?

Anta att antalet kvinnor är x och antalet män är y.
Vi får ekvationssystemet

$$\begin{cases} x = y + 45 & (1) \\ 0{,}2x + 0{,}12y = 57 & (2) \end{cases}$$

$0{,}2\,(y + 45) + 0{,}12y = 57$

I ekvation (2) ersätts x med $y + 45$

$0{,}2y + 9 + 0{,}12y = 57$

$0{,}32y = 48$

$y = 150$

Värdet på y sätts in i ekvation (1), vilket ger $x = 195$.

Antalet anställda $= x + y = 195 + 150 = 345$

Svar: 345 personer arbetar på företaget.

1452 Summan av två tal är 150 och differensen är 22.

a) Skriv ett ekvationssystem som beskriver sambanden.

b) Vilka är talen?

1453 På en badort finns det två firmor, A och B, som hyr ut cyklar. Det kostar y kr att hyra en cykel x dagar.

A: $y = 95x$

B: $y = 245 + 60x$

Hur många dagar ska man hyra en cykel för att kostnaden ska bli densamma hos firma A och B? Lös uppgiften

a) grafiskt på räknare/dator

b) algebraiskt.

1454 Till en musikkonsert såldes 240 biljetter. Det fanns dyra biljetter (x) för 200 kr och billiga biljetter (y) för 100 kr.

$$\begin{cases} x + y = 240 & (1) \\ 200x + 100y = 33\,000 & (2) \end{cases}$$

a) Förklara vad ekvation (1) betyder.

b) Förklara vad ekvation (2) betyder.

c) Lös ekvationssystemet.

1455

Vilket tal ska stå i rutan?

1456 En rektangel har omkretsen 46 cm. Den ena sidan är 8 cm längre än den andra. Låt sidornas längder vara x cm och y cm.

a) Ställ upp ett ekvationssystem för x och y.

b) Lös ekvationssystemet och ange sidornas längder.

1457 På en parkeringsplats är alla 240 platserna upptagna. Antalet personbilar är 30 mer än dubbla antalet lastbilar. Låt antalet personbilar vara x och antalet lastbilar y.

a) Ställ upp ett ekvationssystem.

b) Hur många personbilar var det?

1458 Fanny arbetar på en pizzeria. På lördagarna får hon 75 kr/h och övriga dagar 50 kr/h. En vecka fick hon 1 450 kr för totalt 24 h.

Hur många timmar arbetade hon på lördagen?

1459 Bestäm en funktion $f(x) = kx + m$ sådan att $f(2) = 4$ och $f(-2) = 0$.

1460 På en bondgård finns det grisar och höns. Totalt är det 70 huvuden och 194 ben.

Hur många djur av varje sort finns det?

1461 På ett hotell finns dubbelrum med två sängar och enkelrum med en säng. Sammanlagt finns det 80 rum. En natt var 80 % av dubbelrummen och 40 % av enkelrummen upptagna.

Detta motsvarade 52 rum. Hur många sängplatser finns det på hotellet?

1462 Ett matematikprov för 840 elever redovisades så här:

	Medelpoäng
Godkända	32 p
Underkända	21,5 p
Samtliga	29 p

Hur många elever var godkända och hur många var underkända?

1463 Med två pumpar, en stor och en liten, kan Ludvig på 14 minuter pumpa upp 4 200 liter vatten. Om han istället pumpar 10 minuter med den stora och 20 minuter med den lilla pumpen så blir mängden densamma.

Bestäm kapaciteten (liter/min) för de två pumparna.

1464 *A* och *B* är två platser belägna 600 km från varandra. En flygtur från *A* till *B* i motvind tar 2,5 h. Återresan i medvind tar bara 1,5 h.

Beräkna flygplanets "air speed" (fart genom den omkringliggande luften) samt vindhastigheten.

1465

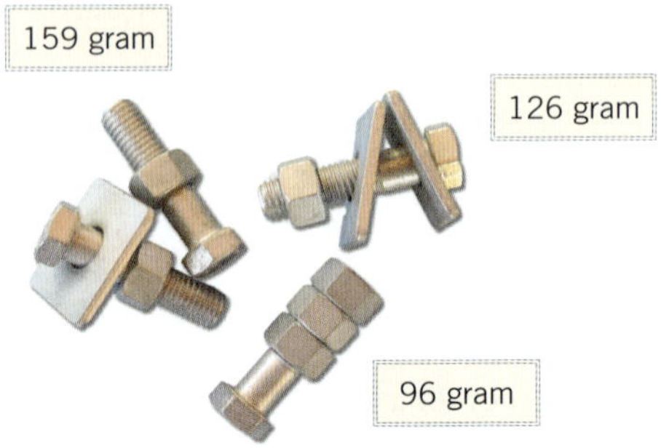

Bilden visar några olika kombinationer av bultar, muttrar och brickor.

a) Hur mycket väger en bricka?

b) Hur mycket väger en mutter?

c) Hur mycket väger en bult?

Tema

Nu är det NOG

På högskoleprovet finns ett delprov som heter NOG.

Varje uppgift har en inledande text som avslutas med en fråga. Därefter följer två påståenden (1) och (2). Uppgiften är att avgöra hur mycket information, utöver den som ges i inledningen, som behövs för att besvara frågan.

Exempel Tre syskon har medelåldern 18 år. Hur gammalt är vart och ett av syskonen?

1. Medelåldern av det yngsta och det äldsta syskonet är lika med det mellersta syskonets ålder.
2. Det mellersta syskonet är tre år äldre än det yngsta.

Du ska välja ett av alternativen **A**, **B**, **C**, **D** eller **E**.
Tillräcklig information för lösningen erhålls

A i (1) men ej i (2)

B i (2) men ej i (1)

C i (1) tillsammans med (2)

D i (1) och (2) var för sig

E ej genom de båda påståendena

Uppgifterna kan ibland lösas med hjälp av ekvationer och ekvationssystem. Man kan då utnyttja principen att 2 obekanta kräver 2 olika ekvationer för att besvara frågan och 3 obekanta kräver 3 olika ekvationer. Ekvationssystemet behöver inte lösas!

I exemplet ovan gäller

- Antal obekanta är tre.
- x = yngsta syskonets ålder
  y = mellersta syskonets ålder
  z = äldsta syskonets ålder
- Det finns tre obekanta och därför krävs tre olika ekvationer för att besvara frågan.
  Inledande text ger ekvationen: $\frac{x + y + z}{3} = 18$
  Punkt 1 ger ekvationen: $\frac{x + z}{2} = y$
  Punkt 2 ger ekvationen: $x + 3 = y$

  Vi behöver alltså informationen i både punkt 1 och punkt 2.

Obs!
Ekvationerna kan ofta skrivas på olika sätt.

Svar: **C**

Till varje uppgift ska du

a) ange antal obekanta (variabler)

b) välja variabler och ange vad de står för

c) teckna ekvationer till inledande text (när det är möjligt) samt till informationen i punkt 1 och punkt 2

d) välja ett av alternativen.

A i (1) men ej i (2)

B i (2) men ej i (1)

C i (1) tillsammans med (2)

D i (1) och (2) var för sig

E ej genom de båda påståendena

1 En affär sålde röda och gröna paprikor till samma kilopris. Men eftersom de röda sålde dåligt, ville man öka försäljningen av dem genom att höja priset på de gröna och sänka priset på de röda.

Vilket var kilopriset före prisändringen?

1. Kilopriset för grön paprika höjdes med 4 kr och för röd paprika sänktes det med 2 kr.
2. Med de nya priserna kostade 3 kg grön paprika lika mycket som 4 kg röd paprika.

2 På en bilparkering fanns det 100 bilar. Under loppet av en timme förändrades antalet bilar på parkeringen.

Hur många bilar lämnade parkeringen under denna timme?

1. Under den aktuella timmen var antalet bilar som anlände till parkeringen dubbelt så stort som antalet som lämnade den.
2. Under den aktuella timmen var det 10 fler bilar som anlände till parkeringen än som lämnade den.

3 I en handbollsmatch har Ersboda gjort dubbelt så många mål som Ersmark tio minuter före full tid.

Hur många mål har Ersboda gjort fram till denna tidpunkt?

1. Om Ersmark gör tre mål och Ersboda inga mål under matchens tio återstående minuter, så har sammanlagt 18 mål gjorts.
2. Om Ersmark gör sex mål och Ersboda inga mål under matchens tio återstående minuter, så vinner Ersmark matchen med ett mål.

4 Summan av ett positivt och ett negativt heltal är 9.

Vad är talens produkt?

1. Differensen mellan det positiva och det negativa heltalet är 21.
2. Kvoten mellan det negativa och det positiva heltalet är –2/5.

5 En sångkör består av stämmorna bas, tenor, alt och sopran. Bas- och tenorstämmorna sjungs av män medan de övriga sjungs av kvinnor.

Hur stor andel av körens medlemmar sjunger altstämman?

1. Det finns lika många altar som basar i sångkören. Av körens män är 70 procent basar.
2. Sopranerna i sångkören är 10 fler än tenorerna. Av körens medlemmar är 2/3 kvinnor.

6 Vid en pool finns ett antal likadana solparasoller med röda, gula och lila ränder.

Hur många ränder har ett sådant solparasoll?

1. 2/13 av ränderna är lila och det finns tre gånger fler röda än lila ränder. De återstående ränderna är gula.
2. Varje parasoll har 2 lila ränder, 5 gula ränder och 20 procent fler röda än gula ränder.

7 Ett företag anordnade för sina anställda en fortbildningskurs med fyra platser. Samtliga sökande till kursen fick fylla i ett frågeformulär. Utifrån formuläret valdes ett antal personer ut för intervju och därefter antogs fyra sökande.

Hur många anställda sökte till kursen?

1. 50 procent av de sökande valdes ut för intervju.
2. 25 procent av dem som intervjuades antogs till kursen.

8 Ormar kan indelas i giftiga och ogiftiga arter. Det finns 1 900 ogiftiga ormarter.

Hur många giftiga ormarter finns det?

1. 17,4 procent av alla ormarter är giftiga.
2. Det finns 1 500 fler ogiftiga än giftiga ormarter.

9 Klara tränade bänkpress på ett gym. Hon utförde tre serier och i varje serie pressade hon stången 10 gånger.

Hur många kilogram pressade hon sammanlagt de 30 gånger hon lyfte skivstången?

1. Under den första serien hade hon 50 kg på stången. Vid varje ny serie ökade hon vikten med 10 procent.
2. Under den andra serien hade hon 5 kg mer på stången än under den första. Under den första och tredje serien pressade hon sammanlagt 1105 kg.

10 Talen a, b och c är positiva, ensiffriga heltal.

$3a + b = c$

Är $a > b$?

1. $a + b + c = 4b$
2. $a + b = 3$

Uppgifterna är hämtade från Högskoleproven år 1999 och 2004.

Aktivitet

DISKUTERA

Sant eller falskt?

Diskutera i par eller grupp. Sant eller falskt? Motivera svaret.

1 Lösningen till ekvationen $2(1-x) = x+5$ är ett negativt tal.

2 En linje som stiger kan ha ett k-värde som är mindre än 1.

3 En horisontell linje saknar k-värde.

4 En linje genom origo har m-värdet noll.

5 Ekvationssystemet $\begin{cases} 5x-3y=0{,}5 \\ 2y-7x+8=0 \end{cases}$ har lösningen $x=2{,}5$ och $y=4$.

6 En linje som skär positiva x-axeln och positiva y-axeln har ett positivt k-värde.

7 Det finns alltid minst en lösning till ett linjärt ekvationssystem.

8 Punkten $(10, 25)$ ligger på linjen $y = 3x-5$.

9 Två olika ekvationssystem kan ha samma lösning.

10 Om $f(x) = 6-2x$ så har ekvationen $f(x)=0$ lösningen $x=3$.

11 Linjerna $y=0{,}5x+1$ och $y=\frac{x}{2}$ är parallella.

12 En linje genom punkterna $(1, 5)$ och $(-1, 3)$ har ekvationen $y=x-4$.

13 Om $f(x)=3x+2$ så är $f(2)=3f(0)$

14 Punkten $(-4, 6)$ ligger på den räta linje som går genom punkterna $(0, 4)$ och $(8, 0)$.

Sammanfattning 1

Räta linjens ekvation

Räta linjens ekvation kan skrivas $y = kx + m$ där k anger lutningen och m anger var linjen skär y-axeln.

Linjen $y = 2x - 7$ skär y-axeln i punkten (0, –7).

Bestämning av *k* ur en graf

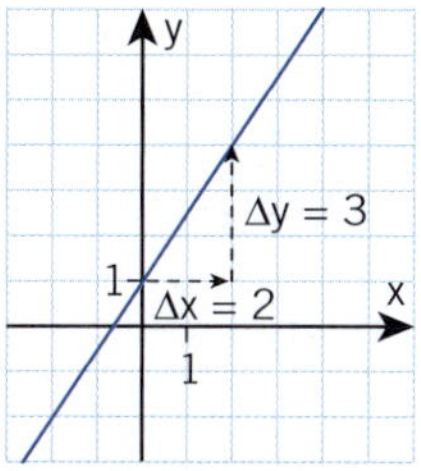

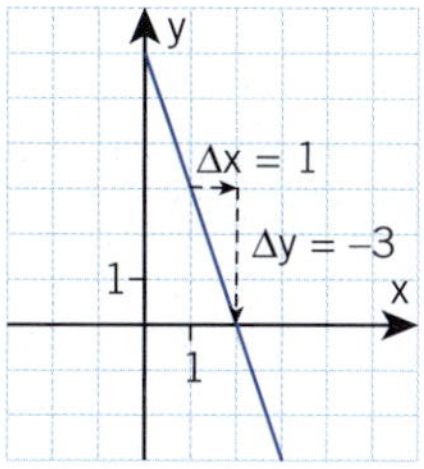

$k = \dfrac{\Delta y}{\Delta x} = \dfrac{3}{2} = 1{,}5$

$k > 0$, linjen stiger

$k = \dfrac{\Delta y}{\Delta x} = \dfrac{-3}{1} = -3$

$k < 0$, linjen faller

En *horisontell* linje har $k = 0$ och en ekvation av typen $y = 3$

En *vertikal* linje saknar k-värde och har en ekvation av typen $x = 3$

Formeln för *k*

$$k = \frac{\text{förändringen i } y\text{-led}}{\text{förändringen i } x\text{-led}} = \frac{\Delta y}{\Delta x} = \frac{y_2 - y_1}{x_2 - x_1}$$

där $x_2 \neq x_1$.

Parallella linjer och vinkelräta linjer

Två icke-vertikala linjer med riktningskoefficienter k_1 och k_2 är

- parallella om och endast om $k_1 = k_2$ (har samma k-värde)
- vinkelräta om och endast om $k_1 \cdot k_2 = -1$

Olika former av räta linjens ekvation

k-formen	$y = kx + m$
enpunktsformen	$y - y_1 = k(x - x_1)$
allmänna formen	$ax + by + c = 0$

Att ställa upp ekvationen för en linje

Linjen har $k = 3$ och går genom punkten (–2, 1).

Metod 1	*Metod 2*
(k-formen)	(Enpunktsformen)
$y = kx + m$	$y - y_1 = k(x - x_1)$
$y = 3x + m$	$y - 1 = 3(x + 2)$
$x = -2$ och $y = 1$ ger	$y = 3x + 7$
$1 = -6 + m$	
$y = 3x + 7$	

Linjära ekvationssystem

Varje ekvation i ett *linjärt* ekvationssystem med *två obekanta* x och y betyder grafiskt en rät linje. Att lösa ett ekvationssystem innebär att vi söker ett x och ett y som satisfierar båda ekvationerna.

Grafisk lösning

Grafisk lösning innebär att vi avläser skärningspunkten mellan linjerna. Det finns tre möjliga fall:

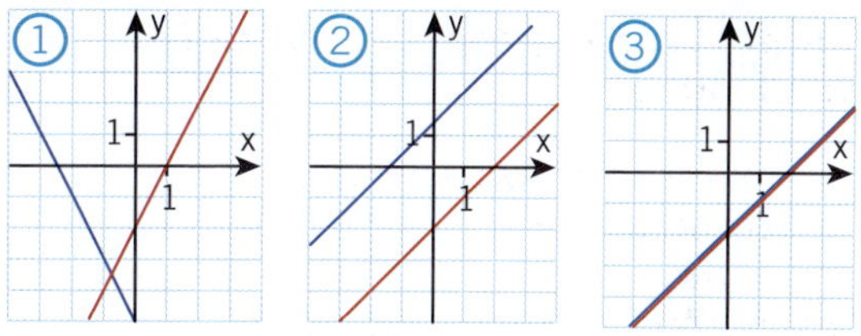

1. *En lösning.* Linjerna skär varandra i en punkt.
2. *Ingen lösning.* Linjerna är parallella (samma k-värde, olika m-värden).
3. *Obegränsat antal lösningar.* Linjerna sammanfaller (samma k-värde, samma m-värde).

Algebraisk lösning

Metod 1 (substitutionsmetoden)
Lös ut x eller y ur den ena ekvationen och sätt in i den andra ekvationen.

Metod 2 (additionsmetoden)
Multiplicera ekvationerna med lämpliga tal, så att x eller y försvinner då ekvationerna adderas ledvis.

Kan du det här? 1

Moment	Begrepp som du ska kunna använda och beskriva	Du ska ha strategier för att kunna
Repetition av algebra	Algebraiskt uttryck Variabelterm och konstantterm Ekvation Formel	• räkna med negativa tal • använda prioriteringsreglerna • förenkla algebraiska uttryck • lösa ekvationer • lösa ut ur formler.
Repetition av funktioner	Koordinatsystem Funktion, formel, värdetabell och graf Definitionsmängd och värdemängd Nollställe	• avläsa funktionsvärden ur värdetabell och graf • beräkna funktionsvärden med hjälp av en formel • lösa ekvationer grafiskt.
Räta linjens ekvation	*m*-värde, *k*-värde Lutning och riktningskoefficient Räta linjens ekvation, *k*-form, enpunktsform och allmän form Horisontella och vertikala linjer Parallella och vinkelräta linjer	• avläsa *k*- och *m*-värden ur en graf • beräkna *k*- och *m*-värde med hjälp av olika formler • ange *k*- och *m*-värde för linjer skrivna på olika former • avgöra om en punkt ligger på en given linje • beräkna och tolka *k*- och *m*-värden för linjära modeller.
Linjära ekvationssystem	Ekvationssystem Ekvationssystemets lösning Skärningspunkt Substitutionsmetoden Additionsmetoden	• lösa ekvationssystem grafiskt • lösa ekvationssystem algebraiskt • använda ekvationssystem för problemlösning • avgöra hur många lösningar ett ekvationssystem har.

Diagnos 1A

Repetition av algebra

1 a) Förenkla uttrycket $2(x + 4) - 4(1 - 2x)$

b) Lös ekvationen $2(x + 4) - 4(1 - 2x) = 0$

2 Lös ekvationen $\frac{y + 3}{y} = \frac{77}{56}$

3 Lös ut y ur sambandet $6x - 2y + 10 = 0$

Repetition av funktioner

4 Beräkna funktionsvärdet då $f(x) = 12 - 3x$ för

a) $f(7)$ b) $f(-2)$

5 Rita grafen till $y = 5 - 2x$

Räta linjens ekvation

6 Skriv upp en ekvation för den räta linjen som har $k = 2$ och $m = 5$ och förklara vad värdet på *k* och *m* betyder grafiskt.

7 Bestäm linjernas ekvationer.

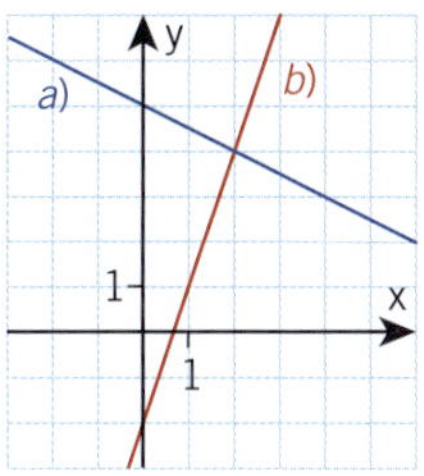

8 Bestäm *k*-värdet för en linje som går genom punkterna (3, −4) och (−1, 8).

9 Bestäm ekvationen för en linje som går genom punkten (2, 3) och är parallell med $y = 1{,}5x - 6{,}5$.

10 Undersök om punkten (2, 4) ligger på linjen $5x - 2y = 3$

11 Längden *y* cm av ett brinnande ljus minskar med tiden *x* timmar enligt formeln $y = 25 - 4{,}5x$

a) Vad betyder 25 i formeln?

b) Ange och tolka funktionens *k*-värde.

c) Hur lång tid tar det för ljuset att brinna upp?

Linjära ekvationssystem

12 Lös ekvationssystemet grafiskt. Svara med två decimaler.

$$\begin{cases} y = 4 - x \\ y = 2 - 4x \end{cases}$$

13 Lös ekvationssystemet exakt.

a) $\begin{cases} y = 2x - 2{,}7 \\ y = 8{,}5 - 5x \end{cases}$ c) $\begin{cases} x + y = 2 \\ 2x - 3y = 9 \end{cases}$

b) $\begin{cases} y = x - 10 \\ y = 2 - 4x \end{cases}$ d) $\begin{cases} z = 3y - 7 \\ 4z - y = 27 \end{cases}$

14 En lastbil är lastad med lådor av två slag. Lasten väger 3 810 kg och dess volym är 4 000 liter.

	Volym	*Vikt*
Liten låda	25 l	30 kg
Stor låda	60 l	50 kg

Hur många små och hur många stora lådor består lasten av?

Om du behöver repetera kan du fortsätta med *Repetitionsuppgifter* på sidan 284.
Efter repetitionsuppgifterna finns en extra diagnos till kapitlet på sidan 291.

Blandade övningar 1A

Del I **Utan räknare**

1 $f(x) = 2x + 7$

a) Bestäm $f(3)$

b) Lös ekvationen $f(x) = 15$

2 Bestäm lutningen för linjen genom punkterna

a) (2, 1) och (4, 5)

b) (5, –2) och (–1, 2)

3 Lös ekvationssystemet $\begin{cases} 3x + 3y = 3 \\ y - 3 = 3x \end{cases}$

4 En funktion *f* definieras genom grafen.

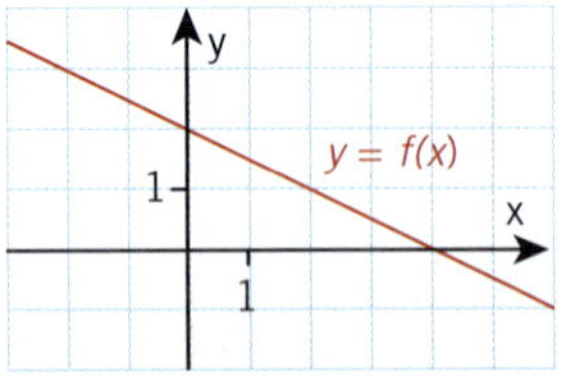

a) Bestäm $f(0)$

b) Bestäm x så att $f(x) = 1$

c) Bestäm funktionens nollställe.

5 Betyder det samma sak att säga *”linjen har k-värdet noll”* som att säga *”linjen saknar k-värde”*? Förklara.

6 a) Rita i ett koordinatsystem en rät linje vars riktningskoefficient är 3.

b) Ange ekvationen för den linje du har ritat.

(NP)

7 För två tal gäller att summan är 79 och differensen är 25. Vilka är talen?

8 Var skär linjen $3x + y - 12 = 0$ koordinataxlarna?

9 Punkten (–2, 3) ligger på en rät linje med riktningskoefficienten $k = 0{,}25$.

Bestäm koordinaterna för en annan punkt på linjen.

10 a) Visa med prövning att $x = 3$ är en lösning till ekvationen

$\frac{x + 9}{x} = \frac{20}{5}$ utan att lösa den.

b) Lös ekvationen i a) algebraiskt.

11 Pedro säger att graferna till $y = -0{,}25x$ och $y = \frac{5 - x}{4}$ är parallella.

Stämmer det? Motivera.

12 I koordinatsystemet visas tre räta linjer. Linjerna är grafer till funktionerna $f(x)$, $g(x)$ och $h(x)$.

Det gäller att $f(0) > g(0) > h(0)$.

a) För vilket x gäller att $f(x) = g(x)$?

b) Bestäm $f(100) + h(100)$.

c) Undersök om ekvationen

$f(x) + g(x) + h(x) = 0$

har någon lösning.

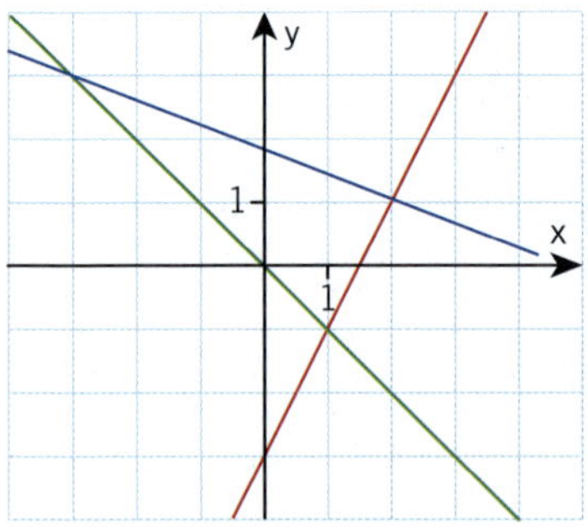

Del II Med räknare

13 Gustaf beräknar de fasta kostnaderna för sin gamla bil till 8 000 kr/år och de rörliga kostnaderna till 18 kr/mil.

a) Skriv en funktion för kostnaden K kr om Gustaf kör x mil per år.

b) Vid vilken körsträcka blir kostnaden 23 000 kr per år?

14 Johanna och Michael köper CD-skivor i London. CD-skivorna har färgmarkeringar som kod för priset. Johanna betalar 32 pund för två röda och en blå skiva. Michael betalar 36 pund för en röd och tre blå skivor. Johannas köp kan beskrivas med ekvationen $2x + y = 32$.

a) Beskriv Michaels köp med en liknande ekvation.

b) Använd ekvationerna för att beräkna priset för en röd respektive blå skiva. *(NP)*

15 I en internationell väderprognos på TV visas temperaturen dels i grader Celsius, dels i grader Farenheit.

a) Ange ett linjärt samband mellan grader Farenheit (y) och grader Celsius (x).

b) Vilken temperatur i grader Celsius motsvaras av 10 °F?

Stockholm 20 °C/68 °F

New York 30 °C/86 °F

16 Åsa och Torbjörn arbetar på en sommarkoloni. Barnen på kolonin serveras mellanmjölk (fetthalt 1,5 %) till måltiderna.

En dag får de en felaktig leverans som bara innehåller lättmjölk (fetthalt 0,5 %) och standardmjölk (fetthalt 3 %). De beslutar sig därför att blanda dessa båda sorter. Åsa skriver följande på en lapp:

> a liter lättmjölk och
> b liter standardmjölk
>
> $a + b = 10$ (1)
>
> $0{,}005a + 0{,}03b = 0{,}015 \cdot 10$ (2)

a) Förklara vad ekvation (1) beskriver.

b) Förklara vad ekvation (2) beskriver.

c) Hur mycket mjölk av varje sort ska de blanda? *(NP)*

17 En rät linje genom punkterna (–1, 2), (2, b) och (a, –8) har riktningskoefficienten 5.

Bestäm a och b.

18 Anta att efterfrågan på en vara är 2400 st om priset är 80 kr/st och 1 640 st om priset höjs med 50 kr/st.

Beräkna efterfrågan vid priset 95 kr/st om efterfrågefunktionens graf är en rät linje.

Utredande uppgifter

Den här typen av uppgifter brukar bedömas efter följande kriterier:

- vilka matematiska kunskaper du har visat
- hur väl du har förklarat ditt arbete och motiverat dina slutsatser
- hur väl du har redovisat ditt arbete och genomfört dina beräkningar.

19 Vi undersöker ekvationssystemet

$$\begin{cases} y + ax = b \\ y - 3x = 2 \end{cases}$$

a) Lös ekvationssystemet då $a = 3$ och $b = 14$.

b) Då värdet på a och b varierar kan följande tre fall inträffa:

1 Ekvationssystemet har en lösning.

2 Ekvationssystemet saknar lösning.

3 Ekvationssystemet har ett obegränsat antal lösningar.

Undersök för vilka värden på a och b respektive fall inträffar.

20 Uppgiften handlar om att bilda figurer med tändstickor. Det gäller att koppla ihop några enkla regelbundna månghörningar efter varandra till en rad. Exemplet nedan visar hur det går till för regelbundna trehörningar.

Av 3 tändstickor kan man bilda 1 triangel.

Av 5 tändstickor kan man bilda 2 trianglar.

Av 7 tändstickor kan man bilda 3 trianglar lagda på rad.

Det går att hitta ett samband mellan antalet tändstickor och antalet ihopkopplade trianglar, om dessa kopplas ihop till en rad på det sätt som visas i bilderna.

I tabellen är x antalet tändstickor och y antalet ihopkopplade trianglar.

x	y
3	1
5	2
7	3
...	...

- Rita in punkterna i ett koordinatsystem. Punkterna ligger på en rät linje. Bestäm linjens ekvation på formen $y = kx + m$.
- Hur många trianglar kan bildas av 20 tändstickor, om du kopplar ihop trianglarna som i bilderna ovan?

  Kommentera ditt svar och dra en slutsats om antalet tändstickor som krävs för att bilda en rad av trianglar på detta sätt.
- Vad händer om du istället lägger en rad av fyrhörningar på samma sätt som i detta exempel?

  Ange och beskriv sambandet mellan antalet tändstickor och antalet ihopkopplade fyrhörningar.
- En månghörning kallas ibland för en n-hörning, där n är ett positivt heltal som anger antalet hörn.

  Tänk dig nu att du lägger en rad av en viss sorts n-hörningar som kopplas ihop på samma sätt som tidigare.

  Försök finna sambandet mellan antalet tändstickor och antalet ihopkopplade n-hörningar. Beskriv detta samband med ord och en formel. Motivera att ditt samband gäller för alla n-hörningar.

(NP)

Blandade övningar 1B

Del I Utan räknare

1 Lös ekvationssystemet

ⓐ $\begin{cases} x - 2y = 4 \\ x + 2y = 8 \end{cases}$

2 Punkten (–2, 5) ligger på linjen $y = kx - 3$
Bestäm värdet på k.

3 Folkmängden i en kommun förändrades enligt funktionen

$y = 32\,700 + 400x$

där y är folkmängden x år efter år 2000.

Ange och tolka funktionens k- och m-värde.

4 Hur kan man se att en graf beskrivs av sambandet $y = kx + m$ där

a) $k = 0$ b) $m = 0$?

Förklara.

5 Skriv ekvationen för den linje som går genom punkten $(1, 2)$ och som aldrig skär $y = -3x + 8$.

6 Figuren nedan kan användas för att grafiskt lösa ett linjärt ekvationssystem.

a) Ange lösningen till ekvationssystemet.

b) Vilket är ekvationssystemet?

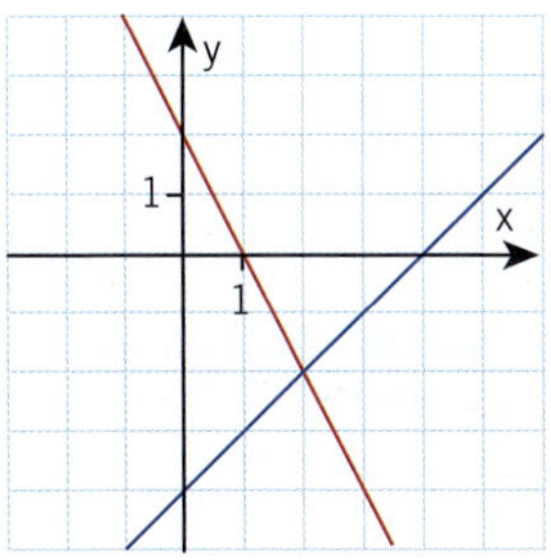

(NP)

7 Emil ska lösa ett ekvationssystem grafiskt och
ⓑ skriver därför in funktionerna

$Y_1 = (X + 2) / 5$

$Y_2 = 0.2X + 0.4$

på sin grafräknare. När graferna ritats ser Emil bara en rät linje istället får två. Han förstår inte varför det är så.

a) Förklara för Emil.

b) Vilken lösning har ekvationssystemet?

8 Lös ut y ur sambandet $\frac{x}{5} + \frac{y}{10} = 1$

9 Bestäm konstanten a så att de två linjerna $60x + ay - 30 = 0$ och $150x - 30y + 90 = 0$ är parallella.

10 I ett linjärt ekvationssystem har de två ekvationerna olika k-värde men samma m-värde.

Vilken lösning har ekvationssystemet?

11 Visa att de tre räta linjerna
$2x + y - 1 = 0$,
$4x - y + 4 = 0$ och
$8x + 3y - 2 = 0$
går genom en och samma punkt.

12 Beräkna det kortaste avståndet mellan
ⓒ linjen $y = 0{,}5x - 5$ och punkten $P(1, 3)$.

13 En linje genom punkten (2, 0) bildar tillsammans med x-axeln och linjen
$2x - y + 8 = 0$
en triangel med arean 54 areaenheter.

Bestäm linjens ekvation då triangeln ligger ovanför x-axeln.

Del II Med räknare

14 En oljecistern innehåller 760 m^3 olja. Oljan ska fyllas på oljefat med volymen 160 liter.

a) Beskriv med en formel hur mycket olja som finns kvar i cisternen då man har fyllt x fat.

b) Hur många fat kan fyllas med oljan i cisternen?

15 Patrik ska handla lösviktsgodis till sin mamma Ellen. Hon säger till Patrik att hon vill ha 5 hg godis och skickar med honom 30 kr att handla för.

I godisaffären finns två olika priser på lösviktsgodis. Det dyrare godiset kostar 7,90 kr/hg och det billigare 4,90 kr/hg.

Patrik frågar sig:
"Är det möjligt att handla precis 5 hg godis för 30 kr?"

Efter en stunds funderade kommer han på ett sätt att räkna ut det och ställer upp ekvationssystemet:

$$\begin{cases} x + y = 5 \\ 4{,}90x + 7{,}90y = 30 \end{cases}$$

a) Förklara vad x och y betyder i ekvationssystemet.

b) Välj en av ekvationerna i ekvationssystemet och förklara vad ekvationen beskriver.

c) Lös ekvationssystemet och besvara sedan Patriks fråga ovan. *(NP)*

16 I tabellen visas längd och pris för två silverkedjor.

Längd x cm	45	70
Pris y kr	189	294

Ebba påstår att man kan pricka in dessa mätvärden i ett koordinatsystem och att punkterna då ligger på en rät linje som går genom origo. Är detta sant?

17 I ett koordinatsystem finns tre punkter som markerats i figuren.

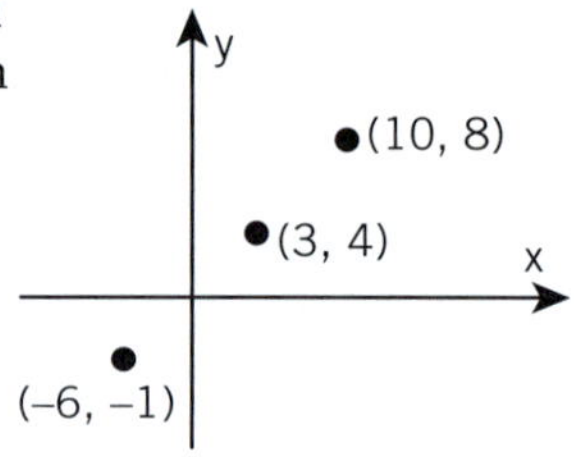

Wilma anser att dessa tre punkter ligger på en rät linje. Madeleine menar att punkterna inte alls ligger på en rät linje utan att det bara är så det ser ut.

Undersök vem som har rätt. *(NP)*

18 År 2010 började 410 elever i åk 1 på en gymnasieskola. År 2011 var antalet nybörjare 399. Vid en jämförelse mellan de två åren fann man att antalet flickor hade ökat med 10 % och antalet pojkar hade minskat med 10 %.

Hur många flickor började på skolan år 2011?

19 Jane och Tarzan sprang ett lopp på 1 000 m. Tarzan fick starta före Jane för att loppet skulle bli jämnt. Sträckorna s meter som de sprang beskrivs av de linjära modellerna

$s = 4{,}7t$ och $s = 3{,}5t + 210$

där t är antalet sekunder efter Janes start.

a) Ange och tolka funktionernas k- och m-värden.

b) Hur lång tid hade Tarzan sprungit då Jane startade?

c) Hann Jane ifatt Tarzan, och i så fall när och var?

d) Vem kom först i mål och hur långt efter var då den andre?

Utredande uppgifter

Den här typen av uppgifter brukar bedömas efter följande kriterier:

- vilka matematiska kunskaper du har visat
- hur väl du har förklarat ditt arbete och motiverat dina slutsatser
- hur väl du har redovisat ditt arbete och genomfört dina beräkningar.

20 Du ska undersöka graferna till räta linjer som skrivs på formen $ax + y + a - 5 = 0$

- För linjen L_1 är $a = 2$ och för linjen L_2 är $a = -3$
  Var skär L_1 och L_2 varandra?
- Välj ett tredje värde på a. Detta a-värde ger linjen L_3.
  Var skär L_3 linjerna L_1 och L_2?
- Välj ett fjärde värde på a. Detta a-värde ger linjen L_4.
  Vad har denna linje gemensamt med de övriga?
- Vilken slutsats kan du dra av din undersökning?
- Bevisa att din slutsats gäller för alla räta linjer som skrivs på formen
  $ax + y + a - 5 = 0$

21 Linjerna $y = kx + 13$ och $y = x + 1$ skär varandra i en punkt som ligger i 1:a kvadranten om k väljs på lämpligt sätt.
Då är skärningspunktens koordinater positiva.

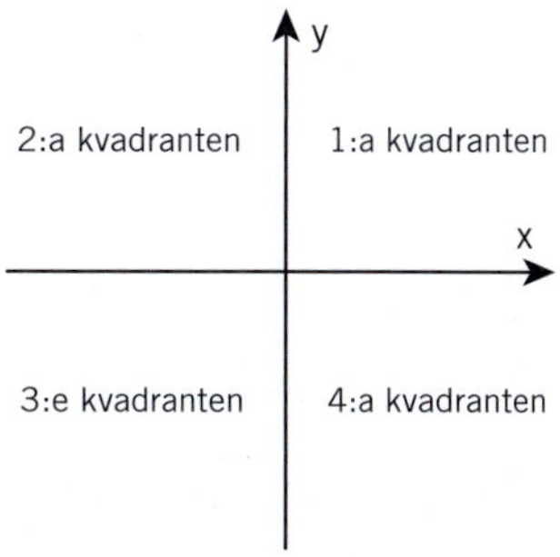

- Låt $k = 0$ och rita upp de båda linjerna.
  Bestäm skärningspunken mellan linjerna.
- Linjerna $y = kx + 13$, $y = x + 1$ samt y-axeln bildar en triangel då $k = 0$.

  Linjerna $y = kx + 13$, $y = x + 1$ samt y-axeln bildar en annan triangel då $k = -1$
  Beräkna och jämför trianglarnas areor.
- Arean av den triangel som begränsas av linjerna $y = kx + 13$, $y = x + 1$ samt y-axeln är beroende av värdet på k.

  Undersök och beskriv hur arean beror av k, under förutsättningen att linjerna skär varandra i första kvadranten.

(NP)

2 ALGEBRA OCH ICKE-LINJÄRA MODELLER

Centralt innehåll

* Kvadrerings- och konjugatregeln.
* Metoder för att lösa andragrads- och exponentialekvationer.
* Komplexa tal i samband med lösning av andragradsekvationer.
* Egenskaper hos andragradsfunktioner.
* Metoder för beräkningar med potenser med rationella exponenter.
* Begreppet logaritm.
* Konstruktion av grafer till funktioner samt bestämning av funktionsvärde och nollställe.

Inledande aktivitet

OLIKA BERÄKNINGAR – SAMMA RESULTAT

Rebecka och Marco väljer ett tal.

Rebecka: *Jag beräknar produkten av talet och "talet plus 1".*

Marco: *Jag beräknar summan av talet och "talets kvadrat".*

Först väljer de talet 5:

Rebecka: $5 \cdot 6 = 30$

Marco: $5 + 5^2 = 5 + 25 = 30$

De gör *olika* beräkningar men får samma resultat.

1 Välj talet 10 och visa att de två beräkningarna ger samma resultat.

2 Välj talet 75 och visa att de två beräkningarna ger samma resultat.

3 Välj talet 2,5 och visa att de två beräkningarna ger samma resultat.

4 Välj talet x och visa att de två beräkningarna *alltid* ger samma resultat.

2.1 Polynom

Vad är ett polynom?

Många situationer kan beskrivas med en polynomfunktion som matematisk modell.

Exempel 1 Pieter kastar en boll rakt upp. Bollens hastighet y m/s efter x sekunder beskrivs med formeln

$y = 30 - 9{,}8x$

Uttrycket $30 - 9{,}8x$ är ett polynom av första graden.

Exempel 2 En teaterförening ska spela en pjäs. I en ekonomisk kalkyl antar man att vinsten y kr beskrivs av formeln

$y = 500x - 4x^2 - 2\,000$

där x kr är biljettpriset.

Uttrycket $500x - 4x^2 - 2\,000$ är ett polynom av andra graden.

polynom Ett *polynom* är en summa eller differens av termer där variablernas exponenter är positiva heltal.

gradtal Den högsta exponenten i ett polynom anger polynomets *gradtal*.

Uttrycket $4x^3 - 100x^2 + 600x$ är ett tredjegradspolynom.

Andragradspolynom

Konstantterm

$$5x^2 - 2x + 10$$

Variabeltermer:
koefficienten framför x-termen är -2
koefficienten framför x^2-termen är 5

Uttrycken $x^3 + 2x^{-2} - 2x + 1$ och $5x^{1/2}$ är *inte* polynom, eftersom exponenterna -2 och $1/2$ inte är positiva heltal.

Räkna med polynom

Exempel 1 Polynom med flera termer av samma slag kan förenklas.

Uttrycket $3x^2 + 2x - 7 + x^2 - 4x + 8$ kan förenklas.

x^2-termerna: $3x^2 + x^2 = 4x^2$

x-termerna: $2x - 4x = -2x$

konstanttermerna: $-7 + 8 = 1$

$3x^2 + 2x - 7 + x^2 - 4x + 8 = 4x^2 - 2x + 1$

Exempel 2 Vi repeterar hur man multiplicerar in en faktor.

$3(x + 2) = 3 \cdot x + 3 \cdot 2 = 3x + 6$

$x(3x + 4) = x \cdot 3x + x \cdot 4 = 3 \cdot x \cdot x + 4 \cdot x = 3x^2 + 4x$

Ordningen mellan faktorerna i en produkt kan kastas om.

Exempel 3 Hur multipliceras två parenteser med varandra?

$(x - 3)(x + 2) = ?$

$(x - 3)(x + 2) = \underbrace{x \cdot x}_{①} + \underbrace{x \cdot 2}_{②} + \underbrace{(-3) \cdot x}_{③} + \underbrace{(-3) \cdot 2}_{④} =$

$= x^2 + 2x - 3x - 6 = x^2 - x - 6$

Resultat

> **Varje term i den ena parentesen multipliceras med varje term i den andra parentesen.**
>
> $\boldsymbol{(a + b)(c + d) = ac + ad + bc + bd}$

2101 **Multiplicera och förenkla följande parenteser**

a) $(x-2)(x+4)$ **b)** $(x-3)(2x-4)$ **c)** $b(a+b)-ab$

a) $(x-2)(x+4) = x^2 + 4x - 2x - 8 = x^2 + 2x - 8$

b) $(x-3)(2x-4) = 2x^2 - 4x - 6x + 12 = 2x^2 - 10x + 12$

c) $b(a+b) - ab = b \cdot a + b^2 - ab = ab + b^2 - ab = b^2$

Ordningen mellan faktorerna i en produkt kan kastas om: *ab* = *ba*.

2102 **Lös ekvationen** $x^2 - (x-4)(x+3) = 17$

$x^2 - (x-4)(x+3) = 17$ Multiplicera parenteserna.

$x^2 - (x^2 + 3x - 4x - 12) = 17$ Ta bort parentesen och ändra tecken.

$x^2 - x^2 - 3x + 4x + 12 = 17$ Förenkla.

$x + 12 = 17$

$x = 5$

2103 Multiplicera och förenkla

a) $(x+2)(x+5)$ c) $(x-2)(x+5)$

b) $(x+2)(x-5)$ d) $(x-2)(x-5)$

2104 Multiplicera och förenkla

a) $(2x+3)(x+4)$ c) $(2x-3)(2x+3)$

b) $(x+6)(3x-1)$ d) $(2y-1)(3-y)$

2105 Lös ekvationen

a) $(y+2)(y+7) = y^2 + 32$

b) $(x-1)(x-2) = (x+3)(x+4)$

2106 Rektangeln och kvadraten har samma area.

a) Bestäm sidans längd *x*.

b) Bestäm arean.

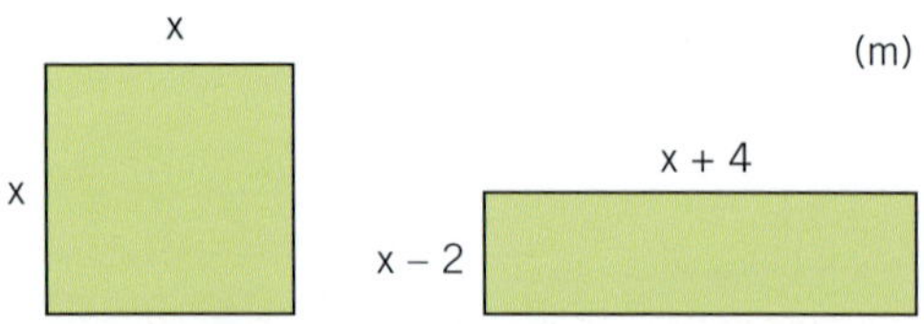

2107 Förenkla uttrycken

a) $5 - (x+2)(x+1)$

b) $x^2 - (x+2)(x-3)$

2108 Ge ett exempel på ett polynom av andra graden som har negativ konstantterm och som består av totalt

a) tre termer b) två termer.

2109 Multiplicera in och förenkla

a) $a(a-b) + 3ab$ c) $b(b-a) + a(b+1)$

b) $a(b+2) - 5(a+b)$

2110 Utveckla produkterna och förenkla

a) $4x^2 - 2(x+1)(x-3)$

b) $4s(s+3) - (2s+1)(2s-3)$

2111 En rektangel har omkretsen 48 cm. Ange ett uttryck för basen, om höjden är

a) x cm b) $(10-x)$ cm.

Aktivitet

UPPTÄCK

Kvadreringsreglerna

Kvadraten på ett uttryck i en parentes beräknas genom att uttrycket multipliceras med sig självt:

$(x + 3)^2 = (x + 3)(x + 3) = x^2 + 3x + 3x + 9 = x^2 + 6x + 9$

1 Beräkna kvadraten på följande uttryck

a) $(x - 3)^2$
b) $(x + 4)^2$
c) $(x - 4)^2$
d) $(x + 5)^2$
e) $(x - 5)^2$

2 Studera resultaten i uppgift 1.
Du ser kanske ett mönster?
Försök nu att skriva upp resultatet direkt, utan att först multiplicera parenteserna.

a) $(x + 2)^2$ b) $(x - 7)^2$ c) $(x + 10)^2$

3 Skriv ditt resultat som formler.

a) $(a + b)^2$ b) $(a - b)^2$

(Dessa samband kallas *första* och *andra kvadreringsregeln.*)

4 Kan du hitta en regel som direkt ger produkten $(a + b)(a - b)$?

Konjugatregeln och kvadreringsreglerna

Vid multiplikation av två parenteser finns några specialfall:

Exempel 1 $(x+3)(x-3) = x^2 - 3x + 3x - 3^2 = x^2 - 3^2 = x^2 - 9$

Två av termerna blir tillsammans noll.

$(a+b)(a-b) = a^2 - ab + ab - b^2 = a^2 - b^2$

Uttrycken i parenteserna är lika bortsett från tecknet.

Uttryck av typen $(a+b)$ och $(a-b)$ kallas konjugatuttryck.

Produkten får man med konjugatregeln.

Konjugatregeln

$$(a+b)(a-b) = a^2 - b^2$$

Exempel 2 $(x+3)^2 = (x+3)(x+3) = x^2 + 3x + 3x + 3^2 = x^2 + 6x + 9$

Två av termerna är lika.

$(a+b)^2 = (a+b)(a+b) = a^2 + ab + ab + b^2 = a^2 + 2ab + b^2$

$(a+b)^2 = a^2 + 2ab + b^2$

Kvadraten på den första termen. (a^2)

Dubbla produkten av de två termerna. ($2ab$)

Kvadraten på den andra termen. (b^2)

På samma sätt får vi $(a-b)^2 = a^2 - 2ab + b^2$

Kvadreringsreglerna

$$(a+b)^2 = a^2 + 2ab + b^2$$
$$(a-b)^2 = a^2 - 2ab + b^2$$

2112 **Utveckla med hjälp av konjugatregeln**

a) $(x+4)(x-4)$ **b)** $(3x+1)(3x-1)$

a) $(x+4)(x-4) = x^2 - 4^2 = x^2 - 16$

b) $(3x+1)(3x-1) = (3x)^2 - 1^2 = 3x \cdot 3x - 1 = 9x^2 - 1$

2113 **Utveckla med hjälp av kvadreringsreglerna**

a) $(x+5)^2$ **b)** $(3y-4)^2$

a) $(x+5)^2 = x^2 + 2 \cdot 5x + 5^2 = x^2 + 10x + 25$

b) $(3y-4)^2 = (3y)^2 - 2 \cdot 3y \cdot 4 + 4^2 = 9y^2 - 24y + 16$

2114 Utveckla med hjälp av konjugatregeln

a) $(x+3)(x-3)$

b) $(x-5)(x+5)$

c) $(2x+3)(2x-3)$

d) $(x+y)(x-y)$

2115 Utveckla med hjälp av kvadreringsreglerna

a) $(x+6)^2$ c) $(2x+3)^2$

b) $(x-8)^2$ d) $(4-x)^2$

2116 Lös ekvationen

a) $(x+5)^2 = (x-5)^2 + 10$

b) $(x+1)^2 = (x+3)(x-3)$

c) $(2+x)^2 - x^2 = 22$

d) $(x-2)(x-2) = x^2$

2117 Vad står □ för?

a) $(\square + 5)(\square - 5) = 16x^2 - 25$

b) $(x + \square)(x - \square) = x^2 - 64$

c) $(x + \square)^2 = x^2 + 8x + 16$

2118 Jossan gör följande utveckling:

$(2x-3)^2 = 2x^2 - 6x + 9$

Vilka fel har hon gjort?
Förklara hur hon kan rätta till felen.

2119 Vilka konjugat $a+b$ och $a-b$ ger produkten

a) $x^2 - 100$ c) $x^2 - 9y^2$

b) $4x^2 - 25$ d) $64x^2 - 81y^2$?

2120 Utveckla och förenkla

a) $2(y-3)(y+3)$

b) $3(x+2)^2$

c) $2(x-4)^2 - x^2 + 10x$

d) $25 + (5-x)(x-5)$

2121 a) Skriv och förenkla ett uttryck för arean av en kvadrat med sidan $3+b$.

b) Skriv med hjälp av figuren arean som en summa av fyra termer.

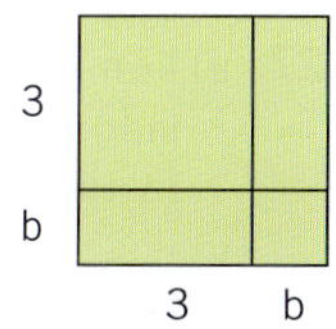

c) Jämför uttrycken i uppgift a) och b).

2122 Utveckla och förenkla

a) $\left(\frac{x}{2} + 1\right)^2$

b) $\left(3 - \frac{x}{2}\right)\left(3 + \frac{x}{2}\right)$

2123 Förenkla $3x^2 - (x+2)^2$

$3x^2 - (x+2)^2 = 3x^2 - (x^2 + 4x + 4) = 3x^2 - x^2 - 4x - 4 =$
$= 2x^2 - 4x - 4$ Vi tar bort parentesen och byter tecken.

2124 Lös ekvationen $2(x+3)^2 = 26 - 2(1+x)(1-x)$

$2(x^2 + 6x + 9) = 26 - 2(1 - x^2)$

$2x^2 + 12x + 18 = 26 - 2 + 2x^2$ Subtrahera $2x^2$ från båda leden.

$12x + 18 = 24$

$12x = 6$

$x = 0{,}5$

Kontroll: $x = 0{,}5$ ger VL = HL = 24,5

2125 Förenkla

a) $x^2 - (x+4)(x-4)$

b) $(x+6)^2 - (x-5)^2$

c) $25 - (5-x)(5+x)$

d) $3y^2 + 2(3+y)(4-y)$

2126 Lös ekvationen

a) $(x+1)^2 - x(x+1) = 3$

b) $(x+3)^2 - (x+4)(x+1) = 10$

c) $4(x+2)^2 = (4-2x)^2 + 8^2$

d) $(2x-3)(2x+3) = 4(x+1)(x-1)$

2127 a) I en kvadrat med sidan x cm ökas båda sidorna med 5 cm. Med hur mycket ökar kvadratens area?

b) I en annan kvadrat ökas ena sidan med 5 cm och den andra minskas med 5 cm. Hur förändras arean då?

2128 Förenkla och utveckla

a) $(x+h)^2 - (x-h)^2$

b) $(x-h)(h-x)$

c) $(2x+h)^2 - 2(x-h)^2$

d) $(h+3)^3$

2129 Med konjugatregelns hjälp kan vissa multiplikationer utföras snabbt, t ex

$42 \cdot 38 = (40+2)(40-2) =$
$= 40^2 - 2^2 = 1\,600 - 4 = 1\,596$

Bestäm med denna metod och *huvudräkning*

a) $33 \cdot 27$

b) $51 \cdot 49$

c) $18 \cdot 22$

d) $101 \cdot 99$

2130 Med kvadreringsreglerna kan vissa multiplikationer utföras snabbt, t ex

$52^2 = (50+2)^2 = 50^2 + 2 \cdot 50 \cdot 2 + 2^2 =$
$= 2\,500 + 200 + 4 = 2\,704$

Bestäm med denna metod och *huvudräkning*

a) 31^2

b) 22^2

c) 49^2

d) 88^2

2131 Förenkla följande uttryck

a) $\left(\frac{p+1}{2}\right)^2 - \left(\frac{p-1}{2}\right)^2$

b) $(2t)^2 + (k - 2t^2)^2 - (k - 2t^2 - 1)^2$

Faktorisera

Vi kan skriva ett tal eller ett uttryck som en produkt av faktorer. När vi skriver

faktorisera $30 = 2 \cdot 3 \cdot 5$ *faktoriserar* vi talet 30.

$4x^2 = 2 \cdot 2 \cdot x \cdot x$ faktoriserar vi uttrycket $4x^2$

$2x + 10 = 2(x + 5)$ faktoriserar vi uttrycket $2x + 10$

bryta ut I det sista exemplet kan man också säga att ”faktorn 2 har *brutits ut*”.

Exempel Bryt ut största möjliga faktor ur uttrycket $10x^2 - 6x$.

Ibland är det lättare att se vad som kan brytas ut om man faktoriserar varje term.

$10x^2 - 6x = 2 \cdot 5 \cdot x \cdot x - 2 \cdot 3 \cdot x$

De faktorer som ”ingår i båda termerna” kan placeras utanför en parentes.

$2 \cdot 5 \cdot x \cdot x - 2 \cdot 3 \cdot x = 2x(5x - 3)$

Kontrollera genom att multiplicera in i parentesen!

2132 **Bryt ut största möjliga faktor**

a) $12x - 15$ **b)** $a^2 + a$ **c)** $6a^2 - 4a$

a) $12x - 15 = 3 \cdot 4 \cdot x - 3 \cdot 5 = 3(4x - 5)$

b) $a^2 + a = a \cdot a + a \cdot 1 = a(a + 1)$

c) $6a^2 - 4a = 2 \cdot 3 \cdot a \cdot a - 2 \cdot 2 \cdot a = 2a(3a - 2)$

2133 **Förenkla uttrycket**

a) $\dfrac{15r^2}{5r}$ **b)** $\dfrac{8a - 20}{4}$ **c)** $\dfrac{6x^2 + 2x}{4x}$

a) $\dfrac{15r^2}{5r} = \dfrac{3 \cdot \cancel{5}^1 \cdot \cancel{r}^1 \cdot r}{\cancel{5}_1 \cdot \cancel{r}_1} = \dfrac{3r}{1} = 3r$

b) $\dfrac{8a - 20}{4} = \dfrac{4 \cdot (2a - 5)}{4} = 2a - 5$

c) $\dfrac{6x^2 + 2x}{4x} = \dfrac{2x(3x + 1)}{2 \cdot 2x} = \dfrac{3x + 1}{2}$

2134 Faktorisera talen

a) 14 b) 22 c) 35

2135 Faktorisera så mycket som möjligt.

a) 18 b) $10x^2$ c) $30x^3$

2136 Bryt ut faktorn 3.

a) $3x + 6$ c) $3x + 3$

b) $9x - 12$ d) $3 - 30x$

2137 Bryt ut faktorn x.

a) $x^2 - 3x$ b) $x^2 - x$ c) $3x^2 + 2x$

2138 Bryt ut största möjliga faktor

a) $12x + 20$ b) $21x - 15$

2139 Förenkla

a) $\frac{4}{12}$ b) $\frac{x^2}{2x}$ c) $\frac{4x^2}{12x^3}$

2140 Bryt ut så mycket som möjligt:

a) $x^2 - 8x$ c) $6x^2 - 15x$

b) $2x^2 - 8x$ d) $14x^3 + 21x^2$

2141 Vilket av följande uttryck går inte att förenkla till x?

A $0,5x + 0,5x$ C $\frac{x + x}{x}$

B $\frac{x \cdot x}{x}$ D $\frac{x + x}{2}$

2142 Bryt ut och förkorta

a) $\frac{15a + 20}{5}$ c) $\frac{a^2 + 3a}{a}$

b) $\frac{12 - 15x}{3}$ d) $\frac{12b^2 - 4b}{4b}$

2143 Bryt ut största möjliga faktor.

a) $5x + 25x^2y$ b) $6a^2 - 3ab^2$

2144 Vilka uttryck kan förenklas och till vad?

A $(2a + 8)/8$ C $\frac{2(a + a)}{a^2}$

B $\frac{a}{a + a + a}$ D $\frac{a + 4}{a}$

2145 Beräkna om $a = 2$ och $b = -2$ värdet på uttrycket $\frac{10ab + 15a^2b}{2ab + 3ba}$

a) före förenkling b) efter förenkling.

2146 ”Tag ett tal, multiplicera talet med fyra och addera tolv till produkten. Halvera sedan din summa och subtrahera sedan med ett tal sex större än det ursprungliga talet. Din slutliga differens är ditt ursprungliga tal!”

Ställ upp ett uttryck och visa att ovanstående text stämmer.

Houdini – utbrytarkungen

2.2 Andragradsekvationer

Enkla andragradsekvationer

Exempel 1 En kvadratisk gräsmatta har arean 625 m^2. Vilka mått har gräsmattan?

Vi kan bestämma längden x på kvadratens sida genom att lösa andragradsekvationen
$x \cdot x = 625$
$x^2 = 625$

Ekvationen har två lösningar
$x = \pm\sqrt{625}$ som betecknas x_1 och x_2
$x = \pm 25$
$x_1 = 25$ och $x_2 = -25$

I vårt exempel är x ett positivt tal.
Gräsmattan har måtten 25 m × 25 m.

andragradsekvation $x^2 = 625$ är ett exempel på en enkel *andragradsekvation*.
Allmänt kan en andragradsekvation skrivas
$ax^2 + bx + c = 0$
där a, b och c är konstanter och $a \neq 0$.

Exempel 2 Klas påstår att andragradsekvationen $x^2 - 6x + 8 = 0$ har två lösningar, $x_1 = 2$ och $x_2 = 4$. Vi kan kontrollera om detta är korrekt:

pröva en lösning Vi *prövar* om $x = 2$ är en lösning till $x^2 - 6x + 8 = 0$

VL $= 2^2 - 6 \cdot 2 + 8 = 4 - 12 + 8 = 0$
HL $= 0$

$x = 2$ är en lösning eftersom VL = HL

Vi prövar om $x = 4$ är en lösning till $x^2 - 6x + 8 = 0$

VL $= 4^2 - 6 \cdot 4 + 8 = 16 - 24 + 8 = 0$
HL $= 0$

$x = 4$ är också en lösning eftersom VL = HL

rot, rötter Ett annat ord för en lösning till en ekvation är en *rot* till ekvationen. En andragradsekvation kan ha två rötter, en rot eller sakna reella rötter.

Det finns olika metoder för att lösa andragradsekvationer.
Vi börjar med några specialfall:

KVADRATROTSMETODEN

Exempel 3 $x^2 = 9$

Ekvationen har två lösningar.

$x = \pm\sqrt{9}$
$x_1 = 3$ och $x_2 = -3$

Kontroll: $3^2 = 9$ respektive $(-3)^2 = 9$

Exempel 4 $x^2 = 5$

Ekvationen har två lösningar.

$x = \pm\sqrt{5}$

$x_1 = \sqrt{5} \approx 2,24$ och $x_2 = -\sqrt{5} \approx -2,24$

Exakt svar (pekar på $\sqrt{5}$) | Närmevärde (pekar på $2,24$)

NOLLPRODUKTMETODEN

Exempel 5 $(x-3) \cdot (x+2) = 0$

Vi vet att om en produkt är noll så måste minst en faktor (i detta fall uttrycket i en parentes) vara noll.

Vi visar att $x = 3$ är en lösning till ekvationen:

VL $= (3-3) \cdot (3+2) = 0 \cdot 5 = 0$
HL $= 0$

Vi visar att $x = -2$ är en lösning till ekvationen:

VL $= (-2-3) \cdot (-2+2) = -5 \cdot 0 = 0$
HL $= 0$

Ekvationen har två lösningar $x_1 = 3$ och $x_2 = -2$

Exempel 6 $x^2 - 6x = 0$

Ekvationen kan lösas om vi först faktoriserar vänsterledet.

$x^2 - 6x = 0$
$x \cdot (x-6) = 0$

En av faktorerna måste vara noll.
$x = 0$ eller $x - 6 = 0$

Ekvationen har lösningarna
$x_1 = 0$ och $x_2 = 6$

Metoden ovan kallas nollproduktmetoden och kan användas för att lösa andragradsekvationer i faktorform.

2201 **Lös ekvationen**

a) $x^2 = 225$ **c)** $x^2 + 10 = 6$

b) $2x^2 = 40$ **d)** $x^2 + 4x = 0$

a) $x^2 = 225$

$x = \pm\sqrt{225}$

$x_1 = 15 \quad x_2 = -15$

c) $x^2 + 10 = 6$

$x^2 = -4$

Ekvationen saknar reella lösningar.

Inget reellt tal har en negativ kvadrat.

b) $2x^2 = 40$

$x^2 = 20$

$x = \pm\sqrt{20}$

$x_1 \approx 4{,}47$

$x_2 \approx -4{,}47$

d) $x^2 + 4x = 0$

Bryt ut x.

$x(x + 4) = 0$

Nollproduktmetoden ger:

$x \cdot (x + 4) = 0$

$x = 0$ **eller** $(x + 4) = 0$

$x_1 = 0 \qquad x_2 = -4$

Lös ekvationen.

2202 (a) a) $x^2 = 16$ c) $5x^2 = 35$
b) $2x^2 = 72$ d) $x^2 + 81 = 0$

2203 a) $(x + 5)(x - 1) = 0$
b) $(x - 2)(x - 3) = 0$
c) $x(x - 7) = 0$
d) $x(3 + x) = 0$

2204 Bryt ut x och lös ekvationen
a) $x^2 + 8x = 0$ c) $x^2 - 5x = 0$
b) $7x + x^2 = 0$ d) $10x - x^2 = 0$

2205 Förklara varför ekvationen
a) $(2x - 10)(x + 3) = 0$
har lösningarna $x_1 = 5$ och $x_2 = -3$
b) $(x - 2)(3x - 6) = 0$ endast har en lösning.

2206 Lös ekvationen exakt.
a) $3x^2 - 30 = 0$ c) $2x^2 + 48 = 16$
b) $x(2x - 10) = 0$ d) $4x - 8x^2 = 0$

2207 (b) Ge ett exempel på en andragradsekvation som har lösningarna
a) $x = 2$ och $x = -2$
b) $x = 0$ och $x = 12$
c) $x = 4$ och $x = 5$
d) $x = -1$ och $x = 3$

2208 Lös ekvationen
a) $(2x)^2 + 15^2 = 17^2$
b) $x = x^2$
c) $3x^2 = x^2 + 3$
d) $5x(4x - 6) = 0$

2209 Ekvationen $ax^2 - 20x = 0$ har lösningarna
$x = 0$ och $x = 5$.
Bestäm värdet på a.

2210 (c) Ekvationen $x^2 + bx + c = 0$ har lösningarna $x_1 = 1$ och $x_2 = 2$.
Bestäm värdet på b och c.

En lösningsformel

Exempel 1 För en bil med hastigheten x km/h kan stoppsträckan y m beskrivas av andragradsfunktionen

$y = 0{,}2x + 0{,}006x^2$

Vid vilken hastighet är stoppsträckan 50 m?

Svaret får vi ur ekvationen

$0{,}2x + 0{,}006x^2 = 50$ dvs $0{,}006x^2 + 0{,}2x - 50 = 0$

Hur löser man denna andragradsekvation?

Vi börjar med en något enklare ekvation och härleder sedan en formel.

Exempel 2 Ekvationen $x^2 + 6x - 16 = 0$ kan skrivas $x^2 + 6x = 16$

Vi gör en geometrisk tolkning:
$x^2 + 6x$ motsvaras då av arean av en rektangel med sidorna x och $x + 6$

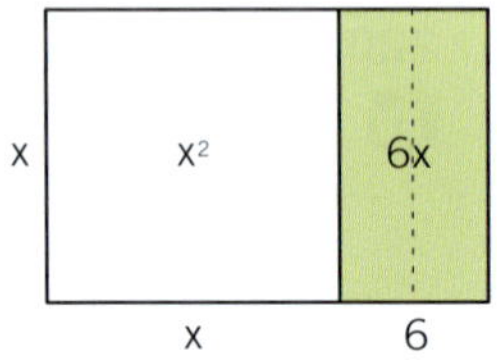

Vad saknas för att $x^2 + 6x$ ska kunna skrivas på formen $(x + a)^2$, d v s som en kvadrat med sidan $x + a$?

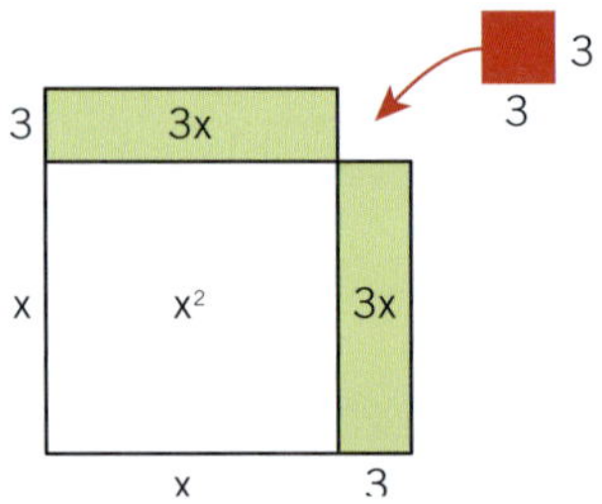

Vi lägger till en kvadrat med arean

$\left(\frac{6}{2}\right)^2 = 3^2$

Metoden kallas kvadratkomplettering.

Vi får arean $(x + 3)^2$ om vi kompletterar med en kvadrat med sidan 3.

Vi löser ekvationen med kvadratkomplettering:

$x^2 + 6x = 16$ — 3^2 adderas till båda leden.

$x^2 + 6x + 3^2 = 16 + 3^2$ — Vänster led skrivs om.

$(x + 3)^2 = 25$ — Vi ”drar roten ur båda leden”.

$x + 3 = \pm 5$

$x + 3 = 5$ eller $x + 3 = -5$

$x_1 = 2$

$x_2 = -8$

Med kvadratkomplettering kan vi lösa allmänna andragradsekvationer. Om vi vill undvika att varje gång göra en kvadratkomplettering, måste vi härleda en formel som ger oss rötterna till den allmänna andragradsekvationen

$ax^2 + bx + c = 0$ där $a \neq 0$

Efter division med a kan ekvationen skrivas

$x^2 + px + q = 0$

Vi tar nu fram en formel som direkt ger oss rötterna om vi vet p och q. Jämför exemplet med den allmänna härledningen.

härledning

Exempel	**Allmänt**
$x^2 + 5x + 6 = 0$	$x^2 + px + q = 0$
$x^2 + 5x = -6$	$x^2 + px = -q$
$x^2 + 5x + \left(\frac{5}{2}\right)^2 = \left(\frac{5}{2}\right)^2 - 6$	$x^2 + px + \left(\frac{p}{2}\right)^2 = \left(\frac{p}{2}\right)^2 - q$
$\left(x + \frac{5}{2}\right)^2 = \left(\frac{5}{2}\right)^2 - 6$	$\left(x + \frac{p}{2}\right)^2 = \left(\frac{p}{2}\right)^2 - q$
$x + \frac{5}{2} = \pm\sqrt{\left(\frac{5}{2}\right)^2 - 6}$	$x + \frac{p}{2} = \pm\sqrt{\left(\frac{p}{2}\right)^2 - q}$
$x = -\frac{5}{2} \pm \sqrt{\left(\frac{5}{2}\right)^2 - 6}$	$x = -\frac{p}{2} \pm \sqrt{\left(\frac{p}{2}\right)^2 - q}$

Lösningsformeln

$x^2 + px + q = 0$ har lösningarna

$$x = -\frac{p}{2} \pm \sqrt{\left(\frac{p}{2}\right)^2 - q}$$

$x =$ [Halva koefficienten för x med ombytt tecken.] $\pm\sqrt{\text{[Kvadraten på halva koefficienten för } x.] + \text{[Konstanta termen med ombytt tecken.]}}$

villkor för rötter

Vi kan inte dra roten ur negativa tal, därför måste $\left(\frac{p}{2}\right)^2 - q \geq 0$

Om $\left(\frac{p}{2}\right)^2 - q$ är mindre än noll, saknar ekvationen reella rötter.

2211 **Lös ekvationen $x^2 + 6x - 16 = 0$**

I lösningsformeln är $p = 6$ och $q = -16$.

$$x^2 + 6x - 16 = 0$$

$-\frac{p}{2}$ dvs halva koefficienten för x med ombytt tecken.

$-q$ dvs den konstanta termen med ombytt tecken.

$$x = -\frac{6}{2} \pm \sqrt{\left(\frac{6}{2}\right)^2 + 16}$$

Kvadrera.

$$x = -3 \pm \sqrt{3^2 + 16}$$

$$x = -3 \pm \sqrt{25}$$

$$x = -3 \pm 5$$

$x_1 = -3 + 5 = 2$ $\quad$ $x_2 = -3 - 5 = -8$

Svar: $x_1 = 2$ och $x_2 = -8$

2212 **Lös ekvationen $x^2 - 10x + 16 = 0$**

$$x^2 - 10x + 16 = 0$$

$$x = 5 \pm \sqrt{5^2 - 16}$$

$$x = 5 \pm \sqrt{9}$$

$$x = 5 \pm 3$$

$x_1 = 5 + 3 = 8$ $\quad$ $x_2 = 5 - 3 = 2$

Svar: $x_1 = 8$ och $x_2 = 2$

Vi kontrollerar om svaret är rätt:

Sätt in 2 i ekvationen.

VL $= 2^2 - 10 \cdot 2 + 16 = 4 - 20 + 16 = 0$ $\quad$ VL = HL $\quad$ Rätt svar.

Sätt in 8 i ekvationen.

VL $= 8^2 - 10 \cdot 8 + 16 = 64 - 80 + 16 = 0$ $\quad$ VL = HL $\quad$ Rätt svar.

2213 Lös ekvationen med lösningsformeln.

a) $x^2 - 6x + 5 = 0$

b) $x^2 + 6x + 5 = 0$

c) $x^2 + 4x - 12 = 0$

d) $x^2 + 6x - 7 = 0$

2214 Lös ekvationen

a) $x^2 - 10x + 25 = 0$

b) $x^2 - 14x + 13 = 0$

c) $x^2 - 2x - 3 = 0$

d) $x^2 + 7x - 3{,}75 = 0$

2215 Lös ekvationen $2x^2 - 12x + 18 = 0$

$2x^2 - 12x + 18 = 0$ — Dividera med 2.

$x^2 - 6x + 9 = 0$

$x = 3 \pm \sqrt{3^2 - 9}$

$x = 3 \pm 0$

$x_1 = 3 \qquad x_2 = 3$

Svar: Ekvationen har en dubbelrot $x = 3$.

2216 Skriv ekvationen på formen $x^2 + px + q = 0$ och ange värdena för p och q.

a) $\frac{x^2}{2} + 4x - 7{,}5 = 0$

b) $-x^2 + 2x = 0$

a) $\frac{x^2}{2} + 4x - 7{,}5 = 0$

Multiplicera alla termer med 2.

$x^2 + 8x - 15 = 0$

$p = 8 \quad q = -15$

b) $-x^2 + 2x = 0$

Dividera alla termer med −1 (byt tecken på alla termer).

$x^2 - 2x = 0$

$p = -2 \quad q = 0$

2217 Lös ekvationen

a) $4x^2 - 12x = 7$

b) $x^2 + 5 = 4x$

a) $4x^2 - 12x = 7$ — Subtrahera 7.

$4x^2 - 12x - 7 = 0$ — Dividera med 4.

$x^2 - 3x - \frac{7}{4} = 0$

$x = \frac{3}{2} \pm \sqrt{\frac{9}{4} + \frac{7}{4}}$

$x = \frac{3}{2} \pm \sqrt{\frac{16}{4}}$

$x = \frac{3}{2} \pm 2$

b) $x^2 + 5 = 4x$

$x^2 - 4x + 5 = 0$

$x = 2 \pm \sqrt{4-5}$

$x = 2 \pm \sqrt{-1}$

Vi får ett negativt tal under rottecknet. Ekvationen saknar därför reella rötter.

a) Svar: $x_1 = 3{,}5 \quad x_2 = -0{,}5$

b) Svar: Ekvationen saknar reella rötter.

2218 Skriv först om ekvationen på formen
$x^2 + px + q = 0$
och lös sedan med lösningsformeln.

a) $5x^2 - 10x = 15$

b) $2x^2 - 16x + 30 = 0$

2219 Lös ekvationen med lösningsformeln.

a) $2x^2 + 24x + 70 = 0$

b) $5x^2 - 50x = -80$

c) $\frac{z^2}{2} - 0{,}5z + 0{,}125 = 0$

d) $10y - y^2 = 9$

2220 Lös ekvationen på två olika sätt, med lösningsformeln och med nollproduktmetoden.

a) $x^2 - 12x = 0$ b) $2x^2 + 6x = 0$

2221 Lös ekvationen $x^2 - 4x + 1 = 0$ med lösningsformeln. Svara både exakt och med två decimaler.

2222 Louis och Nille vill lösa ekvationen $x^2 + x - 2 = 0$ med lösningsformeln.

Louis: *"x saknar koefficient, p är 0."*

Nille: *"Vi har* ***ett*** *x, p är 1."*

a) Vem har rätt?

b) Lös ekvationen.

2223 Ge exempel på en andragradsekvation som bör lösas med

a) kvadratrotsmetoden

b) nollproduktmetoden (faktorisering)

c) lösningsformeln.

2224 Lös ekvationen $0{,}2x + 0{,}006x^2 = 50$ från det inledande exemplet på s. 98 och svara på frågan:
Vid vilken hastighet är stoppsträckan 50 m?

2225 Lös ekvationen exakt.

a) $A(A + 10) = 39$

b) $2x^2 + 2 = 22$

c) $x^2 - \frac{2x}{5} - \frac{8}{25} = 0$

d) $x^2 + \frac{2}{3}x - \frac{1}{3} = 0$

2226 För vilka värden på a saknar ekvationen reella rötter?

a) $x^2 + a = 4$ b) $x^2 - 12x + a = 0$

2227 Förenkla först och lös sedan ekvationen

a) $x^2 + 1{,}2x = 0{,}6x^2 + 1$

b) $(x - 4)^2 + (x - 1)(x + 1) = 25$

2228 Undersök ekvationen $x^2 + 2x + 4p - 11 = 0$
För vilket eller vilka värden på talet p har ekvationen

a) inga reella rötter

b) två olika stora reella rötter

c) en dubbelrot, dvs två lika stora reella rötter?

2229 I en del andra länder används en "*abc*-formel" istället för vår "*pq*-formel".

a) Visa att ekvationen $ax^2 + bx + c = 0$
har lösningarna $x = \frac{-b \pm \sqrt{b^2 - 4ac}}{2a}$

b) Lös ekvationen $8x^2 - 56x - 480 = 0$ med "*abc*-formeln".

2230 Indra och Fanny ska lösa en ekvation av typen $x^2 + bx + c = 0$
Indra skriver av den andra termen (bx) fel och får lösningarna –6 och 1.
Fanny skriver av den sista termen (c) fel och får lösningarna 2 och 3.
Vilken ekvation försöker de lösa?

Grafritande räknare har program som löser andragradsekvationer. Använd gärna dessa funktioner för att kontrollera dina lösningar, men du måste kunna lösa uppgifterna utan denna hjälp.

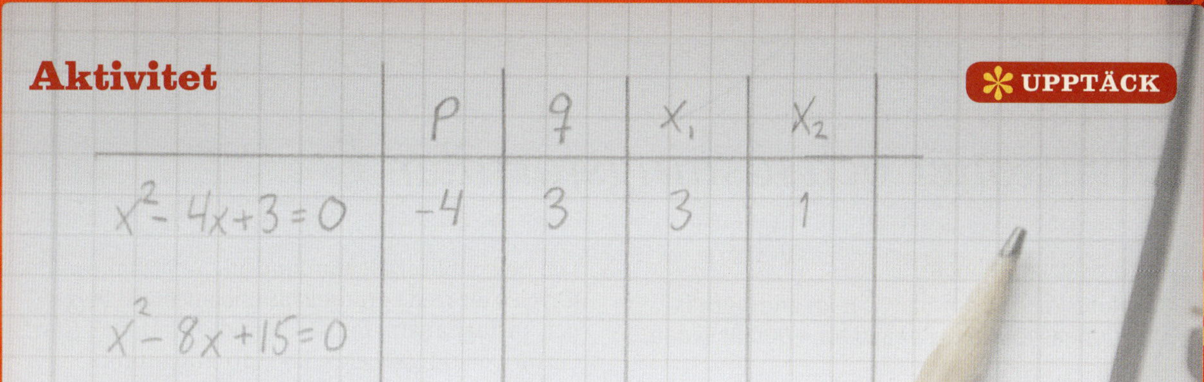

Aktivitet

UPPTÄCK

Samband mellan rötter och koefficienter

Materiel: Grafritande räknare (frivilligt)

I den här aktiviteten ska du söka efter samband mellan koefficienterna p och q i ekvationen $x^2 + px + q = 0$ och rötterna till ekvationen.

Många grafräknare har ekvationslösare som kan ge båda rötterna för en andragradsekvation. Om din räknare har detta verktyg, så använd det gärna. Det går förstås också bra att räkna för hand, det tar bara lite mer tid.

1 Skriv av följande tabell:

Ekvation	p	q	x_1	x_2
$x^2 - 4x + 3 = 0$				
$x^2 - 8x + 15 = 0$				
$x^2 + 6x + 8 = 0$				
$x^2 + 12x - 28 = 0$				

Lös ekvationerna och fyll i din tabell.

2 Studera tabellens värden och försök hitta ett samband mellan

p och ekvationens rötter
q och ekvationens rötter.

Formulera sambanden med ord och formler.

3 Lös ekvationen $x^2 - 2x - 8 = 0$ och undersök om dina samband stämmer.

4 Använd dina samband och kontrollera om följande ekvationer har korrekt lösning:

A $x^2 + 5x + 2{,}25 = 0$, $x_1 = -4{,}5$ $x_2 = -0{,}5$

B $x^2 + 6x - 16 = 0$, $x_1 = -8$ $x_2 = -2$

5 En ekvation $x^2 + px + 32 = 0$ har en rot $x = 2$.

a) Vilken är den andra roten?

b) Vilket värde har p?

6 Ställ upp en andragradsekvation på formen $x^2 + px + q = 0$ som har lösningarna

a) $x_1 = 2$ $x_2 = 4$ b) $x_1 = 5$ $x_2 = -4$

7 Använd lösningsformeln för $x^2 + px + q = 0$ och bevisa dina samband.

Historik

Ekvationer och lösningsformler

Andragradsekvationen

Babyloniska lertavlor har visat att andragradsekvationens lösning var känd för 4 000 år sedan.

Gammal babylonisk lertavla. Babylonien var beläget vid floderna Eufrat och Tigris i nuvarande Irak.

Tredje- och fjärdegradsekvationerna

Nästa stora framsteg inom ekvationslösningen skulle dröja länge. Vi gör ett hopp till renässansens Norditalien. Där utarbetade några matematiker i början av 1500-talet metoder för att lösa tredje- och fjärdegradsekvationerna. På den tiden höll man en upptäckt hemlig.

Rivaliserande matematiker utmanade varandra på ekvationslösningsdueller. Häftiga gräl om vem som kommit på metoden först hörde till vardagen.

del Ferro, en matematikprofessor från Bologna, var den förste som löste ekvationer av typen $x^3 + px = q$, t ex $x^3 + 5x = q$.

Samma ekvationstyp klarades senare av en annan matematiker, Tartaglia. Denne avslöjade mot tysthetslöfte sin metod för Cardano som var astrolog, läkare och matematiker i Milano.

I en bok publicerade Cardano år 1545 lösningsformler för tredjegradsekvationen från del Ferro och Tartaglia samt för fjärdegradsekvationen från Ferrari, en tidigare elev. Ett stort gräl utbröt.

Girolamo Cardano (1501–1576)

Så här angav Cardano en lösning till ekvationen
$x^3 + px = q$

Beräkna först $k = \dfrac{p^3}{27} + \dfrac{q^2}{4}$

Om $k > 0$ så är en rot $x = \sqrt[3]{\dfrac{q}{2} + \sqrt{k}} + \sqrt[3]{\dfrac{q}{2} - \sqrt{k}}$

Fransmannen François Viète (1540–1603) som lade grunden till ett modernt algebraiskt skrivsätt, anvisade också nya och generella metoder för att lösa tredjegradsekvationen.

François Viète (1540–1603)

Femtegradsekvationen

Många matematiker gav sig nu i kast med femtegradsekvationen. Försöken skulle visa sig lönlösa. I början av 1800-talet visade man nämligen att polynomekvationer av högre grad än fyra inte går att lösa med vanliga algebraiska metoder. Bedriften brukar tillskrivas två unga genier, norrmannen Abel och fransmannen Galois, som båda fick ett kort och tragiskt liv.

Nils Henrik Abel (1802–1829)

Fattigdom och sjukdom fördunklade Abels sista år. Bara 26 år gammal dog han i lungsot 1829. Två dagar efter hans död kom meddelandet att han fått en professur i matematik.

Galois kom på kant både med skolan och med samhället. Ett tag satt han i fängelse för sin politiska uppfattning. Blott 20 år gammal dog han 1832 i en duell om politik och en flicka. Natten före duellen skrev han febrilt. Medveten om hur dålig han var på att skjuta, ville han skriva ner och bevara så mycket som möjligt av sina viktigaste matematiska resultat åt eftervärlden.

Évariste Galois (1811–1832)

Nya verktyg

Idag har vi nya verktyg för att lösa ekvationer. Med datorprogram kan vi idag på bara några sekunder få närmevärden till samtliga rötter till en ekvation. Din räknare kan också snabbt lösa ekvationer som tidigare gav stora matematiker en hel del huvudbry.

---

1 Från babylonisk tid kan vi hitta denna ekvation, skriven med moderna symboler:

$120x - 120(x-2) = 10x(x-2)$

Ekvationen kommer från en beräkning av ett inköpspris, x (säckar per shekel), för att vid vissa villkor få en given vinst, 10 shekel. Bestäm inköpspriset, i säckar per shekel, genom att lösa ekvationen.

2 Vissa tredjegradsekvationer kan vi lösa utan komplicerade metoder.

Lös ekvationen $5x^3 = 40$

3 Lös fjärdegradsekvationen $2x^4 + 50 = 1300$

4 Vilket är det högsta gradtalet på de ekvationer som kan lösas med vanliga algebraiska metoder?

5 Vi har tredjegradsekvationen $x^3 + 5x = 8$

a) Beräkna talet k med Cardanos metod (dels som ett närmevärde, dels som ett exakt tal i bråkform).

b) Lös ekvationen med Cardanos metod.

Olika typer av tal

Aritmetik kallas ibland ”läran om talen”. Ordet kommer från grekiskans *arithmos* och betyder just tal.

talmängd En *talmängd* är en avgränsad samling av tal och beskrivs ofta med hjälp av symbolen { }.

naturliga tal *Naturliga tal* är tal som anger antal, dvs talen i mängden N.

N = {0, 1, 2, 3, 4, …}

Med naturliga tal klarar vi många beräkningar men inte t ex 6 – 8. För det krävs negativa tal. De naturliga talen och de negativa heltalen

hela tal bildar tillsammans de *hela talen*, Z.

Z = {…, –4, –3, –2, –1, 0, 1, 2, 3, 4, …}

Med heltal klarar vi beräkningen 6 – 8 = – 2 men inte t ex 4 /6. För det krävs tal i bråkform.

rationella tal De *rationella talen* Q definieras på följande sätt:

Q = {alla tal a/b där både a och b är heltal och $b \neq 0$}

Obs! Decimaltal kan skrivas som bråk t ex $1{,}5 = \frac{3}{2}$ och $0{,}07 = \frac{7}{100}$

Men inte ens de rationella talen räcker till i alla situationer! Det exakta värdet på diagonalen i en kvadrat med sidan 1 är $\sqrt{2}$. Talet kan *inte* skrivas som ett bråk. $\sqrt{2}$ är ett exempel på ett irrationellt tal.

reella tal De *reella talen* R definieras på följande sätt:

R = {alla rationella tal + alla irrationella tal}

Av figuren kan vi se att ett naturligt tal också är ett heltal, ett heltal också är ett rationellt tal och att alla taltyper ovan är exempel på reella tal.

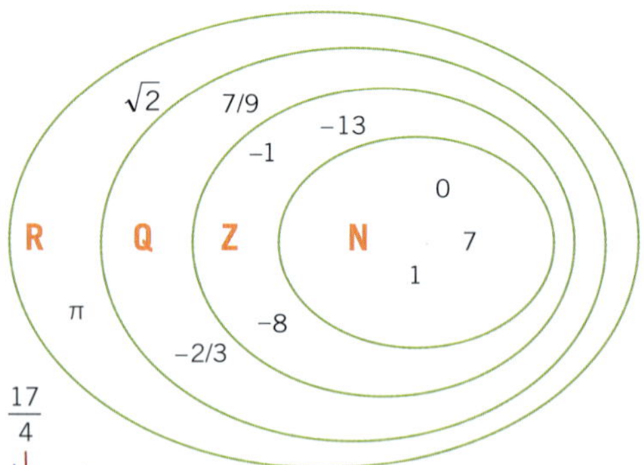

Alla reella tal kan hittas på tallinjen, t ex

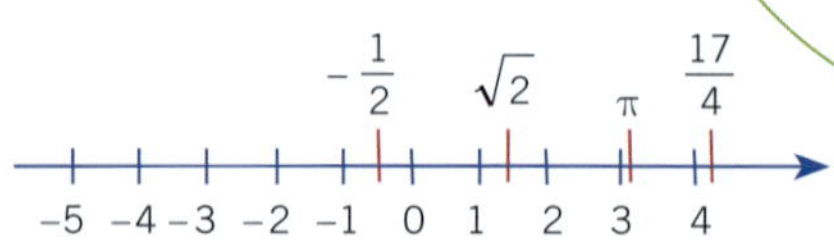

Komplexa tal – en introduktion

Exempel 1 Lös ekvationen $x^2 + 1 = 0$

$x^2 = -1$

$x = \pm\sqrt{-1}$

Ekvationen saknar *reella* lösningar eftersom det inte finns något reellt tal vars kvadrat är negativ.

imaginärt tal

För att kunna lösa ekvationer av denna typ har man infört ett nytt tal i med egenskapen att $i^2 = -1$. Talet i kallas ett *imaginärt tal* .

Med hjälp av talet i kan ekvationen lösas.

$x^2 + 1 = 0$

$x^2 = -1$

$x^2 = i^2$

$x = \pm i$

Exempel 2 Lös ekvationen $x^2 - 2x + 5 = 0$

Lösningsformeln ger

$x = 1 \pm\sqrt{1^2 - 5}$

$x = 1 \pm\sqrt{-4}$

$x = 1 \pm\sqrt{4 \cdot (-1)}$ Vi ersätter -1 med i^2

$x = 1 \pm\sqrt{4 \cdot i^2}$

$x = 1 \pm 2i$

Införandet av i ger oss de komplexa talen:

Komplexa tal

Ett komplext tal z kan skrivas $z = a + bi$ där a och b är reella tal.

i kallas den imaginära enheten och har egenskapen $i^2 = -1$.

Komplexa tal används inom naturvetenskap och teknik, t ex för att beskriva växelström.

komplexa talplanet För att rymma de komplexa talen utökar vi tallinjen till ett *komplext talplan*.

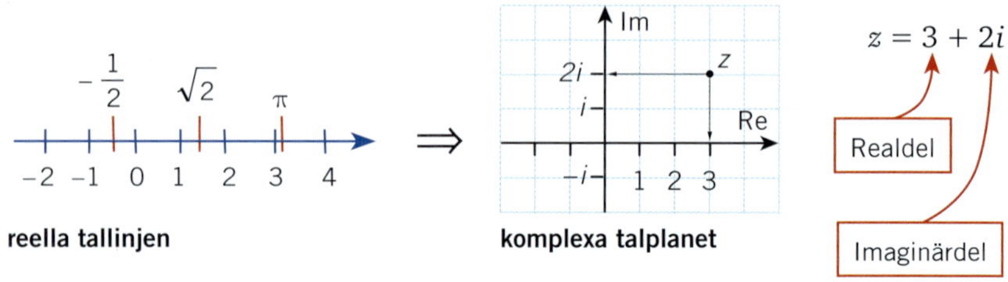

I det komplexa talplanet är alla komplexa tal punkter.
x-axeln är den *reella axeln* (Re) med våra reella tal och
y-axeln är den *imaginära axeln* (Im) med de imaginära talen.

2231 **Skriv som ett imaginärt tal**

a) $\sqrt{-16}$ b) $\sqrt{-7}$

a) $\sqrt{-16} = \sqrt{16 \cdot (-1)} = \sqrt{16i^2} = 4i$

b) $\sqrt{-7} = \sqrt{7 \cdot (-1)} = \sqrt{7i^2} = \sqrt{7} \cdot i$

2232 **Lös ekvationen**

a) $z^2 + 20 = 11$ b) $2z^2 + 8z + 40 = 0$

a) $z^2 + 20 = 11$

$z^2 = -9$

$z = \pm\sqrt{-9}$

$z = \pm\sqrt{9i^2}$

$z = \pm 3i$

b) $2z^2 + 8z + 40 = 0$

$z^2 + 4z + 20 = 0$

$z = -2 \pm \sqrt{4 - 20}$

$z = -2 \pm \sqrt{-16}$

$z = -2 \pm \sqrt{16i^2}$

$z = -2 \pm 4i$

Svar: Ekvationen har de komplexa lösningarna

a) $z_1 = 3i$ $z_2 = -3i$ b) $z_1 = -2 + 4i$ $z_2 = -2 - 4i$

2233 Skriv som ett imaginärt tal

@ a) $\sqrt{-25}$ b) $\sqrt{-81}$ c) $\sqrt{-5}$

2234 Lös ekvationen

a) $z^2 = -100$ c) $2z^2 + 20 = 0$

b) $z^2 + 36 = 0$ d) $18 - 4z^2 = 34$

2235 Lös ekvationen

a) $z^2 - 8z + 25 = 0$

b) $z^2 + 6z + 13 = 0$

c) $z^2 - 10z = -41$

d) $4z^2 + 8z + 8 = 0$

2236 Ange om ekvationen har

A två reella rötter
B en reell rot
C komplexa rötter

Motivera ditt svar.

a) $x^2 + 10 = 0$

b) $x^2 - 4x + 4 = 0$

c) $x^2 - 4x + 5 = 0$

d) $x^2 + 10x = 0$

2237 Lös ekvationen exakt.

a) $3z^2 + 45 = 18z$

b) $(z - 1)^2 = (2z + 4)^2 + 18$

2238 Våra ”vanliga” räkneregler gäller och $i^2 = -1$. Förenkla uttrycket

a) $2(i - 1) - (3i - 5)$

b) $i(i + 2)$

c) $(2i + 3)(2i - 3)$

2239 I figuren visas komplexa tal i form av punkter i det komplexa talplanet. z_6 visar det komplexa talet $2 + 3i$. Vilka är de övriga markerade talen?

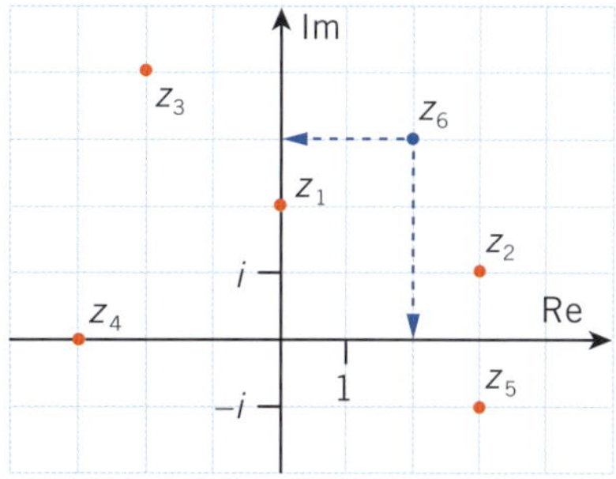

2240 Visa att $z = 4 - 4i$ är en rot till

$z^2 - 8z + 32 = 0$

genom att sätta in lösningen i ekvationen.

Tillämpningar och problemlösning

2241 En sten faller fritt från höjden 100 m. Stenens höjd h meter över marken efter t sekunder beskrivs av formeln $h = 100 - 5t^2$

a) På vilken höjd befinner sig stenen efter 2 sekunder?

b) Efter hur lång tid träffar stenen marken?

a) Vi sätter in $t = 2$ i formeln

$h = 100 - 5t^2$

$h = 100 - 5 \cdot 2^2 = 100 - 5 \cdot 4 = 100 - 20 = 80$

Svar: Efter 2 sekunder är stenen 80 m över marken.

b) Stenen träffar marken när höjden är noll, dvs $h = 0$.

Det ger att

$100 - 5t^2 = 0$

$5t^2 = 100$

$t^2 = 20$

$t = \pm\sqrt{20}$

$t \approx 4,5$ Tiden t kan inte vara negativ.

Svar: Stenen träffar marken efter 4,5 sekunder.

2242 En boll kastas rakt uppåt.
Dess höjd, y meter över marken, beskrivs av formeln $y = 20x - 5x^2$ där x sekunder är tiden.
Efter hur lång tid är bollen 12 m över marken?

$y = 12$ ger ekvationen

$12 = 20x - 5x^2$

$5x^2 - 20x + 12 = 0$

Dividera alla termer med 5.

$x^2 - 4x + 2,4 = 0$

$x = 2 \pm \sqrt{2^2 - 2,4}$

$x_1 = 2 - \sqrt{1,6} \approx 0,7$

$x_2 = 2 + \sqrt{1,6} \approx 3,3$

Svar: Bollen är 12 m över marken efter 0,7 s (på väg uppåt) och efter 3,3 s (på väg nedåt).

2243 **I en rätvinklig triangel kallas den längsta sidan hypotenusa och de två kortare sidorna kallas kateter.**

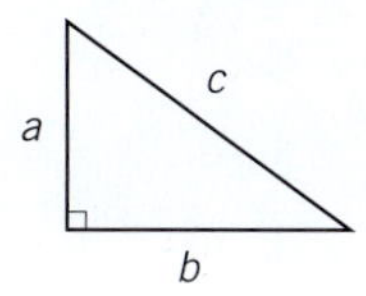

Figuren visar en rätvinklig triangel. Beräkna triangelns sidor.

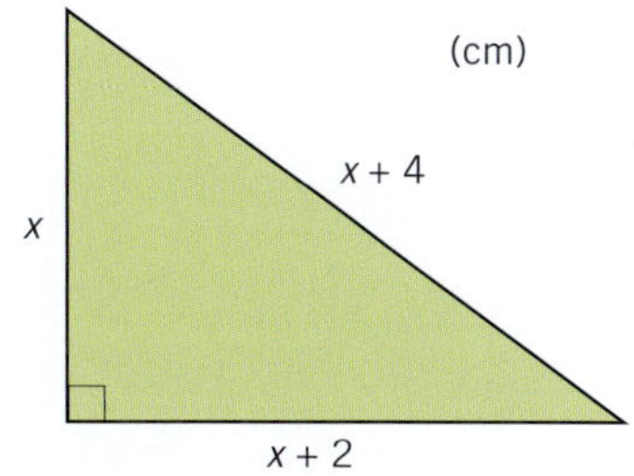

Pythagoras sats $a^2 + b^2 = c^2$ ger ekvationen

$x^2 + (x + 2)^2 = (x + 4)^2$

Vi förenklar och löser ekvationen.

$x^2 + x^2 + 4x + 4 = x^2 + 8x + 16$

$2x^2 + 4x + 4 = x^2 + 8x + 16$

$x^2 - 4x - 12 = 0$

$x = 2 \pm \sqrt{4 + 12}$

$x = 2 \pm 4$

$x_1 = 6 \qquad x_2 = -2$

Här saknar den negativa lösningen betydelse.

$x = 6, \ (x + 2) = 8$ **och** $(x + 4) = 10$

Svar: Triangelns sidor är 6 cm, 8 cm och 10 cm.

2244 Adam släpper en liten boll från ett fönster 20 m över marken. Bollens höjd h meter över marken efter t sekunder beskrivs av formeln $h = 20 - 5t^2$

a) Hur högt över marken är bollen när $t = 1{,}5$ s?

b) Då bollen träffar marken är $h = 0$. Efter hur lång tid träffar bollen marken?

2245 Rektangelns area är 280 cm².

a) Beskriv detta med en ekvation.

b) Bestäm rektangelns sidor.

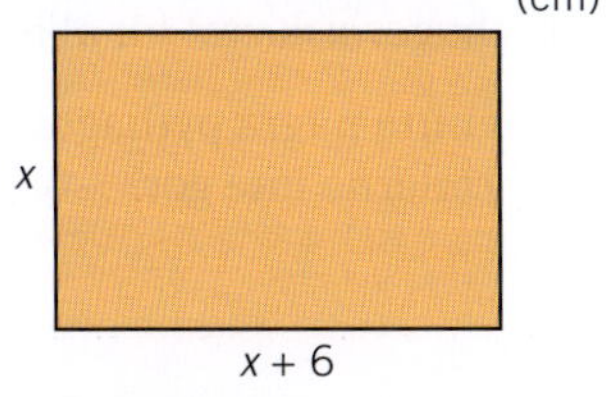

2246 Årsvinsten V miljoner kr i ett företag kan under några år beskrivas av formeln

$V = 50t - 5t^2$

där t är antalet år efter starten.

a) Beräkna vinsten andra året.

b) Hur lång tid efter starten blev vinsten noll?

c) Efter halva tiden fram till nollresultat var vinsten som störst. Hur stor var den största vinsten?

2247 Om isens tjocklek på en sjö är d cm, så bär den en bil på L ton, där $L = 0{,}006d^2$.

a) Hur tung bil bär en is på 20 cm?

b) Klarar en is på 60 cm en lastbil på 20 ton?

c) Vilken tjocklek bör isen minst ha för en lastbil på 8 ton?

2248 En rektangulär hästhage har omkretsen 100 m.

b

a) Vilken är summan av hagens längd och bredd?

b) Ange ett uttryck för bredden om vi antar att längden är x m. Rita figur.

c) Bestäm hagens sidor om dess area är 500 m^2.

2249 En rätvinklig triangel har en katet som är 7 cm kortare än den andra kateten och en hypotenusa som är 13 cm.

Bestäm triangelns area. Rita figur.

2250 En rektangulär gräsmatta har måtten 18 m × 27 m. Den utökas runt om med en lika bred strimma överallt.

Bestäm strimmans bredd så att arean fördubblas.

2251 Produkten av två på varandra följande positiva *udda* heltal är 1 155.

a) Antag att det mindre talet är x och skriv en ekvation.

b) Vilket är det mellanliggande jämna heltalet?

2252 Två tal har summan 41 och produkten 238. Vilka är talen?

c

2253 Tre positiva tal a, b och c som uppfyller att $a^2 + b^2 = c^2$ kallas pythagoreiska tal.

Följande metod att hitta pythagoreiska tal sägs komma från Pythagoras själv.

Låt $a = 2n + 1$, $b = 2n^2 + 2n$ och $c = 2n^2 + 2n + 1$, där n är ett positivt heltal.

Visa att metoden

a) ger pythagoreiska tal för $n = 3$ och $n = 4$

b) ger pythagoreiska tal för alla n.

c) Kan du hitta några pythagoreiska tal som formlerna inte ger?

Aktivitet

UNDERSÖK

Andragradsfunktioner

Materiel: Grafritande räknare

Välj standardfönster
$x = -10$ till 10 med $X_{scl} = 1$ och
$y = -10$ till 10 med $Y_{scl} = 1$

Du ska undersöka *andragradsfunktioner*.
Det är funktioner som kan skrivas på formen $y = ax^2 + bx + c$ där a, b och c är konstanter och $a \neq 0$.

1 a) Rita i samma koordinatsystem

$y = x^2$, $y = x^2 + 1$ och $y = x^2 - 3$

b) Funktionerna är alla av typen $y = x^2 + c$ men de har olika värden på c.
Hur påverkar värdet på c grafens utseende?

c) Var i koordinatsystemet kan du avläsa värdet på c?

2 a) Rita i samma koordinatsystem

$y = x^2$, $y = 2x^2$ och $y = 0{,}5x^2$

b) Funktionerna är alla av typen $y = ax^2$
Hur ändras grafen när a blir större respektive mindre?

c) Hur ändras grafen när a är negativt?

d) Rita graferna till

$y = 2x^2 + 3x$ $\quad$ $y = 0{,}5x^2 + 3x + 2$

$y = -2x^2 + 3x$ $\quad$ $y = -0{,}5x^2 + 3x + 2$

Två av graferna har en maximipunkt.
Två av graferna har en minimipunkt.

Hur kan du se det i funktionernas formel?

3 a) Rita grafen till $y = x^2 - 4x + 3$
Avläs var grafen skär x-axeln, dvs för vilka x som $y = 0$.

b) Lös ekvationen $x^2 - 4x + 3 = 0$ algebraiskt.
Jämför med svaret i a). Förklara!

4 a) Rita grafen till $y = x^2 - 4x + 5$.
Skär grafen x-axeln?

b) Lös ekvationen $x^2 - 4x + 5 = 0$ algebraiskt.
Finns det några *reella* värden på x som löser ekvationen?

2.3 Andragradsfunktioner

Andragradsfunktionens graf

En ekvation av typen $y = 3x - 5$ definierar en funktion vars graf är en rät linje.

En ekvationen av typen $y = 3x^2 - 8x + 12$ definierar en andragradsfunktion.

Allmänt kan en andragradsfunktion skrivas

allmän andragradsfunktion

$f(x) = ax^2 + bx + c$

där a, b och c är konstanter och $a \neq 0$.

Nu ritar vi graferna till några andragradsfunktioner:

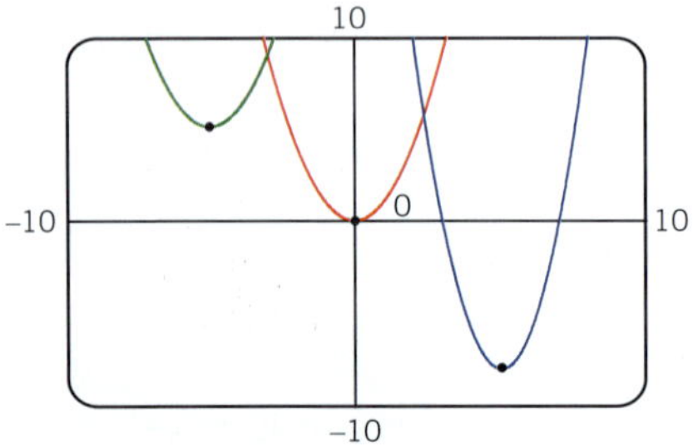

Figur 1 visar graferna till

$y = x^2 + 12x + 41$

$y = x^2$

$y = 2x^2 - 24x + 67$

Alla tre graferna är öppna uppåt.

minimipunkt

Kurvorna har en *minimipunkt*.

De ser ut så här: $\cup$

x^2-termen är positiv.

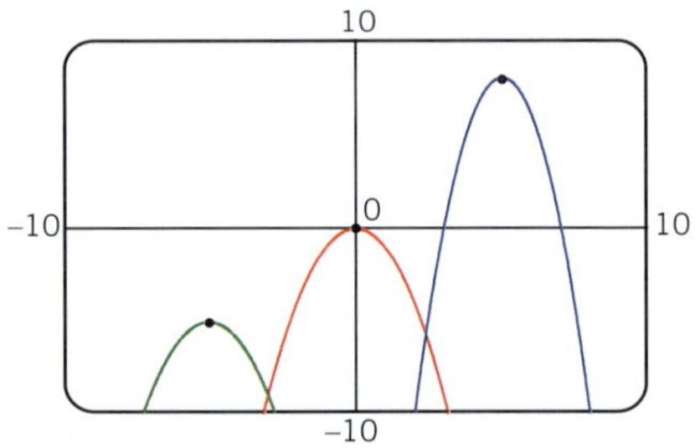

Figur 2 visar graferna till

$y = -x^2 - 10x - 30$

$y = -x^2$

$y = -2x^2 + 20x - 42$

Alla tre graferna är öppna nedåt.

maximipunkt

Kurvorna har en *maximipunkt*.

De ser ut så här: $\cap$

x^2-termen är negativ.

Sammanfattning

Grafen till en andragradsfunktion $y = ax^2 + bx + c$ är
– öppen uppåt $\cup$ (har en minimipunkt) om $a > 0$
– öppen nedåt $\cap$ (har en maximipunkt) om $a < 0$

parabel
symmetrilinje

Grafen till en andragradsfunktion $y = ax^2 + bx + c$ kallas en *parabel*. Den har en *symmetrilinje* som delar kurvan i två delar, som är varandras spegelbilder.

Symmetrilinjen går genom parabelns vändpunkt som är en maximi- eller minimipunkt på grafen.

nollställen

Där grafen skär x-axeln är $y = 0$
x-koordinaten i dessa skärningspunkter kallas funktionens *nollställen*.

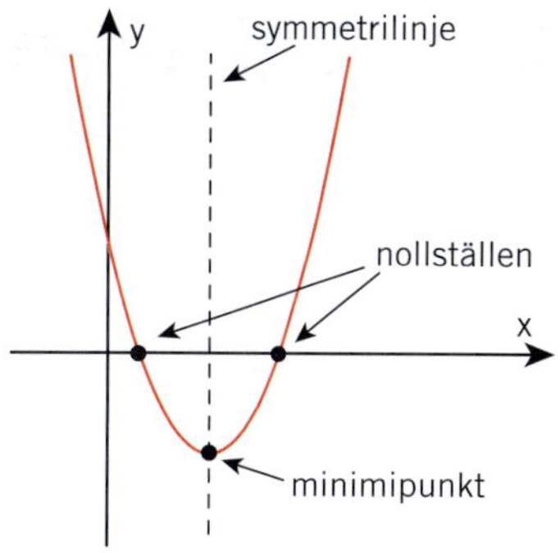

2301

Figuren visar grafen till en andragradsfunktion.

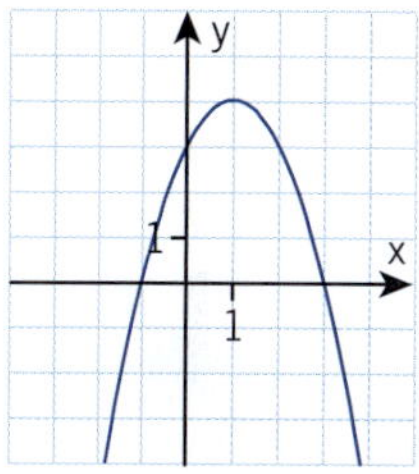

a) Bestäm funktionens nollställen.
b) Bestäm funktionens symmetrilinje.
c) Har grafen en maximi- eller minimipunkt?
d) Bestäm vändpunktens koordinater.
e) Bestäm funktionens största värde.

a) Vi avläser x- koordinaterna där grafen skär x-axeln. Nollställena är $x = -1$ och $x = 3$.

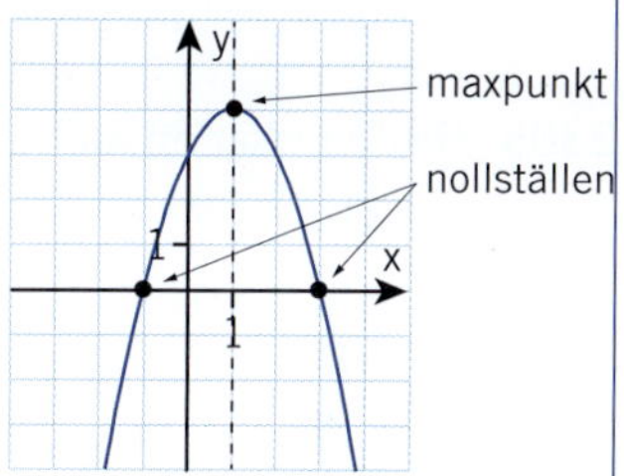

b) Symmetrilinjen är en lodrät linje mitt emellan nollställena och genom vändpunkten. Linjens ekvation är $x = 1$.

c) Grafen är öppen nedåt. Grafen har en maximipunkt.

d) (1, 4)

e) Funktionens största värde är y-värdet i maximipunkten. Funktionens största värde är 4.

2302

Har grafen till $y = 2x^2 - 3x + 1$ en maximi- eller minimipunkt?

x^2-termen är positiv. Grafen har en minimipunkt.

2303 Avgör om grafen har en maximi- eller minimipunkt.

a) $y = 3x + 9x^2$
b) $y = -2x^2 + 3x - 1$
c) $y = 3 - x^2$
d) $y = x^2 + 12x$

2304 Grafen visar en andragradsfunktion.

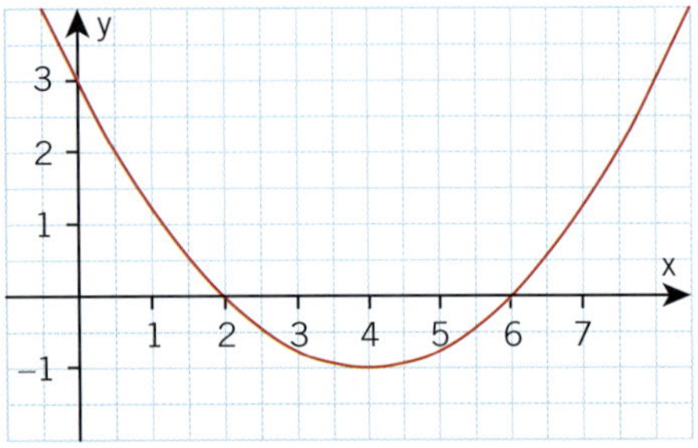

a) Ange koordinaterna för den punkt där grafen skär y-axeln.
b) Ange koordinaterna för de punkter där grafen skär x- axeln.
c) Vilka är funktionens nollställen?
d) Vilket x-värde ligger mitt emellan de båda nollställena?
e) Vilken är funktionens symmetrilinje?

2305 Grafen visar en andragradsfunktion f.

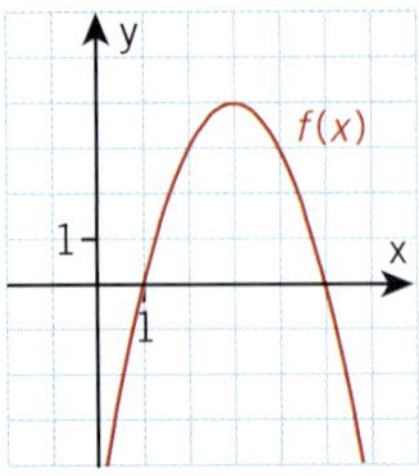

a) Har grafen en maximi- eller minimipunkt?
b) Bestäm $f(2)$ och $f(4)$.
c) Bestäm funktionens största värde.
d) Bestäm funktionen nollställen.
e) Bestäm funktionens symmetrilinje.

2306 En andragradskurva har symmetrilinjen $x = 4$ och ett nollställe för $x = 1$.
Vilket är funktionens andra nollställe?

2307 Grafen visar en andragradsfunktion.

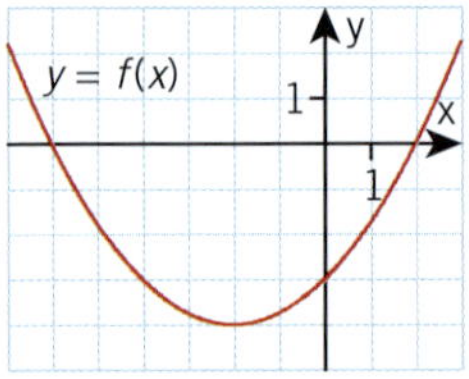

a) Är funktionens x^2-term positiv eller negativ? Motivera ditt svar.
b) Ange funktionens minsta värde.
c) Lös ekvationen $f(x) = 0$.
d) Lös ekvationen $f(x) = -3$.

2308 a) Rita grafen till funktionen
$y = x^2 - 6x + 8$
med hjälp av en värdetabell.
Låt x vara 0, 1, 2, 3, 4, 5 och 6.
b) Vilka är funktionens nollställen?
c) Ange koordinaterna för minimipunkten.

2309

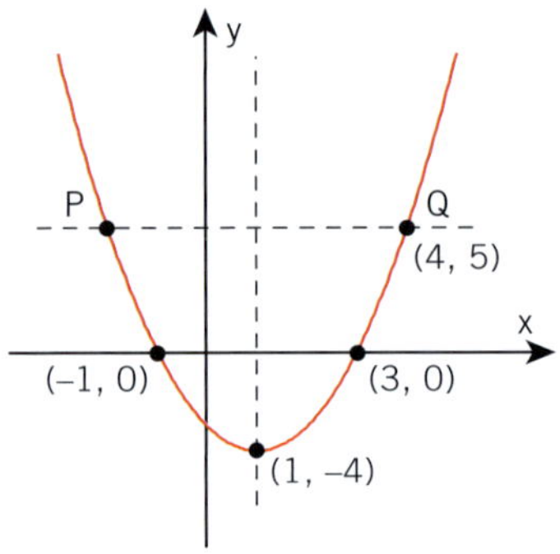

Bestäm med hjälp av grafen
a) funktionens minsta värde
b) symmetrilinjens ekvation
c) punkten P:s koordinater.

2310 Skär andragradskurvan x-axeln om den har en
a) maximipunkt med koordinaterna (2, 6)
b) minimipunkt med koordinaterna (4, 6)?
Motivera dina svar.

2311 $y = 3 + bx - 2x^2$ går genom punkten (2, 5).
Bestäm värdet på b.

Andragradsfunktionens största/minsta värde

Exempel Hur kan vi *beräkna* nollställen, symmetrilinje och största/minsta värde till en andragradsfunktion?

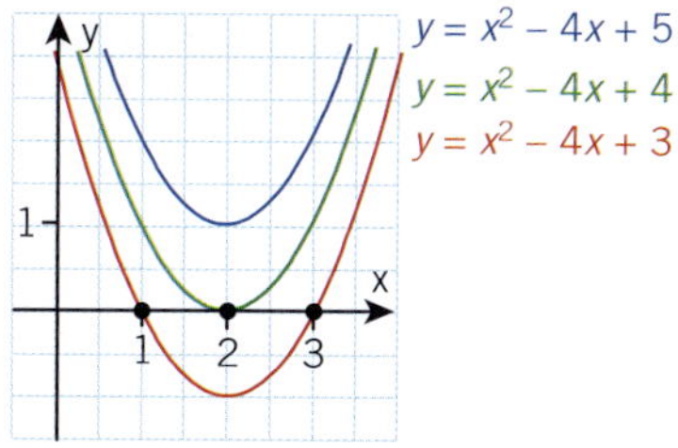

nollställe

I figuren ser du tre funktioner och deras *nollställen*. Nollställena beräknas när vi löser ekvationen $y = 0$.

Ekvationen $x^2 - 4x + 3 = 0$ har två lösningar ($x = 1$ och $x = 3$)

Funktionen $y = x^2 - 4x + 3$ har två nollställen ($x = 1$ och $x = 3$)

$x^2 - 4x + 4 = 0$ har en lösning ($x = 2$)

$y = x^2 - 4x + 4$ har ett nollställe ($x = 2$)

$x^2 - 4x + 5 = 0$ saknar reella lösningar

$y = x^2 - 4x + 5$ saknar nollställen (skär inte x-axeln)

symmetrilinje

Symmetrilinjen ligger mitt emellan punkter med samma y-värde, t ex nollställen.

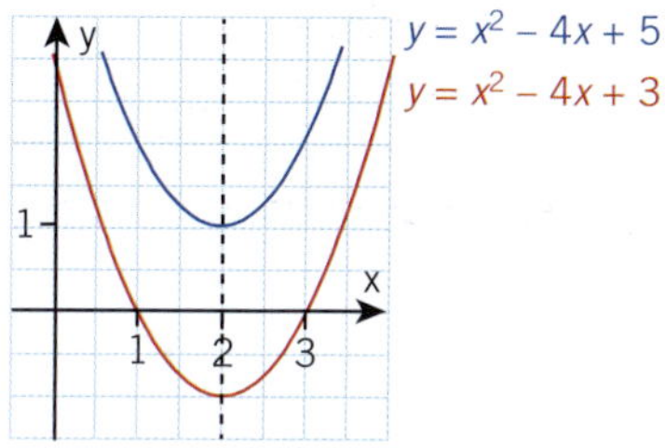

I figuren ser vi att både $y = x^2 - 4x + 3$ och $y = x^2 - 4x + 5$ har symmetrilinjen $x = 2$.

Symmetrilinjen kan avläsas när vi löser ekvationen $y = 0$.

$x^2 - 4x + 3 = 0$	$x^2 - 4x + 5 = 0$
$x = 2 \pm \sqrt{2^2 - 3}$	$x = 2 \pm \sqrt{2^2 - 5}$
$x = 2 \pm 1$	$x = 2 \pm \sqrt{-1}$

Symmetrilinjen

största/ minsta värde

En andragradsfunktion har alltid en maximi- eller en minimipunkt, som ligger på symmetrilinjen.

$x = 2$ insatt i $y = x^2 - 4x + 3$ ger

$y = 2^2 - 4 \cdot 2 + 3 = -1$

Minimipunkten har koordinaterna $(2, -1)$ och funktionens minsta värde är -1.

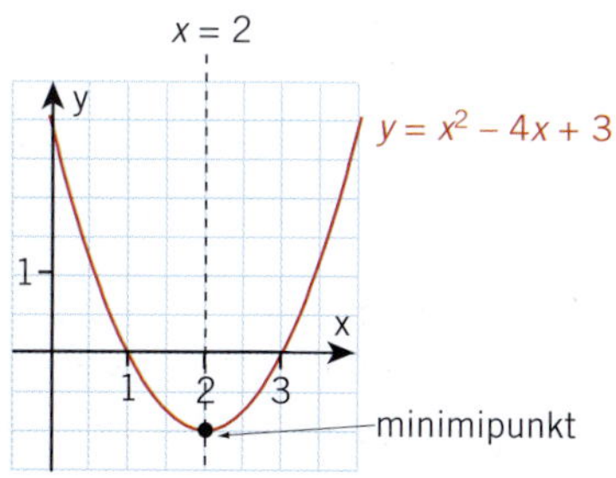

Sammanfattning

Nollställena till funktionen $y = ax^2 + bx + c$ får vi genom att lösa ekvationen $ax^2 + bx + c = 0$

Symmetrilinjen ligger mitt emellan punkter med samma y-värde, t ex nollställen.

En andragradsekvation har ett största eller minsta värde, som ligger på symmetrilinjen.

2312 Undersök andragradsfunktionerna $y = x^2 - 6x$ och $y = -3x^2 - 6x - 6$

a) Bestäm grafens symmetrilinje.

b) Ange koordinaterna för minimi-/maximipunkten.

c) Ange funktionens största/minsta värde.

d) Kontrollera dina resultat grafiskt.

a) $y = x^2 - 6x$

$x^2 - 6x = 0$

$x(x - 6) = 0$

Nollställena är

$x_1 = 0 \qquad x_2 = 6$

Symmetrilinjen är $x = 3$ (mitt emellan 0 och 6)

b) $x = 3$ ger

$y = 3^2 - 6 \cdot 3 = -9$

x^2-termen är positiv.

$(3, -9)$ är en minimipunkt

c) Funktionens minsta värde är -9 (y-värdet i minimipunkten).

d)

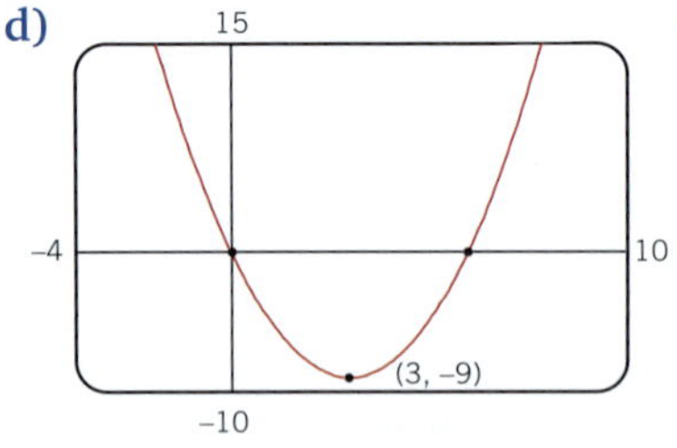

a) $y = -3x^2 - 6x - 6$

$-3x^2 - 6x - 6 = 0$

$x^2 + 2x + 2 = 0$

$x = -1 \pm \sqrt{1 - 2}$

Nollställen saknas

Symmetrilinjen är $x = -1$

b) $x = -1$ ger

$y = -3 \cdot (-1)^2 - 6 \cdot (-1) - 6 = -3$

x^2-termen är negativ.

$(-1, -3)$ är en maximipunkt.

c) Funktionen har ett största värde -3. (y-värdet i maximipunkten.)

d)

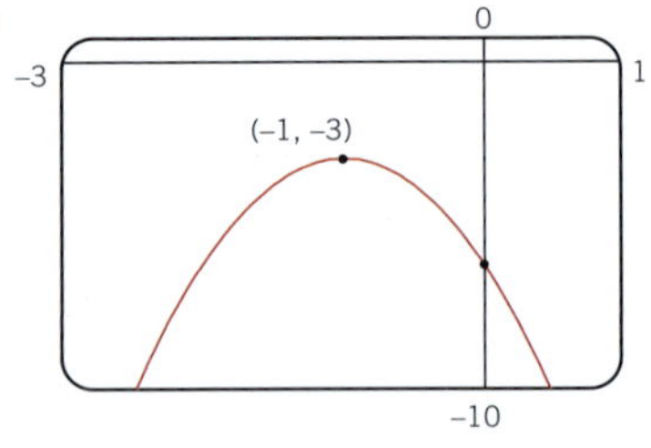

2313 Beräkna funktionens nollställen.

a) $y = x^2 - 9$ b) $y = x^2 - 8x + 12$

2314 En funktion har nollställena $x = -3$ och $x = 1$.

Vilken är symmetrilinjen?

2315 Bestäm symmetrilinjen utan att rita grafen.

a) $y = x^2 - 6x + 5$ c) $y = x^2 + 1$

b) $y = 4x + x^2$ d) $y = 2x^2 - 10x + 12$

2316 Undersök funktionen $y = x^2 - 2x + 3$

a) Har funktionen några nollställen?

b) Kontrollera grafiskt. Hur kan vi se på grafen om funktionen har nollställen?

2317 Funktionen $y = x^2 - 6x + 5$ är given.

a) Har kurvan en maximi- eller minimipunkt?

b) Bestäm funktionens nollställen, om de finns.

c) Ange grafens symmetrilinje.

d) Vilka koordinater har vändpunkten?

e) Vilket är funktionens största respektive minsta värde?

f) Kontrollera a) – e) genom att rita grafen.

2318 Figuren visar grafen till $y = -2x^2 + 4x + 6$

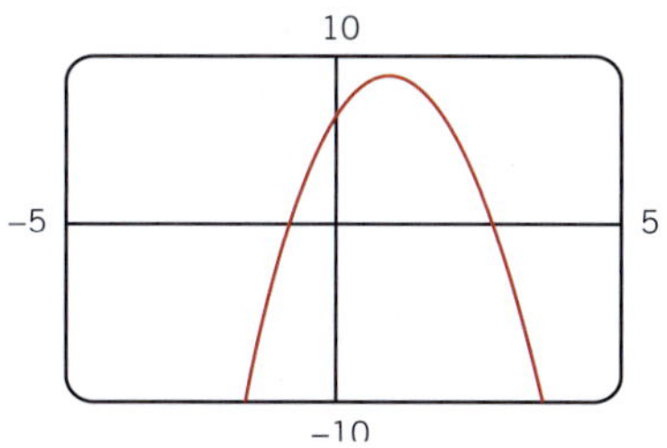

Beräkna koordinaterna för

a) skärningspunkterna med koordinataxlarna

b) punkten med x-koordinaten 4

c) punkterna med y-koordinaten 6.

2319 Avgör om funktionen har ett största eller minsta värde och bestäm värdet.

a) $y = x^2 - 6x$

b) $y = 2 - 2x - x^2$

c) $y = x^2 + 6x + 10$

d) $y = -5x^2 + 15x - 10$

2320 Vad är det för samband mellan en andragradsfunktions största värde och maximipunkten på funktionens graf?

2321 Figuren visar grafen till andragradskurvan $y = 2 + 4x - x^2$

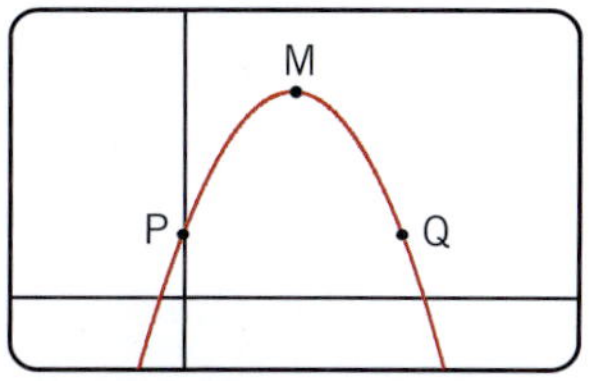

Ange koordinaterna för

a) P b) Q c) M

2322 Rita funktionen $y = 4x^2 - 6x + 5$ och förklara varför ekvationen $4x^2 - 6x + 5 = 2$ saknar (reell) lösning.

2323 Avgör, med hjälp av algebra, om funktionen har nollställen. Kontrollera detta grafiskt.

a) $y = -x^2 + x + 1$

b) $y = x^2 - \frac{4x}{5} + \frac{1}{5}$

2324 Bestäm koordinaterna för vändpunkten till andragradsfunktionen

a) $y = 100x - 40x^2$

b) $y = \frac{x^2}{2} - x + 1$

c) $y = 0{,}1x^2 + 0{,}12x - 0{,}108$

2325 **Bestäm vändpunkten för $y = (x - 2)(x + 4)$**

Lösningen till ekvationen $(x - 2)(x + 4) = 0$ (nollproduktmetoden) ger funktionens nollställen, $x = -4$ och $x = 2$.

Symmetrilinjen är $x = -1$.

$x = -1$ ger $y = (-1 - 2)(-1 + 4) = -9$

Vändpunkten är minimipunkten $(-1, -9)$

Minimipunkt eftersom x^2-termen är positiv.

2326 **För vilka värden på c saknar funktionen $y = x^2 + 10x + c$ nollställen?**

Funktionen saknar nollställen då ekvationen $x^2 + 10x + c = 0$ saknar reella lösningar.

Lösningsformeln ger lösningen $x = -5 \pm \sqrt{5^2 - c}$

Om $5^2 - c < 0$ saknar ekvationen reella rötter.

$5^2 - c < 0$ kan skrivas $c > 25$

Svar: Funktionen saknar nollställen om $c > 25$

2327 Bestäm symmetrilinjen för

b

a) $y = (x + 3)(x - 9)$ b) $y = x(2x + 8)$

2328 Beräkna vändpunkten för

a) $y = (2x - 12)(3x + 6)$

b) $y = (5 - x)(2x + 8)$

2329 Funktionen $y = x^2 - 2x + a$ har ett enda nollställe.

a) Bestäm värdet på a och nollstället.

b) För vilka värden på a saknar funktionen nollställen?

2330 En andragradskurva har symmetrilinjen $x = 1$. Punkterna $(0, 8)$ och $(4, 24)$ ligger på kurvan.

Ange koordinaterna för ytterligare två punkter på kurvan.

2331 En funktion $y = ax^2 + bx + c$ skär y-axeln i punkten $(0, -1)$.

c

Bestäm a, b och c om vi vet att punkterna $(1, 2)$ och $(-1, -2)$ ligger på kurvan.

2332 Figuren visar grafen till $y = ax^2 + bx + c$

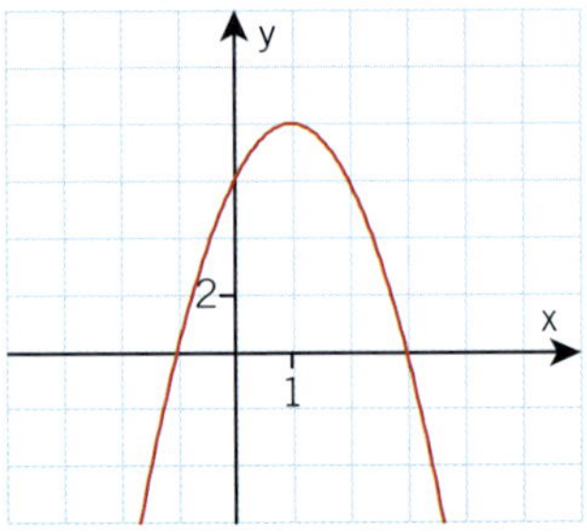

a) Bestäm konstanterna a, b och c.

b) Hur ändras värdet på a, b och c om grafen speglas i x-axeln?

2333 Sant eller falskt?

a) Funktionen $y = ax^2 + bx + c$ har symmetrilinjen $x = -\frac{b}{2a}$

b) Om vi multiplicerar en andragradsfunktion med en konstant, så ändras inte symmetrilinjen.

Motivera dina svar.

Aktivitet

UNDERSÖK

Rektanglar med en given omkrets

1 a) Rita några rektanglar med omkretsen 24 cm. Låt basen vara 2 cm, 4 cm, 6 cm, 8 cm respektive 10 cm.

b) Beräkna arean av dina rektanglar. Visa resultatet i en tabell där du anger rektanglarnas bas, höjd och area.

2 a) Visa resultatet av din undersökning i ett koordinatsystem. Avsätt rektangelns bas på x-axeln och dess area på y-axeln.

b) Din graf är en bild av en andragradsfunktion. Ange grafens symmetrilinje.

c) Vilket är det största möjliga värdet på arean och vilken form har rektangeln då?

3 a) Vilket värde får summan av basen och höjden hos de olika rektanglarna?

b) Låt basen vara x cm och höjden h cm. Vilket är sambandet mellan x och h? Lös ut h ur detta samband.

c) Skriv en formel för hur arean, y cm^2, beror av basen x cm. (Formeln är den andragradsfunktion vars graf du har ritat i koordinatsystemet).

d) Lös ekvationen $y = 0$ grafiskt *och* algebraiskt.

4 a) Vilka värden är möjliga för basen x?

b) Vilka värden är möjliga för arean y?

Tillämpningar

Exempel

Vilken area har en rektangulär hästhage med omkretsen 200 m?

Summan av längden och bredden är lika med halva omkretsen, 100 m.

beteckningar och figur

Längden = x m
Bredden = $(100 - x)$ m

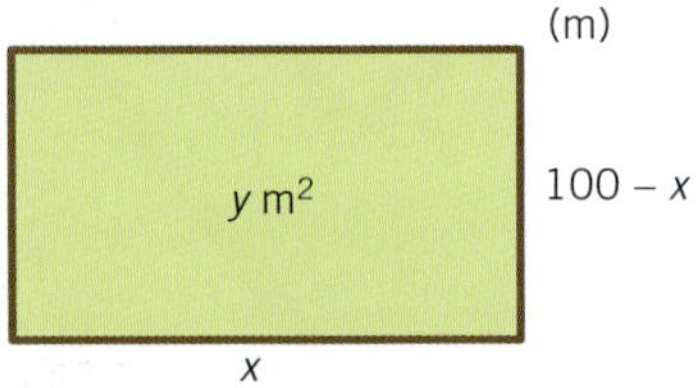

funktion

Arean, y m^2, beskrivs av andragradfunktionen $y = x \cdot (100 - x)$ eller $y = 100x - x^2$

Funktionen har nollställena $x = 0$ och $x = 100$.

Symmetrilinjen ligger mitt emellan nollställena. Linjen är $x = 50$.

Funktionens största värde ligger på symmetrilinjen.

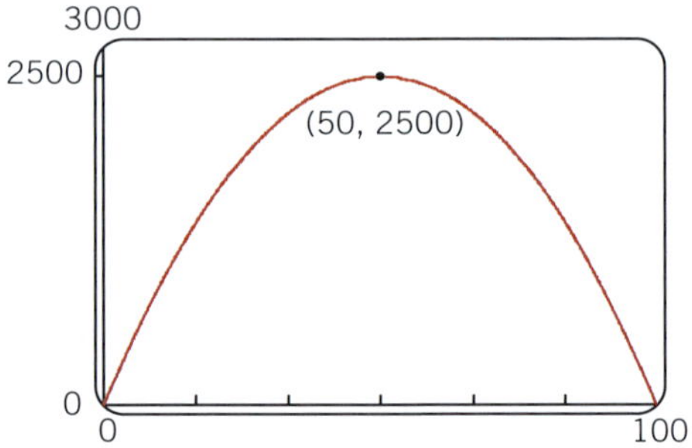

Hagen får störst area om längden är 50 m. Då är även bredden 50 m och hagen är alltså kvadratisk.

största värde

$x = 50$ ger $y = 100 \cdot 50 - 50^2 = 2\,500$. Den maximala arean är $2\,500$ m^2.

I många tillämpningar måste vi ta hänsyn till att alla värden inte är tillåtna. Längden x och bredden $(100 - x)$ måste vara positiva tal.

definitionsmängd

En funktions tillåtna x-värden kallas funktionens *definitionsmängd*.
I vårt exempel: $0 < x < 100$

värdemängd

De värden på y som de tillåtna x-värdena ger kallas funktionens *värdemängd*.
I vårt exempel: $0 < y \leq 2\,500$

2334 Grafen beskriver en kulas bana vid en kulstöt. Den har formeln

$y = 2,3 + x - 0,10x^2$

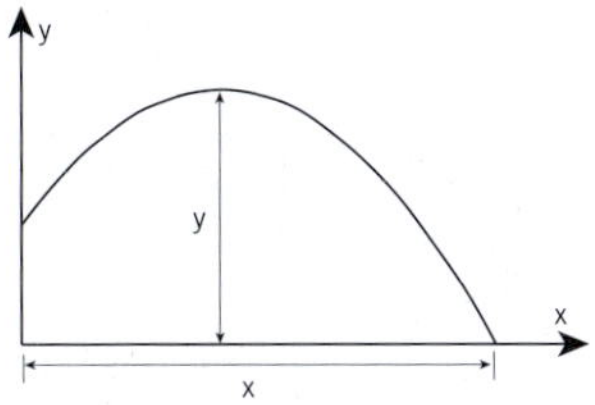

a) Bestäm kulstötens längd x m.

b) Bestäm kulans högsta höjd y m.

c) Från vilken höjd börjar stöten?

Metod 1 *Algebraisk lösning*

a) Vi söker x då höjden $y = 0$

$0 = 2,3 + x - 0,10x^2$

$x^2 - 10x - 23 = 0$

$x = 5 \pm \sqrt{25 + 23}$

$x = 5 \pm \sqrt{48}$

$x \approx 5 \pm 6,9$

$x_1 \approx 11,9$ (x_2 är negativ)

b) $y = 2,3 + x - 0,10x^2$

Funktionens största värde ligger på symmetrilinjen som är $x = 5$

$x = 5$ ger

$y = 2,3 + 5 - 0,10 \cdot 5^2 = 4,8$

c) $x = 0$ ger $y = 2,3$ dvs stöten börjar från höjden 2,3 m.

Metod 2 *Grafisk lösning*

Värdetabell

x	0	3	6	9	12
y	2,3	4,4	4,7	3,2	−0,1

Tabellen ger en lämplig fönsterrektangel. Välj värden, t ex från 0 till 12 i x-led och från 0 till 6 i y-led.

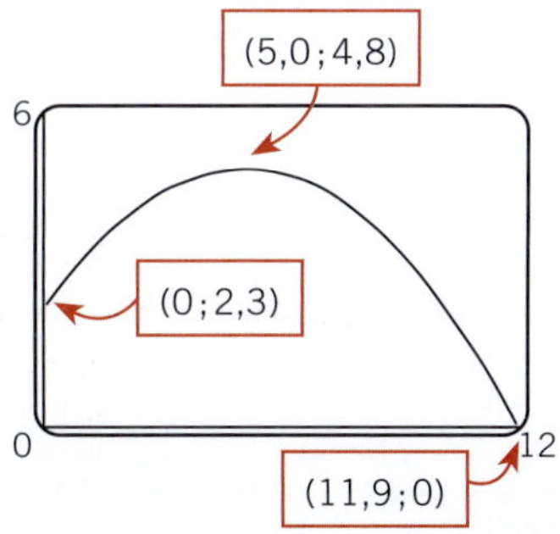

a) Avläsning av skärningspunkten med x-axeln ger $x \approx 11,9$ då $y = 0$.

b) Avläsning av maximipunkten ger $y_{max} \approx 4,8$ då $x = 5$.

c) Avläsning ger att $y = 2,3$ då $x = 0$

<u>Svar:</u> a) Kulstötens längd är 11,9 m.
b) Kulans högsta höjd är 4,8 m.
c) Kulstöten börjar från 2,3 meters höjd.

2335 En loppa hoppar rakt upp från en säng. Hoppet kan beskrivas med följande förenklade matematiska modell:

$h = 4x - 5x^2$

h är höjden i meter över sängen och x är tiden i sekunder efter upphoppet.

a) Beräkna h då $x = 0{,}2$ och förklara vad du har beräknat.

b) Lös ekvationen $4x - 5x^2 = 0$ och tolka resultatet.

c) Vilket värde har x då loppan är som högst över sängen?

d) Hur högt hoppar loppan?

2336 En tråd som är 48 cm lång böjs till en rektangel.

x (cm)

a) Den ena sidan är x cm. Skriv ett uttryck för den andra sidan.

b) Skriv en formel för arean y cm^2.

c) För vilka värden på x är $y = 0$?

d) För vilket värde på x är y störst?

e) Vilken är den största arean?

f) Vilka värden på x är möjliga?

2337 Banan för en fotboll kan beskrivas med funktionen $y = 0{,}75x - 0{,}020x^2$ där y m är fotbollens höjd över marken och x m avståndet i x-led från insparkspunkten.

a) Hur långt från insparkspunkten slår bollen ner?

b) Hur högt når bollen?

c) Hur kan vi i funktionen se att insparken sker från marken?

2338 Bärkabeln mellan pylonerna (brotornen) på Höga Kusten-bron har en form som kan beskrivas av andragradsfunktionen

$y = 56 + 0{,}000\,344x^2$

där y m är höjden över vattenytan och x m det horisontella avståndet till symmetrilinjen genom B.

a) Vilket x-värden har punkten B respektive C?

b) Vilka koordinater har punkterna A, B och C?

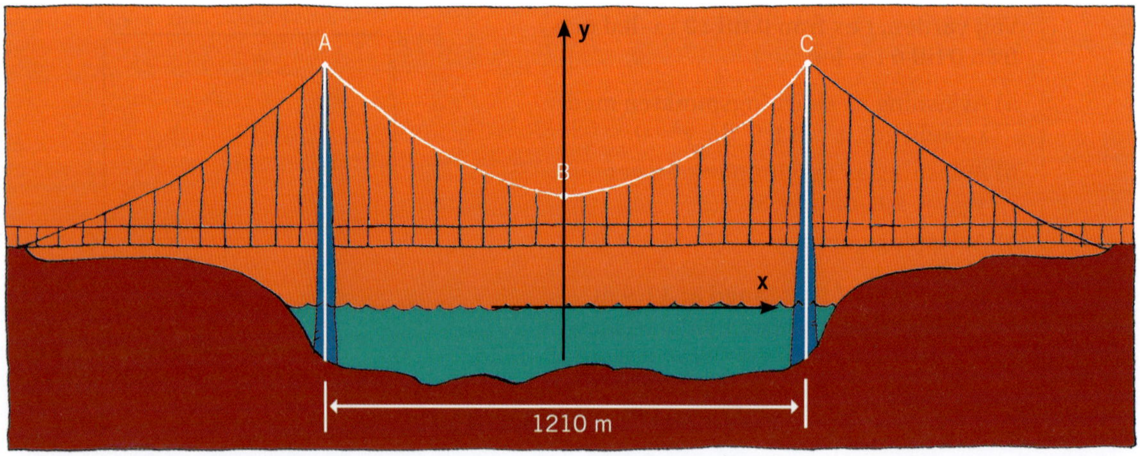

2339 Summan av två tal är 26. Det ena talet är x.

a) Skriv ett uttryck för det andra talet.

b) Skriv en funktion för talens produkt.

c) Beräkna den maximala produkten.

2340 En musikklass gör en musikal. Tidigare erfarenheter har visat att om priset per biljett är x kr så säljer man a biljetter där $a = 400 - 2x$. Klassens utgifter är 7 000 kr.

a) Hur många biljetter säljer klassen om de kostar 50 kr?

b) Förklara varför vinsten kan beskrivas med funktionen $V(x) = x \cdot (400 - 2x) - 7000$

c) Beräkna den maximala vinsten.

2341 En lantbrukare ska inhägna en rektangulär beteshage, vars ena sida utgörs av en älv.

Till de tre övriga sidorna har han 300 m stängsel. Låt beteshagens area vara y m² och två av dess sidor x meter.

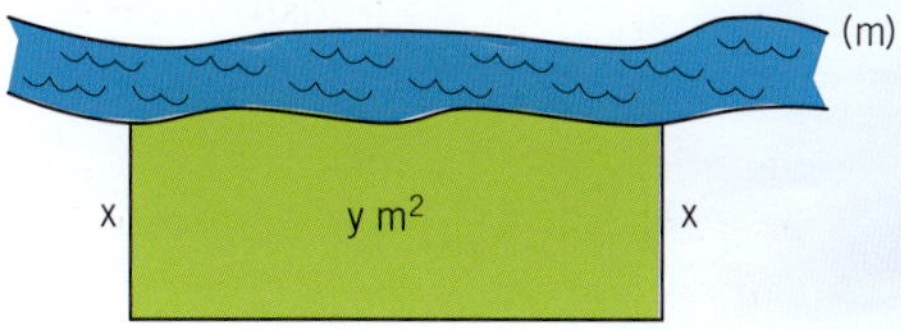

a) Bestäm y som funktion av x.

b) Ange funktionens definitionsmängd.

c) Bestäm beteshagens maximala area och ange funktionens värdemängd.

2342 Anna tävlar i simhopp. Hennes höjd h meter över vattenytan beskrivs av den matematiska modellen.

$h = -5t^2 + 6t + 3{,}2$

där t sekunder är tiden efter det att hon lämnat sviktbrädan.

a) Från vilken höjd hoppar Anna?

b) Vilken är hennes högsta höjd?

c) Hur länge är Anna i luften?

2343 Om ett företag säljer x maskiner till ett pris av $(30 - 0{,}4x)$ miljoner kr blir intäkten $I(x)$ miljoner kr, där

$I(x) = x(30 - 0{,}4x)$ för $0 \le x \le 60$

Kostnaden $K(x)$ miljoner kr för att producera x maskiner är

$K(x) = 10x + 160$ för $0 \le x \le 60$

Vinsten är $V(x) = I(x) - K(x)$

a) Skriv och förenkla vinstfunktionen.

b) Vilka x-värden ger en positiv vinst $(V(x) > 0)$?

c) Beräkna den största vinsten.

2.4 Potenser och potensekvationer

Potenser

Upprepad addition kan skrivas som en multiplikation:
$3 + 3 + 3 + 3 = 4 \cdot 3$ och $x + x + x + x = 4 \cdot x = 4x$
Upprepad multiplikation kan skrivas som en potens:
$3 \cdot 3 \cdot 3 \cdot 3 = 3^4$ och $x \cdot x \cdot x \cdot x = x^4$

potens 3^4 kallas en *potens* och läses "3 upphöjt till 4".
bas, exponent 3 kallas *bas* och 4 *exponent*.

Exempel	***Potenslagar***
$3^4 \cdot 3^2 = 3 \cdot 3 \cdot 3 \cdot 3 \ \cdot 3 \cdot 3 = 3^6$	$a^x \cdot a^y = a^{x+y}$
$\dfrac{2^5}{2^3} = \dfrac{2 \cdot 2 \cdot 2 \cdot 2 \cdot 2}{2 \cdot 2 \cdot 2} = 2 \cdot 2 = 2^2$	$\dfrac{a^x}{a^y} = a^{x-y}$
$(y^2)^3 = y^2 \cdot y^2 \cdot y^2 = y^6$	$\left(a^x\right)^y = a^{xy}$
$(5x)^2 = 5x \cdot 5x = 25x^2$	$(a \cdot b)^x = a^x b^x$
$\left(\dfrac{3}{x}\right)^2 = \dfrac{3}{x} \cdot \dfrac{3}{x} = \dfrac{9}{x^2}$	$\left(\dfrac{a}{b}\right)^x = \dfrac{a^x}{b^x}$

Vad menas med 5^0?

Vi vet att $\dfrac{5^3}{5^3} = 1$ (täljaren och nämnaren är lika).

Enligt den andra potenslagen är $\dfrac{5^3}{5^3} = 5^{3-3} = 5^0$

Om lagen ska gälla måste $5^0 = 1$

Vad menas med 5^{-2}?

Vi beräknar $\dfrac{5^3}{5^5} = \dfrac{5 \cdot 5 \cdot 5}{5 \cdot 5 \cdot 5 \cdot 5 \cdot 5} = \dfrac{1}{5 \cdot 5} = \dfrac{1}{5^2}$

Enligt den andra potenslagen är $\dfrac{5^3}{5^5} = 5^{3-5} = 5^{-2}$

Om lagen ska gälla måste $5^{-2} = \dfrac{1}{5^2}$

Definitioner

$a^0 = 1$ $\quad a^{-x} = \dfrac{1}{a^x}$ $\quad a \neq 0$ i båda fallen.

Stora och små tal skrivs ofta i grundpotensform t ex

$56\,000\,000 = 5{,}6 \cdot 10^7$ och $0{,}000\,038 = 3{,}8 \cdot 10^{-5}$

Talet skrivs då som en produkt av två faktorer, $a \cdot 10^n$.

Den första faktorn a är ett tal i decimalform mindre än 10 och större än eller lika med 1.
Den andra faktorn 10^n är en tiopotens.

Grundpotensform

Tal i grundpotensform = $a \cdot 10^n$, där $1 \le a < 10$.

2401 **Skriv utan potens. Arbeta utan räknare.**

a) 2^4 b) 2^{-3} c) $3{,}2 \cdot 10^8$ d) $5 \cdot 10^{-4}$

a) $2^4 = 2 \cdot 2 \cdot 2 \cdot 2 = 16$

b) $2^{-3} = \dfrac{1}{2^3} = \dfrac{1}{8}$

c) $3{,}2 \cdot 10^8 = 320\,000\,000$

d) $5 \cdot 10^{-4} = 0{,}000\,5$

2402 **Förenkla med potenslagarna**

a) $2x^4 \cdot x^3$ d) $(b^3)^{-2}$

b) $x^5 \cdot x^{-2}$ e) $(2x^2)^3$

c) $\dfrac{y^6}{y^{-5}}$ f) $\left(\dfrac{2x}{3}\right)^2$

a) $2x^4 \cdot x^3 = 2x^{4+3} = 2x^7$

b) $x^5 \cdot x^{-2} = x^{5+(-2)} = x^3$

c) $\dfrac{y^6}{y^{-5}} = y^{6-(-5)} = y^{6+5} = y^{11}$

d) $(b^3)^{-2} = b^{3 \cdot (-2)} = b^{-6}$

e) $(2x^2)^3 = 2^3 \cdot (x^2)^3 = 8x^6$

f) $\left(\dfrac{2x}{3}\right)^2 = \dfrac{(2x)^2}{3^2} = \dfrac{2^2 \cdot x^2}{9} = \dfrac{4x^2}{9}$

2403 Vilket tal är störst, en potens med basen 2 och exponenten 5 eller en potens med basen 3 och exponenten 3?
Motivera ditt svar.

2404 Skriv som en enda potens

a) $5^7 \cdot 5^2$ c) $\left(2^5\right)^2$

b) $\dfrac{x^6}{x^4}$ d) $2^6 \cdot 2$

2405 Skriv som ett tal utan tiopotens

a) $4{,}5 \cdot 10^5$ c) $8{,}05 \cdot 10^9$

b) $3{,}5 \cdot 10^{-4}$ d) $7 \cdot 10^{-6}$

2406 Visa att $10^{-2} = 0{,}01$.

2407 Skriv som en enda potens.

a) $x^7 \cdot x^{-2}$ c) $\left(4^x\right)^3$ e) $\left(b^2\right)^{-4}$

b) $\dfrac{x^6}{x^8}$ d) $\dfrac{a^5}{a^{-3}}$ f) $\dfrac{b^{-3}}{b}$

2408 Sveriges BNP (bruttonationalprodukt) uppgick till $3{,}495 \cdot 10^{12}$ kr år 2011.

a) Skriv talet utan potenser.

b) Hur många miljarder kr var BNP år 2011?

2409 Skriv som ett tal i bråkform.

a) 5^{-2} c) 3^{-2}

b) 2^{-3} d) 2^{-1}

2410 Beräkna utan räknare

a) $\dfrac{85^3}{85^2}$ c) $\dfrac{26^2}{26+26}$

b) $3^2 - 2^3$ d) $\dfrac{17+17+17+17}{17+17}$

2411 Ett företag gjorde ett år en vinst på $8{,}75 \cdot 10^9$ kr. Året därpå ökade vinsten med 25 %.

Hur stor blev vinsten då?

2412 Använd räknaren och beräkna

a) 2^{100} b) $\dfrac{1}{2^{25}}$

Svara i grundpotensform.

2413 Förenkla

a) $3t^4 \cdot 3t^2$ c) $7y^3 \cdot 3y^{-3}$

b) $(3a)^3$ d) $5x \cdot (-5x)$

2414 Förenkla

a) $(2 \cdot x^4)^3 + 2 \cdot (x^4)^3$

b) $\left(\dfrac{2a}{4}\right)^2$

c) $\dfrac{x^2}{2} + \dfrac{x^2}{2}$

2415 Lös ekvationen

a) $2^x \cdot 2^{12} = 2^9$

b) $(3^2)^x = 3^{-14}$

c) $4^2 \cdot 4^{2x} = 4^x$

d) $5^{3x}/5^6 = 5^x$?

2416 Är förenklingen rätt eller fel? Motivera.

a) $\dfrac{1}{3 \cdot 3 \cdot 3 \cdot 3}$ förenklas till 3^{-4}

b) $5 + 5 + 5 + 5$ förenklas till 5^4

c) $(3x)^0 + 3x^0$ förenklas till 4

d) $(4a)^3$ förenklas till $12a^3$

e) $2 \cdot 2^3$ förenklas till 4^3

2417 a) Ange ett tal som är dubbelt så stort som 2^{20}.

b) Ange ett tal som är hälften så stort som 2^{300}.

2418 Bestäm talet x så att

a) $4^x = 4^{10} + 4^{10} + 4^{10} + 4^{10}$

b) $3^x = \dfrac{3^5 + 3^5 + 3^5}{3^5}$

Potensekvationer och rationella exponenter

Exempel En kub har volymen 64 cm³. Vi kan beräkna sidan med hjälp av ekvationen $x \cdot x \cdot x = 64$

potensekvation Vi löser *potensekvationen*

$x^3 = 64$

$(x^3)^{1/3} = 64^{1/3}$

Vi upphöjer båda leden till ett tal så att ”exponenten blir 1”.

$x = 4$

Kubens sida är 4 cm.

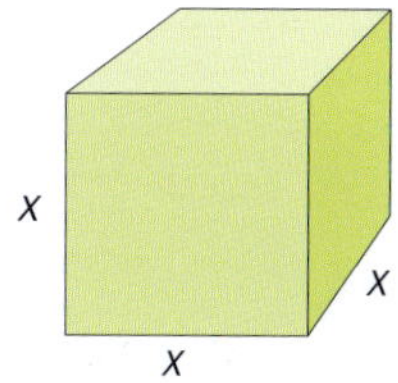

rationell exponent Talet $64^{1/3}$ har en *rationell exponent*, dvs en exponent som kan skrivas i bråkform.

$64^{1/3}$ utläses ”64 upphöjt till en tredjedel”

$64^{1/3}$ är detsamma som $\sqrt[3]{64}$ ”tredjeroten ur 64”

Allmänt gäller:

Ekvationen $x^n = a$

Ekvationen $x^n = a$ har den positiva roten $a^{1/n}$. $\sqrt[n]{a} = a^{1/n}$

Man kan visa att potenslagarna även gäller för potenser med rationella exponenter.

2419 **Bestäm den positiva roten till ekvationen**

a) $x^6 = 25$ **b)** $2 \cdot x^3 = 20$

Vi upphöjer båda leden till ett tal så att ”exponenten blir 1”.

a) $x^6 = 25$

$(x^6)^{1/6} = 25^{1/6}$

$x = 25^{1/6} \approx 1{,}71$

b) $2 \cdot x^3 = 20$

$x^3 = 10$

$(x^3)^{\frac{1}{3}} = 10^{\frac{1}{3}}$

$x = 10^{\frac{1}{3}} \approx 2{,}15$

Svar: a) $x \approx 1{,}71$ b) $x \approx 2{,}15$

2420 **Ida placerar 10 000 kr i en fond hos en bank. Hon är garanterad 12 000 kr om pengarna står orörda i 5 år.**
Vilken årlig procentuell ökning motsvarar detta?

Vi låter x vara förändringsfaktorn och ställer upp ekvationen
$10\,000 \cdot x^5 = 12\,000$

$x^5 = 1{,}2$

$(x^5)^{1/5} = 1{,}2^{1/5}$

$x \approx 1{,}037$

Förändringsfaktorn 1,037 motsvarar en ökning med 3,7 %.

Svar: Det motsvarar en årlig ökning med 3,7 %.

2421 **Förenkla med potenslagarna**

a) $x^{\frac{1}{4}} \cdot x^{\frac{1}{4}} \cdot x^{\frac{1}{4}}$

b) $\frac{a^x}{a^{x/2}}$

c) $(y^2)^{\frac{2}{5}}$

d) $\sqrt{x} \cdot \sqrt{x}$

a) $x^{\frac{1}{4}} \cdot x^{\frac{1}{4}} \cdot x^{\frac{1}{4}} = x^{\frac{1}{4}+\frac{1}{4}+\frac{1}{4}} = x^{\frac{3}{4}}$

b) $\frac{a^x}{a^{x/2}} = a^{x-\frac{1}{2}x} = a^{\frac{x}{2}}$

c) $(y^2)^{\frac{2}{5}} = y^{2\cdot\frac{2}{5}} = y^{\frac{4}{5}}$

d) $\sqrt{x} \cdot \sqrt{x} = x^{\frac{1}{2}} \cdot x^{\frac{1}{2}} = x^{\frac{1}{2}+\frac{1}{2}} = x^1 = x$

2422 Bestäm med räknare. Avrunda till två decimaler.

a) $\sqrt{25}$ c) $30^{1/3}$

b) $\sqrt{26}$ d) $20^{1/2}$

2423 Lös ekvationen och svara med två decimaler.

a) $x^3 = 80$

b) $x^7 = 200$

c) $5x^4 = 125$

d) $8\,000x^4 = 2\,000$

2424 Bestäm utan räknare

a) $36^{1/2}$ c) $8^{1/3}$

b) $64^{1/2}$ d) $1\,000^{1/3}$

2425 Ett kapital på 100 000 kr har på sju år vuxit till 130 000 kr.

a) Låt x vara förändringsfaktorn och ställ upp en ekvation.

b) Hur många procents årlig ränta motsvarar detta?

2426 En fiskare påstår att mellan längden x m och massan y kg gäller sambandet $y = 8 \cdot x^3$ för gäddor.

a) Vad väger en gädda på 60 cm?

b) Hur lång var gammelgäddan på 6 kg?

2427 Ett funkishus har formen av en kub. Husets volym är 614 m³.

a) Hur högt är huset?

b) Hur stor markyta täcker huset?

c) En fjärdedel av väggytan består av fönster. Vilken sammanlagd area har fönstren?

2428 Förenkla

a) $x^{1/5} \cdot x^{2/5}$

b) $(x^2)^{\frac{3}{7}}$

c) $\dfrac{5^{2x}}{5^{1,5x}}$

d) $\dfrac{a^{\frac{3}{4}}}{a^{\frac{1}{4}}}$

2429 *b* Karl köpte en dator för 25 000 kr. Fyra år senare hade värdet minskat till 4 000 kr.

Vilken årlig procentuell minskning motsvarade detta?

2430 Bestäm den positiva roten till

a) $\dfrac{5x^4}{3} - 20 = 0$

b) $(3x)^2 + 36^{1/2} = 100$

c) $x^{4/3} \cdot x^{5/3} = 3$

2431 Utgå från ett tal x och multiplicera talet med ett dubbelt så stort tal. Multiplicera sedan produkten med ett tal som är tre gånger så stort som x.

Vilket tal är x om resultatet är 998 250?

2432 Höjdhopp är en av grenarna i sjukamp för damer. Poängen $P(h)$ för ett höjdhopp beräknas med potensfunktionen
$P(h) = 1{,}84523(h - 75)^{1{,}348}$
där h är höjden i centimeter.

a) Vilken poäng ger ett hopp på 174 cm?

b) Vilken höjd ger 1 000 poäng?

2433 *c* Enligt Dagens Eko har antalet tillstånd för kameraövervakning i de största länen i Sverige trefaldigats på 10 år från 2002 till 2012.

Vilken årlig procentuell ökning motsvarar detta?

2.5 Exponentialfunktioner och logaritmer

Exponentialfunktioner

Albin räknar antalet mördarsniglar i sin trädgård och hittar 80 st. Han har läst att antalet kan öka exponentiellt.

exponentialfunktion

Han gör modeller för antalet sniglar, y, vid olika tillväxttakt och använder *exponentialfunktionen* $y = C \cdot a^x$ där C är startvärdet och a en förändringsfaktor.

Modellen med 20 % ökning per vecka ger $a = 1{,}20$.

Startvärdet $C = 80$ och funktionen kan skrivas $y = 80 \cdot 1{,}20^x$ där x är antalet veckor.

Enligt modellen kan antalet sniglar efter 6 veckor vara

$y = 80 \cdot 1{,}20^6 \approx 240$

2501 **Ett stort industriföretag släppte år 2010 ut 140 000 ton koldioxid. Företaget planerar att minska utsläppen med 4 % per år.**

a) Beräkna utsläppen av koldioxid år 2015 om planen följs.

b) Undersök grafiskt vilket år utsläppen är halverade.

a) Vi utgår från exponentialfunktionen $y = C \cdot a^x$, där C är värdet från början, a är förändringsfaktorn och x är antal år efter 2010.

$y = 140\,000 \cdot 0{,}96^x$

År 2015 motsvarar $x = 5$ vilket ger

$y = 140\,000 \cdot 0{,}96^5 \approx 114\,000$

Svar: År 2015 är utsläppet ca 110 000 ton.

b) En halvering motsvarar $y = 70\,000$

Vi ritar graferna till $y = 140\,000 \cdot 0{,}96^x$ och $y = 70\,000$ och avläser skärningspunkten.

$x \approx 17$

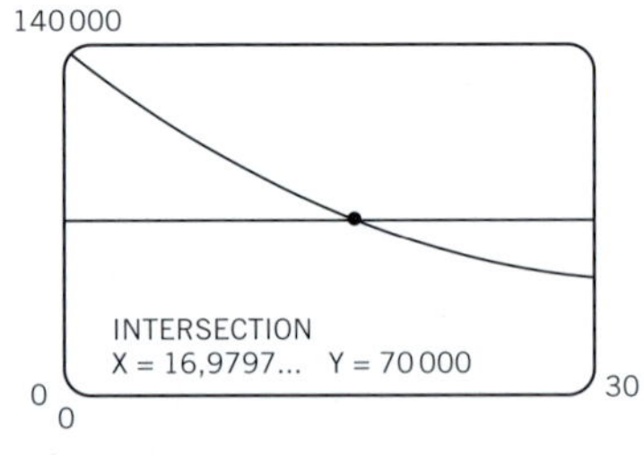

Svar: År 2027 är utsläppen halverade.

2502 Vid kärnkraftsolyckan i Tjernobyl i Sovjetunionen 1986 förorenades stora områden av radioaktivt cesium.

En cesiummängd på 100 mg avtar enligt den exponentiella modellen $y = 100 \cdot 0{,}977^x$ där y mg är mängden efter x år.

Beräkna mängden cesium efter

a) 5 år b) 20 år c) 100 år

2503 Vinsten i ett företag är 80 miljoner kr. Ställ upp en funktion som anger vinsten y kr efter x år om vinsten förväntas

a) öka med 15 % varje år

b) minska med 15 % varje år.

2504 Funktionen $y = 100\,000 \cdot 1{,}4^x$ beskriver hur många bakterier y det finns i en odling efter x timmar.

a) Hur många bakterier fanns från början?

b) Med hur många procent ökar antalet varje timme?

c) Hur många bakterier finns det efter 8 timmar?

d) Bestäm grafiskt hur lång tid det tar för bakterierna att tiodubblas.

2505 Lös ekvationen $2^x = 10$ genom att pröva med olika x-värden.
Svara med två decimaler.

2506 Lufttrycket y millibar avtar med höjden x km över havet enligt funktionen

$y = 1\,013 \cdot 0{,}887^x$

a) Hur stort är lufttrycket vid havsnivån?

b) Med hur många procent minskar trycket då höjden ökar med 1 km?

c) Beräkna lufttrycket på höjden 8 800 m.

d) Vilken fråga kan besvaras med olikheten $1\,013 \cdot 0{,}887^x < 800$?
Lös olikheten grafiskt.

2507 Ge ett eget exempel på en situation eller händelse som kan beskrivas med funktionen $y = 12\,000 \cdot 1{,}05^x$.

2508 Halten av en luftförorening i ett rum är y gram per m^3. Halten avtar med tiden t timmar enligt funktionen $y = 40 \cdot 0{,}92^t$.

Med hur många procent minskar halten per dygn?

2509 Hur många år tar det för en investering på 100 000 kr att öka till dubbla värdet om värdet ökar med 10 % varje år.

2510 För en exponentiell modell $y = f(x) = C \cdot a^x$ gäller att $f(0) = 2$ och $f(1) = 3$.
Bestäm $f(2)$.

Aktivitet

UNDERSÖK

Grafen till $y = 10^x$

1 Avläs i grafen värdet på

a) 10^2
b) $10^{1,5}$
c) 10^1
d) $10^{0,5}$
e) 10^0
f) $10^{-0,5}$

2 Bestäm funktionens definitionsmängd och värdemängd.

3 a) Avläs i grafen x-värdet då $y = 50$.

b) Vilken ekvation har du löst genom avläsningen i a)?

4 Lös ekvationerna grafiskt

a) $10^x = 200$
b) $10^x = 100$
c) Beräkna lg 200 respektive lg 100 på räknaren. Vad finner du?

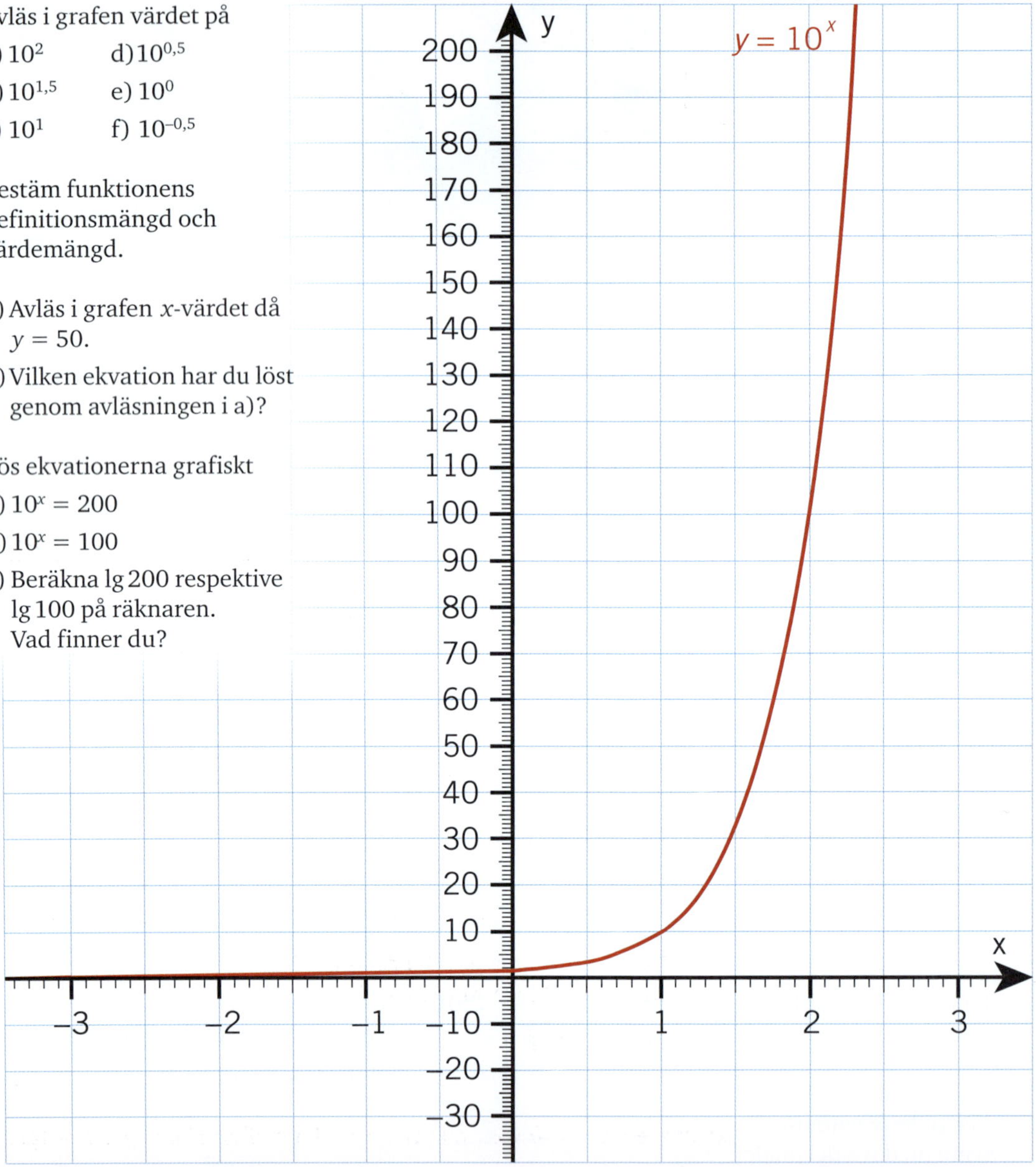

Ekvationen $10^x = b$ och logaritmer

Hur löser man ekvationer av typen $10^x = b$?

Exempel 1 I enkla fall som t ex $10^x = 1\,000$ kan ekvationen lösas utan räknare.

Svaret får vi genom att tänka
"Vad ska 10 upphöjas till för att ge resultatet 1 000?"

Lösningen är $x = 3$ eftersom $10^3 = 1\,000$.

Vi visar fler exempel.

Ekvation	*Lösning*
$10^x = 1\,000\,000$	$x = 6$
$10^x = 10\,000$	$x = 4$
$10^x = 10$	$x = 1$
$10^x = 1$	$x = 0$
$10^x = 0{,}1$	$x = -1$
$10^x = 0{,}001$	$x = -3$

Exempel 2 För ekvationen $10^x = 7$ krävs andra metoder.

Vi kan få ett ungefärligt värde på x genom en grafisk lösning.

Vi ritar grafen till $y = 10^x$ och avläser x-värdet då $y = 7$.
Lösningen är $x \approx 0{,}85$.

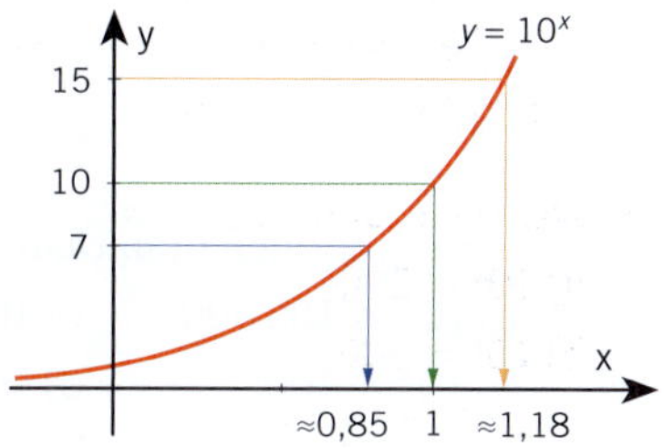

10-logaritm Det exakta värdet på x kallas *tiologaritmen* för 7 och skrivs kortare lg 7.

På räknaren har knappen för tiologaritmer ofta beteckningen LOG.

Vi löser ekvationen $10^x = 7$
$x = \lg 7 \approx 0{,}845$

Exakt svar (lg 7) — Närmevärde (0,845)

Definition av logaritm

> **För varje positivt tal y gäller att om $10^x = y$ kallas x för 10-logaritmen för y.**
>
> **$10^x = y \Leftrightarrow x = \lg y$**

Ekvationen $10^x = b$ som vi började med har alltså lösningen $x = \lg b$.

2511 **Lös ekvationen $10^x = 18$ exakt. Ge också ett närmevärde med tre decimaler.**

$10^x = 18$	Definitionen av logaritm ger
$x = \lg 18$	(exakt)
$x \approx 1{,}255$	(närmevärde)

2512 **Lös ekvationen $25 \cdot 10^{2x} = 125$.**

$25 \cdot 10^{2x} = 125$

$10^{2x} = 5$

$2x = \lg 5$

$x = \dfrac{\lg 5}{2} \approx 0{,}35$

2513 Lös ekvationen. Svara exakt och med ett närmevärde med två decimaler.

a) $10^x = 5$
b) $10^x = 13$
c) $10^x = 5\,000$
d) $10^x = 0{,}045$

2514 Lös ekvationen utan räknare.

a) $10^x = 100\,000$
b) $10^x = 100$
c) $10^x = 0{,}000\,01$
d) $10^x = 0{,}01$

2515

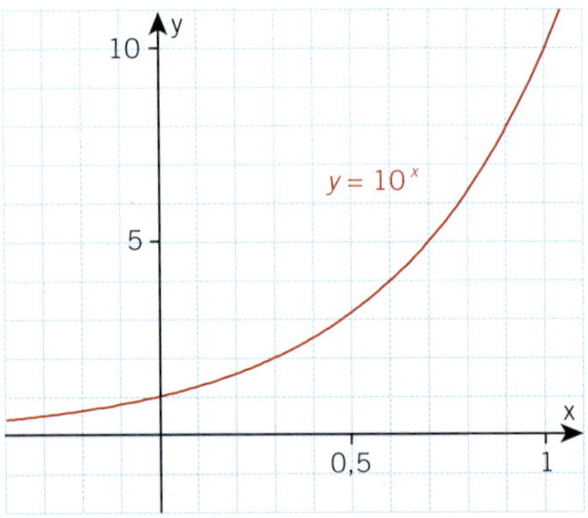

A $10^x = 2$ **B** $10^x = 8$ **C** $10^x = 0{,}5$

a) Lös ekvationerna **A**, **B** och **C** grafiskt.

b) Lös ekvationerna **A**, **B** och **C** med räknaren. Svara med två decimaler.

2516 Lös ekvationen. Svara exakt och med ett närmevärde med två decimaler.

a) $2 \cdot 10^x = 48$
b) $5 \cdot 10^x = 15$
c) $10^{2x} = 50$
d) $10^{3x} = 10\,000$

2517 Lös ekvationen. Svara exakt och med ett närmevärde med två decimaler.

a) $0{,}3 \cdot 10^{3x} = 18$
b) $10^x + 10^x = 8$
c) $\dfrac{10^{2x}}{10} = 100$
d) $10^x - 0{,}2 \cdot 10^x = 40$

2518 a) Beräkna $10^{\lg 100}$, $10^{\lg 6}$ och $10^{\lg 1{,}8}$

b) Använd svaren i a) för att förenkla $10^{\lg a}$

2519 Vilket tecken >, < eller = ska stå i rutan? Arbeta utan räknare och motivera ditt val.

a) $10^{2{,}5}$ □ 100
b) $10^{-1{,}5}$ □ 0,15
c) $2 \cdot 10^{-4}$ □ $\dfrac{2}{10^4}$
d) $10^{-3{,}5}$ □ 0,001

I vissa enkla fall kan vi bestämma värdet på en 10-logaritm utan räknare. Vi kan då använda följande tolkning:

Tolkning av logaritm

10-logaritmen för ett tal är lika med exponenten då talet skrivs med basen 10.

2520

Bestäm utan räknare

a) $\lg 1\,000$ **b)** $\lg 0{,}01$

Tiologaritmen, lg, är exponenten då talet skrivs med basen 10.

a) $\lg 1\,000 = \lg 10^3 = 3$

b) $\lg 0{,}01 = \lg 10^{-2} = -2$

2521

Lös ekvationen

a) $\lg x = 3$ **b)** $2\lg x = 3$

a) $\lg x = 3$
$x = 10^3$
$x = 1\,000$

b) $2\lg x = 3$
$\lg x = 1{,}5$
$x = 10^{1,5}$ (exakt)
$x = 10^{1,5} \approx 31{,}6$ (närmevärde)

2522 Bestäm utan räknare.

a) $\lg 100\,000$ c) $\lg 10^7$
b) $\lg 0{,}01$ d) $\lg 10^{-5}$

2523 Lös ekvationen utan räknare.

a) $\lg x = 2$ c) $\lg x = -3$
b) $\lg x = 4$ d) $\lg x = -1$

2524 Lös ekvationen.

a) $\lg x = 1{,}2$ c) $\lg x = 15{,}5$
b) $4\lg x = 1$ d) $\lg x = -7{,}2$

2525 Gina säger att värdet på $\lg 400$ måste vara större än 2 men mindre än 3. Har hon rätt?
Besvara frågan utan att använda räknare och motivera ditt svar.

2526 Försök beräkna $\lg 0$ och $\lg(-1)$ med din räknare. Förklara varför det inte går.

2527 Undersök med din räknare och skriv upp följande värden:

$\lg 2$ $\lg 20$ $\lg 200$ $\lg 2\,000$

a) Vilket mönster kan du se? Förklara.
b) Vad bör $\lg 20\,000$ respektive $\lg 0{,}2$ bli?

2528 Lös ekvationen och svara med ett närmevärde med tre decimaler

a) $5\lg x = 3$ c) $1 - \lg x = 0{,}5$
b) $\lg 2x = 0{,}15$ d) $4\lg 4x = 0{,}24$

2529 Lös ekvationen exakt.

a) $\lg(3x + 1) = 2$
b) $\lg(\lg x) = -1$

Ekvationen $a^x = b$

Exempel 1 Vi beräknar några logaritmer med räknaren och söker ett mönster.

$\lg 2 \approx 0{,}301$

$\lg 4 = \lg 2^2 \approx 0{,}602$

$\lg 8 = \lg 2^3 \approx 0{,}903$

Vi ser att värdet av lg 4 är dubbelt så stort som det av lg 2 och värdet av lg 8 är tre gånger så stort som värdet av lg 2.

Vi kan alltså skriva

$\lg 2^2 = 2 \cdot \lg 2$

$\lg 2^3 = 3 \cdot \lg 2$

Man kan visa att för positiva tal gäller

En logaritmlag

$$\lg x^p = p \cdot \lg x$$

Exempel 2 Ekvationen $2^x = 3$ kan vi lösa grafiskt genom att rita graferna till $y = 2^x$ och $y = 3$.

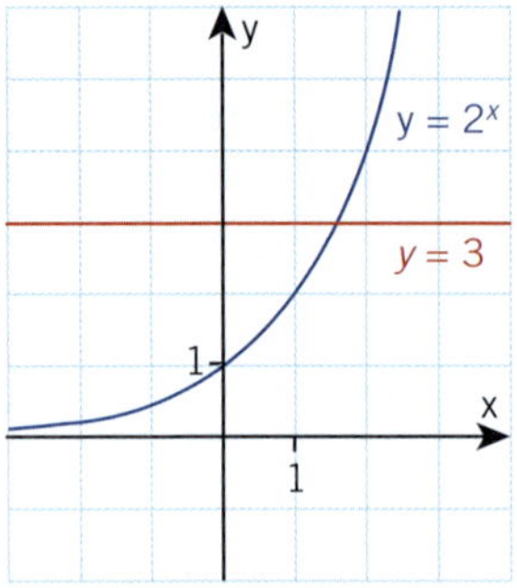

Grafernas skärningspunkt (1,58; 3) kan avläsas med hjälp av räknarens verktyg för skärning.

Ekvationen har lösningen $x \approx 1{,}58$

Vi kan även lösa ekvationen $2^x = 3$ algebraiskt med hjälp av logaritmlagen.

Vi börjar med att logaritmera båda leden.

$$2^x = 3$$

$$\lg 2^x = \lg 3$$

$$x \cdot \lg 2 = \lg 3$$

$$x = \frac{\lg 3}{\lg 2} \approx 1{,}58$$

2530 **Lös ekvationen $4^x = 9$ exakt.**
Ge också ett närmevärde med tre decimaler.

$4^x = 9$

$\lg 4^x = \lg 9$

$x \cdot \lg 4 = \lg 9$

$x = \dfrac{\lg 9}{\lg 4}$ (exakt svar)

$x \approx 1{,}585$ (närmevärde)

2531 Lös ekvationen exakt. Ge också ett närmevärde med tre decimaler.

a) $5^x = 8$
c) $10^x = 250$
b) $3^x = 12$
d) $1{,}05^x = 2$

2532 Visa att $x = 7{,}5$ är en lösning till exponentialekvationen $2\,600 \cdot 1{,}06^x = 4\,025$.

2533 Lös ekvationen $10 \cdot 1{,}5^x = 50$

a) grafiskt med hjälp av figuren
b) algebraiskt.

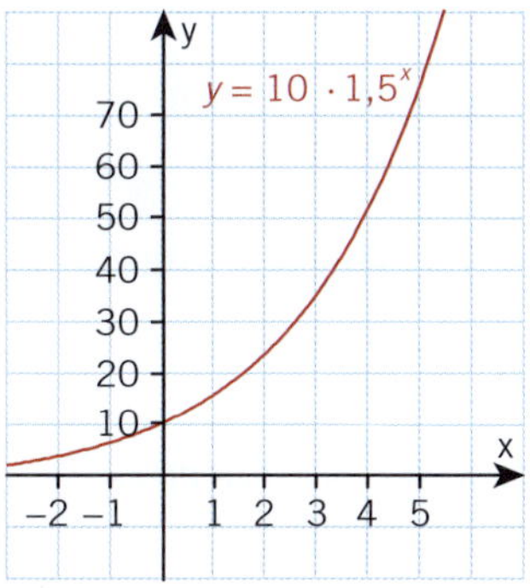

2534 Lös ekvationen

a) $3 \cdot 1{,}08^x = 14$
b) $82 \cdot 0{,}65^x = 38$
c) $9\,000 = 3\,000 \cdot 1{,}35^x$
d) $10 = 2^x$

2535 Beräkna utan räknare

a) $2 \lg 0{,}1$
c) $\lg 1 + \lg 10$
b) $\lg \dfrac{1}{1\,000}$
d) $\lg \sqrt{10}$

2536 Lös ekvationen.

a) $31 \cdot 2^{5x} = 101$
b) $67 \cdot 0{,}5^{-0{,}6x} = 305$

2537 Nedan visas värdet av några logaritmer.

$\lg 4 \approx 0{,}60$ $\lg 5 \approx 0{,}70$ $\lg 7 \approx 0{,}85$

Visa hur man med hjälp av dessa värden utan räknare kan beräkna

a) $\lg 4^2$ b) $\lg 25$ c) $2 \lg 49$

2538 Lös ekvationen

a) $\lg x = 2 \lg 8$
b) $\lg x = \lg 2 + \lg 2 + \lg 2$
c) $3 \lg x = \lg 10$
d) $\lg (x - 2) = \dfrac{1}{2} \lg 0{,}2^2$

2539 Andy löser ekvationen $2 \lg x = \lg 9$ på följande sätt:

$2 \lg x = \lg 9$
$\lg x^2 = \lg 9$
$x^2 = 9$
Svar: $x = \pm 3$

a) Pröva rötterna.
b) Kommentera Andys lösningsmetod och svar.

Tillämpningar och problemlösning

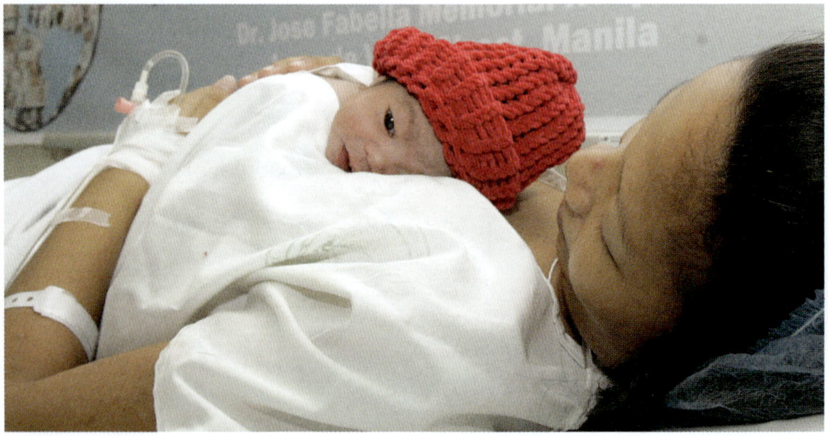

Världsmedborgare nummer 7 miljarder, Danica Camacho, föddes i Manila, Filippinerna 2011-10-31. Mamma heter Camille.

Exempel En stad har 50 000 invånare. Vi antar att invånarantalet ökar exponentiellt, dvs den procentuella ökningen är densamma varje år.

Fråga 1: När är folkmängden 70 000 om ökningen är 2 % per år?

exponentialfunktion

Förändringsfaktorn 1,02 ger att antalet invånare y efter x år kan beskrivas av *exponentialfunktionen* $y = 50\,000 \cdot 1{,}02^x$

exponentialekvation

Svaret på frågan ges av lösningen till *exponentialekvationen*
$70\,000 = 50\,000 \cdot 1{,}02^x$ *"Den obekanta är en exponent."*

Fråga 2: Vilken årlig ökning i procent ger folkmängden 70 000 efter 20 år?

potensfunktion

Antal invånare y efter 20 år kan beskrivas med *potensfunktionen*
$y = 50\,000 \cdot x^{20}$ där x är en förändringsfaktor.

potensekvation

Svaret på frågan är en tolkning av svaret till *potensekvationen*
$70\,000 = 50\,000 \cdot x^{20}$ *"Den obekanta är en bas."*

I många olika typer av tillväxtproblem behöver vi kunna lösa exponential- och potensekvationer, både grafiskt och algebraiskt.

Sammanfattning

En funktion $y = C \cdot a^x$, där C och a är konstanter ($a > 0$, $a \neq 1$) kallas exponentialfunktion.

En funktion $y = C \cdot x^a$, där C och a är konstanter kallas potensfunktion.

2540

**Jordens folkmängd blev 7 miljarder i oktober 2011.
Enligt en prognos ökar folkmängden med 1,2 % per år.**

a) Ställ upp en formel som ger jordens folkmängd om vi antar att den årliga procentuella ökningen är 1,2 %.

b) När är jordens folkmängd 9 miljarder enligt denna modell?

a) Vi använder exponentialfunktionen $y = C \cdot a^x$ som modell, där x är antalet år efter 2011 och y är folkmängden i miljarder.

Startvärdet $C = 7$ och förändringsfaktorn $x = 1{,}012$ ger
$y = 7 \cdot 1{,}012^x$

b) Vi sätter $y = 9$ och får exponentialekvationen $7 \cdot 1{,}012^x = 9$

$$7 \cdot 1{,}012^x = 9$$

$$1{,}012^x = \frac{9}{7}$$

$$\lg 1{,}012^x = \lg \frac{9}{7}$$

$$x \cdot \lg 1{,}012 = \lg \frac{9}{7}$$

$$x = \frac{\lg (9/7)}{\lg 1{,}012} \approx 21$$

Svar: a) $y = 7 \cdot 1{,}012^x$

b) 21 år efter 2011, dvs år 2032, är folkmängden 9 miljarder enligt modellen.

2541

**Värdet på ett hus har fördubblats under en 20-årsperiod.
Beräkna den årliga procentuella ökningen, om den antas ha varit lika stor varje år.**

Vi utgår från potensfunktionen $y = C \cdot x^a$, där C är värdet från början, x är den årliga förändringsfaktorn och a är antal år.

Då $a = 20$ är värdet dubbelt så stort, dvs $y = 2 \cdot C$. Detta ger

$2 \cdot C = C \cdot x^{20}$ — Dividera båda leden med *C*.

$2 = x^{20}$ — Upphöj båda leden med 1/20.

$x = 2^{1/20} \approx 1{,}035$

Svar: Värdet har ökat med 3,5% per år.

2542 Formeln $y = 265\,000 \cdot 0{,}85^x$ visar hur värdet y kr av en bil avtar med tiden x år.

a) Vad kostade bilen som ny?

b) Vad innebär basen 0,85?

c) Efter hur många år är värdet 100 000 kr enligt formeln?

2543 År 2008 hade Pakistan 168 miljoner invånare. Tillväxten antas vara 1,8 % per år.

a) Ställ upp en formel för beräkning av Pakistans folkmängd.

b) Vilken folkmängd ger formeln för år 2015?

c) Vilket år kommer folkmängden att uppgå till 200 miljoner?

2544 Albin bestämmer sig för att skänka pengar till Rädda barnen. Första månaden skänker han 10 kr och sen tänker han dubblera sin gåva varje månad.

a) Skriv en formel för hans gåva y kr efter x månader.

b) Efter hur många månader är hans gåva större än en miljon kr om han fortsätter som han som tänkte?

2545 Anders sätter in 4 000 kr på ett bankkonto med fast ränta. Efter fem år har beloppet vuxit till 4 640 kr.

a) Beräkna årsräntan.

b) Efter hur många år har beloppet fördubblats?

2546 Två olika modeller för hur antalet individer y i en population kommer att utvecklas med tiden x år har presenterats:

A $y = 25\,000 - 500x$

B $y = 25\,000 \cdot 0{,}98^x$

Förklara vad modellerna innebär.

2547 Från år 2000 till år 2010 minskade en koloni av måsar från 10 000 till 6 000.

Hur många måsar kan vi förvänta oss år 2018, om minskningen i procent är densamma varje år?

2548 År 2005 skickades 2,2 miljarder SMS i Sverige. År 2009 var antalet 16 miljarder. Ökningen var exponentiell.

a) Ange en exponentialfunktion $y = f(x)$ som beskriver antalet skickade SMS per år, x år efter 2005.

b) Vilket år kommer antalet SMS att överstiga 500 miljarder om ökningen fortsätter i samma takt?

c) Hur länge tror du att funktionen kan gälla?

2549 I en swimmingpool är antalet bakterier 1 000 per cm^3. För varje dygn ökar antalet med 80 %.

a) Vilken olikhet ska du lösa för att få svar på frågan *"När är antalet bakterier per cm^3 mer än 200 000?"*

b) Svara på frågan i a).

2550 En prognos säger att energiförbrukningen kommer att fyrdubblas under en 25-årsperiod.

Vilken genomsnittlig årlig procentuell ökning förväntas då?

2551 a) Ge ett eget exempel på en fråga som besvaras av ekvationen

$180\,000 \cdot x^{10} = 40\,000$

b) Lös ekvationen och besvara din fråga.

2552 Alla radioaktiva ämnen sönderfaller och sänder ut radioaktiv strålning. Mängden av ett radioaktivt ämne avtar exponentiellt med en viss halveringstid. Vid kärnkraftsolyckorna i Tjernobyl år 1986 och i Japan år 2011 spreds bl a ämnet cesium-137, som har en halveringstid på 30 år. Det betyder att efter 30 år återstår halva mängden.

Antag att man har 50 mg cesium-137 i början av 2012.

a) Ställ upp en formel som visar hur mängden cesium avtar.

b) Beräkna mängden efter 100 år.

c) Efter hur många år har mängden minskat med 20 %?

a) Vi utgår från $y = C \cdot a^x$ där y är mängden i mg x år efter 2012.

År 2012 var mängden 50 mg. Detta ger $C = 50$.

Efter 30 år återstår halva mängden, dvs $y = 25$ då $x = 30$. Vi bestämmer förändringsfaktorn a genom att lösa potensekvationen

$50 \cdot a^{30} = 25$

$a^{30} = 0{,}5$

$(a^{30})^{1/30} = 0{,}5^{1/30}$

$a \approx 0{,}977$

Mängden cesium-137 kan beskrivas med funktionen $y = 50 \cdot 0{,}977^x$

b) $x = 100$ ger $y = 50 \cdot 0{,}977^{100} \approx 4{,}9$

Efter 100 år återstår ca 5 mg.

c) Då minskningen är 20 % återstår 80 %.

$y = 0{,}80 \cdot 50 = 40$

Vi löser ekvationen

$40 = 50 \cdot 0{,}977^x$

$0{,}80 = 0{,}977^x$

$\lg 0{,}80 = \lg 0{,}977^x$

$\lg 0{,}80 = x \lg 0{,}977$

$$x = \frac{\lg 0{,}80}{\lg 0{,}977} \approx 9{,}6$$

Efter ca 10 år har mängden minskat med 20 %.

2553 Atomkärnor som spontant sönderfaller och skickar ut strålning kallas radioaktiva.

När atomkärnorna sönderfaller avtar mängden och strålningen exponentiellt med tiden. Ett vanligt mått för sönderfallet är att ange ämnets halveringstid, *T*, dvs hur lång tid det tar för hälften av ämnet att sönderfalla.

Vi har 400 mg jod-131 som har en halveringstid på 8,0 dygn.

a) Hur mycket återstår efter 16 dygn?

b) Efter 8,0 dygn har hälften sönderfallit. Beräkna hur många procent som sönderfaller varje dygn.

c) Ställ upp en formel som anger hur mycket jod-131 vi har efter x dygn.

2554 Salmonellabakterier kan bl a finnas i kyckling. När det är varmt kan de ha en fördubblingstid på 20 minuter.

Anta att du skär upp en kyckling och att 2 000 salmonellabakterier hamnar i potatissalladen.

Johan påstår att det efter några timmar på en varm plats kan finnas 1 miljon bakterier i salladen. Är detta rimligt?

2555 (C) En patient får en injektion av ett läkemedel. Man vet att denna mängd avtar exponentiellt med tiden. Vid en mätning fanns det efter 42 timmar kvar 30 % av medicinen i kroppen.

Hur lång är halveringstiden för medicinen i kroppen?

2556

Land	*Folkmängd 1970*	*Tillväxttakt*
Filippinerna	38,7 miljoner	2,5 % per år
Storbritannien	55,6 miljoner	0,2 % per år

Vilket år borde de båda länderna ha haft lika stora folkmängder?

2557 Magnituden på Richterskalan är ett mått på den energi som utlöses vid en jordbävning. Vid en katastrofal jordbävning (magnituden 9 eller högre) frigörs energi av samma storleksordning som Sverige förbrukar på ett helt år.

Mellan jordbävningens magnitud M och den frigjorda energin E i Joule finns enligt Richterskalan sambandet

$$M = \frac{2}{3}(\lg E - 4{,}4)$$

a) Beräkna magnituden om $E = 2{,}5 \cdot 10^{13}$ Joule.

b) Jordbävningen år 1989 i San Francisco hade magnituden $M_1 = 7{,}1$ medan den år 1906 hade $M_2 = 8{,}1$.

Beräkna energin för de två skalven E_1 och E_2 och tolka kvoten $\frac{E_2}{E_1}$.

2558 En kropp med temperaturen T svalnar i en omgivning med lägre temperatur T_0.

Om omgivningens temperatur är konstant och luftväxlingen god, sker avsvalningen på ett sådant sätt att temperaturdifferensen

$D = T - T_0$

avtar exponentiellt med tiden t.

En banktjänsteman hittades mördad på sitt luftkonditionerade kontor.

När mordet upptäcktes kl 15.00 var kroppens temperatur 29,5 °C. Kl 16.50 hade temperaturen sjunkit till 27,0 °C. Temperaturen på kontoret är konstant 20,0 °C.

När skedde mordet? Normal kroppstemperatur är 37,0 °C.

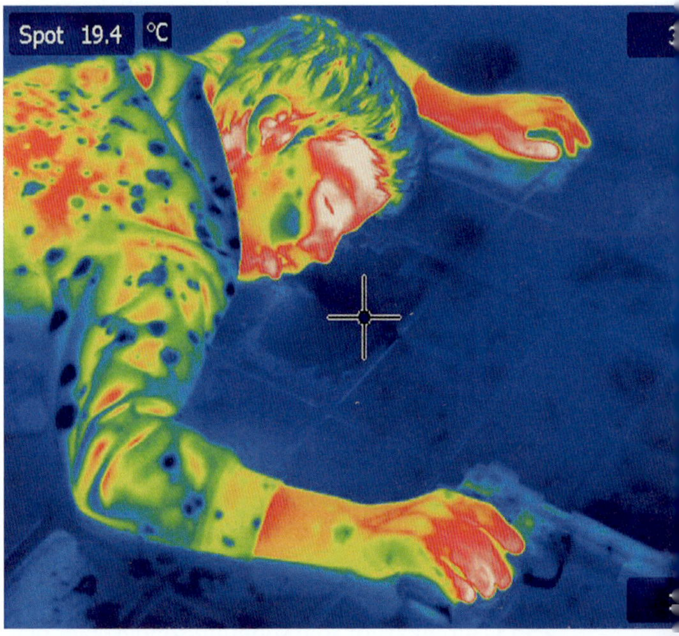

Historik

Världens befolkning

FN har gjort beräkningar och uppskattningar av världens befolkning både bakåt och framåt i tiden. I tabellen visas en del av resultatet.

År	*Världens befolkning (miljoner)*
0	300
1 600	600
1 750	790
1 900	1 700
1 950	2 500
2 000	6 100
2 050	8 900

Källa: SCB

År	*Andel i % av den totala folkmängden*		
	Afrika	*Asien*	*Europa*
1750	13	64	21
1900	8	57	25
2050	20	60	7

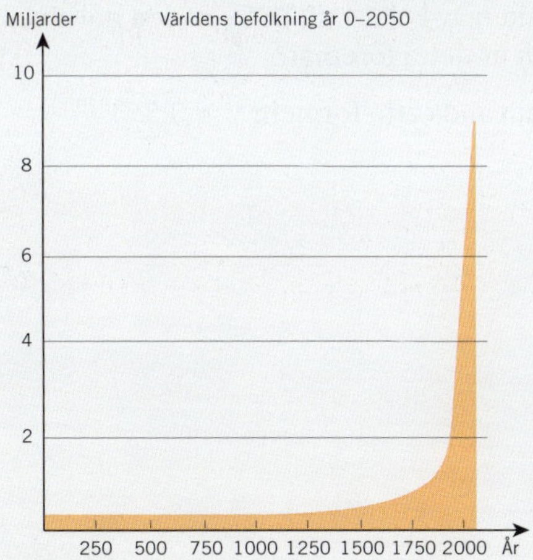

1 Beräkna den uppskattade folkmängden i Europa och folkmängden i Afrika år 1750, 1900 och 2050.

2 Beräkna den årliga procentuella ökningen av världens befolkning mellan år 1950 och 2000 om vi antar att ökningen var exponentiell.

3 a) Beskriv världens befolkning mellan år 0 och år 1600 dels med en linjär modell dels med en exponentiell modell.

b) Beräkna folkmängden år 1000 enligt de två modellerna.

4 Jordens befolkning var 6 miljarder år 1999 och 7 miljarder vid ungefär samma tidpunkt år 2011.

Vilket år är jordens befolkning 14 miljarder om vi antar att antalet människor ökar med lika många procent varje år från 1999?

Tema

Åldersbestämning med kol-14

Levande material:
Andelen ^{14}C konstant

I den övre atmosfären bildas genom den kosmiska strålningen en radioaktiv kolatom, kol-14. Den mängd kol som ingår i alla levande organismer (växter, djur och människor) utgörs till en viss bestämd del av kol-14. Resten av kolet är den stabila kol-12.

När en organism dör tillförs inga nya kolatomer via näringsintag. Halten av kol-14 kommer därför att avta exponentiellt. Kol-14 sönderfaller med halveringstiden 5 730 år.

Det betyder att 5 730 år efter att en organism dött är halten kol-14 hälften av halten i en levande organism. Genom att mäta halten kan man därför uppskatta åldern på tidigare levande material.

Dött material:
Andelen ^{14}C minskar

Två uråldriga träföremål: en visp och en kam.

Exempel I ett gammalt träföremål mäts halten av kol-14 till 88 % av den normala halten i levande trä. Hur gammalt är detta föremål?

För att bestämma halten kol-14 används ofta formeln $y = 0{,}5^{x/5\,730}$ där y är halten efter x år.

$y = 0{,}88$ ger ekvationen

$$0{,}88 = 0{,}5^{\frac{x}{5\,730}}$$

$$\lg 0{,}88 = \lg 0{,}5^{\frac{x}{5\,730}}$$

$$\lg 0{,}88 = \frac{x}{5\,730} \cdot \lg 0{,}5$$

$$x = 5\,730 \cdot \frac{\lg 0{,}88}{\lg 0{,}5} \approx 1\,100$$

Föremålet är ca 1 100 år gammalt.

1 a) Vilken halveringstid har kol-14?

b) Hur många procent kol-14 återstår efter en halveringstid?

c) Hur många procent kol-14 återstår efter två respektive tre halveringstider?

2 Beräkna halten kol-14 i ett träföremål som är 2 000 år gammalt.

3 En arkeolog tror sig ha funnit resterna av Noaks ark, som enligt bibeln byggdes ungefär 4 000 f Kr.

Hur många procent kol-14 kan arkeologen förvänta sig att fyndet har jämfört med halten hos levande trä?

4 I skinnet från en mammut, som man funnit i Sibirien, var halten av kol-14 bara 2,2 % av den normala halten.
Hur gammalt var mammutfyndet?

5 I en träbit från Tutanchamons grav har man funnit att halten av kol-14 var 66% av halten i levande trä.
Uppskatta träbitens ålder.

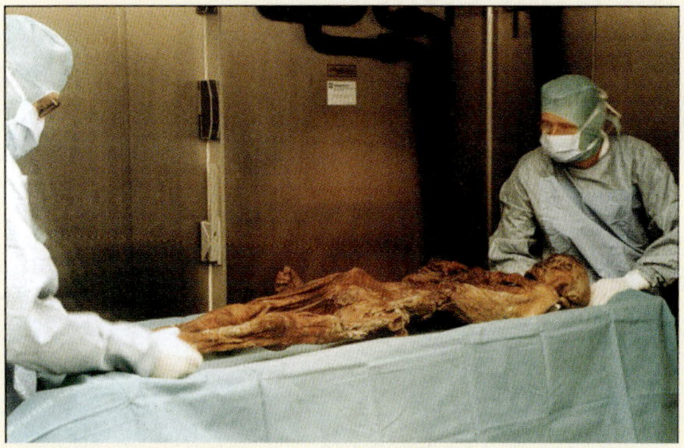

6 I september 1991 fann två bergsklättrare i Alperna resterna efter en stenåldersman som bevarats i snö och is. Ismannen fick namnet Ötzi efter dalen där han hittades.

Mätningar på Ötzi gav kol-14 halten 53,3 % i förhållande till en levande man.
När levde Ötzi?

7 År 1947 fann en ung beduin de s k Dödahavs-rullarna med bl a manuskript till delar av Bibeln. En mätning av halten kol-14 på det linnetyg som rullarna var inslagna i gav resultatet 78,6 % av halten i levande material.

Datera fyndet.

Willard Frank Libby (1908 – 1980)

Historik

Kol-14-metoden utvecklades i slutet av 1940-talet av professor Willard Frank Libby. Metoden var ett stort framsteg och möjliggjorde helt nya åldersbestämningar t ex inom arkeologin. Libby fick nobelpriset i kemi år 1960 för sitt arbete.

Eftersom halten av kol-14 i atmosfären varierat genom tiderna har man utvecklat kalibreringskurvor för noggrannare åldersbestämningar. För material äldre än ca 60 000 år är tekniken inte tillräckligt tillförlitlig.

Mer om grafer

från formel till graf När vi ritar grafen till en funktion för hand, kan vi börja med att beräkna koordinaterna i några punkter. Intressanta punkter är eventuella skärningspunkter med koordinataxlarna, nollställen och min- eller maxpunkter.

från graf till formel När vi ska bestämma en funktionsformel utifrån en graf behöver vi dels veta vilken typ av funktion det är, dels känna till några punkter på grafen. Då punkternas koordinater sätts in i funktionens formel får vi ofta ett ekvationssystem.

Exempel Grafen visar en andragrafsfunktion med tre punkter givna, $(-1, -3)$ $(0, -6)$ och $(4, 2)$.

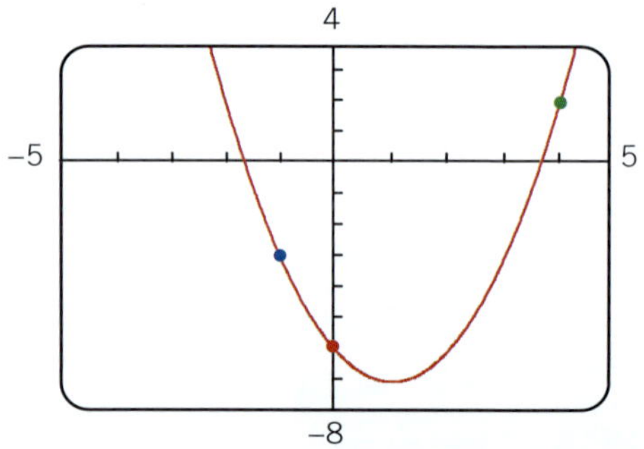

I formeln för en allmän andragradsekvation $y = ax^2 + bx + c$ finns tre obekanta a, b och c.

Vi sätter in punkternas koordinater i ekvationen

$-6 = a \cdot 0^2 + b \cdot 0 + c$ vilket ger $c = -6$

De andra punkterna sätts in i $y = ax^2 + bx - 6$

$-3 = a \cdot (-1)^2 + b \cdot (-1) - 6$ vilket ger $-3 = a - b - 6$ (Ekvation 1)

$2 = a \cdot 4^2 + b \cdot 4 - 6$ vilket ger $2 = 16a + 4b - 6$ (Ekvation 2)

Ekvation 1 och 2 ger ekvationssystemet

$\begin{cases} a - b = 3 \\ 16a + 4b = 8 \end{cases}$ med lösningen $a = 1$ och $b = -2$

Funktionens formel blir därför $y = x^2 - 2x - 6$

$a = 1$ $b = -2$ $c = -6$

Använd de markerade punkterna och bestäm en formel för y.

2559 *a*

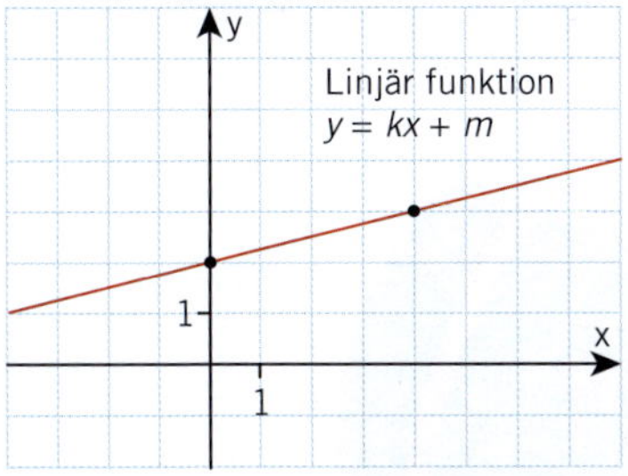

2560

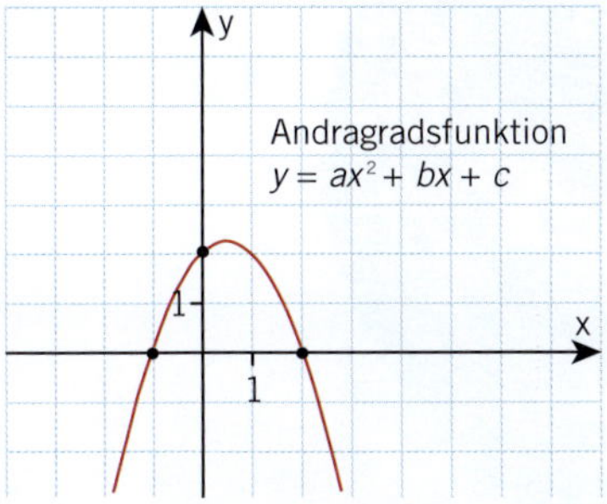

2561

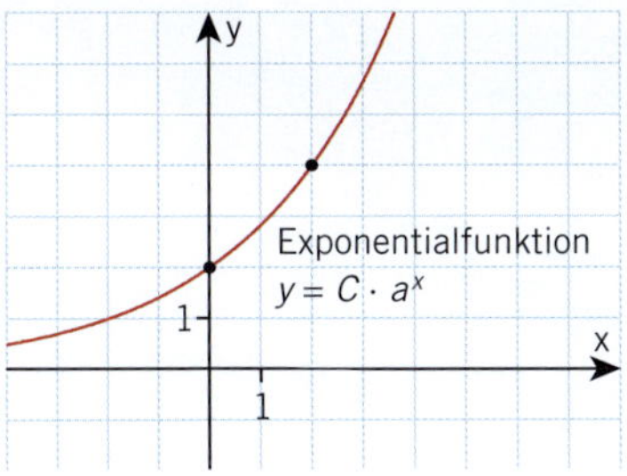

2562

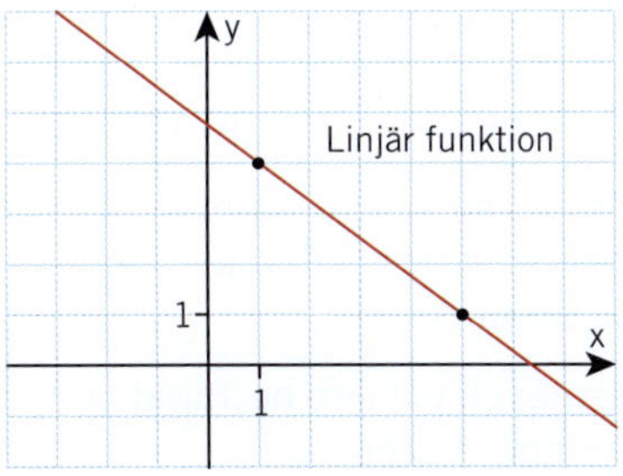

2563 *b*

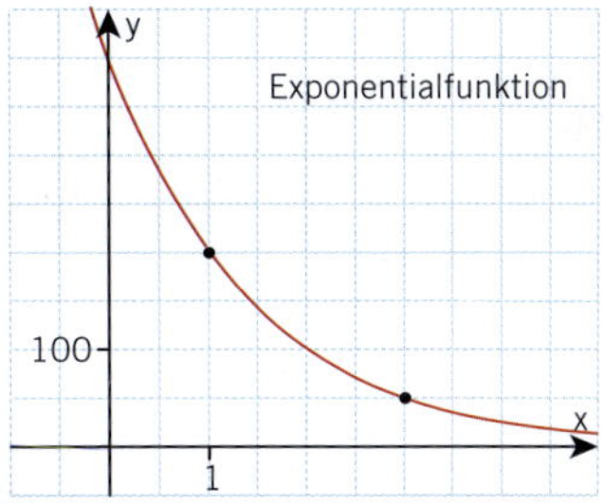

2564

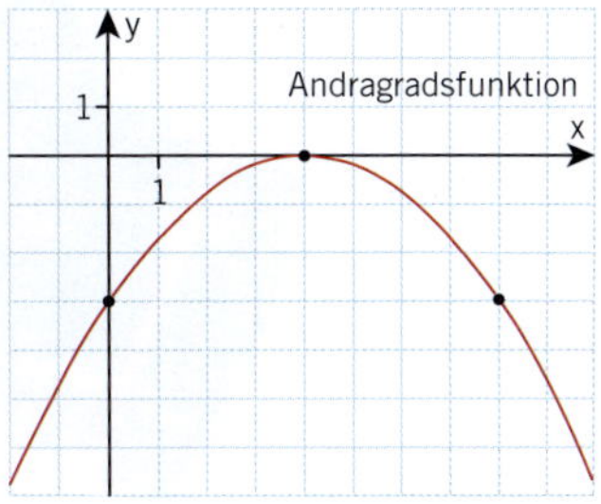

2565 *c*

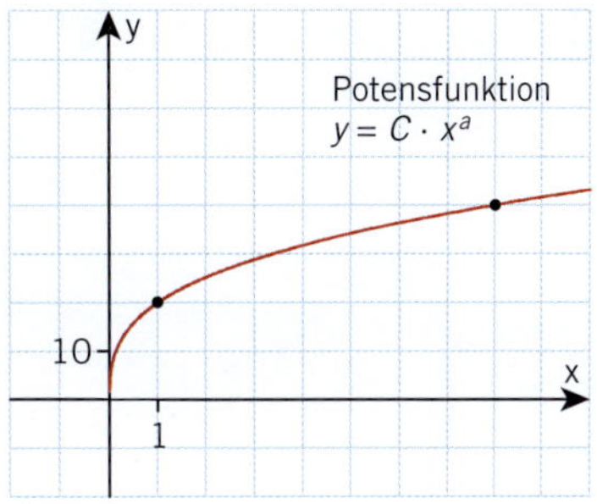

2566

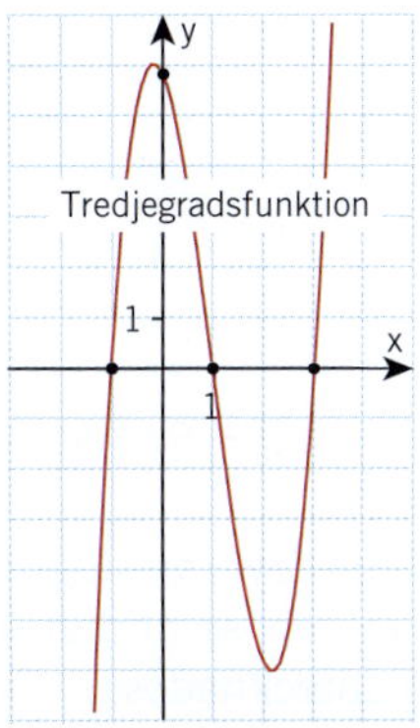

Aktivitet

LABORERA

Termosen

Materiel: En termos med varm dryck, termometer. Två olika klockslag med uppmätta temperaturer.

Din lärare (eller någon elev) har med sig en termos med varm dryck.

En stund efter att den varma drycken slogs i termosen noterades tidpunkten, samtidigt som temperaturen mättes och antecknades.

Ett antal timmar senare gjordes ytterligare en notering av temperatur och tidpunkt.

1 Bestäm med hjälp av dessa mätvärden dels en linjär, dels en exponentiell modell för hur dryckens temperatur beror av tiden.

2 Bestäm när termosen ska öppnas och beräkna med de två modellerna dryckens temperatur vid denna tidpunkt.

3 Öppna termosen vid den bestämda tidpunkten och mät temperaturen.

Vilken modell stämmer bäst med verkligheten? Kan den modellen förbättras på något sätt?

Aktivitet

DISKUTERA

Diskutera i par eller grupp. Sant eller falskt? Motivera svaret!

1 $5 + 2x - 3x^2$ är ett andragradspolynom med två variabeltermer.

2 Ekvationen $(2x - 6)(x + 4) = 0$ har lösningen $x = 6$ och $x = 4$.

3 $(a + 5)^2 - (a - 5)^2$ kan förenklas till $20a$.

4 En andragradsekvation kan ha två negativa rötter.

5 En andragradsekvation kan ha 0, 1 eller 2 reella lösningar.

6 Kvadraten på det imaginära talet i är -1.

7 Andragradsfunktionen $y = x^2 + 2x + 6$ har symmetrilinjen $x = 2$.

8 Om andragradsfunktionen $y = ax^2 + bx + c$ inte skär x-axeln så saknar ekvationen $ax^2 + bx + c = 0$ reella lösningar.

9 En andragradsfunktion skär alltid y-axeln.

10 Ekvationen $x - (2 - x)^2 = 6 - x^2$ har en rot $x = 0$.

11 Grafen till $y = 12x - x^2$ har en minimipunkt i origo.

12 $x^{1/2}$ och $\sqrt{x}$ är samma sak.

13 Om $10^a = 1{,}2$ så är $\lg 1{,}2 = a$.

14 $\frac{1}{b \cdot b \cdot b}$ kan skrivas $b^{1/3}$.

15 Exponentialfunktionen $y = C \cdot a^x$ saknar nollställen.

16 För en funktion som avtar exponentiellt sker en halvering av värdet på samma tid oavsett startvärdet.

Sammanfattning 2

Polynom

Några begrepp

Uttrycket $2x^3 - 4x + 5$ är ett polynom.

Konstanttermen är 5.

Variabeltermerna är $2x^3$ och $-4x$.

Talen 2 och -4 kallas *koefficienter*.

Termen $2x^3$ anger att vi har ett tredjegrads-polynom.

Multiplikation

$x(3 - x) = 3x - x^2$

$(x - 4)(2x - 5) = 2x^2 - 5x - 8x + 20 = 2x^2 - 13x + 20$

Konjugatregeln och kvadreringsreglerna

$(a + b)(a - b) = a^2 - b^2$
$(a + b)^2 = a^2 + 2ab + b^2$
$(a - b)^2 = a^2 - 2ab + b^2$

Exempel:

$(2x + 5)(2x - 5) = 4x^2 - 25$
$(3 + 2y)^2 = 9 + 12y + 4y^2$
$(3x - 4)^2 = 9x^2 - 24x + 16$

Faktorisera

Bryta ut är motsatsen till att multiplicera in.

Bryta ut →

$5x^2 - x = x(5x - 1)$

← Multiplicera in

Andragradsekvationer

Kvadratrotsmetoden

$x^2 - 5 = 0$

$x^2 = 5$ har rötterna $x = \pm\sqrt{5}$

Nollproduktmetoden

$x^2 + 10x = 0$
$x(x + 10) = 0$
$x = 0$ eller $x + 10 = 0$
$x_1 = 0 \quad x_2 = -10$

En andragradsekvation med kända rötter kan skrivas med hjälp av omvändningen av nollproduktmetoden.

Exempel:

$x_1 = 2$ och $x_2 = -8$ är rötter till ekvationen
$(x - 2)(x + 8) = 0$ dvs $x^2 + 6x - 16 = 0$

Lösningsformeln

$x^2 + px + q = 0$

$$x = -\frac{p}{2} \pm \sqrt{\left(\frac{p}{2}\right)^2 - q}$$

Exempel:

$x^2 + 4x - 5 = 0$ har lösningarna

$x = -2 \pm \sqrt{4+5}$

$x = -2 \pm 3$

$x_1 = 1 \quad x_2 = -5$

Om vi får ett negativt tal under rottecknet, *saknar ekvationen reella rötter.*

Komplexa tal

Det imaginära talet i har egenskapen att $i^2 = -1$.

Ekvationen $z^2 - 2z + 5 = 0$ har komplexa rötter

$z = 1 \pm \sqrt{-4}$

$z = 1 \pm 2i$

$z_1 = 1 + 2i \quad z_2 = 1 - 2i$

Andragradsfunktioner

En andragradsfunktion kan skrivas

$y = ax^2 + bx + c$, där $a \neq 0$

Grafen

- har en *maximipunkt* om $a < 0$
- har en *minimipunkt* om $a > 0$
- skär y-axeln i $(0, c)$
- är symmetrisk kring symmetrilinjen
- har nollställen om ekvationen $y = 0$ har reella lösningar.

Exempel:

$y = 2x^2 - 8x + 6$

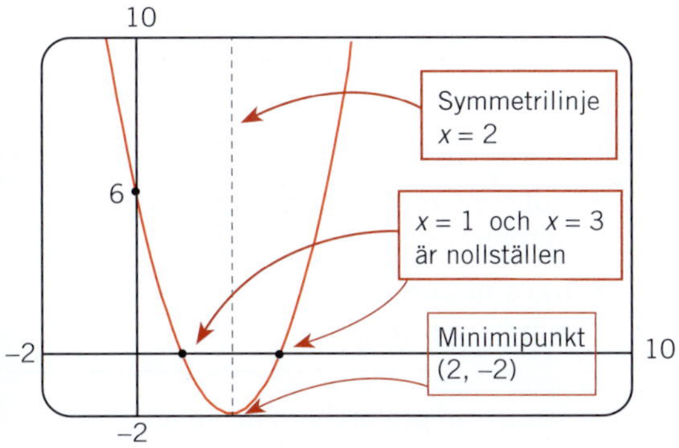

Funktionens minsta värde är –2.

Potenser och potensekvationer

2^5 kallas en potens med basen 2 och exponenten 5.

Potenslagar	*Definitioner*
$5^4 \cdot 5^2 = 5^{4+2} = 5^6$	
$\frac{5^4}{5^2} = 5^{4-2} = 5^2$	$5^{-2} = \frac{1}{5^2}$
$(5^3)^7 = 5^{3 \cdot 7} = 5^{21}$	$5^0 = 1$
$(5r)^2 = 5^2 \cdot r^2 = 25r^2$	

Potensekvation

$x^{12} = 3, \quad x > 0$

har den positiva roten $x = 3^{1/12} \approx 1{,}096$

Exponentialfunktioner och logaritmer

Potensfunktion

$y = C \cdot x^a$ (C och a är konstanter)

Exponentialfunktion

$y = C \cdot a^x$ (C och a är konstanter, $a > 0, \ a \neq 1$)

Logaritmer

$10^x = y \Leftrightarrow x = \lg y \quad (y > 0)$

x = 10-logaritmen för y.

Logaritmlag

$\lg x^p = p \lg x$

Exponentialekvation

Exempel utan räknare

$10^x = 1\,000$

$x = \lg 1\,000 = 3$

$10^x = 0{,}001$

$x = \lg 0{,}001 = -3$

Exempel med räknare

$10^x = 40$

$x = \lg 40 \approx 1{,}60$

Exempel algebraisk lösning:

$8 \cdot 3^x = 15$

$3^x = 15/8$

$\lg 3^x = \lg (15/8)$

$x \cdot \lg 3 = \lg (15/8)$

$x = \frac{\lg (15/8)}{\lg 3} \approx 0{,}572$

Exempel grafisk lösning:

$100 \cdot 1{,}02^x = 160$

Rita grafen till $y = 100 \cdot 1{,}02^x$ och $y = 160$.

Avläs x-värdet i skärningspunkten.

Kan du det här? 2

Moment	Begrepp som du ska kunna använda och beskriva	Du ska ha strategier för att kunna
Polynom	Variabelterm och konstantterm Koefficient Multiplicera in, bryta ut Faktorisera	• addera och subtrahera polynom • multiplicera polynom • använda konjugat- och kvadreringsreglerna • bryta ut en faktor.
Andragrads-ekvationer	Andragradsekvation Rot, rötter Kvadratrotsmetoden Nollproduktmetoden Rationella tal, reella tal och komplexa tal Imaginära talet, i	• lösa andragradsekvationer med kvadratrotsmetoden, nollprodukt-metoden och lösningsformeln • pröva en lösning • ställa upp och lösa problem med andragradsekvationer • lösa andragradsekvationer med komplexa rötter.
Andragrads-funktioner	Andragradsfunktion Parabel, nollställen och symmetrilinje Vändpunkt, maximi- och minimipunkt Största/minsta värde Algebraisk lösning och grafisk lösning	• avgöra om grafen har max- eller minpunkt och om nollställen finns. • bestämma skärningspunkter med koordinataxlarna • bestämma symmetrilinje, vändpunkt och största/minsta värde. • använda och tolka andragrads-funktioner i olika tillämpningar.
Potenser och potensekvationer	Potens, bas och exponent Grundpotensform Potensekvation	• använda potenslagarna • lösa potensekvationer.
Exponentialfunktioner och logaritmer	Exponentialfunktion Exponentialekvation Potensfunktion Logaritm	• beräkna logaritmer • lösa exponentialekvationer med logaritmer • använda exponentialekvationer i olika tillämpningar med algebraiska och grafiska metoder.

Diagnos 2 A

Polynom

1 Utveckla och förenkla

a) $(x + 1)(2x - 3)$
b) $(2x - 3)(2x + 3)$
c) $(x - 4)^2 + 2x$
d) $(3x + 4)^2 - 24x$

2 Utveckla och förenkla

a) $x^2 + 2x + 2(x - 1)(x + 1)$
b) $(x + 9)^2 - (x - 9)^2$

3 Bryt ut största möjliga faktor

a) $2x^2 + 6x$ b) $9x^2 - 3x$

Andragradsekvationer

4 Lös ekvationen

a) $4x^2 = 64$
b) $(2x - 8)(x + 3) = 0$
c) $x^2 - 10x + 16 = 0$
d) $3x^2 + 24x = 27$

5 a) Ge ett exempel på en andragradsekvation som saknar reella lösningar.
b) Beräkna din ekvations komplexa lösningar.

Andragradsfunktioner

6

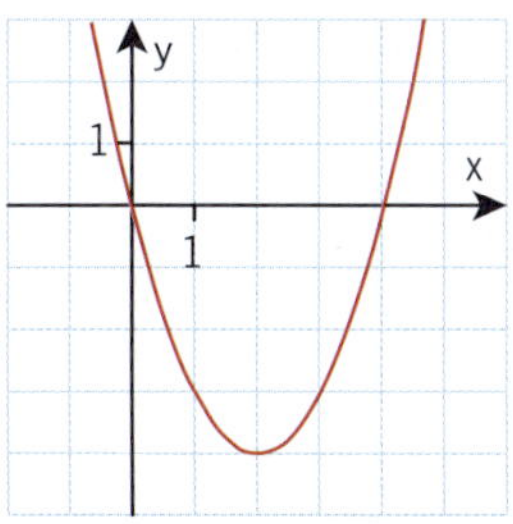

Avläs ur grafen funktionens
a) symmetrilinje
b) minsta värde
c) nollställen.

7 Har grafen till $y = 3x - x^2$ en maximi- eller minimipunkt. Motivera ditt svar.

8 Beräkna funktionens nollställen. Kontrollera grafiskt.

a) $y = x^2 - 4x$ b) $y = -2x^2 + 4x - 4$

9 Bestäm symmetrilinje och största eller minsta värde för funktionen $y = x^2 - 6x + 10$.

10 Höjden y m för en boll som rört sig x m framåt kan beskrivas av funktionen

$y = x - 0{,}04x^2$

a) Vad är höjden då bollen rört sig 10 m framåt?
b) Hur långt från utgångspunkten slår bollen ner?

Potenser och potensekvationer

11 Lös ekvationen

a) $x^6 = 140$ $(x > 0)$ b) $2\,000 \cdot x^{13} = 2\,800$

12 Förenkla

a) $x^{\frac{2}{5}} \cdot x^{\frac{3}{5}}$ b) $\dfrac{y^{3/2}}{y}$

Exponentialfunktioner och logaritmer

13 Lös ekvationen

a) $10^x = 50$ b) $6^x = 140$

14 Bestäm utan räknare a) lg100 b) lg 0,1

15 I en stad ökade invånarantalet med 5 % varje år. Hur många år krävdes det för att invånarantalet skulle öka från 50 000 till 80 000?

Om du behöver repetera delar av kapitlet finns *Repetitionsuppgifter* på sidan 286.
Efter repetitionsuppgifterna finns en extra diagnos till kapitlet på sidan 292.

Blandade övningar kapitel 2

Del I Utan räknare

1 Lös ekvationen $2x^2 = 50$

a

2 Förenkla följande uttryck så långt som möjligt.

a) $(x-6)^2 - 36$

b) $x(3x+2) - 2(3+x)$

3 Lös ekvationen

a) $x^2 + 2x - 8 = 0$

b) $40x + 10x^2 = 0$

4 Grafen till en andragradsfunktion har maximipunkten (2, 7). Grafen går genom punkten (1, 6).

Ange en tredje punkt på grafen.

5 Förenkla

a) $2x + 2x + 4x \cdot 4x$

b) $(5x)^2 - 5x^2$

c) $2x^2 - 2x + x \cdot x + 2$

6 Från början finns det 100 bakterier i en odling. Varje timme ökar antalet med 30 %. Antalet bakterier efter x timmar beskrivs av funktionen $f(x) = C \cdot a^x$. Vilket tal är a?

7 Lös ekvationen exakt.

a) $10^x = 2$

b) $x^{10} = 2 \quad (x > 0)$

c) $\lg x = 3$

d) $x^2 - 5 = 0$

8 Vilket av följande tal är det bästa närmevärdet till lg 80?

b

A 0,8

B 0,9

C 1,9

D 2,9

E 8,0

F 800

9 Lös ekvationen

a) $2^{3x} \cdot 2^3 = 2^{5x}$

b) $\dfrac{5^{3x}}{5^4} = 5^{5x}$

10 För vilket värde på talet a har ekvationen $x^2 - 10x + a = 0$

a) komplexa rötter

b) rötterna $x = 3$ och $x = 7$?

11

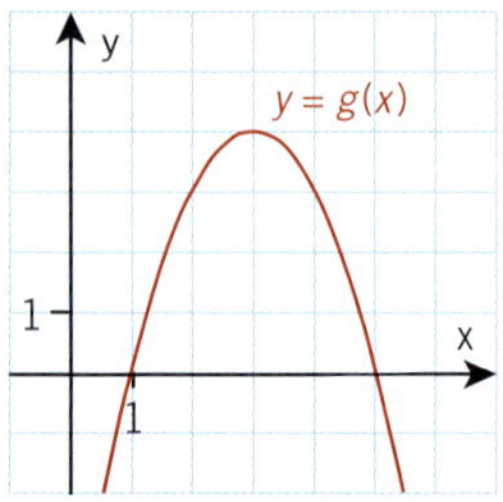

a) Lös ekvationen $g(x) = 4$

b) För vilka x är $g(x) > 3$?

12 Oscar förenklar $\dfrac{x}{x^{1/2}}$ till $\sqrt{x}$.

Gör han rätt? Motivera ditt svar.

13 Lös ekvationen

a) $(3x+1)^2 - (x+5)(x-5) = 4x(2x-1)$

b) $(x+1)^2 + (x+1)(x-1) = 2(5-3x)$

14 Förenkla uttrycket

c

$$\left(\frac{a+b}{2}\right)^2 - \left(\frac{a-b}{2}\right)^2$$

15 Vilka y-värden är möjliga för funktionen

a) $y = 1 - x^2$ b) $y = x^2 - 2x - 3$?

Lös uppgiften utan att rita grafen. Motivera ditt svar.

Del II Med räknare

16 Temperaturen y °C i en kopp kaffe avtar enligt $y = 62 \cdot 0{,}97^x + 18$ där x är tiden i minuter.
Beräkna och tolka y-värdet då

a) $x = 0$ b) $x = 10$

17 Lös ekvationen och svara med två decimaler.

a) $5 \cdot 10^x = 8$

b) $75 \cdot 2^x = 60$

c) $\lg x = 1{,}20$

d) $20x^3 = 25$

18 Louise köpte aktier till ett värde av 12 000 kr. Tre år senare hade värdet ökat till 15 000 kr.

a) Beräkna den årliga procentuella värdeökningen.

b) Efter ytterligare tre år hade aktiernas värde minskat från 15 000 kr till 12 000 kr. Beräkna den årliga procentuella värdeminskningen.

19 Josef säger till Nina:

”Om man multiplicerar våra åldrar får man 696.”

Josef är fem år äldre än Nina.

Hur gamla är Josef och Nina?

20 Förklara hur man gör för att lösa ekvationen $2 \cdot 1{,}2^x = x^2 - 2$ grafiskt.
Du behöver inte lösa ekvationen.

21 I ekvationen $160\,000 \cdot 0{,}95^x = 50\,000$ betecknar x tiden i år.

a) Formulera ett problem som kan lösas med hjälp av denna ekvation.

b) Lös ekvationen och ge ett svar på det problem du formulerat. *(NP)*

22 Pelle står på en klippa invid en sjö och kastar en sten ut över sjön. Efter t sekunder är stenens höjd över vattenytan $h(t)$ meter, där $h(t) = 8{,}5 + 9{,}8t - 4{,}9t^2$.

a) När befinner sig stenen 10 meter över vattenytan?

b) Bestäm stenens högsta höjd över vattenytan. *(NP)*

23 Lös ekvationen

a) $x(x + 7) = 120$ b) $2(x^2 + x) = 40$

24 Med 300 m stängsel inhägnas två lika stora rektangulära områden som figuren visar.

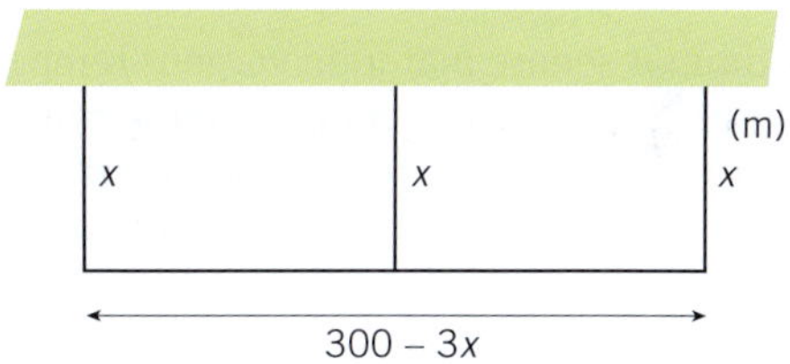

Hela områdets area är y m².

a) Skriv en funktion för hela områdets area.

b) Bestäm arean då $x = 70$ m.

c) För vilka x-värden är $y = 0$?

d) Bestäm hela områdets maximala area.

25 Andragradsekvationen $x^2 + ax + 24a = 0$
ⓒ har en rot $x = -6$
Vilken är den andra roten?

26 En varg har blivit skjuten av en tjuvskytt. Ditt uppdrag är att fastställa tidpunkten för dådet.

För att bestämma tidpunkten för vargens död mäter du dess kroppstemperatur vid två tillfällen. Den första mätningen gör du kl 21.00 den dag vargen blev skjuten och vargens temperatur är då 28,0 °C.

Tre timmar senare mäter du vargens temperatur till 25,6 °C. Omgivningens temperatur är hela tiden omkring 0 °C. Du antar att kroppstemperaturen efter vargens död avtar exponentiellt med tiden och att en levande vargs kroppstemperatur är 36,9 °C.

(*NP, text ändrad*)

27 En bank räknar ofta med månadsränta eller dag för dag-ränta. Ett bankår har 360 dagar.

Vilken dag för dag-ränta motsvarar årsräntan 2,0 %?

Utredande uppgifter ⓐ ⓑ ⓒ

Den här typen av uppgifter brukar bedömas efter följande kriterier:

- vilka matematiska kunskaper du har visat
- hur väl du har förklarat ditt arbete och motiverat dina slutsatser
- hur väl du har redovisat ditt arbete och genomfört dina beräkningar.

28 a) Multiplicerar vi funktionerna
$f(x) = x + 2$ och $g(x) = 12 - 4x$
får vi en andragradsfunktion $h(x)$
Bestäm var de tre funktionerna skär koordinataxlarna.

b) Välj två funktioner av typen $y = kx + m$
Multiplicera funktionerna så att du får en andragradsfunktion. Bestäm var de tre funktionerna skär koordinataxlarna.

c) Då vi multiplicerar två funktioner av typen $y = kx + m$ får vi en andragradsfunktion. Vilka samband finns mellan de tre funktionernas skärningar med koordinataxlarna?

29 Vi har ekvationen $x^2 - 2x + 7 = p(2x - p)$

a) Lös ekvationen då $p = 5$.

b) Undersök om man kan bestämma talet p, så att ekvationen får en och endast en rot $x = 4$.

30 a) Rita grafen till funktionen $y = 5^{5x} - 5$ och bestäm funktionens nollställen.

b) Rita grafen till fler funktioner av samma typ t ex $y = 2^{2x} - 2$ och bestäm nollställena.

c) Vilket samband finns mellan funktion och nollställen för funktionerna ?
Bevisa ditt resultat.

Blandade övningar kapitel 1–2

Del I Utan räknare

1 Låt $f(x) = 4x - 3x^2$ och beräkna

a) $f(2)$ b) $f(-5)$

2 Vilka av följande uttryck kan förenklas till x?

A $\frac{5x^3}{5x^2}$

B $0{,}2x \cdot 5x$

C $0{,}5x + 0{,}5x$

D $x^2 - x$

E $\frac{x+3}{3}$

3 Ett kapital på a kr ökar med 5 % per år. Hur stort är kapitalet efter x år?

4 En rät linje går genom punkterna $(1, -4)$ och $(5, 12)$.

a) Ange linjens ekvation.

b) Var skär linjen x-axeln?

c) Avgör om punkten $(3, 8)$ ligger på linjen.

5 Lös ekvationssystemet

$$\begin{cases} 2x + 3y = 27 \\ y = x + 4 \end{cases}$$

6 Ange ett värde på x så att $\lg x$ är större än 3 men mindre än 4.

7 Lös ekvationen exakt.

a) $2^x = 2^3 \cdot 2^3$

b) $(x-1)(x+1) = 0$

c) $(a-3)^2 = 2a + 9$

d) $5 \cdot 10^x = 10$

8 En andragradsfunktion har symmetrilinjen $x = -2$ och går genom punkten $(0, 5)$.

Ange koordinaterna för ytterligare en punkt på kurvan.

9 Vilken funktion beskrivs av värdetabellen?

a)

x	y
0	10
1	20
2	30
3	40
4	50

b)

x	y
0	10
1	20
2	40
3	80
4	160

10 För en andragradsfunktion

$f(x) = ax^2 + b$

gäller att $f(0) = 10$ och att $f(5) = 0$
Bestäm konstanterna a och b.

11 Visa att ekvationen $x^2 - 6x + 90 = 0$ har en lösning $x_1 = 3 - 9i$.

12 Finns det något värde på k så att linjen $y = kx + 2$ aldrig skär linjen $2x + 3y + 2 = 0$?

13 Grafen till en exponentialfunktion $y = C \cdot a^x$ visas i figuren

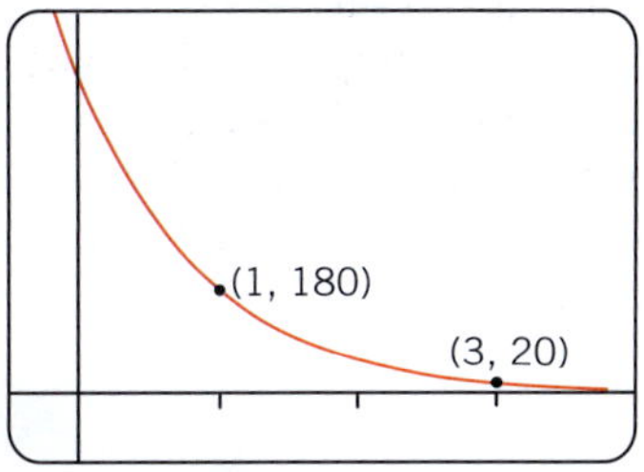

a) Vad kan du säga om konstanten a?

b) Bestäm konstanterna C och a.

c) Beräkna y då $x = -1$.

14 Visa att triangelns area är $(3 + 2\sqrt{3})$ cm^2.

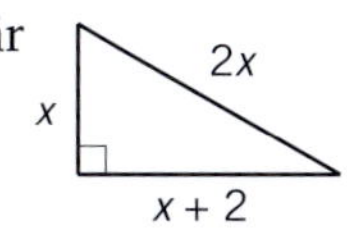

Del II Med räknare

15 I en prognos uppskattas att en stads invånarantal ändras enligt funktionen

$$f(x) = 23\,200 + 280x$$

där x är antal år som gått från årsskiftet 2010/11.

a) Beräkna $f(5)$ och tolka resultatet.

b) När förväntas staden ha fler än 25 000 invånare?

16 Lös ekvationen

a) $5\,000 \cdot x^7 = 10\,000$

b) $5\,000 \cdot 7^x = 10\,000$

17 Antag att det finns x antal pojkar och y antal flickor på en skola. Då gäller att

$$\begin{cases} x + y = 652 \\ x - y = 138 \end{cases}$$

a) Hur många elever finns det på skolan?

b) Hur många flickor finns det på skolan?

18 Jussi påstår att om en aktie ökar med en procent i värde varje dag, kommer aktiens värde att fördubblas på 100 dagar.

a) Visa att Jussi har fel.

b) Hur många dagar krävs för att värdet ska fördubblas?

19 En del av familjen Persons trädgård består av en uteplats och en gräsmatta. Hela ytan har formen av en rektangel med längden 15 m.

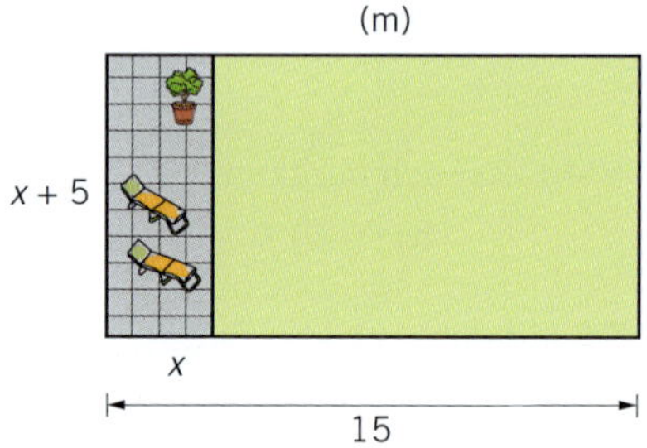

a) Skriv, med hjälp av figuren, ett uttryck för gräsmattans area.

b) Gräsmattan har arean 96 m^2. Vilka mått har uteplatsen?

20 År 1960 fanns det i Östersjön uppskattningsvis 20 000 gråsälar. 1980 fanns endast 2 000 kvar.

a) Gör två olika modeller för minskningen av antalet sälar under perioden. En linjär modell och och en exponentiell modell.

b) Hur många sälar fanns det år 1970 enligt de två modellerna.

(Enligt naturskyddsföreningen finns det idag ca 24 000 gråsälar i Östersjön.)

21 Summan av två tal är 5 och summan av talens kvadrater är 14,5.
(c)
Vilka är talen?

22 När ogräsmedlet Meklorprop används i naturen bryts det efter hand ned. Vid konstant jordtemperatur gäller att den kvarvarande mängden avtar exponentiellt med tiden.

Den tid det tar tills hälften av ogräsmedlet är kvar (halveringstiden) beror på jordtemperaturen enligt tabellen nedan.

Jordtemperatur (°C)	*Halveringstid i dygn*
5	20
10	12
20	3

Källa: Miljøforskning, Nyhedsbrev nr 10, 1994

Vid ett tillfälle besprutades en potatisåker med 8 kg Meklorprop. Marktemperaturen var 5 °C vid besprutningstillfället och konstant under de följande veckorna.

Hur många procent av den ursprungliga mängden ogräsmedel fanns kvar i jorden efter 10 dygn? *(NP)*

Utredande uppgifter (a) (b) (c)

Den här typen av uppgifter brukar bedömas efter följande kriterier:

- vilka matematiska kunskaper du har visat
- hur väl du har förklarat ditt arbete och motiverat dina slutsatser
- hur väl du har redovisat ditt arbete och genomfört dina beräkningar.

23 Undersök följande påståenden:

- En rät linje skär alltid en andragradsfunktion på två ställen.
- Två andragradsfunktioner kan skära varandra i 0, 1 eller 2 punkter.

24 Titta på mönstret i tabellen.

Rad	*Tal*	*Uttryck*
1	1 3 5 7	$3 \cdot 5 - 1 \cdot 7 = 15 - 7 = 8$
2	2 4 6 8	$4 \cdot 6 - 2 \cdot 8 = 24 - 16 = 8$
3	3 5 7 9	$5 \cdot 7 - 3 \cdot 9 = 35 - 27 = 8$
4		
...		
n		

a) Ställ upp uttrycken för rad 4 och rad 5 och visa att de kan förenklas till 8.

b) Vilka är talen i rad n?

c) Ställ upp uttrycket i rad n och visa att det kan förenklas till 8.

25 Punkterna (0, 3) och (4, 3) ligger på grafen till en funktion $f(x)$.

Undersök

- Kan funktionen vara en rät linje?
- Kan funktionen vara en andragradsfunktion?
- Kan funktionen vara en exponentialfunktion?

3 GEOMETRI

Centralt innehåll

* Några satser om vinklar.
* Likformighet.
* Kongruens.
* Koordinatgeometri.

Inledande aktivitet

FYRHÖRNINGAR

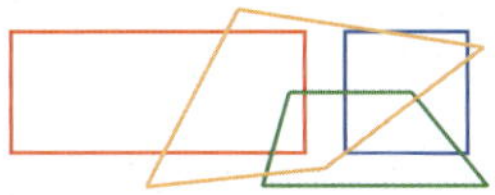

1 Rita en kvadrat.

a) Markera sidornas mittpunkter *A*, *B*, *C* och *D*.

b) Rita den fyrhörning som har hörnen i *A*, *B*, *C* och *D*.

c) Vad kallas fyrhörningen *ABCD*?

2 Rita en rektangel och gör som i 1a, b och c.

3 Rita ett parellelltrapets och gör som i 1a, b och c.

4 Rita en oregelbunden fyrhörning och gör som i 1a, b och c.

5 Formulera en slutsats.

3.1 Vinklar

Vinklar och vinkelsumma

Exempel I figuren finns tre trianglar. Om vi ger dem beteckningarna $\triangle ABC$, $\triangle ABD$ respektive $\triangle ACD$ är det lätt att veta vilken triangel vi menar.

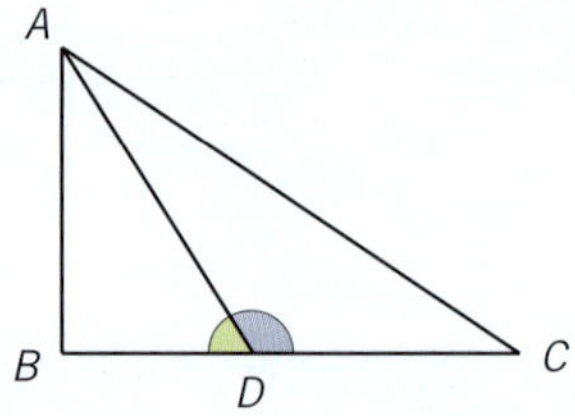

Även när det gäller vinklar måste vi vara tydliga. Vinkel C kan inte missuppfattas, men vad menar vi med vinkeln D?

De två olika vinklarna vid D kan skrivas $\wedge ADB$ och $\wedge ADC$.

namn på vinklar

Rak vinkel
Halvt varv
$360°/2 = 180°$

Rät vinkel
Fjärdedels varv
$360°/4 = 90°$

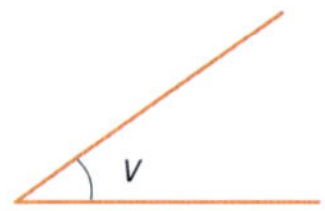

Spetsig vinkel
$0° < v < 90°$

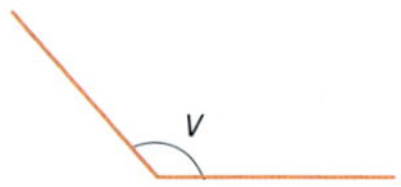

Trubbig vinkel
$90° < v < 180°$

Vi fortsätter med att visa några samband mellan vinklar.

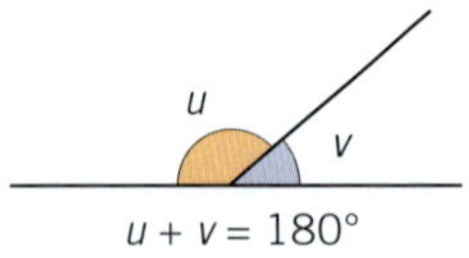

Två vinklar som tillsammans bildar en rak vinkel kallas **sidovinklar**.

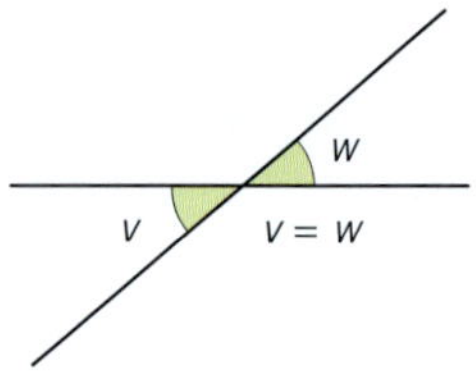

Vinklarna v och w är lika stora och kallas **vertikalvinklar**.

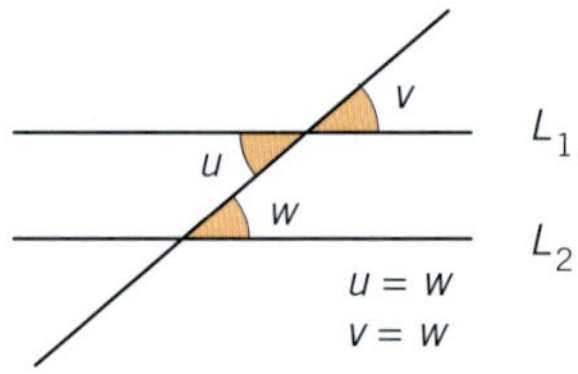

Om linjerna L_1 och L_2 är parallella så är u och w lika stora. De kallas **alternatvinklar**. Även v och w är lika stora. De kallas **likbelägna vinklar.**

bisektris En *bisektris* är en stråle som delar en vinkel mitt itu.

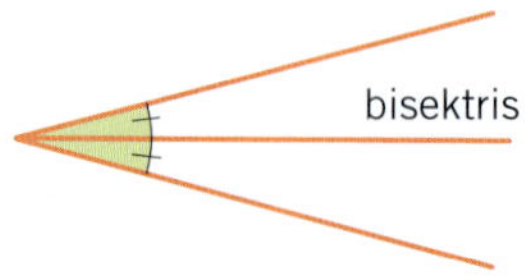

namn på trianglar

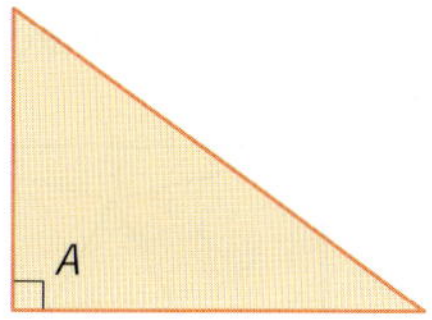

I en **rätvinklig triangel** är en av vinklarna rät.
$\wedge A = 90°$

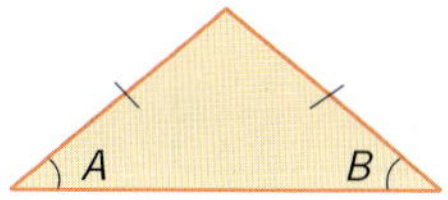

I en **likbent triangel** är två sidor lika långa. Basvinklarna är lika.
$\wedge A = \wedge B$

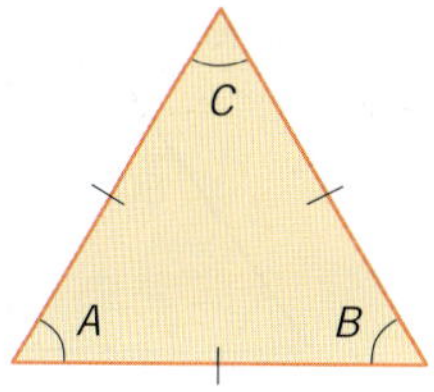

I en **liksidig triangel** är alla sidor lika långa. Alla vinklarna är lika.
$\wedge A = \wedge B = \wedge C = 60°$

sats En matematisk *sats* är ett påstående som kan bevisas.

bevis Förklaringen till att ett påstående är sant kallas för ett *bevis*.
I ett bevis ska man motivera varje steg. Vi visar detta med exempel.

Sats Vinkelsumman i en triangel är 180°.

Bevis Ta en godtycklig triangel *ABC*.
Genom hörn *B* ritas en linje parallell med *AC*.

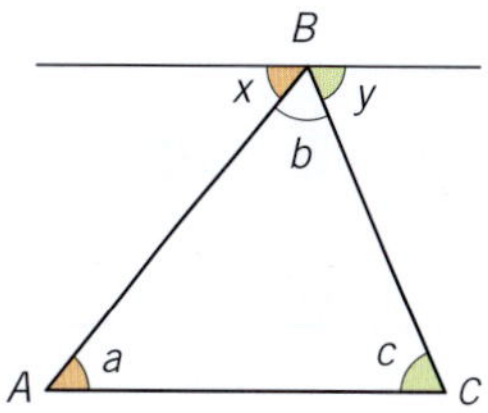

$a = x$ (alternatvinklar)

$c = y$ (alternatvinklar)

$x + b + y = 180°$ (rak vinkel)

Vi byter ut x mot a och y mot b i formeln och får

$a + b + c = 180°$ VSB (vilket skulle bevisas)

vinkelsumma fyrhörning En fyrhörning kan delas upp i två trianglar.
Vinkelsumman i en *fyrhörning* är $2 \cdot 180° = 360°$.

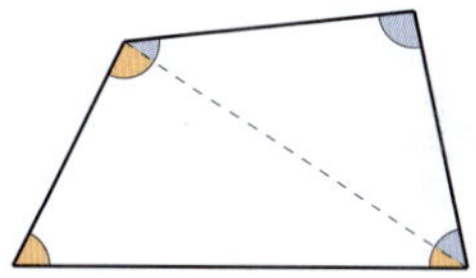

3101 **Beräkna de okända vinklarna.**

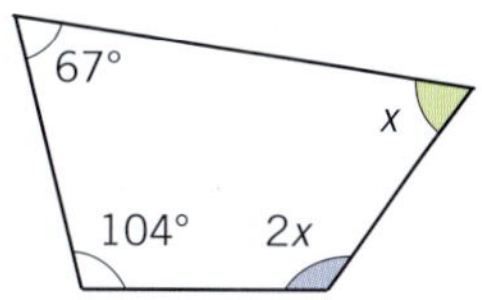

Vinkelsumman i en fyrhörning är 360°.
$2x + x + 67° + 104° = 360°$

$3x + 171° = 360°$

$x = 63°$

$2x = 2 \cdot 63° = 126°$

Uppställda ekvationer ska motiveras.

Svar: Vinklarna är 63° och 126°.

3102 Beräkna vinkeln x.

a)

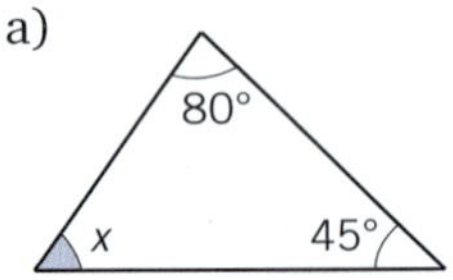

b)

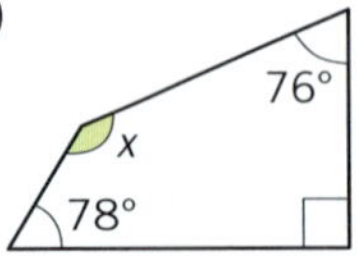

3103 I en rätvinklig triangel är en vinkel 50°. Hur stora är de andra vinklarna?

3104

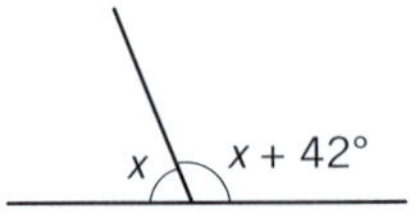

a) Vad kallas vinklarna?

b) Skriv en ekvation till vinklarnas summa.

c) Beräkna vinklarna.

3105 Beräkna triangelns vinklar.

a)

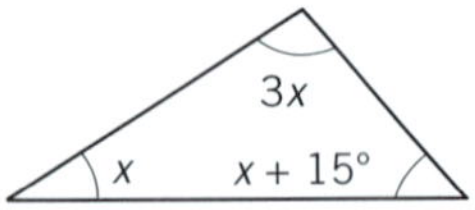

b)

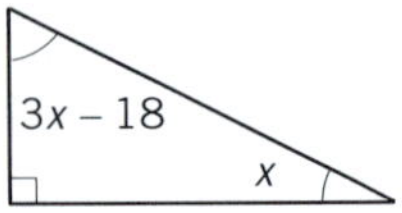

3106 Linjerna L_1 och L_2 är parallella.

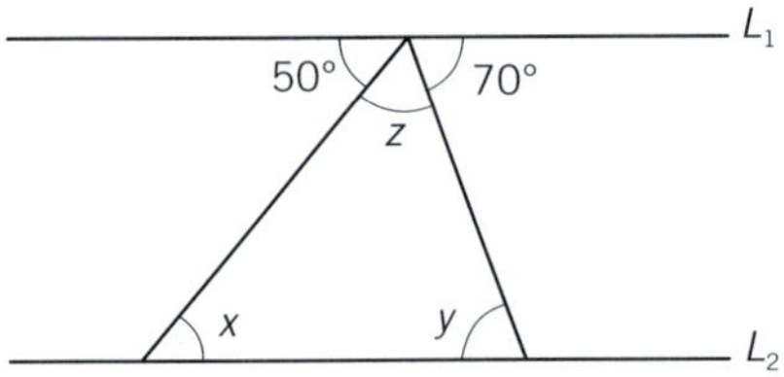

a) Hur kan du motivera att $y = 70°$?

b) Hur kan du motivera att $z = 60°$?

3107 Kan en

a) likbent triangel vara rätvinklig

b) liksidig triangel vara rätvinklig?

Motivera dina svar.

3108 $ABCD$ är en kvadrat och ABE en liksidig triangel. Bestäm vinkeln x.

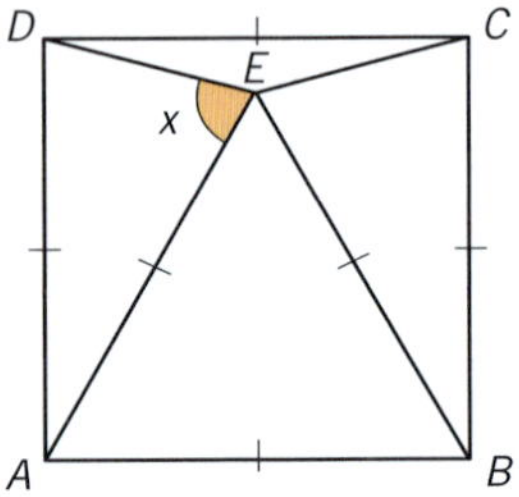

3109 I en likbent triangel är en vinkel 40°. Vilka värden är möjliga för de båda andra vinklarna?

3110 En triangel har en största vinkel som är dubbelt så stor som den näst största, som i sin tur är 16° större än den minsta vinkeln.

Beräkna triangelns vinklar.

3111

Hur stor är vinkeln mellan timvisaren och minutvisaren när klockan är

a) 16.00 b) 16.30 c) 16.45?

3112 I $\triangle ABC$ är vinkeln A rät och vinkeln $B = 38°$.

En bisektris till vinkeln C träffar sträckan AB i punkten D.

a) Beräkna vinkeln ACD.

b) Är det sant att vinkeln BDC är mer än dubbelt så stor som vinkeln ADC? Motivera ditt svar.

Yttervinkelsatsen

Exempel Alex har upptäckt att summan av vinkel u och v är lika med vinkeln y. Han visar det genom att klippa bort de två hörnen och placera dem vid y.

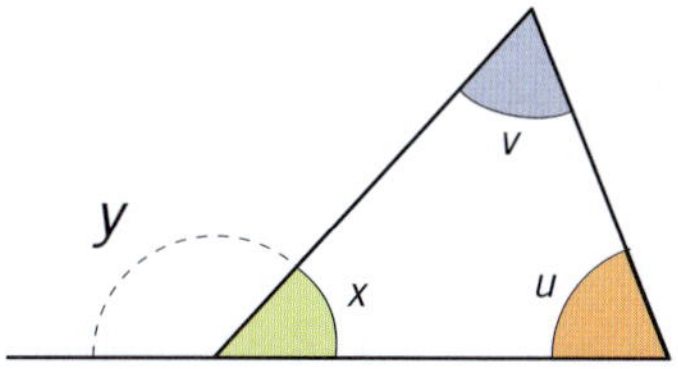

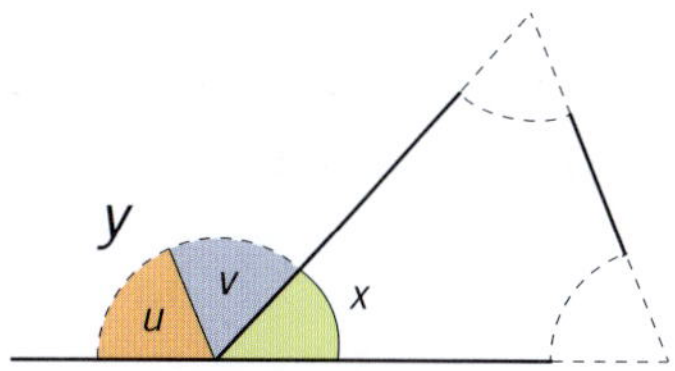

Yttervinkelsatsen

Summan av två vinklar i en triangel är lika med yttervinkeln vid det tredje hörnet.

$y = u + v$

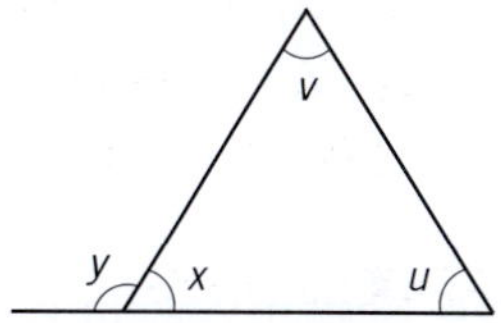

Bevis

$u + v + x = 180°$ (vinkelsumma)

$y + x = 180°$ (sidovinklar)

Uppställda ekvationer måste motiveras.

Eftersom ekvationernas högerled är lika, är även vänsterleden lika.

$y + x = u + v + x$ Subtraktion av x i båda leden ger

$y = u + v$ VSB (vilket skulle bevisas)

3113 **I figuren är lika långa sidor markerade på samma sätt. Hur stora är vinklarna x, y, z och u? Motivera dina påståenden.**

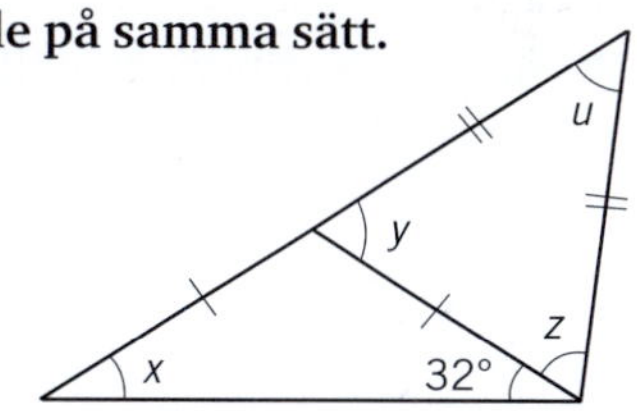

$x = 32°$ (basvinklarna i en likbent triangel är lika)

$y = x + 32° = 64°$ (yttervinkelsatsen)

$z = y = 64°$ (basvinklar i en likbent triangel)

$u + y + z = 180°$ (vinkelsumman i triangel)

$u + 64° + 64° = 180°$

$u = 52°$

Svar: $x = 32°$, $y = 64°$, $z = 64°$ och $u = 52°$.

3114 Hur stor är yttervinkeln y?

a)

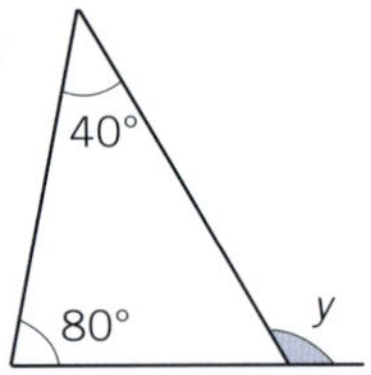

b)

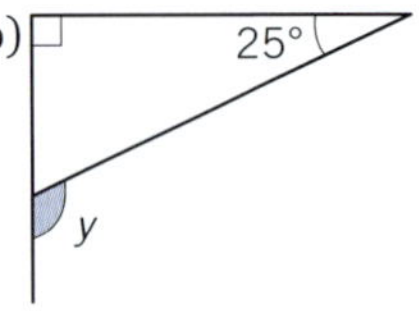

3115 Hur stor är vinkeln x?

a)

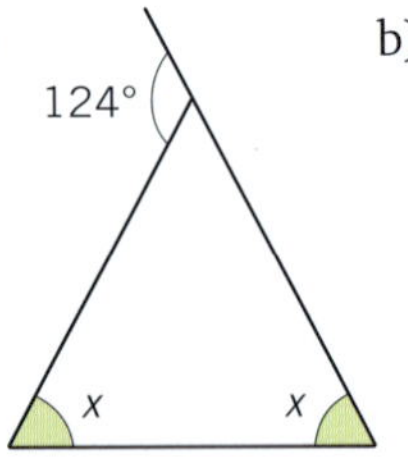

b)

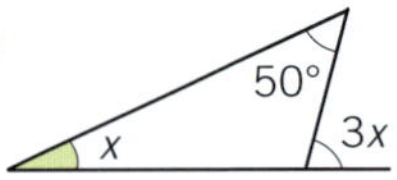

3116 Bestäm vinkeln v.

3117 Hur stor är yttervinkeln till en liksidig triangel? Rita figur.

3118 Visa att $y = x$

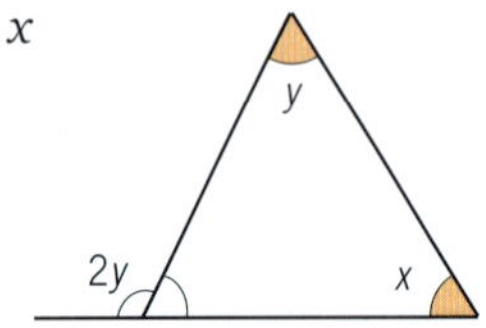

3119 Bestäm vinklarna x och y.

a)

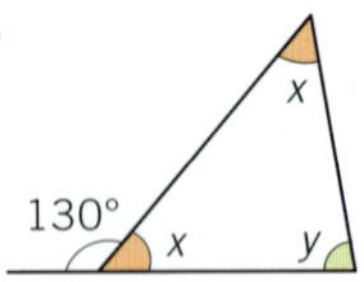

b)

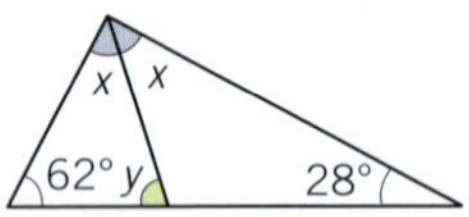

3120 Ställ upp en formel för hur y beror av x.

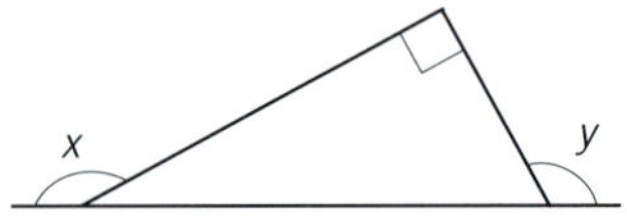

3121 En likbent triangel har en vinkel 50°.
Undersök vilka värden som är möjliga för yttervinklarna.

3122 I triangeln ABC är $AB = BC$.
Beräkna vinkeln x.

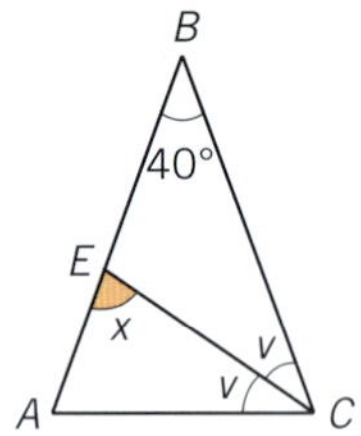

3123 Visa med hjälp av yttervinkelsatsen att summan av yttervinklarna är

$x + y + z = 360°$

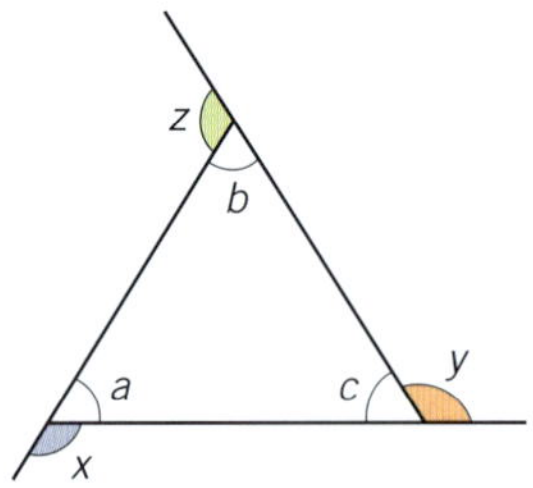

3124 Visa att summan av de färgade vinklarna är 180°.

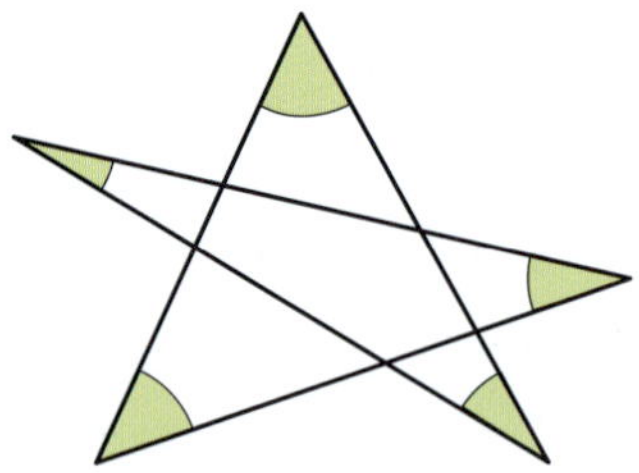

Aktivitet

UPPTÄCK

Randvinklar

Materiel: Gradskiva

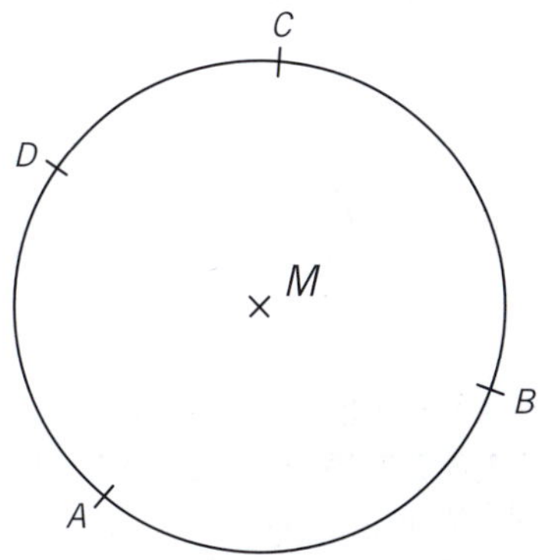

1 a) Dra sträckorna AC och BC och mät vinkeln ACB.

b) Dra sträckorna AD och BD och mät vinkeln ADB.

c) Sätt en punkt E på cirkelns rand någonstans mellan C och B. Dra sträckorna AE och BE och mät sedan AEB.

d) Du har nu mätt tre olika randvinklar till cirkelbågen AB. Vilket resultat fick du?

e) Dra sträckorna AM och BM och mät medelpunktsvinkeln AMB. Jämför med randvinklarna. Vilket samband verkar det finnas?

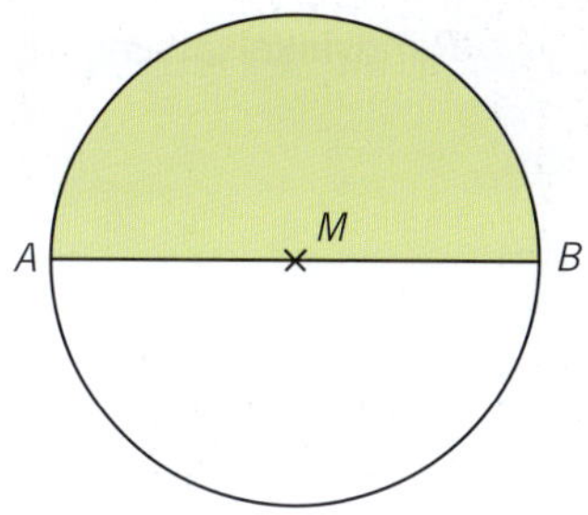

2 a) Bågen AB är en halvcirkel. Hur stor är medelpunktsvinkeln AMB?

b) Hur stor borde då en randvinkel till denna cirkelbåge vara?

c) Sätt ut en punkt P på bågen AB, mät APB och kontrollera b).

d) Hur vill du formulera resultatet av denna undersökning?

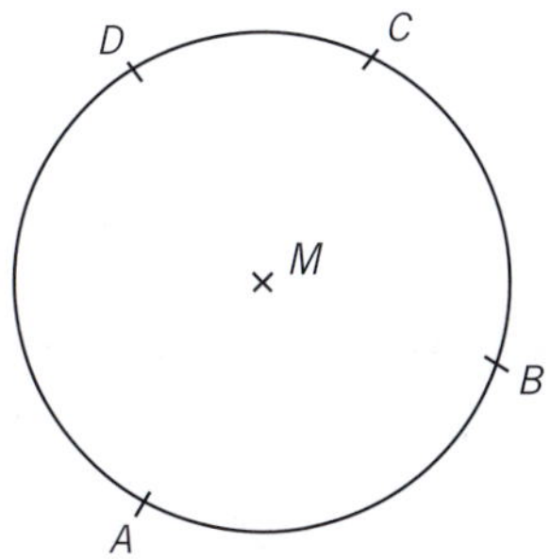

3 a) Dra sträckorna AB, BC, CD och AD i figuren intill.

b) Mät vinklarna i fyrhörningen.

c) Summera vinkel A och vinkel C.

d) Summera vinkel B och vinkel D.

e) Hur vill du formulera resultatet av denna undersökning?

Randvinklar och medelpunktsvinklar

cirkel En *cirkel* bildas av alla punkter som har ett givet avstånd (radien) till medelpunkten.

korda En *korda* är en sträcka mellan två punkter på cirkeln.

diameter En *diameter* är en korda genom medelpunkten.

cirkelbåge En *cirkelbåge* är en del av cirkelns rand.

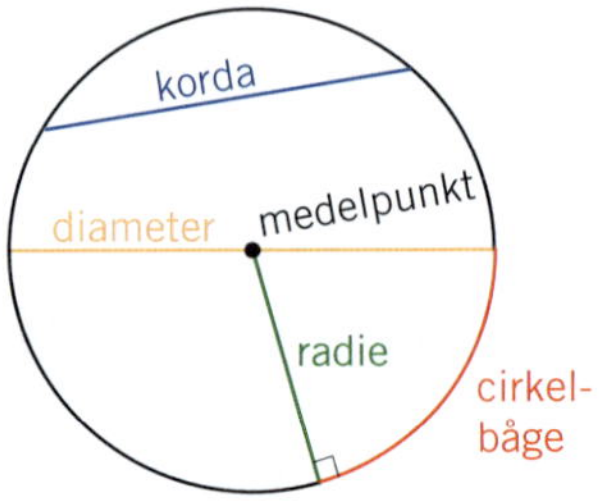

randvinkel
medelpunktsvinkel Figuren visar en *randvinkel* x och en *medelpunktsvinkel* y på samma cirkelbåge AB.
Ett annat ord för randvinkel är bågvinkel.

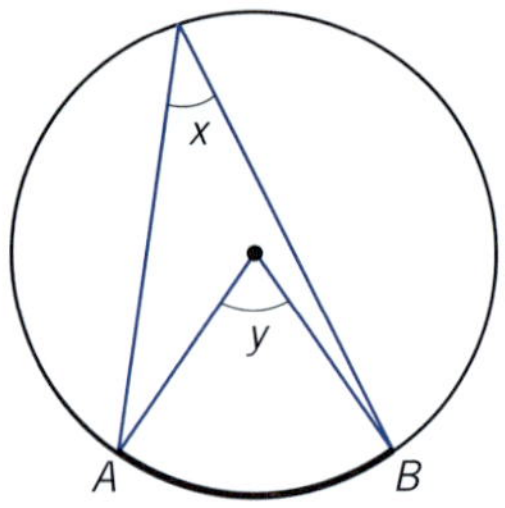

Randvinkelsatsen

> **Medelpunktsvinkeln är dubbelt så stor som randvinkeln på samma cirkelbåge. $y = 2x$**

Bevis Vi bevisar detta och skiljer på tre fall:

Fall 1 Ett av randvinkelns vinkelben AC sammanfaller med diametern.

$y = x + z$ (yttervinkelsatsen)
$z = x$ (likbent triangel, $CO = BO =$ radien)

$y = x + x$
$y = 2x$

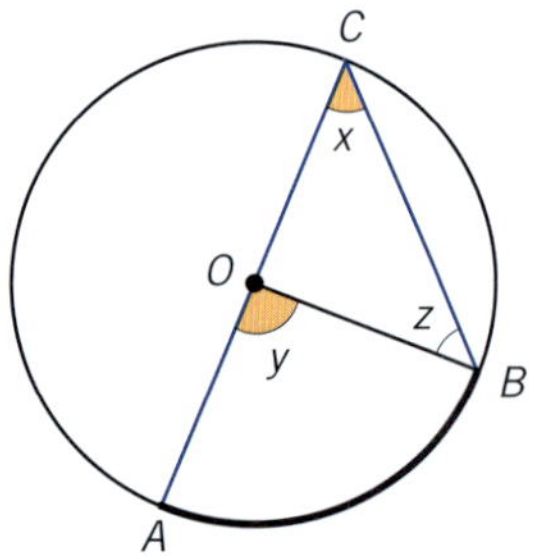

Fall 2 Vi drar den streckade diametern CD från randvinklens spets.

$y_1 = 2x_1$ (enligt Fall 1)
$y_2 = 2x_2$ (enligt Fall 1)

$y_1 + y_2 = 2x_1 + 2x_2 = 2(x_1 + x_2)$
$y = 2x$

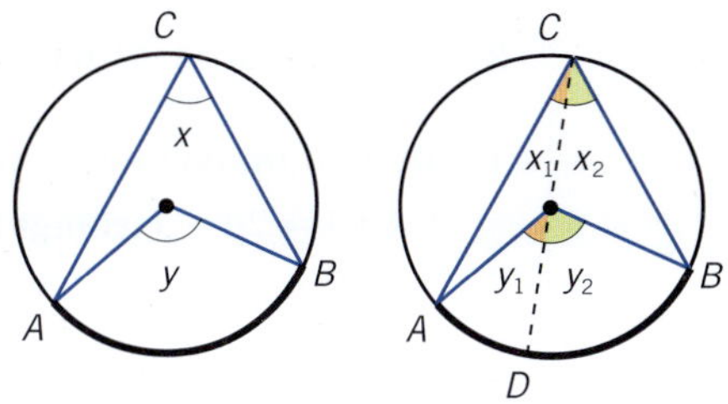

Fall 3 Vi drar den streckade diametern CD från randvinklens spets.

$y_1 = 2x_1$ (enligt Fall 1)
$y_2 = 2x_2$ (enligt Fall 1)

$y_2 - y_1 = 2x_2 - 2x_1 = 2(x_2 - x_1)$
$y = 2x$

VSB

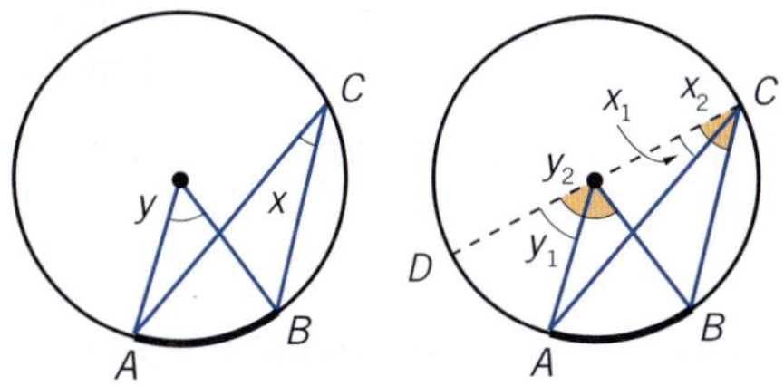

Följdsatser till randvinkelsatsen

Randvinkelsatsen ger oss tre följdsatser:

1 **Alla randvinklar på samma cirkelbåge är lika stora.**
Motivering:
De är alla hälften så stora som medelpunktsvinkeln på samma båge.

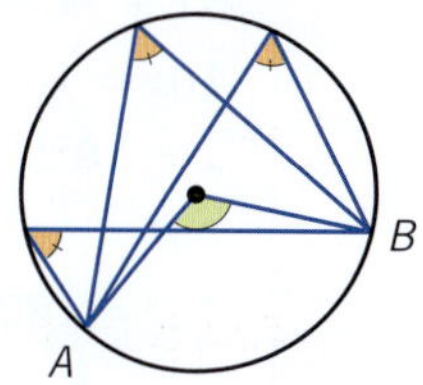

2 **En randvinkel på en halvcirkelbåge är alltid 90°.**
Motivering:
Medelpunktsvinkeln på samma båge är alltid 180°.

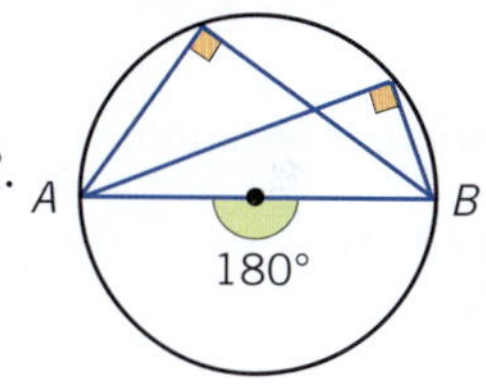

3 **I en fyrhörning som är inskriven i en cirkel är summan av motstående vinklar 180°.**
$x + y = 180°$
Motivering:
Summan av medelpunktsvinklarna $= 2x + 2y = 360°$.

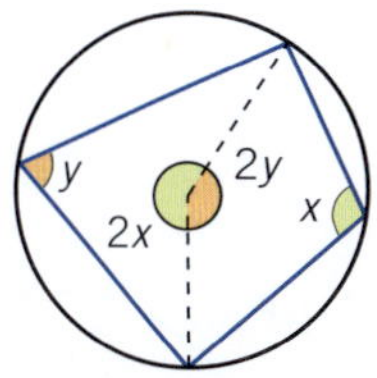

3125 **Bestäm vinklarna *ACB* och *ADB*.**

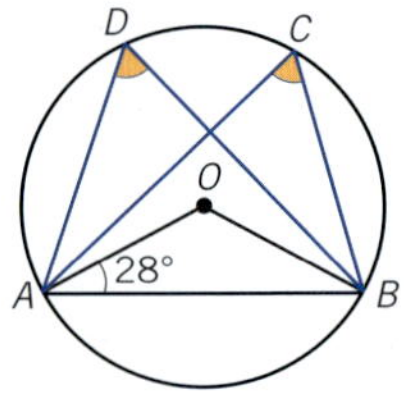

1. Medelpunktsvinkeln *AOB* beräknas.
   $\angle ABO = 28°$ (triangeln *AOB* är likbent)
   $\angle AOB = 180° - 2 \cdot 28° = 124°$ (vinkelsumman)
2. Randvinklarna *ACB* och *ADB* beräknas.
   $\angle ACB = 62°$ (randvinkelsatsen)
   $\angle ADB = 62°$ (randvinkelsatsen)

Svar: $\angle ACB = \angle ADB = 62°$

3126 **Fyrhörningen *ABCD* är inskriven i en cirkel.**
Vinklarna *A*, *B* och *C* förhåller sig som 3 till 4 till 7.
Beräkna vinkeln *D*.

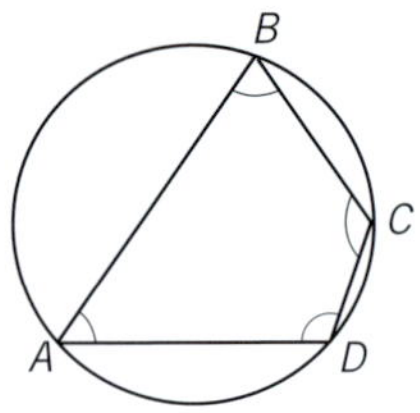

Vinklarna *A*, *B* och *C* betecknas $3x$, $4x$ och $7x$.
$3x + 7x = 180°$ (fyrhörning inskriven i en cirkel)
$10x = 180°$
$x = 18°$
$\angle B = 4x = 4 \cdot 18° = 72°$
$\angle D = 180° - 72° = 108°$ (fyrhörning inskriven i en cirkel)

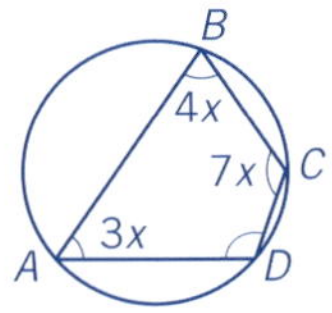

Svar: Vinkeln *D* är 108°.

Bestäm de obekanta vinklarna.

3127 a)

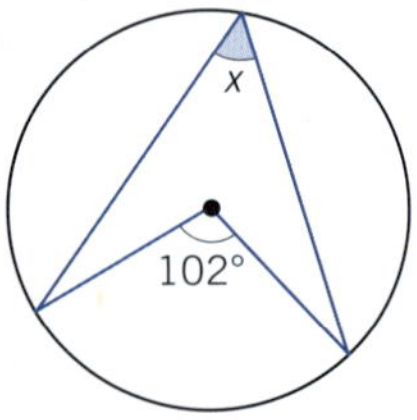

b)

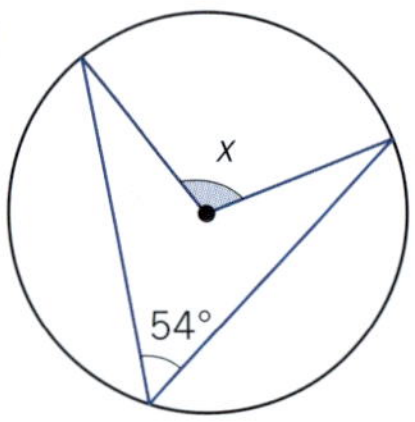

3129 a)

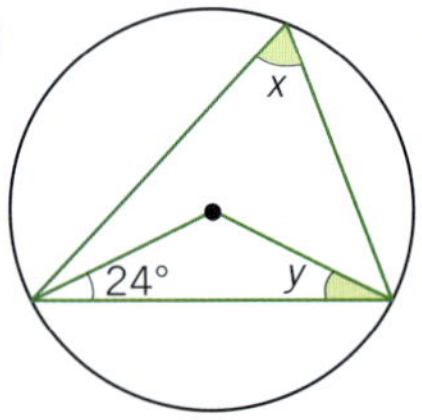

b)

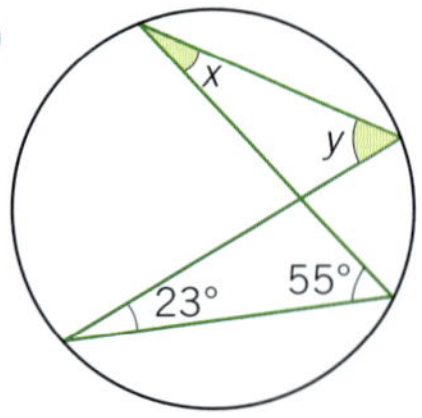

3128 a)

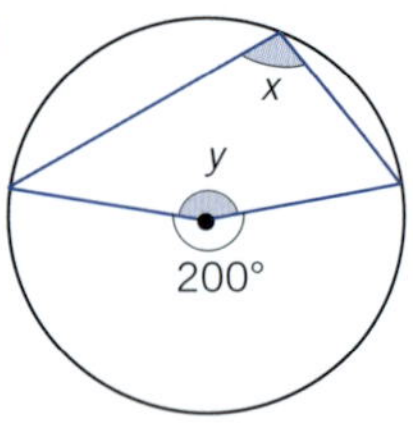

b)

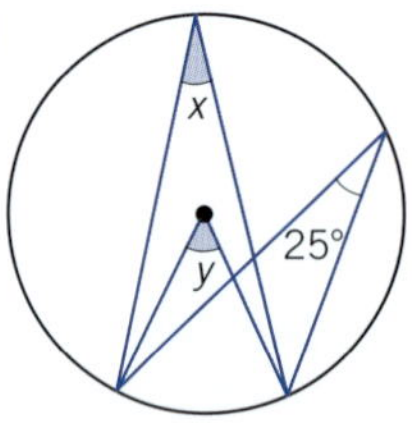

3130 a)

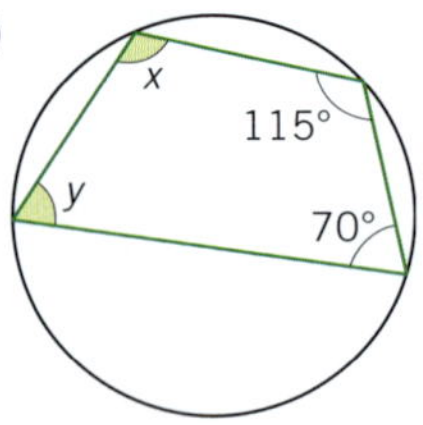

b)

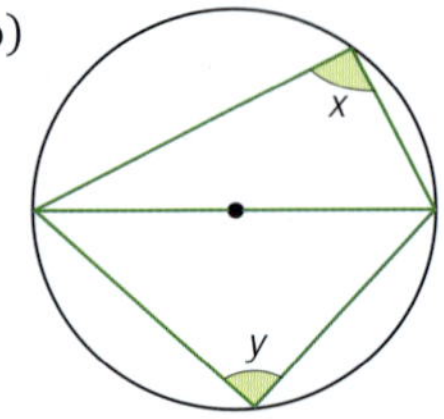

3131 En triangel ABC är inskriven i en cirkel med medelpunkten M. Vinkeln C är $28°$.

Beräkna vinklarna i triangeln ABM.

3132 På ett papper som saknar både rutor och linjer ska du rita en rätvinklig triangel. Du har endast penna, passare och ograderad linjal.

Hur kan du göra?

3133 Beräkna triangelns vinklar.

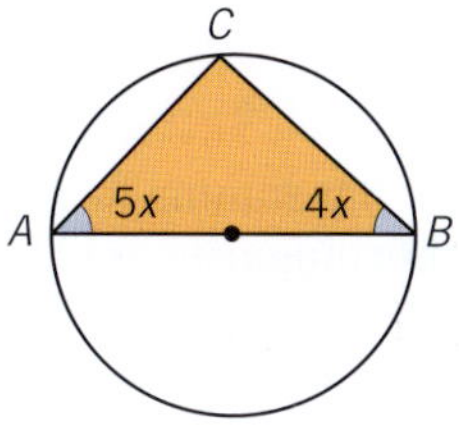

3134 Bestäm x och y.

a)

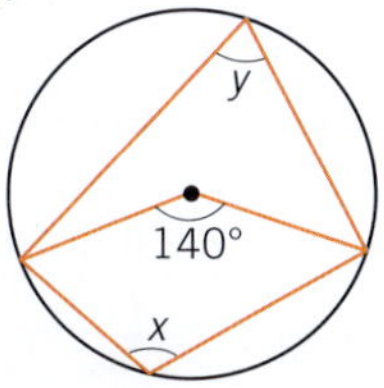

b)

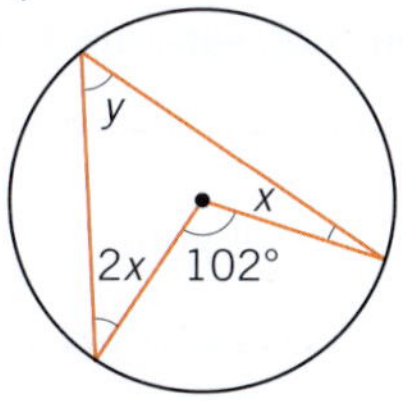

3135 En fyrhörning $ABCD$ är inskriven i en cirkel. Vinkeln ABD är $50°$ och vinkeln BDC är $35°$.

a) På vilken båge är vinkeln ABD randvinkel?

b) Beräkna vinkeln ACD.

c) Beräkna vinkeln BAC.

d) Beräkna vinklarna mellan sträckorna AC och BD.

3136 En företagslogotyp är gjord av två lika långa kordor och två radier i en cirkel.

Bestäm vinkeln x.

3137 Fyrhörningen $ABCD$ är inskriven i en cirkel. $\angle ABD = \angle ADB$ och $\angle C = 72°$

a) Beräkna $\angle ABD$.

b) Vilket samband finns mellan $\angle BDC$ och $\angle CBD$?

3138 Visa med motiveringar att $x = 31°$.

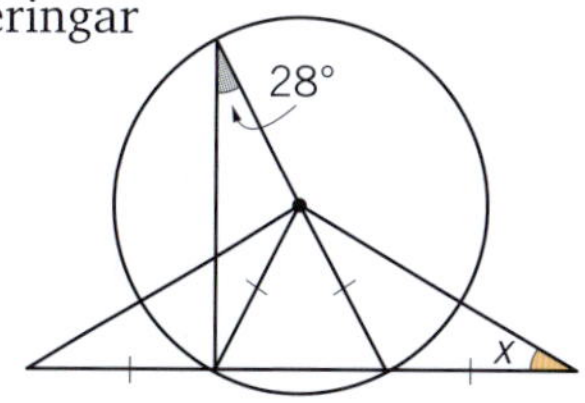

3139 Fyrhörningen $ABCD$ är inskriven i en cirkel.

För vinklarna gäller följande:

Vinkel $A = x$ och vinkel $B = x + 35°$
Vinkel $D = y$ och vinkel $C = 2y - 40°$

Beräkna vinklarna i fyrhörningen $ABCD$.

3140 Bestäm hur vinkeln y beror av x.

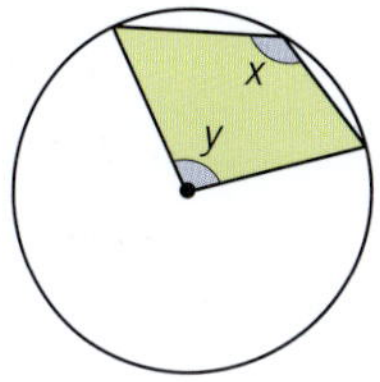

3141 Mellan vinklarna x och y finns ett enkelt samband. Bestäm detta.

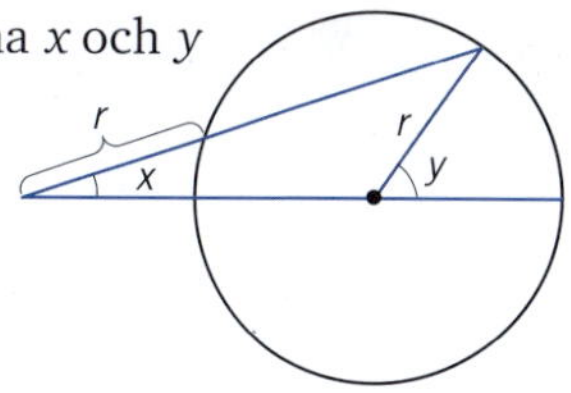

3.2 Likformighet

Likformiga månghörningar

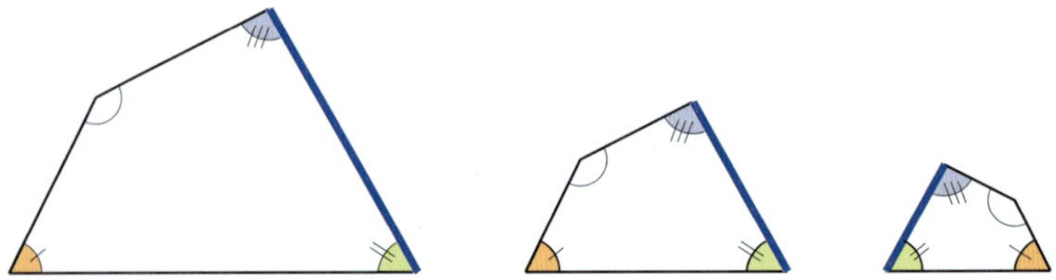

likformiga

Likformiga månghörningar har samma form, men inte nödvändigtvis samma storlek. De tre fyrhörningarna är likformiga.

Definition

> **I likformiga månghörningar är**
>
> - **motsvarande vinklar lika stora**
> - **förhållandet mellan motsvarande sidor lika.**

Trianglar är ett specialfall när det gäller månghörningar och likformighet.

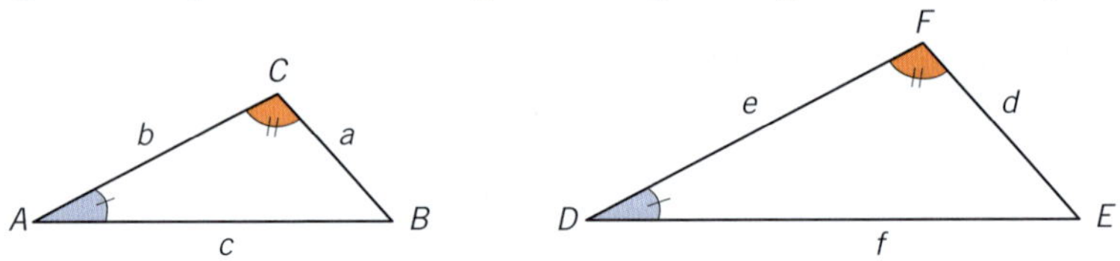

Man kan visa att följande villkor räcker för att två trianglar ska vara likformiga:

Likformiga trianglar

> **Om *två* vinklar i en triangel är lika med motsvarande vinklar i en annan triangel, så är trianglarna likformiga.**

Trianglarna *ABC* och *DEF* ovan är likformiga.

Detta kan skrivas $\triangle ABC \sim \triangle DEF$

Förhållandet mellan motsvarande sidor är detsamma:

$$\frac{a}{d} = \frac{b}{e} = \frac{c}{f}$$

3201 **Beräkna längden av den med x markerade sidan.**
I figuren har lika stora vinklar samma färg.

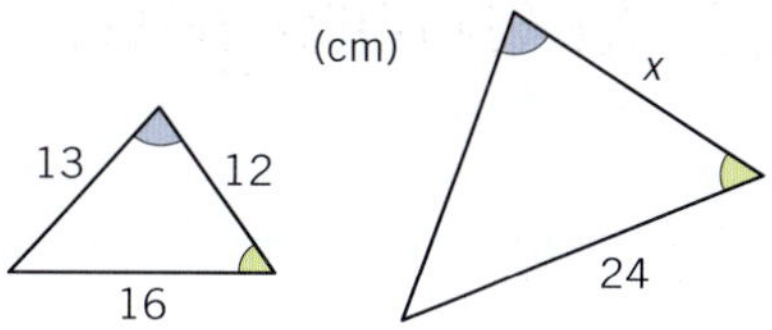

Trianglarna överensstämmer i två vinklar. Då är de alltså likformiga och förhållandet mellan motsvarande sidor är lika. Detta ger ekvationen:

$$\frac{x}{12} = \frac{24}{16}$$

$$x = 18$$

Svar: Längden är 18 cm.

3202 Är trianglarna likformiga? Motivera ditt svar.

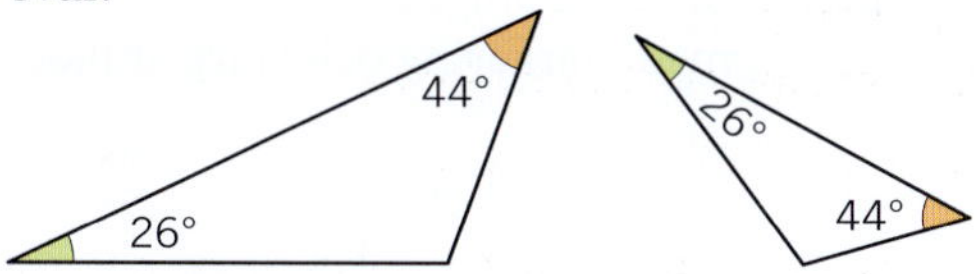

3203 Rektanglarna är likformiga.
Hur lång är den obekanta sidan?

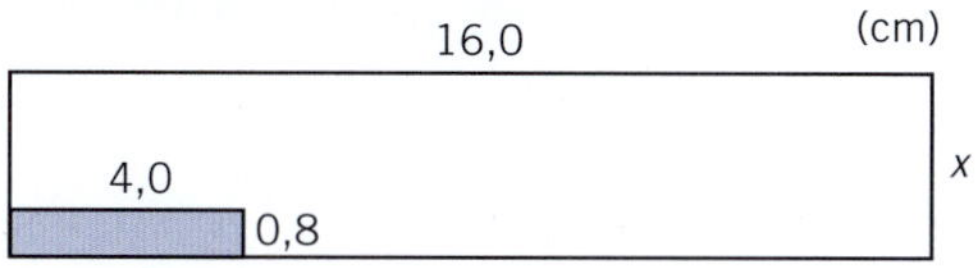

3204 Ellen säger att en triangel med vinklarna 102° och 27° är likformig med triangeln i figuren.
Har hon rätt?

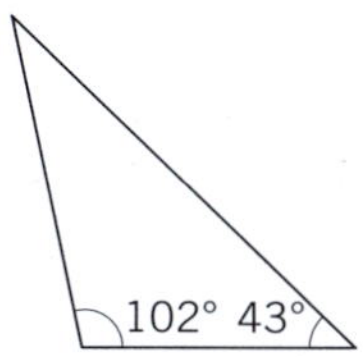

3205 En sida i en dagstidning har måtten 40,0 cm × 27,5 cm och en sida i en fototidning har måtten 29,6 cm × 23,0 cm.
Visa med beräkningar att tidningarna inte har samma form.

3206 Trianglarna är likformiga.
Bestäm vinkeln x och sidan y.

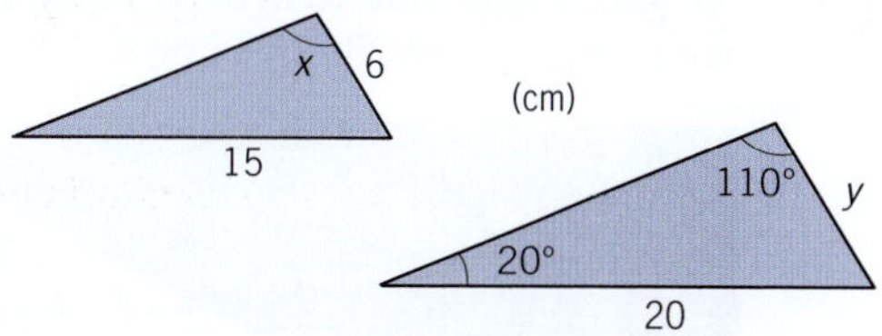

3207 Fyrhörningarna är likformiga. Bestäm sidorna x, y och z.

a)

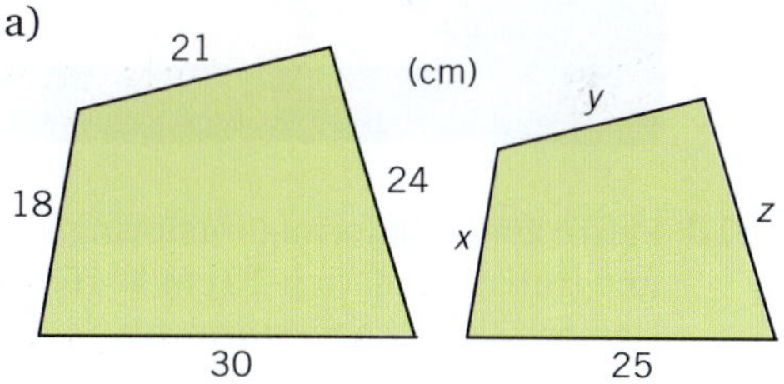

b)

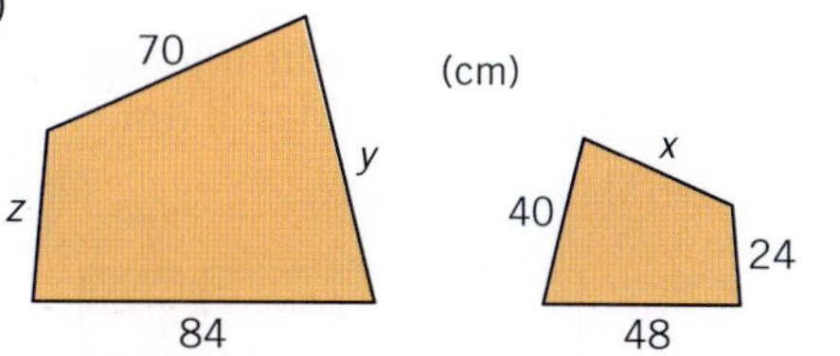

3208 **Triangeln ABC är rätvinklig. Sträckan DE är vinkelrät mot sträckan BC. Beräkna längden av DE.**

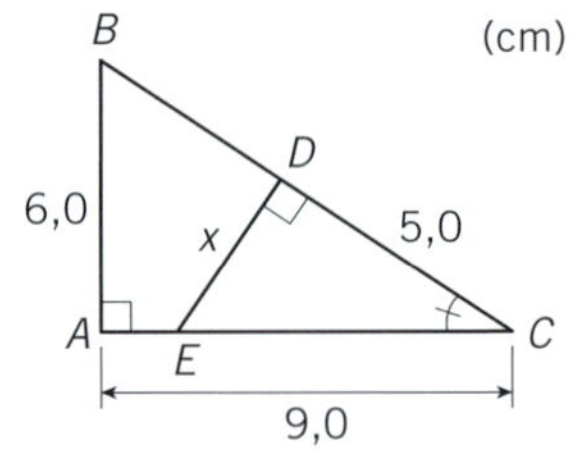

$\triangle ABC$ är likformig med $\triangle DCE$ eftersom de har
1. En rät vinkel vardera
2. En vinkel gemensam (vinkeln C).

Likformigheten ger

$$\frac{x}{6} = \frac{5}{9}$$

$$x = \frac{6 \cdot 5}{9} \approx 3{,}3$$

Svar: Längden av DE är 3,3 cm.

Det kan underlätta att vrida, vända och rita de likformiga trianglarna intill varandra med motsvarande sidor åt samma håll:

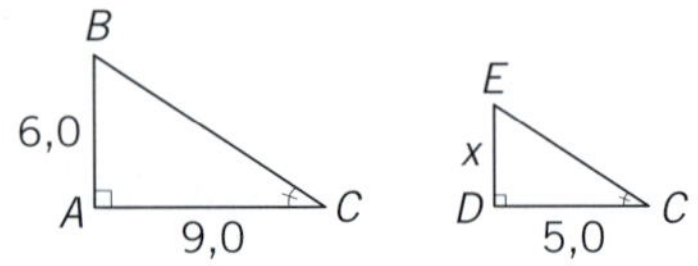

3209 Patrik är 2,1 m lång och en bra basketspelare. En gatlykta 10 m bort ger en 4,2 m lång skugga av Patrik. Hur hög är lyktan?

3210 Pierre gör en likformig förstoring av ett fotografi med måtten 10 cm × 15 cm. Den ena sidan på förstoringen är 120 cm.
Hur lång kan den andra sidan vara?

3211 Den gröna rektangeln är likformig med rektangeln med sidan 8 dm.
Beräkna sträckan x.

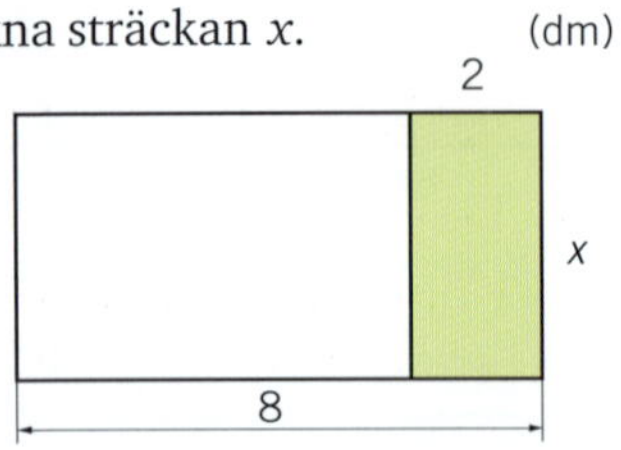

3212 Beräkna längden av sträckan x. Vinklar med markering och i färg är lika stora.

a)

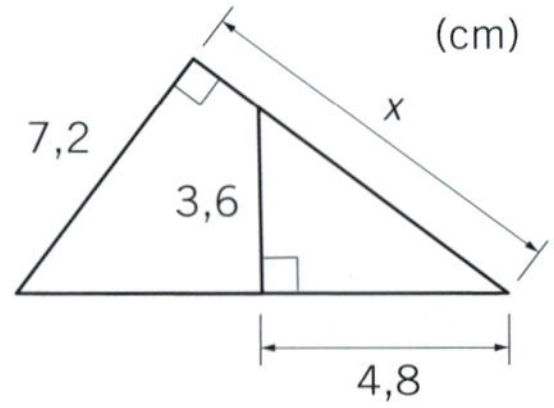

b)

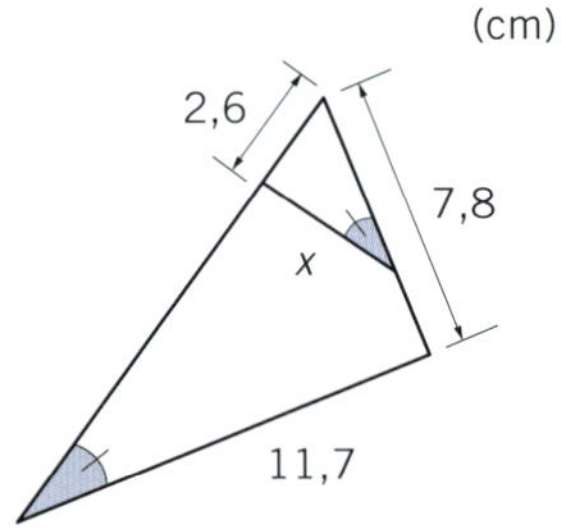

3213 Bestäm längden av sträckan x.

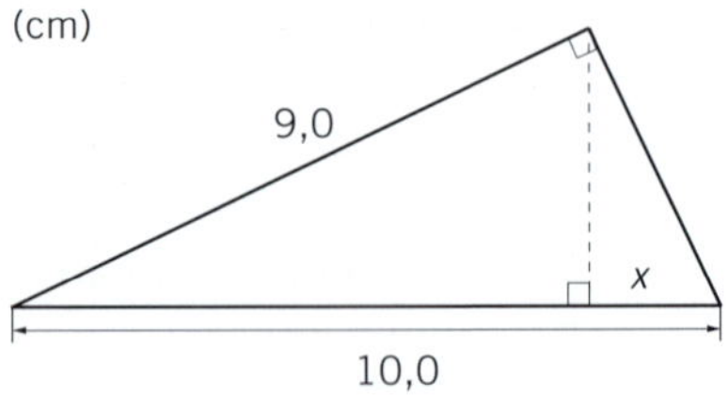

Historik

Fraktaler

**En gren sitter på en gren som sitter på en gren som…
Kan ett träd liknas vid en fraktal?**

Är linjer, cirklar och sfärer bra begrepp när vi vill beskriva naturen runt omkring oss?

”Nej”, säger den polskfödde matematikern och IBM-forskaren Benoît Mandelbrot. Han fortsätter: ”Moln är inga sfärer, berg är inga koner, kustlinjer är inte cirklar, barken är inte slät och blixten slår inte ner i räta linjer.”

För sönderbrutna och till synes oregelbundna former införde Mandelbrot på 1970-talet ett nytt namn, *fraktaler*, efter latinets fractus, som betyder sönderbruten eller oregelbunden.

Begreppet fraktal är inte nytt. Redan i början av 1900-talet studerade den svenske matematikern Helge von Koch (1870–1924) en enkel fraktalkurva.

Kochs snöflingekurva konstrueras så här:

1. Starta med en liksidig triangel.
2. Upprepa sedan i all oändlighet följande:
   → Dela varje sida i tre lika delar.
   → Rita en ny liksidig triangel på den mellersta tredjedelen och ta bort basen.

Den starkt sönderbrutna kurvan, som påminner om en snöflinga, är ett exempel på en fraktal. Kurvan är självlikformig: varje liten del av kurvan är likformig med sidorna i de första stegen.

---

1 Skissa de första tre stegen i en egen Kochkurva. Starta med en liksidig triangel med sidan 9 cm.

2 Du har en starttriangel med omkretsen 3 cm. Hur lång blir då Kochkurvan i

a) steg 1   c) steg 5

b) steg 2   d) steg 50?

3 Pröva dig fram med räknaren: Hur många steg i en Kochkurva där starttriangeln har omkretsen 3 cm krävs för längden ska vara mer än

a) 1 m   b) 10 m   c) 1 mil?

4 Sant eller falskt?

”Omkretsen för Kochs snöflingekurva kan göras hur stor som helst, men inte arean.”

Topptriangelsatsen och transversalsatsen

Exempel I figuren är de två röda trianglarna likformiga eftersom en vinkel är rät och toppvinkeln är gemensam.

Om vi mäter stäckorna a, b och c, så kan den stora triangelns höjd $x + c$ beräknas med

ekvationen $\frac{x + c}{x} = \frac{a}{b}$

transversal En *transversal* är en rät linje som skär två eller flera linjer.

parallelltransversal En transversal som är parallell med en sida i en triangel kallas *parallelltransversal*.

Topptriangelsatsen

> **En parallelltransversal skapar en topptriangel som är likformig med hela triangeln.**

Bevis

I topptriangeln CDE och i hela triangeln ABC är

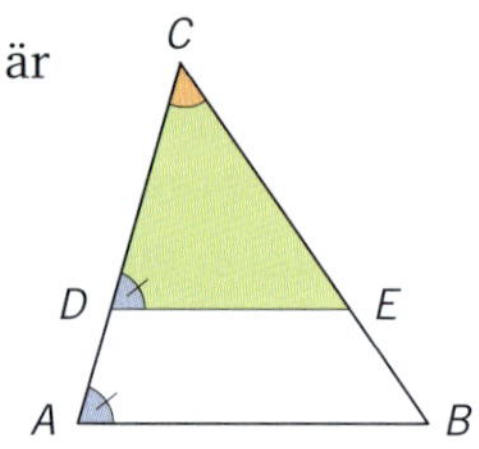

- vinkeln C gemensam
- $\wedge CDE = \wedge CAB$
(likbelägna vinklar vid parallella linjer)

Eftersom två vinklar är lika i trianglarna är trianglarna likformiga.

$\triangle CDE \sim \triangle ABC$

VSB

Topptriangelsatsen medför att förhållandet mellan motsvarande sidor kan skrivas

$$\frac{DE}{AB} = \frac{CD}{AC} = \frac{CE}{BC}$$

Transversalsatsen

En parallelltransversal delar två sidor i en triangel i samma förhållande.

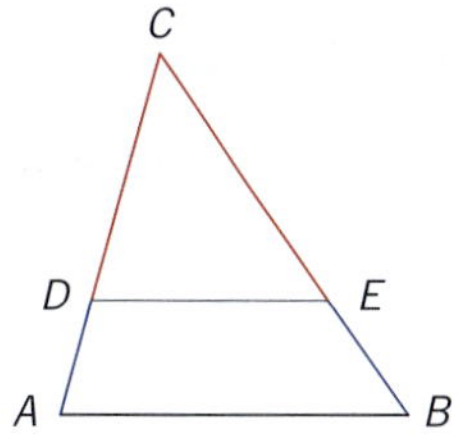

Sidorna delas i förhållandet

$$\frac{CD}{AD} = \frac{CE}{BE}$$

Bevis

$\triangle CDE \sim \triangle ABC$ (topptriangelsatsen)

Likformigheten ger

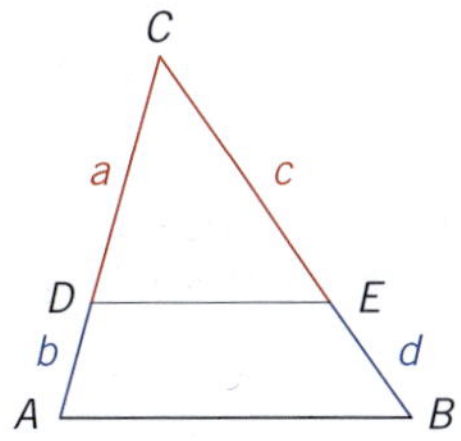

$$\frac{AC}{CD} = \frac{BC}{CE}$$

$$\frac{a+b}{a} = \frac{c+d}{c}$$

$$\frac{a}{a} + \frac{b}{a} = \frac{c}{c} + \frac{d}{c}$$

$$1 + \frac{b}{a} = 1 + \frac{d}{c}$$

$$\frac{b}{a} = \frac{d}{c}$$

$\frac{a}{b} = \frac{c}{d}$ vilket kan skrivas $\frac{CD}{AD} = \frac{CE}{BE}$

VSB

3214 **Beräkna längden av parallelltransversalen *DE*.**

Transversalsatsen kan inte användas här.
Topptriangelsatsen ger

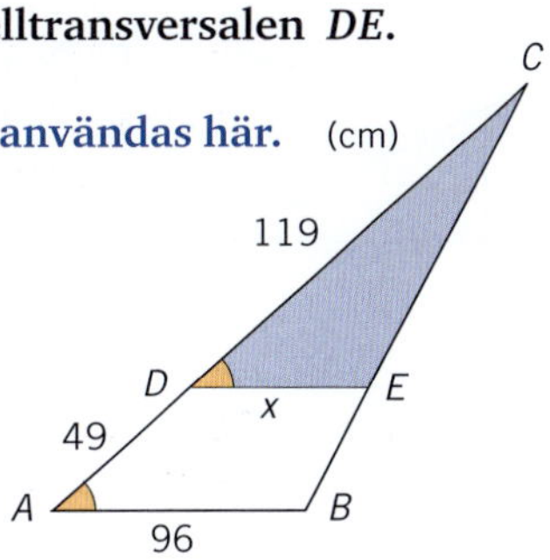

$$\frac{DE}{AB} = \frac{CD}{AC}$$

$$\frac{x}{96} = \frac{119}{49 + 119}$$

$$x = \frac{96 \cdot 119}{168}$$

$$x = 68$$

Svar: Längden av parallelltransversalen *DE* är 68 cm.

3215 **Beräkna längden av *CE*.**

Här kan vi välja metod.

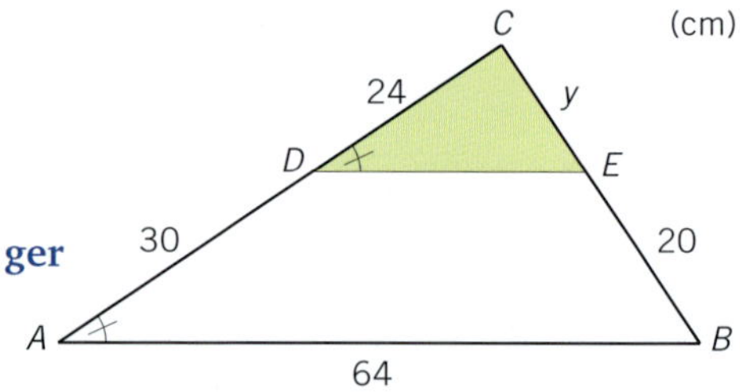

Metod 1

Transversalsatsen ger

$$\frac{y}{20} = \frac{24}{30}$$

$$y = \frac{20 \cdot 24}{30} = 16$$

Metod 2

Topptriangelsatsen ger

$$\frac{y}{y + 20} = \frac{24}{54}$$

$$\frac{54y}{y + 20} = 24$$

$$54y = 24(y + 20)$$

$$30y = 480 \text{ ger } y = 16$$

Svar: Längden av *CE* är 16 cm.

3216 Trianglarna är likformiga.
Beräkna *x* och *y*.

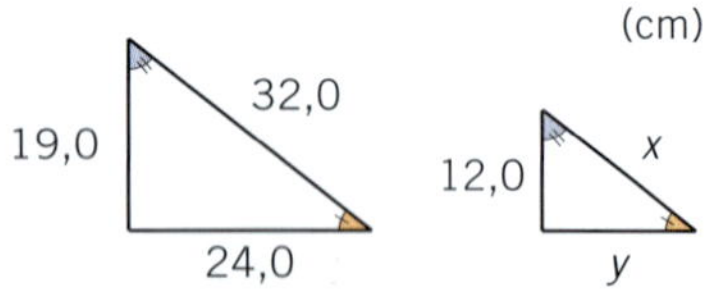

3217 Beräkna sträckan *x*.

a)

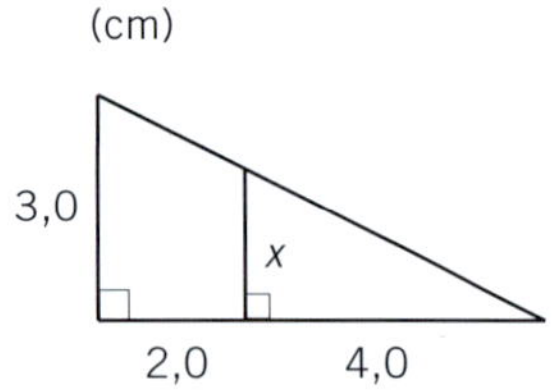

b)

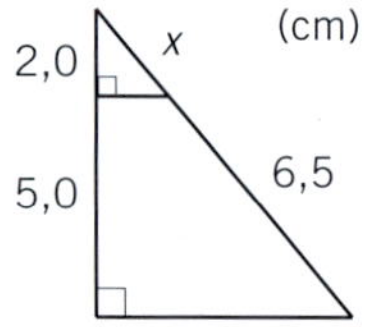

3218 *PQ* är en parallelltransversal.
Beräkna sträckan *x*.

a)

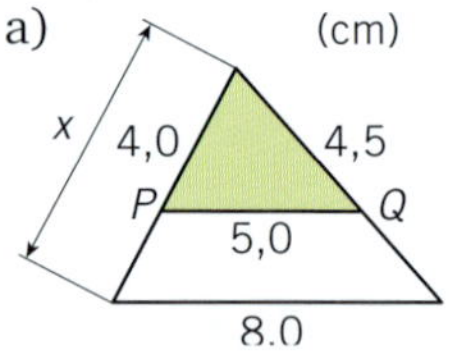

b)

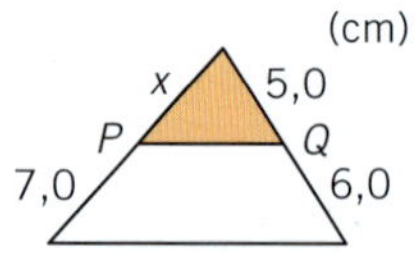

3219 PQ är en parallelltransversal.
Beräkna sträckan *x*.

a)

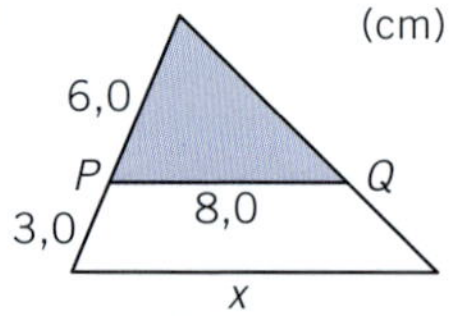

b)

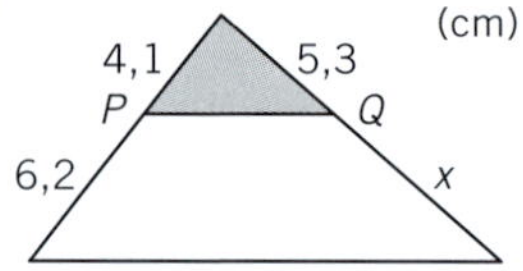

3220 Trianglarna är likformiga. Är förhållandet korrekt? Motivera i så fall detta med en geometrisk sats.

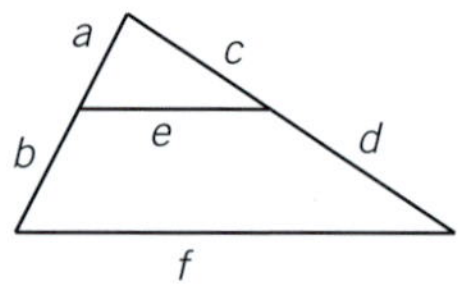

a) $\frac{b}{a} = \frac{d}{c}$

b) $\frac{e}{f} = \frac{c}{d}$

c) $\frac{a}{a + b} = \frac{e}{f}$

d) $\frac{f}{e} = \frac{d + c}{c}$

3221 Per står bredvid sina barn Filip och Louise. Filip är 1,40 m lång.

Hur långa är Louise och Per?

3222 *DE* är en parallelltransversal.

b Beräkna längden av sträckan *y*.

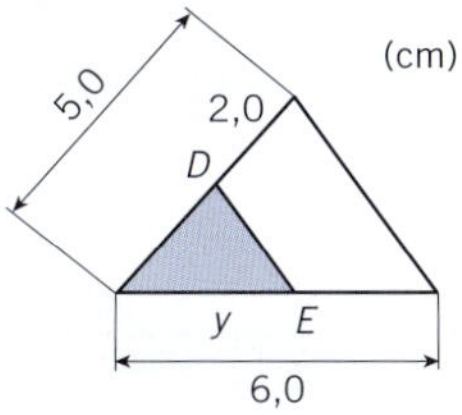

3223 I figuren är
$AC = 12{,}0$ cm
$BC = 18{,}0$ cm
$DE = 6{,}4$ cm.

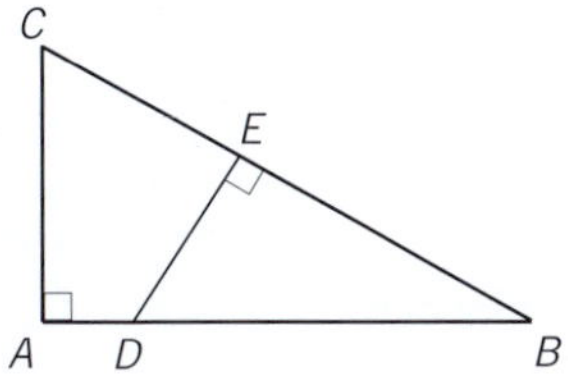

a) Hur kan du motivera att $\triangle BDE$ är likformig med $\triangle ABC$?

b) Beräkna sträckan *BD*.

c) Beräkna sträckan *AD*.

3224 Ett takfönster sätts in i en byggnad. Beräkna det utelämnade måttet *x*.

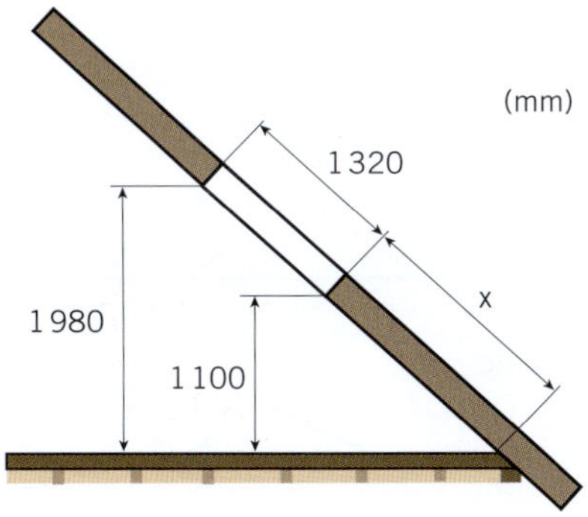

3225 Hur lång är sträckan *AD*? (*AC* och *DE* är parallella.)

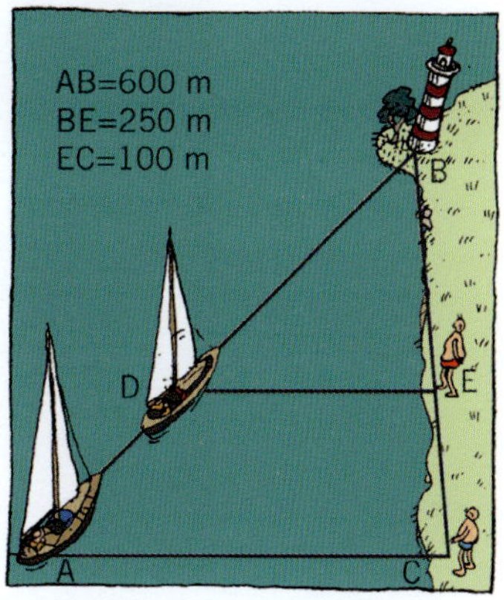

3226 Sträckorna *AB* och *CD* är parallella.

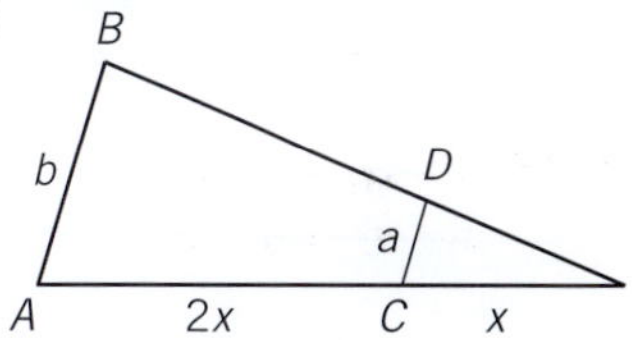

Vilket påstående är sant?

- *b* är dubbelt så lång som *a*.
- *a* är en tredjedel så lång som *b*.
- Det finns inget enkelt samband mellan *a* och *b*.

Motivera ditt svar.

3227 I triangeln *ABC* är $AB = 15{,}0$ cm och $AC = 12{,}0$ cm. En rät linje parallell med *BC* träffar *AB* i *D* och *AC* i *E*.

Man vet att $AD = 6{,}0$ cm. Beräkna *CE*.

3228 I triangeln *ABC* är $AB = 6{,}0$ cm, $AC = 6{,}0$ cm och $BC = 5{,}0$ cm.

c En rät linje parallell med *BC* skär *AB* i *D* och *AC* i *E*, så att $DE = 3{,}5$ cm.

Beräkna sträckan *BD*.

3229 Visa att $x = \dfrac{b^2 - a^2}{b}$

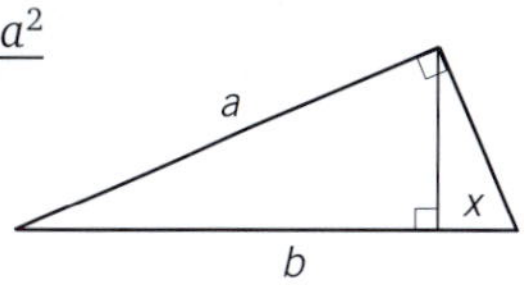

Kongruens

kongruenta Två figurer är *kongruenta* om de har exakt samma storlek och form. En figur är t ex alltid kongruent med sin spegelbild.

Här nöjer vi oss med att behandla trianglar.

Trianglarna ABC och DEF är kongruenta.

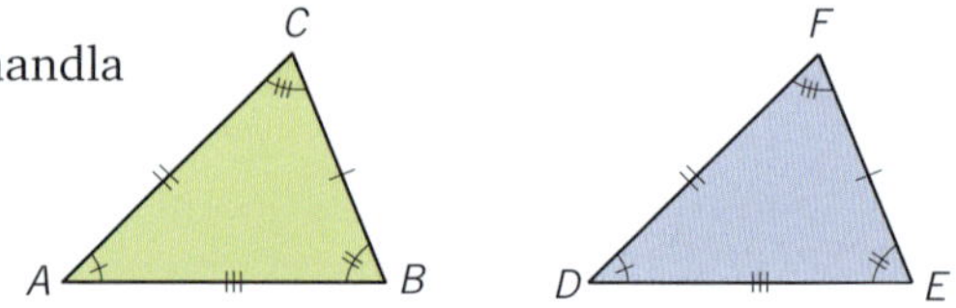

Detta skrivs $\triangle ABC \cong \triangle DEF$

Kongruensen innebär att

- motsvarande vinklar är lika och
- motsvarande sidor är lika.

Hur mycket måste vi veta för att kunna garantera att två trianglar är kongruenta? Är de t ex kongruenta om de överensstämmer i två sidor och en vinkel?

Här ger vi tre olika sätt att påvisa trianglars kongruens.

Två trianglar är kongruenta om de överensstämmer i

1 två sidor och den mellanliggande vinkeln.
(SVS: Sida – Vinkel – Sida)

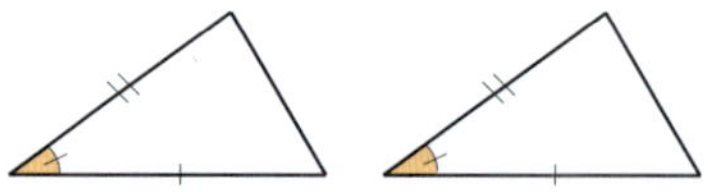

2 alla tre sidorna.
(SSS: Sida – Sida – Sida)

3 två vinklar och den mellanliggande sidan.
(VSV: Vinkel – Sida – Vinkel)

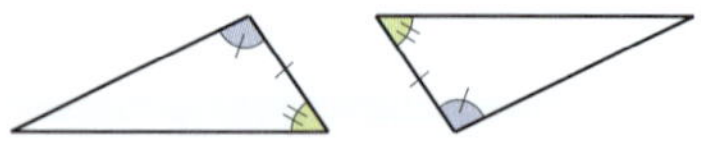

3230 **Är trianglarna kongruenta? Motivera.**

a)

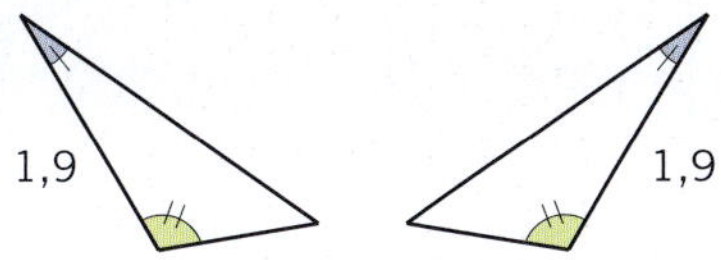

b)

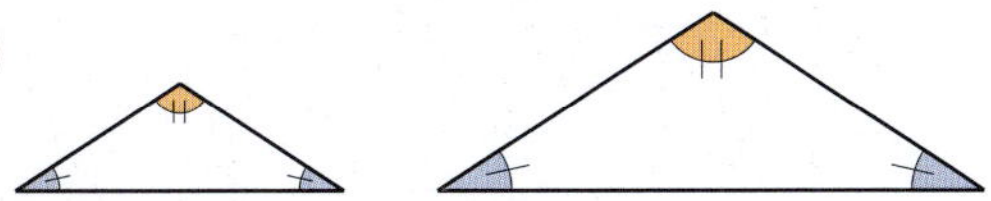

c)

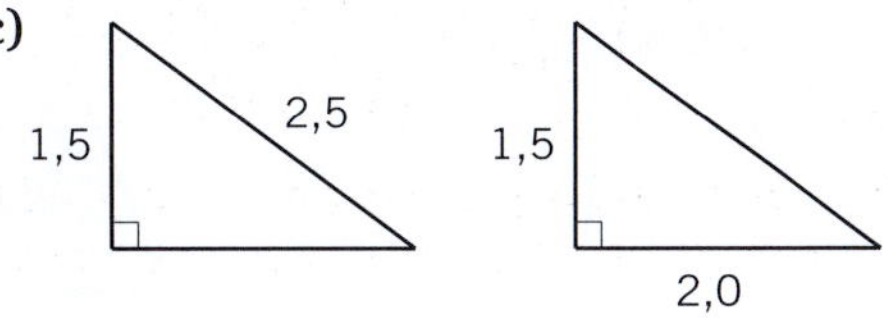

a) Ja

Motivering:
Trianglarna överensstämmer i VSV, dvs två vinklar och mellanliggande sida är lika.

b) Nej

Motivering:
Tringlarna är likformiga, men inte kongruenta.
Motsvarande sidor är inte lika långa.

c) Vi kan inte direkt avgöra om trianglarna är kongruenta.
Basen b i den vänstra triangeln kan beräknas med Pythagoras sats:

$a^2 + b^2 = c^2$

$1{,}5^2 + b^2 = 2{,}5^2$

$2{,}25 + b^2 = 6{,}25$

$b^2 = 4$

$b = \pm\sqrt{4}$

$b_1 = 2$ $\quad (b_2 = -2)$ Sträckan b är ett positivt tal.

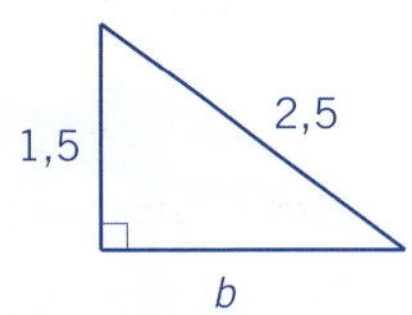

Nu vet vi att trianglarna är kongruenta.
De överensstämmer i SVS, dvs två sidor och mellanliggande vinkel är lika.

3231 Bestäm sträckorna x och y.

(a)

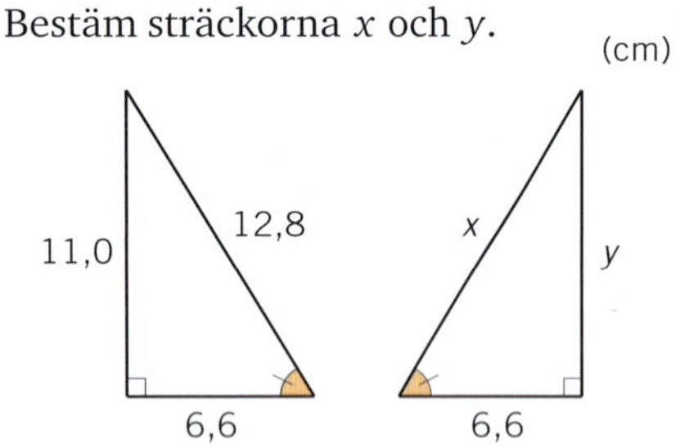

3232 Beräkna vinklarna x och y.

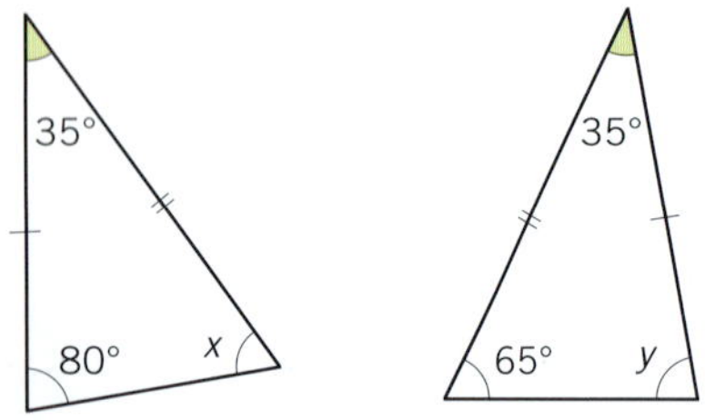

3233 a) Är trianglarna kongruenta?

b) Bestäm vinklarna A, B, D och E.

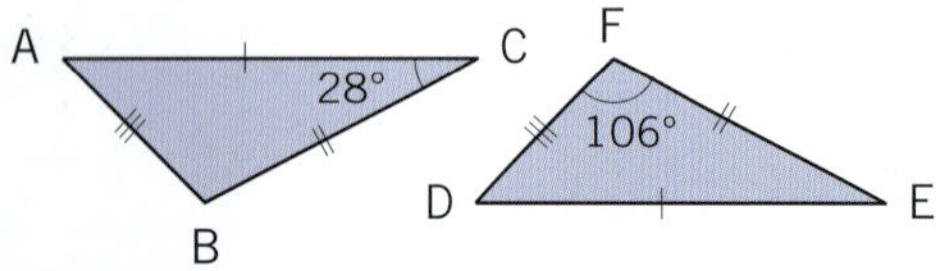

3234 Rita två trianglar som är

a) kongruenta

b) likformiga, men inte kongruenta.

3235 Är trianglarna likformiga, kongruenta eller inte? Motivera.

a)

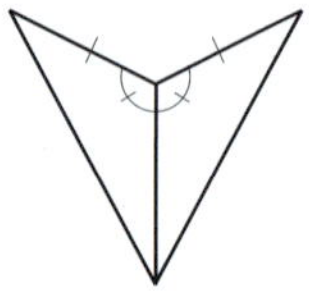

b)

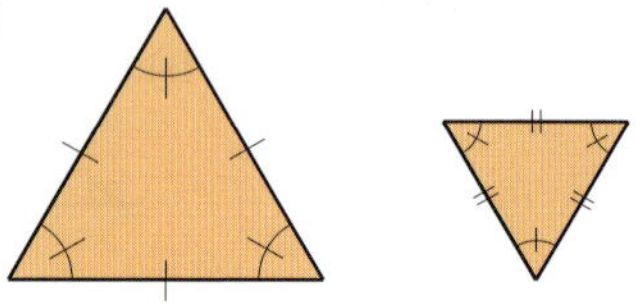

c)

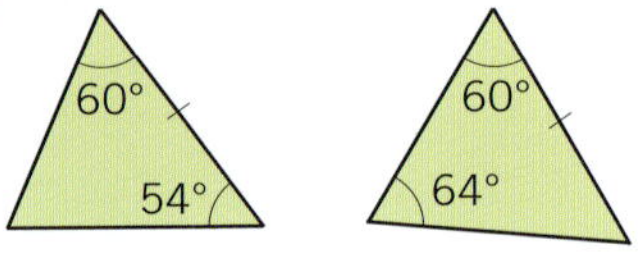

3236 I en fyrhörning $ABCD$ är $AB = AD$ och $BC = CD$. Diagonalen AC delar fyrhörningen i två trianglar. Förklara varför trianglarna är kongruenta.

(b)

3237 Två sidor i en triangel är 3 cm och 4 cm. Den motstående vinkeln till sidan med längden 3 cm är 40°. Rita triangeln.

Kan den se ut på mer än ett sätt?

3238 I triangeln ABC är D en punkt på AB så att CD blir bisektris till vinkeln C.

Visa att basvinklarna A och B är lika stora, om triangeln är likbent, dvs om $AC = BC$.

3239 Bevisa med hjälp av kongruens att diagonalerna i en parallellogram delar varandra mitt itu.

(c)

Area – och volymskala*

Kartor och ritningar är likformiga avbildningar av verkligheten. Om skalan på en karta är 1 : 20 000 så är en sträcka i verkligheten 20 000 gånger längre än motsvarande sträcka på kartan. Om vi bara säger skala menar vi längdskala.

Exempel

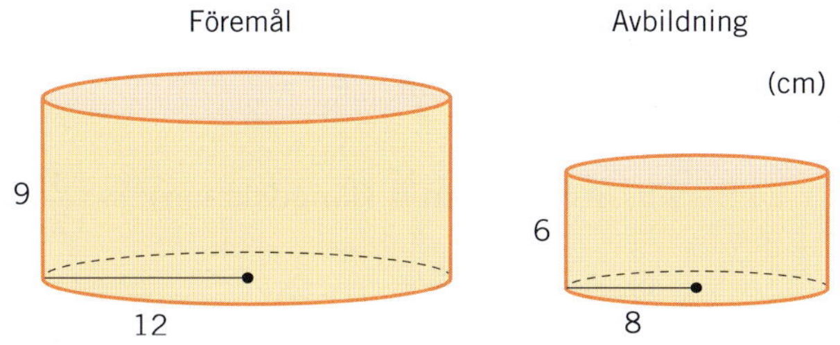

Den lilla cylindern är en likformig avbildning av den stora cylindern.

längdskala

$$\text{Längdskalan} = \frac{\text{en längd i avbildningen}}{\text{motsvarande längd i föremålet}} = \frac{6}{9} = \frac{2}{3}$$

areaskala

$$\text{Areaskalan} = \frac{\text{en area i avbildningen}}{\text{motsvarande area i föremålet}} = \frac{\pi \cdot 8^2}{\pi \cdot 12^2} = \left(\frac{8}{12}\right)^2 = \left(\frac{2}{3}\right)^2$$

Areaskalan = (längdskalan)^2

volymskala

$$\text{Volymskalan} = \frac{\text{en volym i avbildningen}}{\text{motsvarande volym i föremålet}} = \frac{\pi \cdot 8^2 \cdot 6}{\pi \cdot 12^2 \cdot 9} = \left(\frac{2}{3}\right)^2 \cdot \left(\frac{2}{3}\right) = \left(\frac{2}{3}\right)^3$$

Volymskalan = (längdskalan)^3

Sammanfattning

Om längdskalan = $\frac{a}{b}$, så är areaskalan = $\left(\frac{a}{b}\right)^2$ och volymskalan = $\left(\frac{a}{b}\right)^3$

3240 **Trianglarna T_1 och T_2 är likformiga. T_2 är en avbildning av T_1.**

Bestäm

a) längdskalan

b) areaskalan

c) arean A.

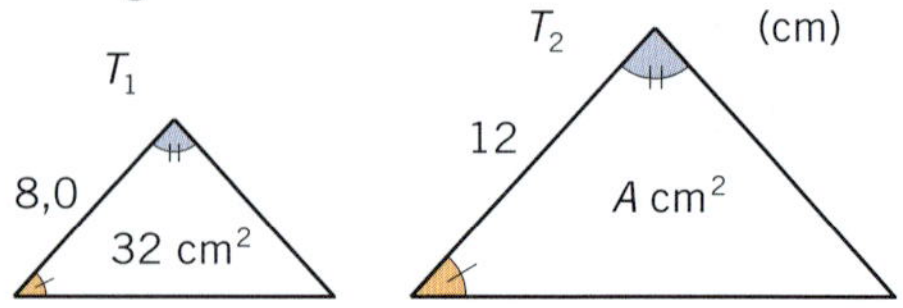

Förkorta så långt som möjligt.

a) Längdskalan $= \frac{12}{8} = \frac{3}{2}$

b) Areaskalan = (längdskalan)^2 $= \left(\frac{3}{2}\right)^2 = \frac{9}{4}$

c) $A = 32 \cdot \frac{9}{4}$

$A = 72$

Svar: Arean av T_2 är 72 cm^2.

3241 **Två vaser har samma form men olika storlek. Den större vasen är 15 cm hög och har volymen 1 000 cm^3. Den mindre vasen är 9,0 cm hög. Beräkna den mindre vasens volym, V cm^3.**

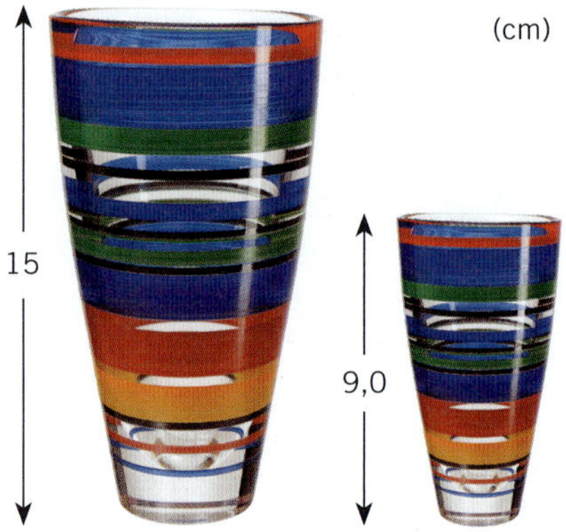

Den mindre vasen kan ses som en förminskad modell av den större, vilket ger

Längdskalan $= \frac{9}{15} = \frac{3}{5}$

Volymskalan $= \frac{V}{1\,000}$

Volymskalan = (längdskalan)^3

$\frac{V}{1\,000} = \left(\frac{3}{5}\right)^3$

$V = 216 \text{ cm}^3 \approx 220 \text{ cm}^3$

Svar: Den mindre vasens volym är 220 cm^3.

3242 Av ett föremål med höjden 4 cm görs en kopia med höjden 1 cm. Ange

a) längdskalan

b) areaskalan

c) volymskalan.

3243 Trianglarna har olika storlek men samma form. T_2 är en avbildning av T_1.

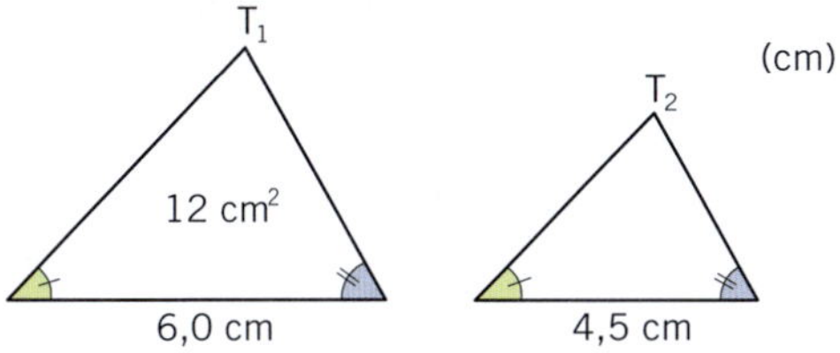

Bestäm

a) längdskalan

b) areaskalan

c) den mindre triangelns area.

3244 Rätblocken är likformiga. Beräkna den okända volymen, V.

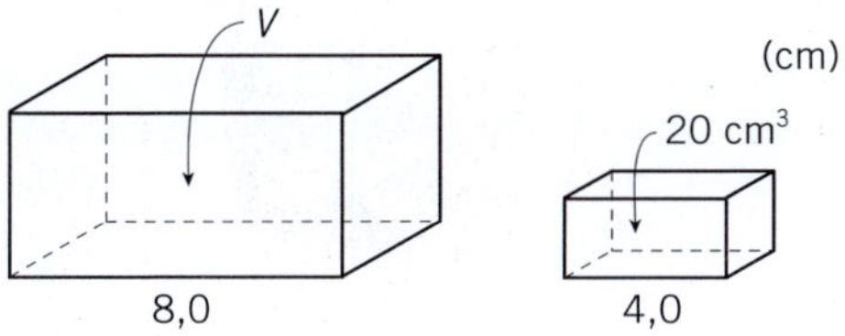

3245 I den mindre av två likformiga trianglar är en sida 80 % av motsvarande sida i den större triangeln.

Vilket är förhållandet mellan den mindre och den större triangelns areor?

3246 A-formaten är de vanligaste pappersformaten i Europa. Alla rektanglarna i A-serien är likformiga. A0 har arean 1 m². A1 har måtten 594 mm × 841 mm.

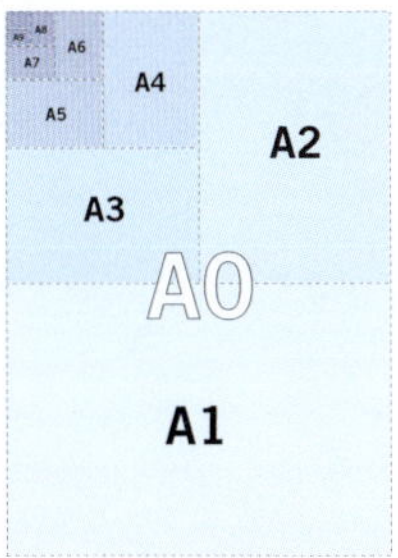

a) Den korta sidan på ett A7 är 74 mm. Vilket mått har långsidan?

b) Vilken area har A2?

3247 På en karta i skala 1 : 4 000 uppskattar Bella arean av ett naturreservat till 80 cm².

Hur många ha (hektar) är området i verkligheten? ($1 \text{ ha} = 1 \cdot 10^4 \text{ m}^2$)

3248 Vilken längdskala ger en fördubbling av

a) arean b) volymen?

3249 Sverige är ca 157 mil långt och har en total area på ca 450 000 km².

Är det sant att en Sverigekarta i skala 1:1 000 000 får plats på ett A4-papper? Motivera ditt svar.

3250 Till ett par jeans med byxlängden (innersömmen) 80 cm går det åt A m² tyg.

Med hur många procent bör tygåtgången öka, om man syr ett par jeans av samma modell men med en 10 % längre innersöm?

3251 Ett koniskt glas rymmer 8 cl då det är fyllt till bredden.

Hur många centiliter har man druckit då vätskans höjd sjunkit till hälften?

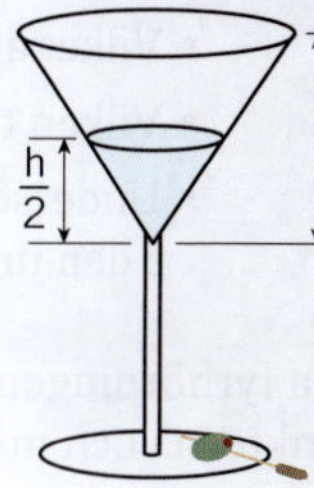

3252 Ett rätblock med sidorna a, b och c avbildas med skalan s. Visa att

a) areaskalan är s^2

b) volymskalan är s^3.

3253 Triangeln CDE har lika stor area som parallelltrapetset $ABDE$.

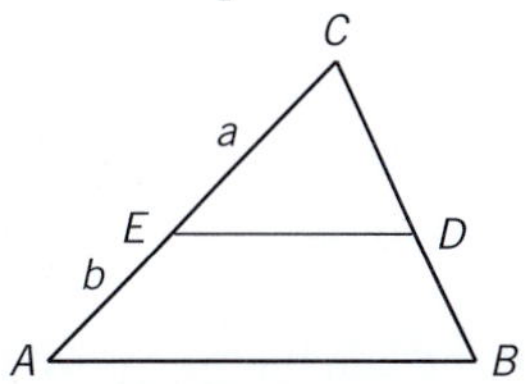

Bestäm i exakt form kvoten b/a.

Aktivitet

UNDERSÖK

Dynamisk geometri

Material: Dator eller räknare med ett dynamiskt geometriprogram

Med ett dynamiskt geometriprogram kan man förstärka förståelsen för olika geometriska begrepp genom att göra geometriska konstruktioner, lösa problem och undersöka samband.

Dynamiska geometriprogram finns både till datorer och avancerade räknare. De flesta program har liknande arbetsgång när man konstruerar geometriska figurer, ändrar mått och gör mätningar.

Exempel En fyrhörning har hörnen i (–3, 5), (3, 2), (1, –2) och (–2, –3). Sidornas mittpunkter är hörn i en annan fyrhörning.

- Vilket är förhållandet mellan de två fyrhörningarnas areor?
- Vilken typ av fyrhörning är den inskrivna fyrhörningen?
- Undersök vad som händer om något hörn flyttas i den ursprungliga fyrhörningen.

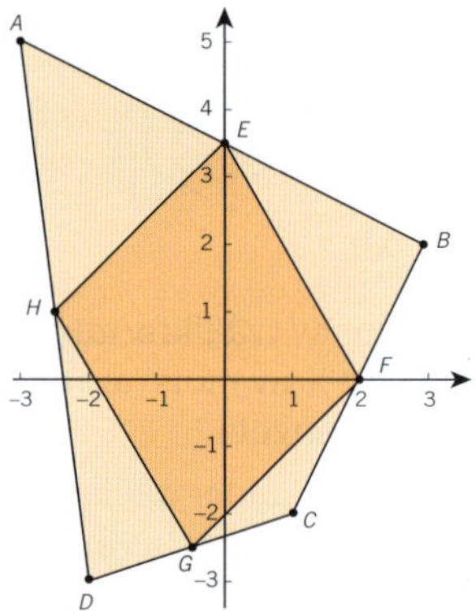

1 Rita fyrhörningen med hörnen i de givna punkterna och mät arean. (*27,5 a.e.*)

2 Markera sidornas mittpunkter, skapa en fyrhörning med dessa punkter som hörn och mät arean. (*13,75 a.e.*)

3 Mät sidor och vinklar i den inskrivna fyrhörningen. (*Motstående sidor och motstående vinklar är lika.*)

4 Flytta något hörn i den ursprungliga fyrhörningen och gör om mätningarna.

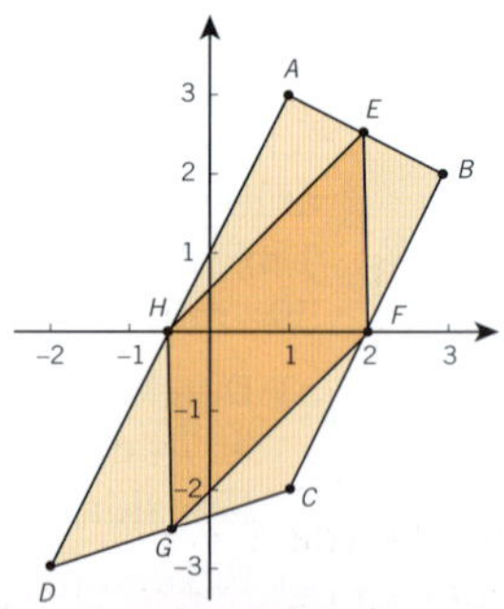

Resultat

Förhållandet mellan fyrhörningarnas areor är alltid 2:1.
Den inskrivna fyrhörningen är alltid en parallellogram.

Obs! Konstruktionerna kan hjälpa oss att finna resultat och samband, men de räknas inte som bevis.

Undersök följande uppgifter med ett dynamiskt geometriprogram.

1 a) Rita en triangel med sidorna 20, 48 och 52 längdenheter.

b) Mät triangelns vinklar. Är triangeln rätvinklig?

2 a) Rita en fyrhörning som liknar följande figur.

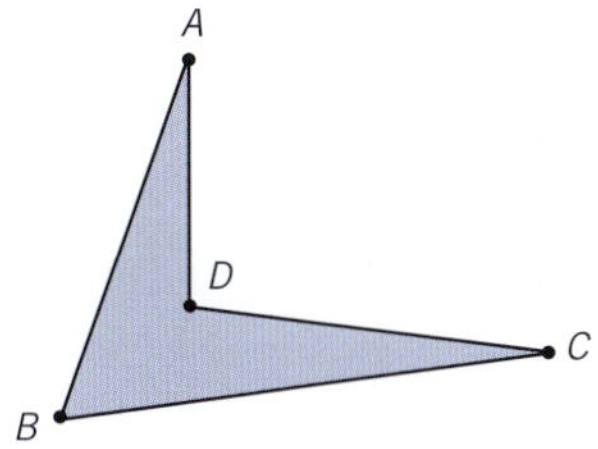

b) Mät fyrhörningens vinklar och beräkna vinkelsumman.

c) Undersök fler fyrhörningar med liknande utseende. Har de samma vinkelsumma?

3 Kan du konstruera en triangel med sidorna 3, 4 och 8 längdenheter?

4 a) Rita i ett koordinatsystem en linje genom $A\ (-1, 3)$ och $B\ (5, 12)$.

b) Hur lång är sträckan AB?

c) Bestäm mittpunkten på sträckan AB.

d) Bestäm ekvationen för linjen genom A och B.

5 a) Konstruera en cirkel med en medelpunktsvinkel och en randvinkel.

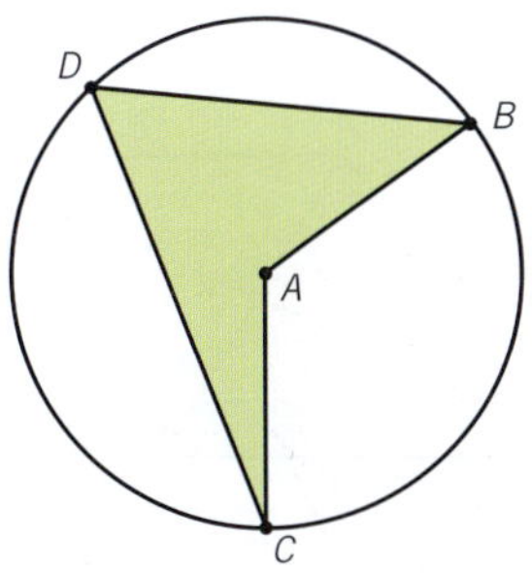

b) Flytta punkterna B, C och D och visa med mätningar att randvinkelsatsen alltid gäller.

6 a) Konstruera en cirkel med två kordor enligt figuren.

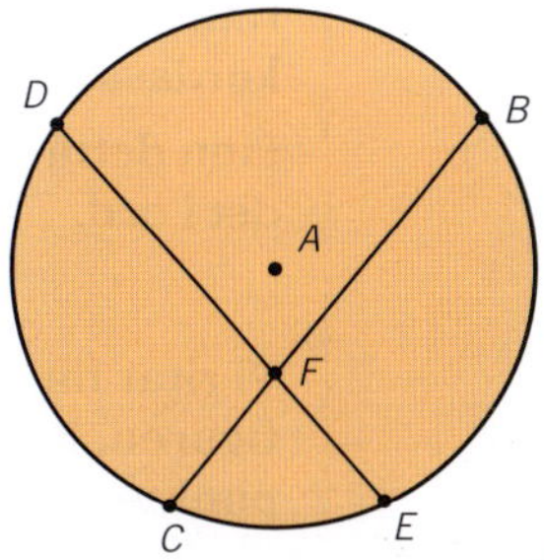

b) Flytta punkterna B, C, D och E och visa med mätningar att kordasatsen alltid gäller.

7 a) Konstruera några olika trianglar, där vinklarnas bisektriser är inritade. Vad upptäcker du?

b) Konstruera några olika trianglar, där sidornas mittpunktsnormaler är inritade. Vad upptäcker du?

c) Kan du konstruera en triangel där alla bisektriserna och mittpunktsnormalerna skär varandra i en och samma punkt?

8 a) Rita en linje L och en punkt P.

Placera punkt 1 mitt emellan punkt P och linjen, enligt figuren.

Placera punkt 2 till höger så att det vinkelräta avståndet från linjen L är lika med avståndet till P.

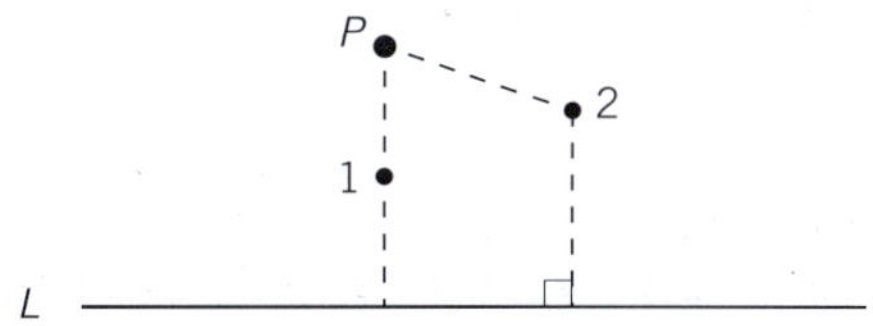

b) Markera på motsvarande sätt fler punkter vars vinkelräta avstånd till L är lika med avståndet till P. Punkterna ligger på en kurva.

Vad kallas denna kurva?

Några bevis med likformighet*

3254 **Två kordor i en cirkel skär varandra. Mellan kordornas delar a, b, c och d finns ett enkelt samband som kallas kordasatsen.**

Finn detta samband och formulera det i ord.

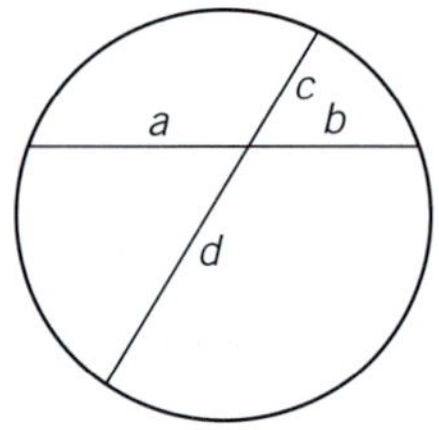

Vi ritar linjerna AC och BD enligt figuren. Kordorna skär varandra i punkten E.

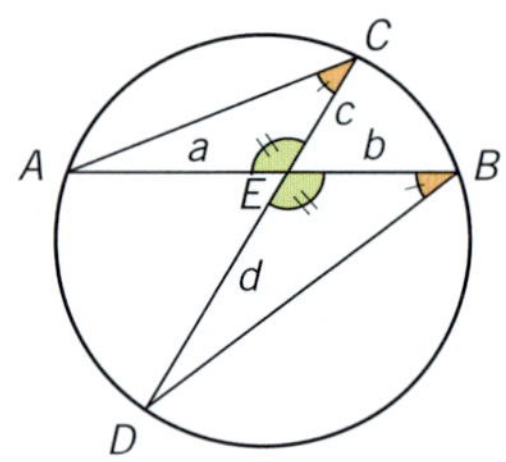

$\angle AEC = \angle BED$ (vertikalvinklar)

$\angle C = \angle B$ (randvinklar på samma båge, AD)

Alltså är $\triangle ACE \sim \triangle DBE$, vilket ger

$$\frac{a}{d} = \frac{c}{b}$$

$ab = cd$ (kordasatsen)

kordasatsen

Produkten av den ena kordans delar är lika med produkten av den andra kordans delar.

3255 **Bisektrisen CD delar sidan AB i ett enkelt förhållande. Finn detta förhållande med hjälp av följande konstruktion:**

Förläng bisektrisen CD till E så att $AE = AC$.

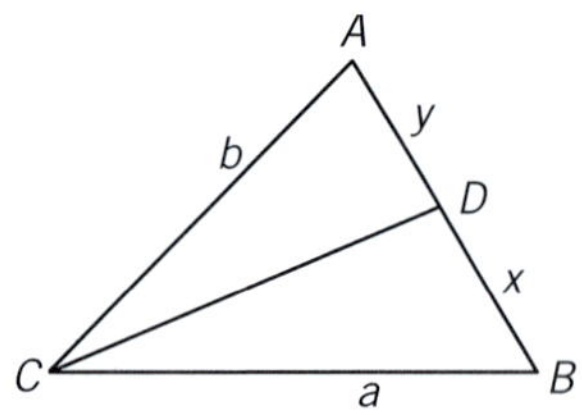

$\angle ACD = \angle BCD$ (CD är en bisektris)

$\angle E = \angle ACD$ (basvinklar i likbent triangel)

$\angle BDC = \angle ADE$ (vertikalvinklar)

Alltså är $\triangle BCD \sim \triangle ADE$, vilket ger

bisektrissatsen

$$\frac{x}{y} = \frac{a}{b}$$

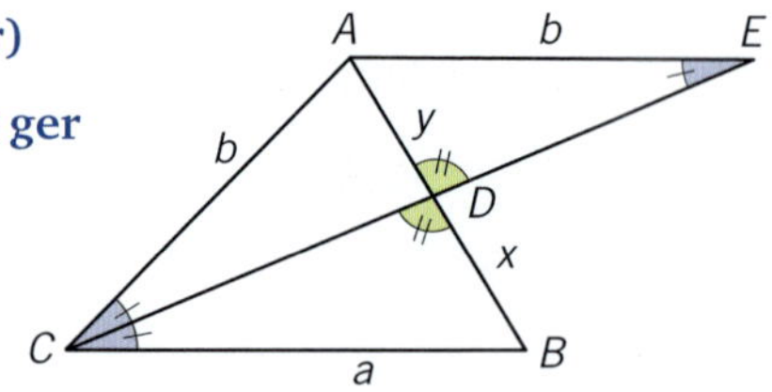

3256 *a*

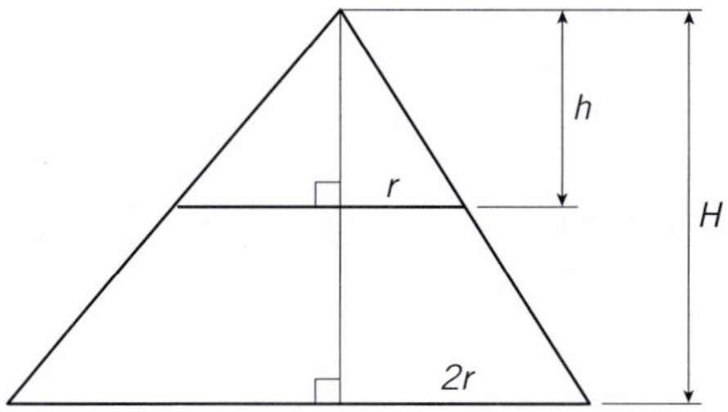

Använd topptriangelsatsen och visa att $H = 2h$

3257

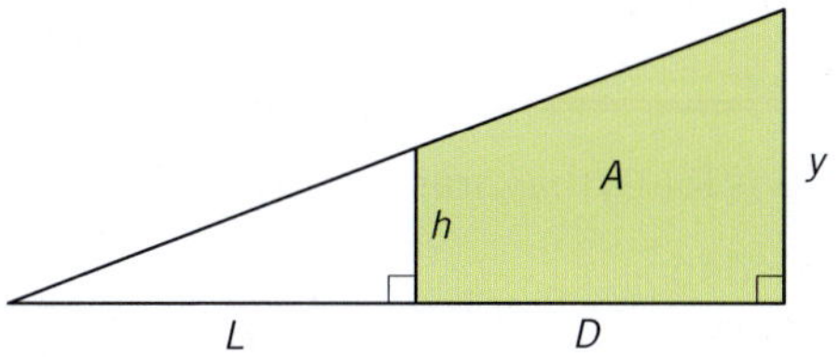

Visa att

a) $y = \dfrac{h(L + D)}{L}$

b) fyrhörningens area A kan skrivas

$$A = \frac{Dh}{2} + \frac{Dy}{2}$$

3258 *b*

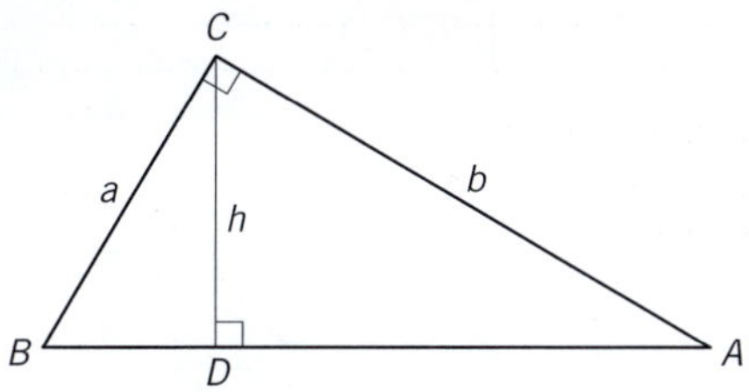

a) Motivera varför $\triangle ABC$ och $\triangle ACD$ är likformiga.

b) Likformigheten ger $\dfrac{CD}{AC} = \dfrac{BC}{AB}$

Använd detta och visa att

$$h = \frac{ab}{\sqrt{a^2 + b^2}}$$

3259 a) Läs igenom beviset för bisektrissatsen. Rita sedan en figur och genomför beviset på egen hand. Kom ihåg att motivera!

b) Förklara muntligt beviset för en kamrat eller inför en grupp.

3260

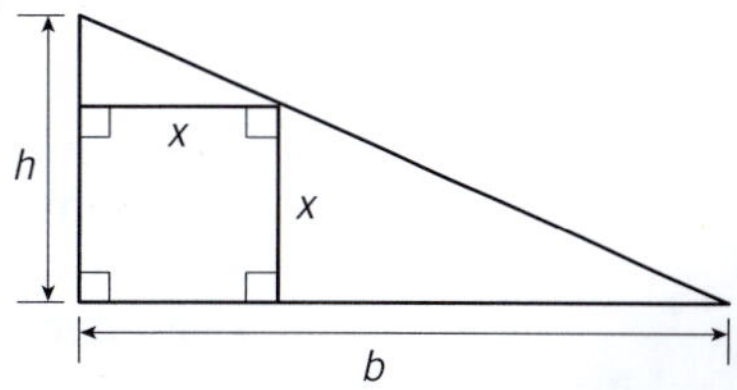

a) Motivera varför $\dfrac{x}{b} = \dfrac{h - x}{h}$

b) Visa att likheten i a) ger att $x = \dfrac{bh}{b + h}$

3261 *c*

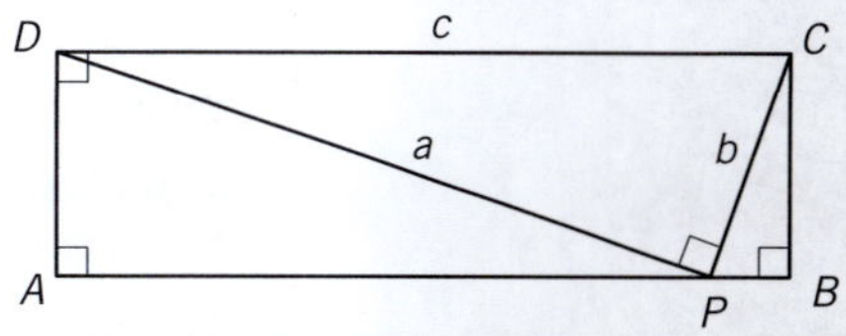

a) Motivera varför $\triangle APD \sim \triangle CPD$

b) Låt $AP = y$
Skriv ett uttryck för y som innehåller a och c.

c) Låt $BP = x$
Skriv ett uttryck för x som innehåller b och c.

d) Använd uttrycken i b) och c) och bevisa Pythagoras sats.

3262 I triangeln ABC är DE och FG parallelltransversaler. Områdena CDE, $DEGF$ och $FGBA$ har lika stora areor.

Bestäm det exakta förhållandet FA/CD.

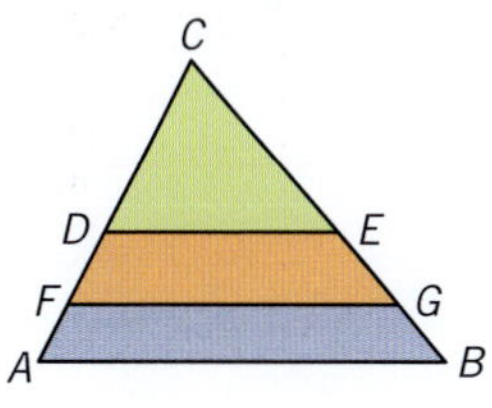

3.3 Koordinatgeometri

Pythagoras sats

Du har redan mött Pythagoras sats. Den lyder:

Pythagoras sats

I varje rätvinklig triangel är kvadraten på hypotenusan lika med summan av kvadraterna på kateterna.

$c^2 = a^2 + b^2$

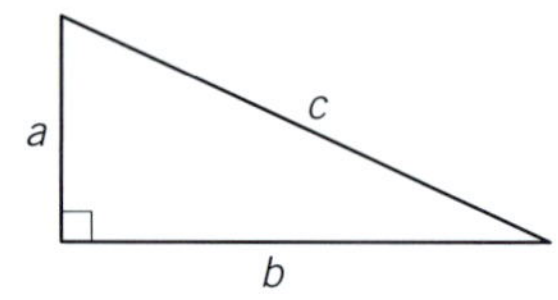

Det finns mer än 300 olika bevis för Pythagoras sats. Här nedan ger vi ett.

ett bildbevis

I hörnen på en kvadrat med sidan $a + b$ placerar vi ut fyra likadana trianglar.

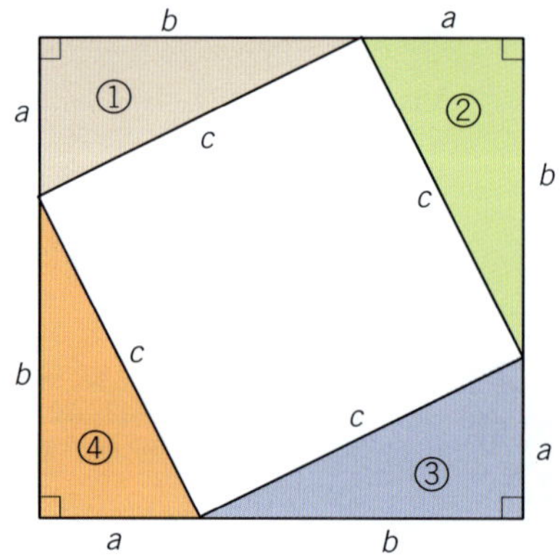

Den vita fyrhörningen i mitten är en kvadrat med sidan c och arean c^2.

Nu flyttar vi om de fyra trianglarna som figuren visar. Den vita kvadraten med arean c^2 delas då upp i två mindre kvadrater med areorna a^2 och b^2.

Eftersom arean av det vita området är lika stor i båda figurerna gäller:

$c^2 = a^2 + b^2$

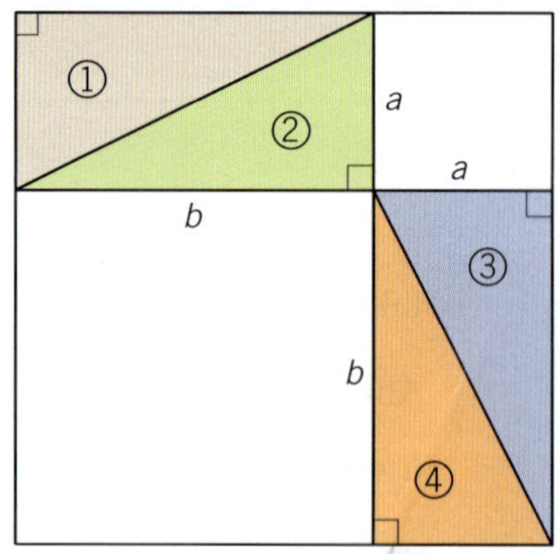

Detta är *Pythagoras sats*.
Den gäller bara för rätvinkliga trianglar.

Omvänt gäller:
Om $a^2 + b^2 = c^2$
så är triangeln rätvinklig.

Detta kan skrivas:
$a^2 + b^2 = c^2 \Leftrightarrow$ triangeln är rätvinklig.

3301 **Beräkna den okända sidan i den rätvikliga triangeln.**

a)

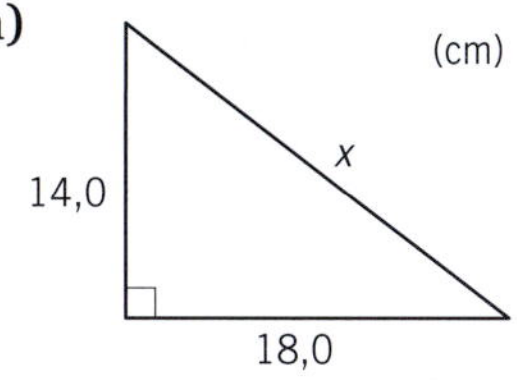

b)

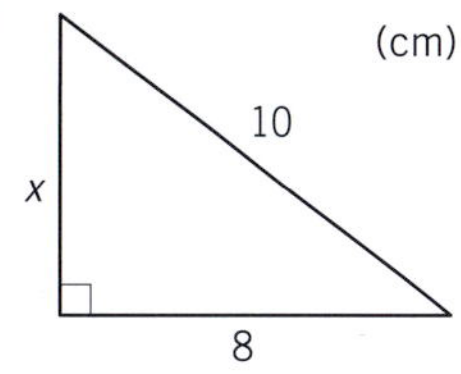

a) Hypotenusan är x cm.

Pythagoras sats ger

$x^2 = 14{,}0^2 + 18{,}0^2$

$x^2 = 520$

$x = \sqrt{520} \quad (x > 0)$

$x \approx 22{,}8$

Svar: a) Hypotenusan är 22,8 cm.

b) Hypotenusan är 10 cm.

Pythagoras sats ger

$10^2 = x^2 + 8^2$

$x^2 = 10^2 - 8^2$

$x = \sqrt{10^2 - 8^2} \quad (x > 0)$

$x = 6$

Svar: b) Kateten är 6 cm.

3302 **Är triangeln rätvinklig om sidorna har måtten**

a) 44, 48 och 66 cm **b) 24, 70 och 74 cm?**

Den långa sidan är c och de båda kortare är a och b.

a) $a^2 + b^2 = 44^2 + 48^2 = 4\,240$

$c^2 = 66^2 = 4\,356$

$a^2 + b^2 \neq c^2$

Svar: a) Triangeln är inte rätvinklig.

b) $a^2 + b^2 = 24^2 + 70^2 = 5\,476$

$c^2 = 74^2 = 5\,476$

$a^2 + b^2 = c^2$

Svar: b) Triangeln är rätvinklig.

3303 Beräkna längden av den med x markerade sträckan.

a)

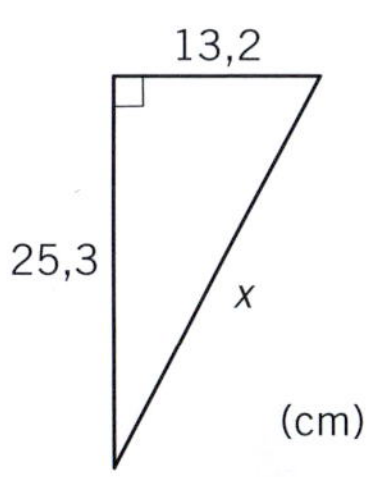

b)

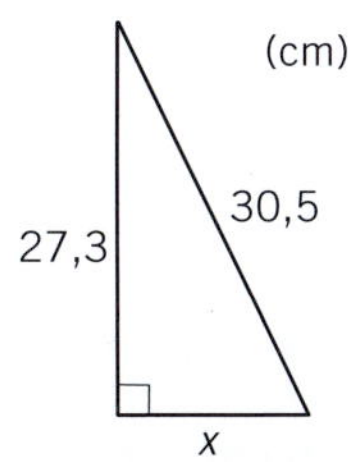

3304 Är triangeln rätvinklig om sidorna har måtten (i cm)

a) 45, 24 och 51 b) 55, 132 och 153?

3305 Hugo påstår att sträckan x inte kan beräknas med Pythagoras sats.

Stämmer det? Motivera.

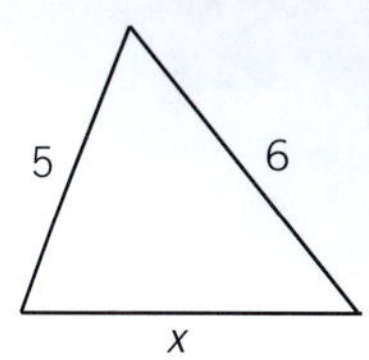

3306 Hur mycket längre är vägen från A till C om man går via B istället för att ta närmaste vägen?

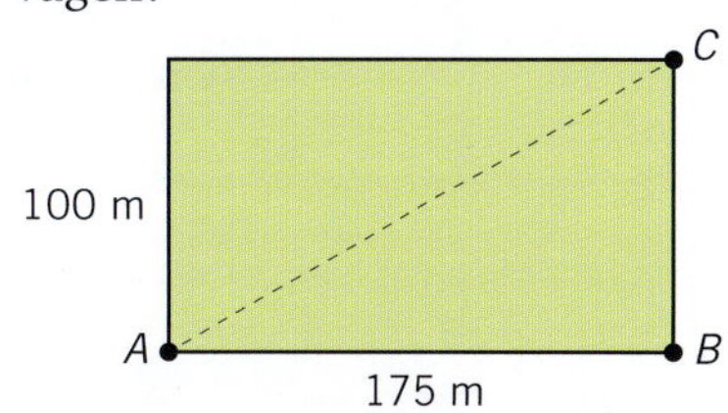

3307 **I en liksidig triangel är höjden 12 cm. Beräkna arean.**

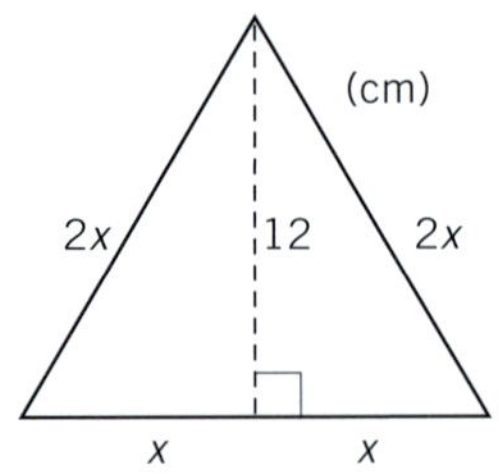

Höjden delar basen mitt itu.
Låt halva basen vara x.
Alla sidor är då $2x$.

Pythagoras sats ger:

$(2x)^2 = x^2 + 12^2$

$4x^2 = x^2 + 144$

$3x^2 = 144$

$x^2 = 48$

$x = \sqrt{48} \approx 6{,}93$ (Vi bortser från den negativa lösningen eftersom x är en sträcka.)

Basen $b = 2x = 2\sqrt{48}$ cm och höjden $h = 12$ cm.

Arean $A = \dfrac{b \cdot h}{2} = \dfrac{2\sqrt{48} \cdot 12}{2} \approx 83$

Svar: Triangelns area är 83 cm^2.

3308 **I en rätvinklig triangel är hypotenusan 2 cm längre än den längsta kateten som i sin tur är 2 cm längre än den kortaste kateten. Bestäm triangelns sidor.**

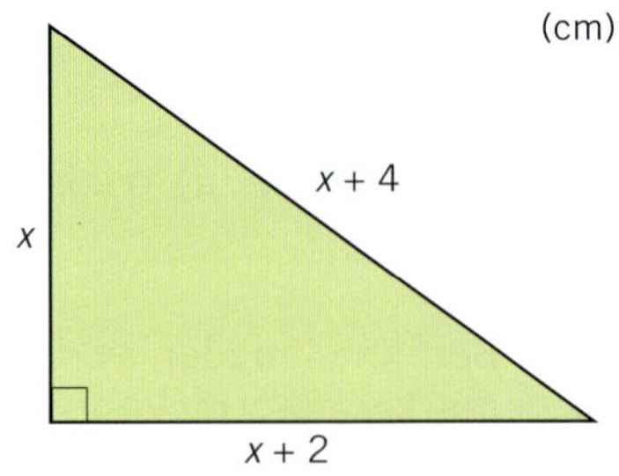

Om vi antar att den kortaste sidan är x cm är de övriga $(x + 2)$ cm och $(x + 4)$ cm.

Pythagoras sats ger ekvationen

$x^2 + (x + 2)^2 = (x + 4)^2$

som vi förenklar och löser.

$x^2 + x^2 + 4x + 4 = x^2 + 8x + 16$

$x^2 - 4x - 12 = 0$

$x = 2 \pm \sqrt{4 + 12}$

$x = 2 \pm 4$

$x_1 = 6 \quad (x_2 = -2) \quad (x > 0)$

$x = 6$, $(x + 2) = 8$ och $(x + 4) = 10$.

Svar: Triangelns sidor är 6 cm, 8 cm och 10 cm.

3309 Beräkna basen b i den likbenta triangeln med höjden 1,8 m.

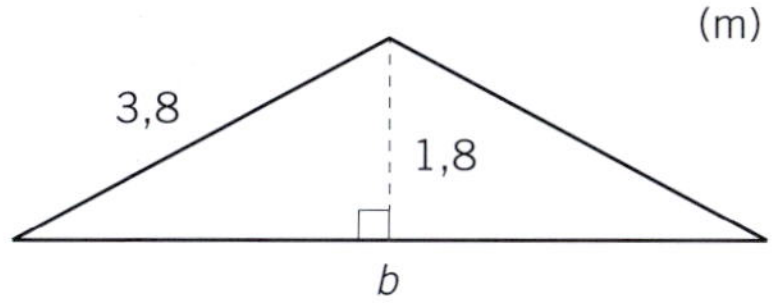

3310 Beräkna sträckan x.

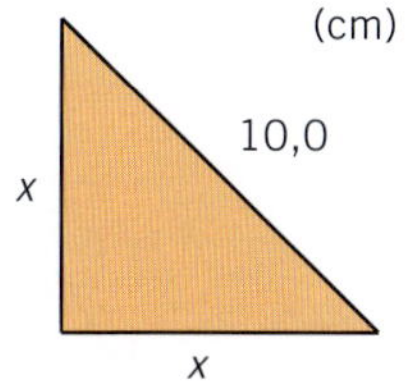

3311 Diagonalen på ett kvadratiskt bord är 1,7 m. Beräkna bordets

a) omkrets b) area.

3312 Beräkna de okända sidorna i triangeln.

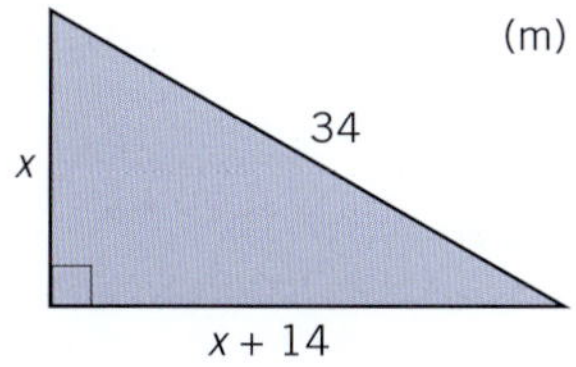

3313 Längden av hypotenusan och den okända sidan är tillsammans 12,5 m.

Hur lång är hypotenusan och den okända sidan?

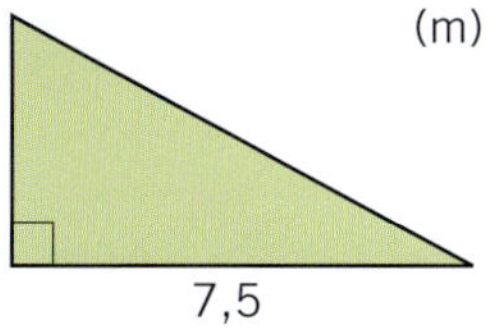

3314 En rätvinklig triangel har en katet som är 2 cm längre än den andra kateten och en hypotenusa som är dubbelt så lång som den kortaste kateten.

a) Rita en figur och skriv ett uttryck till varje sida i triangeln.

b) Skriv en ekvation till uppgiften.

c) Beräkna triangelns sidor.

3315 Bestäm arean av den rätvinkliga triangeln ABC.

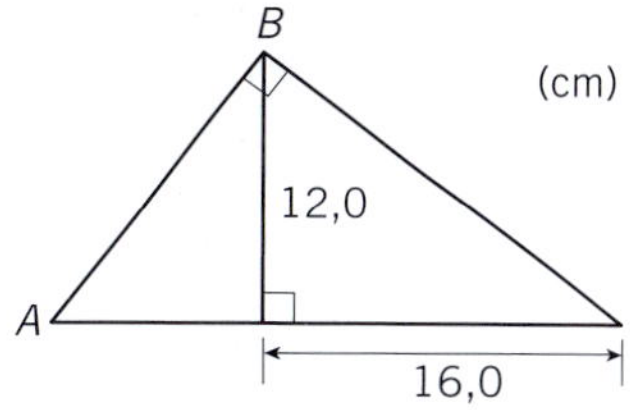

3316 En triangel ABC har omkretsen 36 cm. Sidan AB är lika lång som sidan BC.

Beräkna arean om höjden mot basen AC är 12 cm.

3317 Kvadratens sida är 16 cm.

Hur långa är de med x markerade sträckorna?

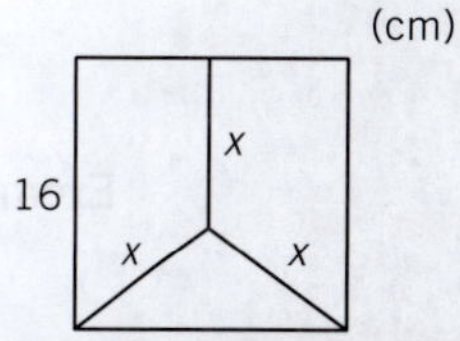

3318 I den 2 000 år gamla kinesiska skriften ”Nio kapitel i konsten att räkna” hittar vi följande problem:

”*Mitt i en kvadratisk damm med sidan* **s** *m växer ett vasstrå som når* **h** *m över vattenytan. Om strået dras ut mot dammens kant når det precis upp till ytan. Dammens djup är* **d** *m.*”

Visa att $d = \dfrac{s^2}{8h} - \dfrac{h}{2}$

Avståndsformeln

Upptäckten av koordinatsystemet gav oss nya möjligheter att förena algebra och geometri. Den gren inom matematiken där geometri studeras med hjälp av koordinatsystem och algebraiska metoder kallas *analytisk geometri*.

analytisk geometri

Exempel 1 Om man vill gå från A till C och följa vägarna, kan man t ex gå via B. Gångsträckan blir då
$AB + BC = 600\text{ m} + 400\text{ m} = 1\,000\text{ m}$.

En fågel som ska förflytta sig från A till C kan välja den kortaste vägen AC. Pythagoras sats ger då

$$(AC)^2 = (AB)^2 + (BC)^2$$

$$AC = \sqrt{(AB)^2 + (BC)^2} = \sqrt{600^2 + 400^2}\text{ m} \approx 720\text{ m}$$

Avståndet mellan A och C är 720 m.

Exempel 2 Beräkna avståndet mellan punkterna
$A\ (2, -1)$ och $C\ (-4, 3)$.

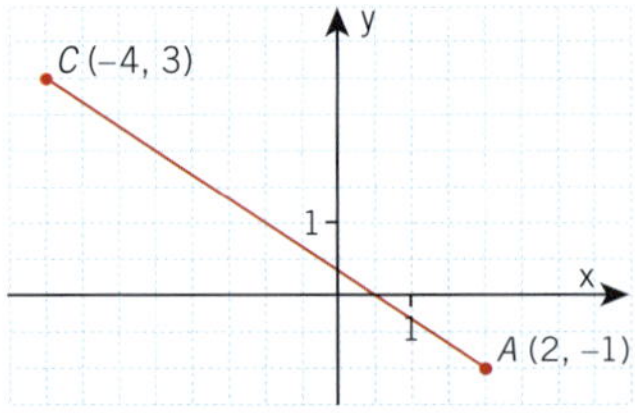

Med hjälp av punkten $B\ (2, 3)$ får vi en rätvinklig triangel. Här är

$AB = 3 - (-1) = 4$

$BC = 2 - (-4) = 6$

$AC = \sqrt{4^2 + 6^2} = \sqrt{52} \approx 7{,}21$

Avståndet mellan A och C är 7,21 l.e.

Enheten l.e. (längdenheter) utelämnas ofta.

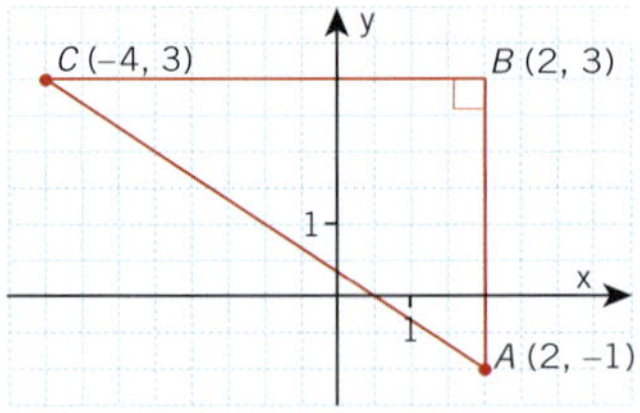

Exempel 3 Beräkna avståndet mellan punkterna $A(x_1, y_1)$ och $C(x_2, y_2)$.

$AB = y_2 - y_1 \quad BC = x_1 - x_2$

$AC = \sqrt{(x_2 - x_1)^2 + (y_2 - y_1)^2}$

Eftersom $(x_2 - x_1)^2 = (x_1 - x_2)^2$ så gäller formeln oavsett triangelns läge.

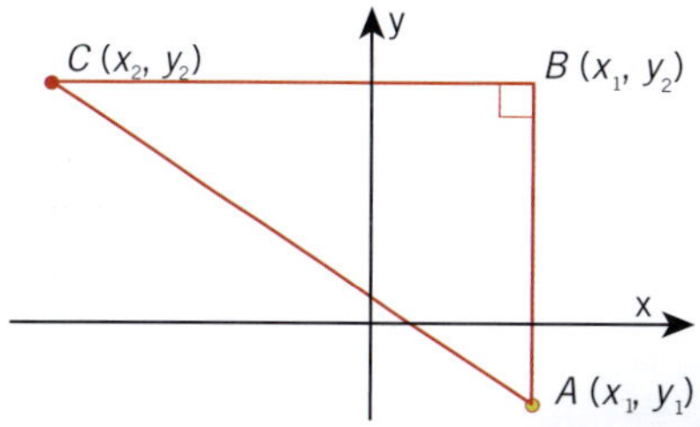

Avståndsformeln

Avståndet *d* mellan två punkter med koordinaterna (x_1, y_1) och (x_2, y_2) är $d = \sqrt{(x_2 - x_1)^2 + (y_2 - y_1)^2}$

3319 **En triangels hörn är $A\ (3, 4)$, $B\ (9, 2)$ och $C\ (11, 8)$. Visa att triangeln är rätvinklig och likbent.**

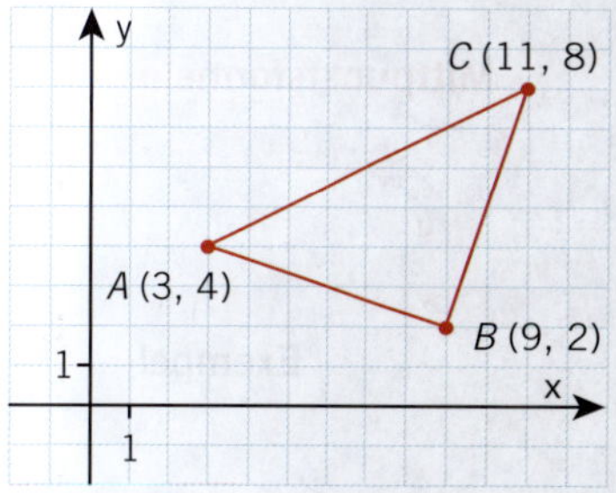

Vi beräknar längderna av triangelns sidor.

$AB = \sqrt{(9-3)^2 + (2-4)^2} = \sqrt{6^2 + (-2)^2} = \sqrt{40}$

$BC = \sqrt{(11-9)^2 + (8-2)^2} = \sqrt{2^2 + 6^2} = \sqrt{40}$

$AC = \sqrt{(11-3)^2 + (8-4)^2} = \sqrt{8^2 + 4^2} = \sqrt{80}$

$AB = BC \Rightarrow \triangle ABC$ **är likbent.**

$(AB)^2 + (BC)^2 = 40 + 40 = 80 = (AC)^2$

Pythagoras sats gäller $\Leftrightarrow$ Triangeln är rätvinklig.

3320 Beräkna avståndet mellan punkterna

a

a) (2, 3) och (10, 9)

b) (2, –7) och (7, 5)

c) (–2, 0) och (1, 4)

d) (–10, –20) och (–2, –5).

3321 En fyrhörning har hörnen i (6, 5), (–1, 3), (–3, –4) och (4, –2).

Visa att fyrhörningen är en romb, dvs att alla sidor är lika långa.

3322 Undersök om triangeln är likbent, då hörnen ligger i punkterna

a) (3, 7), (2, 2) och (8, 4)

b) (–5, –1), (1, 3) och (2, –5)

3323 Undersök om triangeln är rätvinklig, då hörnen ligger i punkterna

b

a) (–4, –2), (–1, 4) och (3, 2)

b) (–1, 7), (0, –3) och (4, 0)

3324 Punkten $(3, y)$ ligger lika långt från origo som från punkten (2, 4). Bestäm y.

3325 Punkten $(x, 0)$ på x-axeln ligger på avståndet 10 från punkten (2, 6). Bestäm x.

3326 En cirkel har medelpunkten i origo och radien 5. Punkten (x, y) ligger på cirkelns rand.

Ange ett samband mellan x och y som gäller för punktens koordinater.

Mittpunktsformeln*

Hur får vi koordinaterna för mittpunkten på en sträcka då vi vet ändpunkternas koordinater?

Då M är mittpunkt på sträckan AB ger transversalsatsen:

$x_m - x_1 = x_2 - x_m$

$2x_m = x_1 + x_2$

$x_m = (x_1 + x_2)/2$

På samma sätt får man M:s y-koordinat.

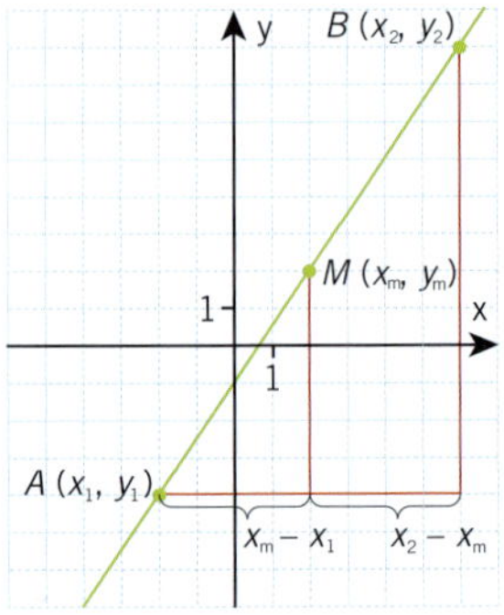

Mittpunktsformeln

Om M är mittpunkt på sträckan AB där $A = (x_1, y_1)$ och $B = (x_2, y_2)$ har M koordinaterna $x_m = \dfrac{x_1 + x_2}{2}$ och $y_m = \dfrac{y_1 + y_2}{2}$

Exempel

I den inledande aktiviteten på sidan 163 ritade vi en oregelbunden fyrhörning och markerade sidornas mittpunkter. Vi ritade sedan den fyrhörning som har sina hörn i mittpunkterna och upptäckte att vi då alltid fick en parallellogram.

Vi visar att vår upptäckt gäller för en fyrhörning med hörn i punkterna $A\,(0, 0)$, $B\,(8, 4)$, $C\,(6, 8)$ och $D\,(2, 8)$. Sidornas mittpunkter är E, F, G och H.

Mittpunktsformeln ger

$x_E = \dfrac{0 + 8}{2} = 4$ och $y_E = \dfrac{0 + 4}{2} = 2$

$x_F = \dfrac{6 + 8}{2} = 7$ och $y_F = \dfrac{8 + 4}{2} = 6$

$x_G = \dfrac{2 + 6}{2} = 4$ och $y_G = \dfrac{8 + 8}{2} = 8$

$x_H = \dfrac{0 + 2}{2} = 1$ och $y_H = \dfrac{0 + 8}{2} = 4$

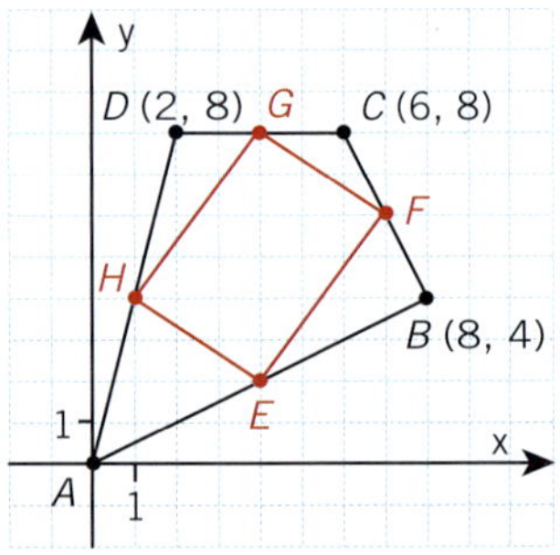

$E = (4, 2)$, $F = (7, 6)$, $G = (4, 8)$ och $H = (1, 4)$

$k_{EF} = \dfrac{6 - 2}{7 - 4} = \dfrac{4}{3}$ $\quad k_{HG} = \dfrac{8 - 4}{4 - 1} = \dfrac{4}{3}$ $\quad k_{GF} = \dfrac{6 - 8}{7 - 4} = -\dfrac{2}{3}$ $\quad k_{HE} = \dfrac{2 - 4}{4 - 1} = -\dfrac{2}{3}$

Motstående sidor har samma k-värde och är därför parallella. Fyrhörningen är en parallellogram.

3327 **$A(-5, 6)$, $B(-3, -1)$, $C(4, -3)$ och $D(2, 4)$ är hörn i en fyrhörning. Visa att fyrhörningens diagonaler AC och BD delar varandra mitt itu.**

Mittpunktsformeln ger mittpunkten på AC:

$$\left(\frac{(-5) + 4}{2}\right), \left(\frac{6 + (-3)}{2}\right) = (-0{,}5\,;\,1{,}5)$$

Mittpunkten på BD:

$$\left(\frac{(-3) + 2}{2}\right), \left(\frac{(-1) + 4}{2}\right) = (-0{,}5\,;\,1{,}5)$$

Eftersom mittpunkterna sammanfaller, delar diagonalerna varandra mitt itu.

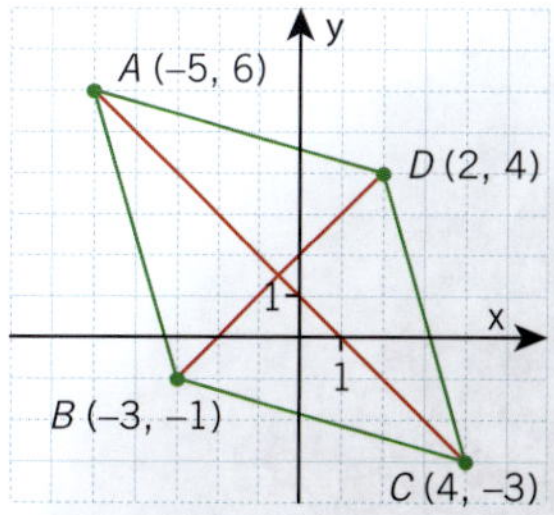

3328 Bestäm koordinaterna för mittpunkterna på de sträckor som har ändpunkterna

a) (2, 3) och (7, 15)

b) (1, –6) och (6, 6)

c) (–1, 0) och (2, 4)

d) (–5, –2) och (7, 8)

3329 En triangel har hörnen (–2, –6), (2, 4) och (8, 0).

Bestäm koordinaterna för mittpunkterna på triangelns sidor.

3330 En sträcka har ändpunkterna (–3, 2) och (11, 14). Den delas i fyra lika långa delar.

Bestäm delningspunkternas koordinater.

3331 Bestäm koordinaterna för mittpunkterna på de sträckor som har ändpunkterna

a) $(a, 3b)$ och $(3a, -b)$

b) (a, b) och $(-7a, 0)$

3332 En median i en triangel är en sträcka mellan ett hörn i triangeln och mittpunkten på motstående sida.

En triangels hörn ligger i punkterna $A(5, 2)$, $B(-6, -5)$ och $C(4, -7)$.

Bestäm längden av medianen från hörnet A.

3333 En rektangel, med två sidor på koordinataxlarna, har ett hörn i origo och motstående hörn i punkten (a, b).

Bestäm koordinaterna för mittpunkterna på rektangelns sidor.

3334 En mittpunktsnormal till en sträcka AB är en linje som är vinkelrät mot AB och delar AB mitt itu.

Bestäm ekvationen för mittpunktsnormalen till sträckan AB om $A = (-2, 2)$ och $B = (6, 6)$.

3335 $A(8, 3)$, $B(-4, -3)$ och $C(10, -1)$ är hörn i en triangel.

Visa att mittpunkten M på sidan BC ligger lika långt från triangelns alla hörn.

3336 $M(2{,}5; -4{,}5)$ är mittpunkt på sträckan AB. Koordinaterna för punkten A är $(-3, 2)$.

Bestäm punkten B:s koordinater.

3337 $ABCD$ är en fyrhörning. E, F, G och H är mittpunkter på fyrhörningens sidor.

Bevisa att fyrhörningen $EFGH$ alltid är en parallellogram.

Aktivitet

DISKUTERA

Sant eller falskt?

Diskutera i par eller grupp. Sant eller falskt?
Arbeta utan räknare. Motivera svaret!

1 Hypotenusan i en rätvinklig triangel är alltid den längsta sidan.

2 Vinkelsumman i en femhörning är 560°.

3 En rak vinkel är detsamma som en rät vinkel.

4 I två likformiga figurer är motsvarande sidor lika långa.

5 Om w är en trubbig vinkel så är sidovinkeln till w alltid spetsig.

6 En triangel med hörnen i punkterna $(1, 2)$, $(-2, 1)$ och $(2, -1)$ är liksidig.

7 Medelpunktsvinkeln är alltid större än randvinkeln på samma cirkelbåge.

8 Transversalsatsen beskriver ett samband mellan vinklarna i en triangel.

9 Om motsvarande vinklar är lika stora och förhållandet mellan motsvarande sidor är lika i två geometriska figurer så är figurerna kongruenta.

10 Mittpunkten på sträckan AB där $A = (4, -3)$ och $B = (-3, 4)$ ligger i origo.

11 Yttervinkeln till en liksidig triangel är alltid 120°.

12 En triangel ABC som är inskriven i en halvcirkel med diametern AB kan vara både likbent och rätvinklig.

Sammanfattning 3

Vinklar

Några definitioner

Sidovinklar
$u + v = 180°$

Vertikalvinklar
$x = v$

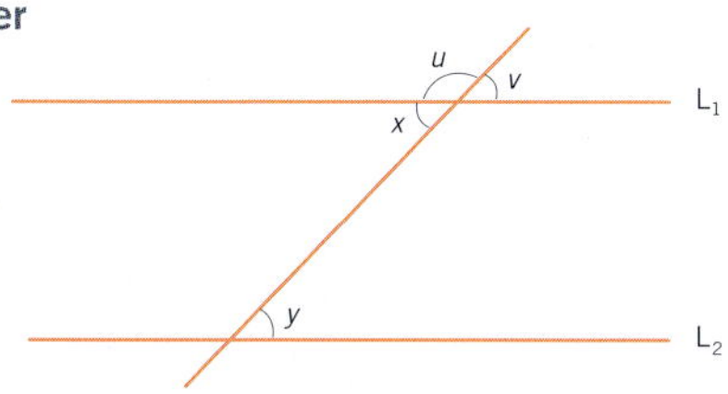

L_1 och L_2 är parallella $\Leftrightarrow$ $x = y$
(*alternatvinklar*)

L_1 och L_2 är parallella $\Leftrightarrow$ $v = y$
(*likbelägna vinklar*)

En *bisektris* är en stråle som delar en vinkel mitt itu.

Pythagoras sats

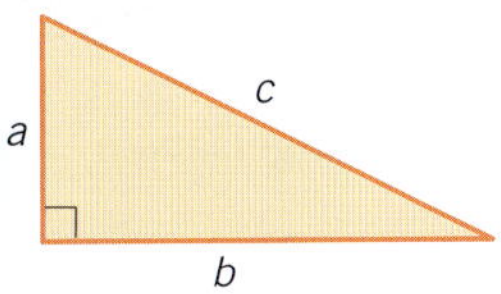

Triangeln är rätvinklig $\Leftrightarrow$ $c^2 = a^2 + b^2$

Yttervinkelsatsen

$y = a + b$

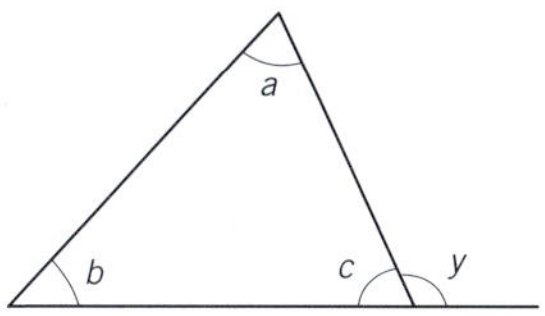

Randvinkelsatsen

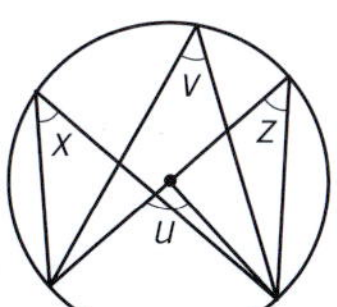

$x = v = z$
$u = 2v$

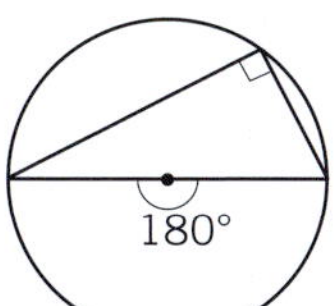

En randvinkel på en halvcirkelbåge är 90°.

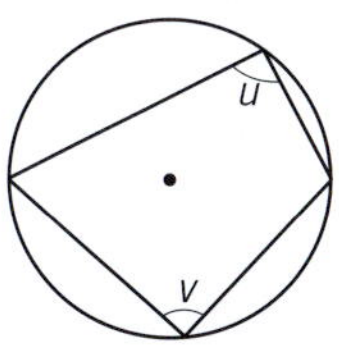

För en fyrhörning inskriven i en cirkel gäller $u + v = 180°$

Likformighet

I likformiga geometriska figurer gäller att motsvarande vinklar är lika stora och att förhållandet mellan motsvarande sidor är lika.

Topptriangel- och transversalsatsen

Om DE är parallell med AB gäller

$$\frac{DE}{AB} = \frac{CD}{AC} = \frac{CE}{BC}$$

$$\frac{CD}{AD} = \frac{CE}{BE}$$

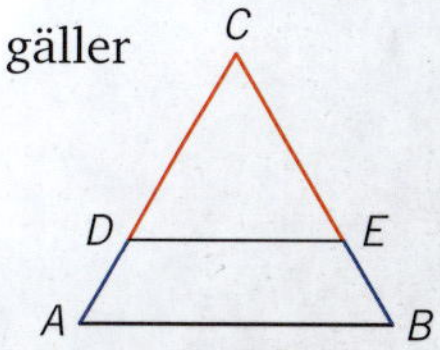

Bisektrissatsen

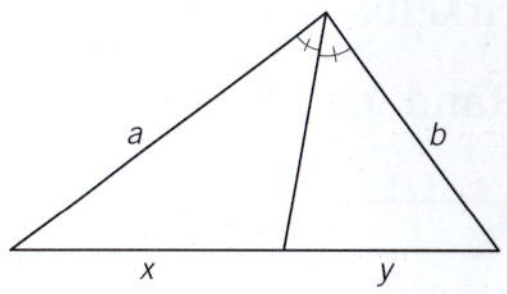

$$\frac{x}{y} = \frac{a}{b}$$

Kordasatsen

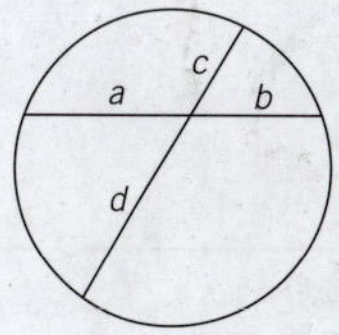

$$ab = cd$$

Skala

Areaskalan = (Längdskalan)^2
Volymskalan = (Längdskalan)^3

Kongruens

Två geometriska figurer är kongruenta om de har exakt samma storlek och form.

Koordinatgeometri

Avståndsformeln

Avståndet mellan punkterna (x_1, y_1) och (x_2, y_2) är $d = \sqrt{(x_2 - x_1)^2 + (y_2 - y_1)^2}$

Mittpunktens koordinater

Mittpunkten på sträckan mellan punkterna (x_1, y_1) och (x_2, y_2) är

$$\left(\frac{x_1 + x_2}{2}, \frac{y_1 + y_2}{2}\right)$$

Kan du det här? 3

Moment	Begrepp som du ska kunna använda och beskriva	Du ska ha strategier för att kunna
Vinklar	Rak, rät, spetsig och trubbig vinkel Bisektris Sido-, vertikal-, alternat- och likbelägna vinklar Rätvinklig, likbent och liksidig triangel Yttervinkel Radie, diameter, korda och cirkelbåge Rand- och medelpunktsvinkel	• använda några klassiska satser om vinklar, t ex yttervinkelsatsen och randvinkelsatsen.
Likformighet	Likformig Parallelltransversal Topptriangel	• använda några klassiska satser om likformighet tex topptriangelsatsen och transversalsatsen • avgöra om trianglar är kongruenta.
Koordinatgeometri	Koordinatgeometri (Analytisk geometri) Pythagoras sats Katet och hypotenusa	• använda Pythagoras sats • använda avståndsformeln.

Diagnos 3 A

Vinklar

1 Bestäm vinkeln x.

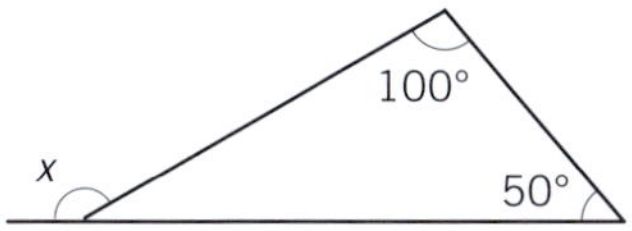

Bestäm vinklarna x och y.

2 a)

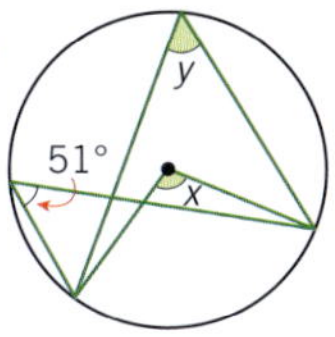

b)

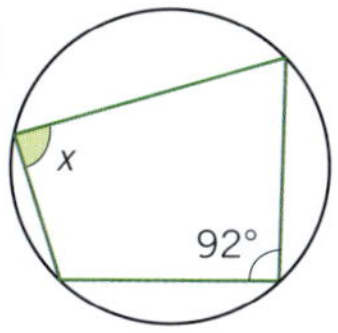

3 a)

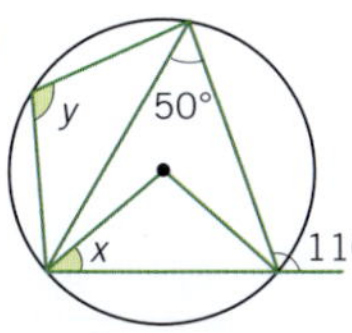

b)

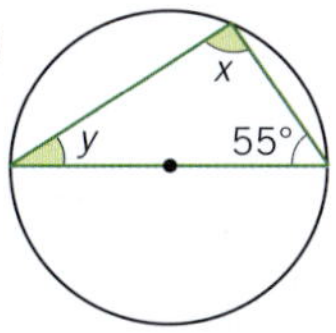

Likformighet

4 I följande trianglar ABC är DE en parallelltransversal. Beräkna längden av sträckan som markerats med x.

a)

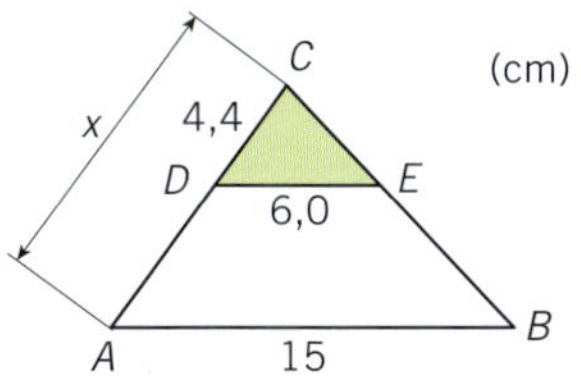

b)

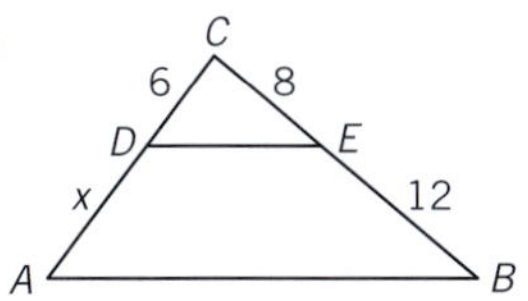

5 I triangeln ABC dras en transversal som är parallell med sidan BC. Transversalen skär sidan AB 8,0 cm från A och 10,0 cm från B. Den skär sidan AC 6,0 cm från A.

Hur lång är sidan AC?

6 Visa att $y = 360° - 2x$

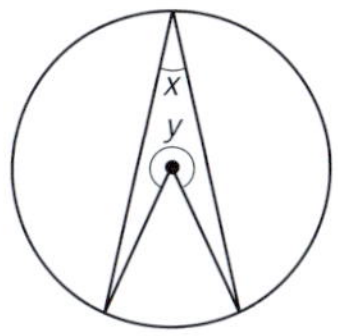

7

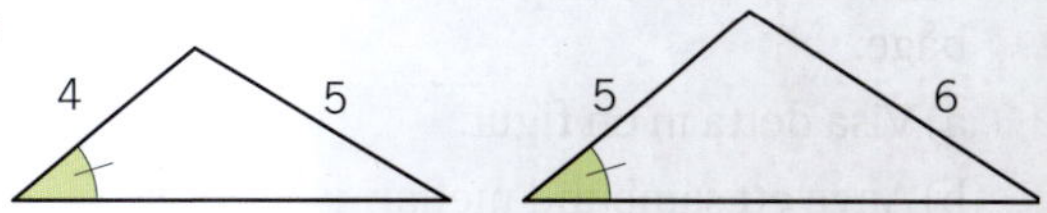

Är trianglarna likformiga? Motivera.

8 I $\triangle ABC$ är $AC = BC$. Punkten D är mittpunkt på AB. Visa att trianglarna ACD och BCD är kongruenta.

Koordinatgeometri

9 Undersök om triangeln är rätvinklig då hörnen ligger i punkterna (4, –2), (–3, 5) och (–7, 1).

10 Beräkna längden av sidorna i en rätvinklig triangel där hypotenusan är 13 cm. Förhållandet mellan de andra sidorna är sådant att den ena sidan är 7 cm kortare än den andra.

Om du behöver repetera kan du fortsätta med *Repetitionsuppgifter* på sidan 287.
Efter repetitionsuppgifterna finns en extra diagnos till kapitlet på sidan 293.

Blandade övningar kapitel 3

Del I Utan räknare

1 I figuren är AB en rät linje. Vinkeln x är 54° större än vinkeln y. Hur stor är vinkeln y?

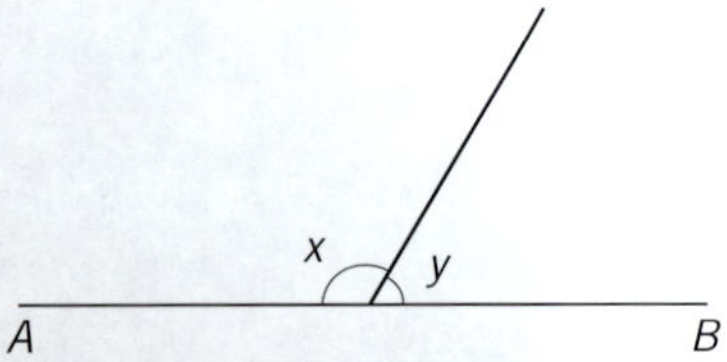

2 Vinkeln v är randvinkel på cirkelbågen AB. Vinkeln w är medelpunktsvinkel på samma båge.

a) Visa detta in en figur.

b) Ange ett samband mellan v och w.

3 a) Bestäm vinkeln x.

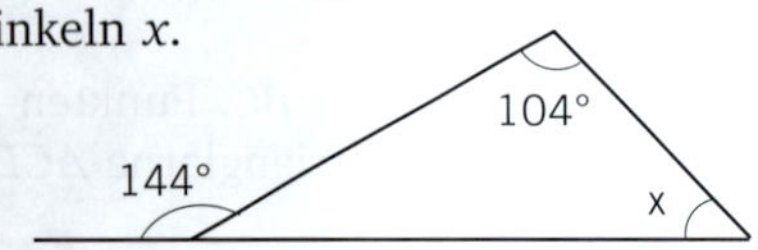

b) Vilket eller vilka av följande geometriska samband använde du då du bestämde vinkeln x?

A Pythagoras sats

B Vinkelsumman i en triangel är 180°

C Summan av sidovinklar är 180°

D Yttervinkelsatsen

E Topptriangelsatsen

F Randvinkelsatsen (*NP*)

4 Beräkna vinkeln x.

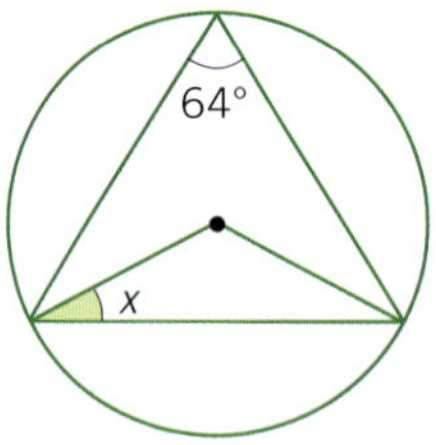

5 Beräkna längden av den sträcka som har markerats med x.

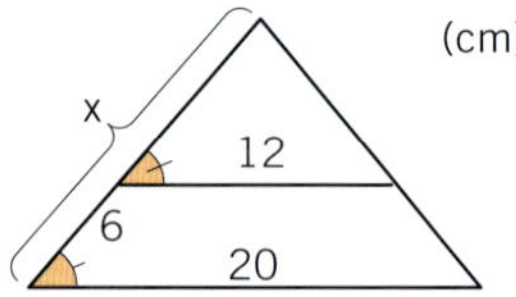

6 Förklara vad transversalsatsen innebär.

7 Punkterna A, B och C ligger på en cirkel. O är cirkelns medelpunkt. Bestäm vinklarna i triangeln ABC. (*NP*)

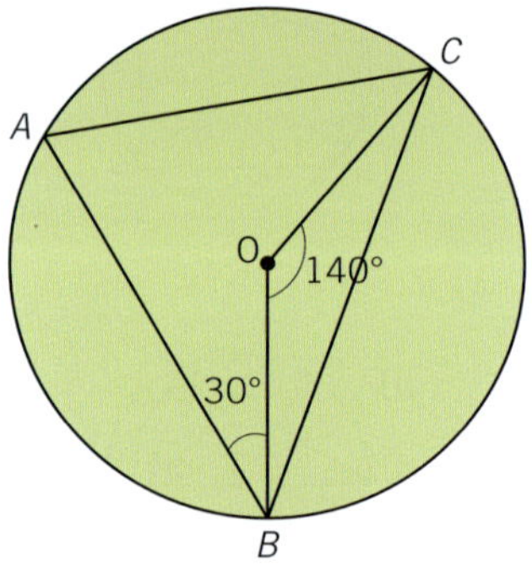

8 För att visa att vinkelsumman i en triangel är 180° kan man använda figuren bredvid.

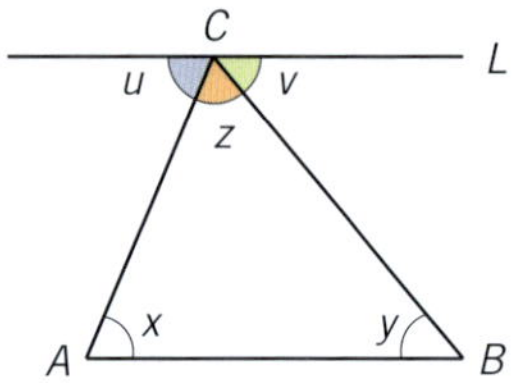

Linjen L är parallell med triangelsidan AB. Då är t ex alternatvinklarna u och x lika stora. Visa med hjälp av text och bild här ovan hur man kan komma fram till att vinkelsumman i en triangel är 180°. (*NP*)

9 Figuren visar bokstaven M stående på ett horisontellt underlag. De två lika långa "stödbenen" är lodräta. Visa att $v = 2x$.

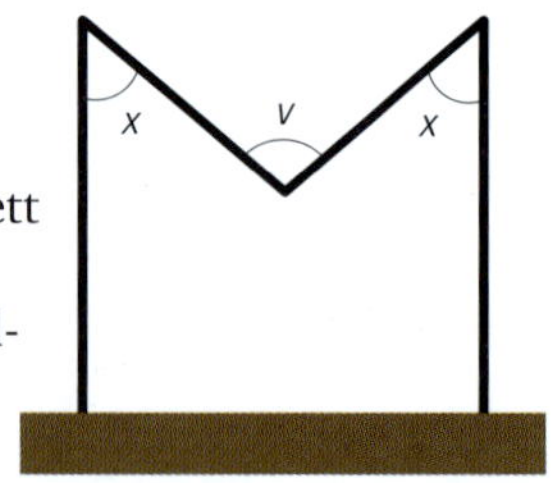

(*NP*)

Del II Med räknare

10 Bestäm avståndet mellan punkterna (56, 24) och (–21, –12).
a

11 Alma påstår att en triangel, med ett hörn i medelpunkten av en cirkel och två hörn på cirkelns rand, alltid är likbent.

Stämmer det? Motivera.

12 Julia, Lotta och Medin studerar trianglarna nedan.

Medin: *De är likformiga.*
Lotta: *De är kongruenta.*
Julia: *De är varken likformiga eller kongruenta.*

Vem har rätt? Motivera ditt svar.

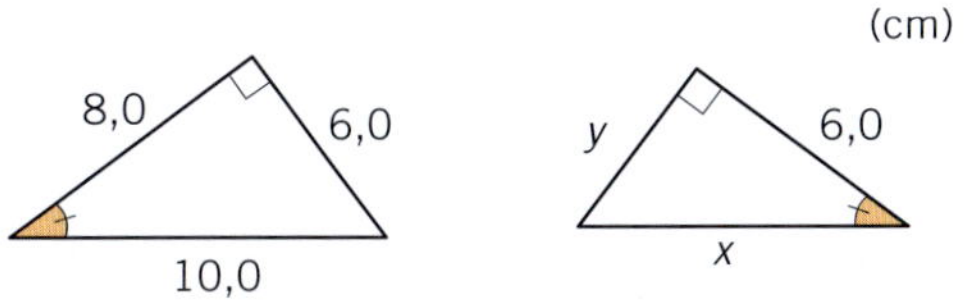

13 I alpina VM 2005 vann Anja Pärsson tävlingen i Super-G i en bana som förenklat kan beskrivas med figuren nedan. Banan startade på höjden 2 335 m över havet (m ö h) och hade en fallhöjd på 590 m.
b

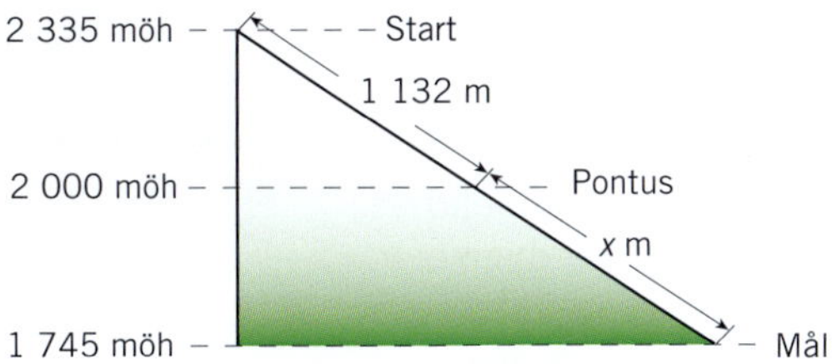

Pontus stod vid en liftstation en bit upp i banan och tittade på tävlingen. Hans höjdmätare visade att han var på 2 000 meters höjd över havet. På en skylt vid liftstationen stod det att liften gick 1 132 m upp till startområdet, se figuren.
Hur långt hade tävlingsåkarna kvar att åka ner till målet när de passerade Pontus?

(NP)

14 Fyrhörningen $ABCD$ är en parallellogram. Diagonalen AC delar $ABCD$ i två trianglar. Förklara varför trianglarna är kongruenta.

15 I triangeln ABC nedan är sidan DE parallell med sidan BC.

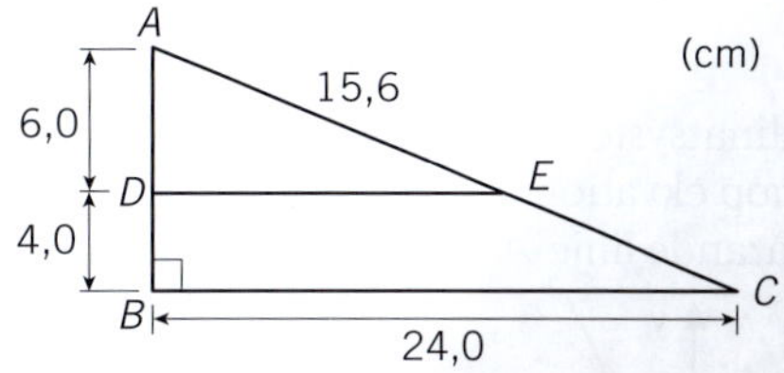

Beräkna längden av sträckan EC på tre olika sätt.

16 Det färgade området i figuren är en romb. Beräkna sidan DE, om $AB = 10$ cm och $BC = 15$ cm.
c

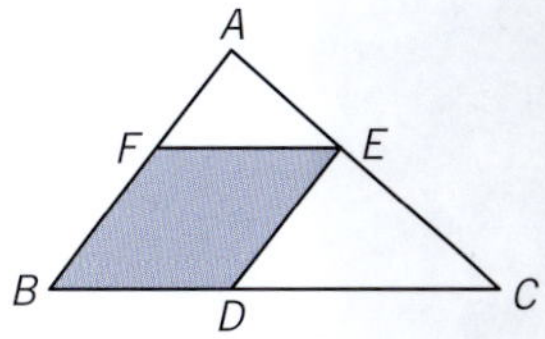

Utredande uppgifter *a* *b* *c*

Den här typen av uppgifter brukar bedömas efter följande kriterier:

- vilka matematiska kunskaper du har visat
- hur väl du har förklarat ditt arbete och motiverat dina slutsatser
- hur väl du har redovisat ditt arbete och genomfört dina beräkningar.

17 Du ska undersöka en triangel med hörn i punkterna $A(3, 4)$ $B(-5, 0)$ $C(-4, -3)$.

- Visa att $AC > AB$.
- Undersök om $\triangle ABC$ är rätvinklig.
- Origo betecknas med M. Visa att $\triangle ABM$ är likbent.
- Är det möjligt att rita en cirkel med medelpunkten i origo som går genom triangelns samtliga hörn? Motivera ditt svar.

Blandade övningar kapitel 1–3

Del I Utan räknare

1 Låt $f(x) = (x-1)^2$ och beräkna $f(6)$.

2 I koordinatsystemet är fyra linjer ritade. Para ihop ekvationerna nedan med motsvarande linje $A - D$.

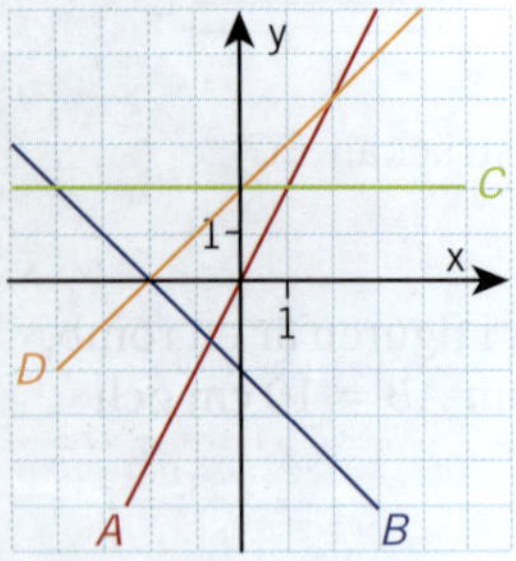

$y = x + 2$
$y = 2$
$y = -2 - x$
$y = 2x$

3 Lös ekvationen $x^2 + 6x - 16 = 0$

4 Vad menas med en yttervinkel till en triangel?

5 Förenkla följande uttryck så långt som möjligt.

a) $(x-3)^2 + 6x$

b) $x(2x+3) - 2x(1+3x)$

6 Lös ekvationssystemet

$$\begin{cases} 2x + y = 10 \\ x - 2y = 10 \end{cases}$$

7 Bestäm vinklarna som markerats med x och y.

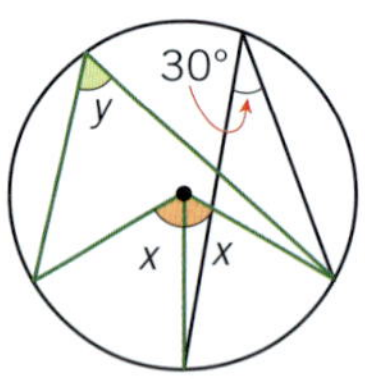

8 Lös ekvationen och svara exakt.

a) $x^3 = 10$ c) $10^x = 3$

b) $x^2 = 3x$ d) $3^x = 2$

9 Beräkna längden av den sträcka som markerats med x.

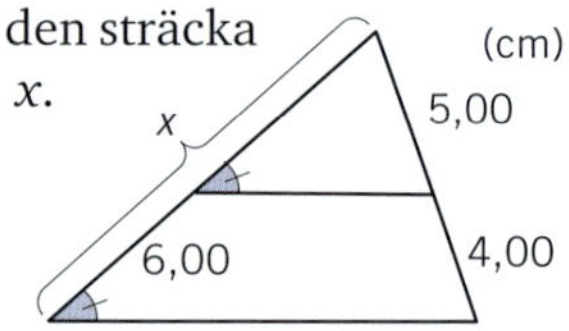

10 En figur har formen av en kvadrat med sidan a cm, $a > 3$. Två av kvadratens parallella sidor förlängs med 3 cm och de båda andra sidorna förkortas med 3 cm.

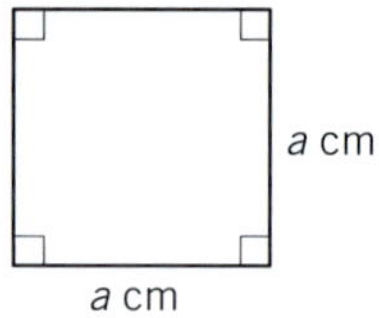

- Alice påstår att figurens area har minskat.
- Brian menar att figurens area har ökat.
- Cia säger att figurens area är oförändrad.

Vem har rätt? Motivera ditt svar.

11 Ett barns sömnbehov kan ungefärligt beräknas med den linjära funktionen

$y = 15 - 0{,}5x$

där y är sömnbehovet i timmar per dygn och x är barnets ålder i år.

a) Ange och tolka funktionens k- och m-värde.

b) Vid vilken ålder är sömnbehovet 11 h/dygn enligt formeln?

c) Uppskatta, med hjälp av funktionen ovan, antalet timmar som ett barn behöver sova under de tio första åren i sitt liv.

12 Är påståendet om andragradsfunktionen $y = f(x)$ sant eller falskt? Motivera ditt svar.

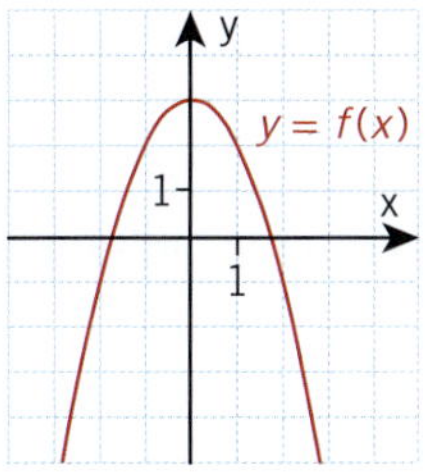

a) Ekvationen $f(x) = 0$ har bara en lösning.

b) $f(2) > 1$

c) Funktionen saknar x-term.

d) Koefficienten framför x^2 -termen i funktionens formel är mindre än noll.

13 Lös ekvationen
$2(x-3)^2 + (x+5)(x-3) = 0$

14 En andragradskurva har en minimipunkt då $x = 3$. Kurvan skär x-axeln då $x = -1$ och $x = a$.
Vilket tal är a?

15 Finns det någon lösning till ekvationen $x^2 + 16 = 0$?

16 Melvin påstår att den rektangelformade poolens omkrets är 28 m.

Undersök om detta stämmer.

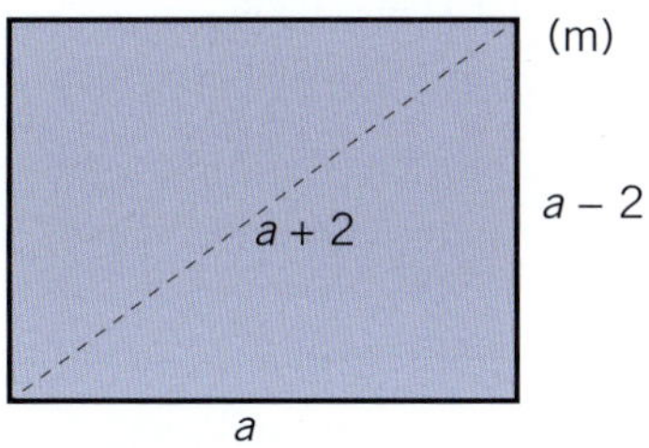

17 Ett ekvationssystem

$$\begin{cases} 4x - y = a \\ \dots\dots\dots = \dots \end{cases}$$

har lösningen $x = 5$ och $y = 8$.

a) Vilket tal är a?

b) Ge exempel på en ekvation som passar in i ekvationssystemet.

18 Bestäm den funktion $f(x) = kx + m$ för vilken gäller att $f(4) - f(2) = 10$ och $f(0) = 3$.

19 Figuren visar grafen till en exponentialfunktion som går genom de markerade punkterna.

Bestäm ekvationen för exponentialfunktionen.

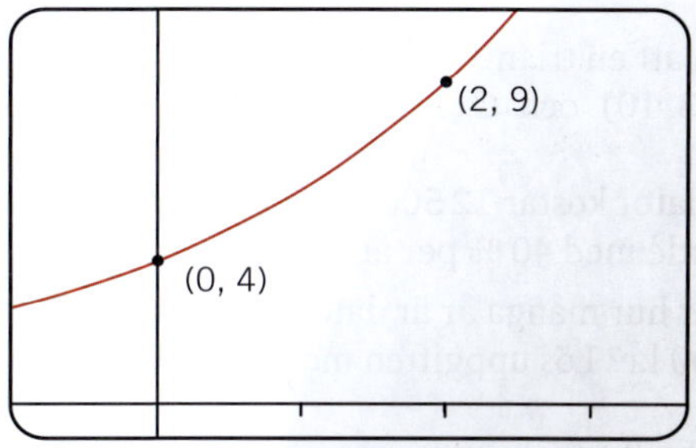

20 *C* En boll kastas rakt upp. Bollens höjd över marken, y meter, efter tiden x sekunder bestäms av funktionen

$y = h(x) = 9x - 5x^2 + 1{,}5$

a) Beräkna och tolka $h(0{,}5)$.

b) Beräkna bollens högsta höjd över marken.

21 För vilket värde på c har kurvan
$y = x^2 - 8x + c$
sin minimipunkt på x-axeln?

22

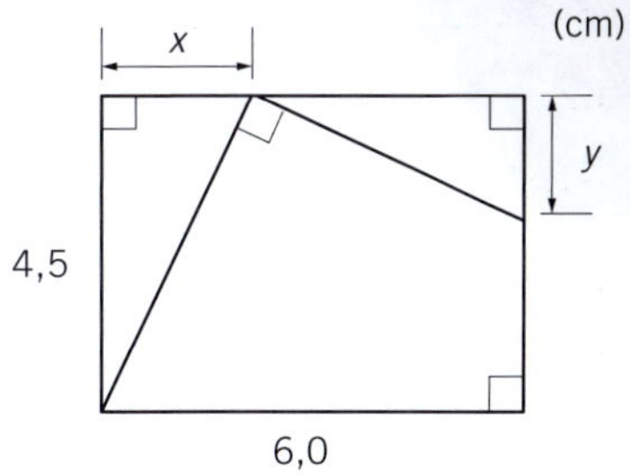

a) Bestäm ett samband mellan x och y. Lös ut y.

b) För vilka värden på x antar y värdet 1,5?

Del II Med räknare

23 Stoppsträckan $s(x)$ m för en bil som körs med hastigheten x km/h ges av uttrycket
$s(x) = 0{,}25x + 0{,}007x^2$
Beräkna och tolka $s(80)$.

24 Visa att en triangel med hörnen $A(-7, 4)$ $B(-3, 10)$ och $C(1, 3)$ är likbent.

25 En dator kostar 12 500 kr i inköp. Den minskar i värde med 40 % per år.

Efter hur många år är datorn endast värd 1 000 kr? Lös uppgiften med en ekvation.

26 Till badhuset kostar tre vuxenbiljetter och tre barnbiljetter 420 kr. Två vuxenbiljetter och en barnbiljett kostar 225 kr.
Hur mycket kostar en barnbiljett?

27 Lös ekvationen

a) $x^2 + 8\,232 = 182x$

b) $10^{2x} = 15$

28 För vilket värde på x är den skuggade delens area 18 % av hela kvadratens area?

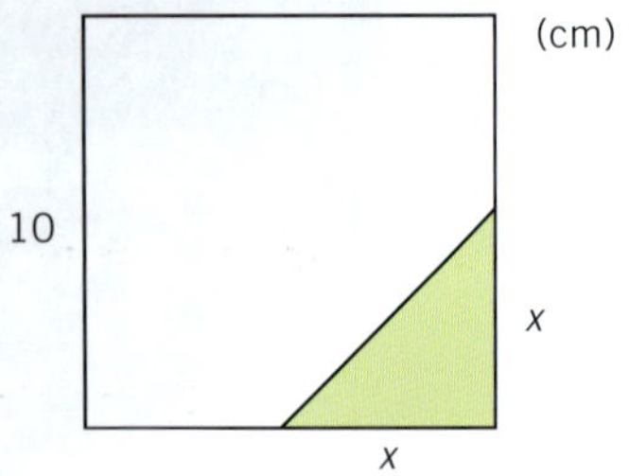

29 Grafen till $y = 20 - 5x$ är ritad i figuren.

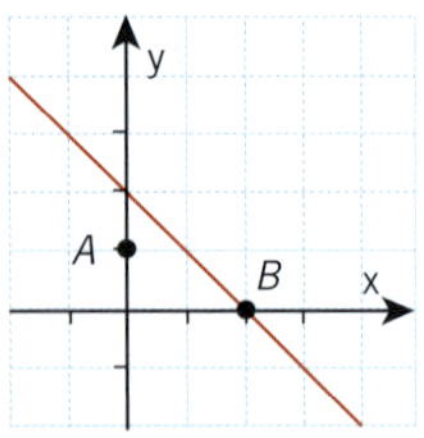

Bestäm koordinaterna för punkterna A och B.

30 Från en luftballong mitt över Öland vill man se hela ön. Från ballongen har man då 7 mil till horisonten. Jordens radie är 637 mil.

Beräkna ballongens höjd över marken.
Obs! Figuren är ej skalenlig.

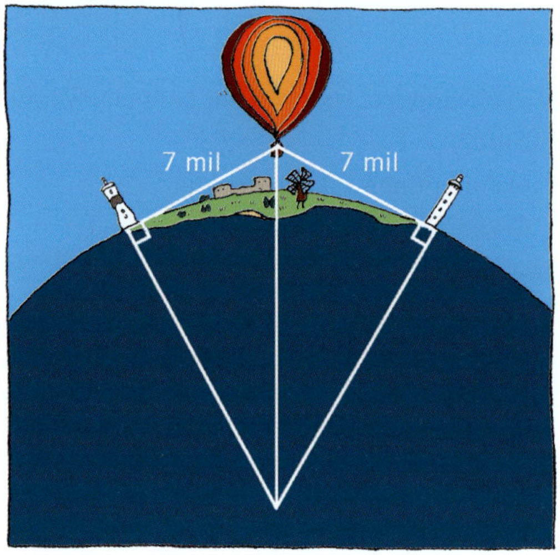

31 En bisektris delar en vinkel mitt itu.
I sammanfattningen på sidan 201 finns en sats som visar förhållande mellan sidorna i en triangel med en bisektris.

I $\triangle ABC$ är $AB = BC$ och AD är en bisektris till vinkeln A.
$BD = 10{,}0$ cm och $CD = 6{,}0$ cm.

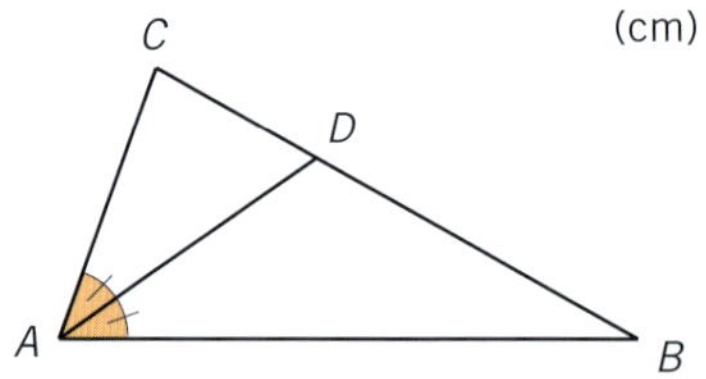

Beräkna den stora triangelns omkrets.

32 Formeln $y = C \cdot a^x$ används för att beräkna den mängd y mg av ett radioaktivt ämne som återstår efter tiden x år. I ett laboratorium finns 75 mg av ett radioaktivt ämne med halveringstiden 8,62 år.

a) Vilket värde har talet a i formeln?

b) Efter hur lång tid återstår 15 % av det radioaktiva ämnet?

33

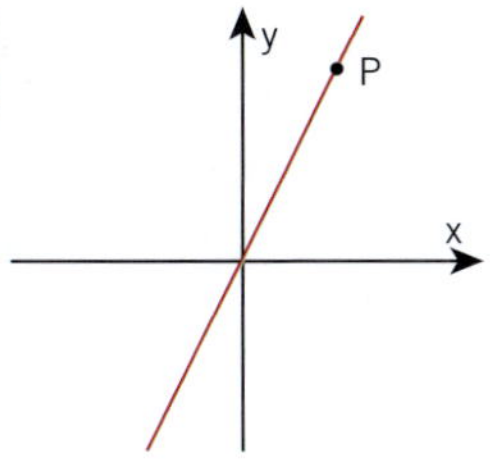

På linjen $y = 2x$ finns en punkt P vars avstånd till origo är 24 längdenheter.

Beräkna punkten P:s x-koordinat, $x > 0$.

(NP)

34 För vilka värden på talet a har andragradsekvationen $x^2 + 8a = 4x$ komplexa rötter?

Utredande uppgifter

Den här typen av uppgifter brukar bedömas efter följande kriterier:

- vilka matematiska kunskaper du har visat
- hur väl du har förklarat ditt arbete och motiverat dina slutsatser
- hur väl du har redovisat ditt arbete och genomfört dina beräkningar.

35
- Välj två heltal som följer efter varandra, t ex 8 och 9.
  Visa att räkneregel 1 och 2 ger samma resultat.

  Räkneregel 1: Beräkna talens summa.

  Räkneregel 2: Beräkna den positiva differensen av talens kvadrater.
- Välj två tvåsiffriga heltal som följer efter varandra.
  Visa att räkneregel 1 och 2 ger samma resultat.
- Välj två decimaltal där det ena är 1 större än det andra.
  Visa att räkneregel 1 och 2 ger samma resultat.
- Visa att räkneregel 1 och 2 *alltid* ger samma resultat för två tal, där det ena är 1 större än det andra.

36 Då grafen till andragradsfunktionen $f(x) = x^2 + a$ och grafen till den linjära funktionen $g(x) = x$ ritas i samma koordinatsystem kan tre olika fall inträffa:

1. Graferna skär varandra i två punkter.
2. Graferna skär varandra i en punkt.
3. Graferna skär ej varandra.

a) Vilket fall inträffar då $a = 0$?

b) För vilket eller vilka värden på a inträffar respektive fall?

37 a) Bestäm koordinaterna för maximipunkten till funktionen

$f(x) = px^2 + px + r$
då $p = -8$ och $r = -2$.

b) Då funktionen $f(x) = px^2 + px + r$ har en maximipunkt på x-axeln gäller sambandet $p = 4r$.
Förklara hur man kommer fram till detta.

38

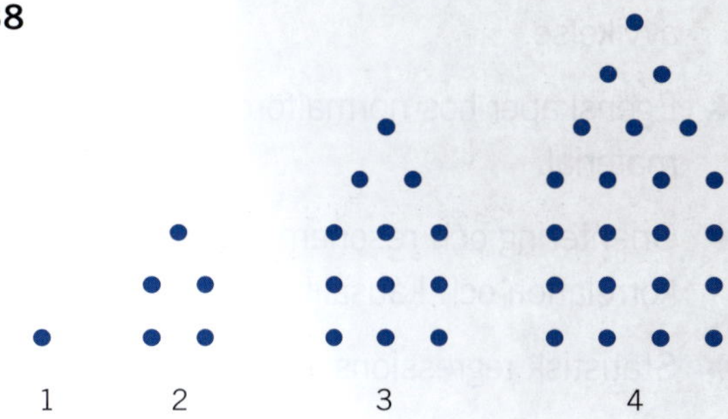

Mönstret fortsätter på samma sätt som figuren visar.

a) Hur många punkter finns det i figur nr 10?

b) Är det sant att figurer med ett jämnt nummer alltid har ett udda antal punkter?

c) Finn ett uttryck för antalet punkter i figur nr n.

4 STATISTIK

Centralt innehåll

* Statistiska metoder för rapportering av observationer och mätdata från undersökningar.
* Metoder för beräkningar av olika lägesmått.
* Metoder för beräkningar av olika spridningsmått, inklusive standardavvikelse.
* Egenskaper hos normalfördelat material.
* Orientering och resonemang kring korrelation och kausalitet.
* Statistisk regressionsanalys.

Inledande aktivitet

GISSA LÄNGDEN

Uppgiften är att rapportera observationer från en liten undersökning.

Din lärare ritar en sträcka på tavlan. Gissa sträckans längd!

1 Varje person skriver sin gissning (hela cm) på en papperslapp.

2 Samla ihop lapparna och presentera längderna i en frekvenstabell.

3 Rita ett stolpdiagram utifrån värdena i tabellen.

4 Diskutera diagrammets utseende!

4.1 Statistiska metoder

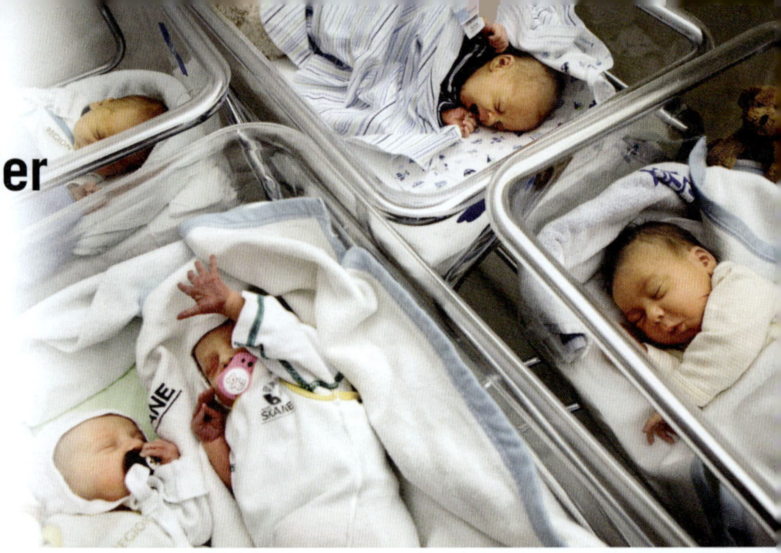

Sammanställning och presentation av mätdata

Vetenskapliga undersökningar ger ofta stora mängder mätdata. En ogrupperad datamängd är svår att överblicka och bör därför grupperas och presenteras i tabeller och/eller diagram. Den del av statistiken som handlar om att bearbeta och presentera data kallas *beskrivande statistik*.

beskrivande statistik

observation

En *observation* är ett tal eller annat undersökningsresultat som ingår i ett statistiskt material. Observationerna nedan beskriver *kön / längd i cm / vikt i gram / blodgrupp* för de barn som under en vecka föddes på ett BB.

P/49/3590/A	F/49/2065/0	P/55/4085/A	F/49/2850/AB	F/49/3835/B
F/48/3165/0	F/52/4120/A	P/49/3845/0	P/51/3735/A	F/53/4285/0
F/52/3240/0	P/55/3845/A	P/54/4265/A	F/51/3105/0	P/52/3590/B
P/53/4245/A	F/50/3820/0	P/54/3845/A	P/50/3015/AB	P/51/3665/0
F/51/3660/A	P/51/3185/0	P/51/3530/A	F/49/3010/B	F/50/3815/0
P/51/3490/A	P/49/2800/A	F/48/2980/A	F/50/3265/A	P/49/3000/0
P/55/4115/A	F/50/3565/0			

Exempel 1 Vi presenterar barnens längd i en frekvenstabell och i ett diagram.

Längd (cm)	*Avprickning*	*Frekvens*	*Relativ frekvens*
48	//	2	$2/32 = 0{,}0625 \approx 6\%$
49	~~////~~ ///	8	$8/32 = 0{,}25 = 25\%$
50	~~////~~	5	$5/32 \approx 0{,}156 \approx 16\%$
51	~~////~~ //	7	$7/32 \approx 0{,}219 \approx 22\%$
52	///	3	$3/32 \approx 0{,}094 \approx 9\%$
53	//	2	$2/32 = 0{,}0625 \approx 6\%$
54	//	2	$2/32 = 0{,}0625 \approx 6\%$
55	///	3	$3/32 \approx 0{,}094 \approx 9\%$

frekvens Det antal gånger en observation förekommer i en datamängd kallas *frekvens*.

relativ frekvens $$\textit{Relativ frekvens} = \frac{\text{frekvensen}}{\text{totala antalet observationer}}$$

Eftersom barnens längd är heltal mellan 48 och 55 kan ett stolpdiagram vara lämpligt för en presentation. I ett stolpdiagram är den horisontella axeln en tallinje. Den vertikala axeln kan visa frekvens (antal) eller relativ frekvens (i decimalform eller procentform).

Du kan rita stolpdiagram för hand eller liknande diagram som detta med hjälp av en dator eller räknare.

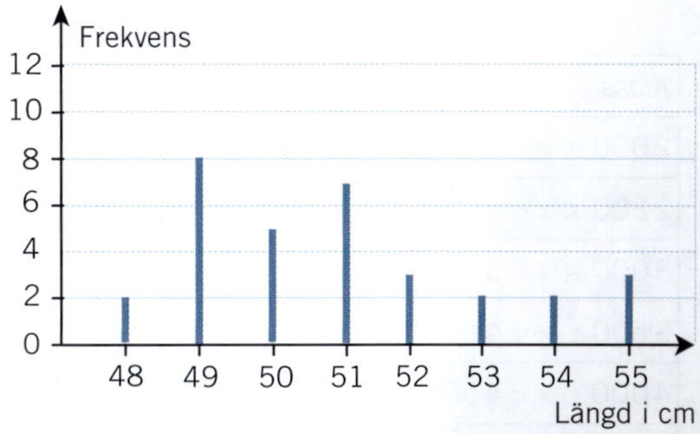

Exempel 2 Vi presenterar barnens blodgrupper i en frekvenstabell och ett cirkeldiagram.

Blodgrupp	*Frekvens*	*Relativ frekvens*	*Medelpunktsvinkel*
A	15	15/32 ≈ 47%	15/32 · 360° ≈ 169°
B	3	3/32 ≈ 9%	3/32 · 360° ≈ 34°
AB	2	2/32 ≈ 6%	2/32 · 360° ≈ 23°
0	12	12/32 ≈ 38%	12/32 · 360° = 135°

Rita cirkeldiagram för hand med gradskiva eller rita med hjälp av dator eller räknare.

Nyfödda under veckan per blodgrupp

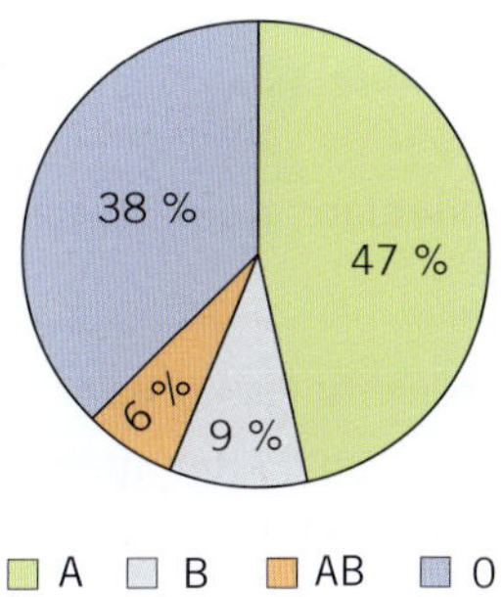

Exempel 3 Om vi har många olika tal i ett intervall, t ex barnens vikter, så skulle ett stolpdiagram ge ett stort antal stolpar med frekvensen 1. Vi presenterar därför barnens vikter i en klassindelad tabell och i ett histogram.

klassindela Vi börjar med att *klassindela* materialet, dvs vi för samman data i lämpliga grupper. Eftersom det minsta värdet är 2 065 och det största värdet 4 265, kan vi välja klasserna

2 000 – 2 500, 2 500 – 3 000, 3 000 – 3 500, 3 500 – 4 000, 4 000 – 4 500

Till klassen 2 000 – 2 500 räknar vi alla värden från och med 2 000 och upp till 2 500, men inte värdet 2 500. Vi kan tydligare skriva $2000 \leq x < 2500$.

klassbredd I vår klassindelning är *klassbredden* 500.

histogram

Klass	*Avprickning*	*Frekvens*
$2000 \leq x < 2500$	/	1
$2500 \leq x < 3000$	///	3
$3000 \leq x < 3500$	~~////~~ ////	9
$3500 \leq x < 4000$	~~////~~ ~~////~~ ///	13
$4000 \leq x < 4500$	~~////~~ /	6
	Summa	32

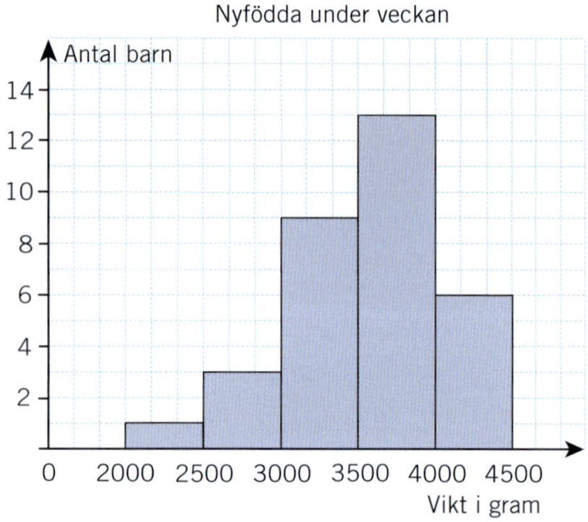

Lös följande uppgifter med hjälp av datamängden för de nyfödda på sidan 212.

4101 (a) Fördelningen mellan flickor och pojkar ska visas i ett cirkeldiagram.

Vilken är medelpunktsvinkeln i sektorn för flickorna?

4102 Presentera längden för pojkarna i

a) en frekvenstabell med relativa frekvenser

b) ett stolpdiagram med antal på den vertikala axeln

c) ett stolpdiagram med relativ frekvens på den vertikala axeln.

4103 Presentera blodgrupperna för flickorna i

a) en frekvenstabell, där även medelpunktsvinklarna för sektorerna i ett cirkeldiagram finns med

b) ett cirkeldiagram.

4104 (b) Använd samma klassindelning som i Exempel 3 och presentera pojkarnas vikter i

a) en klassindelad tabell

b) ett histogram.

4105 Klassindela barnens vikter (sid 212) med klassbredden 400 och presentera resultatet i en klassindelad tabell och i ett histogram med relativ frekvens på den vertikala axeln.

4106 Jämför andelen av flickorna som var över 50 cm och andelen av pojkarna som var över 50 cm, med andelen av alla barn som var över 50 cm. Kommentera resultatet.

Population, stickprov och urvalsmetoder

Statistiska undersökningar används i många olika sammanhang. Det kan t ex gälla opinionsundersökningar, kvalitetsundersökningar och marknadsundersökningar. Statistiska undersökningar används också inom forskning och i samband med utvärdering av olika verksamheter.

populationen

Den grupp människor eller föremål som undersökningen avser kallas *populationen*. I vanligt språk är population detsamma som befolkning. I statistik har ordet en vidare betydelse.

En population kan t ex vara

– alla hjärtinfarktpatienter i Sverige

– alla bilar som tillverkas i en viss fabrik

– alla nyårstemperaturer i Stockholm under 1900-talet.

totalundersökning

Att samla in data från en hel population, dvs att göra en *totalundersökning*, är ofta för dyrt och för tidskrävande. Det normala är att man väljer ut och undersöker en mindre del av populationen.

stickprovsundersökning

Vi kallar detta för en *stickprovsundersökning* eller en *urvalsundersökning*.

Vi vill naturligtvis att våra resultat från stickprovsundersökningen ska (med viss felmarginal) gälla också för hela populationen. Stickprovet måste då spegla alla de egenskaper hos populationen som vi undersöker, det måste vara *representativt*.

Ett stickprov som inte är representativt ger en skev (snedvriden) bild av populationen.

Två frågor är viktiga när vi ska ha ett representativt och tillförlitligt urval:

- *Hur* ska urvalet göras?
- *Hur stort* ska urvalet vara?

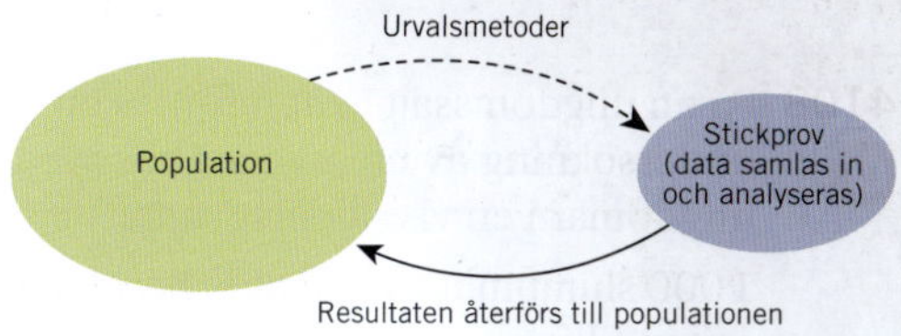

slumpmässigt urval

Om vi väljer ett *slumpmässigt* och tillräckligt stort urval av populationen, kan resultatet från stickprovet (med viss felmarginal) överföras till hela populationen.

Det slumpmässiga urvalet kan göras på olika sätt.

obundet slumpmässigt urval

I ett *obundet slumpmässigt urval* (OSU) har alla i populationen samma sannolikhet att väljas.

stratifierat urval

I ett *stratifierat urval* speglas förhållandet mellan olika delgrupper i populationen. (Se uppgift 4107 d), på nästa sida.)

4107 En skola har 720 elever varav 288 är flickor och 432 pojkar. Var 20:e elev ska besvara en enkät om skolans arbetsmiljö.

a) Hur stor är populationen?

b) Hur stort är stickprovet?

c) Hur många flickor kan ingå i ett obundet slumpmässigt urval?

d) Hur många flickor ska ingå i ett stratifierat urval som ska spegla förhållandet mellan antalet flickor och pojkar på skolan?

a) Populationen är skolans 720 elever.

b) 720/20 = 36 Stickprovet består av 36 elever.

c) Alla elever har samma sannolikhet att väljas. Antalet flickor i urvalet kan vara mellan 0 och 36.

d) Andelen flickor på skolan $= \frac{288}{720} = 0{,}4 = 40\,\%$

Andelen flickor i stickprovet ska vara lika stor.

$40\,\%$ av $36 = 0{,}40 \cdot 36 \approx 14$

14 flickor ska ingå i stickprovet och 22 pojkar (60 %) om det korrekt ska spegla förhållandet i hela populationen.

4108 På en ungdomssajt genomfördes en undersökning av nöjesvanor hos svenska ungdomar i en viss åldersgrupp.

1 000 slumpmässigt utvalda besökare på sajten tillfrågades och 640 av dem svarade.

I Sverige finns totalt 800 000 ungdomar i denna åldersgrupp.

a) Hur stor är populationen?

b) Hur stort är stickprovet?

c) Hur många procent av de tillfrågade svarade?

d) Varför är det osäkert om resultatet av stickprovsundersökningen gäller för hela populationen?

4109 En fabrik producerar 20 000 glödlampor per dag. Vid en kvalitetskontroll under en dag testades var 25:e lampa. Av dessa var 3 lampor trasiga.

a) Vilken är populationen och hur stor är den?

b) Vilket är stickprovet och hur stort är det?

c) Under en arbetsvecka (5 dagar) levereras alla producerade lampor till en varuhuskedja.

Hur många av dessa lampor kan förväntas vara trasiga?

4110 En restaurangägare vill ta reda på vad kunderna tycker om menyval, service m m.

Att fråga alla kunder under en dag blir för tidskrävande. Han tänker därför göra en stickprovsundersökning.

Vilken av följande urvalsmetoder ska han välja? Motivera ditt svar.

Metod 1

Fråga alla kunder som serveras av en slumpmässigt vald servitör under en dag.

Metod 2

Fråga var 5:e kund som besöker restaurangen under en dag.

Metod 3

Fråga alla kunder som ätit en slumpvis vald maträtt under en dag.

4111 *b* En reklamtevekanal kan ses av 85 000 hushåll inom ett område. I ett slumpmässigt urval på 1 200 hushåll har 119 sett reklamen för ett nytt hårschampo.

Hur många hushåll inom området kan förväntas ha sett hårschamporeklamen?

4112 I en förening med 450 medlemmar är 40 % kvinnor och 60 % män.

Hur ska ett urval på 10 % av medlemmarna göras om urvalet ska spegla förhållandet mellan antal kvinnor och antalet män i föreningen?

4113 Kan urvalen nedan ge en skev bild av populationen? Motivera!

a) En TV-kanal låter under pågående sändning tittarna ta ställning till ett kontroversiellt påstående. De som instämmer får ringa ett visst nummer och de som tar avstånd får ringa ett annat nummer.

b) Ett företag testar en ny tandkräm så här: De studenter vid en viss högskola som under ett år vill delta i försöket får gratis tandkräm och sina tänder regelbundet undersökta av tandläkare.

c) Vad tycker svenskarna om alkoholpolitiken? En enkät ges till var 10:e besökare på fem slumpmässigt utvalda systembolag under en dag.

d) En mobiltelefonoperatör vill veta vad kunderna tycker om de nya teletjänsterna och ringer därför upp alla som har ett nummer som slutar på 9.

4114 En skola har 75 lärare och 900 elever. Vad anser lärare och elever tillsammans om skolans temadagar? Ett urval på 130 personer ska tillfrågas.

a) Hur många lärare bör ingå i urvalet om det ska spegla förhållandet mellan antalet lärare och antalet elever (urvalet görs proportionellt)?

b) Anta att urvalet omfattade 30 lärare och 100 elever och att 60 % av lärarna och 38 % av eleverna var mycket positiva till temadagarna.

Hur många procent av populationen kan vi då anse ha den uppfattningen?

Några felkällor vid statistiska undersökningar

Vid statistiska undersökningar finns många felkällor.

bortfall *Bortfallet* är ett stort problem vid de flesta undersökningar. En enkät eller ett dokument kan vara ofullständigt ifyllt eller en utvald person kanske inte vill eller kan vara med i undersökningen. Man kan inte förutsätta att bortfallets data liknar insamlade data. Det kan också vara så att mätinstrument visar felaktiga värden eller avläses fel.

mätfel
urvalsfel
Svårtolkade frågor i dokument och enkäter kan ge upphov till felaktiga data. Denna typ av fel kallas *mätfel.* När vi undersöker ett slumpmässigt urval och sedan överför resultaten till hela populationen medför detta en osäkerhet som kallas *urvalsfel*.

felmarginal Vid stickprovsundersökningar som anger procentandelar, t ex väljarundersökningar, anges ofta osäkerheten som en *felmarginal.*

Felmarginalen kan beräknas med formeln $f = 1{,}96 \cdot \sqrt{\dfrac{p(100-p)}{n}}$

där n är stickprovets storlek och p är den procentuella andelen av populationen.

Exempel I en politisk opinionsundersökning med ett obundet slumpmässigt urval på 1 000 personer får ett parti 25,0% av rösterna.

$n = 1\,000$ och $p = 25{,}0$

Felmarginalen beräknas med formeln $f = 1{,}96 \cdot \sqrt{\dfrac{25(100-25)}{1\,000}} \approx 2{,}7$

Felmarginalen är 2,7 procentenheter. Detta betyder att värdet för hela populationen ligger i intervallet $(25{,}0 \pm 2{,}7)$ %, dvs mellan 22,3% och 27,7 %.

konfidensintervall På grund av slumpens inverkan på urvalet är detta inte alltid sant. Man kan dock visa att i 95 fall av 100 är felmarginalen korrekt. Vi säger att formeln ger ett 95 %-igt *konfidensintervall* (säkerhetsintervall).

statistiskt säkerställd Om partiet vid förra valet fick mindre än 22,3 % av väljarnas röster så är partiets uppgång *statistiskt säkerställd* i undersökningen. På samma sätt hade partiets nedgång varit statistiskt säkerställd om det vid senaste valet hade fått mer än 27,7 % av rösterna.

4115 Vid en undersökning om vår energipolitik skulle man intervjua 1 230 personer och bl a fråga:

”Är du för eller emot att vi bygger ut någon av de fyra stora älvarna i Norrland som inte har några kraftverk?”

1 000 personer svarade: *För* 380 *Emot* 410 *Vet ej* 210

Redovisa den procentuella andelen som är för utbyggnad, om vi

a) bortser från bortfallet

b) antar att bortfallet har fördelningen *För* 30 %, *Emot* 30 % och *Vet ej* 40 %.

a) Andelen *För* $= \dfrac{380}{1\,000} = 38\,\%$

b) Bortfallets storlek = 1 230 – 1 000 = 230

30 % av 230, dvs 69 personer i bortfallet antas vara för en utbyggnad.

Andelen *För* $= \dfrac{380 + 69}{1\,230} = 36{,}5\,\%$

4116 Vid en väljarundersökning svarade 10,0 % att de tänkte rösta på ett visst parti. Felmarginalen på 95 %-nivån angavs till 1,9 procentenheter. Vad betyder detta?

Det sanna värdet ligger då i 95 fall av 100 i intervallet (10,0 ± 1,9) %, dvs mellan 8,1 % och 11,9 %.

I 5 fall av 100 är felmarginalen för liten. Då ligger det ”sanna” värdet utanför intervallet. (Ingen hänsyn har tagits till mätfel och fel genom bortfall.)

4117 250 slumpmässigt utvalda personer fick frågan: *"Tycker du att stadens centrum ska vara bilfritt?"* 200 personer svarade:

Ja 85 Nej 70 Vet ej 45

a) Hur stort var bortfallet? Svara i procent.

b) Hur stor procentuell andel av alla tillfrågade svarade Ja?

c) Hur stor procentuell andel av de som svarade, svarade Ja?

4118 Vid en väljarundersökning tillfrågades 1 000 personer. Ett parti fick 5,0 % av rösterna.

a) Hur många i urvalet röstade på partiet?

b) Vilken procentandel hade partiet fått om ytterligare en person i urvalet hade röstat på partiet?

4119 *"Tror du kärnkraften kommer att finnas kvar om 20 år?"*
Av ett slumpmässigt urval på 1 250 personer svarade 1 000 personer på följande sätt:

Finnas kvar	760
Avvecklas	160
Vet ej	80

Hur många procent kan anses tro på en avveckling om vi

a) bortser från bortfallet

b) antar att bortfallet har fördelningen

Finnas kvar	64 %
Avvecklas	20 %
Vet ej	16 % ?

4120 Vid en undersökning tillfrågades ett antal slumpmässigt utvalda personer i Sverige:

"Tror du att människornas påverkan på vår jord orsakar ett varmare klimat?"

65 % svarade Ja. Felmarginalen angavs till 3 % på 95 %-nivån.

Tolka detta.

4121 En tidning genomförde en brevenkät till 800 personer på en ort. En fråga löd:

"Våra två fotbollsklubbar har beslutat att gå samman till en klubb. Är det ett bra eller dåligt beslut?"

200 personer besvarade enkäten. Av dessa ansåg 150 att det var ett dåligt beslut. 50 tyckte att det var bra. I bortfallet valde man ut 60 personer slumpmässigt.

Efter telefonsamtal och hembesök svarade 17 personer *"Dåligt"*, 27 svarade *"Bra"* och 16 svarade *"Vet ej"*.

Uppskatta andelen som tyckte att beslutet var bra respektive dåligt.

4122 Felmarginalen f vid ett obundet slumpmässigt urval på konfidensnivån 95% beräknas med formeln

$$f = 1{,}96 \cdot \sqrt{\frac{p(100-p)}{n}}$$

där n är stickprovsstorleken och p är den procentuella andelen av populationen.

a) Beräkna felmarginalen om urvalet är 1 000 personer och den procentuella andelen är 20,0 %.

b) Beräkna felmarginalen om urvalet är 100 personer och den procentuella andelen är 20,0 %.

c) Hur stort är stickprovet om felmarginalen är 5 % och den procentuella andelen är 50 %?

Aktivitet

MODELLERA

Ett modellförsök av en väljarundersökning

Materiel:
Ett stort antal (> 3 000) plastpärlor i olika färger.

De statistiska undersökningar som får störst utrymme i media är opinionsundersökningar och väljarundersökningar.

Du ska, med hjälp av ett modellförsök, utföra och rapportera en väljarundersökning i ett land där det finns flera olika politiska partier.

Väljarkåren i detta modellförsök representeras av ett stort antal plastpärlor i olika färger.

1 Välj ut olika stora stickprov (se tabell nedan) och beräkna andelen av pärlorna i stickprovet som har en viss färg. Färgen ger svaret på frågan: *”Vilket politiskt parti skulle du rösta på om det var val idag?”*

2 Beräkna felmarginalen f med hjälp av formeln

$$f = 1{,}96 \cdot \sqrt{\frac{p(100-p)}{n}}$$

där n är stickprovsstorleken och p är procenttalet.

3 Redovisa resultatet för ett stort och ett litet parti i två tabeller av följande utseende:

Partifärg: Röd

n	Antal röda	Procenttal röda, p	f	Det sanna värdet ligger mellan:
10				
40				
160				

4 Kommentera ditt resultat.

4.2 Läges- och spridningsmått

Lägesmått

När man ska sammanfatta eller beskriva ett statistiskt material kan man använda olika lägesmått. Ett lägesmått anger det statistiska materialets huvudsakliga läge eller tyngdpunkt. De vanligaste lägesmåtten är medelvärde, median och typvärde. Med det "genomsnittliga" värdet av ett statistiskt material menar man oftast medelvärdet.

medelvärde

I ett statistiskt material med n antal observationer: $x_1, x_2, x_3, \dots, x_n$ kan vi beräkna *medelvärdet*, på följande sätt:

$$\text{Medelvärdet} = \frac{\textit{summan av observationerna}}{\textit{antalet observationer}} = \frac{x_1 + x_2 + x_3 + \dots + x_n}{n}$$

median

Medianen är det mittersta värdet i en datamängd då talen står i storleksordning. Om två tal står i mitten är medianen medelvärdet av dessa tal. Om något värde i datamängden avviker mycket från de övriga är medianen ett bättre lägesmått än medelvärdet.

typvärde

Typvärdet är det eller de värden som har den största frekvensen.

Exempel Stolpdiagrammet visar längden på 32 nyfödda barn på ett sjukhus.

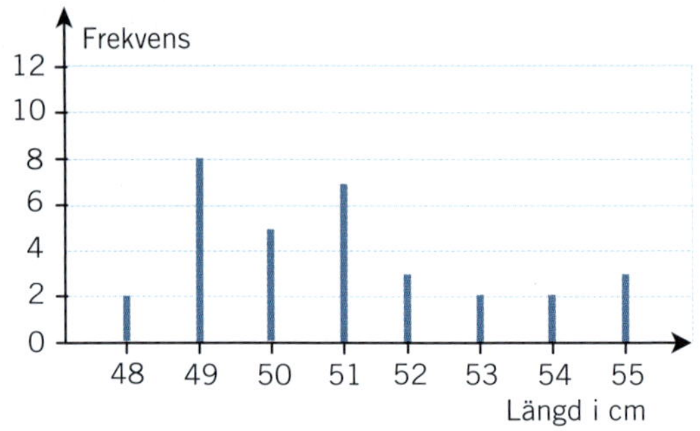

Medelvärdet =

$$= \frac{2 \cdot 48 + 8 \cdot 49 + 5 \cdot 50 + 7 \cdot 51 + 3 \cdot 52 + 2 \cdot 53 + 2 \cdot 54 + 3 \cdot 55}{32} \approx 51 \text{ cm}$$

Medianen beräknas som medelvärdet av observation nr 16 och 17, när talen står i storleksordning. I detta fall är båda värdena 51 cm. *Medianen* = 51 cm

Typvärdet = 49 cm, eftersom det är det vanligaste förekommande värdet.

4201 Tabellen visar antalet mål per säsong som Zlatan Ibrahimovic gjort i seriematcher under 9 säsonger.

Säsong	02/03	03/04	04/05	05/06	06/07	07/08	08/09	09/10	10/11
Lag	Ajax	Ajax	Juventus	Juventus	Inter	Inter	Inter	Barcelona	Milan
Mål	13	13	19	7	15	17	25	16	14

Bestäm medelvärdet, medianen och typvärdet av antal mål.

$$\text{Medelvärdet} = \frac{13 + 13 + 19 + 7 + 15 + 17 + 25 + 16 + 14}{9} \text{ mål} = \frac{139}{9} \text{ mål} \approx 15 \text{ mål}$$

För att bestämma medianen skriver vi värdena i storleksordning:

7 13 13 14 (15) 16 17 19 25

Medianen är värdet i mitten = 15 mål

Det vanligaste värdet är 13, dvs typvärdet = 13 mål.

Svar: Medelvärdet och medianen är båda 15 mål och typvärdet är 13 mål.

4202 Välj och beräkna lämpligt lägesmått.

a) Årsinkomsterna för de anställda i ett litet företag:

250 000 kr 285 000 kr 310 000 kr 325 000 kr 950 000 kr

b) Svar på en fråga i en enkät:

JA NEJ VET EJ JA JA NEJ JA JA VET EJ NEJ

a) Medelvärdet = 424 000 kr Medianen = 310 000 kr

Medianen är ett bättre lägesmått än medelvärdet eftersom ett värde avviker mycket från de övriga.

b) Typvärdet är JA.

Typvärdet är det enda lägesmått som kan användas här.

4203 **30 kunders köpsummor i en bokhandel redovisas i ett diagram.**

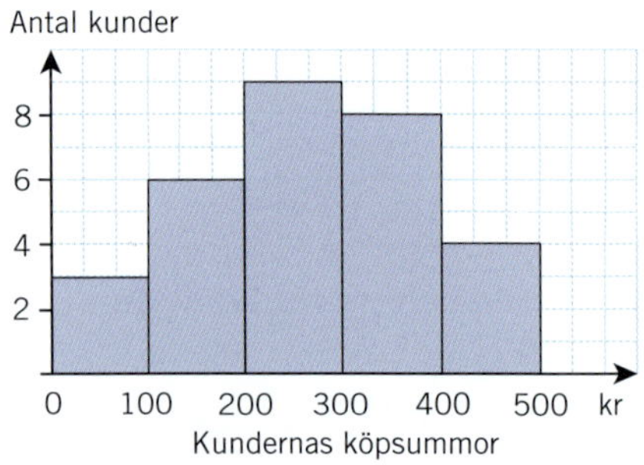

Bestäm med hjälp av histogrammet medelvärdet av köpsummorna.

Vi vet inte de exakta värdena på köpsummorna. Men vi kan göra en uppskattning av medelvärdet genom att anta att alla värden i en klass är samlade i klassmitten.

Totalsumma $= 3 \cdot 50 + 6 \cdot 150 + 9 \cdot 250 + 8 \cdot 350 + 4 \cdot 450 = 7\,900$

Medelvärdet $= \frac{7\,900}{30} = 263{,}3... \approx 260$

Svar: Medelvärdet är 260 kr.

4204 **Medelåldern i ett rockband med fem medlemmar är 21 år.**

a) Fyra av medlemmarna är 18 år, 21 år, 22 år respektive 25 år. Hur gammal är den femte medlemmen?

b) 18-åringen slutar och ersätts med en 28-åring. Vilken blir den nya medelåldern?

a) Sammanlagda åldern från början $= 5 \cdot 21 = 105$
Den femte medlemmens ålder $= 105 - (18 + 21 + 22 + 25) =$
$= 105 - 86 = 19$

b) Ny sammanlagd ålder $= 105 - 18 + 28 = 115$
Ny medelålder $= 115/5 = 23$

Svar: a) Den femte medlemmen är 19 år.
b) Den nya medelåldern är 23 år.

4205 a) Dygnets maxtemperatur under en sommarvecka var (i °C)

24 28 27 24 25 30 24

Bestäm typvärde, median och medelvärde.

b) Hur ändras lägesmåtten i a) om vi byter temperaturen 30 °C mot 37 °C?

4206 Tre olika tal har medelvärdet 8.

a) Vilket är talens summa?

b) Två av talen är 6 och 7. Vilket är det tredje talet?

4207 Förklara vad som menas med följande påstående:

a) "Hos Cykel-Viktor är medianpriset på begagnade cyklar 900 kr."

b) "Typvärdet för antalet växlar på affärens tävlingscyklar är arton."

4208 Temperaturen klockan 12 varje dag under en vintersemester i fjällen var:

sön	*mån*	*tis*	*ons*
−2 °C	3 °C	1 °C	−3 °C
tor	*fre*	*lör*	*sön*
0 °C	−21 °C	−3 °C	−7 °C

a) Bestäm medianen.

b) Hur många procent av dagarna var temperaturen lägre än medianen?

c) Beräkna medeltemperaturen.

d) Hur många procent av dagarna var temperaturen lägre än medelvärdet?

4209 En grupp personer testade sin reaktionstid. Resultatet, i millisekunder, blev:

140 160 160 170 180 190
200 210 210 230 920

a) Beräkna medelvärde och median för tiderna.

b) Vilket värde, medelvärdet eller medianen, beskriver bäst personernas reaktionstid? Motivera ditt svar.

4210 Diagrammet visar resultatet på ett prov.

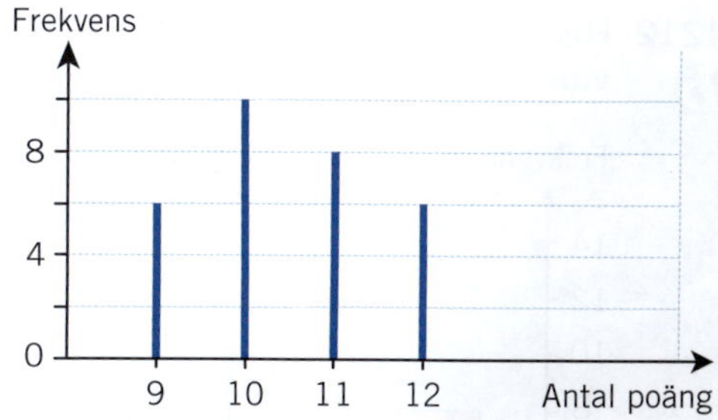

a) Hur många elever gjorde provet?

b) Beskriv provresultatet med typvärde, medelvärde och median.

4211 Ett år köpte Fredrik aktier i ett bolag vid tre olika tillfällen.

Antal	*Pris per aktie*
10	180 kr
10	200 kr
25	240 kr

Vad betalade Fredrik i genomsnitt för dessa aktier?

4212 Histogrammet anger vikten av ett antal vita möss.
b

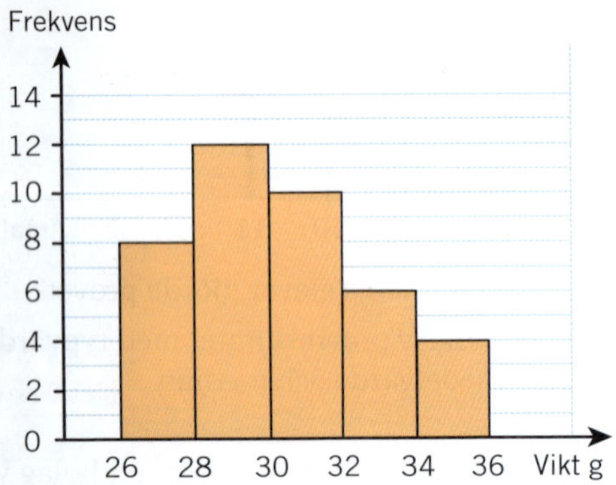

Beräkna medelvärdet med hjälp av klassernas mittvärden.

4213 I en klass med 12 pojkar och 18 flickor är medellängden för pojkarna 180 cm och för flickorna 165 cm.

Vilken är klassens medellängd?

4214 Vilket lägesmått är lämpligt att ange? Förklara.

a) Längden (cm) hos fem solrosor är:
150 280 120 160 140

b) Antalet barn i 11 olika familjer är:
0 1 2 1 2 2 0 1 2 2 2

c) Färgen på sju olika cyklar är:
Röd Vit Silver Röd Blå Röd Vit

4215 Under tio arbetsdagar arbetade Emilia i medeltal 6 timmar per dag. Under de nio första dagarna arbetade hon:
6 h 8 h 10 h 4 h 5 h 8 h 6 h 2 h respektive 7 h.

Hur många timmar arbetade hon den tionde dagen?

4216 En dag hade sju sommarjobbare plockat i snitt 110 liter jordgubbar. En åttonde plockare hade själv plockat hela 150 liter.

Vad blir medelvärdet om man räknar med den snabbe plockaren?

4217 Medelåldern för 6 personer i ett rum är 20 år. När Mattias kommer in i rummet ökar medelåldern till 22 år.

Hur gammal är Mattias?

4218 Tre syskon med olika ålder har medelåldern 6 år och medianåldern 8 år.

a) Hur gamla är syskonen?

b) Vilken är deras medelålder om tre år?

c) Hur gammalt är det äldsta syskonet, när medianåldern är 20 år?

4219 a) Gör en lista med 10 olika tal där 20 % av talen "ligger över medelvärdet".

b) Hur många av talen i din lista ligger över medianen?

4220 Fem basketspelare med olika längd har en medellängd på 194 cm och en medianlängd på 200 cm. Den kortaste spelaren är 180 cm.
c

Undersök hur lång den längsta av spelarna kan vara.

4221 Siri joggar först 1,0 km med hastigheten 2,0 m/s och springer sedan 1,0 km med hastigheten 4,0 m/s.

Vilken medelhastighet har hon haft?

Tema

Bäst i test!

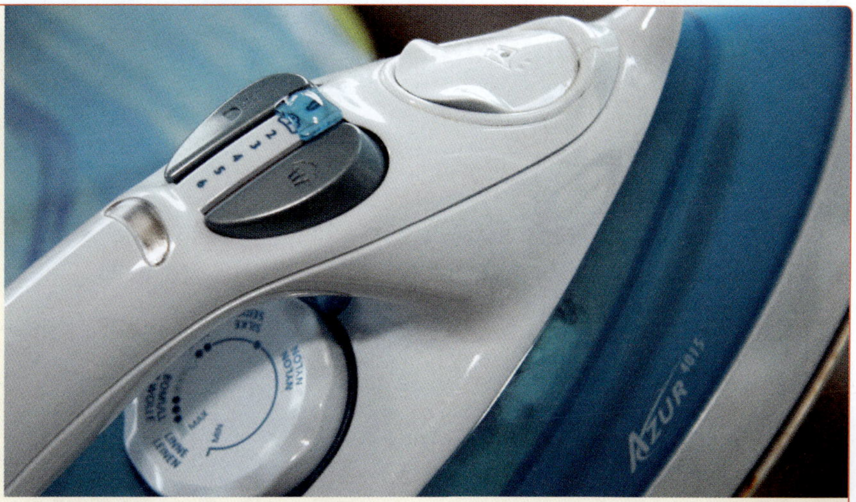

Ibland är de värden man skall beräkna medelvärde på inte lika betydelsefulla sinsemellan. Några ”väger” tyngre än andra.

viktat medelvärde

För att beräkna ett sådant *viktat medelvärde* multiplicerar man varje värde med dess ”vikt” och ersätter antalet värden i nämnaren med summan av vikterna. Ofta väljer man vikterna så att deras summa blir ett. Om man väljer att ange vikterna i procent så blir summan av vikterna 100 %.

I tabellen visas delar av resultatet från ett test av ångstrykjärn. Totalbetyget i testet är ett viktat medelvärde av fyra betyg med olika vikt. Några betyg i tabellen är utelämnade.

Ångstrykjärn	*M1*	*M2*	*M3*	*M4*	*M5*	*M6*	*M7*
Betyg 1 till 5, där 5 är bäst. (Vikt i totalbetyget inom parentes)							
Slätgörning (50 %)	2,0	2,3	2,2	2,4	2,2	2,2	2,0
Värmeförmåga (20 %)	3,4	3,3	3,3	4,0	1,8	4,0	3,8
Starttid (10 %)	3,6	2,5	4,2	3,5	5,0	2,0	2,7
Ångkapacitet (20 %)	2,7	2,4		2,6	2,1	4,3	3,6
Totalbetyg	**2,6**		**2,5**				

1 a) Visa med en beräkning att totalbetyget för strykjärnet M1 är 2,6.

b) Beräkna totalbetyget för strykjärnet M7.

c) Beräkna betyget på ångkapacitet för strykjärnet M3.

d) Vilket strykjärn blev ”Bäst i test”?

2 Jämför betygen för egenskaperna slätgörning, värmeförmåga, starttid och ångkapacitet. Vilken egenskap har

a) högst respektive lägst medianbetyg?

b) störst respektive minst betygsspridning? Motivera.

Några spridningsmått

Ibland ger inte lägesmåtten tillräcklig information för att beskriva ett statistiskt material. Då kan det vara bra att studera materialets spridning.

Exempel Erik och Maja kastar pil. De kastar 10 pilar var och får följande resultat:

Erik	15	8	3	20	14	2	6	17	3	12
Maja	12	10	8	11	13	10	7	9	12	8

Resultaten markeras på en tallinje.

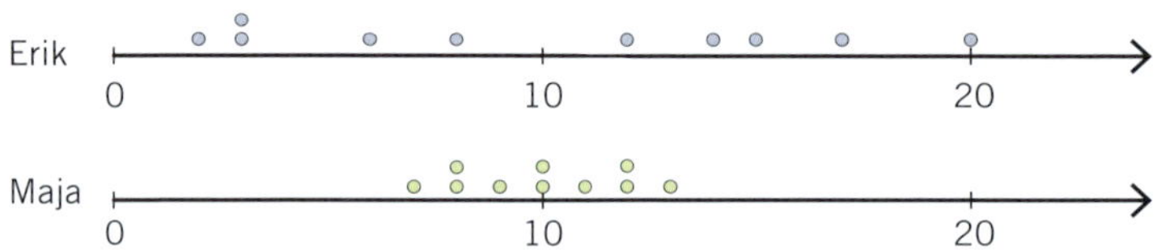

spridning

Både medelvärdet och medianen av Majas och Eriks resultat är 10, men resultaten skiljer sig åt. Eriks resultat har större *spridning* än Majas.

Det enklaste spridningsmåttet är variationsbredden.

Variationsbredd

Variationsbredd = Största värdet – Minsta värdet

Variationsbredden för Eriks resultat: $20 - 2 = 18$

Variationsbredden för Majas resultat: $13 - 7 = 6$

Vi ser att Eriks variationsbredd är större än Majas. Eriks resultat har alltså en större spridning än Majas. En nackdel med variationsbredden är att den bara tar hänsyn till två värden, det största och det minsta.

Ett bättre spridningsmått får vi genom att skriva talen i storleksordning och dela datamängden i *fyra* lika stora delar.
Detta går till på följande sätt:

1. Dela in materialet i två halvor med hjälp av medianen Q_2.

nedre och övre kvartil

2. Bestäm den *nedre kvartilen* Q_1 vilken är medianen på nedre halvan.
3. Bestäm den *övre kvartilen* Q_3 vilken är medianen av den övre halvan.

Vi bestämmer nedre och övre kvartil för Majas och Eriks resultat:

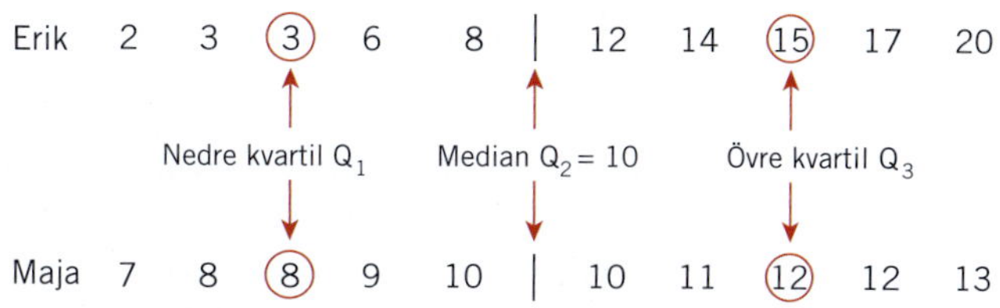

Om antalet observationer är udda ingår inte medianen i vare sig den övre eller undre halvan.

Som ett mått på spridningen kan kvartilavståndet användas.

Kvartilavstånd

Kvartilavståndet = övre kvartilen – nedre kvartilen

Kvartilavståndet för Eriks resultat: $15 - 3 = 12$
Kvartilavståndet för Majas resultat: $12 - 8 = 4$

lådagram

Grafiskt kan vi visa detta med hjälp av ett *lådagram*:

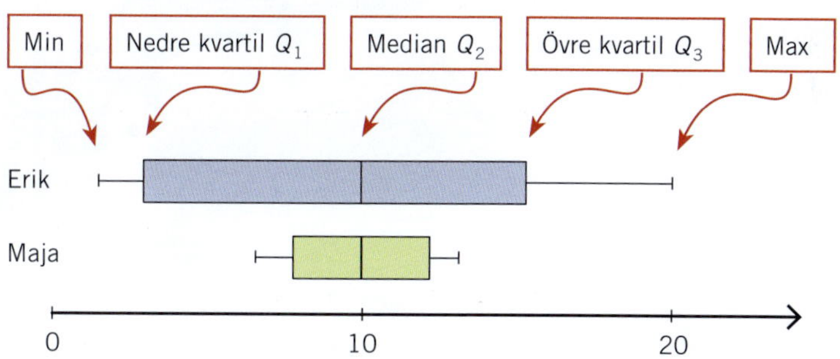

Kvartilerna Q_1, Q_2 och Q_3 delar ett statistiskt material i fyra lika stora delar – därav namnet. I ett material med många värden gäller att antalet värden i varje del är detsamma och lika med 25 %. Att lådagrammen ofta är osymmetriska beror på att spridningen inom varje fjärdedel är olika stor.

Det finns alltså tre kvartiler: den första, nedre eller undre kvartilen Q_1, den andra kvartilen Q_2, som är lika med medianen och den tredje eller övre kvartilen Q_3.

4222 Stenkol som eldas i kolkraftverk ger utsläpp av luftföroreningar som sprids i atmosfären. I vattenmiljöer ombildas föroreningarna till metylkvicksilver som hamnar i fisk och andra djur. Isbjörnarna i Arktis drabbas hårt eftersom de är högst i näringskedjan.

En grupp forskare mätte halten av kvicksilver i isbjörnshår från Grönland. Andelen kvicksilver i ppm var

6,2 9,2 7,2 8,9 3,4 3,7 8,0 6,7 5,8 4,3 6,8 6,6 6,0 7,7 5,4

Bestäm

a) variationsbredden
b) medianen
c) nedre och övre kvartilen
d) kvartilavståndet.

Vi ordnar halterna i storleksordning (med den minsta först) och markerar de tre tal (medianen och kvartilerna) som delar datamängden i fyra lika delar.

3,4 3,7 4,3 **5,4** 5,8 6,0 6,2 **6,6** 6,7 6,8 7,2 **7,7** 8,0 8,9 9,2

a) Största värde = 9,2 ppm, Minsta värde = 3,4 ppm
Variationsbredden = 9,2 ppm – 3,4 ppm = 5,8 ppm

b) Medianen Q_2 = 6,6 ppm

c) Nedre kvartil Q_1 = 5,4 ppm
Övre kvartil Q_3 = 7,7 ppm

d) Kvartilavståndet = $Q_3 - Q_1$ = 7,7 ppm – 5,4 ppm = 2,3 ppm

4223 **Lådagrammet visar hur månadslönerna för de anställda i ett företag fördelar sig.**

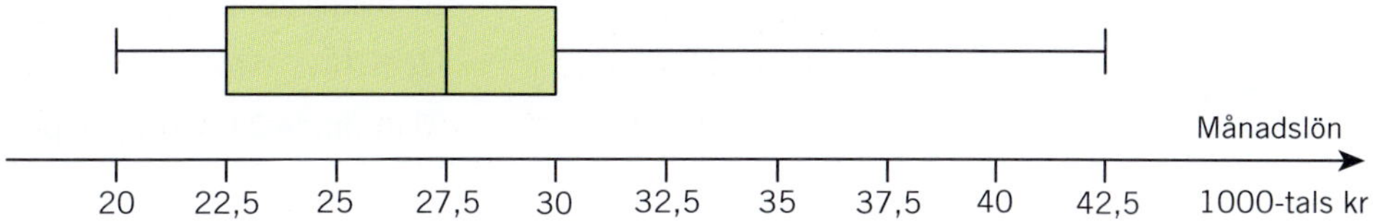

a) Beräkna variationsbredden.
b) Beräkna kvartilavståndet.
c) Hur stor andel av de anställda har en månadslön på 30 000 kr eller mindre?

a) Variationsbredden = Största värdet – Minsta värdet =
= 42 500 kr – 20 000kr = 22 500 kr

b) Kvartilavståndet = Övre kvartilen – Nedre kvartilen =
= 30 000 kr – 22 500 kr = 7 500 kr

c) Kvartilerna och medianen delar datamängden i fjärdedelar. Ca 3/4 (75 %) har en månadslön på 30 000 kr eller mindre.

4224 Nicole testar sin reaktionstid. Vid fem försök får hon resultatet (i sekunder):

0,14 0,12 0,17 0,18 0,15

Bestäm variationsbredden.

4225 Filip har ett statistiskt material som han vill presentera i ett lådagram.

Vilka begrepp måste han känna till för att kunna rita ett lådagram?

4226 Längden (i cm) för pojkarna i en klass är:

183	174	180	189	178
169	179	183	190	185
196	181	188	175	172

a) Bestäm variationsbredden.

b) Bestäm medianen.

c) Bestäm nedre och övre kvartilen.

d) Bestäm kvartilavståndet.

4227 60 personer genomförde ett test där maxresultatet var 105 poäng. Resultatet framgår av diagrammet.

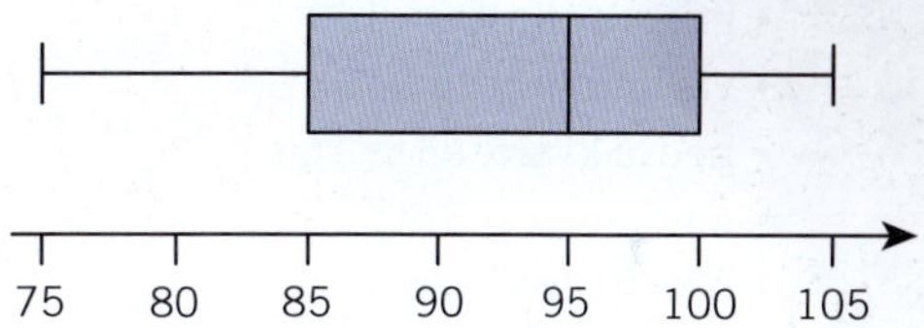

a) Bestäm variationsbredden.

b) Bestäm kvartilavståndet.

c) Bestäm medianen.

d) Hur stor andel av personerna hade 95 poäng eller mera?

e) Hur många personer hade 85 poäng eller mindre?

f) Förklara varför kvartilavståndet är ett bättre spridningsmått än variationsbredden.

4228

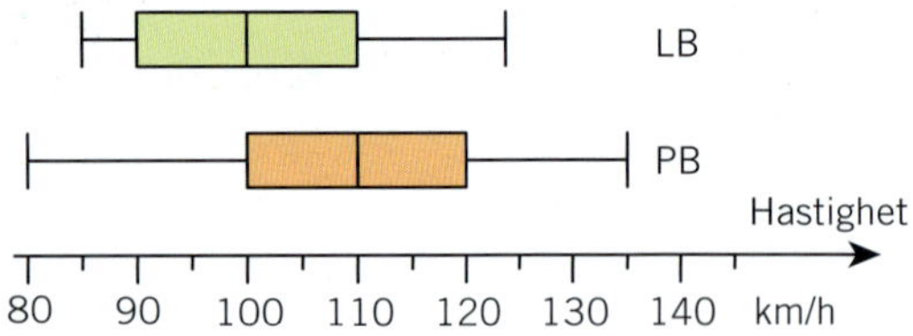

Lådagrammen visar resultatet från en hastighetskontroll av lastbilar (LB) och personbilar (PB).

a) Hur många procent av personbilarna hade en hastighet av 100 km/h eller högre?

b) Hur många procent av lastbilarna hade en hastighet av 100 km/h eller högre?

c) Är hastighetsspridningen, mätt i variationsbredd, störst bland lastbilar eller bland personbilar? Motivera ditt svar.

d) Är hastighetsspridningen, mätt i kvartilavstånd, störst bland lastbilar eller bland personbilar? Motivera ditt svar.

4229 Rita ett lådagram där

- minsta värdet = 140
- variationsbredden = 60
- nedre kvartilen = 160
- medianen = 180
- kvartilavståndet = 30.

4230 Ge förslag på 13 tal som kan beskrivas med lådagrammet. Skriv talen i storleksordning och ange Q_1, Q_2 och Q_3.

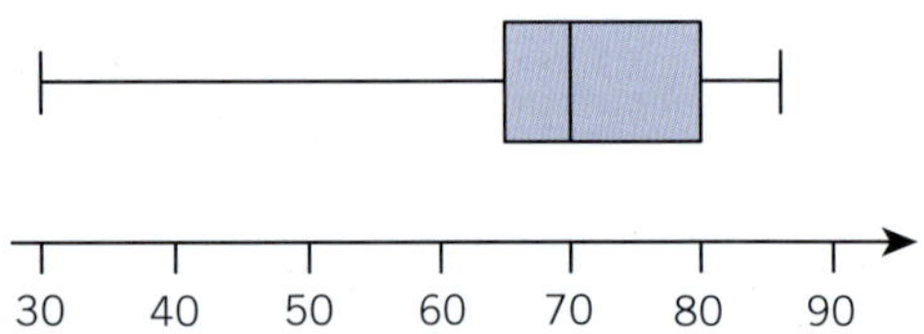

4231 Richard påstår att såväl median, medelvärde, variationsbredd som typvärde kan bestämmas med hjälp av ett lådagram. Är det sant? Motivera ditt svar.

4232 På en gymnasieskola gjorde 80 elever samma matteprov. Maxpoängen var 40.

Av resultatet kunde man utläsa följande:

$Q_1 = 15$ $Q_2 = 23$ $Q_3 = 30$

Klara hade 31 poäng på provet och utbrister:

"Då var det bara ungefär 20 elever som hade fler poäng än jag!"

Hur kom hon fram till detta?

4233 *b*

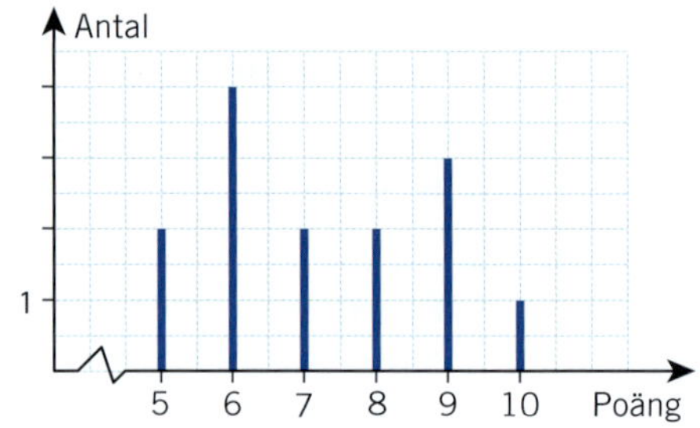

Avläs i stapeldiagrammet och bestäm

a) variationsbredden

b) medianen

c) kvartilavståndet

d) typvärdet

e) medelvärdet.

4234 *c* En datamängd består av sju olika heltal:

Medelvärde	11
Median	10
Nedre kvartil	7
Kvartilavstånd	10
Minsta värde	4

Undersök vilket eller vilka värden som är möjliga för det största talet.

Lägesmått och spridningsmått

Materiel: 14 papperslappar och en linjal.

1 Skriv talet *2* på tre lappar, *3* på en lapp, *4* på två lappar, *6* på fyra lappar, *7* på tre lappar och *14* på din sista.

2 Beräkna talens medelvärde, median och typvärde.

3 Beräkna variationsbredd, nedre och övre kvartil samt kvartilavstånd.

Redovisa värdena i ett lådagram.

4 Du ska göra ett modellförsök. Anta att talet på en lapp anger temperaturen i grader Celsius klockan 12 på din hemort.

Blanda lapparna och låt första lappen visa temperaturen dag 1.

a) Visa i ett linjediagram hur temperaturen varierar under en 14-dagarsperiod (14 lappar).

b) Rita in medelvärdet som en streckad linje i diagrammet.

c) Hur många dagar var temperaturen över, under respektive lika med medeltemperaturen? Svara i procent.

5 Ta bort bort lappen med det lägsta respektive högsta talet.

Beräkna på nytt medelvärde och median och jämför med värdena i uppgift 2. Kommentera resultatet.

6 Utgå från medelvärdet, medianen och de 12 lapparna i uppgift 5.

a) Ge förslag på två heltal som du kan lägga till de tolv utan att medelvärdet ändras.

b) Undersök om du kan lägga till två heltal så att medianen ändras men inte medelvärdet.

Standardavvikelse

Det mest använda spridningsmåttet är *standardavvikelsen*. När man beräknar den utgår man ifrån de enskilda observationernas avvikelser från medelvärdet.

Vi ska visa hur man beräknar standardavvikelse för hand.

Exempel Anton är spjutkastare. Hans tävlingsresultat, x m, under säsongen var

69 73 74 77 79 80 81 83

1 Beräkna medelvärdet $\bar{x}$.

$$\bar{x} = \frac{69 + 73 + 74 + 77 + 79 + 80 + 81 + 83}{8} = 77$$

2 Beräkna avvikelserna från medelvärdet.

$(x - \bar{x} = 69 - 77 = -8)$

–8 –4 –3 0 2 3 4 6

3 Summera kvadraterna på avvikelserna.

$(-8)^2 + (-4)^2 + (-3)^2 + 0^2 + 2^2 + 3^2 + 4^2 + 6^2 = 154$

4 Antalet värden: $n = 8$

Dividera med antalet värden minus ett $(n - 1) = 8 - 1 = 7$

$\frac{154}{7} = 22$ (spridningsmåttet vi nu beräknat kallas varians)

5 Dra roten ur variansen.

Standardavvikelsen $s = \sqrt{22} \approx 4{,}7$.

Medelvärdet är 77 m och standardavvikelsen 4,7 m.

Definition av standardavvikelse

För ett stickprov med n värden $x_1, x_2, x_3, \ldots, x_n$ och medelvärdet $\bar{x}$ är standardavvikelsen

$$s = \sqrt{\frac{(x_1 - \bar{x})^2 + (x_2 - \bar{x})^2 + (x_3 - \bar{x})^2 + \ldots + (x_n - \bar{x})^2}{n - 1}}$$

Formeln kan även skrivas med en summasymbol Σ

$$s = \sqrt{\frac{\sum_{k=1}^{n} (x_k - \bar{x})^2}{n - 1}}$$

Vilken information ger värdet på standardavvikelsen?

Om värdena $x_1, x_2, x_3, \ldots, x_n$ har liten spridning blir avvikelserna $(x_k - \bar{x})$ små och därmed blir standardavvikelsen liten.

Om värdena är mer utspridda blir avvikelserna stora och därmed blir också värdet på standardavvikelsen stort.

Standardavvikelsen har stor betydelse i samband med normalfördelade statistiska material, vilket vi kommer att se i avsnitt 4.3.

Medelvärde, median och standardavvikelse för statistiska material baserade på ett stort antal observationer beräknas med hjälp av räknare eller dator.

Ta reda på hur din räknare fungerar. Observationerna skrivs in i listor och verktygen för medelvärde (mean) och standardavvikelse (stdDev, från engelskans standard deviation) används.

4235 **Igor undersöker hur många sms eleverna på hans skola skickar per dag under en vecka. I hans stickprov ingår bl a Anna och Paul.**

v.40	*Mån*	*Tis*	*Ons*	*Tors*	*Fre*	*Lör*	*Sön*
Anna	52	34	41	27	53	64	30
Paul	5	38	22	27	99	86	45

Beräkna medelvärde och standardavvikelse för Annas respektive Pauls värden. Använd räknare/dator. Kommentera resultaten.

Anna: **Medelvärde $\bar{x} = 43$ sms/dag**
Standardavvikelse $s \approx 14$ sms/dag

Paul: **Medelvärde $\bar{x} = 46$ sms/dag**
Standardavvikelse $s \approx 34$ sms/dag

Medelvärdena är ungefär lika, men Pauls värden har större standardavvikelse. Detta beror på att Pauls värden varierar mer kring medelvärdet. Han skickar många sms på fredag och lördag och ganska få övriga dagar. Annas värden varierar mindre. Hon skickar ungefär lika många sms varje dag.

4236 **Vid en inventering i ett naturreservat mätte man längden på ett antal huggormar och presenterade detta i ett stolpdiagram.**

Beräkna medelvärde och standardavvikelse för ormarnas längd.

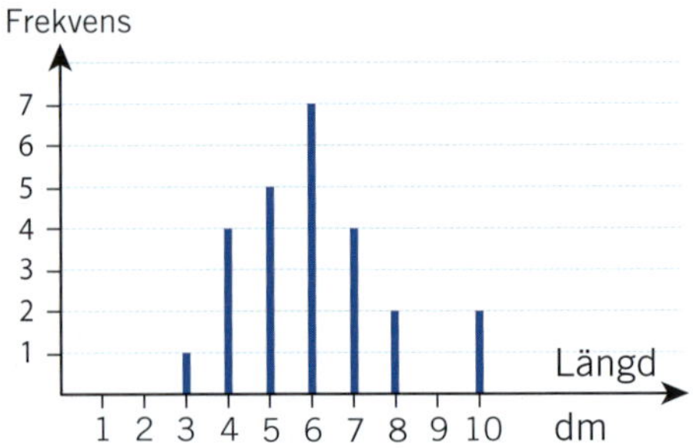

Vi avläser ormarnas längd och frekvens i diagrammet.

Längd i dm *x*	*Frekvens* *f*	$f \cdot x$	*Avvikelse* $x - \bar{x}$	$(x - \bar{x})^2$	$f \cdot (x - \bar{x})^2$
3	1	$1 \cdot 3 = 3$	$3 - 6 = -3$	$(-3)^2 = 9$	$1 \cdot 9 = 9$
4	4	$4 \cdot 4 = 16$	$4 - 6 = -2$	$(-2)^2 = 4$	$4 \cdot 4 = 16$
5	5	25	–1	1	5
6	7	42	0	0	0
7	4	28	1	1	4
8	2	16	2	4	8
9	0	0	–	–	–
10	2	20	4	16	32
Summa	25	150			74

Medelvärde $\bar{x} = \frac{150}{25} = 6{,}0$

Standardavvikelse $s = \sqrt{\frac{74}{24}} \approx 1{,}8$

Svar: Medelvärdet är 6,0 dm och standardavvikelsen är 1,8 dm.

4237 Halterna marknära ozon mäts på många platser i Sverige. Ett långsiktigt mål är att få ner medelvärdet till 50 μg /m³. Följande mätvärden i μg /m³ uppmättes vid en station:

80 125 68 104 70 60 95

a) Beräkna medelvärdet.

b) Beräkna standardavvikelsen dels för hand, dels med räknarens statistikverktyg.

4238 Lovisa undersökte hur många timmar eleverna i klass 3 hade sovit på natten. Resultatet visas i stolpdiagrammet.

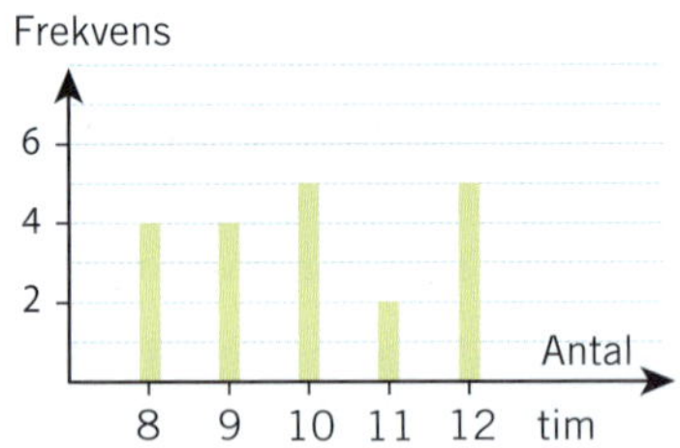

Beräkna medelvärde och standardavvikelse för hand.

4239 Hannes jämför vikten på äpplen från ett träd i hans trädgård med äpplen av samma sort i affären.
Han väger några slumpvis valda äpplen.

Äpplen	*Vikt (g)*
Från trädgården	137 195 269 190 282 152 105
Från affären	195 204 214 151 188 168 210

a) Bestäm medelvärde och standardavvikelse för äpplena från trädgården respektive affären.

b) Kommentera resultatet.

4240 Två elevgrupper har tidigare haft ungefär samma provresultat, dvs samma medelpoäng och standardavvikelse. Den ena gruppen (A) fick sedan arbeta helt på egen hand med ett avsnitt och den andra gruppen (B) fick arbeta i små grupper med lärarstöd.

Vid en utvärdering gjordes samma prov i grupperna. Resultaten från några slumpvis valda elever visas i tabellen.

Grupp A	*Grupp B*
32	33
37	38
22	48
24	40
30	33
36	43
37	34
23	46
27	47

a) Beräkna medelvärde och standardavvikelse i de två grupperna.

b) Kan man dra någon slutsats av resultatet?
Motivera ditt svar.

4241 *b* Vid mätning av längden i cm av ett stort antal tallplantor fick man följande resultat.

Längd (cm)	61	62	63	64	65	66	67
Frekvens	2	4	10	32	63	103	146

Längd (cm)	68	69	70	71	72	73	74
Frekvens	143	111	75	35	12	3	1

Beräkna

a) variationsbredd

b) medelvärde

c) median

d) kvartilavstånd

e) standardavvikelse.

4242 Ludvig och Klara undersöker samma datamaterial.

Ludvig: Medelvärdet = 150
Variansen = 289

Klara: Median = 140
Standardavvikelsen = 17

Kan båda ha rätt? Motivera ditt svar.

4243 Efter en hastighetskontroll på en motorväg sammanställdes följande histogram.

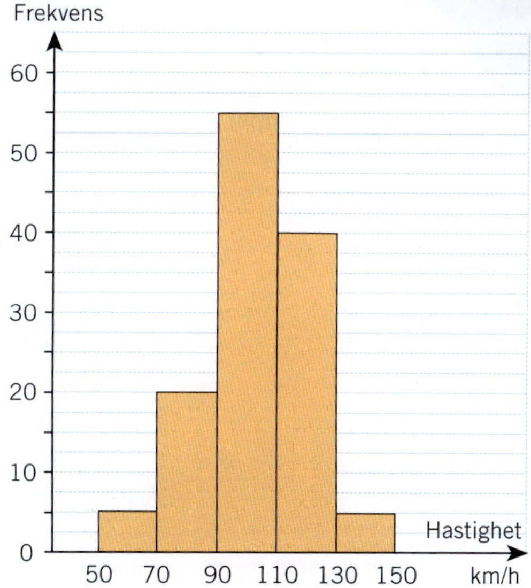

Beräkna medelvärde och standardavvikelse för hastigheterna.

Tema

Hjärtinfarkt och statistik

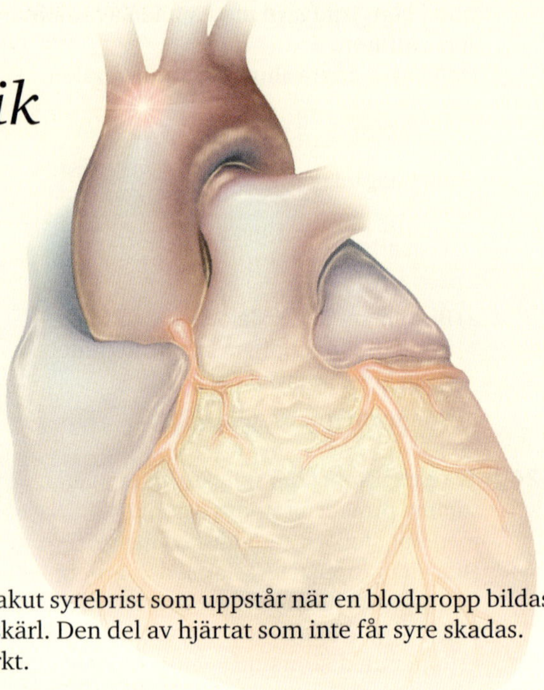

Hjärtinfarkt orsakas av akut syrebrist som uppstår när en blodpropp bildas i något av hjärtats kranskärl. Den del av hjärtat som inte får syre skadas. Skadan kallas hjärtinfarkt.

Det finns både faktorer som ökar och faktorer som minskar risken för hjärtinfarkt.

Några kända faktorer som ökar risken är ökad ålder, ärftliga anlag, rökning, stress, högt blodtryck, bukfetma, förhöjda blodfetter och diabetes.

Några faktorer som minskar risken är motion, dagligt intag av frukt och grönsaker samt små mängder alkohol.

Exempel 1 Riskfaktorn högt blodtryck är ganska vanlig i Sverige. I tabellen visas systoliskt (övre) blodtryck hos 200 hjärtinfarktpatienter.

Tryck mmHg	*Frekvens*	*Kumulerad frekvens*	*Kumulerad relativ frekvens*
70– 90	11	11	11/200 = 0,055
90–110	22	33	33/200 = 0,165
110–130	30	63	63/200 = 0,315
130–150	57	120	120/200 = 0,6
150–170	44	164	164/200 = 0,82
170–190	36	200	200/200 = 1

kumulerad frekvens *Kumulerad frekvens* betyder samlad frekvens. Den får man genom att succesivt addera frekvenserna.

summapolygon Diagrammet nedan kallas *summapolygon*. De kumulerade relativa frekvenserna avsätts vid den högra klassgränsen.

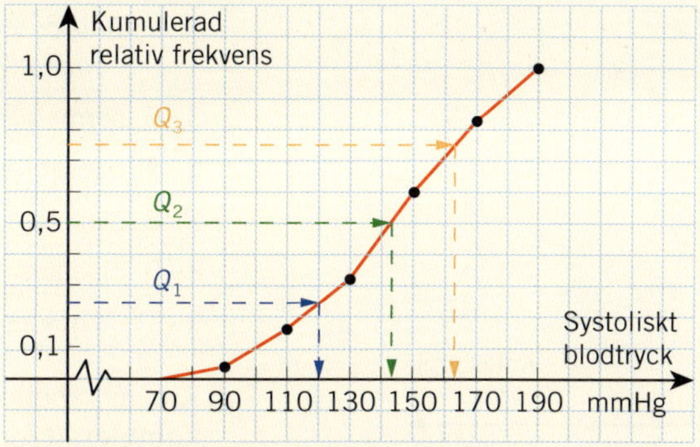

I summapolygonen kan medianen avläsas vid den kumulerade relativa frekvensen 0,5 och den nedre och övre kvartilen vid 0,25 respektive 0,75.

Nedre kvartilen $Q_1 \approx 120$
Medianen $Q_2 \approx 143$
Övre kvartilen $Q_3 \approx 163$

percentil I vetenskapliga rapporter används ibland begreppet *percentil*. En percentil är det värde nedanför vilket en viss procent av observationerna hamnar. P_{90} står för den nittionde percentilen och innebär att 90 % av alla observationer är mindre än P_{90}. Medianen kan betecknas P_{50}.

Exempel 2 Resultatet från en studie där man undersökt hjärtfrekvensen (slag/minut) hos män som motionerar regelbundet och män i en kontrollgrupp redovisas med två lådagram:

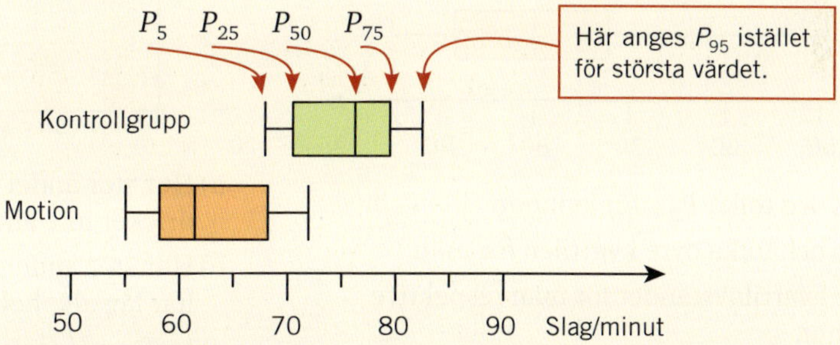

I lådagrammet för gruppen som motionerar kan vi avläsa $P_5 \approx 55$. Detta betyder att 5 % av männen hade en hjärtfrekvens under 55 slag /minut.

I lådagrammet för kontrollgruppen kan vi avläsa $P_{95} \approx 83$. Detta betyder att 95 % av männen hade en hjärtfrekvens under 83 slag /minut.

1 Summapolygonen visar kolesterolvärden hos en grupp friska 50-åringar.

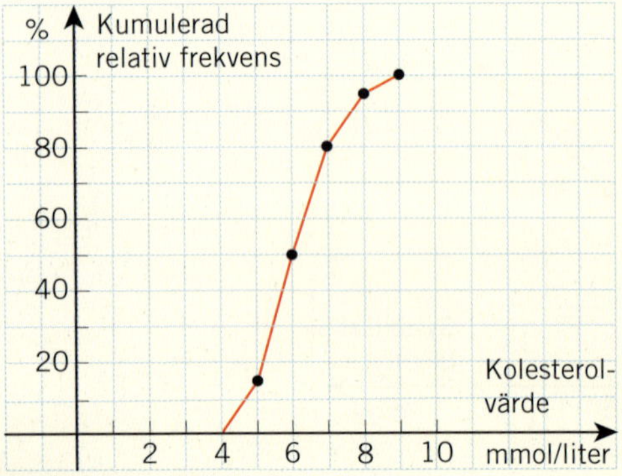

Avläs

a) medianen

b) nedre kvartilen

c) nittiofemte percentilen P_{95}

d) andelen som har värden > 7 mmol/liter.

2 Lådagrammen visar åldern vid första insjuknandet i hjärtinfarkt för män respektive kvinnor i Sverige.
Ändpunkterna visar $P_{2,5}$ och $P_{97,5}$ (*Socialstyrelsen*)

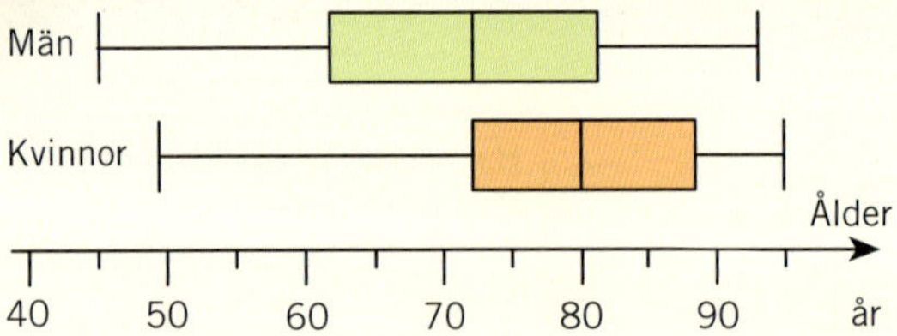

a) Avläs och tolka $P_{2,5}$ för kvinnor.

b) Avläs och tolka övre kvartilen för män.

c) Ange kvartilavståndet för män respektive kvinnor.

d) Jämför medianen för män och kvinnor.

3 Tabellen visar blodsockervärden på morgonen före frukost hos en hjärtinfarktpopulation.

Blodsockervärde mmol/liter	*Frekvens*
3–6 normalt	42
6–7 nedsatt glukostolerans	24
7–8 diabetes	18
8–9 diabetes	12
9–15 diabetes	24

a) Rita av tabellen och komplettera med kumulerad frekvens och kumulerad relativ frekvens.

b) Rita en summapolygon. Pricka in värdena vid den högra klassgränsen.

c) Avläs P_{90} och tolka värdet.

4 Tabellen visar alkoholkonsumtionen i olika åldrar för kvinnor 20–84 år, åren 2004–05 (*SCB*).

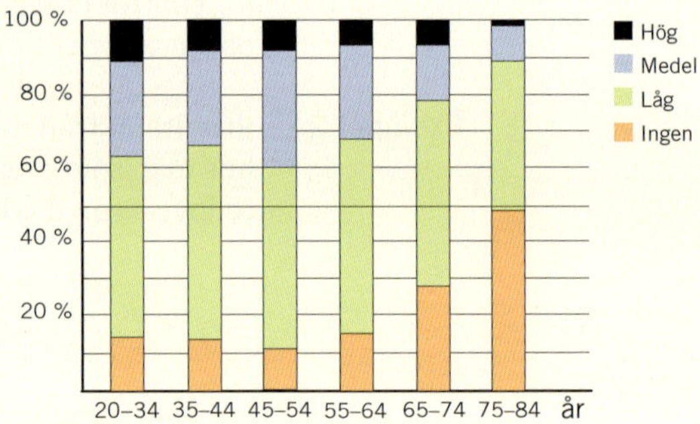

a) Hur stor andel i åldersgruppen 20 – 34 år dricker inte alkohol?

b) Hur stor andel i åldersgruppen 20 – 34 år har låg alkoholkonsumtion?

c) I vilken åldersgrupp är andelen med medelkonsumtion störst respektive minst?

Aktivitet

LABORERA

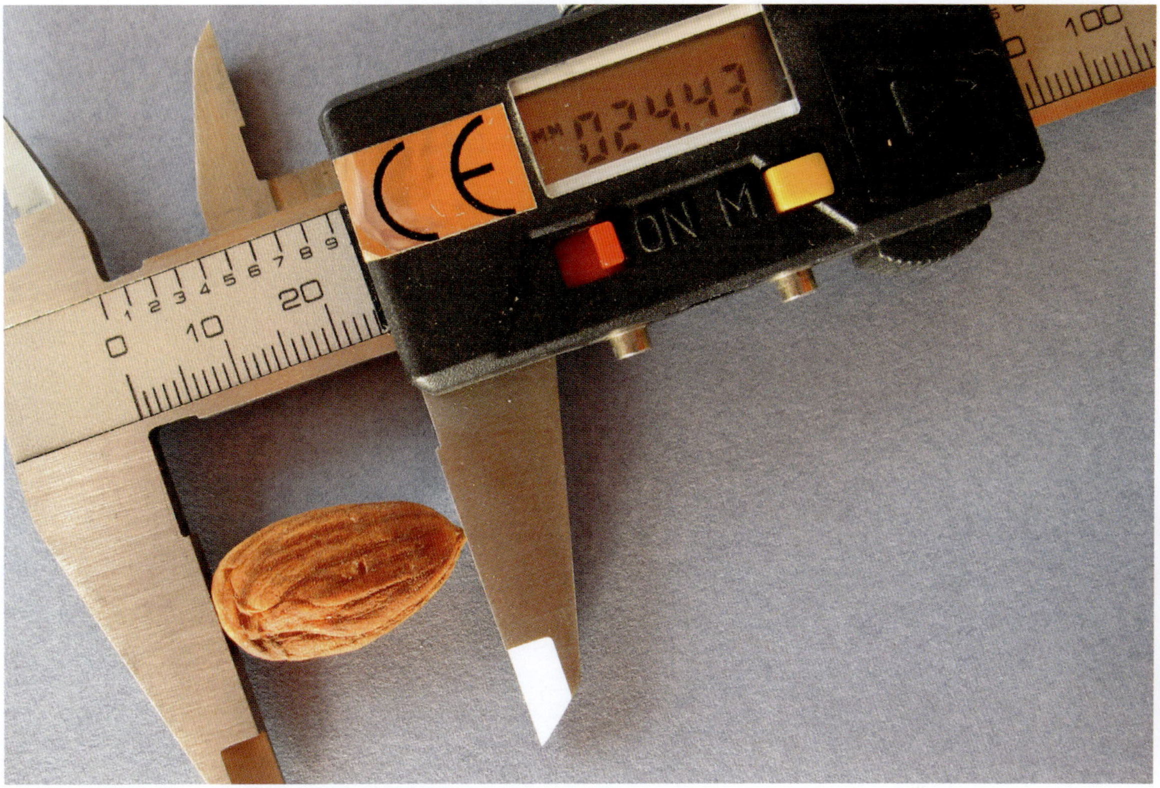

Hur lång är en mandel?

Materiel: Ett stickprov med 100 mandlar, linjal eller skjutmått.

1 a) Mät längden på mandlarna och visa resultatet i en tabell med klassindelade värden, t ex 21,5 mm → 22,5 mm.

b) Beräkna medelvärde och standardavvikelse med hjälp av klassernas mittvärden.

2 a) Rita ett histogram och markera medelvärdet.

b) Skissa i histogrammet en kurva genom mittpunkten på staplarnas övre kant.

c) Uppskatta med hjälp av kurvan hur stor andel av mandlarna i stickprovet som har en längd i intervallet medelvärdet ± en standardavvikelse.

4.3 Normalfördelning

Egenskaper hos normalfördelat material

Exempel Ett företag har en gammal och en ny maskin som förpackar kaffe i 500-gramspåsar. Tobias, som arbetar i företagets laboratorium, väger 200 slumpvis valda påsar från varje maskin och presenterar mätresultaten på följande sätt:

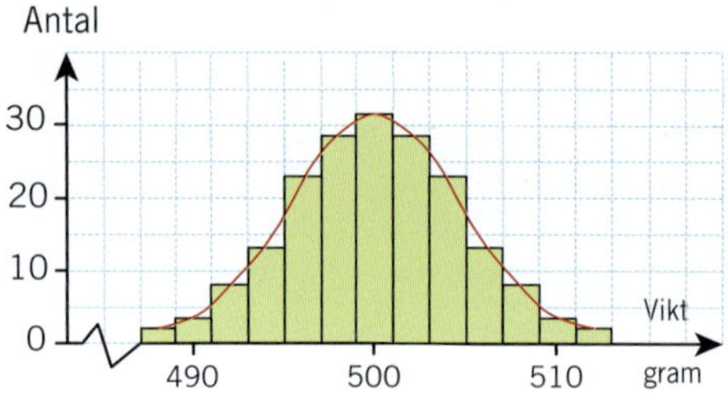

Gamla maskinen

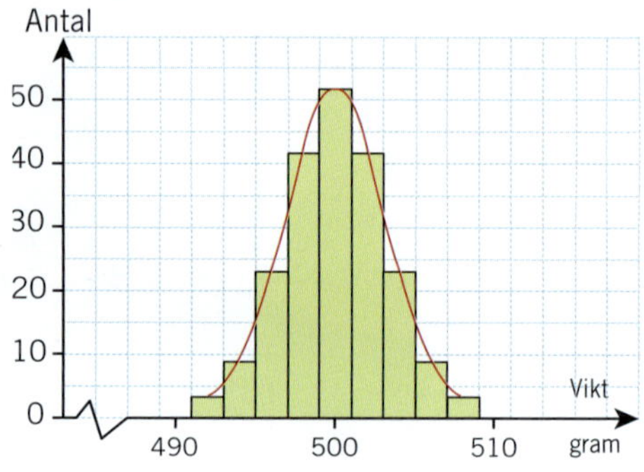

Nya maskinen

Stickprov gamla maskinen	
Antal påsar:	$n = 200$
Medelvärde:	$\bar{x} = 500$ g
Variationsbredd:	24 g
Standardavvikelse:	$s = 5$ g

Stickprov nya maskinen	
Antal påsar:	$n = 200$
Medelvärde:	$\bar{x} = 500$ g
Variationsbredd:	16 g
Standardavvikelse:	$s = 3$ g

Du ser i histogrammen att påsarna från den gamla maskinen varierar mer i vikt. Att spridningen är större framkommer även i värdena för variationsbredd och standardavvikelse.

normalfördelning

Statistiska material som fördelar sig enligt diagrammen ovan kallas *normalfördelade.* Den röda kurvan kallas normalfördelningskurva och den är alltid symmetrisk runt medelvärdet. Man brukar säga att kurvan är "klockformad" och på engelska kallas den ibland "the bell curve". I ett normalfördelat material har observationerna ofta värden som ligger nära medelvärdet och sällan värden med stor avvikelse.

Det finns otaliga exempel på normalfördelade statistiska material:

- Blodtryck hos friska personer i en viss ålder.
- Morgontemperaturen i Stockholm 4:e april de senaste 75 åren.
- Längden hos 20-åriga svenska män.
- Vikten hos äpplen av en viss sort.
- Diametern av muttrar som tillverkats av en viss maskin.

För ett stickprov används beteckningen $\bar{x}$ för medelvärdet och s för standardavvikelsen. För en hel population används beteckningen μ (my) för medelvärdet och σ (sigma) för standardavvikelsen.

För alla normalfördelade populationer gäller att

- 68,2 % av materialet ligger inom en standardavvikelse från medelvärdet, dvs i intervallet $\mu \pm \sigma$.

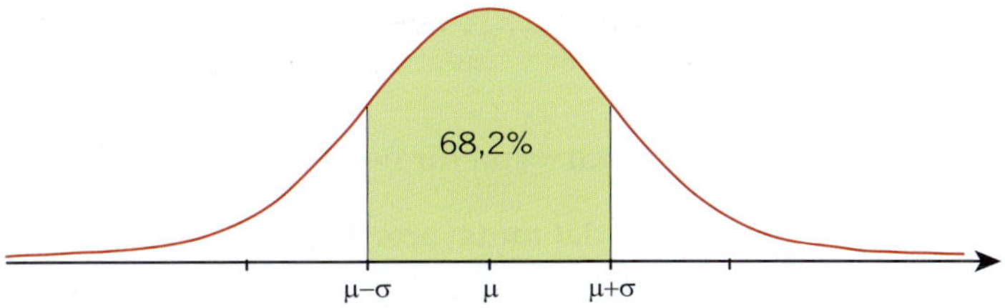

- 95,4 % av materialet ligger inom två standardavvikelser från medelvärdet, dvs i intervallet $\mu \pm 2\sigma$.

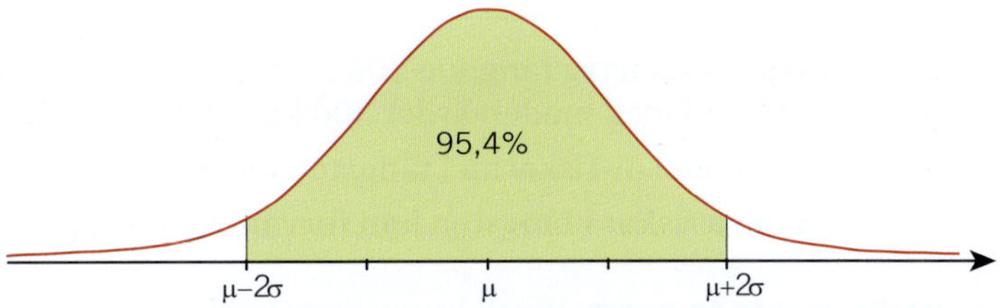

För förpackningsmaskinerna i vårt exempel innebär detta:

Ca 68 % av alla påsar från den

– gamla maskinen har en vikt i intervallet 495 g – 505 g (500 g ± 5 g).

– nya maskinen har en vikt i intervallet 497 g – 503 g (500 g ± 3 g).

Ca 95 % av alla påsar från den

– gamla maskinen har en vikt i intervallet 490 g – 510 g (500 g ± 2 · 5 g).

– nya maskinen har en vikt i intervallet 494 g – 506 g (500 g ± 2 · 3 g).

fördelning kring medelvärdet

För alla normalfördelade material med medelvärdet μ (my) och standardavvikelsen σ (sigma) gäller att materialet *fördelar sig kring medelvärdet* enligt diagrammet:

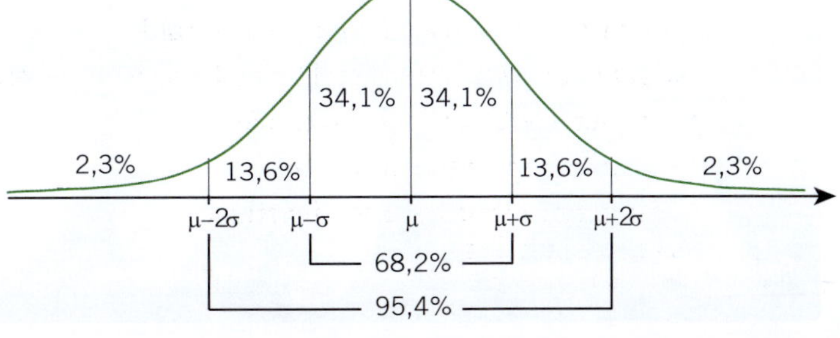

4301 Ett normalfördelat material har medelvärdet 50 och standardavvikelsen 10.
Hur många procent av observationerna ligger inom det färgade området?

a)

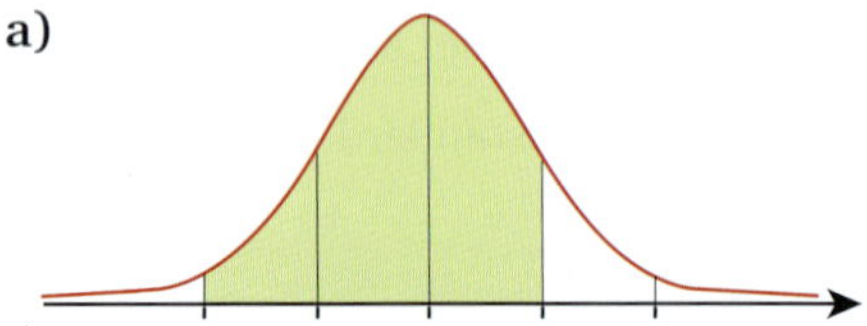

b)

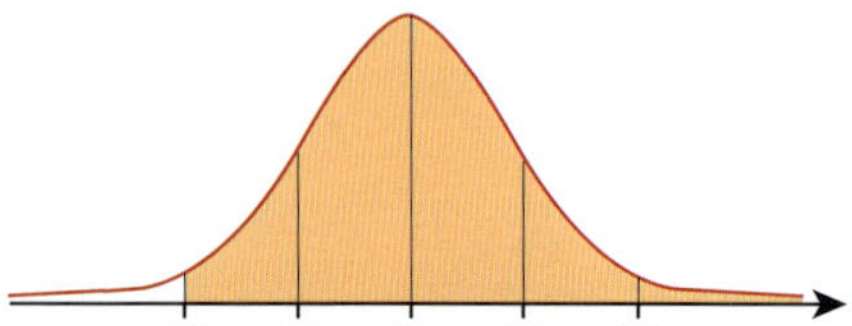

Vi använder procentsatserna för normalfördelning (se sidan 243).

a) Det färgade området motsvarar 13,6 % + 34,1 % + 34,1 % = 81,8 % av observationerna.

b) Det färgade området motsvarar 100 % – 2,3 % = 97,7 % av observationerna.

4302 Ett japanskt fiskefartyg fångade 1000 tonfiskar i ett område där fiskarnas vikt var normalfördelad med medelvärdet 300 kg och standardavvikelsen 40 kg.

a) Hur stor andel av fiskarna i fångsten kan förväntats ha vägt mer än 340 kg?

b) Hur många fiskar i fångsten kan förväntats ha vägt mellan 220 och 260 kg?

a) Vi skissar en normalfördelningskurva och skriver in medelvärdet 300 i mitten och värdena för ±1 standardavvikelse vid 300 + 40 = 340 och 300 – 40 = 260 och värdena för ±2 standardavvikelser vid 380 och 220.

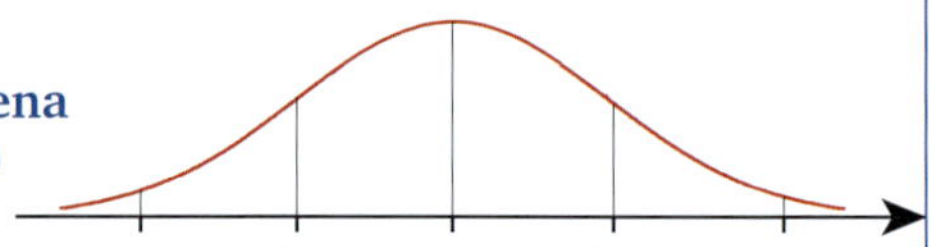

Andelen fiskar som väger över 340 kg : 13,6 % + 2,3 % = 15,9 % ≈ 16 %

Svar: Ca 16 % förväntas ha vägt mer än 340 kg.

b) Andelen som väger mellan 220 kg och 260 kg är 13,6 %.
Antalet fiskar = 13,6 % av 1000 = 0,136 · 1000 = 136 ≈ 140

Svar: Ca 140 tonfiskar i fångsten förväntats ha vägt mellan 220 och 260 kg.

Frusen tonfisk vid världens största fiskmarknad, Tsukiji i Tokyo.

4303 Ett normalfördelat material har medelvärdet 8,0 och standardavvikelsen 2,0.

Hur många procent av observationerna ligger inom det färgade området?

a)

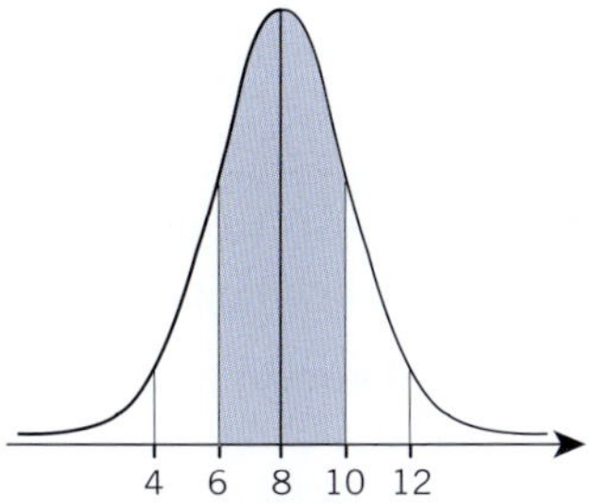

b)

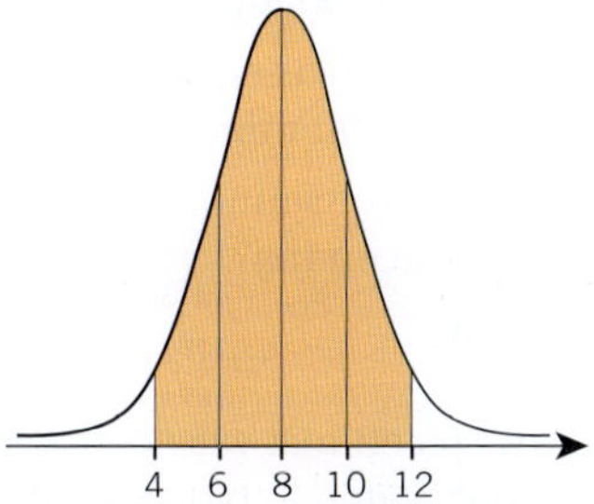

4304

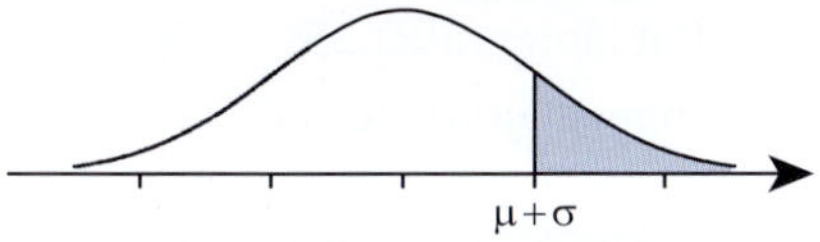

Hur stor del av det normalfördelade materialet svarar mot

a) det färgade området

b) det ofärgade området?

4305

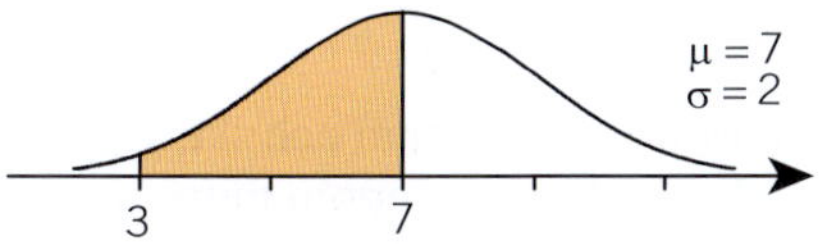

Hur stor del av det normalfördelade materialet svarar mot

a) det färgade området

b) det högra ofärgade området

c) mätvärden mellan 7 och 9

d) mätvärden mindre än 3?

4306 En normalfördelad population har medellängden 178 cm med en standardavvikelse på 4 cm.

Hur många procent är

a) kortare än 178

b) mellan 178 cm och 182 cm långa

c) längre än 182 cm

d) mellan 174 cm och 182 cm

e) kortare än 170 cm

f) kortare än 170 cm eller längre än 186 cm?

4307 Figuren visar två normalfördelningskurvor.

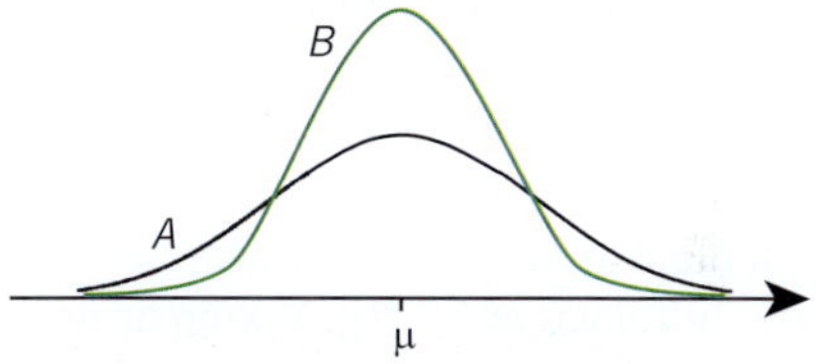

Är det sant att

a) *B* har ett större medelvärde än *A*?

b) *B* har en mindre standardavvikelse än *A*?

4308 Roger har konstaterat att räkorna han fångar är normalfördelade med medelvärdet 12 g och standardavvikelsen 2 g.

En dag fångar Roger 3 000 räkor.

a) Hur stor andel av räkorna väger mer 12 g?

b) Hur många räkor väger mellan 10 och 14 g?

c) Hur många räkor väger mer än 14 g?

d) De räkor som väger mindre än 8 g kan Roger inte sälja. Hur många är det?

4309 Resultaten på ett högskoleprov är i det närmaste normalfördelade. Resultaten anges som en poäng med en decimal och den maximala poängen är 2,0. Vid ett provtillfälle var medelpoängen 0,95 och standardavvikelsen 0,40.

Hur många av 5 000 provdeltagare hade ett resultat

a) under eller lika med 1,35

b) över eller lika med 1,75?

4310 Bestäm medelvärdet för ett normalfördelat material om

a) standardavvikelsen är 12 och 95 % av värden ligger mellan 100 och 148.

b) värdet en standardavvikelse över medelvärdet är 62 och värdet en standardavvikelse under medelvärdet är 28.

c) standardavvikelsen är 5 och 84 % av värdena är mindre än 74.

4311 Den volym kaffe som en automat häller upp är normalfördelad med medelvärdet 1,8 dl och standardavvikelsen 0,1 dl. Kaffemuggen rymmer 2,0 dl.

Hur stor är sannolikheten att kaffe rinner över vid påfyllningen?

4312 En maskin tillverkar tennisbollar som i medeltal väger 58,6 g. Vikten är normalfördelad med standardavvikelsen 0,45 g. Bollar som väger minde än 57,7 g eller mer än 59,5 g uppfyller inte de tekniska kraven på en tennisboll.

Hur många, av 2 000 tillverkade bollar, uppfyller inte kraven?

4313 C Ett stort antal studenter, lika många killar som tjejer, genomförde ett test. När man analyserade resultatet för tjejerna i jämförelse med killarna fann man att resultaten var normalfördelade i båda grupperna med samma medelvärde, 30 poäng.

Standardavvikelsen var olika i de båda grupperna. Killarna hade standardavvikelsen 10 p och tjejerna 5 p.

a) Hur många procent av tjejerna hade mindre än 20 poäng?

b) Hur många procent av killarna hade mindre än 20 poäng?

c) Vi väljer slumpvis en student bland dem med ett resultat mindre än 40 poäng.

Är det lika stor sannolikhet att vi väljer en kille som en tjej?

Motivera.

4314 Resultatet på ett test var normalfördelat med medelvärdet 40 p och standardavvikelsen 15 p. 170 personer hade ett resultat i intervallet 25p – 55p.

Hur många gjorde testet?

4315 Ett stickprov med 250 skruvar vägdes.

Vikt i gram	2,75 – 2,85	2,85 – 2,95	2,95 – 3,05
Frekvens	10	28	55

Vikt i gram	3,05 – 3,15	3,15 – 3,25	3,25 – 3,35
Frekvens	69	54	34

a) Rita ett histogram och skissa en klockformad kurva genom mittpunkten på staplarnas övre kant.

b) Beräkna medelvärdet $\bar{x}$ och standardavvikelsen s.

c) Uppskatta med hjälp av din kurva hur stor andel av skruvarna i stickprovet som hade en vikt i intervallet $\bar{x} - s < x < \bar{x} + s$.

Aktivitet

LABORERA

Finns det några samband i clementiner?

Materiel: 20–25 clementiner och en eller flera vågar.

1 Väg en clementin och notera vikten. Skala clementinen och notera skalets vikt. Räkna antalet klyftor.

2 Undersök alla clementinerna på samma sätt som i uppgift 1 och skriv upp resultaten.

3 a) Rita ett diagram med clementinens vikt på x-axeln och skalets vikt på y-axeln. Pricka in värdena.

b) Rita ett diagram med clementinens vikt på x-axeln och antalet klyftor på y-axeln. Pricka in värdena.

4 Studera diagrammen.

a) Finns det något samband mellan hela clementinens vikt och skalets vikt?

b) Finns det något samband mellan hela clementinens vikt och antalet klyftor?

4.4 Modellering

Korrelation

Exempel 1 Vid ett inbrott upptäckte polisen ett stort skoavtryck på brottsplatsen. Vad säger detta om tjuven?

Vi vet att sambandet mellan skonummer och kroppslängd är positivt, dvs personer med stora fötter är i allmänhet också långa.

Bland de misstänkta bör polisen alltså i första hand undersöka långa personer.

Vi har gjort en liten undersökning av skonummer och kroppslängd för ett antal personer. Resultatet visas i tabellen.

Skonummer x	35	36	37	38	39	40	39	42	42	43	45
Längd y cm	150	158	160	165	168	170	171	175	180	183	195

spridningsdiagram Grafiskt visar vi sambandet i ett *spridningsdiagram*. Varje punkt i diagrammet motsvarar en persons skonummer och längd.

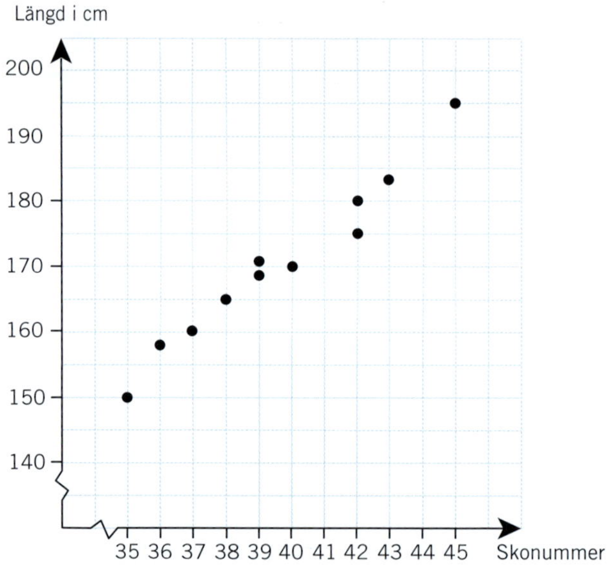

Diagrammet visar ett positivt samband, dvs punkterna ligger spridda kring en rät linje med positiv lutning.

korrelation Man säger att det finns en positiv *korrelation* mellan variablerna.

Exempel 2 Hur starkt ett samband mellan två variabler är, anges med ett tal som kallas korrelationskoefficient.

korrelationskoefficient *Korrelationskoefficienten, r,* kan anta värden mellan –1 och 1.

positiv och negativ korrelation *Korrelationen är positiv* ($r > 0$) när ett större värde på den ena variabeln ger ett större värde på den andra variabeln.

Korrelationen är negativ ($r < 0$) när ett större värde på den ena variabeln svarar mot ett mindre värde på den andra variabeln.

Korrelation saknas ($r = 0$) när det inte finns något samband mellan variablerna.

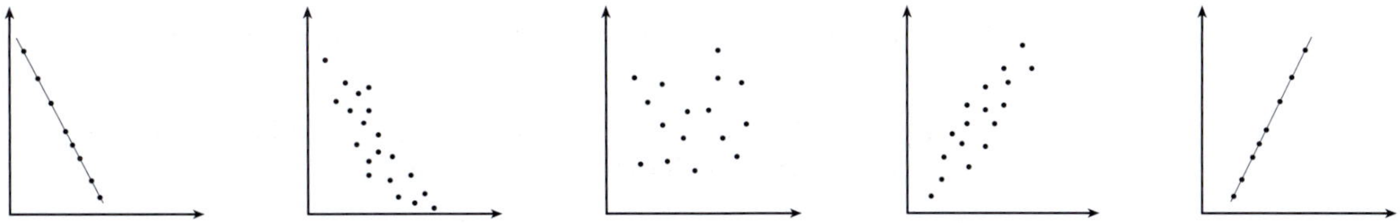

Stark negativ korrelation ($r = -1$) | **Svag negativ korrelation** | **Ingen korrelation ($r = 0$)** | **Svag positiv korrelation** | **Stark positiv korrelation ($r = 1$)**

Exempel 3 Under åren 2000 – 2010 har antalet barn som föds i Sverige ökat kraftigt. Samtidigt har intresset för löpning som motionsform ökat. Vi kan se det i ett spridningsdiagram där vi mäter motionsintresset med antalet anmälda personer till motionsloppet Göteborgvarvet.

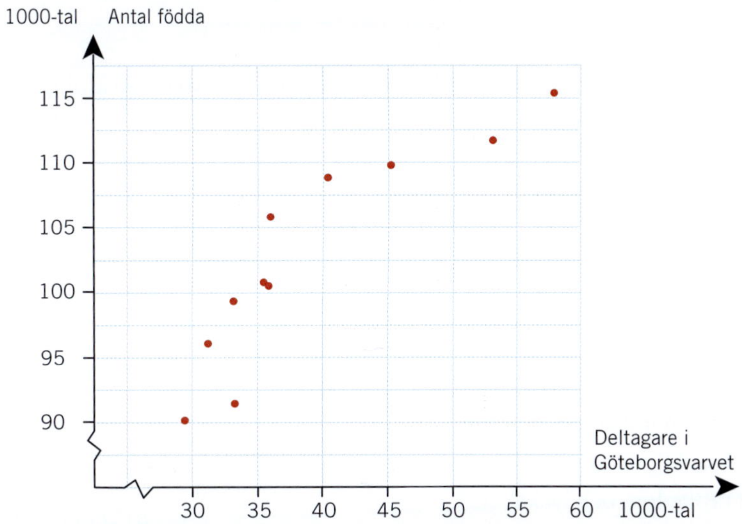

Det finns en positiv korrelation mellan löpning och antalet födda barn, men det betyder inte ett ökat intresse för löpning leder till (orsakar) att fler barn föds. Det finns inget *orsakssamband (kausalitet)*.

orsakssamband (kausalitet)

Man kan tänka sig att en förbättring av de ekonomiska villkoren för barnfamiljer är korrelerat till att fler skaffar barn. Detta är i så fall ett orsakssamband.

4401 **Lars påstår att det finns ett samband mellan frånvaro och resultat på nationella provet. Ett stickprov från en skola visar följande resultat.**

Antal frånvarotillfällen	20	13	6	8	26	2	22	8	18
Poäng	10	25	40	18	4	32	18	29	13

a) Gör ett spridningsdiagram.

b) Avgör om det finns någon korrelation mellan frånvaro och resultat på provet.

a) 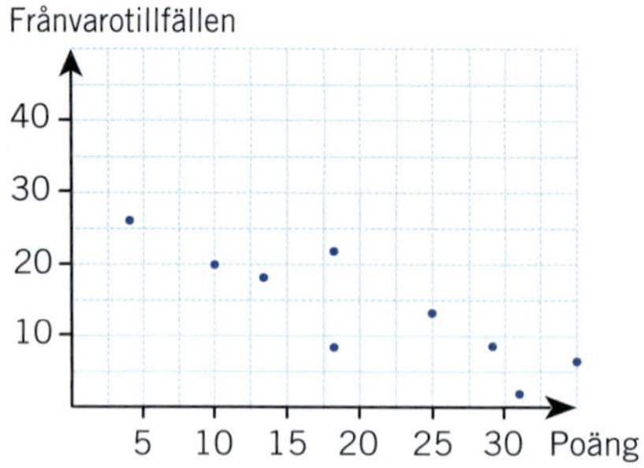

b) Diagrammet visar att det finns en negativ korrelation mellan frånvaro och resultat, dvs större frånvaro motsvarar sämre resultat enligt undersökningen.

4402 Tror du det finns positiv, negativ eller ingen korrelation mellan de båda variablerna? Är det ett orsakssamband? Motivera.

a) Mängden nederbörd och antalet besökare på en fotbollsmatch.

b) Utomhustemperatur och antalet MC-olyckor.

c) Skonummer och förmåga att lösa ekvationer.

d) Avståndet till ekvatorn och genomsnittstemperaturen på platsen.

e) Fruktkonsumtion och ålder.

f) Rikedom och lycka.

4403 Spridningsdiagrammet visar resultatet av en undersökning av motionsvanor på en arbetsplats.

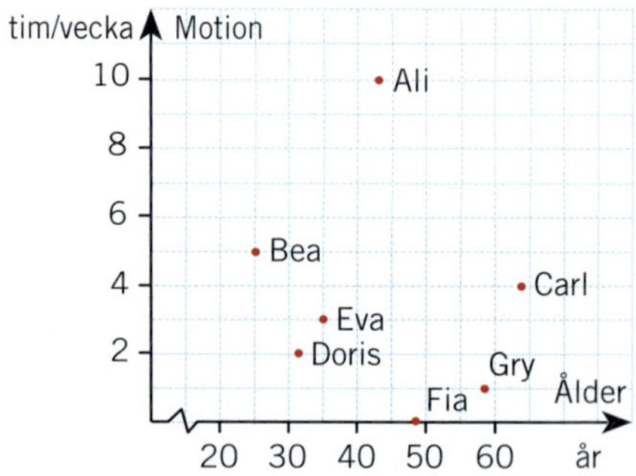

a) Vem är yngst och vem är äldst?

b) Vem motionerar mest respektive minst?

c) Finns det någon korrelation mellan ålder och motionstid?

4404 Vilka påståenden passar för diagrammet?

- positiv korrelation
- negativ korrelation
- ingen korrelation
- stark korrelation
- svag korrelation

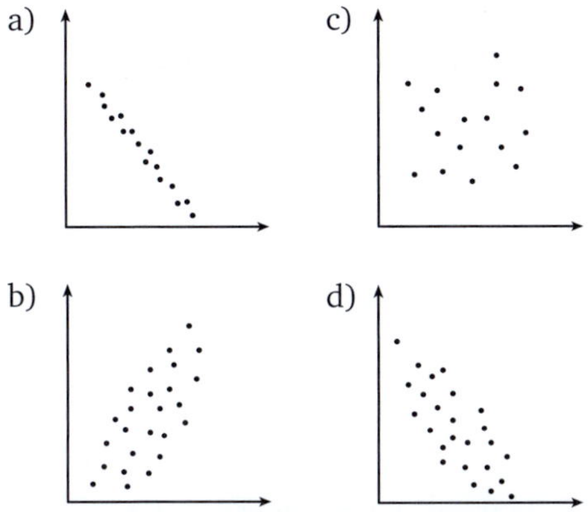

4405 Tabellen visar statistik från ett litet företag där sex personer arbetar.

Månadslön (kr)	*Ålder (år)*	*Utbildning (år efter grundskolan)*	*Anställningstid (år i företaget)*
21 000	24	3	4
19 000	26	3	2
26 000	32	5	6
30 000	35	6	9
38 000	30	7	3
23 000	41	4	10

Rita ett spridningsdiagram för att undersöka om det på företaget finns korrelation (stark, svag eller ingen) mellan

a) ålder och lön

b) utbildning och lön

c) antal år i företaget och lön.

4406 George säljer jordgubbar. Förra säsongen förde han statistik över dagspris och försäljning.

Pris (kr/liter)	*Försäljning/dag (liter)*
40	120
30	161
20	200
25	179
35	142

a) Rita ett spridningsdiagram och avgör om det finns någon korrelation mellan pris och försäljning.

b) Vilket pris gav störst intäkt per dag?

4407 Statistiken i tabellen är hämtad från utrikespolitiska institutet. Den visar BNP och CO_2 –utsläpp i ett antal länder år 2007.

Land	*BNP (US dollar/ person)*	*CO_2 (ton/person)*
Chile	9 900	4
Irland	60 000	10
Luxemburg	107 000	23
Portugal	22 000	5
Qatar	66 000	55
Spanien	32 000	8
Sverige	50 000	5
Tanzania	400	0,2
USA	47 000	19

a) Rita ett spridningsdiagram över BNP och CO_2-utsläpp.

b) Finns det någon korrelation mellan BNP och CO_2-utsläpp?

c) Finns det ett orsakssamband mellan BNP och CO_2-utsläpp?

4408

Land	*Andel läs- och skrivkunniga kvinnor (%)*	*Andel kvinnor i parlamentet (%)*
Irak	69	25
Mexiko	91	28
Nigeria	49	7
Rwanda	66	56
Saudiarabien	80	0
Spanien	97	36
Sverige	100	47
Zambia	61	15
Vietnam	90	26

Källa: Landguiden

a) Elaine påstår att ju högre andel läs- och skrivkunniga kvinnor det finns i ett land desto större är andelen kvinnor i parlamentet.
Undersök med ett spridningsdiagram om detta stämmer för länderna i tabellen.

b) Finns det något land i diagrammet som avviker från de övriga? Kommentera.

4409 Diagrammen visar läkemedelsförsäljning per månad till människor respektive djur i Sverige 2011.

Läkemedelsförsäljning till människor

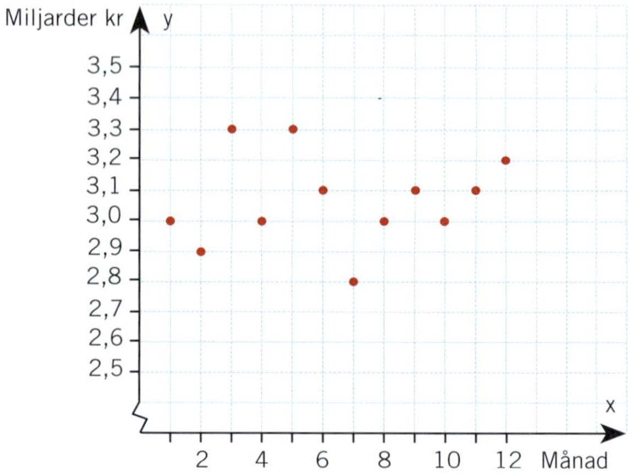

Läkemedelsförsäljning till djur

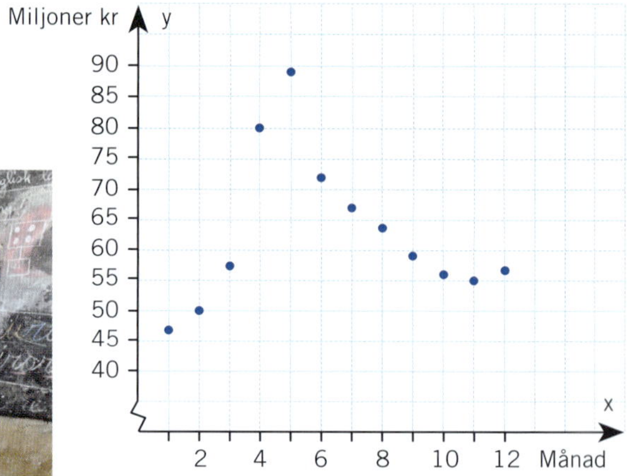

Källa: www.apotekensservice.se

Finns det någon korrelation mellan månadsförsäljningen av läkemedel till djur och till människor?

Regression

matematisk modell

När vi använder matematik för att lösa ett problem utifrån en verklig situation så gör vi en *matematisk modell*.

Exempel 1

Verklig situation

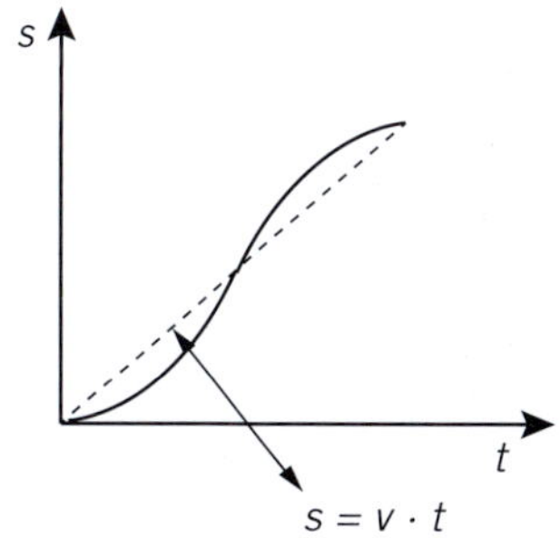

Matematisk modell

matematisk modellering

Att göra och använda en matematisk modell kallas *matematisk modellering*.

Exemplet ovan visar hur en funktion kan användas som en förenklad modell för att beskriva hur en löpare rör sig under ett lopp.

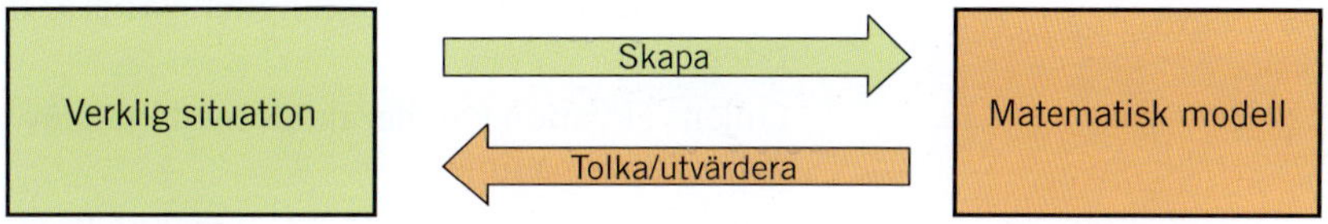

Verkliga
begränsningar
resultat

Matematiska
beräkningar
resultat

regressionsanalys

Att anpassa funktioner till observerade data är den gren inom statistiken som kallas *regressionsanalys*.

I kapitel 1 gjorde vi linjära anpassningar med hjälp av räknaren och vi kan på samma sätt anpassa andra typer av funktioner till givna data.

Exempel 2 Astrid och Samuel har gjort några mätningar på längden y cm av en stockros.

x	4	6	10	12
y	14	22	26	32

I tabellen är x antalet dagar efter planteringen.

Astrid och Samuel markerar sina uppmätta värden i ett koordinatsystem och vill beskriva hur stockrosen växer med en linjär modell $y = kx + m$.

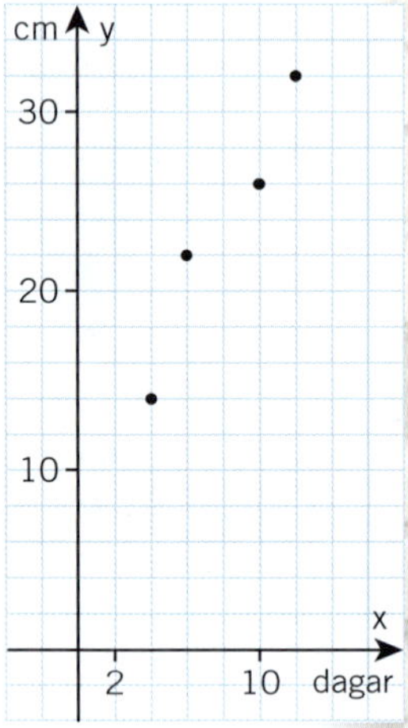

linjär anpassning

De anpassar med ”ögonmått” en rät linje till sina uppmätta data och använder sedan den inritade linjen som modell för hur längden varierar med tiden.

Linjens ekvation kan beräknas med hjälp av avläsningar på linjen.

Punkterna (0, 8) och (12, 32) ligger på linjen.

$$k = \frac{\Delta y}{\Delta x} = \frac{32 - 8}{12 - 0} = 2$$

$$y = 2x + 8$$

Metoden att anpassa en rät linje till uppmätta värden med ögonmått ger naturligtvis olika resultat beroende på hur linjen ritas.

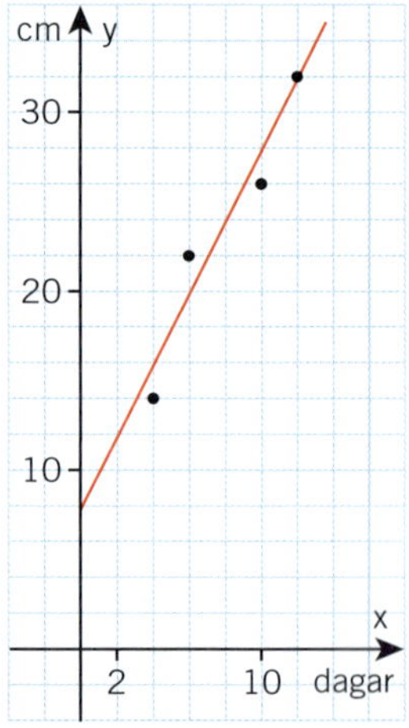

”bästa linjen”?

För att få den *bästa linjen* måste vi använda en bättre metod. Ett sätt är att beräkna avvikelserna i vertikal led mellan mätpunkterna och linjen, se figur.

Om vi summerar kvadraterna på avvikelserna, så har den bästa linjen den minsta summan $d_1^2 + d_2^2 + d_3^2 + d_4^2$

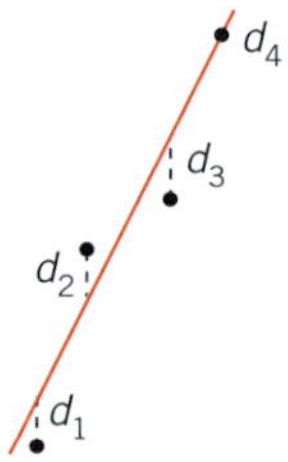

minsta kvadratmetoden

linjär regression

En grafritande räknare kan beräkna bästa möjliga linje med *minsta kvadratmetoden* eller så kallad *linjär regression*.

4410 **Använd räknarens program för linjär regression för att bestämma bästa möjliga linje till stockrosvärdena i Exempel 2.**

x dagar efter planteringen	4	6	10	12
y cm	14	22	26	32

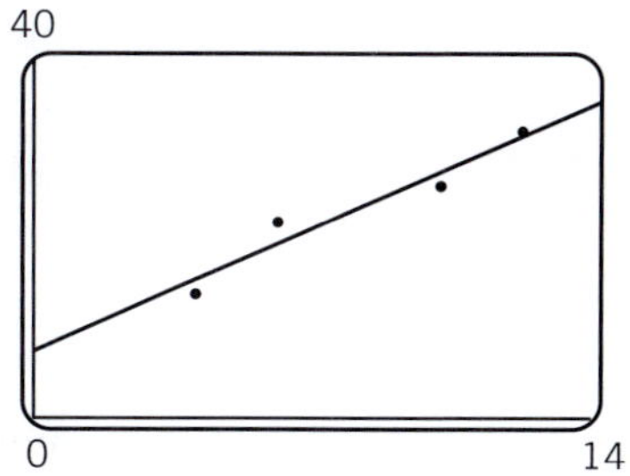

Arbetsgång:

1. **Lägg in data i statistiklistor (x-värdena och motsvarande y-värden).**
2. **Välj program för linjär regression, Lin reg $y = ax + b$**
3. **Anteckna linjens ekvation.**
4. **Rita punkterna och linjen.**

$a = 2$
$b = 7{,}5$

Svar: **Linjens ekvation är $y = 2x + 7{,}5$**

4411 **Värdet på en lägenhet har enligt mäklaren ökat i värde enligt tabellen.**

Antal år efter köpet	1	3	6	8
Värde (kr)	120 000	130 000	150 000	160 000

a) Anpassa en exponentialfunktion $y = C \cdot a^x$ till värdena i tabellen.

b) Vad kostade lägenheten i inköp enligt funktionen?

a) Räknarens program för exponentiell regression (ExpReg $y = a \cdot b^x$) ger

$a = 115\,084$

$b = 1{,}043$

Funktionen $y = 115\,000 \cdot 1{,}043^x$ kan användas som modell för värdeökningen.

b) 115 000 kr

4412 Vilhelms längd och vikt under hans första månader i livet visas i tabellen.

Ålder x månader	1	2	3	4	5
Längd y cm	54	57	62	64	67
Vikt y g	3 850	4 280	4 730	5 410	5 820

a) Rita ett koordinatsystem med ålder på x-axeln och längd på y-axeln.
Pricka in värdena.
Anpassa för hand en linje och ange linjens ekvation.

b) Anpassa en rät linje till värdena för ålder och längd med hjälp av räknarens program för linjär regression.

c) Anpassa en rät linje till värdena för vikt och ålder med hjälp av räknaren.

4413 I en laborationsrapport har Thea med ögonmått anpassat en rät linje till fyra mätpunkter.

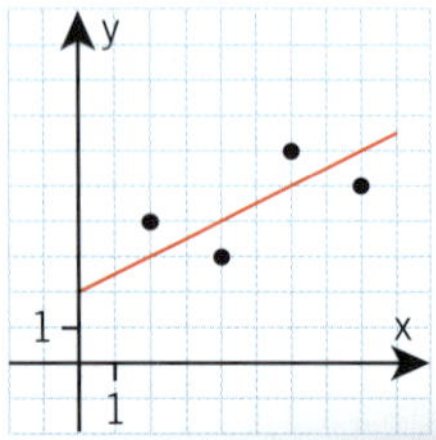

a) Bestäm ekvationen för den linje som Thea har ritat.

b) Avläs de fyra punkterna i diagrammet, skriv in data i din räknare och bestäm ekvationen för bästa möjliga linje.

4414 Tabellen visar blodtrycket hos fem personer.

Undre tryck	x	65	75	75	80	90
Övre tryck	y	100	110	120	130	150

a) Anpassa en rät linje till dessa data.

b) Beräkna det övre tryck som en person med det undre trycket 85 har enligt modellen.

4415 En aktie har minskat i värde enligt tabellen.

Antal månader efter köpet	1	3	6	8
Värde (kr)	242	212	185	169

a) Anpassa en exponentialfunktion till värdena i tabellen.
(på räknaren: ExpReg $y = a \cdot b^x$)

b) Vad kostade aktien i inköp enligt funktionen?

4416 Stoppsträckan för en bil, y m, uppmättes vid några olika hastigheter, x km/h.

Hastighet x km/h	20	40	60	80	100	120
Stoppsträcka y m	9	22	40	65	92	125

a) Anpassa en funktion av typen $y = ax^2 + bx + c$ till dessa mätvärden.
(på räknaren: QuadReg)

b) Beräkna, med den anpassade funktionen, stoppsträckan då hastigheten är 90 km/h.

c) Vid vilken hastighet är stoppsträckan 50 m?

4419 En vildsvinsstam har ökat enligt följande data:

x år	0	1	2	3
y antal	48	81	130	206

a) Anpassa en linjär, kvadratisk respektive exponentiell funktion till värdena.

b) Vi antar att stammen lever inom ett område som maximalt kan innehålla 800 djur.

Hur lång tid tar det för stammen att växa till detta antal enligt de olika modellerna i a)?

4417 *b* En villaägare i Sydsverige har studerat sin oljeförbrukning under ett år.

Månad	Medeltemp (°C)	Antal liter olja
Jan	2,0	550
Mars	6,4	435
Maj	11,2	275
Juli	17,6	75
Sept	14,0	200
Nov	9,6	310

Ställ upp en linjär modell och bestäm med hjälp av den oljeförbrukningen då medeltemperaturen är 4,0 °C.

4418 Med sin kamera tog Philip en bildserie av en sten som kastades. En analys av bilderna gav följande mätvärden.

Tid, x s	0,3	0,7	1,1	1,5
Höjd, y m	3,96	5,91	6,42	5,26

a) Anpassa en andragradsfunktion till mätvärdena.

b) Ange funktionens definitions- och värdemängd.

4420 Du har punkterna (1, 2) och (4, 7). Kan du anpassa punkterna till en bestämd

a) linjär funktion

b) exponentiell funktion

c) kvadratisk funktion?

Motivera.

4421 *c* Tian säger att det är omöjligt att anpassa en exponentiell funktion till punkterna (0, 7) och (5, 7).

Har hon rätt? Undersök och förklara.

4422 En företagare jämför företagets vinst och reklamkostnader. Under några månader gör han följande noteringar (alla värden är angivna i antal tusen kronor).

Reklam	2,2	2,0	3,0	5,0	2,6	3,5	4,5
Vinst	20,3	19,0	25,1	26,2	23,0	26,5	26,7

Gör en matematisk modell och rekommendera hur mycket som bör satsas på reklam.

Tema

Budgetering och kostnadsanalys

Inom många områden, både privat och yrkesmässigt, behöver man kunna göra en budget för att ha kontroll över sin ekonomi. En budget är en förhandsberäkning av inkomster och utgifter för en viss tidsperiod, ofta ett år.

Staten och kommunerna skall enligt lag fastställa en budget, men även företag och organisationer arbetar normalt efter en budget. Allt arbete som leder fram till fastställande av en budget kallas budgetering.
En viktig del i budgeteringsarbetet är kostnadsanalyser.

I tabellerna visas delar av resultatet från Konsumentverkets beräkningsmodeller för hushållskostnader år 2012.
(Källa: www.konsumentverket.se)

Tabell 1 Individuella hushållskostnader per månad för flickor/kvinnor

Ålder	*10 – 13*	*14 – 17*	*18 – 30*	*31 – 60*	*61 – 74*
Alla måltider i hemmet	1 530	1 780	1 720	1 670	1 550
Alla måltider i hemmet utom lunch	1 180	1 370	1 340	1 310	1 220

	11 – 14	*15 – 17*	*18 – 30*	*31 – 49*	*50 – 60*
Personlig hygien inkl. tandvård	270	380	490*	490	470
Kläder och skor	600	610	620	620	620
Fritid och lek	710	710	630	630	630
Mobiltelefon	120	180	180	180	180
Barn- och ungdomsförsäkring	120	120			

* För 18- och 19-åringar minskas summan med cirka 55 kr/mån pga fri tandvård.

Tabell 2 Individuella hushållskostnader per månad för pojkar/män

Ålder	*10 – 13*	*14 – 17*	*18 – 30*	*31 – 60*	*61 – 74*
Alla måltider i hemmet	1 750	2 170	2 210	2 100	1 920
Alla måltider i hemmet utom lunch	1 340	1 680	1 730	1 660	1 510

	11 – 14	*15 – 17*	*18 – 30*	*31 – 49*	*50 – 60*
Personlig hygien inkl. tandvård	200	240	370*	370	370
Kläder och skor	600	610	600	600	600
Fritid och lek	710	710	630	630	630
Mobiltelefon	120	180	180	180	180
Barn- och ungdomsförsäkring	120	120			

* För 18- och 19-åringar minskas summan med cirka 55 kr/mån pga fri tandvård.

Tabell 3 Gemensamma hushållskostnader per månad för olika hushåll

Hushållsstorlek	*Förbrukningsvaror*	*Hemutrustning*	*Medier*	*Hemförsäkring*
1 person	100	420	930	80
3 personer	230	610	980	100
5 personer	320	820	1 020	110

Familjen Andersson består av mamma Mia (49 år), pappa Jonas (52 år) och barnen Anna (12 år), Emma (16 år) och Christian (19 år).
Familjen bor i en villa i en mellanstor svensk stad.

1 Lös följande uppgifter med hjälp av tabellerna.

a) Christian kommer snart att sluta skolan och börja tjäna egna pengar. Pappa Jonas tycker att det är rimligt att han då betalar sin del av familjens hushållskostnader om han ska bo kvar hemma.

Hur mycket ska Christian betala per månad om han äter alla måltider i hemmet utom lunch?

b) Familjen har tillsammans gjort en hushållsbudget på 15 000 kr/månad men de lyckas sällan hålla denna budget. De verkliga kostnaderna per månad är ofta högre.

Vilken är familjen Anderssons månadskostnad för hushållet om de gör en budget enligt konsumentverket? (Barnen äter lunch i skolan och de vuxna äter lunch på restaurang.)

c) Mamma Mia tror att hälften av familjens hushållsbudget utgörs av kostnader för måltider. Är detta sant enligt konsumentverkets beräkningsmodeller?

d) Förutom hushållskostnaderna har familjen Andersson i sin budgetmodell följande kostnader under ett år.

Boendekostnader	80 000
Resor	40 000
Hälso- och sjukvård	5 000
Presenter/kalas	6 000
Semester	30 000
Alkohol/tobak/spel	5 000

Hur stora inkomster efter skatt måste familjen ha per månad för att täcka sina utgifter?

2 Simon har en liten servicebutik. En del ur Simons budget inför år 2011 visas nedan.

Intäkter	
Försäljning	4 000 000 kr
Kostnader	
Rörliga kostnader	
Varor	2 600 000 kr
Fasta kostnader	
Personal	540 000 kr
Lokaler	230 000 kr
Räntor	34 000 kr
Övrigt	76 000 kr
Summa fasta kostnader	________
Resultat	
(före skatt och avgifter)	________

a) Resultatet är differensen av intäkterna och de totala kostnaderna.
Beräkna det budgeterade resultatet.

b) Hur många procent av försäljningen utgör det budgeterade resultatet?

c) Hur många procent av försäljningen utgör de budgeterade fasta kostnaderna?

d) Vilket försäljningsbelopp ger ett nollresultat tillsammans med kostnaderna i budgeten?

e) När Simon jämförde butikens bokslut för år 2011 med sin budget visade det sig att både försäljning och rörliga kostnader var 15 % högre än i budgeten. De fasta kostnaderna var däremot 5 % lägre än budgeterat.
Beräkna butikens resultat 2011.

3 Lina har sparat 45 000 kr och funderar på att köpa en begagnad bil. Hon har hört att bensinen är dyr, och att en bil även medför andra höga kostnader.

Lina gör därför följande modell som en kostnadsanalys för första året.

VW Golf årsmodell 2001

Inköpspris (kr)	45 000
Kostnader (kr)	
Värdeminskning	8 500
Skatt, besiktning	2 000
Försäkring	4 000
Reparationer, service	6 000
Parkering	1 500
Bensin*	?

* Lina uppskattar att hon kommer att köra 800 mil per år och att bensinpriset kommer att vara 18 kr/liter. Bilens bensinförbrukning är 7,1 liter per 100 km.

a) Vilken procentuell värdeminskning har Lina räknat med?

b) Beräkna kostnaden för bensin under året.

c) Beräkna den totala kostnaden per mil.

d) Lina bestämmer att hon ska köpa bilen om månadskostnaden är mindre än 3 000 kr.
Blir det något köp?

e) Beräkna bilens värde efter 3 år, dels om värdeminskningen är 8 500 kr/år, dels om den procentuella värdeminskningen är lika stor varje år.

f) Beskriv med en funktion $V(t)$ kr bilens värde efter t år, dels om värdeminskningen är 8 500 kr/år, dels om den procentuella värdeminskningen är lika stor varje år.

g) Beskriv med en funktion $K(x)$ kr den totala kostnaden för bilen under det första året om körsträckan är x mil.

Aktivitet

DISKUTERA

Sant eller falskt?

Diskutera i par eller grupp. Sant eller falskt? Arbeta utan räknare. Motivera svaret!

1 Inom statistiken är ett stickprov detsamma som ett mindre urval av en population.

2 En totalundersökning innebär att man samlat in alla data från ett slumpmässigt urval av populationen.

3 I ett statistiskt material kan median, medelvärde och typvärde vara samma tal.

4 Variationsbredden anger hur största värdet avviker från medianen.

5 I ett statistiskt material ligger typvärdet alltid nära medelvärdet.

6 Både median och kvartilavstånd är spridningsmått.

7 Både medelvärde och kvartiler kan avläsas i ett lådagram.

8 När värdet på den ena variabeln minskar samtidigt som värdet på den andra variabeln minskar innebär det negativ korrelation.

9 Ungefär 25% av värdena i en datamängd ligger mellan Q_1 (undre kvartilen) och Q_2 (medianen).

10 Standardavvikelse bygger på hur de enskilda värdena i ett statistiskt material avviker från medianen.

11 Hos ett normalfördelat material ligger cirka 50 % av observationerna i intervallet $\bar{x} \pm s$.

12 I ett normalfördelat material med medelvärdet 100 och standardavvikelsen 10 har cirka 16 % av observationerna ett värde som är mindre än 90.

13 Att anpassa funktioner till observerade data kallas inom statistiken för regressionsanalys.

Sammanfattning 4

Statistiska metoder

Population och stickprov

Den grupp människor, föremål eller mätningar som en *statistisk undersökning* avser kallas *population*.

En *totalundersökning* innebär att man samlar in data från en hel population. Oftast väljer man ut och undersöker en mindre del av populationen, dvs man gör ett *stickprov*.

Urval och felkällor

Om man väljer ett *slumpmässigt urval* från populationen, kan resultatet från stickprovet (med vissa felmarginaler) överföras till hela populationen.

Bortfall, *mätfel* och *urvalsfel* är olika exempel på felkällor i statistiska undersökningar.

Läges- och spridningsmått

Lägesmått

I en datamängd är

- *Typvärdet* det vanligast förekommande värdet.
- *Medianen* det mittersta värdet då värdena är storleksordnade.
- *Medelvärde:* $\bar{x} = \dfrac{\textit{summan av värdena}}{\textit{antalet värden}}$

Spridningsmått

- *Variationsbredd* = största värdet – minsta värdet
- *Kvartilavstånd* = övre kvartil – nedre kvartil

Nedre kvartilen Q_1, medianen Q_2 och övre kvartilen Q_3 delar datamaterialet i fjärdedelar.

Ett *lådagram* visar detta grafiskt:

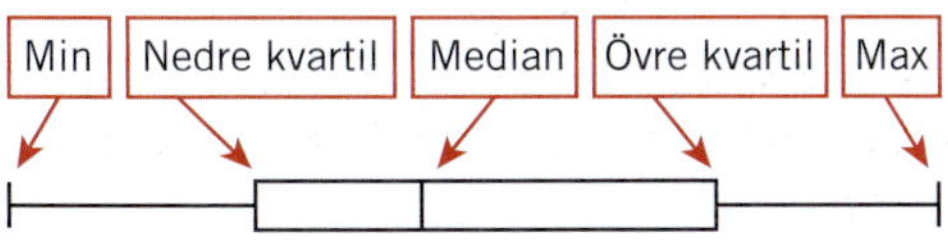

Standardavvikelse

Spridningsmåttet *standardavvikelse* utgår från hur de enskilda värdena i ett statistiskt material avviker från medelvärdet.

För ett stickprov med n stycken värden $x_1, x_2, x_3, \ldots, x_n$ och medelvärde $\bar{x}$ ges standardavvikelsen s av formeln

$$s = \sqrt{\frac{(x_1-\bar{x})^2+(x_2-\bar{x})^2+(x_3-\bar{x})^2+\ldots+(x_n-\bar{x})^2}{n-1}}$$

Uttrycket under rottecknet kallas *variansen*.

Normalfördelning

En normalfördelad population med medelvärdet μ och standardavvikelse σ fördelar sig enligt följande diagram:

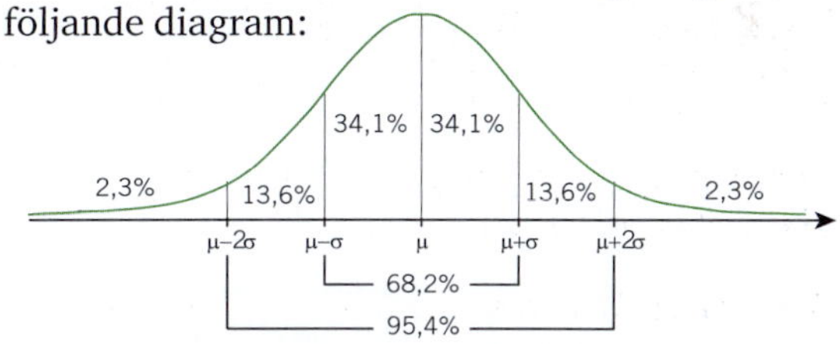

Normalfördelningskurvan (den gröna ovan) är alltid symmetrisk kring medelvärdet.

Modellering

Matematisk modell

När vi använder matematik för att lösa ett problem utifrån en verklig situation så gör vi en *matematisk modell*.

Korrelation

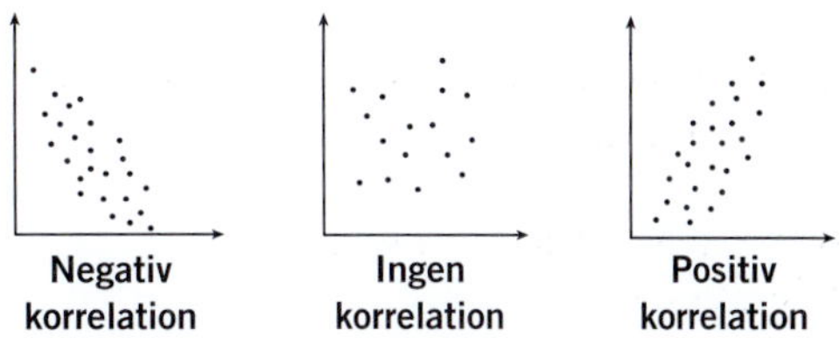

Regression

Att anpassa funktioner till observerade data kallas *regressionsanalys*.

Kan du det här? 4

Moment	Begrepp som du ska kunna använda och beskriva	Du ska ha strategier för att kunna
Statistiska metoder	Beskrivande statistik Histogram och klassindelning Population och stickprov Slumpmässigt, obundet slumpmässigt och stratifierat urval Bortfall, mätfel och urvalsfel Felmarginal och konfidensintervall	• sammanställa, bearbeta och beskriva statistiska datamaterial • dra slutsatser om en population utifrån ett stickprov • dra slutsatser om en population utifrån olika felkällor i stickprovet.
Läges- och spridningsmått	Medelvärde, median och typvärde Variationsbredd och kvartilavstånd Standardavvikelse och varians	• beräkna medelvärde och median hos ett datamaterial • beräkna variationsbredd, kvartiler och standardavvikelse hos ett datamaterial • konstruera samt tolka lådagram.
Normalfördelning	Normalfördelning	• avläsa och tolka data ur en normalfördelningskurva • beräkna sannolikheter i samband med ett normalfördelat material.
Matematisk modellering	Korrelation och orsakssamband Regressionsanalys	• rita ett spridningsdiagram och avgöra om det finns någon korrelation mellan variablerna • anpassa funktioner till observerade data med hjälp av räknare.

Diagnos 4 A

Statistiska metoder

1 Längden på ett antal fiskar var:

37 44 39 33 28 42 36 42 47
27 37 44 30 32 39 43 49 36
41 37 44 28 38 34

a) Gör en tabell med klassindelade längder där den första klassen är $25 \le x < 30$ cm.

b) Rita ett histogram.

2 På en skola finns 740 elever i 24 olika klasser. Vid en stickprovsundersökning fick fem slumpmässigt utvalda elever i varje klass rösta om ett förslag från elevrådet. Av de utvalda eleverna svarade 75 st och av dessa var 80% positiva.

a) Hur stor var populationen, stickprovet respektive bortfallet?

b) En undersökning av bortfallet visade att där var endast 40% positiva. Hur många procent av skolans elever var positiva till förslaget om man tar hänsyn till bortfallet?

3 Ge exempel på några felkällor vid statistiska undersökningar.

Läges- och spridningsmått

4 Vid en hastighetskontroll fördelade sig hastigheterna enligt lådagrammet:

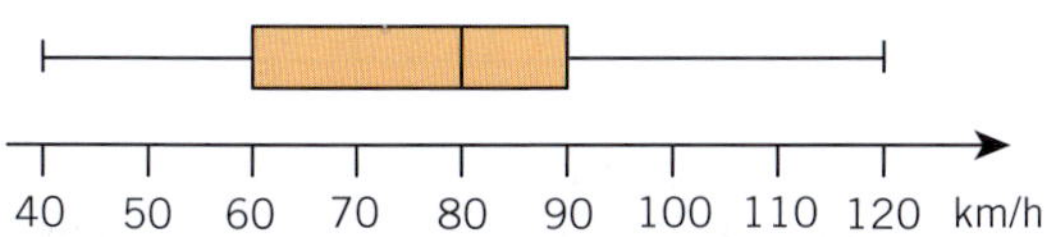

a) Hur stor andel körde fortare än 90 km/h?

b) Vilka av följande mått kan bestämmas med hjälp av lådagrammet? Motivera ditt svar.

medelvärde median typvärde
kvartilavstånd variationsbredd

5 Under två veckor avlästes kl 12.00 följande temperaturer i °C :

−3	3	−2	1	0	−3	4
−2	0	−1	−2	1	−1	−2

Bestäm

a) typvärdet

b) variationsbredden

c) medelvärdet

d) medianen

e) kvartilavståndet

6 Tio personers längd i centimeter är:

167	171	172	174	175
178	179	185	194	195

a) Förklara varför summan av avvikelserna från medelvärdet inte är ett lämpligt mått på spridningen.

b) Bestäm standardavvikelsen.

Normalfördelning

7 Livslängden (antal körda mil) för bildäcket RubberGold 5000 antas vara normalfördelad med medelvärdet 3 600 och standardavvikelsen 600.

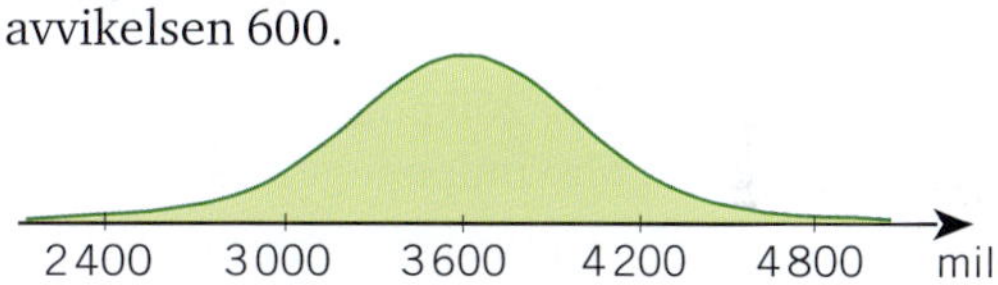

Hur stor del av däcken

a) kan köras mellan 3 000 och 4 200 mil

b) behöver bytas före 3 000 mil?

Matematisk modellering

8

x	5	10	15	20
y	64	72	93	102

Använd räknarens program för linjär regression för att anpassa värdena till bästa möjliga räta linje.

Om du behöver repetera delar av kapitlet så finns *Repetitionsuppgifter* på sidan 289.
Efter repetitionsuppgifterna finns en extra diagnos till kapitlet på sidan 294.

Blandade övningar kapitel 4

Del I Utan räknare

1 Priset på en datormodell i fem butiker var i kr:

5 895   5 995   5 995   6 295   6 495

Bestäm

a) medianen

b) variationsbredden.

2 Förklara med ett exempel begreppet bortfall i en statistisk undersökning.

3 Kevins golfresultat under säsongen i antal slag:

81	82	100	86	89	91	85
91	99	87	101	83	95	

a) Ange nedre och övre kvartil.

b) Rita ett lådagram.

4 Vilket samband finns mellan medelvärdet och standardavvikelsen för ett normalfördelat statistiskt material?

5 Vid en skola deltog 200 pojkar och 200 flickor i ett språktest. Maximipoängen var 80.

Resultatet framgår av lådagrammen.

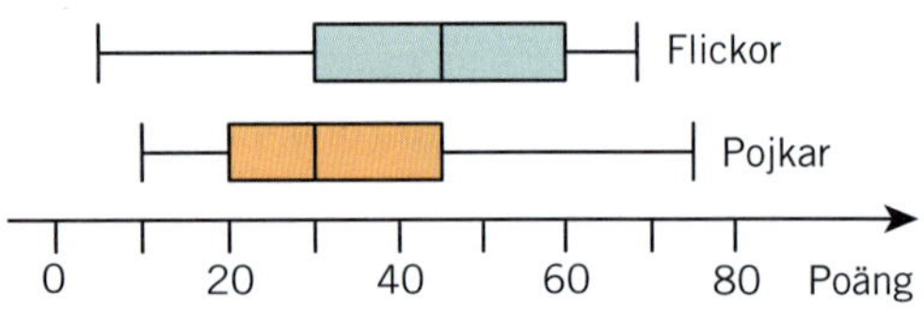

Kan lådagrammet för samtliga 400 elever ha följande utseende? Motivera ditt svar.

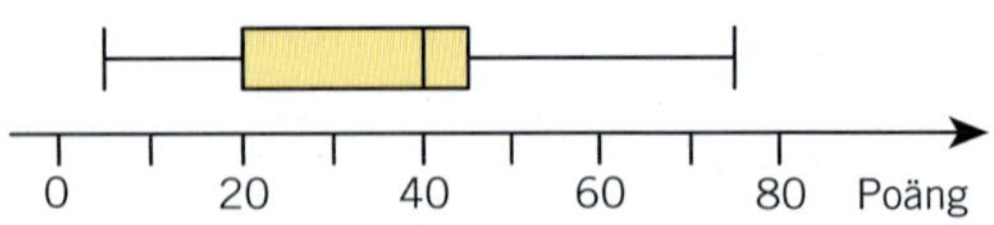

Del II Med räknare

6 En stavhoppares tävlingsresultat under ett år:

3,85   4,20   4,15   2,70   4,15   4,05 (m)

a) Bestäm typvärdet.

b) Beräkna medelvärdet.

c) Beräkna medianen.

d) Vilket lägesmått är lämpligast för att beskriva resultaten? Förklara.

7 Ur ett parti glödlampor väljer man slumpvis 500 lampor och undersöker deras brinntid.

Brinntid (timmar)	*Antal*
800 – 1 000	20
1 001 – 1 200	125
1 201 – 1 400	330
1 401 – 1 600	25

Beräkna medelvärdet.

8 Familjen Qvist ska flytta från Stockholm till Melbourne i Australien. De hittar följande statistik över genomsnittliga månadstemperaturer.

Månad	*Stockholm* (x °C)	*Melbourne* (y °C)
Jan	–3	26
Mars	–1	24
Maj	10	17
Juli	18	13
Sept	12	17
Nov	3	22

a) Visa temperaturerna i ett spridningsdiagram.

b) Bestäm ett linjärt samband mellan x och y.

c) I augusti är det 7 grader i Stockholm. Vilken temperatur kan de förvänta sig i Melbourne?

9 Hemoglobin är ett järnhaltigt protein som ger blodet dess röda färg. Det behövs för att blodet ska kunna transportera syre från lungorna till kroppens organ.
En kontroll av hemoglobin, blodvärdet Hb, är en vanlig undersökning som kan göras genom ett blodprov.

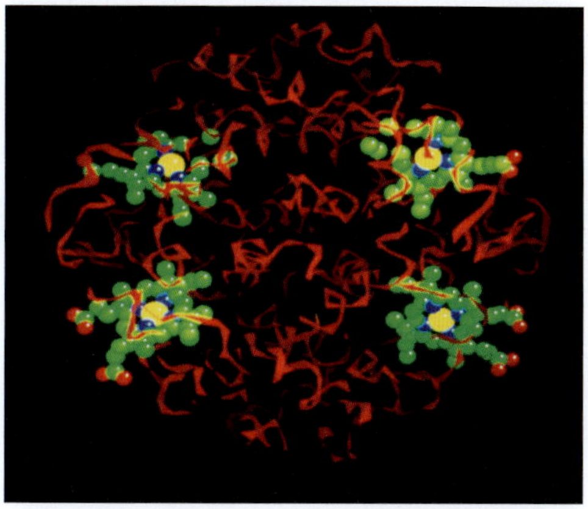

Blodvärdena för en grupp med 380 patienter är normalfördelade med medelvärdet 140 (gram per liter) och standardavvikelsen 15.

a) Hur många patienter i gruppen har ett blodvärde mellan 140 och 155?

b) Hur stor är sannolikheten att en slumpvis utvald person i gruppen har ett blodvärde över 155?

10 En forskare väljer slumpmässigt ut några päron från ett genmodifierat päronträd och väger dem. De väger (i gram):

145	176	123	132	196
171	169	117	154	146
165	151	156	129	160

a) Beräkna medelvärde och standardavvikelse för detta stickprov.

b) Forskaren uppskattar att det finns ca 400 päron på trädet. Hur många kilogram väger dessa päron?

11 Vid en stickprovsundersökning i en kommun fick 1 500 personer ta ställning till om ett konserthus borde byggas.

Av de 1140 som svarade var 40 % positiva. En särskild undersökning av bortfallet visade att där var 20 % positiva.

Hur många procent var positiva till konserthusbygget enligt denna undersökning, om man tar hänsyn till bortfallet?

Utredande uppgifter

Den här typen av uppgifter brukar bedömas efter följande kriterier:

- vilka matematiska kunskaper du har visat
- hur väl du har förklarat ditt arbete och motiverat dina slutsatser
- hur väl du har redovisat ditt arbete och genomfört dina beräkningar.

12 a) Heltalen 42, 40, 4 , 10 och 54 är givna. Beräkna medelvärde, median och variationsbredd.

b) Fem olika positiva heltal har medelvärdet 60, medianen 70 och variationsbredden 90. Ett av talen är 55. Undersök vilka de andra talen kan vara.

13 En sträcka *AB* är 15 cm lång. Sträckan kan delas i fem delsträckor på olika sätt. Längden på varje delsträcka måste vara större än noll.

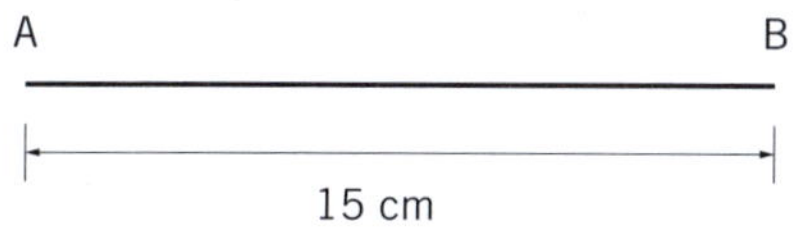

a) Gör en indelning av sträckan *AB* så att variationsbredden för delsträckornas längder blir 12,5 cm.

b) Beroende på hur man delar in sträckan *AB* i fem delsträckor kan variationsbredden variera. Utred vilka värden som är möjliga för variationsbredden när man ändrar de fem delsträckornas längder. (*NP*)

Blandade övningar kapitel 1–4

Del I Utan räknare

1 En rät linje går genom punkterna (3, 1) och (4, 4). Bestäm linjens ekvation.

2 Lös ekvationssystemet

a) $\begin{cases} y = 2x - 1 \\ 4x + 3y = 11 \end{cases}$ b) $\begin{cases} 2x + y = 9 \\ 5x - 3y = 28 \end{cases}$

3 Lös ekvationen

a) $(2x - 6)(x + 1) = 0$ b) $(2x - 6)(x + 1) = 10$

4 200 personer genomförde ett test.
Resultatet framgår av diagrammet.

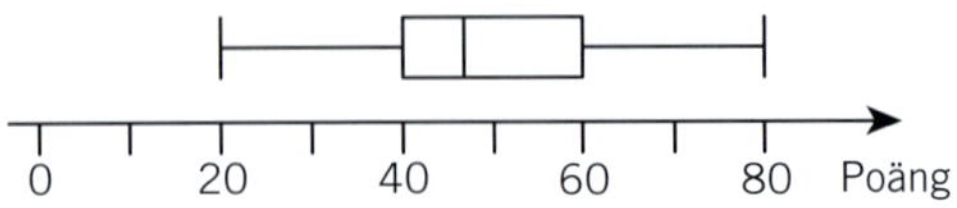

a) Bestäm den nedre kvartilen Q_1.

b) Hur många hade ett resultat över 60 poäng?

c) Förklara varför man inte kan bestämma medelvärdet med hjälp av lådagrammet.

5 Rita en linje som går genom punkten (–1, 4) och har lutningen –2.

6 För funktionen f gäller $f(x) = 3x + x^2$
Beräkna $f(5) - f(4)$.

7 Bestäm vinklarna x och y.

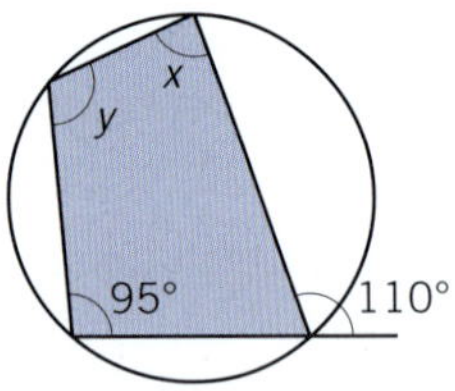

8 Katten Snoddas vikt under de första veckorna visas i tabellen.

Ålder (veckor)	0	3	6	9	12
Vikt (g)	80	460	810	1 170	1 460

a) Hur många gram/vecka har Snoddas i genomsnitt ökat under hans 12 första levnadsveckor?

b) Bestäm medianökningen under en treveckorsperiod.

9 Lös ekvationen. Svara exakt.

a) $5x^2 = 10$ c) $10^x = 5$

b) $2x^5 = 10$ d) $\lg x = 2$

10

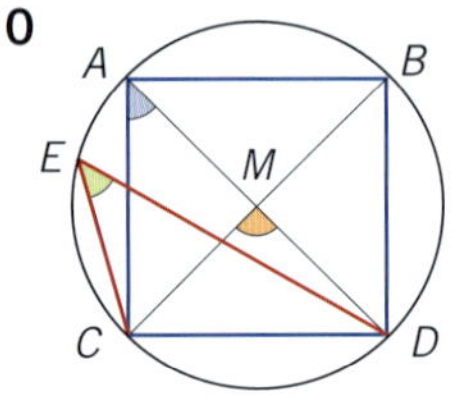

I en cirkel med medelpunkten M är en kvadrat inskriven.

Bestäm storleken på

a) vinkeln CMD

b) vinkeln CAD

c) vinkeln CED

Motivera.

11 Zarah beräknar värdet av uttrycket $(x - 4)^2 + 8x - x^2$ för några olika x-värden.

Hennes resultat är:
$x = 1{,}25$ ger värdet 16
$x = -1{,}25$ ger värdet 16

Har hon räknat rätt?
Motivera.

12 Lös ekvationen

a) $2^x = 2^3 \cdot 2^3$

b) $2^x = 2^3 + 2^3$

c) $2^x \cdot 2^2 = 2^{3x}$

d) $2^{4x} / 2^3 = 2^{3x}$

13 Para ihop följande funktioner med rätt graf.

A $y = -x^2 - 1$

B $y = x^2 - 4x$

C $y = x^2 + 4x$

D $y = 2x^2$

E $y = 0{,}5x^2$

Motivera.

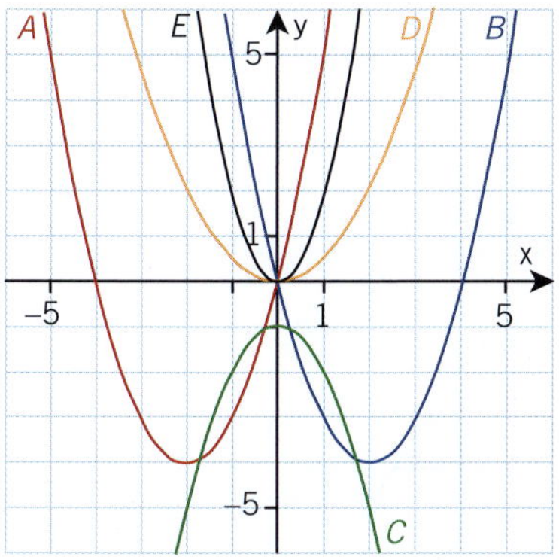

14 Lös ekvationen

a) $x^{\frac{1}{2}} \cdot x^{\frac{5}{2}} = 8$

b) $y^{\frac{1}{3}} = 4$

15 Låt $f(x) = (x + 2)(x - 4)$

a) Bestäm funktionens nollställen.

b) För funktionen gäller $f(5) = 7$. Funktionen $f(x)$ har funktionsvärdet 7 i ytterligare en punkt. Vilken?

16 Axel och Ösil kommer inte fram till samma svar när de löser ekvationen $x^2 + 6x + 10 = 0$.

Axel säger att det inte finns några lösningar eftersom funktionen $f(x) = x^2 + 6x + 10$ saknar nollställen.

Ösil säger att det finns två lösningar.

a) Lös ekvationen.

b) Förklara varför båda kan ha rätt.

17 En skola har 1 500 elever varav 24 bor inackorderade. Ett slumpmässigt urval av 250 elever ska besvara en enkät.

Beskriv hur du kan få ett

a) obundet slumpmässigt urval

b) systematiskt urval

c) urval som garanterar att de inackorderade blir representerade.

18 Martin har en kvadratisk uteplats. Han planerar att förlänga varje sida på uteplatsen med 5 meter. Den nya blir då 100 m² större än den gamla.

Vilka mått har uteplatsen idag?

19 En funktion $y = f(x)$ har en graf som är en rät linje.

Bestäm $f(10)$ om $f(-1) = 5$ och $f(3) = 65$.

20 Funktionen $f(x) = x^2 - ax$ och $f(2) = 6$. Räcker denna information för att bestämma talet a? Motivera ditt svar.

21 Bestäm ekvationen för den andragradsfunktion vars graf visas i diagrammet.

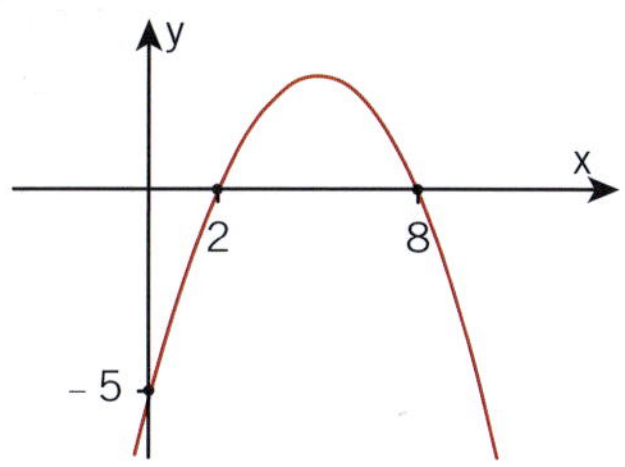

22 Punkten $P = (1, 1)$ och punkten Q ligger båda på grafen till funktionen $y = x^2$
En rät linje genom P och Q har lutningen -10.

Bestäm koordinaterna för punkten Q.

23 I $\triangle ABC$ är CD en bisektris och $AD = CD = BC$
Räcker denna information för att beräkna *alla* vinklar i figuren?
Motivera ditt svar.

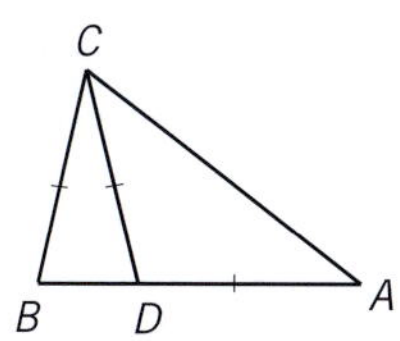

Del II Med räknare

24 Målställningen i fotboll ska vara 7,32 m bred och 2,44 m hög. Petra vill göra ett mindre fotbollsmål med längden 4,5 m till sina barn.

Hur hög ska Petra göra målställningen om den ska vara likformig med det stora målet?

25 På djurparken kostar en vuxenbiljett och tre barnbiljetter 700 kr, medan två vuxenbiljetter och en barnbiljett kostar 50 kr mindre.

a) Skriv detta med ett ekvationssystem.

b) Lös ekvationssystemet och besvara frågan: *Räcker 1 000 kr i entre till två vuxna och tre barn?*

26 Bestäm vinklarna x och y.

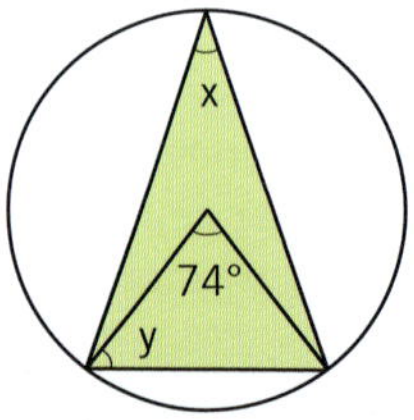

27 Lös ekvationen $\frac{x^2}{2} + 4116 = 91x$

28 År 1999 föddes i Sverige 88 173 barn och år 2010 föddes 115 641 barn.

a) Beräkna ökningen av antalet födda barn per år om man antar att ökningen varit lika stor varje år.

b) Antag att antalet födda barn har ökat exponentiellt. Hur stor är den årliga procentuella ökningen?

29 För funktionen f gäller $f(x) = 2000 \cdot 1{,}05^x$

a) Lös ekvationen $2000 \cdot 1{,}05^x = 2200$ grafiskt och förklara hur du gör.

b) Lös ekvationen $2000 \cdot 1{,}05^x = 2200$ algebraiskt.

c) Visa hur du kan kontrollera att lösningen är korrekt.

30 Bestäm talen a och b så att ekvationssystemet

$$\begin{cases} 2x + ay = 0 \\ bx - 3y = b \end{cases}$$

får lösningen

$$\begin{cases} x = 4 \\ y = -0{,}5 \end{cases}$$

31 I april 2003 röstade medborgarna i Ungern om medlemskap i EU. Vid sammanräkningen av rösterna visade det sig att 84 % röstade ”*Ja*” till medlemskap i EU samt att 45 % av de röstberättigade deltog i valet.

Undersök mellan vilka procenttal andelen Ja-röster skulle kunna ligga om samtliga röstberättigade hade deltagit i valet. *(NP)*

32

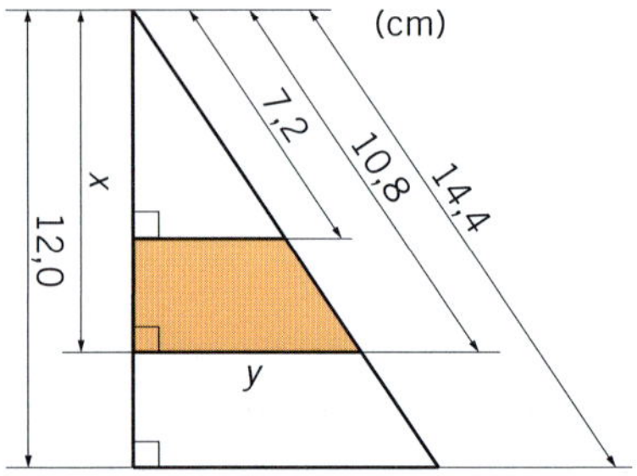

Den färgade delen av figuren har formen av ett parallelltrapets.

a) Bestäm x och y.

b) Beräkna arean av parallelltrapetset.

33 Undersök med hjälp av begreppet lutning om punkterna $(-4, 6)$, $(-1, 12)$ och $(-7, 0)$ ligger i rät linje.

34 Peter presenterar resultatet från en undersökning, där medelvärdet och medianen har samma värde. Han visar mätvärdena i form av ett lådagram.

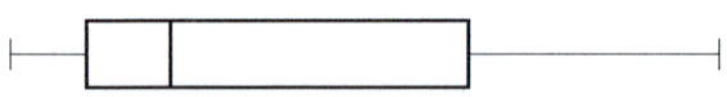

”Värdena är inte normalfördelade”, säger han. Är det sant? Motivera.

35 Skelettet av den s k Bäckaskogskvinnan hittades 1939 i en grav i nordöstra Skåne. Ett test visade nyligen att halten av kol-14 i skelettet var 34,8 % av den normala halten i levande material.

När ungefär levde hon? Kol-14 sönderfaller med halveringstiden 5 730 år.

36 En rektangel har omkretsen 96 cm och arean 432 cm^2. Beräkna diagonalens längd.

37 Vilken information ger grafen till andragradsfunktionen $y = (x-2)^2 + 5$ om lösningen till ekvationen $(x-2)^2 + 5 = 0$? Förklara.

38 När Stinas lärare meddelar klassens resultat på ett prov i matematik skriver läraren på tavlan:

Maximal poäng: 40 p
Medelvärde: 25 p
Median: 21 p
Antal elever som deltog: 29

Stina har 25 poäng på provet. Hon påstår att antalet klasskamrater som har bättre resultat på provet än hon har är lika många som antalet klasskamrater som har sämre resultat än vad hon har.

Avgör om Stinas påstående är sant eller falskt. Motivera varför. *(NP)*

39 Ett normalfördelat material har medelvärdet μ.

a) Beräkna medelvärdet om medelvärdet –1 standardavvikelse är 45 och medelvärdet + 2 standardavvikelser är 84.

b) Skriv ett uttryck för medelvärdet om medelvärdet –1 standardavvikelse är a och medelvärdet +2 standardavvikelser är b.

c) Visa att medelvärdet μ kan beräknas med uttrycket i b) om a betecknas $\mu - \sigma$ och b betecknas $\mu + 2\sigma$.

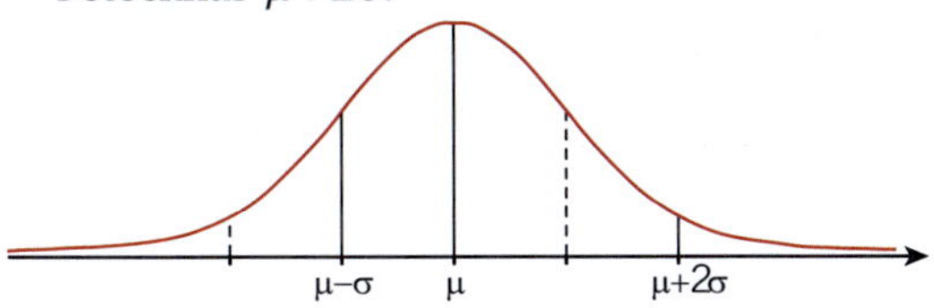

40 Bestäm talet a i andragradsfunktionen $y = a + 18x - x^2$ så att funktionen får maximivärdet 100.

Utredande uppgifter

Den här typen av uppgifter brukar bedömas efter följande kriterier:

- vilka matematiska kunskaper du har visat
- hur väl du har förklarat ditt arbete och motiverat dina slutsatser
- hur väl du har redovisat ditt arbete och genomfört dina beräkningar.

41

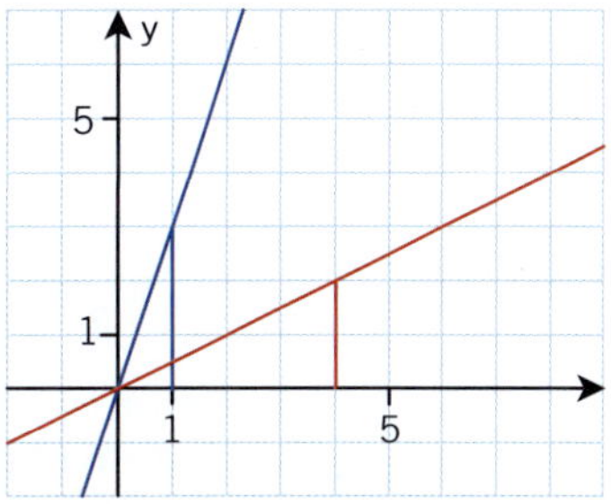

Trianglarna i figuren har x-axeln som bas. Höjden i trianglarna går från den räta linjen vinkelrät mot x-axeln.

a) Bestäm ekvationen för den röda linjen och för den blå linjen.

b) Beräkna längden av hypotenusan i den röda triangeln.

c) Skriv ett uttryck för höjden och ett för hypotenusan i en röd triangel med basen a.

d) Undersök vilket samband som gäller mellan basen a i en röd triangel och basen b i en blå triangel då hypotenusorna i de två trianglarna är lika långa.

5 Komplettering till kurs 2c

Ekvationssystem med tre obekanta

Ekvationen $2x + 2y + 3z = 11$ är en linjär ekvation med tre obekanta. Ur ett system med tre sådana ekvationer kan i allmänhet variablerna x, y och z beräknas.

Med hjälp av substitutionsmetoden eller additionsmetoden kan vi eliminera en av variablerna. Vi får då ett ekvationssystem med två obekanta.

5101 **Lös ekvationssystemet** $\begin{cases} 2x + 2y + 3z = 11 & (1) \\ 3x - 2y + z = 0 & (2) \\ x + 4y + 2z = 9 & (3) \end{cases}$

Vi löser ut z ur ekvation (2) och får

$z = 2y - 3x \qquad (4)$

Detta uttryck för z sätts in i ekvation (1) och (3). Vi får

$$\begin{cases} 2x + 2y + 3(2y - 3x) = 11 \\ x + 4y + 2(2y - 3x) = 9 \end{cases}$$

Efter förenkling kan vi skriva $\begin{cases} 8y - 7x = 11 \\ 8y - 5x = 9 \end{cases}$

Detta ekvationssystem har endast två obekanta.
Lösningen är $x = -1$ och $y = 0,5$
Sätter vi in detta i ekvation (4) får vi $z = 4$.

Svar: $\begin{cases} x = -1 \\ y = 0,5 \\ z = 4 \end{cases}$

En alternativ metod att lösa exemplet ovan:

Med additionsmetoden elimineras y dels ur ekvation (1) och (2), dels ur ekvation (2) och (3).
Även detta leder till ett system med två obekanta: $\begin{cases} 5x + 4z = 11 \\ 7x + 4z = 9 \end{cases}$

5102 Lös ekvationssystemen

a) $\begin{cases} 2x - 5 = 1 \\ 2x + y = 5 \\ x - y + z = 9 \end{cases}$

b) $\begin{cases} x - y = 2 \\ y + z = 7 \\ x + y + z = 14 \end{cases}$

c) $\begin{cases} x + y = 10 \\ y + z = 7 \\ x + y + z = 14 \end{cases}$

5103 Lös ekvationssystemen

a) $\begin{cases} x + y + z = 39 \\ x + y - z = 1 \\ x - y - z = -15 \end{cases}$

b) $\begin{cases} x - y - z = 0 \\ x + 2y - 2z = 10 \\ 2x + 3y = 13 \end{cases}$

c) $\begin{cases} 6x + 2y - z = 7 \\ 8x - y + 5z = 30 \\ 14x + 3y - 4z = 3 \end{cases}$

5104

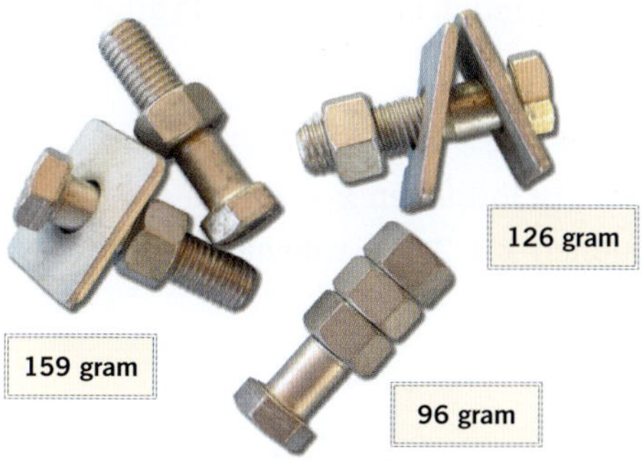

Bilden visar några olika kombinationer av bultar, muttrar och brickor.

a) Hur mycket väger en bricka?

b) Hur mycket väger en mutter?

c) Hur mycket väger en bult?

5105 Är $x = 10,\ y = -3,\ z = 2$ en lösning till ekvationssystemet?

$\begin{cases} x + 3y - z = -1 \\ 2x - y + 3z = 29 \\ 5x - 2y + z = 46 \end{cases}$

Motivera.

5106 Ställ upp ett linjärt ekvationssystem med tre obekanta som har lösningen

$\begin{cases} x = 5 \\ y = -3 \\ z = 10 \end{cases}$

5107 Lös ekvationssystemen

a) $\begin{cases} \dfrac{x}{3} = \dfrac{y}{2} \\ \dfrac{x}{2} - z = 0 \\ 3x - y + 2z = 60 \end{cases}$

b) $\begin{cases} \dfrac{x}{2} = \dfrac{y}{5} = \dfrac{z}{6} \\ 2x + y - z = 6 \end{cases}$

5108 Lös ekvationssystemet

$\begin{cases} x - y + z = 3 \\ 6x + 9y + 4z = 9 \\ 12x + 6y - z = 4 \end{cases}$

5109 Undersök om det är möjligt att bestämma talen a och b så att ekvationssystemet

$\begin{cases} x - ay + z = -22 \\ x + ay + bz = -1 \\ x + 3y + bz = -a \end{cases}$

får lösningen

a) $\begin{cases} x = -7 \\ y = 3 \\ z = -3 \end{cases}$

b) $x = y = z = 1$

Mer om ekvationer

Nya typer av ekvationer kan vi ibland omforma och lösa med kända metoder. Det är då extra viktigt att kontrollera lösningen.

rotekvation En *rotekvation* är en ekvation där den obekanta förekommer under ett rottecken.

Då ett rotuttryck kvadreras försvinner rottecknet: $(\sqrt{a})^2 = a$

Exempel Vi löser rotekvationen $\sqrt{x+2} = x$

$\sqrt{x+2} = x$ Kvadrera båda leden.

$x + 2 = x^2$

$x^2 - x - 2 = 0$

Med lösningsformeln får vi

$x_1 = 2$ $x_2 = -1$

Vi kontrollerar lösningen i ekvationen $\sqrt{x+2} = x$

Prövning:

$x = 2$: VL $= \sqrt{2+2} = \sqrt{4} = 2$ HL $= 2$ VL $=$ HL

$x = -1$: VL $= \sqrt{-1+2} = \sqrt{1} = 1$ HL $= -1$ VL $\neq$ HL

Kontrollen visar att $x = -1$ inte löser den *ursprungliga* ekvationen.

falsk rot $x = -1$ är en *falsk rot*.

Varifrån kom den falska roten $x = -1$?

Ekvationen $\sqrt{x+2} = x$ har endast lösningen $x = 2$

Efter kvadrering fick vi ekvationen $x + 2 = x^2$ som har lösningen $x_1 = 2$ och $x_2 = -1$

Den falska roten kom alltså från kvadreringen.

$x = -1$ är en lösning till en annan ekvation $\sqrt{x+2} = -x$ som efter kvadrering också ger ekvationen $x + 2 = x^2$

Sammanfattning

Rotekvationer kan lösas med hjälp av kvadrering. Kvadrering kan dock ge falska rötter. Kontrollera lösningen!

grafisk motivering Jämför vi den ursprungliga ekvationen och den kvadrerade ekvationen grafiskt ser vi tydligt att antalet lösningar är olika.

$\sqrt{x+2} = x$ $\qquad$ $x + 2 = x^2$

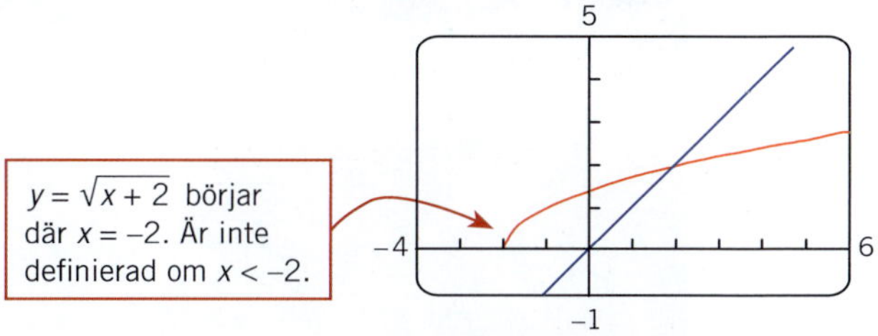

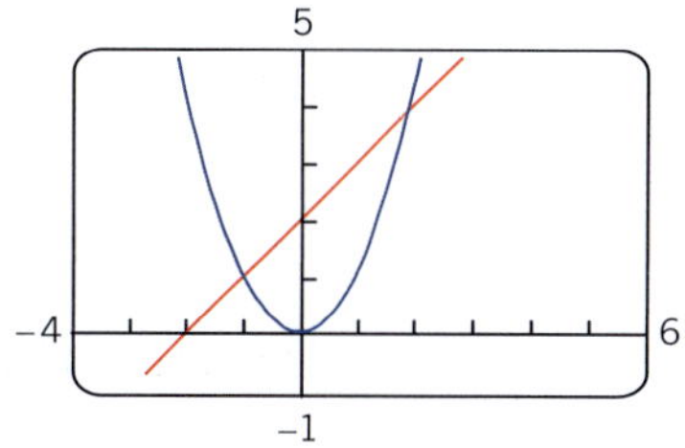

$y = \sqrt{x+2}$ och $y = x$ har *en* skärningspunkt.

$y = x + 2$ och $y = x^2$ har *två* skärningspunkter.

5110 **Lös ekvationen a) $\sqrt{5x-1} = 7$ b) $x + \sqrt{2x-1} = 2$**

a) $\sqrt{5x-1} = 7$ Kvadrera

$5x - 1 = 49$

$x = 10$

Prövning i den ursprungliga ekvationen:

$x = 10$: $\quad VL = \sqrt{5 \cdot 10 - 1} = \sqrt{49} = 7 \quad HL = 7 \quad VL = HL$

Svar: $x = 10$

b) $x + \sqrt{2x-1} = 2$ Lös ut rotuttrycket.

$\sqrt{2x-1} = 2 - x$ Kvadrera

$2x - 1 = (2-x)^2$

$2x - 1 = 4 - 4x + x^2$

$x^2 - 6x + 5 = 0$

$x = 3 \pm \sqrt{9-5}$

$x = 3 \pm 2$

$x_1 = 1 \qquad x_2 = 5$

Prövning i den ursprungliga ekvationen

$x = 1$: $\quad VL = 1 + \sqrt{2 \cdot 1 - 1} = 2 \quad HL = 2 \quad VL = HL$

$x = 5$: $\quad VL = 5 + \sqrt{2 \cdot 5 - 1} = 8 \quad HL = 2 \quad VL \neq HL$

Svar: $x = 1$ ($x = 5$ är en falsk rot)

Lös ekvationen

5111 a) $\sqrt{x} = 5$ c) $-3 = \sqrt{2x - 1}$

b) $\sqrt{x + 2} = 3$ d) $\sqrt{x + 2} = x$

5112 a) $\sqrt{2x + 1} = 3$ c) $u - 5 = \sqrt{u - 3}$

b) $\sqrt{2x + 5} = x + 1$ d) $\sqrt{3x - 5} = x - 1$

5113 Förklara kortfattat vad som menas med en *falsk rot*.

5114

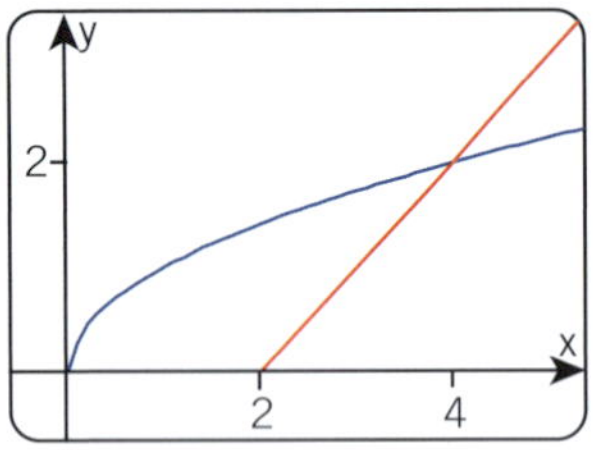

$y = \sqrt{x}$ och $y = x - 2$ visas i figuren.
Lös grafiskt ekvationen $\sqrt{x} = x - 2$

5115 Lös ekvationen $\sqrt{x} + x = 6$

5116 Visa grafiskt att

a) $\sqrt{x + 2} = 3 - x$ har en rot

b) $x + 2 = (3 - x)^2$ har två rötter.

5117 Lös ekvationen $13\sqrt{x} = x + 36$

a) algebraiskt

b) grafiskt.

Lös ekvationen algebraiskt. Kontrollera ditt svar grafiskt.

5118 a) $\sqrt{4t + 1} = 3 - 3t$ c) $\sqrt{x + 1} - 1 = x$

b) $\sqrt{4x} - x + 3 = 0$ d) $3\sqrt{x + 13} = x + 9$

Ett träd vid ett tempel i Kambodja. Falska rötter?

Genom att ersätta ett uttryck med t ex t kan vi ibland skriva om och förenkla en ekvation.

5119

Lös ekvationen $x^4 - 10x^2 + 9 = 0$

Om vi sätter $x^2 = t$ ger det $x^4 = t^2$ och ekvationen:

$t^2 - 10t + 9 = 0$

$t = 5 \pm \sqrt{25 - 9}$

$t = 5 \pm 4$

$t_1 = 9$ och $t_2 = 1$

Dessa värden sätts in i $x^2 = t$ ger då ekvationerna

$x^2 = 9$ och $x^2 = 1$

$x = \pm 3$ och $x = \pm 1$

Svar: $x_1 = -3,\ x_2 = -1,\ x_3 = 1,\ x_4 = 3$

5120 Lös ekvationen

a) $x^4 - 6x^2 + 5 = 0$

b) $x^4 - 2x^2 - 8 = 0$

c) $(x^2 - 2)^2 - 16(x^2 - 2) + 28 = 0$

5121 Gina och Tilda ska lösa ekvationen

$x - 5\sqrt{x} + 4 = 0$

De föreslår två olika sätt:

Gina: *”Jag vill börja med att lösa ut $5\sqrt{x}$ och sedan kvadrera.”*

Tilda: *”Jag vill ersätta $\sqrt{x}$ med t och sedan lösa ekvationen för t.”*

Undersök om båda metoderna fungerar.

5122 Lös ekvationen

c

a) $(x + 1) - 27\sqrt{x + 1} + 170 = 0$

b) $\sqrt{t + 9} - \sqrt{t} = 1$

c) $\sqrt{s + 13} - \sqrt{7 - s} = 2$

5123 Lös ekvationssystemet

a) $\begin{cases} x^2 + y^2 = 5 \\ xy = 2 \end{cases}$

b) $\begin{cases} x^2 + y^2 = 953 \\ xy = 364 \end{cases}$

5124 Lös ut den variabel som står inom parentes efter formeln.

a) $z = \sqrt{\dfrac{x}{x + y}}$ (x)

b) $\dfrac{N}{n} = \sqrt{\dfrac{a + b}{a - b}}$ (a)

5125 Lös ekvationen

a) $\dfrac{1}{x} + \dfrac{1}{\sqrt{x}} = 650$

b) $x^{2/3} - 5x^{1/3} + 6 = 0$

Logaritmlagarna

Med hjälp av sambandet $a = 10^{\lg a}$ och potenslagarna kan vi härleda lagar för logaritmer.

Vi utgår från $A \cdot B$ och skriver produkten på två olika sätt.

$$(A \cdot B) = 10^{\lg(A \cdot B)}$$

$$(A \cdot B) = 10^{\lg A} \cdot 10^{\lg B} = 10^{\lg A + \lg B}$$

$10^{\lg(A \cdot B)} = 10^{\lg A + \lg B}$

Detta betyder att $\lg(A \cdot B) = \lg A + \lg B$.

På liknande sätt kan logaritmen för en kvot och en potens visas.

För positiva tal A och B gäller

Logaritmlagarna

Logaritmen för en produkt	$\lg AB = \lg A + \lg B$	**(1)**
Logaritmen för en kvot	$\lg(A/B) = \lg A - \lg B$	**(2)**
Logaritmen för en potens	$\lg A^y = y \cdot \lg A$	**(3)**

5126 **Lös ekvationen $2^x = 3$ exakt.**
Ge också ett närmevärde med tre decimaler.

Med logaritmlag		*Utan logaritmlag*	
$2^x = 3$	Logaritmera båda leden.	$2^x = 3$	
$\lg 2^x = \lg 3$		$(10^{\lg 2})^x = 10^{\lg 3}$	Ersätt 2 med $10^{\lg 2}$ och 3 med $10^{\lg 3}$.
$x \cdot \lg 2 = \lg 3$	Använd logaritmlag 3.	$10^{x \cdot \lg 2} = 10^{\lg 3}$	
$x = \lg 3/\lg 2$		$x \cdot \lg 2 = \lg 3$	
$x \approx 1{,}585$		$x = \lg 3/\lg 2$	
		$x \approx 1{,}585$	

5127 **Lös ekvationen med hjälp av logaritmlagarna.**

a) $\lg x = \lg 5 + \lg 12$ **b)** $\lg x = 2\lg 3$

a) $\lg x = \lg 5 + \lg 12$
$\lg x = \lg(5 \cdot 12)$
$\lg x = \lg 60$
$x = 60$

b) $\lg x = 2\lg 3$
$\lg x = \lg 3^2$
$\lg x = \lg 9$
$x = 9$

5128 **Lös ekvationen $5 \cdot 2^{3x} = 7$ exakt. Ge också ett närmevärde med tre decimaler.**

Metod 1:

$5 \cdot 2^{3x} = 7$

$2^{3x} = 7/5$

$\lg 2^{3x} = \lg(7/5)$

$3x \lg 2 = \lg(7/5)$ Logaritmlag 3

$x = \frac{\lg(7/5)}{3 \lg 2} \approx 0{,}162$

Metod 2:

$5 \cdot 2^{3x} = 7$

$\lg(5 \cdot 2^{3x}) = \lg 7$

$\lg 5 + \lg 2^{3x} = \lg 7$ Logaritmlag 1

$\lg 5 + 3x \lg 2 = \lg 7$ Logaritmlag 3

$3x \lg 2 = \lg 7 - \lg 5$

$x = \frac{\lg 7 - \lg 5}{3 \lg 2} \approx 0{,}162$

De båda resultaten är lika eftersom $\lg(7/5) = \lg 7 - \lg 5$ enligt logaritmlag 2.

5129 Vilket tal ska stå i den tomma parentesen?

a) $\lg(77 \cdot 13) = \lg(\quad) + \lg 13$

b) $\lg\frac{150}{77} = \lg 150 - \lg(\quad)$

c) $\lg 2^{23} = (\quad) \cdot \lg 2$

d) $\lg 56 = \lg 7 + \lg(\quad)$

5130 Lös ekvationen exakt. Ge också ett närmevärde med tre decimaler.

a) $5^x = 8$

b) $3^x = 12$

c) $10^x = 250$

d) $1{,}05^x = 2$

5131 Lös ekvationen

a) $\lg x = \lg 5 + \lg 6$

b) $\lg x = \lg 20 - \lg 4$

c) $\lg 2x = \lg 6 + \lg 5$

d) $\lg x = 3 \lg 2$

5132 Lös ekvationen exakt. Ge också ett närmevärde med två decimaler.

a) $3 \cdot 1{,}08^x = 14$

b) $82 \cdot 0{,}65^x = 38$

c) $31 \cdot 2^{5x} = 101$

d) $67 \cdot 0{,}5^{-0{,}6x} = 305$

5133 Vilka fel gör de?

a) Pierre förenklar $\lg 37 - \lg 8$ och får $\frac{\lg 37}{\lg 8}$

b) Fia förenklar $\lg 5x^2$ och får $2 \cdot \lg 5x$

5134 Lös ekvationen exakt.

a) $\lg x = 2 \lg 3 + 3 \lg 2$

b) $\lg x = \lg 5 + \lg 5 + \lg 5$

c) $\lg x = \lg 30 - 2$

5135 Förenkla

a) $\lg 1 + \lg 10$

b) $\lg\frac{2}{3} + \lg\frac{3}{2}$

5136 Anta att du vet att $10^{0{,}3} \approx 2$
Ge ett närmevärde till

a) $\lg 2\,000$

b) $\lg 8$

5137 Lös ekvationen exakt.

a) $2 \lg x = \lg 2x$

b) $\lg(1 - x) + \lg(1 + x) = \lg 0{,}75$

c) $2 \lg x - \lg 4 = \lg(3x + 16)$

5138 Lös ekvationen exakt.

a) $2 \cdot 3^x = 4^x$

b) $5 \cdot 6^x = 7 \cdot 8^x$

5139 Visa med hjälp av potenslagarna den tredje logaritmlagen $\lg A^y = y \cdot \lg A$.

5140 Lös ekvationen $x^{\lg x} = \frac{x^3}{100}$

Tema

Några linjära fysikaliska samband

I ämnet fysik får du studera många samband som skrivs på formerna $y = kx$ och $y = kx + m$.

Ibland kan det vara svårt att känna igen matematiken i fysikens formler. Detta beror delvis på att i fysik används andra bokstäver än matematikens x och y.

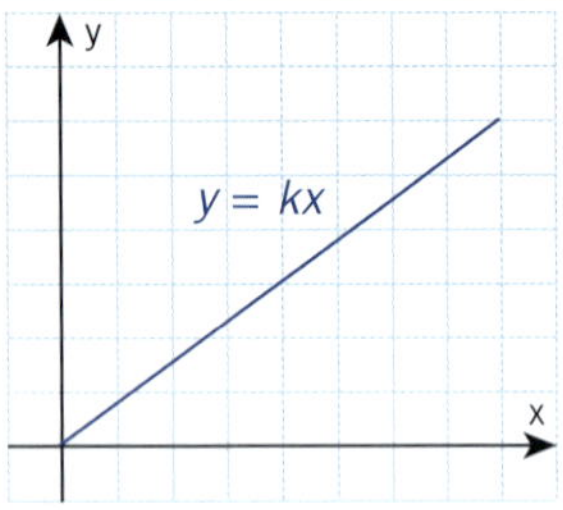

y är (direkt) proportionell mot x. Grafen är en rät linje genom origo.

$y = kx$

k är proportionalitetskonstanten.

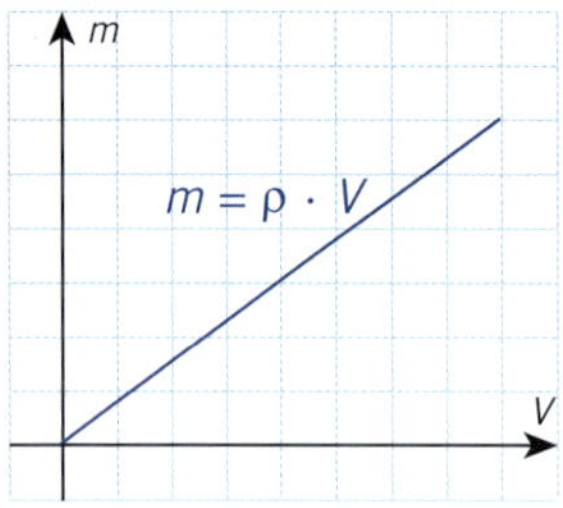

Massan m hos ett homogent ämne är proportionell mot volymen V.

Formel: $m = \rho \cdot V$

Proportionalitetskonstanten motsvaras av ämnets densitet ρ.

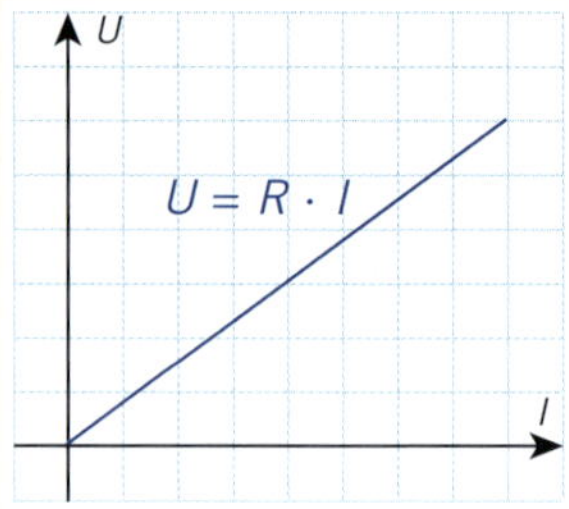

Spänningen U över en resistor är proportionell mot strömmen I genom resistorn.

Formel: $U = R \cdot I$

Proportionalitetskonstanten motsvaras av resistansen R.

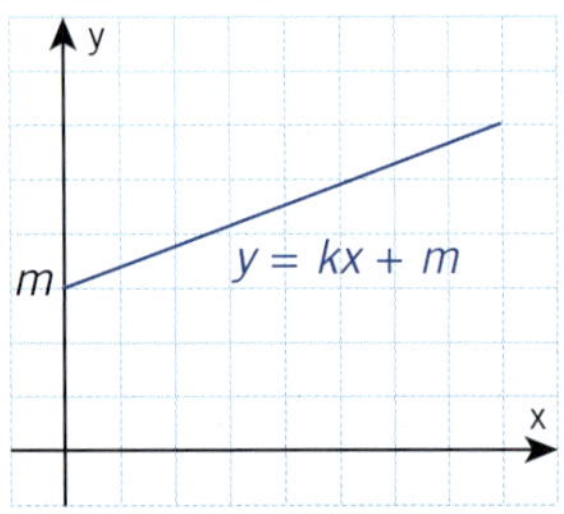

Linjen har lutningen k och skär y-axeln i punkten $(0, m)$

$y = kx + m$

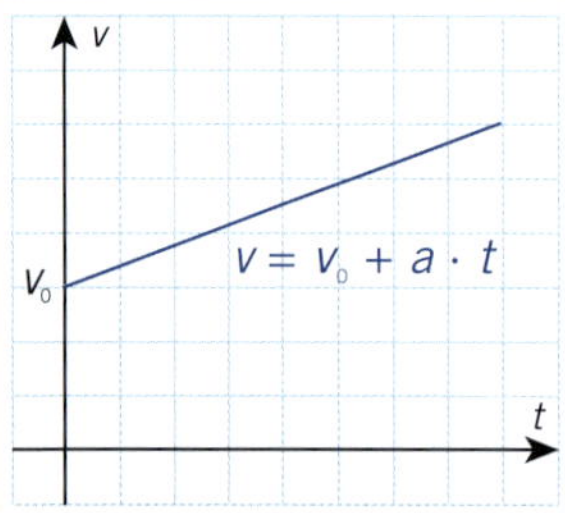

Vid likformigt accelererad rörelse gäller ett linjärt samband mellan hastigheten v och tiden t.

Formel: $v = v_0 + a \cdot t$

k-värdet motsvaras av accelerationen a och m-värdet motsvaras av begynnelsehastigheten v_0

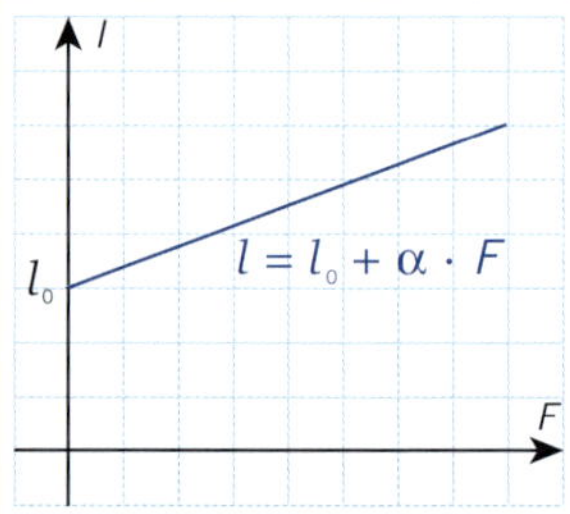

Längden l av en spiralfjäder varierar linjärt med dragkraften F.

Formel: $l = l_0 + \alpha \cdot F$

k-värdet motsvaras av konstanten α som bestäms av fjäderns mått och egenskaper.
m-värdet motsvaras av begynnelselängden l_0

1 Diagrammet visar den sträcka s meter som ett föremål rör sig på tiden t sekunder vid likformig rörelse. Linjens k-värde är ett mått på föremålets hastighet.

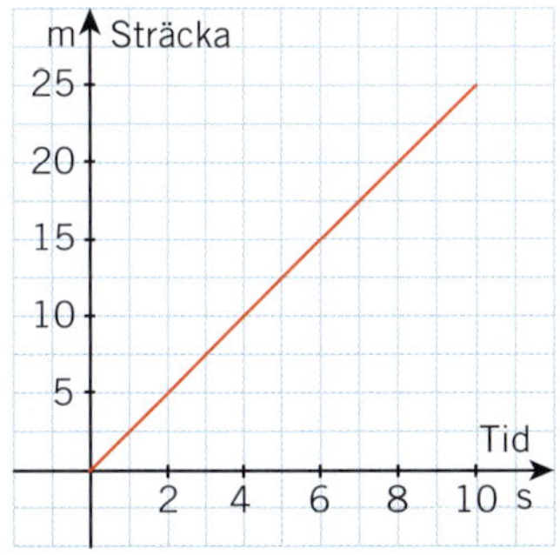

a) Hur kan man se i grafen att hastigheten är konstant?

b) Bestäm hastigheten.

c) Ange sambandet mellan s och t med en formel.

d) Beskriv med ord grafens utseende om hastigheten är dubbelt så stor.

2 I en graf visas att spänningen U (volt) är proportionell mot strömmen I (ampere) för en resistor. k-värdet är ett mått på resistorns resistans R (ohm). Grafen går genom punkterna $(0{,}05; 18)$ och $(0{,}15; 54)$.

a) Bestäm ett värde på resistansen.

b) Beskriv sambandet mellan U och I med en formel.

c) Bestäm strömmen då spänningen är 90 V.

3 En graf som visar att massan m gram är proportionell mot volymen V cm^3 för guld går genom origo och punkten (10, 193).

a) Bestäm ytterligare en punkt på linjen.

b) Vilken densitet har guld?

c) Beskriv sambandet mellan m och V med en formel.

d) Vilken volym har ett guldföremål som har massan 82,4 g?

4 Figuren visar en $v-t$-graf till ett tåg som accelererar.

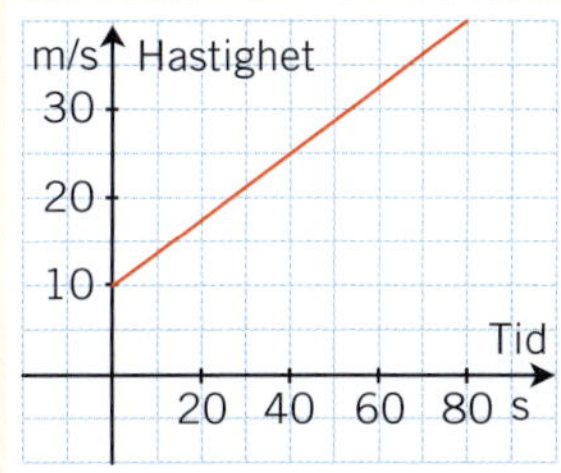

a) Vilken är begynnelsehastigheten v_0?

b) Beräkna Δv i intervallet $t = 0$ till $t = 80$ s.

c) Beräkna accelerationen.

d) Ställ upp en ekvation för linjen.

5 Längden av en spiralfjäder varierar linjärt med dragkraften. Dragkraften 2,7 Newton ger fjäderlängden 174 mm och dragkraften 6,5 Newton ger fjäderlängden 250 mm.

Beskriv sambandet mellan fjäderlängd och dragkraft med en formel.

6 Resistansen hos en metalltråd är 350 Ω då trådens temperatur är 21,3 °C och 376 Ω vid 33,8 °C.

a) Ställ upp en linjär modell för hur resistansen R varierar med temperaturen t.

b) Tolka modellens k-värde.

c) Vid vilken temperatur är resistansen 342 Ω?

Blandade övningar från kurs 2c

Del I Utan räknare

1 Förenkla så långt som möjligt

$(2x-3)x-2(2x-3)^2$

2 Lös ekvationen exakt.

a) $x^2-10x=0$

b) $10^x=2$

c) $2x^5+2=10$

d) $\sqrt{x+1}=x+1$

3 Lös ekvationen

a) $x^2-x-\frac{3}{4}=0$

b) $\lg x-\lg 2=\lg 36$

c) $2\sqrt{2x-5}=2x-8$

4 Figuren ska visa att

$(a+b)^2=(a-b)^2+4ab$

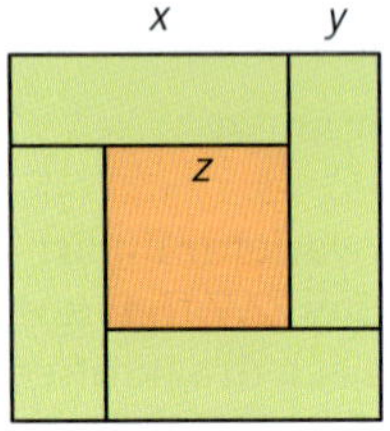

Hur ska figuren måttsättas?
Ange x, y och z.

5 Bestäm talet x.

a) $\lg 12=\lg x+\lg 6$

b) $\lg 6=\lg x-\lg 2$

c) $\lg 25=x\cdot\lg 5$

6 Om x^2-10x skrivs $(x-5)^2-25$ kallas detta att kvadratkomplettera x^2-10x.

Kvadratkomplettera

a) x^2-20x

b) x^2+5x

7 Visa att ekvationen $x^2-3x+4{,}5=0$ har en lösning $x_1=\frac{3}{2}-\frac{3i}{2}$

8 Lös ekvationssystemet $\begin{cases}x+y+z=1\\x-y+z=1\\x+y-z=-3\end{cases}$

9 Finn ekvationen för andragradskurvan.

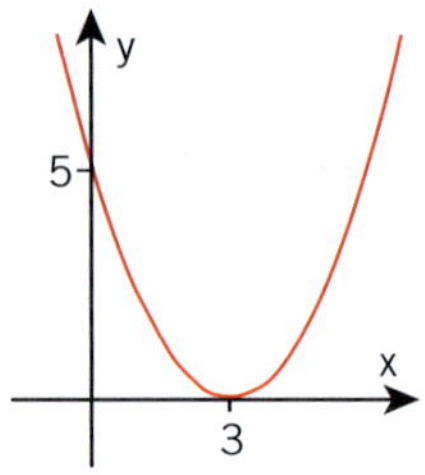

10 I en tabell ser du att $\lg 4\approx 0{,}60$.
Bestäm med hjälp av detta ett värde på $\lg 16$.

11 Rita av och fullborda tabellen med de fem värden som saknas.

$f(x)=x^2-1 \qquad g(x)=(x+1)^2$

x	$f(x)$	$g(x)$	$f(g(x))$	$g(f(x))$
2			80	16
		4		81

12

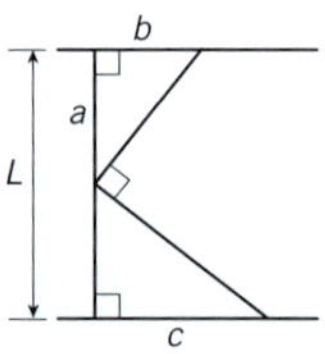

a) Motivera varför de två trianglarna i figuren är likformiga.

b) Visa att $L=\frac{bc}{a}+a$

Del II Med räknare

13 Lös ekvationen och svara med tre gällande siffror.

a) $x^{5,5} = 20$

b) $\sqrt{x} = 27,9$

c) $5 \cdot 10^x = 8$

14 Tabellen visar lufttrycket, y kiloPascal (kPa), på höjden h km över havsytans nivå.

Höjd x km	1	2	4	6
Tryck y kPa	90	80	62	48

a) Anpassa en exponentialfunktion till dessa mätvärden.

b) Beräkna trycket vid havsytan.

c) Ange funktionens värdemängd.

15 När en stång av järn upphettas ökar dess längd linjärt med temperaturen. I tabellen visas mätvärden från ett experiment med en järnstång.

Temperatur (°C)	20,0	65,0
Längd (mm)	1284,56	1285,25

a) Beskriv sambandet mellan stångens längd och temperatur med en linjär modell där y mm är stångens längd vid temperaturen x °C.

b) Beräkna stångens längd då temperaturen är –25,0 °C.

16 Lös ekvationen $\sqrt{x+2} = x - 4$

a) algebraiskt

b) grafiskt.

17 a) Emma påstår att $x = -0,12$ är en lösning till ekvationen $4 \cdot 5^{2x+1} = 8$. Visa att hon har fel.

b) Lös ekvationen. Svara exakt och med ett närmevärde med två decimaler.

18

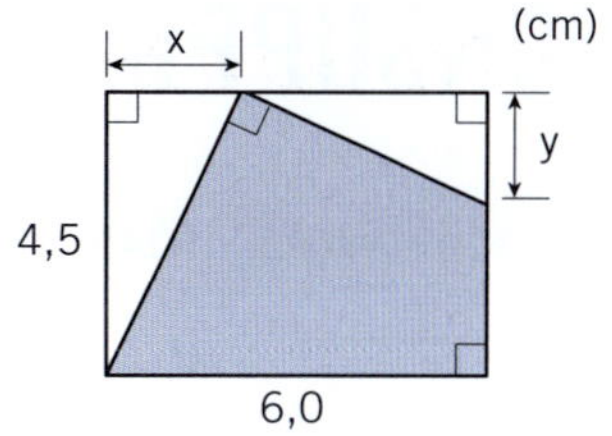

a) Bestäm ett samband mellan x och y. Lös ut y.

b) För vilka värden på x antar y-värdet 1,5?

19 En boll kastas rakt upp. Bollens höjd över marken, y meter, efter tiden x sekunder bestäms av funktionen

$y = h(x) = 9x - 5x^2 + 1,5$

a) Beräkna och tolka $h(0,5)$.

b) Visa en algebraisk beräkning av bollens högsta höjd över marken.

20 a) Lös ekvationen $x^2 - 2kx + 36 = 0$ då $k = 10$.

b) För vilka värden på talet k har ekvationen $x^2 - 2kx + 36 = 0$ precis en rot (dubbelrot)?

Utredande uppgifter

Den här typen av uppgifter brukar bedömas efter följande kriterier:

- vilka matematiska kunskaper du har visat
- hur väl du har förklarat ditt arbete och motiverat dina slutsatser
- hur väl du har redovisat ditt arbete och genomfört dina beräkningar.

21 Undersök för vilka värden på b som ekvationen

$\sqrt{2x+1} = x + b$

saknar reella lösningar.

22 Albert påstår:
"Om differensen mellan två tal är 2 är differensen mellan det större talets kvadrat och det mindre talets kvadrat dubbelt så stor som talens summa."

Visa att Albert har rätt.

REPETITIONSUPPGIFTER

KAPITEL 1 – ALGEBRA OCH LINJÄRA MODELLER

Repetitionsuppgifterna är identiska med bokens lösta exempel. För svar och lösning se kapitlets exempel.

1101 *(sidan 9)*
Beräkna utan räknare

a) $5 - 9$ c) $-25 - (-50)$
b) $9 - 4 + 2$ d) $16 + (-9)$

1102
Beräkna utan räknare

a) $-5 \cdot (-4)$ c) $\dfrac{-2-8}{2-(-3)}$
b) $13 - 2 \cdot 5$ d) $10 - (1-3)^2$

1103
Beräkna med räknare $\dfrac{24 + (-6)}{-2 - 4}$

1119
Beräkna utan räknare och svara i enklaste form.

a) $\dfrac{1}{6} + \dfrac{3}{6}$ c) $\dfrac{3}{5} \cdot \dfrac{2}{9}$

b) $\dfrac{4}{5} - \dfrac{3}{10}$ d) $2 \cdot \dfrac{3}{8}$

1129
Förenkla

a) $6 - 4x - 2 + 2x$
b) $(3x - y + 5) + (2x + y - 2)$
c) $(x + 4y) - (2x + y - 2)$

1130
Förenkla

a) $18 - 2(3x + 5)$
b) $4(a + b) - 3(b - a)$

1131
Förenkla
$x(x + 5) + (3x)^2$

1144
Lös ekvationen

a) $3x + 7 = 19$ b) $\dfrac{x}{2} - 1 = 9$

1145
Lös ekvationen

a) $9x - 4 = 5x + 12$
b) $60 - 4x = 2x$

1146
Lös ekvationen

a) $5y = 2(y - 3)$
b) $x - 2(3 - 2x) = 9$

1154
Lös ekvationen

a) $\dfrac{78}{x} = 6{,}5$

b) $\dfrac{x}{x+5} = \dfrac{3}{7}$

1155
Summan av tre på varandra följande hela tal är 36. Vilka är talen?

1167
Lös ut y.

a) $2y - 6x = 12$
b) $12x - 4y + 8 = 0$

1201
Pricka in punkterna $A = (1, 3)$ $B = (-1, 5)$ $C = (4, 0)$ $D = (0, -2)$ i ett koordinatsystem.

1208
En funktion beskrivs med formeln $y = 4x - 3$

a) Beräkna y då $x = 2$.
b) Bestäm x så att $y = 25$.

1209
Funktionen $y = 3 - 2x$ är given.

a) Ställ upp en värdetabell för $x = 0, 1, 2, 3$
b) Rita grafen.
c) Avläs ur grafen x-värdet då $y = 5$.
d) Var skär grafen x-axeln?
e) Ligger punkten $(50, -103)$ på funktionens graf?

1221
Funktionen f kan beskrivas med formeln $f(x) = 4 - x$
Bestäm

a) $f(7)$ b) $f(-2)$

1222
Bestäm x så att $f(x) = 23$ om $f(x) = 7 + 2x$

1223
Låt $f(x) = 2x - x^2$ och bestäm

a) $f(5)$ b) $f(-5)$

1224

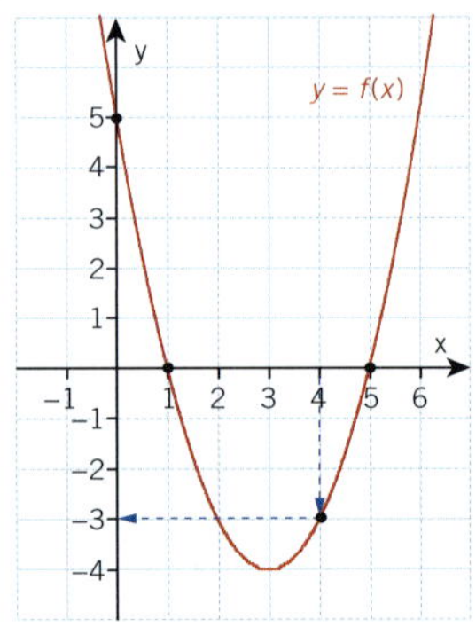

Figuren visar grafen till funktionen $y = f(x)$. Använd den för att avläsa

a) $f(4)$
b) $f(0)$
c) lösningen till ekvationen $f(x) = 0$.

1301
Ange k och m till funktionen

a) $y = 3x - 1$
b) $y = -2x$
c) $y = 5$

1302
Skriv en funktion på formen $y = kx + m$ då

a) $m = 20$ och $k = 10$
b) $k = 0{,}5$ och $m = 0$

1303

Kostnaden, y kr, för att åka taxi x km kan beskrivas med funktionen $y = 55 + 25x$.

a) Ange och tolka m-värdet.

b) Ange och tolka k-värdet.

1310

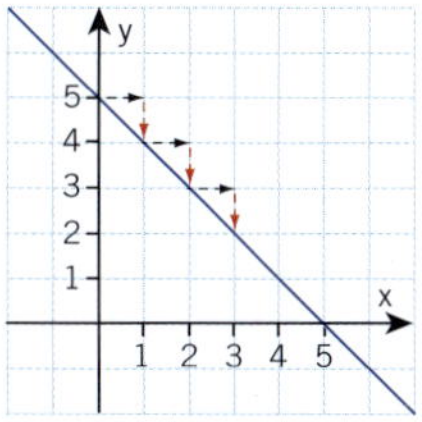

Bestäm genom avläsning i figuren, linjens

a) m-värde

b) k-värde

c) ekvation.

1311

Här är en värdetabell till funktionen $y = kx + m$

x	0	1	2	3
y	4	7	10	13

a) Bestäm m.

b) Bestäm lutningen k.

c) Vilken är funktionen?

1325

Rita en linje som går genom punkten (1, 2) och har lutningen $k = \frac{2}{3}$

1326

En rät linje går genom punkterna (–1, –3) och (3, 5).

Bestäm linjens riktningskoefficient.

1347

Bestäm ekvationen för en linje som går genom punkterna (2, –5) och (–1, 1).

1348

Bestäm ekvationen för en linje som är parallell med linjen $y = -4x + 8$ och som skär x-axeln där $x = 3$.

1368

Höjden, y cm på ett brinnande stearinljus minskar enligt modellen $y = 20 - 4x$ där x är tiden i timmar.

a) Ange och tolka funktionens m-värde.

b) Ange och tolka funktionens k-värde.

c) Bestäm modellens definitionsmängd.

1369

De längsta oavbrutna mätningarna av koldioxidhalter inleddes år 1958 på den hawaiianska vulkanen Mauna Loa.

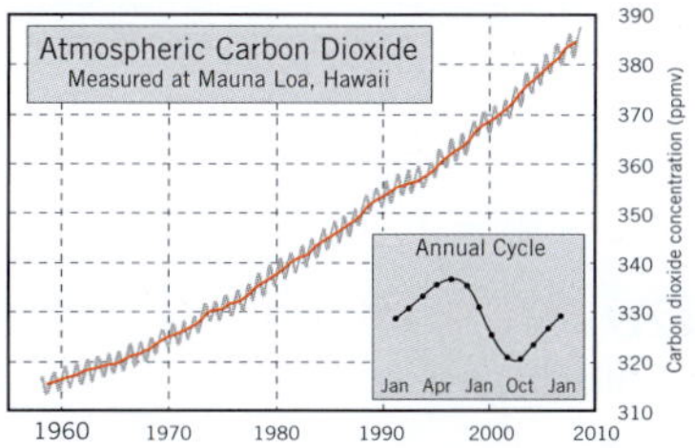

År 1980 visade mätningarna ca 340 ppm och år 2010 ca 385 ppm. Ökningen var i det närmaste linjär.

a) Ställ upp en linjär modell $y = kx + m$ där x är antalet år efter 1980 och y är koldioxidhalten i ppm.

b) Tolka modellens k- och m-värde.

1384

Du ska rita grafen till $6x + 2y - 10 = 0$ på räknaren.

a) Lös ut y och ange linjens ekvation i k-form.

b) Välj fönster med både x och y från –10 till 10. Rita grafen.

1385

Bestäm ekvationen för en rät linje som går genom punkten (–3, 2) och har lutningen $k = 4$.

1386

Ligger punkten (2, 4) på linjen $2y + x = 7$?

1401

Lös ekvationssystemet

$$\begin{cases} y - 2x = 1 \\ y - 0{,}5x = 2 \end{cases}$$

grafiskt. Svara med två decimaler.

1402

Lydia avläser lösningen till ekvationssystemet

$$\begin{cases} y + 3x = 4 \\ y - x = 1 \end{cases}$$

grafiskt och får $x = 0{,}8$ och $y = 1{,}7$

Är lösningen exakt eller approximativ (ungefärlig)?

1413

Lös ekvationssystemet med substitutionsmetoden.

$$\begin{cases} y = 3x - 2 \\ y = 4 - 2x \end{cases}$$

1414

Lös ekvationssystemet exakt med substitutionsmetoden.

$$\begin{cases} 3y - 4z = 17 \\ y - 5z = 2 \end{cases}$$

1430

Lös ekvationssystemet med additionsmetoden.

$$\begin{cases} 2x + 5y = 41 \\ 3x + 8y = 65 \end{cases}$$

1450

På en flodbåt finns 17 hytter. Några innehåller en säng och andra två. Det finns totalt 28 sängplatser på båten.

Hur många 2-bäddshytter finns det?

1451

På ett företag är antalet kvinnor 45 fler än antalet män. 20 % av kvinnorna och 12 % av männen röker. Antalet rökare är 57.

Hur många personer arbetar på företaget?

KAPITEL 2 – ALGEBRA OCH ICKELINJÄRA MODELLER

Repetitionsuppgifterna är identiska med bokens lösta exempel. För svar och lösning se kapitlets exempel.

2101 *(sidan 88)*
Multiplicera och förenkla följande parenteser

a) $(x-2)(x+4)$

b) $(x-3)(2x-4)$

c) $b(a+b)-ab$

2102
Lös ekvationen $x^2-(x-4)(x+3)=17$

2112
Utveckla med hjälp av konjugatregeln

a) $(x+4)(x-4)$

b) $(3x+1)(3x-1)$

2113
Utveckla med hjälp av kvadreringsreglerna

a) $(x+5)^2$ b) $(3y-4)^2$

2123
Förenkla $3x^2-(x+2)^2$

2124
Lös ekvationen

$2(x+3)^2=26-2(1+x)(1-x)$

2132
Bryt ut största möjliga faktor

a) $12x-15$

b) a^2+a

c) $6a^2-4a$

2133
Förenkla uttrycket

a) $\frac{15r^2}{5r}$

b) $\frac{8a-20}{4}$

c) $\frac{6x^2+2x}{4x}$

2201
Lös ekvationen

a) $x^2=225$ c) $x^2+10=6$

b) $2x^2=40$ d) $x^2+4x=0$

2211
Lös ekvationen $x^2+6x-16=0$

2212
Lös ekvationen $x^2-10x+16=0$

2215
Lös ekvationen $2x^2-12x+18=0$

2216
Skriv ekvationen på formen
$x^2+px+q=0$
och ange värdena för p och q.

a) $\frac{x^2}{2}+4x-7{,}5=0$

b) $-x^2+2x=0$

2217
Lös ekvationen

a) $4x^2-12x=7$

b) $x^2+5=4x$

2231
Skriv som ett imaginärt tal

a) $\sqrt{-16}$ b) $\sqrt{-7}$

2232
Lös ekvationen

a) $z^2+20=11$

b) $2z^2+8z+40=0$

2241
En sten faller fritt från höjden 100 m. Stenens höjd h meter över marken efter t sekunder beskrivs av formeln $h=100-5t^2$

a) På vilken höjd befinner sig stenen efter 2 sekunder?

b) Efter hur lång tid träffar stenen marken?

2242
En boll kastas rakt uppåt. Dess höjd, y meter över marken, beskrivs av formeln $y=20x-5x^2$ där x sekunder är tiden.

Efter hur lång tid är bollen 12 m över marken?

2243
Figuren nedan visar en rätvinklig triangel.
Beräkna triangelns sidor.

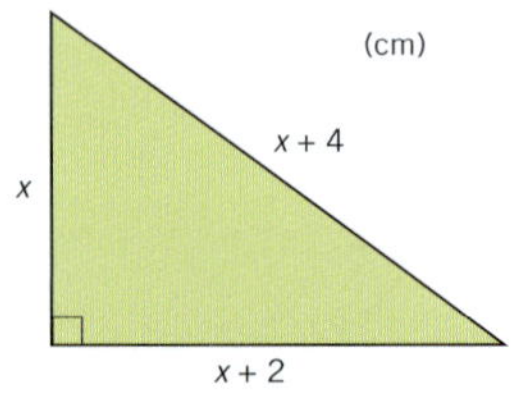

2301
Figuren visar grafen till en andragradsfunktion.

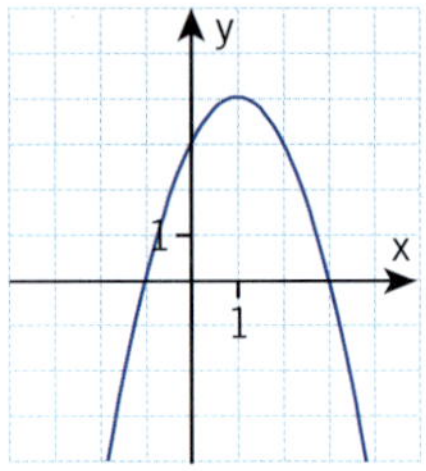

a) Bestäm funktionens nollställen.

b) Bestäm funktionens symmetrilinje.

c) Har grafen en maximi- eller minimipunkt?

d) Bestäm vändpunktens koordinater.

e) Bestäm funktionens största värde.

2302
Har grafen till $y=2x^2-3x+1$ en maximi- eller minimipunkt?

2312
Undersök andragradsfunktionerna
$y=x^2-6x$ och $y=-3x^2-6x-6$

a) Bestäm grafens symmetrilinje.

b) Ange koordinaterna för minimi-/maximipunkten.

c) Ange funktionens största/minsta värde.

d) Kontrollera dina resultat grafiskt.

2325
Bestäm vändpunkten för
$y=(x-2)(x+4)$

2326
För vilka värden på c saknar funktionen $y=x^2+10x+c$ nollställen?

2334
Grafen beskriver en kulas bana vid en kulstöt. Den har formeln
$y = 2{,}3 + x - 0{,}10x^2$

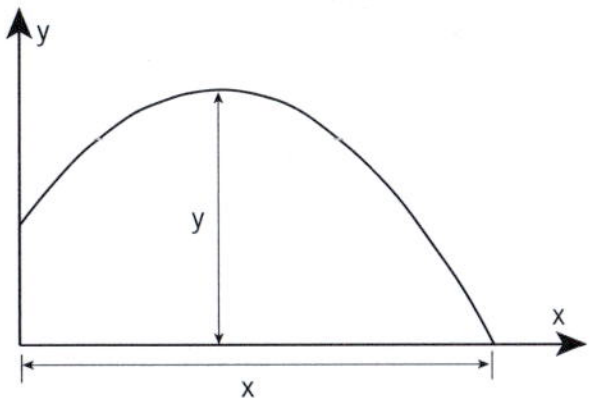

a) Bestäm kulstötens längd x m.

b) Bestäm kulans högsta höjd y m.

c) Från vilken höjd börjar stöten?

2401
Skriv utan potens. Arbeta utan räknare.
a) 2^4 b) 2^{-3} c) $3{,}2 \cdot 10^8$ d) $5 \cdot 10^{-4}$

2402
Förenkla med potenslagarna

a) $2x^4 \cdot x^3$ d) $(b^3)^{-2}$

b) $x^5 \cdot x^{-2}$ e) $(2x^2)^3$

c) $\dfrac{y^6}{y^{-5}}$ f) $\left(\dfrac{2x}{3}\right)^2$

2419
Bestäm den positiva roten till ekvationen

a) $x^6 = 25$ b) $2 \cdot x^3 = 20$

2420
Ida placerar 10 000 kr i en fond hos en bank. Hon är garanterad 12 000 kr om pengarna står orörda i 5 år.

Vilken årlig procentuell ökning motsvarar detta?

2421
Förenkla med potenslagarna

a) $x^{\frac{1}{4}} \cdot x^{\frac{1}{4}} \cdot x^{\frac{1}{4}}$ c) $(y^2)^{\frac{2}{5}}$

b) $\dfrac{a^x}{a^{x/2}}$ d) $\sqrt{x} \cdot \sqrt{x}$

2501
Ett stort industriföretag släppte år 2010 ut 140 000 ton koldioxid. Företaget planerar att minska utsläppen med 4 % per år.

a) Beräkna utsläppen av koldioxid år 2015 om planen följs.

b) Undersök grafiskt vilket år utsläppen är halverade.

2511
Lös ekvationen $10^x = 18$ exakt.
Ge också ett närmevärde med tre decimaler.

2512
Lös ekvationen $25 \cdot 10^{2x} = 125$

2520
Bestäm utan räknare
a) $\lg 1000$ b) $\lg 0{,}01$

2521
Lös ekvationen
a) $\lg x = 3$ b) $2\lg x = 3$

2530
Lös ekvationen $4^x = 9$ exakt.
Ge också ett närmevärde med tre decimaler.

2540
Jordens folkmängd blev 7 miljarder i oktober 2011. Enligt en prognos ökar folkmängden med 1,2 % per år.

a) Ställ upp en formel som ger jordens folkmängd om vi antar att den årliga procentuella ökningen är 1,2 %.

b) När är jordens folkmängd 9 miljarder enligt denna modell?

2541
Värdet på ett hus har fördubblats under en 20-års period.

Beräkna den årliga procentuella ökningen, om den antas ha varit lika stor varje år.

2552
Alla radioaktiva ämnen sönderfaller och sänder ut radioaktiv strålning. Mängden av ett radioaktivt ämne avtar exponentiellt med en viss halveringstid.

Vid kärnkraftsolyckorna i Tjernobyl år 1986 och i Japan år 2011 spreds bl a ämnet cesium-137, som har en halveringstid på 30 år. Det betyder att efter 30 år återstår halva mängden.

Antag att man har 50 mg cesium-137 i början av 2012.

a) Ställ upp en formel som visar hur mängden cesium avtar.

b) Beräkna mängden efter 100 år.

c) Efter hur många år har mängden minskat med 20 %?

KAPITEL 3 – GEOMETRI

Repetitionsuppgifterna är identiska med bokens lösta exempel. För svar och lösning se kapitlets exempel.

3101 *(sidan 165)*
Beräkna de okända vinklarna.

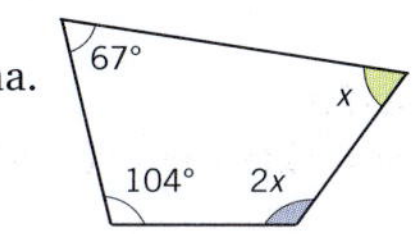

3113
I figuren är lika långa sidor markerade på samma sätt.

Hur stora är vinklarna x, y, z och u? Motivera dina påståenden.

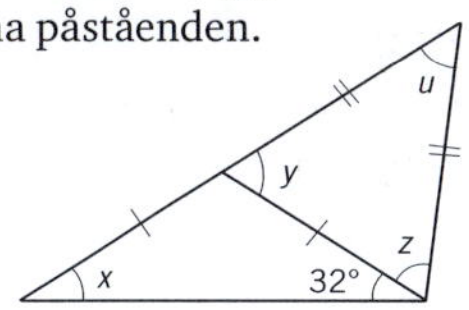

3125
Bestäm vinklarna ACB och ADB.

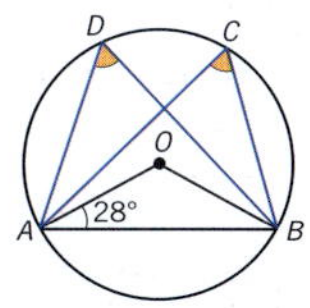

3126
Fyrhörningen $ABCD$ är inskriven i en cirkel. Vinklarna A, B och C förhåller sig som 3 till 4 till 7.

Beräkna vinkeln D.

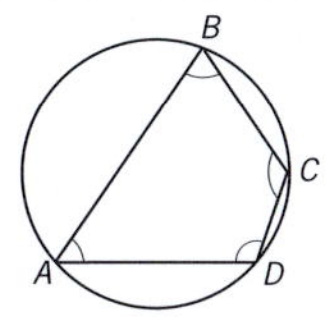

3201
Beräkna längden av den med x markerade sidan. I figuren har lika stora vinklar samma färg.

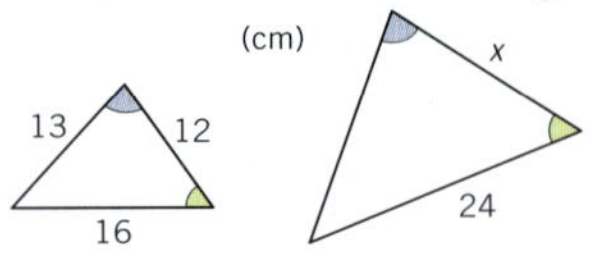

3208
Triangeln ABC är rätvinklig. Sträckan DE är vinkelrät mot sträckan BC.

Beräkna längden av DE.

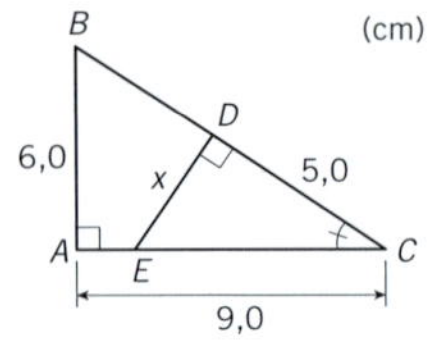

3214
Beräkna längden av parallelltransversalen DE.

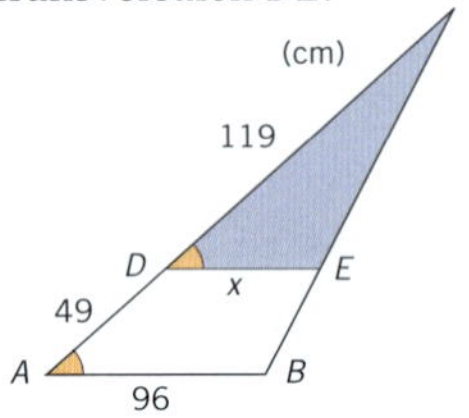

3215
Beräkna längden av CE.

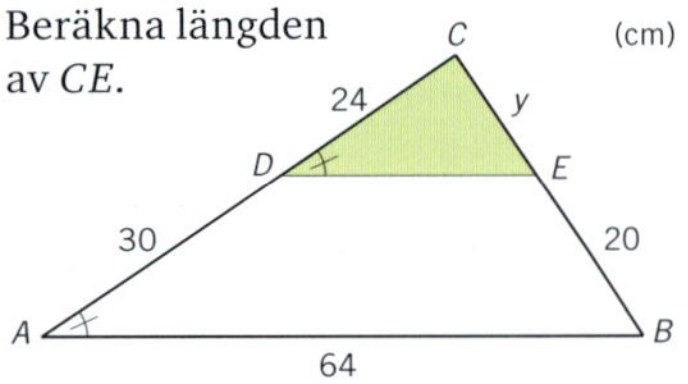

3230
Är trianglarna kongruenta? Motivera.

a)

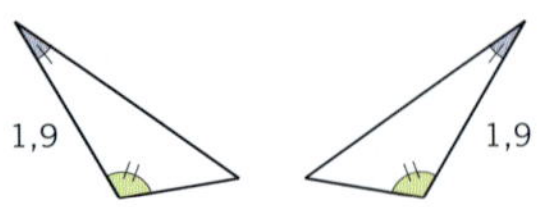

b)

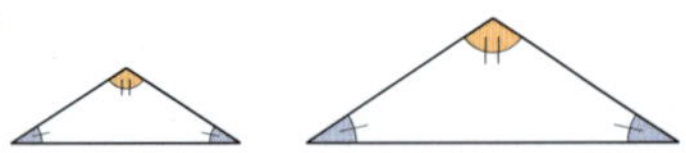

c)

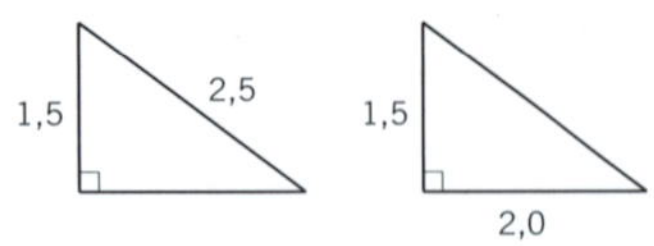

3240 (*Fördjupning*)
Trianglarna T_1 och T_2 är likformiga. T_2 är en avbildning av T_1.

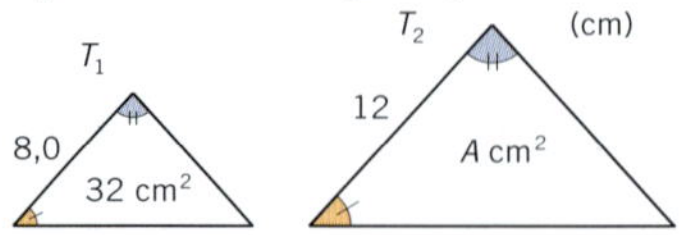

Bestäm

a) längdskalan
b) areaskalan
c) arean A.

3241 (*Fördjupning*)
Två vaser har samma form men olika storlek. Den större vasen är 15 cm hög och har volymen 1 000 cm^3.
Den mindre vasen är 9,0 cm hög.

Beräkna den mindre vasens volym, $V\,cm^3$.

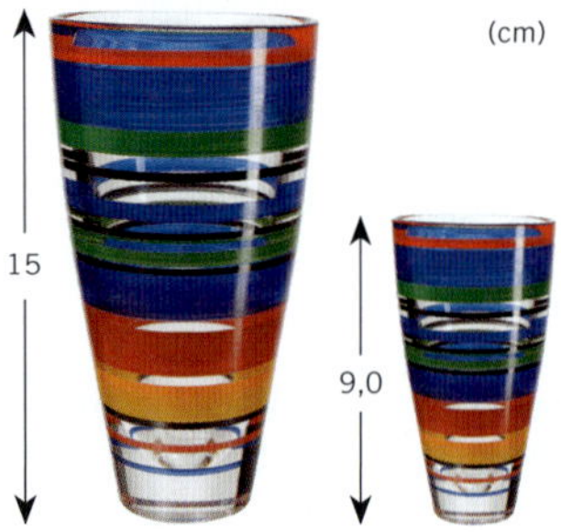

3254 (*Fördjupning*)
Två kordor i en cirkel skär varandra.

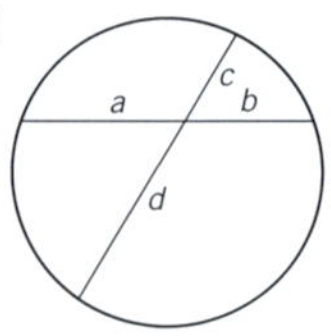

Mellan kordornas delar a, b, c och d finns ett enkelt samband som kallas kordasatsen.

Finn detta samband och formulera det i ord.

3255 (*Fördjupning*)
Bisektrisen CD delar sidan AB i ett enkelt förhållande.

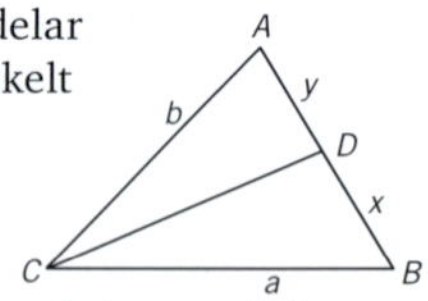

Finn detta förhållande med hjälp av följande konstruktion: Förläng bisektrisen CD till E så att $AE = AC$.

3301
Beräkna den okända sidan i den rätvinkliga triangeln.

a)

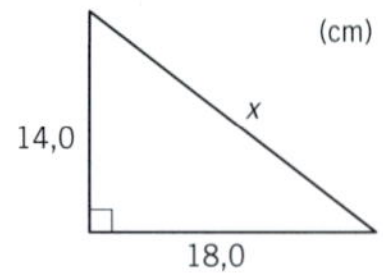

b)

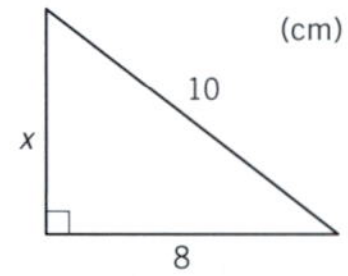

3302
Är triangeln rätvinklig om sidorna har måtten

a) 44, 48 och 66 cm
b) 24, 70 och 74 cm?

3307

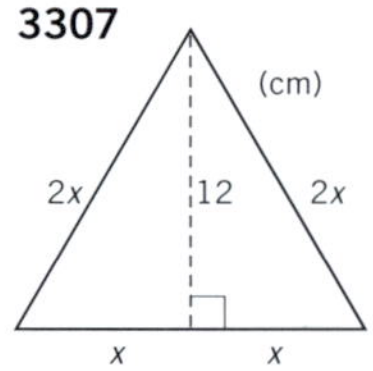

I en liksidig triangel är höjden 12 cm. Beräkna arean.

3308
I en rätvinklig triangel är hypotenusan 2 cm längre än den längsta kateten som i sin tur är 2 cm längre än den kortaste kateten. Bestäm triangelns sidor.

3319
En triangels hörn är $A\,(3, 4)$, $B\,(9, 2)$ och $C\,(11, 8)$.

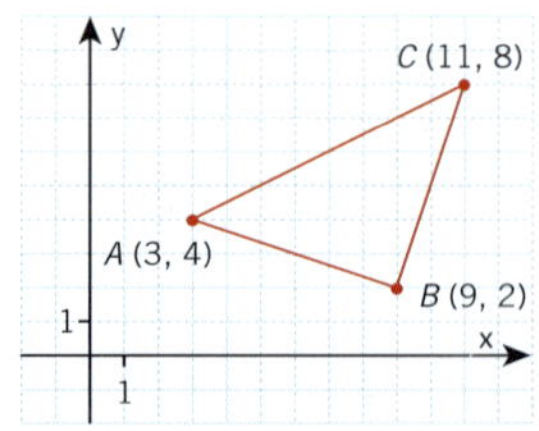

Visa att triangeln är rätvinklig och likbent.

3327 (*Fördjupning*)
$A\,(-5, 6)$, $B\,(-3, -1)$, $C\,(4, -3)$ och $D\,(2, 4)$ är hörn i en fyrhörning.

Visa att fyrhörningens diagonaler AC och BD delar varandra mitt itu.

KAPITEL 4 – STATISTIK

Repetitionsuppgifterna är identiska med bokens lösta exempel. För svar och lösning se kapitlets exempel.

4107 *(sidan 216)*
En skola har 720 elever varav 288 är flickor och 432 pojkar.
Var 20:e elev ska besvara en enkät om skolans arbetsmiljö.

a) Hur stor är populationen?

b) Hur stort är stickprovet?

c) Hur många flickor kan ingå i ett obundet slumpmässigt urval?

d) Hur många flickor ska ingå i ett stratifierat urval som ska spegla förhållandet mellan antalet flickor och pojkar på skolan?

4115
Vid en undersökning om vår energipolitik skulle man intervjua 1 230 personer och bl a fråga:

"Är du för eller emot att vi bygger ut någon av de fyra stora älvarna i Norrland som inte har några kraftverk?"

1 000 personer svarade:
För 380 *Emot* 410 *Vet ej* 210

Redovisa den procentuella andelen som är för utbyggnad, om vi

a) bortser från bortfallet

b) antar att bortfallet har fördelningen *För* 30 %, *Emot* 30 % och *Vet ej* 40 %.

4116
Vid en väljarundersökning svarade 10,0 % att de tänkte rösta på ett visst parti. Felmarginalen på 95 %-nivån angavs till 1,9 procentenheter.

Vad betyder detta?

4201
Tabellen visar antalet mål per säsong som Zlatan Ibrahimovic gjort i seriematcher under 9 säsonger.

Säsong	*02/03*	*03/04*	*04/05*
Lag	Ajax	Ajax	Juventus
Mål	13	13	19

Säsong	*05/06*	*06/07*	*07/08*
Lag	Juventus	Inter	Inter
Mål	7	15	17

Säsong	*08/09*	*09/10*	*10/11*
Lag	Inter	Barcelona	Milan
Mål	25	16	14

Bestäm medelvärde, median och typvärde av antal mål.

4202
Välj och beräkna lämpligt lägesmått.

a) Årsinkomsterna för de anställda i ett litet företag:
250 000 kr 285 000 kr 310 000 kr
325 000 kr 950 000 kr

b) Svar på en fråga i en enkät:
JA NEJ VET EJ JA JA
NEJ JA JA VET EJ NEJ

4203
30 kunders köpsummor i en bokhandel redovisas i ett diagram.

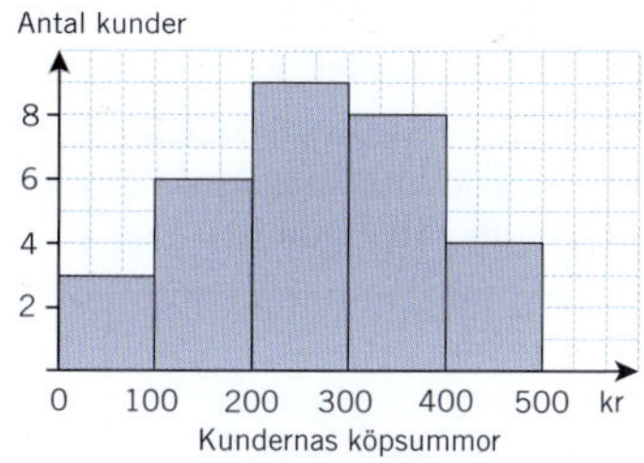

Bestäm med hjälp av histogrammet medelvärdet av köpsummorna.

4204
Medelåldern i ett rockband med fem medlemmar är 21 år.

a) Fyra av medlemmarna är 18 år, 21 år, 22 år respektive 25 år. Hur gammal är den femte medlemmen?

b) 18-åringen slutar och ersätts med en 28-åring. Vilken blir den nya medelåldern?

4222
Stenkol som eldas i kolkraftverk ger utsläpp av luftföroreningar som sprids i atmosfären. I vattenmiljöer ombildas föroreningarna till metylkvicksilver som hamnar i fisk och andra djur. Isbjörnarna i Arktis drabbas hårt eftersom de är högst i näringskedjan.

En grupp forskare mätte halten av kvicksilver i isbjörnshår från Grönland. Andelen kvicksilver i ppm var

6,2 9,2 7,2 8,9 3,4 3,7 8,0 6,7
5,8 4,3 6,8 6,6 6,0 7,7 5,4

Bestäm

a) variationsbredden

b) medianen

c) nedre och övre kvartilen

d) kvartilavståndet.

4223
Lådagrammet visar hur månadslönerna för de anställda i ett företag fördelar sig.

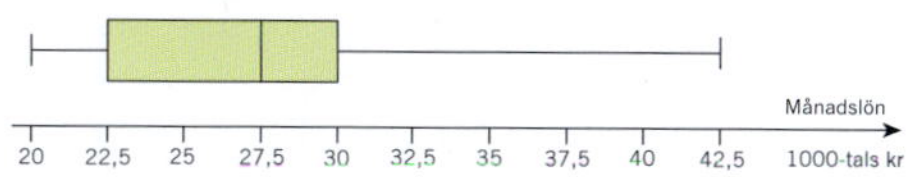

a) Beräkna variationsbredden.

b) Beräkna kvartilavståndet.

c) Hur stor andel av de anställda har en månadslön på 30 000 kr eller mindre?

4235
Igor undersöker hur många sms eleverna på hans skola skickar per dag under en vecka. I hans stickprov ingår bl a Anna och Paul.

v.40	*Mån*	*Tis*	*Ons*	*Tors*
Anna	52	34	41	27
Paul	5	38	22	27

v.40	*Fre*	*Lör*	*Sön*
Anna	53	64	30
Paul	99	86	45

Beräkna medelvärde och standardavvikelse för Annas respektive Pauls värden. Använd räknare/dator. Kommentera resultaten.

4236
Vid en inventering i ett naturreservat mätte man längden på ett antal huggormar och presenterade detta i ett stolpdiagram.

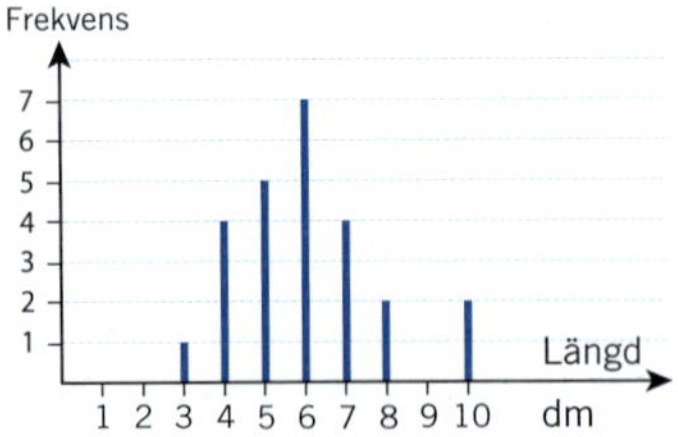

Beräkna medelvärde och standardavvikelse för ormarnas längd.

4301
Ett normalfördelat material har medelvärdet 50 och standardavvikelsen 10.

Hur många procent av observationerna ligger inom det färgade området?

a)

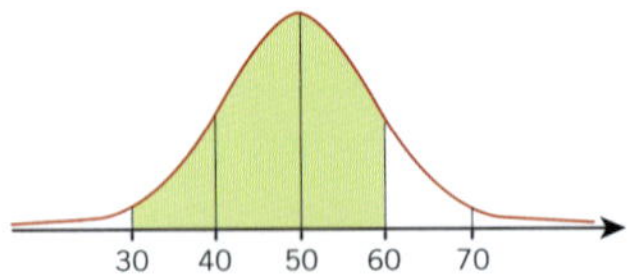

b)

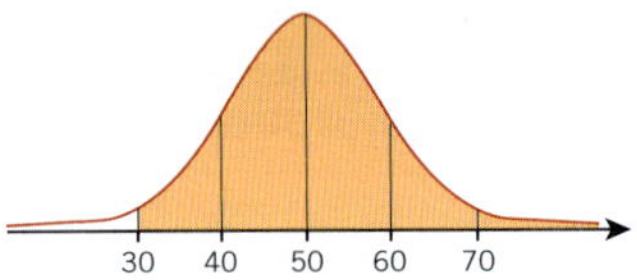

4302
Ett japanskt fiskefartyg fångade 1 000 tonfiskar i ett område där fiskarnas vikt var normalfördelad med medelvärdet 300 kg och standardavvikelsen 40 kg.

a) Hur stor andel av fiskarna i fångsten kan förväntats ha vägt mer än 340 kg?

b) Hur många fiskar i fångsten kan förväntats ha vägt mellan 220 och 260 kg?

4401
Lars påstår att det finns ett samband mellan frånvaro och resultat på nationella provet. Ett stickprov från en skola visar följande resultat.

Antal frånvarotillfällen	20	13	6	8	26
Poäng	10	25	40	18	4

Antal frånvarotillfällen	2	22	8	18
Poäng	32	18	29	13

a) Gör ett spridningsdiagram.

b) Avgör om det finns någon korrelation mellan frånvaro och resultat på provet.

4410
Astrid och Samuel har planterat en stockros och noterar dess längd y cm, x dagar efter planteringen.

x dagar efter planteringen	4	6	10	12
y cm	14	22	26	32

De vill beskriva hur stockrosen växer med en linjär modell $y = kx + m$.

Använd räknarens program för linjär regression för att bestämma bästa möjliga linje till värdena.

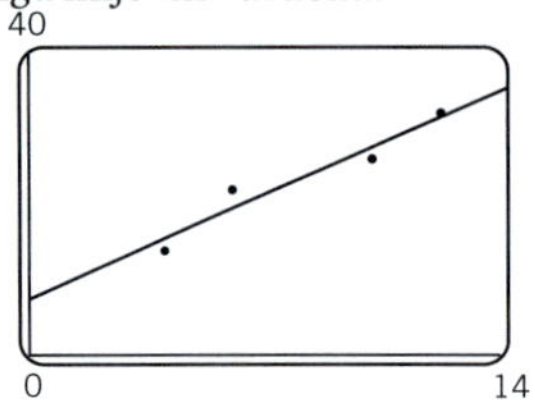

4411
Värdet på en lägenhet har enligt mäklaren ökat i värde enligt tabellen.

Antal år efter köpet	1	3	6	8
Värde (tusentals kr)	120	130	150	160

a) Anpassa en exponentialfunktion $y = C \cdot a^x$ till värdena i tabellen.

b) Vad kostade lägenheten i inköp enligt funktionen?

KAPITEL 5 – KOMPLETTERING TILL KURS 2C

Repetitionsuppgifterna är identiska med bokens lösta exempel. För svar och lösning se kapitlets exempel.

5101 *(sidan 272)*
Lös ekvationssystemet

$$\begin{cases} 2x + 2y + 3z = 11 & (1) \\ 3x - 2y + z = 0 & (2) \\ x + 4y + 2z = 9 & (3) \end{cases}$$

5110
Lös ekvationen

a) $\sqrt{5x - 1} = 7$

b) $x + \sqrt{2x - 1} = 2$

5119
Lös ekvationen $x^4 - 10x^2 + 9 = 0$

5126
Lös ekvationen $2^x = 3$ exakt. Ge också ett närmevärde med tre decimaler.

5127
Lös ekvationen med hjälp av logaritmlagarna.

a) $\lg x = \lg 5 + \lg 12$

b) $\lg x = 2 \lg 3$

5128
Lös ekvationen $5 \cdot 2^{3x} = 7$ exakt. Ge också ett närmevärde med tre decimaler.

Diagnos 1B

Repetition av algebra

1 a) Förenkla uttrycket $3(5 + 2y) - 5(y - 3)$
b) Lös ekvationen $3(5 + 2y) - 5(y - 3) = 6y$

2 Lös ekvationen $\dfrac{x}{x-7} = \dfrac{18}{4}$

3 Lös ut x ur sambandet $2x + 5y = 8$

Repetition av funktioner

4 Visa att $f(2) > f(4)$ för $f(x) = 5 - 2x$

5 Rita grafen till $y = 3x - 4$

Räta linjens ekvation

6 Förklara vad det innebär för grafens utseende att $m = 0$ och $k = -2$ i räta linjens ekvation $y = kx + m$.

7 Bestäm linjens ekvation.

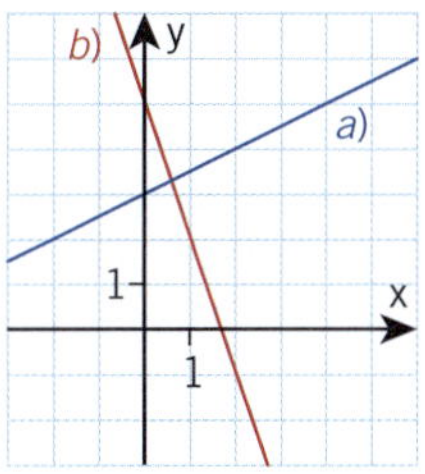

8 En rät linje går genom punkterna $(-4, -2)$ och $(1, 6)$. Bestäm linjens ekvation.

9 Bestäm ekvationen för den linje som skär x-axeln vid $x = -2$ och som är parallell med $y = 3x - 2$

10 Visa att punkten $(3, -5)$ ligger på linjen $y = -\dfrac{2}{3}x - 3$

11 Kostnaden, K kr, för att anlita Johns grävmaskinsfirma kan beräknas med formeln $K = 550 + 385x$, där x är antalet timmar.
a) Vad betyder 550 i formeln?
b) Ange och tolka funktionens k-värde.
c) Kenny får en räkning på 2 475 kr. Hur många timmar har John arbetat åt Kenny?

Linjära ekvationssystem

12 Lös ekvationssystemet grafiskt med räknare.

$$\begin{cases} y + x = 8 \\ y - 3x = -0,5 \end{cases}$$

13 Lös ekvationssystemet exakt.

a) $\begin{cases} y = 5x - 4 \\ y = 10 - 2x \end{cases}$ c) $\begin{cases} 2x + y = 24 \\ 5x + 3y = 65 \end{cases}$

b) $\begin{cases} a = 7 - b \\ a = -1 - 5b \end{cases}$ d) $\begin{cases} b = 4 - a \\ 8b + 2a = 14 \end{cases}$

14 Äpplen och potatis säljs i lösvikt i en närbutik. Agnes köper 3 kg potatis och 2 kg äpplen och får betala 109 kr.
Mary betalar 49 kr för ett halvt kg äpplen och 2 kg potatis.
Beräkna kilopriset för äpplen och potatis i affären.

Diagnos 2B

Polynom

1 Utveckla och förenkla

a) $(y-3)(3y+4)$
b) $(4-2b)(4+2b)$
c) $5x-(x+2)^2$
d) $(4-4x)^2-4x$

2 Utveckla och förenkla

a) $3(x+1)^2+(x+2)(x-2)$
b) $(2y-3)-2(y+1)(y-1)$

3 Bryt ut största möjliga faktor

a) $4x-2x^2$
b) $12y^2+3y$

Andragradsekvationer

4 Lös ekvationen

a) $x^2-25=0$
b) $x^2-25x=0$
c) $x^2-25x+24=0$
d) $\frac{x^2}{3}+2x=5$

5 Förklara vad man menar med att ekvationen $x^2+9=0$ saknar lösningar.

Andragradsfunktioner

6 Avläs ur grafen funktionens

a) symmetrilinje
b) största värde
c) nollställen.

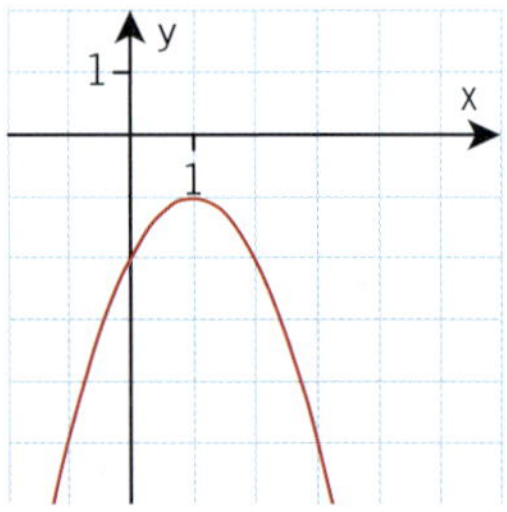

7 Tuva påstår att graferna till andragradsfunktioner som saknar x-term har y-axeln som symmetrilinje.
Stämmer det?

8 Beräkna funktionens nollställen. Kontrollera grafiskt.

a) $y=2x^2-x$
b) $y=-x^2-6x+72$

9 För funktionen f gäller $f(x)=x^2-2x$

a) Har grafen en maximipunkt eller minimipunkt? Motivera.
b) Bestäm funktionens största /minsta värde.

10 Ett valv har en symmetrisk form som beskrivs med andragradsfunktionen

$y=-0{,}62x^2+2{,}8$

I formeln är y m höjden över marken och x m det horisontella avståndet från valvets högsta punkt.

a) Beräkna höjden 1,0 m till höger om valvets högsta punkt.
b) Vilken bredd har valvet vid marken?

Potenser och potensekvationer

11 Lös ekvationen

a) $x^5=5$
b) $300\cdot x^{10}=150 \quad (x>0)$

12 Förenkla

a) $\left(a^{\frac{x}{2}}\right)^4$
b) $x^{\frac{1}{2}}+x^{\frac{1}{2}}$

Exponentialfunktioner och logaritmer

13 Lös ekvationen

a) $10^x=20$
b) $2^x=20$

14 Bestäm utan räknare

a) lg 10 000
b) lg 0,001

15 Pierre sätter in 3 000 kr på ett konto med fast ränta på 2,2 % och rör inte pengarna på 10 år.
Efter hur många år har han 3 500 kr på kontot?

Diagnos 3B

Vinklar

1 Bestäm vinkeln *x*.

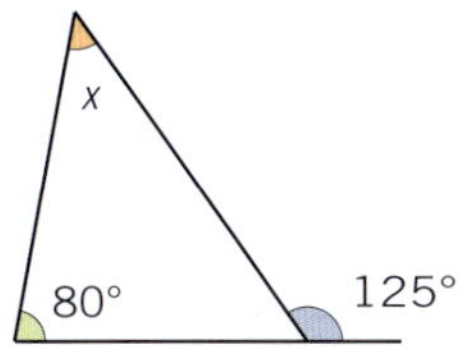

Bestäm vinklarna x och y.

2 a)

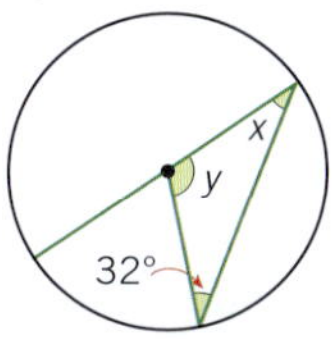

b)

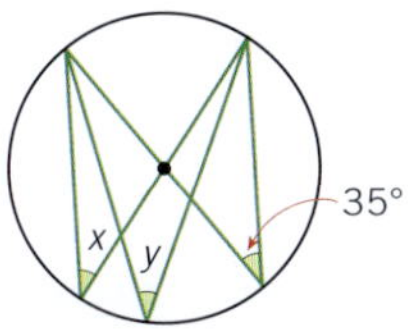

3 a)

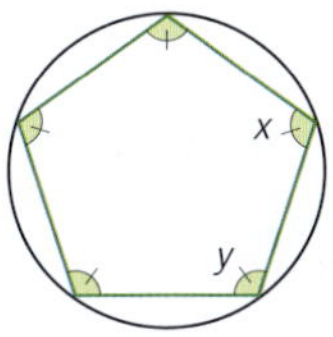

b)

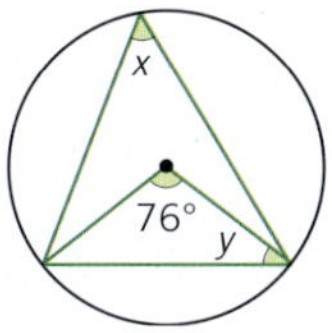

Likformighet

4 Beräkna längden av sträckan *s*.

a)

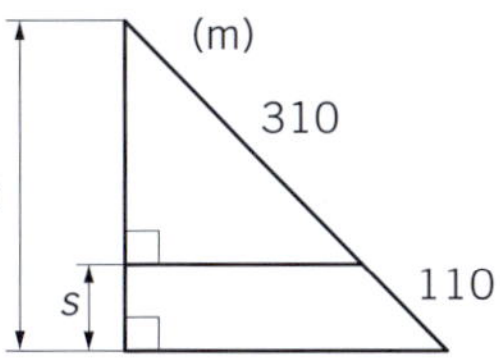

b)

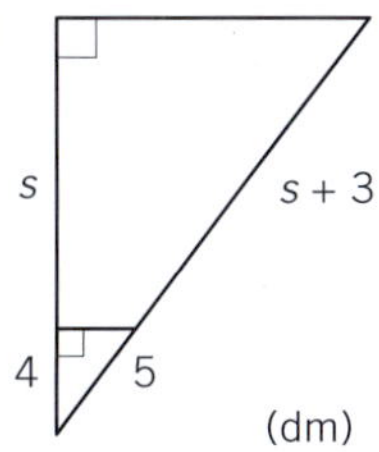

5

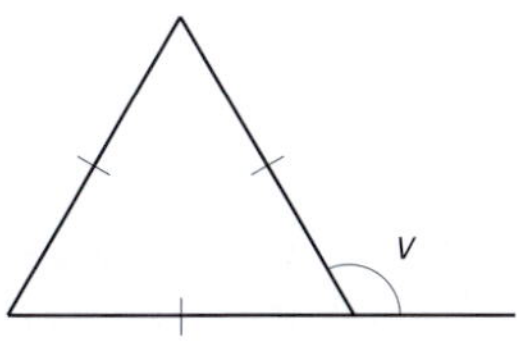

Visa att $v = 120°$

6

Ett papper med A1-format har måtten 841 mm × 594 mm. A1- och A2- formaten är likformiga. Långsidan på ett A2-papper är 594 mm.

Bestäm kortsidans längd.

7 Är trianglarna likformiga? Motivera.

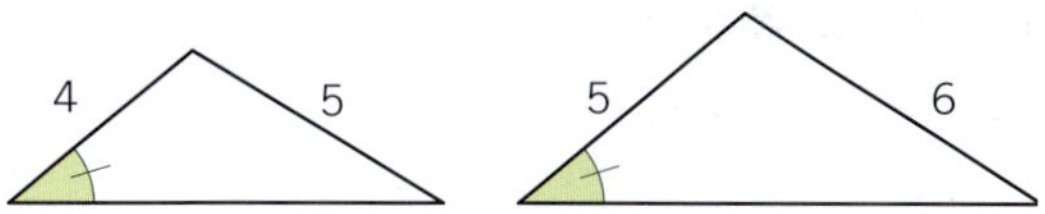

8 Är trianglarna kongruenta? Motivera.

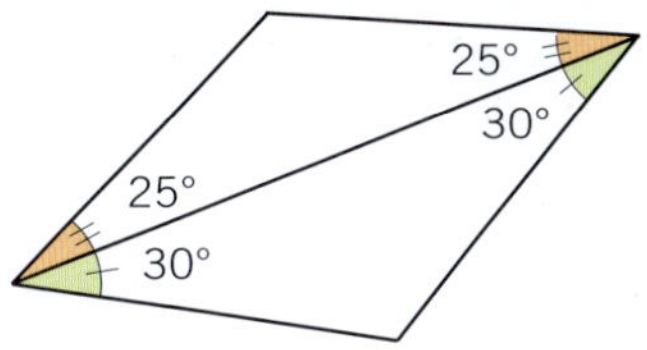

Koordinatgeometri

9 Undersök om en triangel med hörnen i punkterna (–2, 2), (4, 4) och (2, –1) är likbent.

10

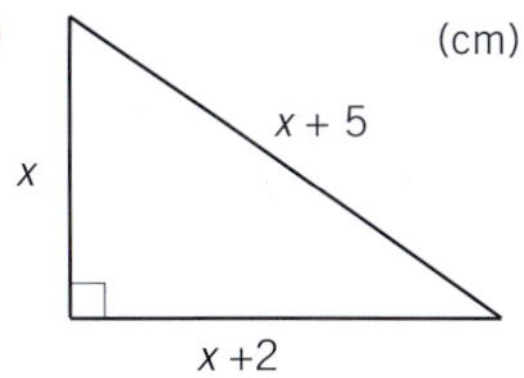

Beräkna hypotenusan längd.

Diagnos 4B

Statistiska metoder

1 Frekvens

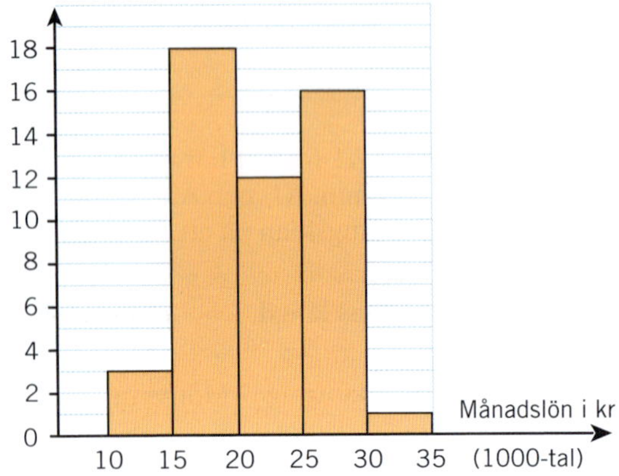

a) Hur många personer arbetar på företaget?

b) Ungefär hur stora lönekostnader har företaget per månad?

c) Är det sant att 65 % av de anställda tjänar 20 000 kr eller mer?

2 I en partiundersökning i Sverige tillfrågades 2 000 slumpvis utvalda personer om vilket parti de skulle rösta på om det var val idag. 1 550 personer svarade och 124 av dem svarade Miljöpartiet (Mp).

a) Beskriv populationen.

b) Hur stort var stickprovet respektive bortfallet?

c) Hur stor andel skulle rösta på Mp vid detta tillfälle om man bortser från bortfallet?

d) Vid en undersökning av bortfallet fann man att 12 av 150 personer skulle rösta på Mp. Hur påverkar det undersökningens resultat?

Läges- och spridningsmått

3 Almin undersökte batteritiden på ett antal bärbara datorer. Han visade resultatet i ett lådagram.

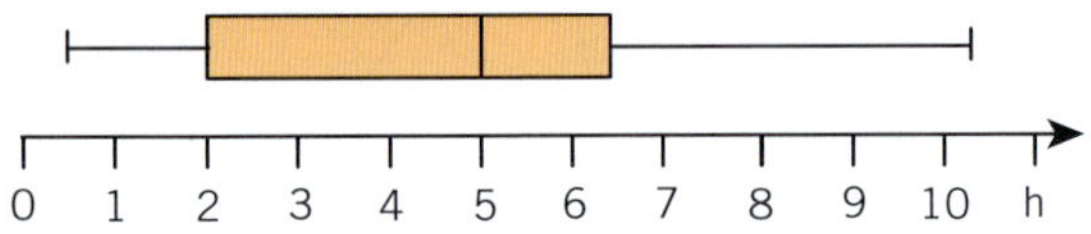

Är påståendet sant eller falskt? Motivera.

a) Det var fler datorer med batteritid mellan 2 h och 5 h än mellan 5 h och 6,5 h.

b) Medelvärdet var 5 h.

c) Variationsbredden var 11 h.

d) 75 % av datorerna hade batteritid 2 h eller mer.

4 Tabellen visar månadsnederbörd i mm under ett år i staden Bergen i Norge.

256	285	244	105	118	248
103	110	360	303	297	352

Beräkna

a) median

b) variationsbredd

c) kvartilavstånd

d) standardavvikelse

5 IQ är ett normalfördelat mått på människors intelligens. Om medelvärdet är 100 så är standardavvikelsen 15.

a) Hur stor andel av en population har IQ mellan 85 och 115?

b) Hur många av 10 miljoner människor har IQ över 130?

Matematisk modellering

6 Anpassa värdena till en funktion $y = C \cdot a^x$ Använd räknarens program för regression.

x	1	3	5	8
y	95	86	77	67

SVAR, LEDTRÅDAR OCH LÖSNINGAR

Svaren står med svart text. Ledtrådar och lösningar med blå text.

Diagnos 1 B

1 a) $y + 30$ b) $y = 6$

2 $x = 9$

3 $x = 4 - 2{,}5y$

4 $f(2) = 5 - 2 \cdot 2 = 1$
$f(4) = 5 - 2 \cdot 4 = -3$
$f(2) > f(4)$ eftersom 1 är större än –3

5

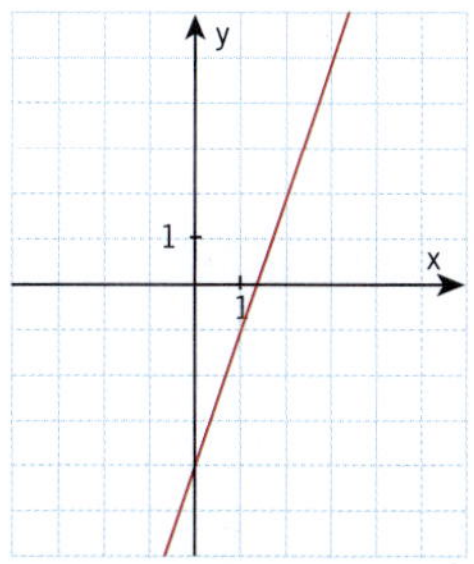

6 $m = 0$ betyder att grafen går genom origo, dvs punkten (0, 0).
$k = -2$ betyder att för varje steg man går åt höger i x-led minskar y-värdet med 2.

7 a) $y = 3 + 0{,}5x$
b) $y = 5 - 3x$

8 $k = 1{,}6$

9 $y = 3x + 6$

10 $x = 3$ insatt i $y = -\frac{2}{3} \cdot x - 3$ ger
$y = -\frac{2}{3} \cdot 3 - 3 \quad = -2 - 3 = -5$

11 a) 550 kr är en fast kostnad för att anlita firman.
b $k = 385$
Den rörliga kostnaden är 385 kr/timme.
c) 5 timmar
Ledtråd:
Lös ekvationen
$550 + 385x = 2\,475$

12 $\begin{cases} x = 2{,}125 \\ y = 5{,}875 \end{cases}$

13 a) $\begin{cases} x = 2 \\ y = 6 \end{cases}$
b) $\begin{cases} a = 9 \\ b = -2 \end{cases}$
c) $\begin{cases} x = 7 \\ y = 10 \end{cases}$
d) $\begin{cases} a = 3 \\ b = 1 \end{cases}$

14 Äpplen kostar 28,40 kr/kg.
Potatis kostar 17,40 kr/kg.

Diagnos 2 B

1 a) $3y^2 - 5y - 12$
b) $16 - 4b^2$
c) $-x^2 + x - 4$
d) $16x^2 - 36x + 16$

2 a) $4x^2 + 6x - 1$
b) $-2y^2 + 2y - 1$

3 $2x(2 - x)$ b) $3y(4y + 1)$

4 a) $x_1 = 5$ $x_2 = -5$
b) $x_1 = 0$ $x_2 = 25$
c) $x_1 = 1$ $x_2 = 24$
d) $x_1 \approx 1{,}9$ $x_2 \approx -7{,}9$
Ledtråd:
Multiplicera båda leden med 3.

5 Ekvationen $x^2 = -9$ saknar reella lösningar (rötter).
Kommentar:
Ekvationen har komplexa rötter $x = \pm 3i$.

6 a) $x = 1$
b) –1
c) Funktionen saknar nollställen.

7 Ja.
Kommentar:
Alla funktioner av typen $y = ax^2 + c$ har x-axeln som symmetrilinje.

8 a) $x = 0$ och $x = 0{,}5$
b) $x = 6$ och $x = -12$

9 a) En minimipunkt.
Motivering:
Koefficienten framför x^2-termen är positiv.
b) Funktionens minsta värde är –1.

10 a) 2,2 m
b) 4,3 m
Ledtråd:
Lös ekvationen
$-0{,}62x^2 + 2{,}8 = 0$
Bredden är $2x$.

11 a) $x = 5^{1/5} \approx 1{,}38$
b) $x = 2^{1/10} \approx 0{,}933$

12 a) a^{2x} b) $2x^{1/2} = 2\sqrt{x}$

13 a) $x = \lg 20 \approx 1{,}3$
b) $x = \frac{\lg 20}{\lg 2} \approx 4{,}3$

14 a) 4 b) –3

15 7 år

Diagnos 3 B

1 $x = 45°$

2 a) $x = 32°$ $y = 116°$
b) $x = 40°$ $y = 40°$

3 a) $x = y = 108°$
Ledtråd:
Vinkelsumman i en femhörning är $3 \cdot 180° = 540°$.
Femhörningen är regelbunden.
b) $x = 38°$ $y = 52°$

4 a) $s = 79$ m (78,57...)
b) $s = 12$ dm

5 Triangeln är liksidig. Alla vinklar är 60°.
$60° + v = 180°$ (sidovinklar)
$v = 120°$

6 420 mm (419,5)

7 Nej.
Motivering:
Förhållandet mellan motsvarande sidor är inte lika.
$\frac{4}{5} \neq \frac{5}{6}$

8 Nej.
Motivering:
Motsvarande vinklar är inte lika. Trianglarna är inte likformiga och därmed inte kongruenta.

9 Nej.
Motivering:
Sidornas längder $\sqrt{40}$ m, $\sqrt{25}$ m och $\sqrt{29}$ m. I en likbent triangel är två sidor lika långa.

10 13,5 cm
Ledtråd:
Lös ekvationen
$(x + 2)^2 + x^2 = (x + 5)^2$

Diagnos 4 B

1 a) 50 personer

b) Ca 1,1 miljoner kr (1 095 000)
Ledtråd:
Använd klassernas mittvärden.

c) Nej.
Motivering:
19/50 = 0,58 = 58 %
58 % av de anställda tjänar 20 000 kr eller mer.

2 a) Populationen är alla svenska medborgare som är 18 år.

b) Stickprovet var 2 000 och bortfallet 450 personer.

c) 8 %

d) Andelen som svarade att de skulle rösta på Mp är 8 % både utan och med bortfallsundersökningen. Resultatet (andelen) är detsamma men är statistiskt säkrare med bortfallsundersökningen.

3 a) Falskt.
Motivering:
Antalet med en batteritid mellan 2 h och 5 h är detsamma som antalet med en batteritid mellan 5 h och 6,5 h.

b) Det går inte att avgöra om påståendet är sant eller falskt med hjälp av lådagrammet.
Motivering:
I ett lådagram kan medianen avläsas men inte medelvärdet.

c) Falskt.
Motivering:
Variationsbredden =
= 10,5 h – 0,5 h = 10 h.

d) Sant.
Motivering:
75% av värdena ligger över den nedre kvartilen som är 2 h.

4 a) Median = 252 mm

b) Variationsbredd = 257 mm

c) Kvartilavstånd = 186 mm
Ledtråd:
$Q_1 = 114$ $Q_3 = 300$

d) Standardavvikelse = 97 (97,4...)

5 a) 68,2 %

b) 230 000
Ledtråd:
2,3 %

6 $y = 100 \cdot 0{,}95^x$
Lösning:
$y = a \cdot bx$
$a = 99{,}73...$
$b = 0{,}951...$

SVAR, LEDTRÅDAR OCH LÖSNINGAR

Svaren står med svart text. Ledtrådar och lösningar med blå text.

1

1104 a) –3 c) –15
b) –5 d) 4

1105 a) 4
Lösning:
$7 + (-3) = 7 - 3 = 4$
b) 9
Lösning:
$5 - (-4) = 5 + 4 = 9$
c) –10
Lösning:
$-8 + (-2) = -8 - 2 = -10$
d) 6
Lösning:
$-3 - (-9) = -3 + 9 = 6$

1106 a) –12 c) –42
b) 50 d) 12

1107 a) –5 c) –6
b) 9 d) 4

1108 a) 32 *Ledtråd:* Multiplikation beräknas före addition.
b) 14
c) –10 *Lösning:* $2(3-8) = 2 \cdot (-5) = -10$
d) –2 *Lösning:* $2 \cdot 3 - 8 = 6 - 8 = -2$

1109 a) $\frac{1}{3}$
b) 1
Lösning:
$\frac{-5-(-7)}{1-(-1)} = \frac{-5+7}{1+1} = \frac{2}{2} = 1$
c) –2
d) 8

1110 a) 4,65
Ledtråd:
På räknaren finns en tangent för differens och en för negativt tal.
b) –13,3
c) –91
d) –76

1111 a) 3,36
Ledtråd:
Skriv en parentes runt talen i nämnaren.
b) 95,5
c) –0,75
Ledtråd:
Beräkna täljaren respektive nämnaren och dividera sedan eller använd parenteser (5,7 – 1,2)/(–2,2 – 3,8)
d) –1

1112

Insättning	Uttag	Behållning
		2 500
	3 800	–1 300
	900	–2 200
2 300		100

1113 71,8 °C

1114 $(-20) + (-20) + (-20) = -60$

1115 a) –5
b –20
c) 3
Lösning:
$12 - (2-5)^2 = 12 - (-3)^2 =$
$= 12 - 9 = 3$
d) 99

1116 a) –12
b) 4
c) –7

1117 a) Ja, 6 rätt och 4 fel ger 0 poäng.
b) Nej, det krävs 5 frågor, 3 rätt för varje 2 fel om summan ska bli noll. Antalet frågor måste vara 5, 10, 15 ...

1118 Han har rätt.
Motivering:
Skillnaden mellan två på varandra följande udda tal är 2. Skillnaden mellan två udda tal är därför alltid något tal multiplicerat med 2, vilket är ett jämnt tal.

1120 a) $\frac{6}{7}$
b) $\frac{3}{8}$
c) $\frac{1}{3}$
Ledtråd:
Förkorta så långt som möjligt.
d) $\frac{4}{5}$

1121 a) $\frac{1}{2}$
Ledtråd:
Förläng 1/3 med 2.
b) $\frac{3}{5}$
Ledtråd:
Förläng 2/3 till nämnaren 15. Glöm inte att förkorta svaret.
c) $\frac{11}{12}$
Ledtråd:
Förläng båda bråken till nämnaren 12.
d) $\frac{5}{12}$

1122 a) $\frac{8}{25}$ c) $\frac{5}{6}$
b) $\frac{3}{7}$ d) $\frac{8}{9}$

1123 a) $1\frac{1}{3}$
b) $2\frac{2}{3}$
c) $1\frac{3}{4}$

1124 a) $2\frac{4}{15}$

Lösning:

$1 + \frac{3}{5} + \frac{2}{3} =$

$= \frac{15}{15} + \frac{3 \cdot 3}{5 \cdot 3} + \frac{2 \cdot 5}{3 \cdot 5} =$

$= \frac{15 + 9 + 10}{15} = \frac{34}{15} = 2\frac{4}{15}$

b) $\frac{2}{5}$

Lösning:

$2 \cdot \frac{3}{5} \cdot \frac{1}{3} = \frac{2 \cdot 3 \cdot 1}{5 \cdot 3} = \frac{2}{5}$

c) $\frac{23}{15} = 1\frac{8}{15}$

Lösning:

$2 \cdot \frac{3}{5} + \frac{1}{3} = \frac{2 \cdot 3}{5} + \frac{1}{3} =$

$= \frac{6}{5} + \frac{1}{3} = \frac{6 \cdot 3}{5 \cdot 3} + \frac{1 \cdot 5}{3 \cdot 5} =$

$= \frac{18}{15} + \frac{5}{15} = \frac{23}{15} = 1\frac{8}{15}$

1125 Jag förlänger till samma nämnare:

$\frac{3}{8} = \frac{9}{24}$ och $\frac{1}{3} = \frac{8}{24}$

9/24 är större än 8/24

1126 a) Värdet fördubblas.

b) Värdet halveras.

1127 a) 7/11

Ledtråd:

Skillnaden mellan talen ska vara 1 (=11/11)

b) 9/5

1128 a) 1/12

b) 1/28

Ledtråd:

Beräkna differensen av 2/7 och 1/4.

c) 1/4

1132 a) $7x + 4$ c) $2 - 8x$

b) $4a + 7$ d) $-6y$

1133 a) $7x + 3y$

b) $7x - 4y$

c) $4y - 3$

Lösning:

$9y - (5y + 3) = 9y - 5y - 3 =$

$= 4y - 3$

d) $7x + 4$

1134 **A** och **C** är lika

Motivering:

Uttrycken kan förenklas till x.

B, **D** och **F** är lika

Motivering:

Uttrycken kan förenklas till $2x - 2$

1135 a) $4x + 10$ c) $12 - 2x$

b) $6x - 15$ d) $11x - 17$

1136 a) x

b) $x + 2$

c) $6 - 2a$

Lösning:

$5 - (-2a + 3) + 4(1 - a) =$

$= 5 + 2a - 3 + 4 - 4a =$

$= 6 - 2a$

d) $11y - 20$

Lösning:

$(2y - 8) - 3(4 - 3y) =$

$= 2y - 8 - 12 + 9y = 11y - 20$

1137 a) $4x + 260$

Ledtråd:

Förenkla $2 \cdot x + 2(x + 130)$

b) $x^2 + 130x$

Ledtråd:

Förenkla $x(x + 130)$

1138 a) $x + 4y$ c) $3a - 3b$

b) $5a + b$ d) $5x + 9y - 14$

1139 a) $x^2 + x$

b) $3x^2 + 2x - 5$

c) $4x^2$

Lösning:

$x \cdot x - x^2 + (2x)^2 =$

$= x^2 - x^2 + 2x \cdot 2x = 4x^2$

d) $x^2 - 4x + 7$

1140 a) $-2x^2 - 5x + 4$

b) $2x^2 + 1$

c) $2a - 2$

d) $3b - 2$

Lösning:

$(b - 2) - (2 - b) - (-b - 2) =$

$= b - 2 - 2 + b + b + 2 =$

$= 3b - 2$

1141 1. Han ändrar inte tecken när han tar bort första parentesen med minustecken framför.

2. Han multiplicerar inte –3 med båda termerna i andra parentesen.

Korrekt förenkling:

$30 - (x - 6) - 3(6 - x) =$

$= 30 - x + 6 - 18 + 3x =$

$= 2x + 18$

1142 $A = A_1 + A_2$

$a(a + 2) = a^2 + 2a$

1143 a) $2x + 8$

b) $A = x^2 + 4x$

Ledtråd:

Sätt in uttrycken för höjd och bas i $A = \frac{b \cdot h}{2}$ och förenkla högerledet.

c) 165 cm²

1147 a) $x = 27$ c) $x = 17$

b) $x = 46$ d) $x = 1,2$

1148 a) $x = 6$ c) $x = 7$

b) $x = 7$ d) $x = 75$

1149 a) $x = 13$

b) $x = 12$

c) $x = 100$

Ledtråd:

Multiplicera båda leden med 4. Dividera sen båda leden med 5.

d) $x = -6$

1150 a) $x = 9$

Ledtråd:

Subtrahera $3x$ från båda leden.

b) $x = -15$

Ledtråd:

Subtrahera x från både leden.

c) $x = 17$

Ledtråd:

Börja med att addera 6 till båda leden.

d) $x = 4$

Lösning:

$17 - 3x = 5$

$17 - 3x + 3x = 5 + 3x$

$17 = 5 + 3x$

$17 - 5 = 5 + 3x - 5$

$12 = 3x$

$x = 4$

1151 450 g
Ledtråd:
Använd förändringsfaktor och skriv en ekvation.

1152 a) Kaffe 12 kr, ostfralla 24 kr, havrekaka 17 kr, juice 19 kr

b) Kaffe 6 kr, ostfralla 12 kr, havrekaka 11 kr, juice 13 kr

c) Kaffe 7 kr, ostfralla 14 kr, havrekaka 12 kr, juice 14 kr
Ledtråd:
Ekvationen kan skrivas
$(x + 7) + 14 = 2 \cdot 2x$

1153 235 kr
Ledtråd:
Använd förändringsfaktor och skriv en ekvation.

1156 a) $x = 3$
Ledtråd:
Multiplicera båda leden med x.

b) $x = 60$

c) $x = 0{,}1$
Ledtråd:
Börja med att addera 62 till båda leden.

d) $x = 0{,}5$

1157 a) $x = 3$

b) $x = \frac{1}{3}$
Lösning:
$\frac{x}{3} = \frac{2}{18}$
$\frac{x \cdot 3}{3} = \frac{2 \cdot 3}{18}$
$x = \frac{6}{18} = \frac{6/6}{18/6} = \frac{1}{3}$

c) $x = \frac{3}{5}$

d) $x = \frac{3}{2} = 1{,}5$

1158 a) $x = 3$
Lösning:
$\frac{2x}{5} = \frac{12}{10}$
$\frac{2x \cdot 5}{5} = \frac{12 \cdot 5}{10}$
$2x = 6$
$x = 3$

b) $x = 30$
Lösning:
$\frac{5}{x} = \frac{1}{6}$
$\frac{5 \cdot x}{x} = \frac{1 \cdot x}{6}$
$5 = \frac{x}{6}$
$x = 30$

c) $x = 2{,}8$

d) $x = 12{,}5$

1159 a) $x = 5$ c) $z = 8$
b) $x = 2$ d) $x = 4$

1160 VL = 8,8
HL = $-3 \cdot (-2{,}4) + 1{,}6 =$
$= 7{,}2 + 1{,}6 = 8{,}8$
VL = HL
$k = -3$ är lösningen till ekvationen.

1161 a) $x = 18$

b) $x = 20$
Lösning:
$\frac{2x}{5} = \frac{x + 4}{3}$
$\frac{3 \cdot 2x}{5} = \frac{3(x + 4)}{3}$
$\frac{6 \cdot x}{5} = x + 4$
$\frac{5 \cdot 6 \cdot x}{5} = 5(x + 4)$
$6x = 5x + 20$
$x = 20$

c) $x = 7$

d) $y = 3$

1162 a) $14x$
Ledtråd:
Summan av de två högersidorna är $3x$.

b) 35 cm

c) 14 cm

1163 105 kr
Ledtråd:
Lös ekvationen
$11x = 3(x + 280)$

1164 a) $x = 24$ c) $y = 2{,}5$
b) $x = 8$ d) $z = 37{,}5$

1165 a) $x = -54$ c) $x = 20$
b) $x = 1{,}5$ d) $x = 8$

1166 45, 90 och 270
Ledtråd:
Låt det första talet vara x och skriv en ekvation.

1168 a) $y = 3 + x$ c) $y = 3 - x$
b) $y = x$ d) $y = -x$

1169 a) $y = 5x$
Lösning:
$2y - 10x = 0$
$2y - 10x + 10x = 10x$
$2y = 10x$
$y = 5x$

b) $y = -3x$

c) $y = -x - 7$

d) $y = x + 3$

1170 a) $y = -x + 6$ c) $y = 4x$
b) $y = 3x + 2$ d) $y = 2x - 1$

1171 a) $y = 4x - 5$ c) $y = 7x - 26$
b) $y = -3x + 13$ d) $y = -6x + 5$

1172 a) I $h = \frac{A}{b}$
II $h = \frac{2A}{b}$
III $h = \frac{2A}{a + b}$

b) I $b = \frac{A}{h}$
II $b = \frac{2A}{h}$
III $b = \frac{2A}{h} - a$

1173 Nej.
Motivering:
Då b löses ut skrivs formeln
$b = a - c$

1202 $P = (-3, 2)$ $Q = (-1, -1)$
$R = (2, 1)$ $S = (4, 0)$

1203
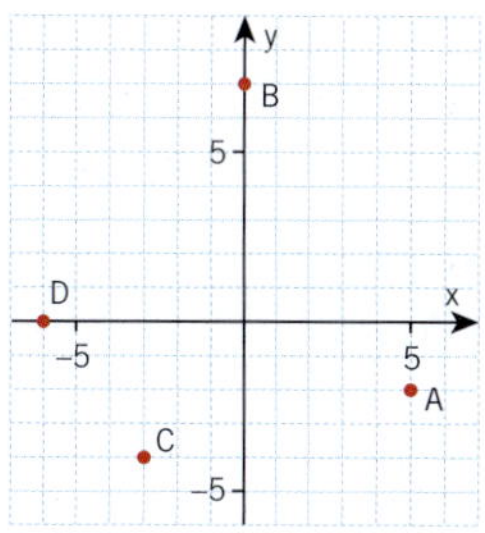

1204 En rektangel

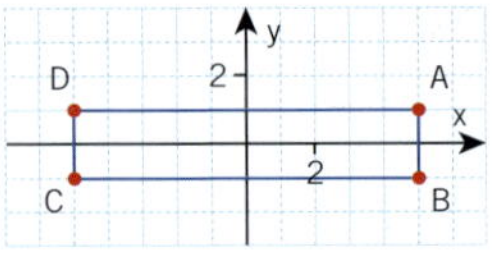

1205 a) A och C
Ledtråd:
y-koordinaten är positiv

b) A och B
Ledtråd:
x-koordinaten är positiv

1206

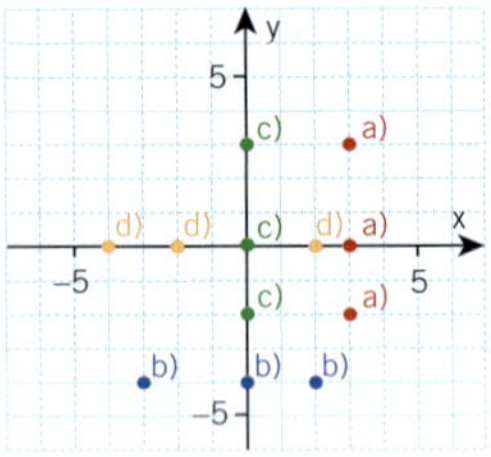

a) Punkterna a)
x-koordinaten 3.

b) Punkterna b)
y-koordinaten –4.

c) Punkterna c)
x-koordinaten 0.

d) Punkterna d)
y-koordinaten 0.

1207 a) I punkten (1, 4)
är y-koordinaten 4.

b) I punkten (0, 6)
är y-koordinaten 6.

c) I punkten (–1, 8)
är x-koordinaten –1.

d) I punkten (3, 0) är
x-koordinaten 3.

1210 a) 7 b) 13 c) 16

1211 a) T ex:

x	y
0	–2
1	–1
2	0
3	1

b)

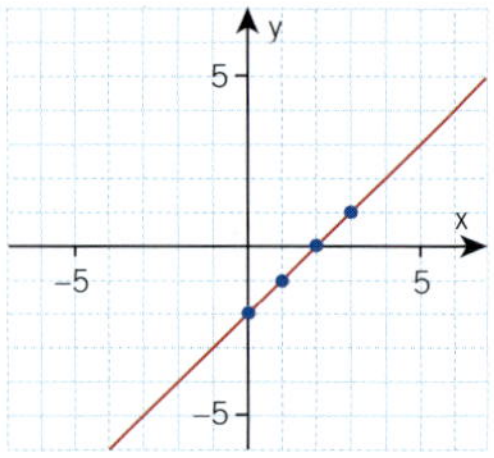

1212 a) $y = 2x + 2$

b) T ex:

x	y
0	2
1	4
2	6

c)

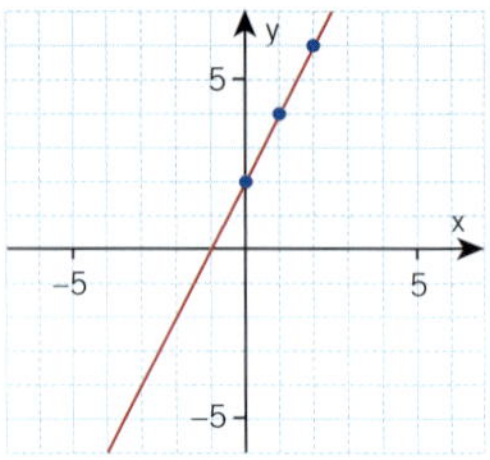

1213 a) T ex:

x	y
0	–1
1	0
2	1
4	3

b) $y = 2$

c) $y = -3$

d) Nej. Funktionen kan beskrivas med
”y-värdet är x-värdet minus ett”.

1214 y-värdet 16 och x-värdet 10.

1215 a)

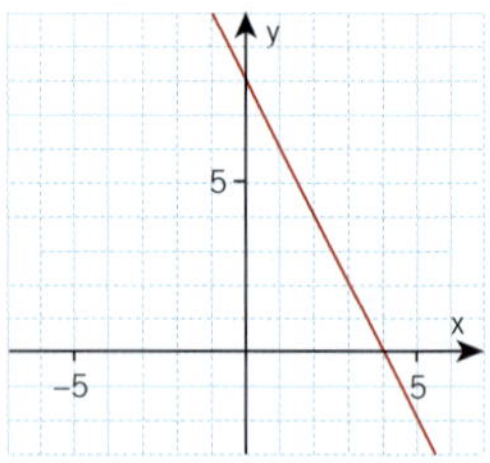

b) $x = 3$

c) (0, 8)

d) (4, 0)

1216 a) $y = 85x$

b) $y = 212{,}5$

c) $x = 0{,}8$
Lösning:
$y = 85x$
$68 = 85x$
$\frac{68}{85} = \frac{85x}{85}$
$x = 0{,}8$

1217 a) Ja, punkten (5, 625).
Motivering:
$x = 5$ ger
$y = 250 + 75 \cdot 5 = 625$
$x = 3$ ger
$y = 250 + 75 \cdot 3 \neq 425$

b) Nej
Motivering:
$x = 2$ ger $y = 400$ och
$x = 6$ ger $y = 700$

1218 a) 20 km/h

b) $y = 20x$

c)

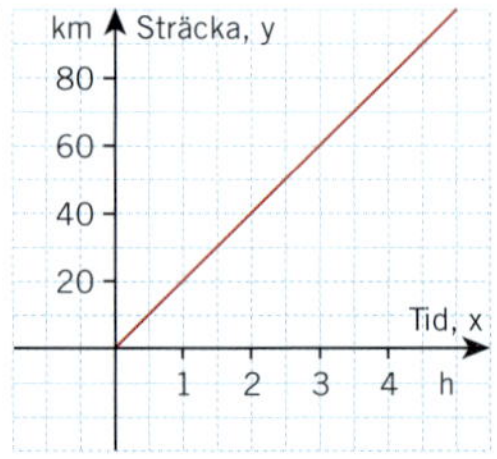

1219 a) *”y-värdet är x-värdet gånger tre plus ett”.*
$y = 3x + 1$

b) *”y-värdet är dubbla x-värdet med ombytt tecken”.*
$y = -2x$

1220 $a = 8$ och $b = 9$

1225 a) $f(4) = 18$
Ledtråd:
Beräkna $f(4)$ betyder ”beräkna funktionsvärdet (y-värdet) då $x = 4$”

b) $f(0) = 6$

c) $f(-3) = -3$

1226 a) $f(5) = 20$

b) $f(0) = 0$

c) $f(-4) = 20$
Lösning:
$f(-4) = (-4)^2 - (-4) =$
$= 16 + 4 = 20$

1227 a) $x = 4$
Ledtråd:
Lös ekvationen
$5x - 12 = 8$

b) $x = 2{,}5$

1228 a) $f(6) = 1$
Ledtråd:
Avläs y-värdet då $x = 6$.

b) $f(0) = 3$

c) $x = 3$
Ledtråd:
Avläs x-värdet då $y = 2$.

1229 a) $f(2) = 400$

b) $x = 10$

c) Efter 2 minuter har Anna sprungit 400 m.
Det tar 10 minuter att springa 2000 m.

1230 T ex:
$f(x) = 5x + 1$
$f(3)$ betyder funktionsvärdet (y-värdet) då $x = 3$.
$f(3) = 5 \cdot 3 + 1 = 16$

1231 a) $f(1) = 3$

b) $f(3) = -3$

c) $f(-2) = -18$
Lösning:
$f(-2) = 5 \cdot (-2) - 2 \cdot (-2)^2 =$
$= -10 - 2 \cdot 4 = -10 - 8 = -18$

1232 a) $f(6) = -3$

b) $f(0) = 3$

c) $x = 5$

d) $x_1 = 0$ och $x_2 = 4$
Ledtråd:
Det finns två x-värden som ger y-värdet 3.

1233 a) $f(2) = 6$

b) $x = 0$

c) 5
Lösning:
$f(3) - f(2) = 11 - 6 = 5$

1234 a) 20
Ledtråd:
$f(5) = 56$ och $f(3) = 36$

b) –8

1235 a) $f(4) \approx 2{,}5$

b) 1,5

c) $x_1 = 1$ och $x_2 = 3$

d) $x_1 = -1$ och $x_2 = 5$

1236 a) $y = 500 - 20x$

b) Definitionsmängd:
$0 \leq x \leq 25$
Ledtråd:
Enligt formeln är malmen slut efter 25 år.

Värdemängd:
$0 \leq y \leq 500$
Ledtråd:
y-värdet minskar från 500 miljoner till noll enligt formeln.

1237 a) $f(2) = -2$
$g(2) = -4$

b) $x_1 = 0$ och $x_2 = 3$

c) $0 < x < 3$
Ledtråd:
Avläs för vilka x-värden $f(x)$ är större än $g(x)$.

d) $x < 0$ och $x > 3$

1238 a) T ex:
$f(x) = x + 5$ och
$f(x) = 2x + 1$
Ledtråd:
Grafen till funktionen ska gå genom punkten (4, 9)

b) T ex:
$f(x) = 12 + x$ och
$f(x) = 8 - x$

1239 a) Lönen för 8 dagars arbete.

b) Snittlönen per dag under 15 dagars arbete.

1240 $f(3 + 4) = f(7) = 49$
$f(3) + f(4) = 9 + 16 = 25$

1241 a) $y = 180 - 2x$

b) Definitionsmängd:
$0 < x < 90$
Värdemängd:
$0 < y < 180$

1242 a) $m = 6$ c) $m = -9$

b) $m = 25$ d) $m = 3$
Ledtråd:
$3f(x)$ betyder $3 \cdot f(x)$

1243 a) $x \approx 3{,}58$

b) $y = 3{,}8$

c) $y = -5{,}8$

d) $x \approx 1{,}92$
Ledtråd:
Rita grafen till $y = 4$ i samma koordinatsystem och avläs x-värdet i skärningspunkten.

e) $x = 4$

1244 a) $x_1 \approx -3{,}8$ och $x_2 \approx 0{,}79$

b) $y = 4{,}36$

c) $y = -2{,}36$

d) $x_1 \approx -5{,}4$ och $x_2 \approx 2{,}4$
Ledtråd:
Rita grafen till $y = 10$ i samma koordinatsystem och avläs x-värdena i skärningspunkterna.

1245 a) 1 nollställe

b) Ja.
Motivering:
Grafen skär x-axeln där $x = -3$ och där $x = 3$.

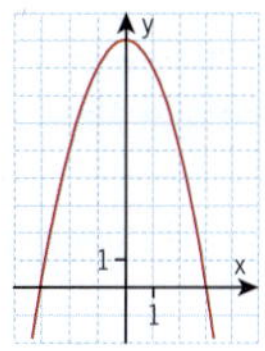

1246 a) 275 kr
Ledtråd:
Välj t ex fönstret
$-10 < x < 120$ och
$-1\,200 < y < 2\,000$

b) –785 kr

c) Man ritar grafen till $y = 26{,}5x - 1\,050$ och grafen till $y = 500$ och avläser x-värdet i skärningspunkten.

d) $x \approx 39{,}6$

e) Det betyder lösningen till ekvationen $V(x) = 0$ dvs hur många almanackor Vincent måste sälja för att få resultatet noll. Säljer han fler går han med vinst.

1247 a) 3 nollställen

b) $x_1 = 0$, $x_2 = 2$ och $x_3 = 4$

c) $f(0{,}4) \approx 2{,}3$

d) $x \approx 4{,}38$

1304 a) $k = 7 \quad m = 5$

b) $k = 8 \quad m = -6$

c) $k = -6 \quad m = 1$

d) $k = -9 \quad m = 5$

1305 a) $k = 4 \quad m = 0$

b) $k = 0 \quad m = 10$

c) $k = 1 \quad m = -3$

d) $k = -2 \quad m = 0$

1306 a) $y = 3x + 7$

b) $y = 2$

c) $y = -3x$

d) $y = 0{,}25x - 1$ eller

$y = \dfrac{x}{4} - 1$

1307 B och D

Motivering:

$x = 0$ ger $y = 0$

1308 a) 1,8 m

b) $m = 0{,}6$ Granplantan är 0,6 m när den planteras.

c) $k = 0{,}4$
Plantan växer 0,4 m per år.

d) 6 år

1309 Ja

Förklaring:

$y = \dfrac{3x+2}{4} = \dfrac{3x}{4} + \dfrac{2}{4} =$

$= 0{,}75x + 0{,}5$

1312 a) $m = -3$

b) $k = 4$

c) $y = 4x - 3$

Lösning:

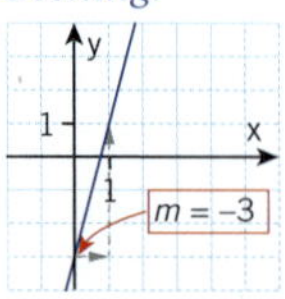

$k = 4$ (för varje steg vi går åt höger i x-led ökar y-värdet med 4).

1313 a) $m = 3$

b) $k = -2$

c) $y = -2x + 3$

1314 a) $m = -3$

Ledtråd:
y-värdet i den punkt där $x = 0$ (skärningen med y-axeln) ger m-värdet.

b) $k = -2$

Lösning:
När x-värdet ökar med 1 minskar y-värdet med 2, dvs $k = -2$

c) $y = -2x - 3$

1315 a) T ex (3, 8)

Motivering:
1 steg åt höger i x-led och 5 steg uppåt i y-led.

b) T ex (3, 4)

Motivering:
1 steg åt höger i x-led och 1 steg uppåt i y-led.

c) T ex (3, 2)

Motivering:
1 steg åt höger i x-led och 1 steg nedåt i y-led.

1316 a)

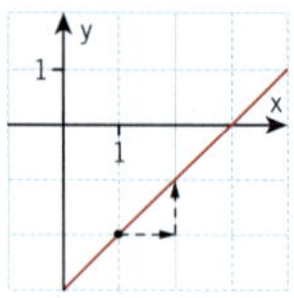

b)

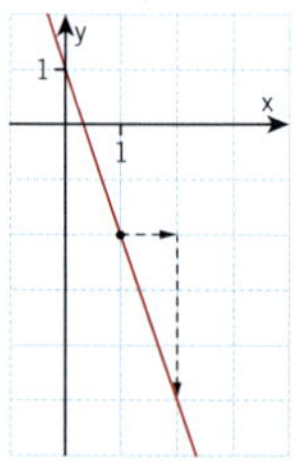

1317 a) *A* b) *D* c) *B*

1318 a) Grafen faller.

b) Grafen stiger.

c) Grafen faller.

d) Grafen är horisontell, den varken stiger eller faller.

1319 $y = 0{,}5x$ och graf *D*

$y = x + 1$ och graf *C*

$y = x + 4$ och graf *B*

$y = 4x$ och graf *A*

1320 a) $x = 0$ b) $(0, -8)$

1321 *Förklaring:*
Grafen skär y-axeln i punkten $(0, -2)$ och har lutningen 3.

1322 a)

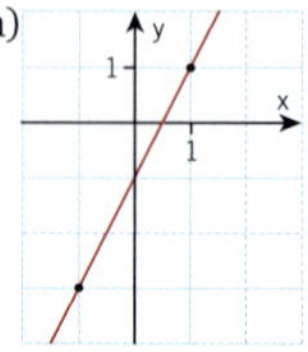

b) $y = 2x - 1$

1323 a) $y = 3x$ c) $y = -4x$

b) $y = 5x$ d) $y = 2x$

1324 a) T ex $y = 2x - 1$

b) T ex $y = 8 - x$

c) $y = 5$

1327 a) $\Delta x = 4$

b) $\Delta y = 2$

c) $k = \dfrac{1}{2} = 0{,}5$

1328 a) $\Delta x = 4$

b) $\Delta y = -5$

c) $k = \dfrac{-5}{4} = -1{,}25$

1329 a) $\Delta x = 4$

b) $\Delta y = 11$

c) Lutningen $k = \dfrac{11}{4} = 2{,}75$

1330 a) $k = -5$

Lösning:

$y = \dfrac{y_2 - y_1}{x_2 - x_1} = \dfrac{1-6}{4-3} =$

$= \dfrac{-5}{1} = -5$

b) 1

Lösning:

$y = \dfrac{y_2 - y_1}{x_2 - x_1} = \dfrac{2-(-5)}{4-(-3)} =$

$= \dfrac{7}{7} = 1$

c) 0

d) $-\dfrac{1}{2} = -0{,}5$

1331 a)

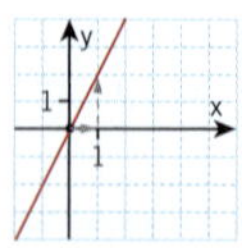

b) 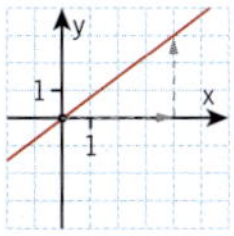

c) 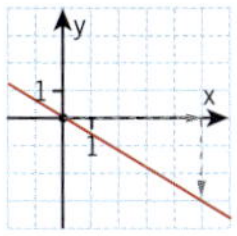

1332 a) $k = 1{,}5$
T ex (0, 3) och (2, 6)

b) $k = 2/3$
T ex (0, 0) och (3, 2)

c) $k = -1{,}75$
T ex (0, 3) och (4, –4)

d) $k = -0{,}5$
T ex (0, 0) och (2, –1)

1333 a) 27

b) 7

c) $k = 1{,}5$ Alicias hår växer 1,5 cm /månad.
Lösning:
$k = \frac{34{,}5 - 27}{7 - 2} = \frac{7}{5} = 1{,}5$

1334 a) 1/2 d) –3

b) 5 e) 0

c) 1 f) k saknas

1335 $k = 3/2 = 1{,}5$
Ledtråd:
$(x_1, y_1) = (2, 6)$

1336 a) Nej.
Motivering:
En linje genom punkterna (–2, 1) och (–1, 0) har lutningen $k = -1$.
En linje genom punkterna (–2, 1) och (2, –2) har lutningen $k = -3/4$.

b) Ja.
Motivering:
Linjen genom punkt 1 och 2 har samma lutning ($k = -10/7$) som linjen genom punkt 2 och 3.

1337 a) T ex (1, 2) och (3, 14)

b) T ex (1, 2) och (3, –4)

1338 a) $k = 1\,500$ och $m = 2\,000$

b) $y = 1\,500x + 2\,000$

c) $y = 1\,000x + 4\,000$

d) 1 500 kr

1339 $k = -1/4 = -0{,}25$
Ledtråd:
Det övre högra hörnet i kvadraten *A* har koordinaterna (5, 5).

1340 $k = 2$

1341 a) $a = 15$ b) $a = -5/3$

1342 **B** och **F**
Motivering:
$k = -2$ för **B** och **F**
C och **D**
Motivering:
$k = -1$ för **C** och **D**

1343 a) $k = 3$

b) $k = -\frac{1}{3}$
Lösning:
För vinkelräta linjer gäller
$k_1 \cdot k_2 = -1$
$3 \cdot k_2 = -1$
$k_2 = -\frac{1}{3}$

1344 *Förklaring:*
$y = \frac{x}{4}$ kan skrivas
$y = \frac{x}{4} = \frac{1}{4}x = 0{,}25x$
Vi ser att funktionerna har samma *k*-värde, vilket betyder att linjerna är parallella.

1345 a) a: $y = -2x - 2$
b: $y = -2x$
c: $y = -2x + 5$

b) $y = 0{,}5x$

1346 $a = -1$
Ledtråd:
Formeln för *k* ger ett uttryck som har värdet 2.

1349 a) 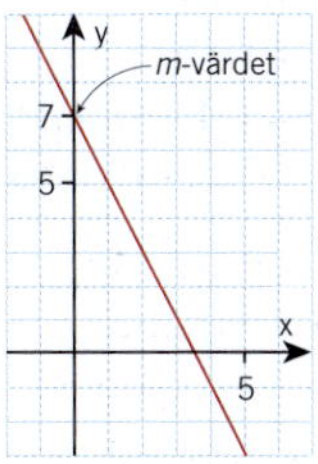

b) $m = 7$
Lösning:
Vi sätter in $k = -2$, $x = 1$ och $y = 5$ i
$y = kx + m$
$5 = -2 \cdot 1 + m$
$5 = -2 + m$
$m = 7$

1350 a) $y = 2x + 2$
Lösning:
$x = 3$, $y = 8$ och $k = 2$ insatt i formeln $y = kx + m$ ger
$8 = 2 \cdot 3 + m$
$m = 2$
Linjens ekvation $y = 2x + 2$.

b) $y = 2x + 7$

1351 a) $y = 3x - 11$

b) $y = -6x + 34$

1352 a) *S* c) *P* e) *T*

b) *R* d) *Q*

1353 a) $y = 2x - 2$
Lösning:
$k = \frac{y_2 - y_1}{x_2 - x_1} = \frac{6 - 2}{4 - 2} = 2$
Vi väljer en av punkterna.
$x = 4$, $y = 6$ och $k = 2$ insatt i formeln $y = kx + m$ ger
$6 = 2 \cdot 4 + m$
$m = -2$
Linjens ekvation $y = 2x - 2$.

b) $y = -2x - 3$

c) $y = -3x + 9$

d) $y = 6x + 16$

1354 a) $y = 2x - 4$
Lösning:
x = 3, $y = 8$ och $k = 2$ (parallell med linjen $y = 2x$) insatt i formeln $y = kx + m$ ger $2 = 2 \cdot 3 + m$
m = –4
Linjens ekvation $y = 2x - 4$.

b) $y = -x + 5$

c) $y = 2$

1355 a) $y = -2x + 7$

b) $y = 4$

c) $x = 3$

1356 a) **B** *Ledtråd:*
Sätt in x-värdet och beräkna y-värdet.

b) **A** och **B**

c) **A**

d) **B** och **D**

1357 a) $f(x) = -2x + 6$

b) $g(x) = 2x + 6$

c) $h(x) = 2x - 6$

Ledtråd:

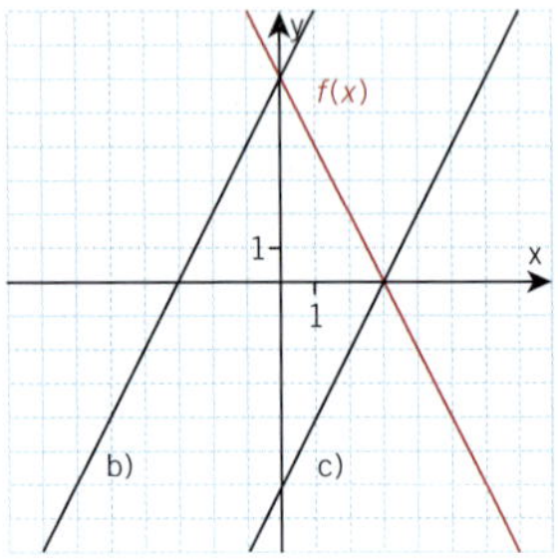

1358 $y = 2x - 5$

1359 $f(x) = 3 - x$
Ledtråd:
Grafen till funktionen går genom punkterna (–2, 5) och (4, –1).

1360 a) –1/3

b) $y = -\frac{1}{3}x + \frac{4}{3}$
Lösning:
Vi sätter in
$k = -\frac{1}{5}$, $x = -2$ och $y = 2$ i
$y = kx + m$

c) $y = \frac{2}{3}x + \frac{1}{3}$

1361 a) T ex $y = x - 1$

b) T ex $y = -x + 1$

1362 a) *Förklaring:*
Avläs koordinaterna för två punkter på linjen och använd formeln för k.

b) *Förklaring:*
Skriv om linjens ekvation på formen $y = kx + m$ och avläs k.

c) *Förklaring:*
Välj två punkter och använd formeln för k.

1363 a) $y = 18 - 6{,}5x$

b) 1,6 km (1,61...)

1364 Nej, det är inte sant.
Motivering:
Produkten av linjernas k-värden är inte lika med –1.

1365 a) $x = 3$ b) $y = -4$

1366 (1, 2 ; 0, 4)
Ledtråd:
Punkten (2, 2) och spegelbilden ligger båda på linjen $y = 2x - 2$
Skärningspunkten mellan $y = -0{,}5x + 2$ och $y = 2x - 2$ är mittpunkt på sträckan mellan (2, 2) och spegelbilden.

1367 a) $f(x) = 2x + 1$

b) $f(x) = -4x + 9$

1370 a) 20 cm

b) $m = 9{,}5$ Solrosen var 9,5 cm när hon planterade den.

c) $k = 1{,}5$ Plantan växer med 1,5 cm /dygn.

1371 a) 530 kr b) $y = 240 + 29x$

1372 Efter hur många månader är antalet besök på bloggen 3 000?

1373 a) $m = 3\,500$
Lukas vägde 3 500 g när han föddes.

b) $k = 400$
Lukas ökade i vikt med 400 g per månad under de fem första månaderna.
Lösning:
Punkterna (0, 3 500) och (5, 5 500) ger
$k = \frac{5\,500 - 3\,500}{5 - 0} =$
$= \frac{2\,000}{5} = 400$

c) $y = 3\,500 + 400x$

1374 Folkmängden minskar enligt modellen.

1375 $m = 3000$ $k = -200$
Loppet är 3 000 m långt och avståndet till mål minskar med 200 m per minut.
Zaras hastighet är 200 m/min.

1376 a) x år efter 1985 är medellivslängden y år för kvinnor:
$y = 79{,}5 + 0{,}16x$ och
för män: $y = 74 + 0{,}24x$
Ledtråd:
Grafen för kvinnors medellivslängd går genom punkterna (0 ; 79,5) och (25 ; 83,5) där x är antalet år efter 1985.
Bestäm ekvationen för en rät linje genom punkterna.

b) Kvinnor: ca 87 år
Män: ca 85 år

c) Ca år 2113

1377 a) $v(0{,}75) \approx 7{,}7$
Stenens hastighet efter 0,75 sekunder är 7,7 m/s.

b) T ex:
Efter hur många sekunder är hastigheten noll, dvs när vänder stenen?

c) $k = -9{,}8$
Stenens hastighet minskar med 9,8 m/s per sekund.
Man kan även tolka k-värdet som:
Tyngdaccelerationen är 9,8 m/s^2.

1378 a) $y = 10{,}8 + 1{,}7x$

b) Nej
Motivering:
6,5 m^3 grus väger
$6{,}5 \cdot 1{,}7$ ton ≈ 11 ton.

1379 a) $y = 0{,}035x + 3{,}5$

b) Enligt modellen är folkmängden 9,2 miljoner år 2012.

c)

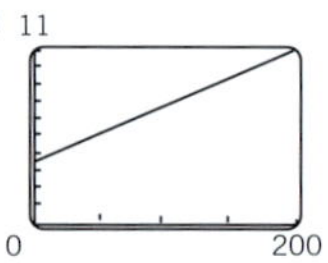

d) I början på 1890-talet (1893).

1380 a) 10 kg/vecka

b) –0,5

c) Efterfrågan minskar med 0,5 kg för varje krona priset höjs.

d) Definitionsmängd:
$20 \leq x \leq 80$
Värdemängd:
$10 \leq y \leq 40$

1381 $y = 0{,}15x - 5$, där y är dollar och x är kronor.
Förklaring:
En krona motsvarade 0,15 dollar och växlingskontorets avgift var 5 dollar.

1382 Ca −270 °C (Absoluta nollpunkten är −273,15 °C)

1383 a) $k = -5$
Nederbörden minskar med hastigheten 5 mm/h per timme.

b) 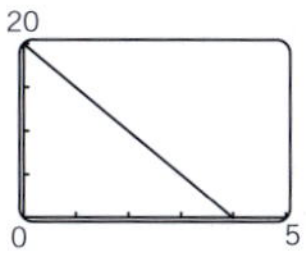

c) Det regnar totalt 40 mm under 4 timmar.
Motivering:
Efter 4 h är nederbörden 0 mm/h. Det regnar under 4 h med i genomsnitt 10 mm/h. Den totala regnmängden är $4 \cdot 10$ mm = 40 mm.

1387 a) $y = -7x - 4$ $k = -7$ och $m = -4$

b) $y = 2x - 9$ $k = 2$ och $m = -9$

c) $y = 4x + 6$ $k = 4$ och $m = 6$

d) $y = -3x + 8$ $k = -3$ och $m = 8$

1388 a) $y = -3x + 7$

b) $y = x - 5$

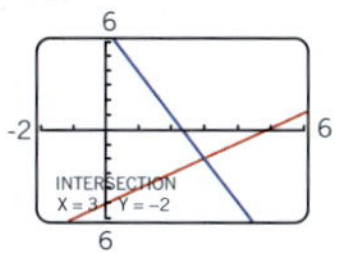

c) Ja, punkten (3, −2)

1389 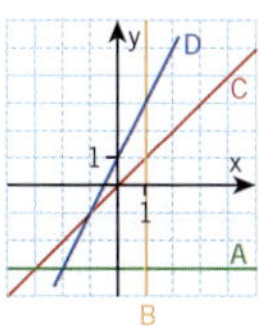

1390 a) Ja.
Motivering:
Då punktens koordinater sätts in i linjens ekvation är VL = HL.

b) Nej c) Nej d) Nej

1391 a) 0 b) (0; 0,5)

1392 Olika skrivsätt för samma linje. Båda linjerna kan skrivas $y = -3x - 4$

1393 Nej, det är inte sant.
Motivering:
Den första linjen har k-värdet −0,5.
Den andra linjen har k-värdet 0,5.
Parallella linjer har samma k-värde.

1394 $a = -9$
Ledtråd:
Sätt in $x = 2$ och $y = -3$ i ekvationen och lös ut a.

1395 a) och b)
$L1$ och $L3$ är parallella och vinkelräta mot $L5$.

$L2$ och $L6$ är parallella och vinkelräta mot $L4$.

1396 $b = 2$
Ledtråd:
Triangelns bas är 4 och höjden är $6/b$.

1397 $a = -1$
Ledtråd:
Välj en punkt på linjen, t ex (5, 20) och sätt in koordinaterna i linjens ekvation.

1403 $\begin{cases} x = 2 \\ y = -1 \end{cases}$
Ledtråd:
Avläs skärningspunkten.

1404 a) 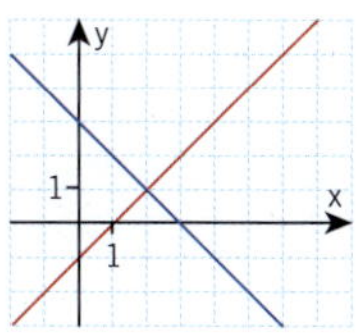

b) $\begin{cases} x = 2 \\ y = 1 \end{cases}$

1405 a) $y = 4 - x$

b) $\begin{cases} y = 3x \\ y = 4 - x \end{cases}$

c) $\begin{cases} x = 1 \\ y = 3 \end{cases}$

1406 a) Nej.
Motivering:
$x = 10,\ y = 20$ är en lösning till den första ekvationen, men inte till den andra.

b) Ja.
Motivering:
$x = 10,\ y = 20$ är en lösning till båda ekvationerna.

1407 a) $x \approx 0{,}67$ och $y \approx 1{,}67$
Lösning:

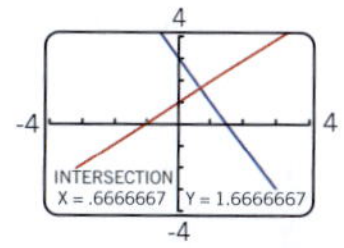

b) $x = -1$ och $y = 4$

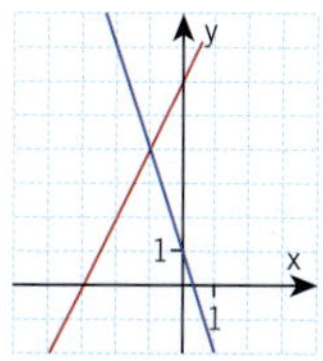

Ledtråd:
Ekvationssystemet kan skrivas
$\begin{cases} y = -3x + 1 \\ y = 2x + 6 \end{cases}$

1408 a) Approximativ (ungefärlig).
Motivering:
Lösningen ger att VL ≈ HL för $2x - y + 2 = 0$

b) Exakt.
Motivering:
Lösningen ger att VL = HL för båda ekvationerna.

1409 a) $\begin{cases} 3x + 2y = 16 \\ x + y = 7 \end{cases}$
Ledtråd:
Välj en x-term (t ex $3x$) och en y-term (t ex $2y$) och beräkna konstanttermen då $x = 2$ och $y = 5$.
$3 \cdot 2 + 2 \cdot 5 = 16$

b) $\begin{cases} x - y = -4{,}5 \\ 2x + 6y = 3 \end{cases}$

1410 a) $x = 1{,}2$ och $y = 1{,}6$

b) Om du får lösningen $x = 1{,}2$ och $y = 1{,}6$ i a) så är den exakt.

Om du t ex får lösningen $x = 1{,}2$ och $y = 1{,}7$ i a) så är den approximativ.

1411 $a = -4$ och $b = -2$

1412

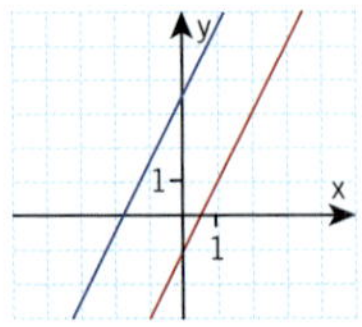

Förklaring:
Linjerna är parallella och saknar därför skärningspunkt.
Detta medför att ekvationssystemet saknas lösning.

1415 a) $\begin{cases} x = 5 \\ y = 20 \end{cases}$

Lösning:

$\begin{cases} y = 4x & (1) \\ y = x + 15 & (2) \end{cases}$

$4x = x + 15$
$3x = 15$
$x = 5$
$x = 5$ insatt i ekvation (1) ger
$y = 4 \cdot 5 = 20$

b) $\begin{cases} x = 6 \\ y = 4 \end{cases}$

1416 a) $\begin{cases} x = 2 \\ y = 5 \end{cases}$

Lösning:

$\begin{cases} y = x + 3 & (1) \\ 2x + y = 9 & (2) \end{cases}$

$2x + (x + 3) = 9$
$3x = 6$
$x = 2$
$x = 2$ insatt i ekvation (1) ger
$y = 2 + 3 = 5$

b) $\begin{cases} x = 2 \\ y = 4 \end{cases}$

1417 a) $x = 8 - 5y$

b) $x = 7y - 3$

c) $x = \frac{z}{2} + \frac{1}{2}$

d) $x = 5 - 3y$

1418 a) $10x + 3$

b) $2x + 10$

1419 a) $\begin{cases} x = 2 \\ y = 5 \end{cases}$

Lösning:

$\begin{cases} 2x + y = 9 & (1) \\ x = y - 3 & (2) \end{cases}$

$2(y - 3) + y = 9$
$2y - 6 + y = 9$
$3y = 15$
$y = 5$
$y = 5$ insatt i ekvation (2) ger
$x = 5 - 3 = 2$

b) $\begin{cases} x = 3 \\ z = -2 \end{cases}$

1420 a) $\begin{cases} x = 4 \\ y = 5 \end{cases}$

Ledtråd:
Ersätt y med $x + 1$ i den andra ekvationen.

b) $\begin{cases} x = 2 \\ y = 9 \end{cases}$

1421 a) $\begin{cases} 4x + y = 38 \\ 3x + 2y = 46 \end{cases}$

x är priset på en banan och y är priset på en macka.

b) En banan kostar 6 kr.

c) En ostmacka kostar 14 kr.

Lösning b) c):

$\begin{cases} -2(4x + y) = -2 \cdot 38 & (1) \\ 3x + 2y = 46 & (2) \end{cases}$

$\begin{cases} -8x - 2y = -76 & (1) \\ 3x + 2y = 46 & (2) \end{cases}$

$-5x = -30$
$x = 6$
$x = 6$ insatt i ekvation (1) ger
$4 \cdot 6 + y = 38$
$y = 14$

1422 a) $\begin{cases} x = -2 \\ y = 4 \end{cases}$

Ledtråd:
Börja t ex med att lösa ut y ur den andra ekvationen.

b) $\begin{cases} x = 2 \\ y = 1 \end{cases}$

Ledtråd:
Börja t ex med att lösa ut x ur den första ekvationen.

1423 $x = 1/5$

Kontroll:

$\text{VL} = \frac{8}{5} - 3 \cdot \frac{1}{5} = \frac{8}{5} - \frac{3}{5} =$

$= \frac{5}{5} = 1 = \text{HL}$

$\text{VL} = \frac{8}{5} + 7 \cdot \frac{1}{5} = \frac{8}{5} + \frac{7}{5} =$

$= \frac{15}{5} = 3 = \text{HL}$

1424 $\begin{cases} x = 3 \\ y = 4 \end{cases}$

1425 Metod 1:
Rita upp graferna och se om det stämmer.

Metod 2:
Sätta in $x = -2$ och $y = 4$ i båda ekvationerna för att se om det stämmer.

Metod 3:
Lös ekvationssystemet

$\begin{cases} y = 8 + 2x \\ y = 2 - x \end{cases}$

med substitutionsmetoden.

1426 $a = 12$

Ledtråd:
Bestäm värdet på $5x + 4y$ om $5x + 4y - 3 = 9$

1427 $(1/2, 2)$, $(-2, -3)$, $(2, -1)$

1428 Ja, alla linjer går genom punkten $(14, 25)$.

1429 $a = 3$, $b = 1$

Ledtråd:
Sätt in $x = 7$ och $y = 2$
Lös ekvationssystemet i a och b.

1431 a) $\begin{cases} a = 4 \\ b = 17 \end{cases}$

Lösning:

$\begin{cases} 2a + b = 25 & (1) \\ 7a - b = 11 & (2) \end{cases}$

$9a = 36$

$a = 4$

$a = 4$ insatt i ekvation (1) ger

$2 \cdot 4 + b = 25$

$b = 17$

b) $\begin{cases} y = 4 \\ z = 2 \end{cases}$

1432 a) 4 b) $\begin{cases} x = 2 \\ y = 5 \end{cases}$

1433 a) $\begin{cases} x = 2 \\ y = 9 \end{cases}$

Ledtråd:

Multiplicera den andra ekvationen med 3.

b) $\begin{cases} a = 2 \\ b = 2 \end{cases}$

1434 T ex

a) Ekvation 1 med 3 och ekvation 2 med –5

b) Ekvation 1 med 6 och ekvation 2 med 4

eller

Ekvation 1 med 3 och ekvation 2 med 2

1435 a) $\begin{cases} 2x + 4y = 59 \\ 3x + 3y = 63 \end{cases}$

x är priset på en kopp kaffe och y är priset på en bulle.

b) En kopp kaffe kostar 12,50 kr.

c) En bulle kostar 8,50 kr.

1436 a) $\begin{cases} s = 67 \\ t = -25 \end{cases}$ c) $\begin{cases} a = 3 \\ b = 5 \end{cases}$

b) $\begin{cases} x = 19 \\ y = 4 \end{cases}$

1437 a) $\begin{cases} x = -5 \\ y = 0{,}25 \end{cases}$ c) $\begin{cases} x = 2/3 \\ y = -5/3 \end{cases}$

b) $\begin{cases} y = 10 \\ z = 6 \end{cases}$

1438 Att hitta ett talpar (x, y) som är en lösning till båda ekvationerna.

1439 a) $\begin{cases} x = 4{,}5 \\ y = 3 \end{cases}$ c) $\begin{cases} x = 74 \\ z = 300 \end{cases}$

b) $\begin{cases} a = -0{,}03 \\ b = 30 \end{cases}$

1440 $\begin{cases} x = 1/7 \\ y = 2/3 \end{cases}$

1441 $\begin{cases} x = 1 \\ y = -1 \end{cases}$

Ledtråd:

Börja med att multiplicera ekvationerna med någon gemensam nämnare.

1442 $k = 5$

1443 Ekvationssystemet saknar lösning eftersom linjerna saknar skärningspunkt. Linjerna är parallella.

1444 a) Saknar lösning.

Grafisk tolkning:

Ingen skärningspunkt.

b) *Lösning:*

$\begin{cases} x = 2 \\ y = 1 \end{cases}$

Grafisk tolkning:

En skärningspunkt.

c) *Lösning:*

Alla (x, y) för vilka $2x - y = 3$

Grafisk tolkning:

Alla punkter är gemensamma.

d) Saknar lösning.

Grafisk tolkning:

Ingen skärningspunkt.

1445 a) $x = 2$ och $y = -3$

b) Om $b \neq 3$ finns en enda lösning till ekvationssystemet.

Motivering:

Linjerna är inte parallella.

Om $b = 3$ och $a \neq -7$ saknas lösning.

Motivering:

Linjerna är parallella men inte identiska.

Om $b = 3$ och $a = -7$ finns oändligt många lösningar.

Motivering:

Ekvationerna är identiska.

1446 a) $k = 2/3$

Ledtråd:

Bestäm lutningen på L_2.

b) (3, –1)

c) $k = -1$ och $m = 2$

Ledtråd:

Ekvationssystemet har oändligt många lösningar eftersom ekvationerna beskriver samma linje.

d) $k = -\frac{1}{6}$

1447 a) T ex $y = -\frac{2}{3}x + 1$

Ledtråd:

Ekvationerna ska beskriva linjer med samma lutning.

b) T ex $4x + 6y = 10$

Ledtråd:

Ekvationerna ska beskriva samma linje.

c) T ex $x + y = 3$

1448 a) $k = -0{,}5$ c) $k > -1/3$

b) $k \neq -0{,}5$

Ledtråd c):

Då $k = -1/3$ hamnar skärningspunkten på x-axeln.

1449 $a \neq 3$

Tema: Vinst eller förlust

1 a) 20 000 kr

Ledtråd:

Avläs den fasta kostnaden på y-axeln.

b) 800 enheter

Ledtråd:

Avläs x-värdet i nollpunkten.

c) 10 000 kr

Ledtråd:

Avläs skillnaden mellan intäkter och totala kostnader vid $x = 1\,200$.

d) 10 000 kr

2 a) $I(5) = 1\,500$
Tolkning:
Om smeden tillverkar och säljer 5 smycken är intäkterna 1 500 kr.

b) $K(5) = 2425$
Tolkning:
Om smeden tillverkar och säljer 5 smycken är kostnaden 2425 kr.

c) Minst 10 smycken.
Ledtråd:
Bestäm nollpunkten.

3 a) 120 000 kr
Ledtråd:
Beräkna summan av fasta och rörliga kostnader.

b) En vinst på 45 000 kr.

c) En förlust på 10 000 kr.

d) Kostnaderna $K = 30x + 30\,000$
Intäkterna $I = 55x$
Resultatet $R = 25x - 30\,000$
Ledtråd:
Resultatet =
= Intäkter – Kostnader

4 a) 1 000 timmar

b) En vinst på 210 000 kr.

c) En förlust på 70 000 kr.

d) $x \approx 814$ och $y \approx 390\,700$
x-värdet i lösningen anger hur många timmar Pierre måste arbeta för ett nollresultat.

1452 a) $\begin{cases} x + y = 150 \\ x - y = 22 \end{cases}$

b) 64 och 86

1453 a)

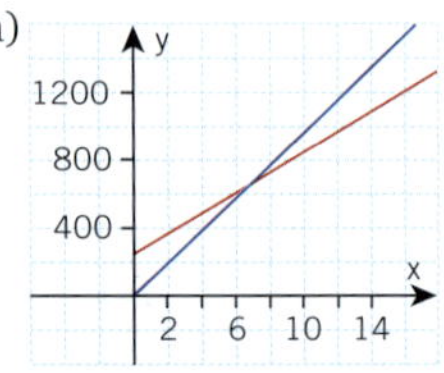

7 dagar
Ledtråd:
Avläs x-värdet i skärningspunkten.

b) 7 dagar
Ledtråd:
Lös ekvationssystemet med substitutionsmetoden.

1454 a) Totala antalet biljetter $(x + y)$ är 240 stycken.

b) Totala biljettintäkterna $(200x + 100y)$ är 33 000 kr.

c) $\begin{cases} x = 90 \\ y = 150 \end{cases}$

1455 35 kr
Ledtråd:
Lösningen till ekvationssystemet
$\begin{cases} 3x + 5y = 37 \\ 4x + 4y = 36 \end{cases}$
ger priset på ett päron respektive ett äpple.

1456 a) $\begin{cases} 2x + 2y = 46 \\ y = x + 8 \end{cases}$

b) 7,5 cm och 15,5 cm

1457 a) $\begin{cases} x + y = 240 \\ x = 2y + 30 \end{cases}$

b) 170 personbilar
Lösning:
$x = 170$ och $y = 70$

1458 10 timmar
Ledtråd:
En ekvation kan skrivas
$x + y = 24$

1459 $f(x) = x + 2$
Ledtråd:
Lös ekvationssystemet
$\begin{cases} k \cdot 2 + m = 4 \\ k \cdot (-2) + m = 0 \end{cases}$

1460 27 grisar och 43 höns

1461 130 sängplatser
Ledtråd:
Det finns 50 dubbelrum.

1462 600 elever var godkända och 240 var underkända.

1463 Stora pumpen: 180 liter/min
Lilla pumpen: 120 liter/min

1464 Flygplanets ”air speed” är 320 km/h och vindhastigheten är 80 km/h

1465 a) En bricka väger 31 g.

b) En mutter väger 16 g.

c) En bult väger 48 g.
Ledtråd:
Lös ekvationssystemet
$2B + 2m + b = 159$
$B + 3m = 96$
$B + m + 2b = 126$
I ekvationssystemet betecknas vikten på en bult (B), en mutter (m) och en bricka (b).

Tema: Nu är det NOG

Uppgifterna kan lösas på flera olika sätt. Här visar vi exempel på lösningar.

1 a) 3 obekanta

b) x = pris innan ändring
r = pris röd paprika
g = pris grön paprika

c) Punkt 1: $g = x + 4$ och $r = x - 2$
Punkt 2: $3g = 4r$

d) **C**

2 a) 2 obekanta

b) x = antal bilar som kommer till parkeringen
y = antal bilar som lämnar parkeringen

c) Punkt 1: $x = 2y$
Punkt 2: $x = y + 10$

d) **C**

3 a) 2 obekanta

b) x = antal mål som Ersmark gjort 10 min innan slutet.
y = antal mål som Ersboda gjort 10 min innan slutet.

c) $y = 2x$
Punkt 1: $x + 3 + 2x = 18$
Punkt 2: $x + 6 = 2x + 1$

d) **D**

4 a) 2 obekanta

b) x = det positiva talet
y = det negativa talet

c) $x + y = 9$
Punkt 1: $x - y = 21$
Punkt 2: $\frac{y}{x} = -2/5$

d) **D**

5 a) 4 obekanta

b) b = antal basar
t = antal tenorer
a = antal altar
s = antal sopraner

c) Punkt 1: $a = b$ och $\frac{b}{b+t} = 0{,}70$
Punkt 2: $s = 10 + t$ och
$\frac{a+s}{b+t+a+s} = \frac{2}{3}$

d) **C**

6 a) 3 obekanta

b) r = antal röda ränder
g = antal gula ränder
l = antal lila ränder

c) Punkt 1: $\frac{2}{13}(r + g + l) = l$ och
$r = 3 \cdot l$
Punkt 2: $2 + 5 + 1{,}2 \cdot 5 = 13$

d) **B**

7 a) 2 obekanta

b) s = antal sökande
i = antal på intervju

c) Punkt 1: $0{,}50 \cdot s = i$
Punkt 2: $0{,}25 \cdot i = 4$

d) **C**

8 a) 2 obekanta

b) g = antal giftiga ormar
t = totalt antal ormar

c) $g + 1\,900 = t$
Punkt 1: $0{,}174 \cdot t = g$
Punkt 2: $g = 1\,900 - 1\,500 =$
$= 400$

d) **D**

9 a) 3 obekanta

b) x = antal kg på stången första serien.
y = antal kg på stången andra serien.
z = antal kg på stången tredje serien.

c) Punkt 1: $50 \cdot 10 + 55 \cdot 10 +$
$+ 60{,}5 \cdot 10 = 165{,}5$
Punkt 2: $y = x + 5$ och
$10x + 10z = 1\,105$

d) **A**

10 a) 3 obekanta
Ledtråd:
Vi måste inte veta värdet på variablerna, bara om a är större än b.

b) a, b och c är positiva ensiffriga heltal

c) $3a + b = c$
Punkt 1: $a + b + c = 4b$
Lösning:
Lös ut c ur den andra ekvationen
$c = 3b - a$
Vi sätter den första och den andra ekvationen lika.
$3a + b = 3b - a$
$4a = 2b$
$a = b/2$ dvs $a > b$
$3a + b = c$
Punkt 2: $a + b = 3$
Uppgiften går inte att lösa med punkt 2.

d) **A**

Diagnos 1 A

1 a) $10x + 4$
Lösning:
$2(x + 4) - 4(1 - 2x) =$
$= 2x + 8 - 4 + 8x = 10x + 4$

b) $x = -0{,}4$
Lösning:
$2(x + 4) - 4(1 - 2x) = 0$
$10x + 4 = 0$
$10x = -4$
$x = -0{,}4$

2 $y = 8$
Lösning:
$\frac{y+3}{y} = \frac{77}{56}$
$\frac{y(y+3)}{y} = y \cdot \frac{77}{56}$
$y + 3 = 1{,}375y$
$3 = 0{,}375y$
$y = 8$

3 $y = 3x + 5$
Lösning:
$6x - 2y + 10 = 0$
$2y = 6x + 10$
$y = 3x + 5$

4 a) $f(7) = -9$
Lösning:
$f(7) = 12 - 3 \cdot 7 = 12 - 21 = -9$

b) $f(-2) = 18$
Lösning:
$f(-2) = 12 - 3 \cdot (-2) =$
$= 12 + 6 = 18$

5

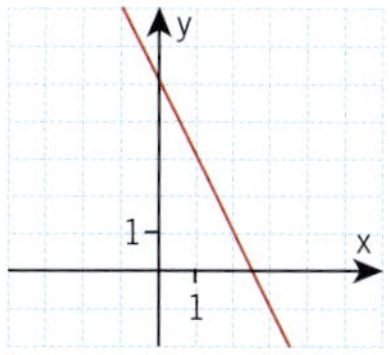

6 $y = 2x + 5$
$k = 2$ betyder att för varje steg åt höger i x-led ökar y med 2.
$m = 5$ betyder att grafen går genom punkten (0, 5) dvs skär y-axeln vid $y = 5$

7 a) $y = 5 - \frac{x}{2}$ eller $y = 5 - 0{,}5x$

b) $y = 3x - 2$

8 $k = -3$
$k = \frac{y_2 - y_1}{x_2 - x_1} = \frac{8 - (-4)}{-1 - 3} = \frac{12}{-4} = -3$

9 $y = 1{,}5x$
Lösning:
Parallella linjer har samma k-värde.
$k = 1{,}5$, $x = 2$ och $y = 3$ insatt i formeln $y = kx + m$ ger
$3 = 1{,}5 \cdot 2 + m$
$m = 0$
Linjens ekvation är $y = 1{,}5x$.

10 Nej. *Motivering:*
$x = 2$ och $y = 4$ ger
$VL = 5 \cdot 2 - 2 \cdot 4 = 10 - 8 = 2$
$HL = 3$
$VL \neq HL$

11 a) Ljuset var 25 cm från början.

b) $-4{,}5$
Ljusets längd minskar med 4,5 cm/h när det brinner.

c) Ca 5,6 timmar
Lösning:
När ljuset har brunnit ner är längden $y = 0$.
$0 = 25 - 4{,}5x$
$4{,}5x = 25$
$x \approx 5{,}6$

12

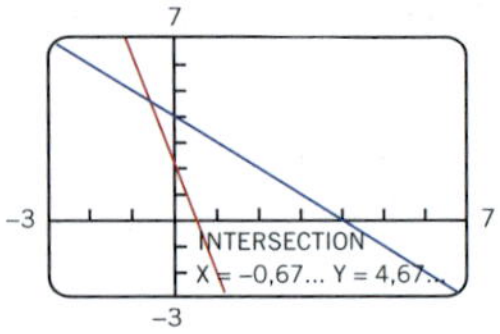

$x \approx -0{,}67 \quad y \approx 4{,}67$

13 a) $\begin{cases} x = 1{,}6 \\ y = 0{,}5 \end{cases}$

Lösning, substitutionsmetoden:

$\begin{cases} y = 2x - 2{,}7 & (1) \\ y = 8{,}5 - 5x & (2) \end{cases}$

$2x - 2{,}7 = 8{,}5 - 5x$
$7x = 11{,}2$
$x = 1{,}6$
$x = 1{,}6$ insatt i ekvation (1) ger
$y = 2 \cdot 1{,}6 - 2{,}7 = 0{,}5$

b) $\begin{cases} x = 2{,}4 \\ y = -7{,}6 \end{cases}$

Lösning, substitutionsmetoden:

$\begin{cases} y = x - 10 & (1) \\ y = 2 - 4x & (2) \end{cases}$

$x - 10 = 2 - 4x$
$5x = 12$
$x = 2{,}4$
$x = 2{,}4$ insatt i ekvation (1) ger
$y = 2{,}4 - 10 = -7{,}6$

c) $\begin{cases} x = 3 \\ y = -1 \end{cases}$

Lösning, additionsmetoden:

$\begin{cases} 3(x + y) = 3 \cdot 2 & (1) \\ 2x - 3y = 9 & (2) \end{cases}$

$\begin{cases} 3x + 3y = 6 & (1) \\ 2x - 3y = 9 & (2) \end{cases}$

$5x = 15$
$x = 3$
$x = 3$ insatt i ekvation (1) ger
$3 + y = 2$
$y = -1$

d) $\begin{cases} y = 5 \\ z = 8 \end{cases}$

Lösning, substitutionsmetoden:

$\begin{cases} z = 3y - 7 & (1) \\ 4z - y = 27 & (2) \end{cases}$

$4(3y - 7) - y = 27$
$12y - 28 - y = 27$
$11y = 55$
$y = 5$
$y = 5$ insatt i ekvation (1)
$z = 3 \cdot 5 - 7 = 8$

14 45 stora lådor och 52 små lådor

Lösning:
x = antalet små lådor
y = antalet stora lådor

$\begin{cases} 30(25x + 60y) = 30 \cdot 4000 & (1) \\ -25(30x + 50y) = -25 \cdot 3810 & (2) \end{cases}$

$\begin{cases} 750x + 1800y = 120000 & (1) \\ -750x + 1250y = -95250 & (2) \end{cases}$

$550y = 24\,750$
$y = 45$
$y = 45$ insatt i ekvation (1) ger
$25x + 60 \cdot 45 = 4000$
$25x = 1300$
$x = 52$

Blandade övningar 1A

1 a) $f(3) = 13$ b) $x = 4$

2 a) $k = 2$ b) $k = -\frac{2}{3}$

3 $x = -0{,}5$ $y = 1{,}5$

Ledtråd:
Lös ut y ur den andra ekvationen.

4 a) $f(0) = 2$
b) $x = 2$
c) $x = 4$

5 Nej.

Förklaring:

$k = \frac{y_2 - y_1}{x_2 - x_1}$

$k = 0$ då $y_1 = y_2$ dvs då linjen är horisontell.
k-värde saknas då $x_1 = x_2$
Uttrycket är inte definierat om nämnaren är noll.
Linjen är vertikal.

6 a) T ex

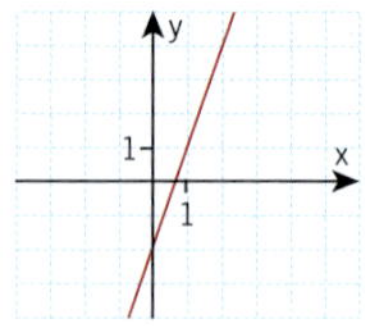

b) $y = 3x - 2$

7 27 och 52

Ledtråd:
Lös ekvationssystemet

$\begin{cases} x + y = 79 \\ x - y = 25 \end{cases}$

8 Linjen skär x-axeln i (4, 0)

Ledtråd:
$y = 0$

Linjen skär y-axeln i (0, 12)

Ledtråd:
$x = 0$

9 T ex (4 ; 4,5)

Ledtråd:
Linjens ekvation är
$y = 0{,}25x + 3{,}5$

10 a) $\text{VL} = \frac{3 + 9}{3} = \frac{12}{3} = 4$

$\text{HL} = \frac{20}{5} = 4$

$x = 3$ är en lösning eftersom VL = HL.

b) $x = 3$

Lösning:

$\frac{x + 9}{x} = \frac{20}{5}$

$x + 9 = 4x$

$3x = 9$

$x = 3$

11 Ja.

Motivering:

$y = \frac{5 - x}{4}$ kan skrivas

$y = \frac{5 - x}{4} = \frac{5}{4} - \frac{x}{4} = 1{,}25 - 0{,}25x$

12 a) $x = -3$

Ledtråd:
$f(x)$ är blå
$g(x)$ är grön
$h(x)$ är röd

b) 158,8

Ledtråd:
$f(x) = 1{,}8 - 0{,}4x$
$h(x) = 2x - 3$

c) Ja, $x = 2$

Ledtråd:
Grafisk eller algebraisk lösning.

13 a) $y = 8000 + 18x$

b) 830 mil (833,3...)

Ledtråd:
Lös ekvationen
$23\,000 = 8000 + 18x$

14 a) $x + 3y = 36$

b) En röd skiva kostar 12 pund.
En blå skiva kostar 8 pund.

15 a) $y = 1{,}8x + 32$

b) –12 °C (–12,22...)

16 a) Blandningen ska vara på 10 liter.

b) Fettmängden i lättmjölken + fettmängden i standardmjölken = = fettmängden i blandningen.

c) 6 liter lättmjölk och 4 liter standardmjölk.

17 $a = -3$ och $b = 17$
Ledtråd:
Använd formeln för k.

18 2 170 enheter (2 172)
Ledtråd:
k-värdet är –15,2

19 a) $\begin{cases} x = 2 \\ y = 8 \end{cases}$

b) **1:** För alla värden på b och $a \neq -3$
2: $a = -3$ och $b \neq 2$
3: $a = -3$ och $b = 2$

20
- $y = 0{,}5x - 0{,}5$
- Av 20 stickor kan 9 trianglar bildas. Ett udda antal stickor ger ett helt antal trianglar. Det krävs två stickor för att göra ytterligare en triangel.
- Sambandet mellan antalet tändstickor x och antalet ihopkopplade fyrhörningar y är
$$y = \frac{x}{3} - \frac{1}{3}$$
- Sambandet mellan antalet tändstickor x och antalet ihopkopplade n-hörningar y är
$$y = \frac{x}{n-1} - \frac{1}{n-1}$$

Blandade övningar 1B

1 $\begin{cases} x = 6 \\ y = 1 \end{cases}$

2 $k = -4$

3 $m = 32\,700$
År 2000 var folkmängden i kommunen 32 700 personer.
$k = 400$
Folkmängden ökar med 400 personer/år efter år 2000.

4 a) Grafen är en rät linje med lutningen noll.
Den är parallell med x-axeln.

b) Grafen är en rät linje genom origo.

5 $y = -3x + 5$
Ledtråd:
Linjen ska ha vara parallell med $y = -3x + 8$

6 a) $x = 2,\ y = -2$

b) $\begin{cases} y = -2x + 2 \\ y = x - 4 \end{cases}$

7 a) $y = \dfrac{x+2}{5}$ kan skrivas
$y = \dfrac{x}{5} + \dfrac{2}{5}$
Detta är samma funktion som $y = 0{,}2x + 0{,}4$
Ekvationerna beskriver alltså samma linje.

b) Oändligt många lösningar.
Alla x och y som uppfyller $y = 0{,}2x + 0{,}4$

8 $y = -2x + 10$

9 $a = -12$
Ledtråd:
Lös ut y ur båda ekvationerna.

10 Lösningen är $\begin{cases} x = 0 \\ y = m \end{cases}$
Ledtråd:
Linjerna skär y-axeln i samma punkt.

11 Lösningen till ekvationssystemet
$\begin{cases} 2x + y - 1 = 0 \\ 4x - y + 4 = 0 \end{cases}$
ger skärningspunkten mellan linjerna. Den är (–0,5 ; 2)

Vi undersöker om punkten ligger på den tredje linjen:
$VL = 8 \cdot (-0{,}5) + 3 \cdot 2 - 2 = 0 = HL$

Alla tre linjerna går genom punkten (–0,5 ; 2)

12 $\sqrt{45} \approx 6{,}71$ l.e.
Ledtråd:
Punkten (1, 3) måste ligga på en linje vinkelrät mot linjen $y = 0{,}5x - 5$

13 $y = 6x - 12$

14 a) $y = 760\,000 - 160x$

b) 4 750 fat

15 a) x betyder antal hg billigt godis
y betyder antal hg dyrt godis.

b) Den första ekvationen visar att Patrik köper totalt 5 hg godis.
Den andra ekvationen visar att han betalar totalt 30 kr för godiset.

c) Ja, det är möjligt.
Motivering:
Patrik ska köpa 3,2 hg av det billigare godiset och 1,8 hg av det dyrare godiset.

16 Ja
Motivering:
Punkterna (45, 189) och (70, 294) ligger båda på linjen $y = 4{,}2x$

17 Madeleine har rätt. Punkterna ligger inte på en linje.
Motivering:
k-värdet för linjen genom de två högra punkterna är ej samma som k-värdet för linjen genom de två vänstra punkterna.

18 165 flickor *Ledtråd:*
Lös uppgiften med ett ekvationssystem.

19 a) $k = 4{,}7,\ m = 0$
Jane springer 4,7 m/s och står på startplatsen då $t = 0$.
$k = 3{,}5$ m/s, $m = 210$
Tarzan springer 3,5 m/s och har 210 m försprång då $t = 0$.

b) $t = 60$ s

c) Ja. Efter 175 s och 822,5 m från start.

d) Jane. Tarzan var 45 m efter.

20
- $\begin{cases} x = -1 \\ y = 5 \end{cases}$
- $\begin{cases} x = -1 \\ y = 5 \end{cases}$
- Skärningspunkten är densamma.
- Skärningspunkten mellan två linjer på formen $ax + y + a - 5 = 0$ är alltid $(-1, 5)$
- Ekvationen $ax + y + a - 5 = 0$ kan skrivas $y = -a(x + 1) + 5$
Då $x = -1$ är $y = 5$ oberoende av värdet på a.

21
- Linjerna $y = 13$ och $y = x + 1$ skär varandra i punkten $(12, 13)$.
- Då $k = 0$ är triangelns area 72 a.e.
Då $k = -1$ skär linjerna varandra i punkten $(6, 7)$ och arean är 36 a.e.
- Linjerna skär varandra i första kvadranten då $k < 1$. Triangelns area varierar mellan 0 och oändligheten.
Arean A kan skrivas $A = \dfrac{72}{1-k}$

2

2103 a) $x^2 + 7x + 10$
Lösning:
$(x + 2)(x + 5) =$
$= x^2 + 5x + 2x + 10 =$
$= x^2 + 7x + 10$

b) $x^2 - 3x - 10$

c) $x^2 + 3x - 10$

d) $x^2 - 7x + 10$

2104 a) $2x^2 + 11x + 12$
Lösning:
$(2x + 3)(x + 4) =$
$= 2x^2 + 8x + 3x + 12 =$
$= 2x^2 + 11x + 12$

b) $3x^2 + 17x - 6$

c) $4x^2 - 9$
Ledtråd:
x-termerna blir tillsammans noll.

d) $-2y^2 + 7y - 3$

2105 a) $y = 2$
Lösning:
$(y + 2)(y + 7) = y^2 + 32$
$y^2 + 7y + 2y + 14 = y^2 + 32$
$9y + 14 = 32$
$9y = 18$
$y = 2$

b) $x = -1$
Lösning:
$(x - 1)(x - 2) = (x + 3)(x + 4)$
$x^2 - 2x - x + 2 = x^2 + 4x + 3x + 12$
$-3x + 2 = 7x + 12$
$2 = 10x + 12$
$-10 = 10x$
$x = -1$

2106 a) $x = 4$
Ledtråd:
Lös ekvationen
$x^2 = (x + 4)(x - 2)$

b) 16 m^2

2107 a) $-x^2 - 3x + 3$

b) $x + 6$
Ledtråd:
Multiplicera de två parenteserna och skriv en parentes runt uttrycket. Ändra tecken på alla termer när sen parentesen tas bort.

2108 a) T ex $2x^2 + 4x - 5$

b) T ex $x^2 - 10$

2109 a) $a^2 + 2ab$

b) $ab - 3a - 5b$
Lösning:
$a(b + 2) - 5(a + b) =$
$= ab + 2a - 5a - 5b =$
$= ab - 3a - 5b$

c) $b^2 + a$

2110 a) $2x^2 + 4x + 6$
Lösning:
$4x^2 - 2(x + 1)(x - 3) =$
$= 4x^2 - 2(x^2 - 2x - 3) =$
$= 4x^2 - 2x^2 + 4x + 6 =$
$= 2x^2 + 4x + 6$

b) $16s + 3$

2111 a) $(24 - x)$ cm

b) $(14 + x)$ cm
Ledtråd:
Basen + höjden =
= halva omkretsen

2114 a) $x^2 - 9$

b) $x^2 - 25$

c) $4x^2 - 9$

d) $x^2 - y^2$

2115 a) $x^2 + 12x + 36$

b) $x^2 - 16x + 64$

c) $4x^2 + 12x + 9$

d) $x^2 - 8x + 16$

2116 a) $x = 0{,}5$
Lösning:
$(x + 5)^2 = (x - 5)^2 + 10$
$x^2 + 10x + 25 = x^2 - 10x + 25 + 10$
$10x = -10x + 10$
$20x = 10$
$x = 0{,}5$

b) $x = -5$

c) $x = 4{,}5$

d) $x = 1$
Lösning:
$(x - 2)(x - 2) = x^2$
$x^2 - 2x - 2x + 4 = x^2$
$-4x + 4 = 0$
$4x = 4$
$x = 1$

2117 a) $4x$ b) 8 c) 4

2118 $(2x - 3)^2 = 4x^2 - 12x + 9$
Jossan har missat att $(2x)^2 = 4x^2$ samt att dubbla produkten är $-2 \cdot 2x \cdot 3 = -12x$

2119 a) $(x + 10)(x - 10)$

b) $(2x + 5)(2x - 5)$

c) $(x + 3y)(x - 3y)$

d) $(8x + 9y)(8x - 9y)$

2120 a) $2y^2 - 18$

Lösning:

$2(y-3)(y+3) = 2(y^2-9) =$

$= 2y^2 - 18$

b) $3x^2 + 12x + 12$

Lösning:

$3(x+2)^2 = 3(x^2+4x+4) =$

$3x^2 + 12x + 12$

c) $x^2 - 6x + 32$

d) $10x - x^2$

2121 a) $9 + 6b + b^2$

b) $9 + 3b + 3b + b^2$

c) Båda uttrycken kan skrivas $9 + 6b + b^2$

2122 a) $\frac{x^2}{4} + x + 1$

b) $9 - \frac{x^2}{4}$

2125 a) 16

Lösning:

$x^2 - (x+4)(x-4) =$

$= x^2 - (x^2 - 16) =$

$= x^2 - x^2 + 16 = 16$

b) $22x + 11$

Ledtråd:

Uttrycket kan skrivas

$x^2 + 12x + 36 - (x^2 - 10x + 25)$

Fortsätt att förenkla!

c) x^2

Ledtråd:

Uttrycket kan skrivas

$25 - (5^2 - x^2)$

Fortsätt att förenkla!

d) $y^2 + 2y + 24$

Ledtråd:

Uttrycket kan skrivas

$3y^2 + 2(12 + y - y^2)$

Fortsätt att förenkla!

2126 a) $x = 2$

Lösning:

$(x+1)^2 - x(x+1) = 3$

$x^2 + 2x + 1 - x^2 - x = 3$

$x = 2$

b) $x = 5$

Lösning:

$(x+3)^2 - (x+4)(x+1) = 10$

$x^2+6x+9-(x^2+x+4x+4) = 10$

$x^2 + 6x + 9 - x^2 - 5x - 4 = 10$

$x + 5 = 10$

$x = 5$

c) $x = 2$

d) Lösning saknas

Motivering:

$4x^2 - 9 \neq 4x^2 - 4$

2127 a) Arean ökar med $(10x + 25)$ cm^2

Lösning:

$A_{gammal} = x \cdot x = x^2$

$A_{ny} = (x+5)^2 = x^2 + 10x + 25$

b) Arean minskar med 25 cm^2

Lösning:

$A_{gammal} = x^2$

$A_{ny} = (x+5)(x-5) = x^2 - 25$

2128 a) $4xh$

b) $2xh - x^2 - h^2$

c) $2x^2 + 8xh - h^2$

d) $h^3 + 9h^2 + 27h + 27$

2129 a) 891 c) 396

b) 2 499 d) 9 999

2130 a) 961

b) 484

c) 2 401

Ledtråd:

$(50-1)^2$

d) 7 744

2131 a) p b) $2k - 1$

2134 a) $2 \cdot 7$

b) $2 \cdot 11$

c) $5 \cdot 7$

2135 a) $18 = 2 \cdot 3 \cdot 3$

b) $10x^2 = 2 \cdot 5 \cdot x \cdot x$

c) $30x^3 = 2 \cdot 3 \cdot 5 \cdot x \cdot x \cdot x$

2136 a) $3(x+2)$ c) $3(x+1)$

b) $3(3x-4)$ d) $3(1-10x)$

2137 a) $x(x-3)$

b) $x(x-1)$

c) $x(3x+2)$

2138 a) $4(3x+5)$

Lösning:

$12x + 20 =$

$= 2 \cdot 2 \cdot 3 \cdot x + 2 \cdot 2 \cdot 5 =$

$= 4(3x+5)$

b) $3(7x-5)$

Lösning:

$21x - 15 = 3 \cdot 7 \cdot x - 3 \cdot 5 =$

$= 3(7x-5)$

2139 a) $\frac{1}{3}$ b) $\frac{x}{2}$ c) $\frac{1}{3x}$

2140 a) $x(x-8)$

Lösning:

$x^2 - 8x = x \cdot x - 8 \cdot x = x(x-8)$

b) $2x(x-4)$

Lösning:

$2x^2 - 8x =$

$= 2 \cdot x \cdot x - 2 \cdot 2 \cdot 2 \cdot x =$

$= 2x(x-4)$

c) $3x(2x-5)$

d) $7x^2(2x+3)$

2141 *C* går ej att förenkla till x.

Lösning:

A $0{,}5x + 0{,}5x = 1x = x$

B $\frac{x \cdot \cancel{x}}{\cancel{x}} = x$

C $\frac{x+x}{x} = \frac{2\cancel{x}}{\cancel{x}} = 2$

D $\frac{x+x}{2} = \frac{\cancel{2}x}{\cancel{2}} = x$

2142 a) $3a + 4$ c) $a + 3$

b) $4 - 5x$ d) $3b - 1$

2143 a) $5x(1 + 5xy)$ b) $3a(2a - b^2)$

2144 **A** kan förenklas till $\frac{a+4}{4}$

Lösning:

$\frac{2a+8}{8} = \frac{\cancel{2}(a+4)}{\cancel{2} \cdot 4} = \frac{a+4}{4}$

B till $\frac{1}{3}$

Lösning:

$\frac{a}{a+a+a} = \frac{\cancel{a}}{3\cancel{a}} = \frac{1}{3}$

C till $\frac{4}{a}$

Lösning:

$\frac{2(a+a)}{a^2} = \frac{2 \cdot 2\cancel{a}}{a \cdot \cancel{a}} = \frac{4}{a}$

D kan inte förenklas.

2145 a) 8

b) Uttrycket kan förenklas till $2 + 3a$.

Värdet är 8 då $a = 2$.

2146 $\frac{4x+12}{2} - (x+6) =$

$= \frac{4x}{2} + \frac{12}{2} - x - 6$

$= 2x + 6 - x - 6 = x$

2202 a) $x_1 = 4$ $x_2 = -4$
Lösning:
$x^2 = 16$
$x = \pm\sqrt{16}$
$x = \pm 4$

b) $x_1 = 6$ $x_2 = -6$

c) $x_1 = \sqrt{7} \approx 2{,}65$
$x_2 = -\sqrt{7} \approx -2{,}65$

d) Ekvationen saknar reell lösning.
Motivering:
Det finns inget reellt tal vars kvadrat är ett negativt tal.

2203 a) $x_1 = -5$ $x_2 = 1$

b) $x_1 = 2$ $x_2 = 3$

c) $x_1 = 0$ $x_2 = 7$

d) $x_1 = 0$ $x_2 = -3$

2204 a) $x(x + 8) = 0$
$x_1 = 0$ $x_2 = -8$

b) $x(7 + x) = 0$
$x_1 = 0$ $x_2 = -7$

c) $x(x - 5) = 0$
$x_1 = 0$ $x_2 = 5$

d) $x(10 - x) = 0$
$x_1 = 0$ $x_2 = 10$

2205 *Förklaring:*
För att produkten av parenteserna ska vara noll måste den första eller andra parentesen vara noll.

a) $x = 5$ ger att första parentesen är noll.
$x = -3$ ger att andra parentesen är noll.

b) Båda parenteserna är noll om $x = 2$, dvs ekvationen har endast en lösning, $x = 2$.

2206 a) $x_1 = \sqrt{10}$ $x_2 = -\sqrt{10}$
Ledtråd:
Ekvationen kan skrivas
$x^2 = 10$

b) $x_1 = 0$ $x_2 = 5$
Ledtråd:
$x = 0$ eller $(2x - 10) = 0$

c) Inga reella lösningar.

d) $x_1 = 0$ $x_2 = 0{,}5$
Lösning:
$4x - 8x^2 = 0$
$x(4 - 8x) = 0$
Nollproduktmetoden ger
$x_1 = 0$ eller
$4 - 8x = 0$
$4 = 8x$
$x_2 = 0{,}5$

2207 a) T ex $x^2 = 4$ eller
$(x - 2)(x + 2) = 0$

b) T ex $x(x - 12) = 0$ eller
$x^2 - 12x = 0$

c) T ex $(x - 4)(x - 5) = 0$

d) T ex $(x + 1)(x - 3) = 0$
Ledtråd:
En ekvation med lösningarna x_1 och x_2 är $(x - x_1)(x - x_2) = 0$.
Alla ekvationer av typen $k(x - x_1)(x - x_2) = 0$ där k är en konstant har lösningarna x_1 och x_2.

2208 a) $x_1 = 4$ $x_2 = -4$
Ledtråd:
Ekvationen kan skrivas
$4x^2 = 64$

b) $x_1 = 0$ $x_2 = 1$
Ledtråd:
Ekvationen kan skrivas
$x^2 - x = 0$

c) $x_1 = \sqrt{1{,}5} \approx 1{,}22$
$x_2 = -\sqrt{1{,}5} \approx -1{,}22$
Ledtråd:
Ekvationen kan skrivas
$2x^2 = 3$

d) $x_1 = 0$ $x_2 = 1{,}5$

2209 $a = 4$

2210 $b = -3$ och $c = 2$
Ledtråd:
x_1 och x_2 insatt i ekvationen ger ekvationssystemet
$$\begin{cases} 1 + b + c = 0 \\ 4 + 2b + c = 0 \end{cases}$$

2213 a) $x_1 = 5$ $x_2 = 1$
Lösning:
$x^2 - 6x + 5 = 0$
$x = 3 \pm \sqrt{3^2 - 5}$
$x = 3 \pm \sqrt{4}$
$x = 3 \pm 2$

b) $x_1 = -1$ $x_2 = -5$
Lösning:
$x^2 + 6x + 5 = 0$
$x = -3 \pm \sqrt{3^2 - 5}$
$x = -3 \pm \sqrt{4}$
$x = -3 \pm 2$
$x_1 = -3 + 2 = -1$
$x_2 = -3 - 2 = -5$

c) $x_1 = 2$ $x_2 = -6$

d) $x_1 = 1$ $x_2 = -7$

2214 a) $x_1 = x_2 = 5$
Kommentar:
Ekvationen har endast en lösning.

b) $x_1 = 13$ $x_2 = 1$

c) $x_1 = 3$ $x_2 = -1$

d) $x_1 = 0{,}5$ $x_2 = -7{,}5$

2218 a) $x_1 = 3$ $x_2 = -1$
Ledtråd:
Lös $x^2 - 2x - 3 = 0$

b) $x_1 = 5$ $x_2 = 3$
Ledtråd:
Lös $x^2 - 8x + 15 = 0$

2219 a) $x_1 = -5$ $x_2 = -7$
Ledtråd:
Dividera med 2.

b) $x_1 = 8$ $x_2 = 2$
Ledtråd:
Ekvationen kan skrivas
$x^2 - 10x + 16 = 0$

c) $z_1 = z_2 = 0{,}5$
Lösning:
$8z^2 + 2 = 8z$
$8z^2 - 8z + 2 = 0$
$z^2 - z + 0{,}25 = 0$
$x = 0{,}5 \pm \sqrt{0{,}5^2 - 0{,}25}$
$x = 0{,}5 \pm \sqrt{0}$
$x = 0{,}5 \pm 0$

d) $y_1 = 9$ $y_2 = 1$
Ledtråd:
Ekvationen kan skrivas
$y^2 - 10y + 9 = 0$

2220 a) $x_1 = 0$ $x_2 = 12$

b) $x_1 = 0$ $x_2 = -3$

2221 $x_1 = 2 + \sqrt{3} \approx 3{,}73$
$x_2 = 2 - \sqrt{3} \approx 0{,}27$

2222 a) Nille har rätt.

b) $x_1 = 1$ $x_2 = -2$

2223 a) T ex
$x^2 = 16$ eller $(x-1)^2 = 4$
b) T ex
$(x-2)(x-5) = 0$ eller
$x^2 - x = 0$
c) T ex
$x^2 - 18x - 19 = 0$

2224 $x_1 \approx 76$ $x_2 \approx -109$
Hastigheten är 76 km/h

2225 a) $A_1 = 3$ $A_2 = -13$
b) $x_1 = \sqrt{10}$ $x_2 = -\sqrt{10}$
c) $x_1 = \frac{4}{5}$ $x_2 = -\frac{2}{5}$
Lösning:
$x^2 - \frac{2x}{5} - \frac{8}{25} = 0$
$x = \frac{1}{5} \pm \sqrt{\left(\frac{1}{5}\right)^2 + \frac{8}{25}}$
$x = \frac{1}{5} \pm \sqrt{\frac{1}{25} + \frac{8}{25}}$
$x = \frac{1}{5} \pm \sqrt{\frac{9}{25}}$
$x = \frac{1}{5} \pm \frac{3}{5}$
d) $x_1 = \frac{1}{3}$ $x_2 = -1$

2226 a) $a > 4$ *Ledtråd:*
$x = \pm\sqrt{4-a}$
b) $a > 36$ *Ledtråd:*
$x = 6 \pm \sqrt{36-a}$

2227 a) $x_1 = -1,5 + \sqrt{4{,}75} \approx 0{,}68$
$x_2 = -1,5 - \sqrt{4{,}75} \approx -3{,}68$
b) $x_1 = 5$ $x_2 = -1$

2228 a) $p > 3$
b) $p < 3$
c) $p = 3$
Ledtråd:
Lösningsformeln ger
$x = -1 \pm \sqrt{12 - 4p}$

2229 a) Division med a och sedan pq-formeln ger:
$x = -\frac{b}{2a} \pm \sqrt{\left(\frac{b}{2a}\right)^2 - \frac{c}{a}} =$
$= -\frac{b}{2a} \pm \sqrt{\frac{b^2}{4a^2} - \frac{4ac}{4a^2}} =$
$= \frac{-b \pm \sqrt{b^2 - 4ac}}{2a}$
b) $x_1 = 12$ $x_2 = -5$

2230 De ska lösa: $x^2 - 5x - 6 = 0$
Motivering:
Indras ekvation
$(x+6)(x-1) = 0$
som kan skrivas $x^2 + 5x - 6 = 0$
Fannys ekvation
$(x-2)(x-3) = 0$
som kan skrivas $x^2 - 5x + 6 = 0$

Historik: Ekvationer och lösningsformler

1 6 säckar/shekel

2 $x = 8^{1/3} = 2$

3 $x_1 = 5$ $x_2 = -5$

4 4

5 a) $k = \frac{557}{27} \approx 20{,}630$
b) $x \approx 1{,}229$

2233 a) $5i$
Lösning:
$\sqrt{-25} = \sqrt{25 \cdot (-1)} =$
$= \sqrt{25i^2} = 5i$
b) $9i$
c) $\sqrt{5} \cdot i$

2234 a) $z_1 = 10i$ $z_2 = -10i$
Lösning:
$z^2 = -100$
$z = \pm\sqrt{-100}$
$z = \pm\sqrt{100i^2}$
$z = \pm 10i$
b) $z_1 = 6i$ $z_2 = -6i$
c) $z_1 = \sqrt{10}\,i$ $z_2 = -\sqrt{10}\,i$
d) $z_1 = 2i$ $z_2 = -2i$
Ledtråd:
Ekvationen kan skrivas
$4z^2 = -16$

2235 a) $z_1 = 4 + 3i$ $z_2 = 4 - 3i$
Lösning:
$z^2 - 8z + 25 = 0$
$z = 4 \pm \sqrt{4^2 - 25}$
$z = 4 \pm \sqrt{-9}$
$z = 4 \pm \sqrt{9i^2}$
$z = 4 \pm 3i$
b) $z_1 = -3 + 2i$ $z_2 = -3 - 2i$
c) $z_1 = 5 + 4i$ $z_2 = 5 - 4i$
d) $z_1 = -1 + i$ $z_2 = -1 - i$
Lösning:
$4z^2 + 8z + 8 = 0$
$z^2 + 2z + 2 = 0$
$z = -1 \pm \sqrt{1^2 - 2}$
$z = -1 \pm \sqrt{-1}$
$z = -1 \pm \sqrt{i^2}$
$z = -1 \pm i$

2236 a) **C** komplexa rötter
Motivering:
I en lösning med kvadratrotsmetoden får vi ett negativt tal under rottecknet.
b) **B** en reell rot
Motivering:
I en lösning med lösningsformeln får vi talet noll under rottecknet.
c) **C** komplexa rötter
Motivering:
I en lösning med lösningsformeln får vi ett negativt tal under rottecknet.
d) **A** två reella rötter
Motivering:
I en lösning med nollproduktmetoden eller lösningsformeln får vi två reella lösningar.

2237 a) $z = 3 \pm \sqrt{6} \cdot i$
b) $z = -3 \pm \sqrt{2} \cdot i$

2238 a) $3 - i$
b) $-1 + 2i$
c) -13
Lösning:
Konjugatregeln ger
$(2i)^2 - 3^2 = 4i^2 - 9 =$
$= -4 - 9 = -13$

2239 $z_1 = 2i$
$z_2 = 3 + i$
$z_3 = -2 + 4i$
$z_4 = -3$
$z_5 = 3 - i$

2240 Roten $z = 4 - 4i$ insatt i ekvationen $z^2 - 8z + 32 = 0$
$VL = (4-4i)^2 - 8(4-4i) + 32 =$
$= 16 - 32i + 16i^2 - 32 + 32i + 32 =$
$= 16 + 16i^2 = 16 - 16 = 0$
VL = HL
Lösningen är korrekt.

2244 a) 8,8 m

Lösning:
$h = 20 - 5 \cdot 1{,}5^2 = 8{,}75$

b) Efter 2,0 sekunder.

Lösning:
$20 - 5t^2 = 0$
$5t^2 = 20$
$t^2 = 4$
$t = \pm 2$
Den negativa lösningen saknar betydelse.

2245 a) $x(x + 6) = 280$

b) Sidorna är 14 cm och 20 cm.

Ledtråd:
Ekvationen kan skrivas
$x^2 + 6x - 280 = 0$

2246 a) 80 miljoner kr

b) 10 år

Ledtråd:
Lös ekvationen
$50t - 5t^2 = 0$

c) 125 miljoner

Ledtråd:
$t = 5$

2247 a) 2,4 ton

b) Ja.

Motivering:
Enligt formeln klarar 60 cm tjock is 21,6 ton.

c) 40 cm (36,5...)

Ledtråd:
Lös ekvationen
$0{,}006d^2 = 8$

2248 a) 50 m

Ledtråd:
Längden + bredden = = halva omkretsen

b) $50 - x$

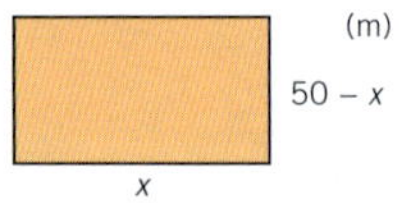

c) 36,2 m och 13,8 m

2249 Arean är 30 cm².

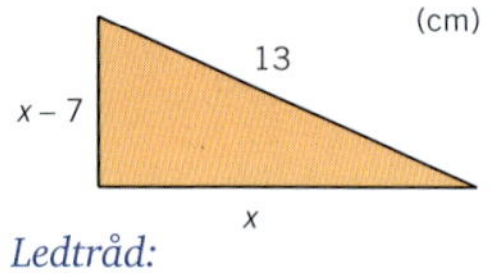

Ledtråd:
Använd Pythagoras sats och formeln för triangelns area
$A = \dfrac{b \cdot h}{2}$

2250 4,5 m

Ledtråd:
$(18 + 2x)(27 + 2x) = 2 \cdot 18 \cdot 27$

2251 a) $x(x + 2) = 1\,155$

Ledtråd:
Det andra talet är $x + 2$.

b) 34

Ledtråd:
Sökt tal = $x + 1$

2252 7 och 34

Ledtråd:
$$\begin{cases} x + y = 41 \\ x \cdot y = 238 \end{cases}$$

2253 a) $n = 3$ ger $a = 7$
$b = 24$ och $c = 25$
$7^2 + 24^2 = 25^2$
$n = 4$ ger $a = 9$
$b = 40$ och $c = 41$
$9^2 + 40^2 = 41^2$

b) Visa att
$(2n + 1)^2 + (2n^2 + 2n)^2 =$
$= (2n^2 + 2n + 1)^2$

c) T ex 6, 8, 10

Ledtråd:
Formlerna ger alltid att a är udda och att $c = b + 1$

2303 a) Minimipunkt.

b) Maximipunkt.

c) Maximipunkt.

d) Minimipunkt.

Ledtråd:
Avläs om x^2-termen är positiv eller negativ.

2304 a) (0, 3)

b) (2, 0) och (6, 0)

c) $x = 2$ och $x = 6$

Ledtråd:
Avläs var grafen skär x-axeln.

d) $x = 4$

e) $x = 4$

2305 a) En maximipunkt

b) $f(2) = 3$

Ledtråd:
Avläs y-värdet då $x = 2$
$f(4) = 3$

c) 4

Ledtråd:
Avläs y-värdet i maximipunkten.

d) $x = 1$ och $x = 5$

e) $x = 3$

2306 $x = 7$

Ledtråd:
Symmetrilinjen ligger mitt emellan nollställena.

2307 a) Positiv.

Motivering:
Grafen har en minimipunkt.

b) –4

Ledtråd:
Avläs y-värdet i minimipunkten.

c) $x_1 = -6 \quad x_2 = 2$

Ledtråd:
Avläs funktionens nollställen.

d) $x_1 = -4 \quad x_2 = 0$

Ledtråd:
Avläs x-värdena då $y = -3$

2308 a)

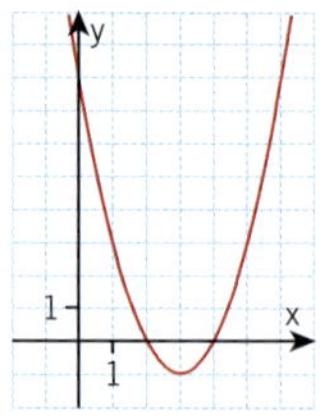

x	y
0	8
1	3
2	0
3	–1
4	0
5	3
6	8

b) $x = 2$ och $x = 4$

c) (3, –1)

2309 a) Minsta värdet är –4

b) $x = 1$

c) (–2, 5)

Ledtråd:
P ligger på samma avstånd från symmetrilinjen som Q.

2310 a) Ja.
Motivering:

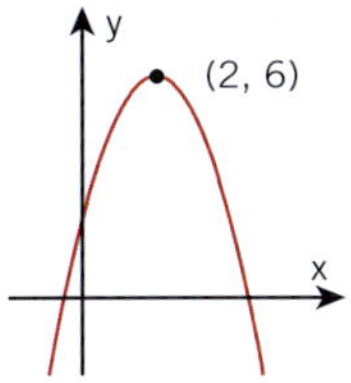

För funktionen gäller $y \leq 6$.

b) Nej.
Motivering:

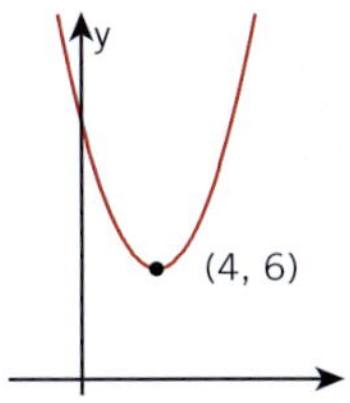

För funktionen gäller $y \geq 6$.

2311 $b = 5$

2313 a) $x_1 = -3 \quad x_2 = 3$
Ledtråd:
Lös ekvationen $x^2 - 9 = 0$

b) $x_1 = 2 \quad x_2 = 6$

2314 $x = -1$
Ledtråd:
Symmetrilinjen ligger mitt emellan nollställena.

2315 a) $x = 3$
Lösning:
$x^2 - 6x + 5 = 0$
$x = 3 \pm \sqrt{....}$

b) $x = -2$

c) $x = 0$
Motivering:
Andragradsfunktioner som saknar x-term har alltid symmetrilinjen $x = 0$.

d) $x = 2{,}5$
Lösning:
$2x^2 - 10x + 12 = 0$
$x^2 - 5x + 6 = 0$
$x = 2{,}5 \pm \sqrt{....}$

2316 a) Nej.
Motivering:
Ekvationen $x^2 - 2x + 3 = 0$ saknar reella lösningar.

b)

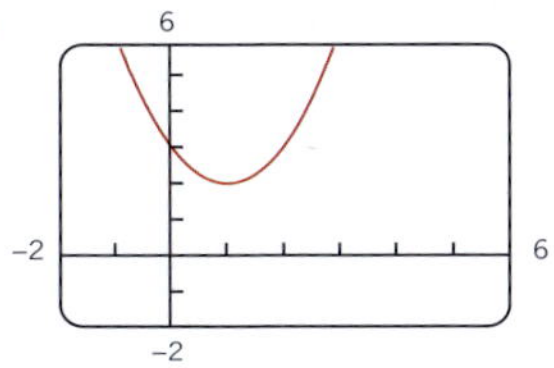

Motivering:
Grafen skär aldrig x-axeln, dvs inget x-värde ger $y = 0$

2317 a) Minimipunkt.

b) $x = 1$ och $x = 5$
Lösning:
$y = 0$ ger
$x^2 - 6x + 5 = 0$
$x = 3 \pm \sqrt{3^2 - 5}$
$x = 3 \pm 2$
$x_1 = 5 \quad x_2 = 1$

c) $x = 3$

d) $(3, -4)$
Lösning:
$x = 3$ insatt i
$y = x^2 - 6x + 5$ ger
$y = 3^2 - 6 \cdot 3 + 5 = -4$

e) Minsta värde är -4.
(Största värde saknas.)

f)

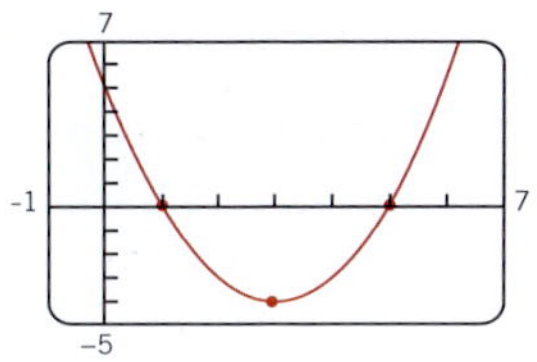

2318 a) Skärning med x-axeln i $(-1, 0)$ och $(3, 0)$
Ledtråd:
Lös ekvationen
$-2x^2 + 4x + 6 = 0$
Skärning med y-axlen i $(0, 6)$
Ledtråd:
$x = 0$

b) $(4, -10)$

c) $(0, 6)$ och $(2, 6)$
Ledtråd:
Lös ekvationen
$-2x^2 + 4x + 6 = 6$

2319 a) Minsta värdet är -9.
Lösning:
$y = x^2 - 6x$
Funktionens nollställen:
$x^2 - 6x = 0$
$x(x - 6) = 0$
$x_1 = 0 \quad x_2 = 6$
Funktionens symmetrilinje:
$x = 3$
Funktionens minsta värde (positiv x^2-term)
$x = 3$ insatt i $y = x^2 - 6x$ ger
$y = 3^2 - 6 \cdot 3 = -9$

b) Största värdet är 3.

c) Minsta värdet är 1.

d) Största värdet är 1,25.

2320 Funktionens största värde är maximipunktens y-koordinat.

2321 a) $(0, 2)$ *Ledtråd:*
$x = 0$ i punkten

b) $(4, 2)$ *Ledtråd:*
Punkt P och Q har samma y-värde.

c) $(2, 6)$ *Ledtråd:*
M ligger på symmetrilinjen.

2322

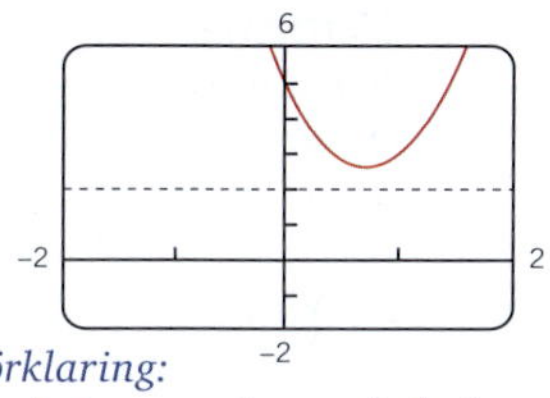

Förklaring:
Funktionens minsta värde är större än 2, dvs det finns inget x-värde som ger $y = 2$

2323 a) Har nollställena $x = \frac{1}{2} \pm \sqrt{\frac{5}{2}}$

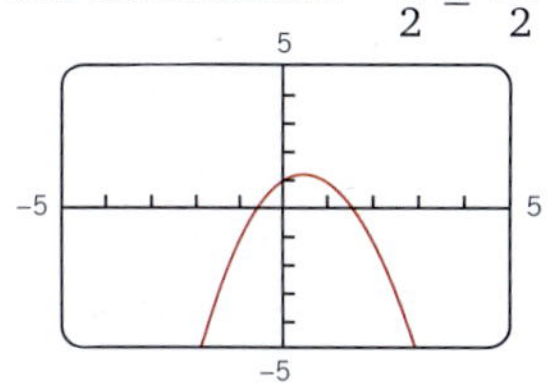

b) Nollställen saknas.

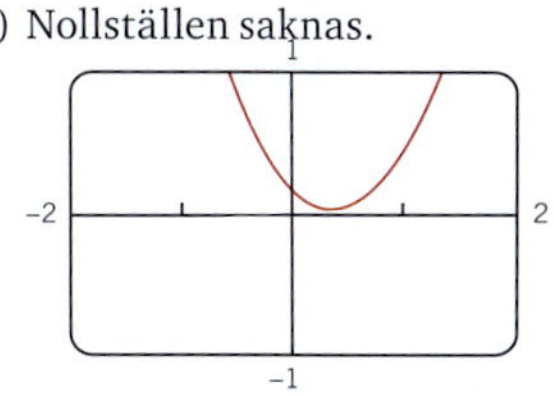

2324 a) Maximipunkten (1,25; 62,5)
Ledtråd:
Symmetrilinje $x = 1,25$

b) Minimipunkten (1; 0,5)

c) Minimipunkten
(–0,6; –0,144)

2327 a) $x = 3$ är symmetrilinje
Ledtråd:
$x = -3$ och $x = 9$
är nollställen

b) $x = -2$ är symmetrilinje

2328 a) Minimipunkten (2, –96)
Lösning:
Funktionens nollställen
$2x - 12 = 0$ eller $3x + 6 = 0$
$x_1 = 6 \quad x_2 = -2$
Symmetrilinjen är $x = 2$
$x = 2$ insatt i
$y = (2x - 12)(3x + 6)$ ger
$y = (2 \cdot 2 - 12)(3 \cdot 2 + 6) =$
$= -8 \cdot 12 = -96$

b) Maximipunkten (0,5; 40,5)
Ledtråd:
Symmetrilinje $x = 0,5$

2329 a) $a = 1$ Nollstället är $x = 1$

b) $a > 1$
Motivering:
Ekvationen saknar reella rötter då $a > 1$.

2330 (2, 8) och (–2, 24)
Ledtråd:
Använd symmetri.

2331 $a = 1$, $b = 2$ och $c = -1$
Ledtråd:
Punkten (0, –1) ger värdet på c.
Värdet på c och punkterna ger
$$\begin{cases} a + b = 3 \\ a - b = -1 \end{cases}$$

2332 a) $a = -2$, $b = 4$ och $c = 6$
Ledtråd:
Avläs c. Sätt sedan in x och y för två punkter och få ett ekvationssystem med a och b.

b) Värdena byter tecken, dvs
$a = 2$, $b = -4$ och $c = -6$
Motivering:
Om vi multiplicerar med –1 så blir alla positiva värden negativa och tvärtom, dvs grafen speglas i x-axeln.

2333 a) Sant.
Motivering:
Omskrivning till
$x^2 + px + q = 0$ ger
$x^2 + \frac{b}{a}x + \frac{c}{a} = 0$
$-p/2$ är då $-(b/a)/2 = -\frac{b}{2a}$

b) Sant.
Motivering:
Funktionerna $y = f(x)$ och $y = a \cdot f(x)$ har samma nollställen och samma symmetrilinje eftersom ekvationerna $f(x) = 0$ och $a \cdot f(x) = 0$ har samma lösningar.

2335 a) $h = 0,6$
Efter 0,2 s är loppan 0,6 m över sängen.

b) $x_1 = 0 \quad x_2 = 0,8$
Hoppet tar 0,8 s.

c) $x = 0,4$
Ledtråd:
Maxpunkten ligger på symmetrilinjen.

d) 0,8 m
Lösning:
$x = 0,4$ ger
$h = 4 \cdot 0,4 - 5 \cdot 0,4^2 =$
$= 1,6 - 0,8 = 0,8$

2336 a) $(24 - x)$ cm

b) $y = x(24 - x)$

c) $x_1 = 0 \quad x_2 = 24$

d) $x = 12$

e) 144 cm^2
Lösning:
$x = 12$ ger
$y = 12 \cdot (24 - 12) =$
$= 12 \cdot 12 = 144$

f) $0 < x < 24$

2337 a) 38 m (37,5 m)
Lösning:
$y = 0$ ger
$0,75x - 0,020x^2 = 0$
$x(0,75 - 0,020x) = 0$
$x_1 = 0$ eller
$0,75 - 0,020x = 0$
$0,75 = 0,020x$
$x_2 = 37,5$

b) 7,0 m (7,03...)
Lösning:
Symmetrilinjen är $x = 19$ (18,75)
$x = 19$ ger
$y = 0,75 \cdot 19 - 0,020 \cdot 19^2 = 7,0$

c) $x = 0$ ger $y = 0$,
dvs höjden är 0 m från början.

2338 a) $x = 0$ för punkt B
$x = 605$ för punkt C
Ledtråd:
Avståndet mellan brotornen är 1 210 m.

b) A (–605, 182), B (0, 56) och C (605, 182)

2339 a) $26 - x$

b) $y = x(26 - x)$

c) 169

2340 a) 300 st

b) Vinsten är intäkterna minus kostnaderna.
Intäkterna beräknas:
antal biljetter · biljettpriset =
$= (400 - 2x) \cdot x$
Vinsten $V(x)$ beräknas:
$V(x) = (400 - 2x) \cdot x - 7000$

c) 13 000 kr
Ledtråd:
Maximala vinsten kan avläsas grafiskt som y-värdet i maxpunkten.

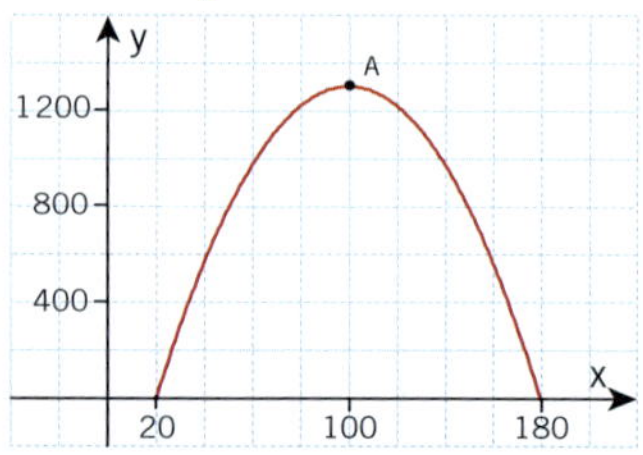

2341 a) $y = x(300 - 2x) = 300x - 2x^2$

b) $0 < x < 150$

c) Maximal area = 11 250 m^2
Värdemängd: $0 < y \leq 11\,250$

2342 a) 3,2 m

b) 5,0 m

c) 1,6 s
Ledtråd:
Bestäm t då $h = 0$.

2343 a) $V(x) = -0{,}4x^2 + 20x - 160$
b) $10 < x < 40$
c) 90 miljoner kr.

2403 2^5 är störst
Motivering:
$2^5 = 32$ och $3^3 = 27$

2404 a) 5^9
b) x^2
c) 2^{10}
d) 2^7 *Lösning:*
$2^6 \cdot 2 = 2^{6+1} = 2^7$

2405 a) 450 000
b) 0,000 35
c) 8 050 000 000
d) 0,000 007

2406 $10^{-2} = \frac{1}{10^2} = \frac{1}{100} = 0{,}01$

2407 a) x^5
Lösning:
$x^7 \cdot x^{-2} = x^{7+(-2)} = x^{7-2} = x^5$
b) x^{-2}
Lösning:
$\frac{x^6}{x^8} = x^{6-8} = x^{-2}$
c) 4^{3x}
Lösning:
$(4^x)^3 = 4^{x \cdot 3} = 4^{3x}$
d) a^8
Lösning:
$\frac{a^5}{a^{-3}} = a^{5-(-3)} = a^{5+3} = a^8$
e) b^{-8}
Lösning:
$(b^2)^{-4} = b^{2 \cdot (-4)} = b^{-8}$
f) b^{-4}
Lösning:
$\frac{b^{-3}}{b} = b^{-3-1} = b^{-4}$

2408 a) 3 495 000 000 000
b) 3495 miljarder kr

2409 a) $\frac{1}{25}$ *Lösning:*
$5^{-2} = \frac{1}{5^2} = \frac{1}{25}$
b) $\frac{1}{8}$
c) $\frac{1}{9}$
d) $\frac{1}{2}$

2410 a) 85
b) 1
c) 13
Ledtråd:
26 + 26 kan skrivas $2 \cdot 26$
d) 2
Ledtråd:
$17 + 17 + 17 + 17 = 4 \cdot 17$

2411 $1{,}09 \cdot 10^{10}$ kr
Lösning:
$8{,}75 \cdot 10^9 \cdot 1{,}25 \approx 1{,}09 \cdot 10^{10}$

2412 a) $1{,}27 \cdot 10^{30}$ b) $2{,}98 \cdot 10^{-8}$

2413 a) $9t^6$
Ledtråd:
$3t^4 \cdot 3t^2 = 3 \cdot 3 \cdot t^4 \cdot t^2$
b) $27a^3$
c) 21
Lösning:
$7y^3 \cdot 3y^{-3} = 7 \cdot 3 \cdot y^3 \cdot y^{-3} =$
$= 21 \cdot y^{3+(-3)} = 21 \cdot y^0 =$
$= 21 \cdot 1 = 21$
d) $-25x^2$

2414 a) $10x^{12}$
Lösning:
$(2 \cdot x^4)^3 + 2 \cdot (x^4)^3 =$
$2^3 \cdot x^{4 \cdot 3} + 2 \cdot x^{4 \cdot 3} =$
$8x^{12} + 2x^{12} = 10x^{12}$
b) $\frac{a^2}{4}$
Lösning:
$\left(\frac{2a}{4}\right)^2 = \frac{2^2 \cdot a^2}{4^2} = \frac{4 \cdot a^2}{4 \cdot 4} = \frac{a^2}{4}$
c) x^2

2415 a) $x = -3$
b) $x = -7$
c) $x = -2$
Ledtråd:
Lös ekvationen
$2 + 2x = x$
d) $x = 3$
Ledtråd:
Lös ekvationen $3x - 6 = x$

2416 a) Rätt.
Motivering:
$\frac{1}{3 \cdot 3 \cdot 3 \cdot 3} = \frac{1}{3^4} = 3^{-4}$
b) Fel.
Motivering:
5 + 5 + 5 + 5
kan skrivas $4 \cdot 5$
5^4 betyder $5 \cdot 5 \cdot 5 \cdot 5$
c) Rätt.
Motivering:
$(3x)^0 + 3x^0 = 1 + 3 \cdot 1 = 4$
d) Fel.
Motivering:
$(4a)^3 = 4^3 \cdot a^3 = 64a^3$
4 upphöjt till 3 är inte detsamma som 4 gånger 3
e) Fel.
Motivering:
Enligt prioriteringsreglerna ska potenser beräknas före multiplikation.
$2 \cdot 2^3 = 2^4$ (= 16)

2417 a) 2^{21} b) 2^{299}

2418 a) $x = 11$ b) $x = 1$

2422 a) 5
b) 5,10
c) 3,11
d) 4,47
Ledtråd:
$20^{1/2}$ är detsamma som $\sqrt{20}$.

2423 a) $x \approx 4{,}31$
Lösning:
$x^3 = 80$
$(x^3)^{\frac{1}{3}} = 80^{\frac{1}{3}}$
$x = 80^{\frac{1}{3}} \approx 4{,}31$
b) $x \approx 2{,}13$
c) $x \approx 2{,}24$
Ledtråd:
Lös ekvationen $x^4 = 25$
d) $x \approx 0{,}71$

2424 a) 6
Ledtråd:
$36^{1/2} = \sqrt{36}$
b) 8
c) 2
Ledtråd:
$8^{1/3} = \sqrt[3]{8}$
d) 10

2425 a) $100\,000 \cdot x^7 = 130\,000$

b) 3,8 %

Lösning:

$100\,000 \cdot x^7 = 130\,000$

$x^7 = 1{,}3$

$(x^7)^{\frac{1}{7}} = 1{,}3^{\frac{1}{7}}$

$x \approx 1{,}038$

Förändringsfaktorn 1,038 motsvarar en ökning med 3,8 %.

2426 a) 1,7 kg b) 0,9 m

2427 a) 8,5 m

Ledtråd:

Lös ekvationen

$x^3 = 614$

b) 72 m²

Ledtråd:

Arean $= x^2$

c) 72 m²

Ledtråd:

Varje vägg har arean 72 m².

2428 a) $x^{3/5}$

Lösning:

$x^{1/5} \cdot x^{2/5} =$

$= x^{\frac{1}{5}} \cdot x^{\frac{2}{5}} = x^{\frac{1}{5}+\frac{2}{5}} = x^{\frac{3}{5}}$

b) $x^{\frac{6}{7}}$

Lösning:

$(x^2)^{\frac{3}{7}} = x^{2 \cdot \frac{3}{7}} = x^{\frac{6}{7}}$

c) $5^{0,5x} = 5^{x/2}$

Kommentar:

Båda svaren är rätt.

d) $a^{1/2} = \sqrt{a}$

2429 37 %

Ledtråd:

Lös ekvationen

$25\,000 \cdot x^4 = 4\,000$

2430 a) $x \approx 1{,}86$

Ledtråd:

Ekvationen kan skrivas

$x^4 = 12$

b) $x \approx 3{,}23$

Ledtråd:

Ekvationen kan skrivas

$9x^2 + 6 = 100$

c) $x \approx 1{,}44$

Ledtråd:

Ekvationen kan skrivas

$x^{9/3} = 3$

2431 55

2432 a) 904 poäng

b) 182 cm

Ledtråd:

Lös ekvationen

$1{,}84523(h - 75)^{1{,}348} = 1\,000$

2433 12 % (11,6...)

Ledtråd:

Lös ekvationen

$x^{10} = 3$

2502 a) 89 mg

b) 63 mg (62,79...)

c) 9,8 mg (9,76...)

2503 a) $y = 80 \cdot 1{,}15^x$

b) $y = 80 \cdot 0{,}85^x$

2504 a) 100 000

b) 40 %

Lösning:

Förändringsfaktorn

1,4 = 1,40 = 140 % beskriver en ökning med 40 %.

c) 1,5 miljoner (1 475 789)

d) Ca 7 timmar

Lösning:

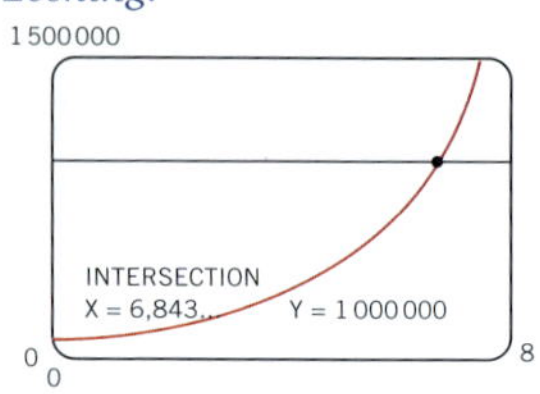

2505 $x \approx 3{,}32$

Lösning:

$2^{3{,}32} = 9{,}986....$

$2^{3{,}33} = 10{,}056....$

$2^{3{,}32}$ är närmare 10 än $2^{3{,}33}$

2506 a) 1 013 millibar

b) 11,3 %

Lösning:

Förändringsfaktorn

0,887 = 88,7 % beskriver en minskning med 11,3 %.

c) 353 millibar (352,6...)

Ledtråd:

8 800 m = 8,8 km

d) På vilken höjd är trycket mindre än 800 millibar?

$x > 2$

2507 T ex:

Värdet y kr på en aktiefond är från början 12 000 och ökar med 5 % per år, där x är antalet år.

2508 86 % (0,864....)

Ledtråd:

$t = 24$

2509 7,3 år

Ledtråd:

Lös ekvationen $2 = 1{,}10^x$ grafiskt eller genom prövning.

2510 4,5

Ledtråd:

$C = 2$ och $a = 1{,}5$

2513 a) $x = \lg 5$, $x \approx 0{,}70$

b) $x = \lg 13$, $x \approx 1{,}11$

c) $x = \lg 5\,000$, $x \approx 3{,}70$

d) $x = \lg 0{,}045$, $x \approx -1{,}35$

2514 a) $x = 5$

Lösning:

$10^x = 100\,000$

$10^x = 10^5$

$x = 5$

b) $x = 2$

c) $x = -5$

Lösning:

$10^x = 0{,}000\,01$

$10^x = 10^{-5}$

$x = -5$

d) $x = -2$

2515 a) **A** $x \approx 0{,}3$

B $x \approx 0{,}9$

C $x \approx -0{,}3$

b) **A** $x \approx 0{,}30$

B $x \approx 0{,}90$

C $x \approx -0{,}30$

2516 a) $x = \lg 24$ $x \approx 1{,}38$

b) $x = \lg 3$ $x \approx 0{,}48$

c) $x = \dfrac{\lg 50}{2}$ $x \approx 0{,}85$

Lösning:

$10^{2x} = 50$

$2x = \lg 50$

$x = \dfrac{\lg 50}{2}$

d) $x = 4/3$ $x \approx 1{,}33$

2517 a) $x = \frac{\lg 60}{3}$ $x \approx 0,59$

b) $x = \lg 4$ $x \approx 0,60$

Ledtråd:
Ekvationen kan skrivas
$2 \cdot 10^x = 8$

c) $x = 1,5$

Ledtråd:
Ekvationen kan tex skrivas
$10^{2x} = 1\,000$

d) $x = \lg 50$ $x \approx 1,70$

Ledtråd:
Ekvationen kan skrivas
$0,8 \cdot 10^x = 40$

2518 a) $10^{\lg 100} = 100$
$10^{\lg 6} = 6$
$10^{\lg 1,8} = 1,8$

b) $10^{\lg a} = a$

2519 a) $10^{2,5} > 100$

Motivering:
$10^2 = 100$
$10^3 = 1000$
$10^{2,5}$ är ett tal
mellan 100 och 1 000

b) $10^{-1,5} < 0,15$

Motivering:
$10^{-1} = 0,1 = 0,10$
$10^{-2} = 0,01$
$10^{-1,5}$ är ett tal mellan
0,01 och 0,10

c) $2 \cdot 10^{-4} = \frac{2}{10^4}$

Motivering:
$10^{-4} = \frac{1}{10^4}$
enligt potenslagen

d) $10^{-3,5} < 0,001$

Motivering:
$10^{-3} = 0,001$
$10^{-4} = 0,0001$
$10^{-3,5}$ är ett tal mellan
0,0001 och 0,001

2522 a) 5

Lösning:
lg 100 000 är exponenten
då talet skrivs med basen 10.
$\lg 100\,000 = \lg 10^5$

b) –2

c) 7

d) –5

2523 a) $x = 100$

Lösning:
$\lg x = 2$
$x = 10^2$ enligt definitionen
av logaritm

b) 10 000

c) 0,001

d) 0,1

2524 a) $x = 10^{1,2} \approx 15,8$

b) $x = 10^{0,25} \approx 1,78$

c) $x = 10^{15,5} \approx 3,16 \cdot 10^{15}$

d) $x = 10^{-7,2} \approx 6,31 \cdot 10^{-8}$

2525 Ja, hon har rätt.

Motivering:
$\lg 100 = 2$ och $\lg 1\,000 = 3$
$100 < 400 < 1\,000$ ger att
$2 < \lg 400 < 3$
$\lg x$ ökar alltid om x ökar.

2526 *Förklaring:*
10^x kan bara bli positiva tal,
$10^x > 0$. Det finns inga reella
tal x som ger $10^x = 0$ eller
$10^x = -1$. Därför saknas värde
för lg 0 och lg –1.

Kommentar:
Om din räknare ger svar, så är
den inställd på räkning med
komplexa tal.

2527 a) $\lg 2 \approx 0,3$
$\lg 20 \approx 1,3$
$\lg 200 \approx 2,3$
$\lg 2000 \approx 3,3$
När talet ökar med en faktor
10 ökar lg med $\lg 10 = 1$

b) $\lg 20\,000 \approx 4,3$
$\lg 0,2 \approx -0,7$

2528 a) $x \approx 3,981$

b) $x \approx 0,706$

c) $x \approx 3,162$

Ledtråd:
Ekvationen kan skrivas
$\lg x = 0,5$

d) $x \approx 0,287$

Ledtråd:
Ekvationen kan skrivas
$\lg 4x = 0,06$

2529 a) $x = 33$ b) $x = 10^{0,1}$

2531 a) $x = \frac{\lg 8}{\lg 5} \approx 1,292$

Lösning:
$5^x = 8$
$\lg 5^x = \lg 8$
$x \cdot \lg 5 = \lg 8$
$x = \frac{\lg 8}{\lg 5}$

b) $x = \frac{\lg 12}{\lg 3} \approx 2,262$

c) $x = \lg 250 \approx 2,398$

d) $x = \frac{\lg 2}{\lg 1,05} \approx 14,207$

2532 $VL = 2\,600 \cdot 1,06^{7,5} \approx 4\,025$
(4 025,01...)
$HL = 4\,025$
$x = 7,5$ är en lösning eftersom
$VL = HL$

2533 a) $x \approx 4$

b) $x = \frac{\lg 5}{\lg 1,5} \approx 3,97$

2534 a) $x \approx 20,02$

b) $x \approx 1,79$

c) $x \approx 3,66$

Ledtråd:
Ekvationen kan skrivas
$1,35^x = 3$

d) $x \approx 3,32$

2535 a) –2

Lösning:
$2 \lg 0,1 = 2 \cdot (-1) = -2$

b) –3

Ledtråd:
$\frac{1}{1\,000}$ kan skrivas 10^{-3}

c) 1

Lösning:
$\lg 1 + \lg 10 = 0 + 1 = 1$

d) 0,5

Ledtråd:
$\sqrt{10}$ kan skrivas $10^{1/2}$

2536 a) $x \approx 0,34$
b) $x \approx 3,64$

2537 a) $\lg 4^2 = 2 \cdot \lg 4 \approx$
$\approx 2 \cdot 0,60 = 1,20$

b) $\lg 25 = \lg 5^2 = 2 \cdot \lg 5 \approx$
$\approx 2 \cdot 0,70 = 1,40$

c) $2 \lg 49 = 2 \lg 7^2 = 4 \cdot \lg 7 \approx$
$\approx 4 \cdot 0,85 = 3,40$

2538 a) $x = 64$

b) $x = 8$

c) $x = 10^{1/3} \approx 2{,}15$

d) $x = 2{,}2$

2539 a) $x = 3$ prövas
$VL = 2 \cdot \lg 3 \approx 0{,}954$
$HL = \lg 9 \approx 0{,}954$
$x = 3$ är en rot

$x = -3$ prövas
$VL = 2 \cdot \lg(-3)$
kan ej beräknas
$x = -3$ är inte en rot

b) Andys svar är fel. Han kontrollerar inte rötterna. $x = -3$ duger inte eftersom vi endast kan beräkna $\lg x$ då x är ett positivt tal.

2542 a) 265 000 kr

b) 0,85 är en förändringsfaktor som innebär att bilens värde minskar med 15 % per år.

c) 6 år.
Ledtråd:
Lös ekvationen
$265\,000 \cdot 0{,}85^x = 100\,000$

2543 a) $y = 168 \cdot 1{,}018^x$ där y är antal miljoner invånare, x år efter 2008.

b) 190 miljoner
Ledtråd:
$x = 7$

c) År 2018
Ledtråd:
Lös ekvationen
$168 \cdot 1{,}018^x = 200$

2544 a) $y = 10 \cdot 2^x$

b) 17 månader (16,6...)
Ledtråd:
Lös ekvationen
$10 \cdot 2^x = 1\,000\,000$

2545 a) 3,0 %
Ledtråd:
Lös ekvationen
$4000 \cdot x^5 = 4640$ där x är förändringsfaktorn

b) 23,4 år
Ledtråd:
Lös ekvationen
$4000 \cdot 1{,}030^x = 8000$

2546 Antalet individer är från början 25 000 enligt båda modellerna.

Enligt modell **A** kommer antalet att minska med 500 per år.

Enligt modell **B** kommer antalet att minska med 2 % per år.

2547 Ca 4000 st (3 987,23...)
Ledtråd:
Förändringsfaktorn för den årliga förändringen är 0,9502...

2548 a) $y = 2{,}2 \cdot 1{,}64^x$

b) År 2016 *Ledtråd:* När $x \approx 11$

c) T ex till år 2012
Motivering:
Enligt funktionen är antalet skickade SMS ca 70 miljarder år 2012. Det betyder ett genomsnitt på ca 20 SMS per person och dag.

2549 a) $1000 \cdot 1{,}8^x > 200\,000$

b) Efter 9 dygn
Lösning:
$1000 \cdot 1{,}8^x > 200\,000$
$1{,}8^x > 200$
$x > \dfrac{\lg 200}{\lg 1{,}8}$
$x > 9$

2550 5,7 %
Ledtråd:
Förändringsfaktorn x ger ekvationen $C \cdot x^{25} = 4 \cdot C$ som kan skrivas $x^{25} = 4$.

2551 a) T ex:
En bil minskar i värde från 180 000 kr till 40 000 kr på 10 år. Anta att värdet minskar med samma andel varje år. Vilken är den årliga procentuella förändringen?

b) $x = 0{,}86$
Värdet minskar med 14 % per år.

2553 a) 100 mg
Ledtråd:
Två halveringar.

b) 8,3 %

c) $y = 400 \cdot 0{,}917^x$

2554 Ja.
Motivering:
Efter 3 h har de fördubblats 9 ggr, dvs $2000 \cdot 2^9 = 1\,024\,000$

2555 24 h
Lösning:
30 % återstår efter 42 timmar ger ekvationen $C \cdot x^{42} = 0{,}30 \cdot C$
$x \approx 0{,}9717$

Funktionen $y = C \cdot 0{,}9717^x$ där x är antalet timmar ger mängden läkemedel i kroppen y. Vid halveringstiden återstår halva mängden.
$C \cdot 0{,}9717^x = 0{,}5C$
$x \approx 24$

2556 1986
Ledtråd:
Lös ekvationen
$38{,}7 \cdot 1{,}025^x = 55{,}6 \cdot 1{,}002^x$
Ekvationen kan skrivas
$\left(\dfrac{1{,}025}{1{,}002}\right)^x = \dfrac{55{,}6}{38{,}7}$

2557 a) $M = 6{,}0$

b) $E_1 = 1{,}12 \cdot 10^{15}$ Joule
$E_2 = 3{,}55 \cdot 10^{16}$ Joule
$\dfrac{E_2}{E_1} \approx 32$
Jordbävningen år 1906 frigjorde 32 gånger mer energi än den år 1989.

2558 Ungefär kl. 11.30
Ledtråd:
$D = T - T_0$ där $T_0 = 20\,°C$.
Det ger $D = C \cdot a^t$ där t är tid i minuter.
Sätt t ex $t = 0$ kl.15.00.
Det ger $C = 9{,}5$
Beräkna a med $(27{,}0 - 20) = 9{,}5 \cdot a^{110}$ och bestäm t när $D = 37 - 20$

Historik: Världens befolkning

1

År	Befolkning i miljoner	
	Europa	Afrika
1750	170	100
1900	430	140
2050	620	1800

2 1,8 %
Ledtråd:
Bestäm förändringsfaktorn a med ekvationen $2{,}5 \cdot a^{50} = 6{,}1$

3 a) y är folkmängden i miljoner, x år efter år 0.
Linjär modell:
$y = 0{,}19x + 300$
Exponentiell modell:
$y = 300 \cdot 1{,}00043^x$

b) Linjär modell:
490 miljoner
Exponentiell modell:
460 miljoner

4 a) År 2065

Tema: Åldersbestämning med kol-14

1 a) 5730 år
b) 50 %
c) 25 % respektive 12,5 %

2 78,5 % (0,7851...)

3 48 %

4 Ca 32000 år
Ledtråd:
Lös ekvationen
$0{,}022 = 0{,}5^{x/5730}$

5 Ca 3400 år

6 Ca 3200 f Kr

7 Ca år 20 e Kr

2559 $y = \frac{x}{4} + 2$

2560 $y = -x^2 + x + 2$

2561 $y = 2 \cdot (\sqrt{2}\,)^x = 2 \cdot 2^{x/2}$
Ledtråd:
Punkten (0, 2) ger $C = 2$
Punkten (2, 4) ger $4 = 2a^2$
dvs $a = 2^{1/2}$

2562 $y = -\frac{3x}{4} + \frac{19}{4}$

2563 $y = 400 \cdot 0{,}5^x$
Ledtråd:
Punkterna ger
$$\begin{cases} 200 = Ca^1 \\ 50 = Ca^3 \end{cases}$$
Övre ekvationen ger
$C = 200/a$
Sätt in i den nedre och bestäm a (> 0)

2564 $y = -\frac{3x^2}{16} + \frac{3x}{2} - 3$

2565 $y = 20x^{1/3}$
Lösning:
Punkten (1, 20) ger
$20 = C \cdot 1^a \quad C = 20$
Punkten (8, 40) ger
$40 = 20 \cdot 8^a$
$2 = 8^a \quad a = 1/3$

2566 $y = 2x^3 - 6x^2 - 2x + 6$
Ledtråd:
$y = ax^3 + bx^2 + cx + d$
Punkten (0, 6) ger $d = 6$
Övriga punkter ger
$$\begin{cases} 0 = -a + b - c + 6 \\ 0 = a + b + c + 6 \\ 0 = 27a + 9b + 3c + 6 \end{cases}$$

Diagnos 2A

1 a) $2x^2 - x - 3$
Lösning:
$(x + 1)(2x - 3) =$
$= 2x^2 - 3x + 2x - 3 =$
$= 2x^2 - x - 3$

b) $4x^2 - 9$
Lösning:
Konjugatregeln ger
$(2x - 3)(2x + 3) = 4x^2 - 9$

c) $x^2 - 6x + 16$
Lösning:
$(x - 4)^2 + 2x =$
$= x^2 - 8x + 16 + 2x =$
$= x^2 - 6x + 16$

d) $9x^2 + 16$
Lösning:
$(3x + 4)^2 - 24x =$
$= 9x^2 + 24x + 16 - 24x =$
$= 9x^2 + 16$

2 a) $3x^2 + 2x - 2$
Lösning:
$x^2 + 2x + 2(x - 1)(x + 1) =$
$= x^2 + 2x + 2(x^2 - 1) =$
$= x^2 + 2x + 2x^2 - 2 =$
$= 3x^2 + 2x - 2$

b) $36x$
Lösning:
$(x + 9)^2 - (x - 9)^2 =$
$= x^2 + 18x + 81 - (x^2 - 18x + 81) =$
$= x^2 + 18x + 81 - x^2 + 18x - 81 = 36x$

3 a) $2x(x + 3)$
Lösning:
$2x^2 + 6x = 2 \cdot x \cdot x + 2 \cdot 3 \cdot x =$
$= 2x(x + 3)$

b) $3x(3x - 1)$
Lösning:
$9x^2 - 3x = 3 \cdot 3 \cdot x \cdot x - 3 \cdot x =$
$= 3x(3x - 1)$

4 a) $x = \pm 4$
Lösning:
$4x^2 = 64$
$x^2 = 16$
$x = \sqrt{16}$
$x = \pm 4$

b) $x_1 = 4, \ x_2 = -3$
Lösning:
$(2x - 8)(x + 3) = 0$
Uttrycket i den första parentesen:
$2x - 8 = 0$
$2x = 8$
$x = 4$
Uttrycket i den andra parentesen:
$x + 3 = 0$
$x = -3$

c) $x_1 = 8, \ x_2 = 2$
Lösning:
$x^2 - 10x + 16 = 0$
$x = 5 \pm \sqrt{5^2 - 16}$
$x = 5 \pm \sqrt{9}$
$x = 5 \pm 3$
$x_1 = 5 + 3 = 8$
$x_2 = 5 - 3 = 2$

d) $x_1 = 1, \ x_2 = -9$

Lösning:
$3x^2 + 24x = 27$
$3x^2 + 24x - 27 = 0$
$x^2 + 8x - 9 = 0$
$x = -4 \pm\sqrt{16 + 9}$
$x = -4 \pm\sqrt{25}$
$x = -4 \pm 5$
$x_1 = -4 + 5 = 1$
$x_2 = -4 - 5 = -9$

5 a) och b) T ex:
$x^2 = -25$ med lösningen
$x = \pm 5i$ eller
$x^2 - 2x + 5 = 0$ med lösningen
$x = 1 \pm 2i$

6 a) $x = 2$
b) Minsta värde är −4.
Ledtråd:
Minsta värdet innebär y-värdet i minimipunkten.
c) $x = 0$ och $x = 4$

7 Maximipunkt.
Motivering:
Koefficienten framför x^2-termen är negativ.

8 a) $x = 0$ och $x = 4$
Lösning:
$y = x^2 - 4x$
$y = 0$ ger $x^2 - 4x = 0$
$x(x - 4) = 0$
$x_1 = 0 \quad x_2 = 4$
b) Saknar nollställen.
Grafen skär aldrig x-axeln.
Lösning:
$y = -2x^2 + 4x - 4$
$y = 0$ ger $-2x^2 + 4x - 4 = 0$
$x^2 - 2x + 2 = 0$
$x = 1 \pm\sqrt{1^2 - 2}$
$x = 1 \pm\sqrt{-1}$

9 Symmetrilinje: $x = 3$
Minsta värde: 1
Lösning:
$y = x^2 - 6x + 10$ har en minimipunkt eftersom x^2-termen är positiv.
$y = 0$ ger ekvationen
$x^2 - 6x + 10 = 0$
$x = 3 \pm\sqrt{3^2 - 10}$
$x = 3$ är symmetrilinje.
$x = 3$ insatt i $y = x^2 - 6x + 10$
ger $y = 3^2 - 6 \cdot 3 + 10 = 1$
Minimipunkten är (3, 1).

10 a) 6 m
Lösning:
$y = x - 0{,}04x^2$
$x = 10$ ger
$y = 10 - 0{,}04 \cdot 10^2 = 6$
b) 25 m
Lösning:
När bollen slår ner är $y = 0$.
$x - 0{,}04x^2 = 0$
$x(1 - 0{,}04x) = 0$
$x_1 = 0$ eller $1 - 0{,}04x = 0$
$1 = 0{,}04x$
$x_2 = 25$

11 a) $x = 140^{1/6} \approx 2{,}28$
Lösning:
$x^6 = 140$
$(x^6)^{1/6} = 140^{1/6}$
$x = 140^{1/6} \approx 2{,}28$
b) $x = 1{,}4^{1/13} \approx 1{,}026$
Lösning:
$2\,000 \cdot x^{13} = 2\,800$
$x^{13} = 1{,}4$
$(x^{13})^{1/13} = 1{,}4^{1/13}$
$x = 1{,}4^{1/13} \approx 1{,}026$

12 a) x
Lösning:
$x^{\frac{2}{5}} \cdot x^{\frac{3}{5}} = x^{\frac{2}{5} + \frac{3}{5}} = x^1 = x$
b) $y^{1/2} = \sqrt{y}$
Lösning:
$\frac{y^{3/2}}{y} = y^{\frac{3}{2} - 1} = y^{\frac{1}{2}}$

13 a) $x = \lg 50 \approx 1{,}70$
b) $x = \lg 140/\lg 6 \approx 2{,}76$
Lösning:
$6^x = 140$
$\lg 6^x = \lg 140$
$x \cdot \lg 6 = \lg 140$
$x = \frac{\lg 140}{\lg 6} \approx 2{,}76$

14 a) 2 b) −1
Ledtråd:
Logaritmen lg är exponenten då talet skrivs med basen 10.

15 10 år (9,6 år)
Lösning:
$50\,000 \cdot 1{,}05^x = 80\,000$
$1{,}05^x = 1{,}6$
$x = \frac{\lg 1{,}6}{\lg 1{,}05}$

Blandade övningar kapitel 2

1 $x = \pm 5$

2 a) $x^2 - 12x$ b) $3x^2 - 6$

3 a) $x_1 = 2,\ x_2 = -4$
b) $x_1 = 0,\ x_2 = -4$

4 (3, 6)
Ledtråd:
Symmetrilinje $x = 2$

5 a) $4x + 16x^2$
b) $20x^2$
c) $3x^2 - 2x + 2$

6 $a = 1{,}3$
Ledtråd:
a är en förändringsfaktor.

7 a) $x = \lg 2$
b) $x = 2^{1/10}$
c) $x = 10^3 = 1\,000$
d) $x = \pm\sqrt{5}$

8 C
Motivering:
$\lg 10 = 1$ och $\lg 100 = 2$
Eftersom $10 < 80 < 100$
så gäller $1 < \lg 80 < 2$

9 a) $x = 1{,}5$
Lösning:
$2^{3x} \cdot 2^3 = 2^{5x}$
$2^{3x + 3} = 2^{5x}$
Exponenterna måste vara lika.
$3x + 3 = 5x$
$x = 1{,}5$
b) $x = -2$

10 a) $a > 25$
Ledtråd:
Negativt tal under rottecknet ger komplexa rötter.
b) $a = 21$

11 a) $x = 3$ b) $2 < x < 4$

12 Ja
Motivering:
$\frac{x}{x^{1/2}} = \frac{x^1}{x^{1/2}} = x^{1 - \frac{1}{2}} = x^{\frac{1}{2}} = \sqrt{x}$

13 a) $x = -2{,}6$
Ledtråd:
Ekvationen kan skrivas
$9x^2 + 6x + 1 - x^2 + 25 = 8x^2 - 4x$
b) $x_1 = 1 \quad x_2 = -5$

14 *ab*
Ledtråd:
Uttrycket kan skrivas
$\left(\frac{a}{2}+\frac{b}{2}\right)^2-\left(\frac{a}{2}-\frac{b}{2}\right)^2$

15 a) $y \leq 1$
Motivering:
Grafen har y-axeln som symmetrilinje och en maximipunkt (0, 1). Funktionens största värde är alltså 1.

b) $y \geq -4$
Motivering:
Grafen har $x = 1$ som symmetrilinje och en minimipunkt (1, –4). Funktionens minsta värde är alltså –4.

16 a) $x = 0$ ger $y = 80$
Temperaturen i koppen är från början 80 °C.

b) $x = 10$ ger $y \approx 64$
Efter 10 minuter har temperaturen sjunkit till 64 °C.

17 a) $x \approx 0{,}20$

b) $x \approx -0{,}32$

c) $x \approx 15{,}85$

d) $x \approx 1{,}08$

18 a) 7,7 %
Ledtråd:
Lös ekvationen
$12\,000 \cdot x^3 = 15\,000$

b) 7,2 %
Lös ekvationen
$15\,000 \cdot x^3 = 12\,000$

19 Josef är 29 år och Nina är 24 år.
Ledtråd:
Nina x år ger ekvationen
$x(x + 5) = 696$
$x^2 + 5x - 696 = 0$

20 Man ritar graferna till $y = 2 \cdot 1{,}2^x$ och $y = x^2 - 2$ och avläser x-värdet i skärningspunkten.

21 a) T ex:
En ny motorbåt kostar 160 000 kr. Den minskar i pris med 5 % per år. Efter hur många år är den värd 50 000 kr?

b) $x \approx 22{,}7$
Efter 23 år är båten värd 50 000 kr.

22 a) Efter 0,17 s och efter 1,83 s.
Ledtråd:
Lös ekvationen
$8{,}5 + 9{,}8t - 4{,}9t^2 = 10$

b) 13,4 m
Ledtråd:
Grafen har symmetrilinjen $t = 1{,}0$. Stenen når sin högsta höjd efter 1,0 s.

23 a) $x_1 = 8 \quad x_2 = -15$
Ledtråd:
Ekvationen kan skrivas
$x^2 + 7x - 120 = 0$

b) $x_1 = 4 \quad x_2 = -5$
Ledtråd:
Ekvationen kan skrivas
$x^2 + x - 20 = 0$

24 a) $A = x \cdot (300 - 3x)$

b) 6 300 m²

c) $x_1 = 0 \quad x_2 = 100$

d) 7 500 m²
Ledtråd:
Symmetrilinjen är $x = 50$.

25 $x = 8$
Ledtråd:
Sätt först in $x = -6$ och beräkna a.

26 kl.12.00 (9 h före 21.00)
Ledtråd:
Använd $y = Ca^x$
Bestäm förändringsfaktorn a ur ekvationen $28{,}0 \cdot a^3 = 25{,}6$

27 0,006 %
Lösning:
$d^{360} = 1{,}002$
$\left(d^{360}\right)^{1/360} = 1{,}002^{1/360}$
$d = 1{,}0000055\ldots$
d är en förändringsfaktor som motsvarar en ökning med ca 0,000 06 %.

28 a) $f(x)$ skär x-axeln då $x = -2$
$g(x)$ skär x-axeln då $x = 3$
$h(x)$ skär x-axeln då $x = -2$ och $x = 3$

$f(x)$ skär y-axeln då $y = 2$
$g(x)$ skär y-axeln då $y = 12$
$h(x)$ skär y-axeln då $y = 24$

b) –

c) Andragradsfunktionen skär x-axeln där de två räta linjerna skär x-axeln. Den skär y-axeln där y-värdet är produkten av de två räta linjernas m-värden.
$y = (k_1x + m_1)(k_2x + m_2)$
är noll då $k_1x + m_1 = 0$ eller $k_2x + m_2 = 0$
Utveckling ger:
$y = k_1k_2x^2 + (k_1m_2 + k_2m_1)x +$
$+ m_1m_2$ som ger
$y = m_1m_2$ om $x = 0$

29 a) $x_1 = 4, \; x_2 = 8$

b) Då $p = 3$ är villkoren uppfyllda.
Motivering:
Lösningsformeln ger
$x = 1 + p \pm \sqrt{2p - 6}$

30 a)
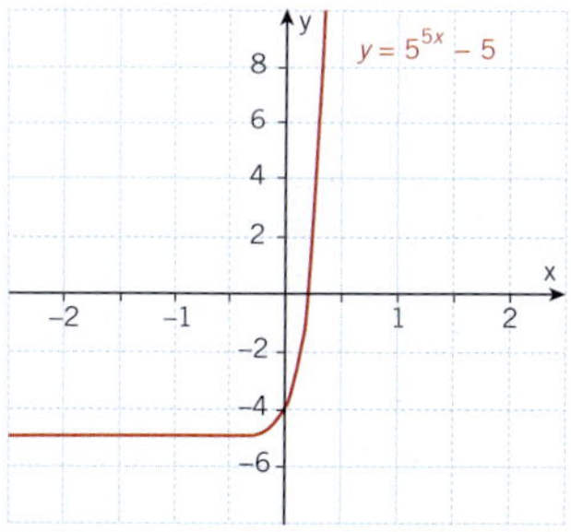

Funktionen har ett nollställe
$x = 0{,}2 = \frac{1}{5}$

b) $y = 2^{2x} - 2$ har nollstället
$x = 0{,}5 = \frac{1}{2}$
$y = 3^{3x} - 3$ har nollstället
$x = \frac{1}{3}$

c) Funktionen $y = a^{ax} - a$ har nollstället $x = \frac{1}{a}$
Bevis:
$a^{ax} - a = 0$
$a^{ax} = a^1$
$ax = 1$
$x = \frac{1}{a}$

Blandade övningar kapitel 1 – 2

1 a) $f(2) = -4$

b) $f(-5) = -95$

2 A och C

3 $(a \cdot 1{,}05^x)$ kr

4 a) $y = 4x - 8$

b) $x = 2$

c) Punkten (3, 8) ligger inte på linjen.

Motivering:

$x = 3$ insatt i

$y = 4x - 8$ ger $y = 4$.

5 $\begin{cases} x = 3 \\ y = 7 \end{cases}$

6 T ex $x = 2000$

Motivering:

$\lg 1000 = 3$ och $\lg 10000 = 4$

ger $3 < \lg 2000 < 4$

7 a) $x = 6$

b) $x_1 = 1 \quad x_2 = -1$

c) $a_1 = 0 \quad a_2 = 8$

d) $x = \lg 2$

8 $(-4, 5)$

9 a) $y = 10 + 10x$

b) $y = 10 \cdot 2^x$

10 $a = -0{,}4$ och $b = 10$

Ledtråd:

Grafen går genom punkterna (0, 10) och (5, 0).

11 $x = 3 \pm \sqrt{3^2 - 90}$

$x = 3 \pm \sqrt{-81}$

$x = 3 \pm 9i$

$x_1 = 3 + 9i \quad x_2 = 3 - 9i$

Kommentar:

Uppgiften kan också lösas genom prövning:

$\text{VL} = (3 - 9i)^2 - 6(3 - 9i) + 90 =$

$= 9 - 54i + 81i^2 - 18 + 54i + 90 =$

$= 9 - 81 - 18 + 90 = 0$

$\text{HL} = 0$

Lösningen är korrekt.

12 Ja, $k = -2/3$

Motivering:

Linjen $2x + 3y + 2 = 0$

kan skrivas $y = -\frac{2x}{3} - \frac{2}{3}$

Om linjerna har samma k-värde (och olika m-värde) är de parallella och skär aldrig varandra.

13 a) Grafen är avtagande vilket ger $0 < a < 1$.

b) $y = 540 \cdot \left(\frac{1}{3}\right)^x$ dvs

$C = 540$ och $a = 1/3$

Ledtråd:

Lös ekvationssystemet

$\begin{cases} 180 = Ca \\ 20 = Ca^3 \end{cases}$

t ex genom att lösa ut C i den övre ekvationen.

c) $y = 1620$ då $x = -1$

Ledtråd:

$\left(\frac{1}{3}\right)^{-1} = 3$

14 Pythagoras sats ger

$x^2 + (x + 2)^2 = (2x)^2$

$2x^2 - 4x - 4 = 0$

$x^2 - 2x - 2 = 0$

$x = 1 \pm \sqrt{3}$

$A = \frac{b \cdot h}{2} = \frac{(3 + \sqrt{3}) \cdot (1 + \sqrt{3})}{2} =$

$= \frac{3 + 3\sqrt{3} + \sqrt{3} + 3}{2} =$

$= 3 + 2\sqrt{3}$

15 a) $f(5) = 24600$

Vid årsskiftet 2015/16 uppskattas invånarantalet vara 24 600.

b) Efter 6,4 år, dvs i mitten av 2017.

Ledtråd:

Lös olikheten

$23200 + 280x > 25000$

16 a) $x = 2^{1/7} \approx 1{,}104$

b) $x = \lg 2/\lg 7 \approx 0{,}356$

17 a) 652

b) Det finns 395 pojkar och 257 flickor.

18 a) 1 %/dag ger förändringsfaktor 1,01. Efter 100 dagar är den totala förändringsfaktor

$1{,}01^{100} \approx 2{,}7$

vilket är mer än en fördubbling.

b) Antal dagar som krävs ges av

$1{,}01^x = 2$ med lösning

$x = \lg 2/\lg 1{,}01 \approx 70$

19 a) $A = (15 - x)(x + 5)$

b) Uteplatsen har måtten

3 m × 8 m eller 7 m × 12 m

Ledtråd:

När vi löser ekvationen

$(15 - x)(x + 5) = 96$

får vi två lösningar

$x_1 = 3$ och $x_2 = 7$

20 a) Linjär modell:

$y = 20000 - 900x$

Exponentiell modell:

$y = 20000 \cdot 0{,}891^x$

Antalet sälar är y och x är antalet år efter 1980.

b) Linjär modell: 11 000 sälar

Exponentiell modell: 6300 sälar

Ledtråd:

Sätt in $x = 10$ i båda modellerna.

21 1,5 och 3,5

Ledtråd:

Lös ekvationssystemet

$\begin{cases} x + y = 5 \\ x^2 + y^2 = 14{,}5 \end{cases}$

22 71 %

Ledtråd:

Använd $y = Ca^x$ eller

$y = y_0 \cdot 0{,}5^{x/T}$

23 • Falskt.

Motivering:

Linjen kan tangera i en punkt eller inte skära alls.

• Sant.

Motivering:

T ex $y = x^2 + 1$ och $y = -x^2$ saknar skärningspunkter.

T ex $y = x^2$ och $y = 1 - x^2$ har två skärningspunkter.

T ex $y = x^2$ och $y = -x^2$ har en skärningspunkt. De tangerar varandra.

24 a) $6 \cdot 8 - 4 \cdot 10 = 48 - 40 = 8$
$7 \cdot 9 - 5 \cdot 11 = 63 - 55 = 8$
b) n, $(n+2)$, $(n+4)$, $(n+6)$
c) $(n+2) \cdot (n+4) - n(n+6) =$
$= n^2 + 4n + 2n + 8 - 6n - n^2 = 8$

25 • Ja.
$y = 3$
Motivering:
Linjen $y = 3$
går genom punkterna.
• Ja.
För att bestämma en specifik andragradsfunktion behöver vi dock en punkt till.
Motivering:
T ex funktionen $y = x^2 - 4x + 3$ går genom punkterna.
• Nej.
Ansats $y = Ca^x$ ger $C = 3$ och $a = 1$ dvs linjen $y = 3$
Motivering:
En exponentialfunktion $y = Ca^x$ kan inte gå genom två punkter med samma y-värde eftersom $a \neq 1$.

3

3102 a) $x = 55°$
Ledtråd:
$x + 80° + 45° = 180°$
b) $x = 116°$
Ledtråd:
$x + 76° + 90° + 78° = 360°$

3103 90° och 40°

3104 a) Sidovinklar
b) $x + x + 42° = 180°$
c) 69° och 111°

3105 a) 33°, 48° och 99°
Lösning:
$x + 3x + x + 15° = 180°$
$5x + 15° = 180°$
$5x = 165°$
$x = 33°$
$3x = 3 \cdot 33° = 99°$
$x + 15° = 33° + 15° = 48°$
b) 27°, 63° och 90°

3106 a) Eftersom L_1 och L_2 är parallella är vinkeln y och vinkeln 70° lika.
De är alternatvinklar.
b) $50° + z + 70° = 180°$
(en rak vinkel)
$z = 60°$

3107 a) Ja.
Motivering:
I en likbent triangel är två vinklar lika.
Är triangeln dessutom rätvinklig är vinklarna 45°, 45° och 90°.
b) Nej.
Motivering:
I en liksidig triangel är alla vinklar 60°.

3108 $x = 75°$
Motivering:
Triangeln ABE är liksidig så alla vinklar är 60°.
$\wedge DAE$ är 30° eftersom
$\wedge DAB$ är 90° (en kvadrat)
Triangeln ADE är likbent och basvinklarna x är därför lika vilket ger
$x + x + 30° = 180°$
$x = 75°$

3109 40° och 100° eller 70° och 70°.

3110 33°, 49° och 98°
Ledtråd:
Vinklarnas storlek kan skrivas x, $2x$ och $x - 16°$

3111 a) 120°
Lösning:
$\frac{360°}{3} = 120°$
b) 45°
Lösning:
Kl 16.30 är minutvisaren på 6 och timvisaren mitt emellan 3 och 6 vilket ger vinkeln $\frac{90°}{2} = 45°$
c) 127,5°

3112 a) 26°
b) Nej. *Motivering:*
$\wedge BDC = 116°$
$\wedge ADC = 64°$

3114 a) $y = 120°$
Lösning:
$y = 40° + 80° = 120°$
b) $y = 115°$
Lösning:
$y = 90° + 25° = 115°$

3115 a) $x = 62°$
Lösning:
$x + x = 124°$
$2x = 124°$
$x = 62°$
b) $x = 25°$

3116 $v = 7{,}3°$
Lösning:
$31{,}8° = v + 24{,}5°$
(yttervinkelsatsen)
$v = 7{,}3°$

3117 120°
Motivering:
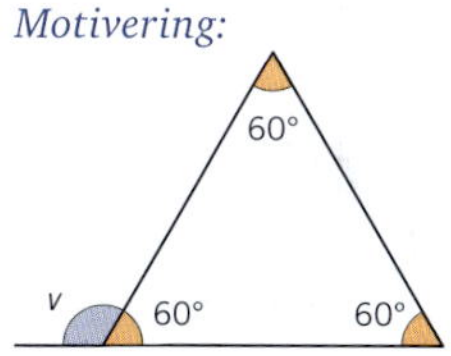

$v = 60° + 60°$
(yttervinkelsatsen) eller
$v = 180° - 60°$ (rak vinkel)

3118 $2y = x + y$
Subtraktion av y från båda leden ger $y = x$.

3119 a) $x = 50°$ och $y = 80°$
b) $x = 45°$ och $y = 73°$
Ledtråd:
Skriv en ekvation till vinkelsumman i den stora triangeln.

3120 $y = 270° - x$
Lösning:
$y = (180° - x) + 90°$
(yttervinkelsatsen)
$y = 270° - x$

3121 100°, 115° och 130°
Ledtråd:
Det finns två olika likbenta trianglar med en vinkel 50°.

3122 $x = 75°$

Lösning:

$\wedge A = \wedge C = \dfrac{180° - 40°}{2} = 70°$

(likbent triangel)

$v = \dfrac{70°}{2} = 35°$

(*CE* är en bisektris)

$x + v + 70° = 180°$

(vinkelsumman i triangeln *ACE*)

$x + 35° + 70° = 180°$

$x = 75°$

3123 Yttevinkelsatsen ger

$x = b + c$

$y = a + b$

$z = a + c$

Summan av VL = summan av HL

$x + y + z =$

$= b + c + a + b + a + c =$

$= 2a + 2b + 2c = 2(a + b + c) =$

$= 2 \cdot 180° = 360°$

3124

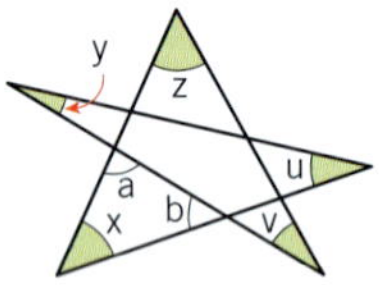

Yttervinkelsatsen:

$a = z + v$

$b = u + y$

$x + a + b = 180°$ (vinkelsumman)

$x + z + v + u + y = 180°$

3127 a) $x = 51°$

Lösning:

$x = \dfrac{102°}{2}$

(halva medelpunktsvinkeln)

b) $x = 108°$

Lösning:

$x = 2 \cdot 54° = 108°$

(dubbla randvinkeln)

3128 a) $x = 100°$ $\quad y = 160°$

Ledtråd:

Ett helt varv är 360°.

b) $x = 25°$ $\quad y = 50°$

3129 a) $x = 66°$ $\quad y = 24°$

Ledtråd:

Den lilla triangeln är likbent.

$x = 66°$

b) $x = 23°$ $\quad y = 55°$

Ledtråd:

Vinkeln *y* och vinkeln som är 55° är randvinklar på samma cirkelbåge.

3130 a) $x = 110°$ $\quad y = 65°$

Ledtråd:

Summan av motstående vinklar är 180° i en fyrhörning inskriven i en cirkel.

b) $x = 90°$ $\quad y = 90°$

Motivering:

En randvinkel på en halvcirkelbåge är alltid 90°.

3131 56°, 62° och 62°

Lösning:

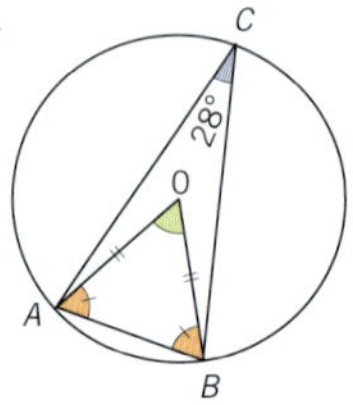

$\wedge AOB = 56°$ (randvinkelsatsen)

$\wedge OAB = \wedge OBA =$

$= (180° - 56°)/2 = 62°$

(Triangeln *ABO* är likbent)

3132 Rita en cirkel med passaren och en diameter med linjalen. Rita två sträckor från diameterns ändpunkter till en gemensam punkt på cirkelns rand. Randvinkeln är då alltid 90°.

3133 40°, 50° och 90°

Ledtråd:

Vinkeln *C* är rät.

3134 a) $y = 70°$

Motivering:

y är randvinkel till medelpunktsvinkeln 140°.

$x = 110°$

Motivering:

$x + y = 180°$ (motstående vinklar i en fyrhörning som är inskriven i en cirkel)

b) $y = 51°$

Motivering:

y är randvinkel till medelpunktsvinkeln 102°.

$x = 17°$

Motivering:

Vinkelsumman i en fyrhörning ger

$2x + y + x + (360° - 102°) =$

$= 360°$

$y = 51°$ enligt ovan

$3x + 51° + 258° = 360°$

$x = 17°$

3135 a) På bågen *AD*.

b) 50°

Motivering:

$\wedge ACD$ är randvinkel på bågen *AD*.

c) 35°

Motivering:

$\wedge BAC$ är randvinkel på bågen *BC*.

d) 85° och 95°

3136 $x = 20°$

Ledtråd:

En linje genom kordornas skärningspunkt och cirkelns medelpunkt är en bisektris.

3137 a) 36°

b) Summan av $\wedge BDC$ och $\wedge CBD$ är 108°.

Ledtråd:

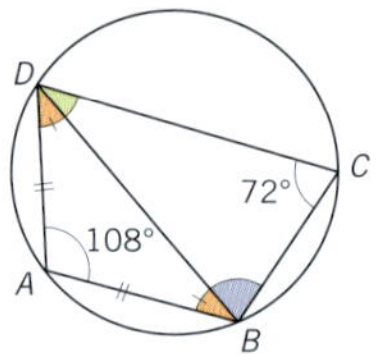

3138

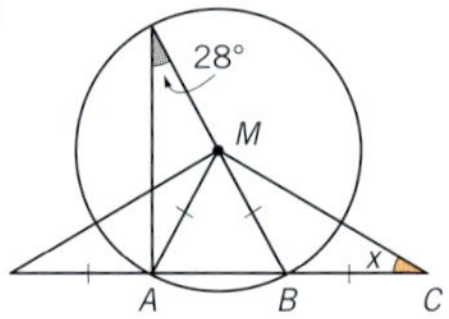

$\wedge AMB = 56°$ (medelpunktsvinkel)

Triangeln *AMB* är likbent vilket ger

$\wedge ABM = \dfrac{180° - 56°}{2} = 62°$

Basvinklarna i triangeln *BMC* är lika stora, *x*, eftersom triangeln är likbent.

$x + x = 62°$ (yttervinkelsatsen)

$x = 31°$

3139 $\wedge A = 70°$, $\wedge B$ 105°,

$\wedge C = 110°$, $\wedge D = 75°$

Ledtråd:

Lös uppgiften med ett ekvationssystem.

3140 $y = 360° - 2x$
Motivering:
$2x$ är medelpunktsvinkel på bågen där x är randvinkel.
$2x + y = 360°$ (ett helt varv)
$y = 360° - 2x$

3141 $y = 3x$
Motivering:

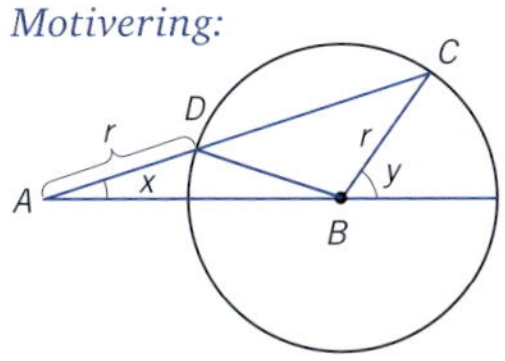

ΔABD och ΔBCD är likbenta eftersom $BD = r$
$\wedge BDC = 2x$ (yttervinkelsatsen ΔABD)
$\wedge BCD = 2x$ (likbent triangel)
$y = 2x + x$ (yttervinkelsatsen ΔABC)

3202 Ja, de är likformiga.
Motivering:
Två vinklar i den ena triangeln är lika med motsvarande vinklar i den andra triangeln.
Även den tredje vinkeln är då densamma. Trianglarna är likformiga.

3203 3,2 cm
Ledtråd:
Lös ekvationen $\frac{x}{0{,}8} = \frac{16{,}0}{4{,}0}$

3204 Nej.
Motivering:
Motsvarande vinklar är inte lika. Vinklarna i den ena triangeln är 35°, 43° och 102° och i den andra 27°, 51° och 102°.

3205 $\frac{40{,}0}{29{,}6} \approx 1{,}35$ och $\frac{27{,}5}{23{,}0} \approx 1{,}20$
Förhållandet mellan tidningarnas långsidor är inte detsamma som förhållandet mellan tidningarnas kortsidor.

3206 $x = 110°$, $y = 8$ cm

3207 a) $x = 15$ cm
$y = 17{,}5$ cm
$z = 20$ cm

b) $x = 40$ cm
$y = 70$ cm
$z = 42$ cm

3209 7,1 m
Ledtråd:
Lös ekvationen $\frac{x}{2{,}1} = \frac{14{,}2}{4{,}2}$

3210 80 cm eller 180 cm
Ledtråd:
Vi vet inte om 120 cm är kortsida eller långsida på förstoringen.

3211 4 dm
Ledtråd:
x är kortsida i den stora rektangeln och långsida i den lilla rektangeln.

3212 a) $x = 9{,}6$ cm b) $x = 3{,}9$ cm
Motivering:
Trianglarna är likformiga eftersom en vinkel är gemensam och en annan vinkel är lika. Gäller både uppgift a) och b).

3213 1,9 cm
Motivering:
Ekvationen $\frac{10 - x}{9} = \frac{9}{10}$ gäller eftersom den stora triangeln är likformig med trianglarna inuti.
En gemensam och en rät vinkel.

Historik: Fraktaler

1 Se figurer för steg 1 och steg 2.

Steg 3 blir:

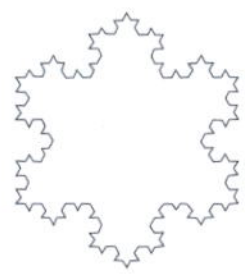

2 a) 4 cm
Lösning:
$3 \cdot 4/3 = 4$

b) 5,3 cm
Lösning:
$3 \cdot (4/3)^2 \approx 5{,}3$

c) 12,6 cm
Lösning:
$3 \cdot (4/3)^5 \approx 12{,}6$

d) 5,3 mil
Lösning:
$3 \text{ cm} \cdot (4/3)^{50} \approx 5\,300\,000 \text{ cm} = 5{,}3$ mil

3 a) 13 b) 21 c) 45

4 Sant.
Motivering:
Ytan är ändlig även om omkretsen är oändlig. Man kan t ex visa att kurvans area alltid ligger inom en cirkel där den ursprungliga triangeln är inskriven.

3216 a) $x = 20{,}2$ cm (20,21...)
Lösning:
$\frac{x}{32{,}0} = \frac{12{,}0}{19{,}0}$
$x = \frac{32{,}0 \cdot 12{,}0}{19{,}0} \approx 20{,}2$

b) $y = 15{,}2$ cm (15,157...)
Lösning:
$\frac{y}{24{,}0} = \frac{12{,}0}{19{,}0}$
$y = \frac{24{,}0 \cdot 12{,}0}{19{,}0} \approx 15{,}2$

3217 a) 2,0 cm
Ledtråd:
Topptriangelsatsen ger
$\frac{x}{3{,}0} = \frac{4{,}0}{4{,}0 + 2{,}0}$

b) 2,6 cm
Ledtråd:
Uppgiften kan lösas med topptriangelsatsen
$\frac{x}{x + 6{,}5} = \frac{2{,}0}{2{,}0 + 5{,}0}$
eller transversalsatsen
$\frac{x}{6{,}5} = \frac{2{,}0}{5{,}0}$

3218 a) $x = 6{,}4$ cm
Ledtråd:
Använd topptriangelsatsen.

b) $x = 5{,}8$ cm (5,83...)
Ledtråd:
Transversalsatsen ger en enklare ekvation än topptriangelsatsen.

3219 a) 12 cm
Ledtråd:
Använd topptriangelsatsen.

b) 8,0 cm
Ledtråd:
Transversalsatsen ger en enklare ekvation än topptriangelsatsen.

3220 a) Ja, enligt transversalsatsen.
b) Nej.
c) Ja, enligt topptriangelsatsen.
d) Ja, enligt topptriangelsatsen.

3221 Per är 2,10 m och Louise 0,70 m.

3222 $y = 3{,}6$ cm

3223 a) Båda trianglarna har en rät vinkel och vinkeln B är gemensam. Trianglarna är likformiga om två vinklar är lika.
b) $BD = 9{,}6$ cm
c) 3,8 cm (3,816...)
Ledtråd:
Pythagoras sats ger AB.

3224 $x = 1\,650$ mm

3225 170 m (171,4...)

3226 a är en tredjedel så lång som b.
Motivering:

$$\frac{x}{x + 2x} = \frac{a}{b}$$

$$\frac{x}{3x} = \frac{a}{b}$$

$$\frac{1}{3} = \frac{a}{b}$$

$$a = \frac{b}{3}$$

3227 $CE = 7{,}2$ cm

3228 1,8 cm

3229 Den tredje sidan i den stora triangeln betecknas med c.
$c^2 = b^2 - a^2$ (Pythagoras sats)
Den lilla högra triangeln är likformig med den stora.
Detta ger

$$\frac{x}{c} = \frac{c}{b}$$

$$x = \frac{c^2}{b}$$

$$x = \frac{b^2 - a^2}{b} \qquad \text{VSB}$$

3231 $x = 12{,}8$ cm
$y = 11{,}0$ cm
Ledtråd:
Trianglarna är kongruenta enligt Vinkel – Sida – Vinkel.

3232 $x = 65°$ och $y = 80°$
Ledtråd:
Uppgiften kan lösas med kongruens eller med vinkelsumman 180°.

3233 a) Ja, eftersom motsvarande sidor är lika.
b) $\wedge B = 106°$
$\wedge E = 28°$
$\wedge A = \wedge D = 46°$

3234 a)

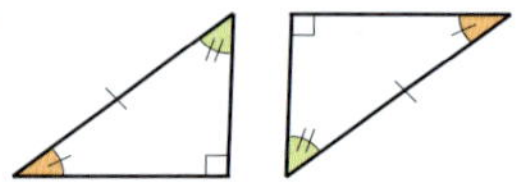

b)

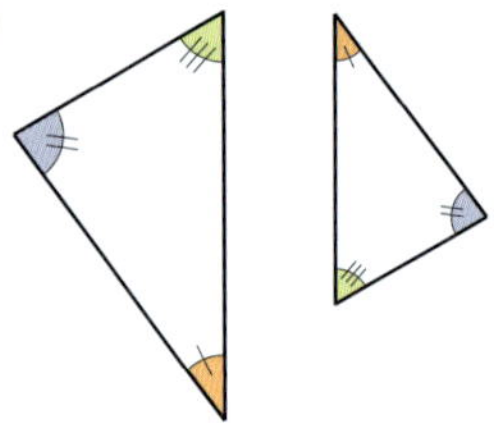

3235 a) Kongruenta (och likformiga)
Motivering:
Två sidor och mellanliggande vinklar är lika. Trianglarna är kongruenta enligt SVS.
b) Likformiga
Motivering:
Trianglarna är liksidiga och likformiga, men motsvarande sidor är inte lika långa. Därför är trianglarna inte kongruenta.
c) Inte kongruenta eller likformiga.
Motivering:
Vinklarna i den ena triangeln är 60°, 54° och 66° och i den andra 60°, 56° och 64°. Trianglarna har inte samma form.

3236 *Förklaring:*
En sida är gemensam och två sidor är lika enligt uppgiftstexten.
Trianglarna är kongruenta enligt fallet Sida – Sida – Sida.

3237 Ja, triangeln kan se ut på två olika sätt.

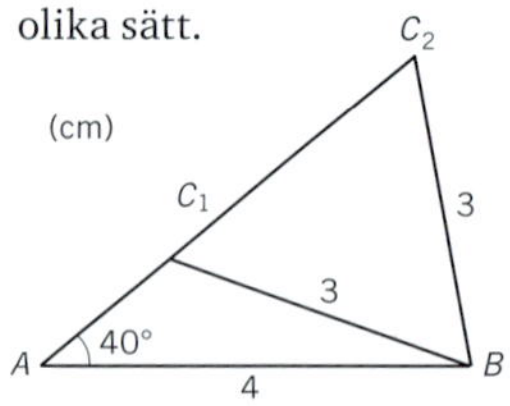

Motivering:
Trianglar som uppfyller de givna villkoren är inte alltid kongruenta.
Trianglar med två sidor och en vinkel givna är kongruenta endast om vinkeln ligger mellan sidorna.

3238 $\wedge ACD = \wedge BCD$
(CD är bisektris)
CD är gemensam och
$AC = BC$ (likbent triangel)
ΔACD och ΔBCD är kongruenta enligt fallet Sida – Vinkel – Sida.
Detta ger att $\wedge A = \wedge B$.

3239

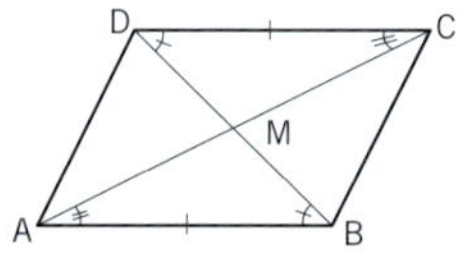

$AB = CD$ (parallellogram)
$\wedge ABM = \wedge CDM$ och
$\wedge BAM = \wedge DCM$
(alternatvinklar vid parallella linjer)
ΔABM och ΔCDM är kongruenta (enligt fallet Vinkel – Sida – Vinkel).
Kongruensen innebär att
$AM = CM$ och $BM = DM$
dvs diagonalerna delar varandra mitt itu.
VSB

3242 a) $\frac{1}{4}$ *Ledtråd:* $\frac{\text{kopians längd}}{\text{föremålets längd}}$
b) $\frac{1}{16}$ *Ledtråd:* $\left(\frac{1}{4}\right)^2$
c) $\frac{1}{64}$ *Ledtråd:* $\left(\frac{1}{4}\right)^3$

3243 a) $\frac{3}{4}$
Ledtråd:
Skalan brukar anges med heltal.
b) $\frac{9}{16}$
c) 6,8 cm² (6,75)

3244 160 cm³

3245 Förhållandet är $\frac{16}{25}$ eller den mindre arean är 64 % av den större arean.
Ledtråd:
80 % kan skrivas $\frac{4}{5}$

3246 a) 105 mm b) 0,25 m²

3247 13 hektar (12,8)

3248 a) $\frac{\sqrt{2}}{1}$ b) $\frac{\sqrt[3]{2}}{1}$

3249 Nej *Motivering:*
Kartbilden av Sverige är 157 cm lång.

3250 21 % *Ledtråd:*
Längdskalan = 1,1

3251 7 cl *Ledtråd:*
Volymskalan = $\left(\frac{1}{2}\right)^3$

3252 a) Rätblockets area:
$A_1 = 2ab + 2ac + 2bc$
Bildens area:
$A_2 = 2 \cdot as \cdot bs + 2 \cdot as \cdot cs +$
$+ 2 \cdot bs \cdot cs =$
$= s^2(2ab + 2ac + 2bc)$
$A_2 = s^2 \cdot A_1$
b) Rätblockets volym:
$V_1 = abc$
Bildens volym:
$V_2 = as \cdot bs \cdot cs = s^3 \cdot abc$

3253 $\frac{b}{a} = \sqrt{2} - 1$

3256 $\frac{H}{h} = \frac{2r}{r}$ (topptriangelsatsen)
$\frac{H}{h} = 2$
$H = 2h$

3257 a) $\frac{y}{h} = \frac{L + D}{L}$ (topptriangelsatsen)
$y = \frac{h(L + D)}{L}$
b) Fyrhörningen är ett parallelltrapets.
$A = \frac{D(h + y)}{2} = \frac{Dh + Dy}{2} =$
$= \frac{Dh}{2} + \frac{Dy}{2}$

3258 a) I trianglarna är vinkel A gemensam och båda har en rät vinkel. Två vinklar lika ger att de är likformiga.
b) $AB = \sqrt{a^2 + b^2}$
(Pythagoras sats)
$\frac{CD}{AC} = \frac{BC}{AB}$ ger
$\frac{h}{b} = \frac{a}{\sqrt{a^2 + b^2}}$
$h = \frac{ab}{\sqrt{a^2 + b^2}}$

3259 Se sidan 190.

3260 a) Den lilla topptriangeln är likformig med den stora triangeln.
b) $\frac{x}{b} = \frac{h - x}{h}$
Båda leden multipliceras med bh
$hx = b(h - x)$
$bx + hx = bh$
$x(b + h) = bh$
$x = \frac{bh}{b + h}$

3261 a) Trianglarna är likformiga eftersom en vinkel är rät och $\wedge APD = \wedge PDC$ (alternatvinklar vid parallella linjer)
b) Likformigheten i a) ger
$\frac{y}{a} = \frac{a}{c} \Leftrightarrow y = \frac{a^2}{c}$
c) ΔBCP och ΔCDP är likformiga eftersom en vinkel är rät och $\wedge BPC = \wedge DCP$ (alternatvinklar vid parallella linjer)
Likformigheten ger
$\frac{x}{b} = \frac{b}{c} \Leftrightarrow x = \frac{b^2}{c}$
d) $AP + PB = CD$
$y + x = c$
$\frac{a^2}{c} + \frac{b^2}{c} = c$
Båda leden multipliceras med c.
$a^2 + b^2 = c^2$
VSB

3262 $\sqrt{3} - \sqrt{2}$
Ledtråd:
Areorna av trianglarna CDE, CFG och CAB förhåller sig som $1 : 2 : 3$. Motsvarande längdskala är $1 : \sqrt{2} : \sqrt{3}$.

3303 a) 28,5 cm (28,53...)
Ledtråd:
Lös ekvationen
$25{,}3^2 + 13{,}2^2 = x^2$
b) 13,6 cm
Ledtråd:
Lös ekvationen
$x^2 + 27{,}3^2 = 30{,}5^2$

3304 a) Ja.
Motivering:
Pythagoras sats gäller.
b) Nej.
Motivering:
Pythagoras sats gäller inte.

3305 Ja.
Motivering:
Pythagoras sats gäller endast för rätvinkliga trianglar.

3306 73 m längre
Lösning:
Närmaste vägen från A till C =
$\sqrt{175^2 + 100^2}$ m ≈ 202 m
Vägen från A till C via B =
= 175 m + 100 m = 275 m
275 m – 202 m = 73 m

3309 6,7 m
Ledtråd:
Höjden är alltid vinkelrät mot basen. Beräkna först längden av halva basen.

3310 7,07 cm
Lösning:
$x^2 + x^2 = 10{,}0^2$
$2x^2 = 100$
$x^2 = 50$
$x = \pm\sqrt{50}$
$x_1 \approx 7{,}07$ $(x_2 \approx -7{,}07)$

3311 a) 4,8 m

b) 1,4 m²

Ledtråd:

Sidan = 1,2 m

3312 16 m och 30 m

Lösning:

$x^2 + (x + 14)^2 = 34^2$

$x^2 + x^2 + 28x + 196 = 1\,156$

$2x^2 + 28x - 960 = 0$

$x^2 + 14x - 480 = 0$

$x = -7 \pm \sqrt{7^2 + 480}$

$x = -7 \pm 23$

$x_1 = 16 \quad (x_2 = -30)$

Den ena sidan är 16 cm och den andra är $(x + 14)$ cm = 30 cm.

3313 Hypotenusan är 8,5 m och den okända sidan är 4,0 m.

Ledtråd:

Okända sidan: x m

Hypotenusan: $(12{,}5 - x)$ m

3314 a)

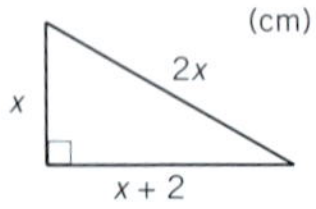

b) $x^2 + (x + 2)^2 = (2x)^2$

c) 2,73 cm, 4,73 cm och 5,46 cm

3315 150 cm²

Ledtråd:

Likformiga trianglar.

3316 60 cm²

Ledtråd:

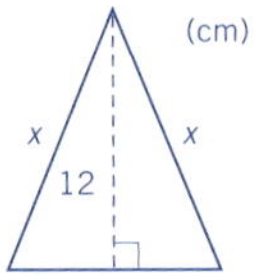

3317 10 cm

Ledtråd:

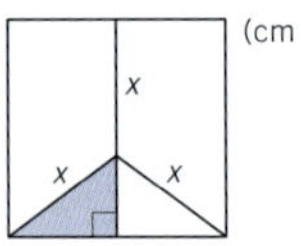

Den skuggade triangeln har sidorna 8 cm, $(16 - x)$ cm och x cm.

3318

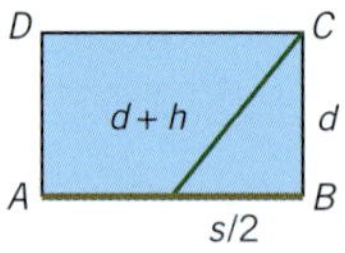

I figuren är sträckan AB längs botten och CD vid vattenytan.

Pythagoras sats ger:

$d^2 + (s/2)^2 = (d + h)^2$

$d^2 + \frac{s^2}{4} = d^2 + 2dh + h^2$

$2dh = \frac{s^2}{4} - h^2$

$d = \frac{s^2}{8h} - \frac{h}{2}$

3320 a) 10

Lösning:

$d = \sqrt{(10-2)^2 + (9-3)^2} =$

$= \sqrt{64 + 36} = \sqrt{100} = 10$

b) 13

Lösning:

$d = \sqrt{(7-2)^2 + (5-(-7))^2} =$

$= \sqrt{25 + 144} = \sqrt{169} = 13$

c) 5

d) 17

3321 Visa att alla sidor har längden $\sqrt{53}$

3322 a) Nej.

Motivering:

Alla sidor är olika långa.

b) Ja.

Motivering:

Två av sidorna är lika långa $(\sqrt{65})$

3323 a) Ja.

Ledtråd:

Motivera svaret genom att visa att Pythagoras sats gäller

eller

genom att visa att produkten av k-värdena för två av linjerna genom triangelns hörn har värdet –1.

b) Nej.

3324 $y = 1$

3325 $x = -6$ eller $x = 10$

Lösning:

Avståndsformeln ger

$\sqrt{(0-6)^2 + (x-2)^2} = 10$

$6^2 + (x-2)^2 = 100$

$(x-2)^2 = 64$

$x - 2 = \pm\sqrt{64}$

$x - 2 = \pm 8$

$x_1 = 10 \quad x_2 = -6$

3326 $x^2 + y^2 = 25$

3328 a) (4,5; 9) c) (0,5; 2)

b) (3,5; 0) d) (1, 3)

3329 (0, –1), (3, –3), (5, 2)

3330 (0,5 ; 5), (4, 8), (7,5 ; 11)

3331 a) $(2a, b)$ b) $(-3a, b/2)$

3332 10 l.e.

Ledtråd:

Beräkna avståndet från A till mittpunkten på BC (–1, –6).

3333 $(a/2, 0)$, $(a, b/2)$, $(a/2, b)$, $(0, b/2)$

Ledtråd:

Börja med att bestämma koordinaterna för rektangelns hörn.

3334 $y = -2x + 8$

Ledtråd:

$k_{AB} = 1/2$ och $k_{normal} = -2$

3335 Visa att

$AM = BM = CM = \sqrt{50}$

3336 (8, –11)

3337 Mittpunkternas koordinater:

$E = \left(\frac{x_A + x_B}{2}, \frac{y_A + y_B}{2}\right)$

$F = \left(\frac{x_B + x_C}{2}, \frac{y_B + y_C}{2}\right)$

$G = \left(\frac{x_C + x_D}{2}, \frac{y_C + y_D}{2}\right)$

$H = \left(\frac{x_D + x_A}{2}, \frac{y_D + y_A}{2}\right)$

k-värdet för linjerna genom mittpunkterna:

$$k_{EF} = \frac{\frac{y_B + y_C}{2} - \frac{y_A + y_B}{2}}{\frac{x_B + x_C}{2} - \frac{x_A + x_B}{2}} = \frac{y_C - y_A}{x_C - x_A}$$

$$k_{GH} = \frac{\frac{y_C + y_D}{2} - \frac{y_D + y_A}{2}}{\frac{x_C + x_D}{2} - \frac{x_D + x_A}{2}} = \frac{y_C - y_A}{x_C - x_A}$$

$$k_{FG} = \frac{\frac{y_C + y_D}{2} - \frac{y_B + y_C}{2}}{\frac{x_C + x_D}{2} - \frac{x_B + x_C}{2}} = \frac{y_D - y_B}{x_D - x_B}$$

$$k_{EH} = \frac{\frac{y_D + y_A}{2} - \frac{y_A + y_B}{2}}{\frac{x_D + x_A}{2} - \frac{x_A + x_B}{2}} = \frac{y_D - y_B}{x_D - x_B}$$

Sträckorna *EF* och *GH* är parallella (samma *k*).

Sträckorna *FG* och *EH* är parallella (samma *k*).

Fyrhöringen *EFGH* är alltid en parallellogram.

VSB

Diagnos 3 A

1 $x = 150°$
Lösning:
x är en yttervinkel
$x = 100° + 50° = 150°$

2 a) $x = 102°$ och $y = 51°$
Lösning:
$x = 2 \cdot 51° = 102°$
(medelpunktsvinkel)
$y = 51°$ (y och vinkeln som är 51° är randvinklar på samma cirkelbåge.)

b) $x = 88°$
Lösning:
$x + 92° = 180°$
(Summan av två motstående vinklar är 180° i en fyrhörning som är inskriven i en cirkel.)

3 a) $x = 40°$ och $y = 110°$
Lösning till x:
Triangeln med medelpunktsvinkeln 100° är likbent.
Lösning till y:
$y + (180° - 110°) = 180°$
(motstående vinklar i fyrhörningen)
$y = 110°$

b) $x = 90°$ och $y = 35°$
Lösning till x:
En randvinkel på en halvcirkelbåge är alltid 90°.
Lösning till y:
$90° + 55° + y = 180°$
(vinkelsumman i en triangel)
$y = 35°$

4 a) $x = 11$ cm
Lösning:
Topptriangeln ger $\frac{x}{4,4} = \frac{15}{6,0}$
$x = 11$

b) $x = 9$ cm
Lösning:
Transversalsatsen ger $\frac{x}{6} = \frac{12}{8}$
$x = 9$

5 13,5 cm
Lösning:

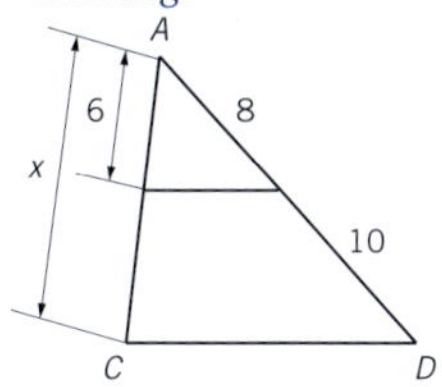

Topptriangelasatsen ger $\frac{x}{6} = \frac{18}{8}$
$x = 13,5$

6 Medelpunktsvinkeln är $2x$
(randvinkelsatsen)
$y + 2x = 360°$ (ett helt varv)
$y = 360° - 2x$

7 Nej.
Motivering:
Förhållandet mellan motsvarande sidor är inte lika $\frac{4}{5} \neq \frac{5}{6}$

8 $AC = BC$ och $AD = BD$
(D mittpunkt) CD är gemensam.
Trianglarna ACD och BCD är kongruenta enligt fallet Sida – Sida – Sida. Motsvarande sidor är lika långa.

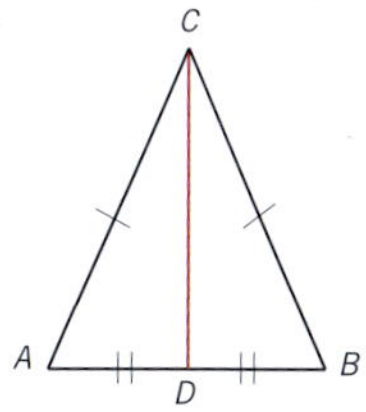

9 Ja, triangeln är rätvinklig.
Lösning:
Sida 1 $= \sqrt{(4-(-3))^2 + (-2-5)^2} =$
$= \sqrt{49 + 49} = \sqrt{98}$

Sida 2 $= \sqrt{(4-(-7))^2 + (-2-1)^2} =$
$= \sqrt{121 + 9} = \sqrt{130}$

Sida 3 $= \sqrt{(4-(-7))^2 + (5-1)^2} =$
$= \sqrt{16 + 16} = \sqrt{32}$
Avståndsformeln ger sidornas längder $a = \sqrt{98}$, $b = \sqrt{32}$ och $c = \sqrt{130}$. $a^2 + b^2 = c^2$
Pythagoras sats gäller ⇔
Triangeln är rätvinklig.

10 5 cm och 12 cm
Lösning:
$(x - 7)^2 + x^2 = 13^2$
$x^2 - 14x + 49 + x^2 = 169$
$2x2 - 14x - 120 = 0$
$x^2 - 7x - 60 = 0$
$x = 3,5 \pm 8,5$
$x_1 = 12 \quad (x_2 = -5)$
Den ena sidan är 12 cm.
$x - 7 = 12 - 7 = 5$
Den andra är 5 cm.

Blandade övningar kapitel 3

1 63°

2 a)

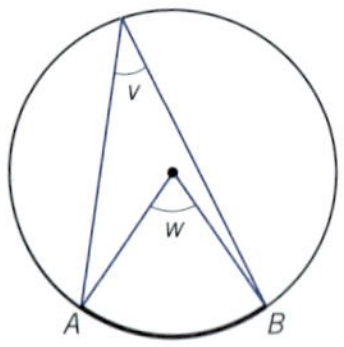

b) $w = 2v$

3 a) $x = 40°$

b) B och C eller D

4 26°

Ledtråd:
Medelpunktsvinkeln i den likbenta triangeln är 128°.

5 $x = 15$ cm

6 En parallelltransversal delar två sidor i en triangel i samma förhållande.

7 $A = 70°$
$B = 50°$
$C = 60°$

Lösning:
$A = 70°$ (randvinkelsatsen)

$OBC = \dfrac{180° - 140°}{2} = 20°$ (likbent triangel)

$ABC = 20° + 30° = 50°$
$ACB = 180° - 70° - 50° = 60°$ (vinkelsumman 180°)

8 $u = x$ och $v = y$ (alternatvinklar vid parallella linjer)
$u + z + v = 180°$ (rak vinkel)
$x + z + y = 180°$ VSB

9 Dra en linje genom vinkeln v som är parallell med stödbenen.
Då får vi två alternatvinklar som båda är x. Alltså är $v = 2x$.
eller
Dra en linje genom vinkelspetsen till vinkel v som är parallell med underlaget. Trianglarna som bildas har en vinkel $(90° - x)$ (vinkelsumman 180°).
$(90° - x) + v + (90° - x) = 180°$ (rak vinkel)
vilket kan skrivas $v = 2x$.

10 85 l.e.

11 Ja.
Motivering:
Två av triangelns sidor är lika långa som cirkelns radie.

12 Medin har rätt.
Motivering:
I trianglarna är två vinklar lika, men inte mellanliggande sida. Detta innebär att trianglarna är likformiga, men inte kongruenta.

13 860 m (861,67...)

14 $AB = CD$ och $AD = BC$ (parallellogram)
Sidan AC är gemensam.
ΔABC och ΔACD är kongruenta enligt fallet Sida – Sida – Sida.

15 10,4 cm
Ledtråd:
Använd transversalsatsen, topptriangelsatsen eller Pythagoras sats.

16 6 cm
Ledtråd:
Sätt rombens sida $= x$ och använd topptriangelsatsen.

17
- $AC = \sqrt{7^2 + 7^2} = \sqrt{98}$
  $AB = \sqrt{8^2 + 4^2} = \sqrt{80}$
- $BC = \sqrt{1^2 + 3^2} = \sqrt{10}$
  Triangeln ABC är inte rätvinklig, eftersom $(AB)^2 + (BC)^2 \neq (AC)^2$
- Avståndet mellan A och origo är $\sqrt{3^2 + 4^2} = \sqrt{25} = 5$
  Avståndet mellan B och origo är $\sqrt{5^2 + 0^2} = \sqrt{25} = 5$
  Triangeln är likbent eftersom två sidor är lika.
- Ja det är möjligt.
  Motivering:
  $MC = \sqrt{4^2 + 3^2} = \sqrt{25} = 5$
  $AC = BM = CM =$ cirkelns radie

Blandade övningar kapitel 1–3

1 $f(6) = 25$
Ledtråd:
Du behöver inte utveckla parentesen.

2 A $y = 2x$
B $y = -2 - x$
C $y = 2$
D $y = x + 2$

3 $x_1 = 2$ och $x_2 = -8$

4 En sidovinkel till en av triangelns vinklar.

5 a) $x^2 + 9$ b) $-4x^2 + x$

6 $\begin{cases} x = 6 \\ y = -2 \end{cases}$

7 $x = 60°$ och $y = 60°$

8 a) $x = \sqrt[3]{10}$ eller $x = 10^{1/3}$

b) $x_1 = 0$ och $x_2 = 3$

c) $x = \lg 3$

d) $x = \dfrac{\lg 2}{\lg 3} \approx 0{,}63$

9 $x = 13{,}5$ cm

10 Alice har rätt.
Motivering:
Area från början $= a \cdot a = a^2$
Area efter förändring $=$
$= (a + 3)(a - 3) = a^2 - 9$
Arean har minskat med 9 cm².

11 a) $m = 15$
Ett nyfött barn behöver 15 timmars sömn. $k = -0{,}5$. Sömnbehovet minskar med en halv timme per år.

b) 8 år
Ledtråd:
Lös ekvationen
$15 - 0{,}5x = 11$

c) Ca 40 000 timmar
Lösning:
Under de första 10 åren är sömnbehovet i genomsnitt 12, 5 h/dygn.
$12{,}5 \cdot 10 \cdot 365 \approx 100 \cdot 400 =$
$= 40\,000$

12 a) Falskt.

Motivering:
Ekvationen $f(x) = 0$
kan avläsas i figuren.
Funktionen har två nollställen
$x_1 \approx 1{,}7$ och $x_2 \approx -1{,}7$

b) Falskt.

Motivering:
$f(2) \approx -1$ dvs $f(2) < 1$

c) Sant.

Motivering:
Andragradsfunktioner av typen
$y = ax^2 + c$
har y-axeln som symmetrilinje.

d) Sant.

Motivering:
Andragradsfunktioner med
negativ x^2-term har en
maximipunkt.

13 $x_1 = 3,\ x_2 = 1/3$

Ledtråd:
Ekvationen kan förenklas till
$x^2 - \frac{10x}{3} + 1 = 0$

14 $a = 7$

15 Det finns inga reella lösningar,
men om man använder komplexa
tal finns lösningarna $x = \pm 4i$.

16 Melvin har rätt.

Motivering:
METOD 1
Vi utgår från omkretsen 28 dm
och kontrollerar om figuren
stämmer.
Omkretsen $= 2a + 2(a - 2) = 28$
$4a - 4 = 28$
$a = 8$
Om $a = 8$ är rektangelns sidor
8 dm och 6 dm och diagonalen
är 10 dm.
Vi undersöker om detta kan
stämma med Pythagoras sats
$a^2 + b^2 = c^2$
$\text{VL} = 8^2 + 6^2 = 100$
$\text{HL} = 10^2 = 100$
$\text{VL} = \text{HL}$
Triangeln är rätvinklig och
figuren stämmer.

METOD 2
Vi utgår från figuren och
kontrollerar om vi får
omkretsen 28 dm.
Vi beräknar a med hjälp av
Pythagoras sats $a^2 + b^2 = c^2$
$a^2 + (a - 2)^2 = (a + 2)^2$
$a^2 + a^2 - 4a + 4 = a^2 + 4a + 4$
$a^2 - 8a = 0$
$a(a - 8) = 0$
$a_1 = 0 \quad a_2 = 8$
Rektangelns ena sida är 8 dm
och den andra är 6 dm vilket
ger omkretsen 28 dm.

17 a) $a = 12$ b) $x + y = 13$

18 $y = 5x + 3$

19 $y = 4 \cdot 1{,}5^x$

Ledtråd:
Sätt in $C = 4$
och $(2, 9)$ i funktionen
$y = C \cdot a^x \ (a > 0)$

20 a) $h(0{,}5) = 4{,}75$
Efter 0,5 sekunder är bollens
höjd över marken 4,8 m (4,75)

b) 5,6 m

Ledtråd:
Kurvans maximipunkt ligger
på symmetrilinjen $x = 0{,}9$.

21 $c = 16$ *Ledtråd:*
Minimipunktens
koordinater är (4, 0).

22 a) $\frac{y}{x} = \frac{6{,}0 - x}{4{,}5}$ som kan skrivas

$y = \frac{x(6{,}0 - x)}{4{,}5}$

Motivering:
Trianglarna är likformiga
eftersom två vinklar är lika.

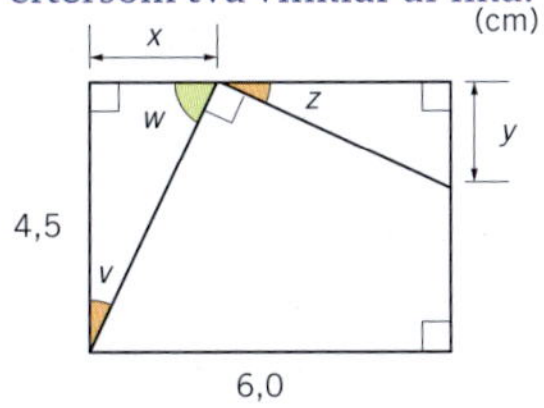

Vinkeln $w = 180° - 90° - v$
(vinkelsumman 180°)
$w = 90° - v$
$w + 90° + z = 180°$ (rak vinkel)
$(90° - v) + 90° + z = 180°$
$z = v$

b) $x = 4{,}5$ och $x = 1{,}5$

23 $s(80) \approx 65$
Vid hastigheten 80 km/h är
stoppsträckan 65 m.

24 Visa att $AC = BC = \sqrt{65}$

25 $12\,500 \cdot 0{,}60^x = 1\,000$
$x \approx 4{,}94$
Efter 5 år är datorn värd 1 000 kr.

26 55 kr

Ledtråd:
Lös uppgiften med ett
ekvationssystem.

27 a) $x_1 = 98 \quad x_2 = 84$

b) $\frac{\lg 15}{2} \approx 0{,}588$

28 $x = 6$

Ledtråd:
Lös ekvationen
$\frac{x^2}{2} = 0{,}18 \cdot 10 \cdot 10$

29 $A = (0, 10) \quad B = (4, 0)$

30 400 m (385)

Ledtråd:
Använd Pythagoras sats.

31 41,6 cm

Ledtråd:
Sträckan AC är 9,6 cm.

32 a) $a = 0{,}923$

Ledtråd:
Lös ekvationen
$37{,}5 = 75 \cdot a^{8{,}62}$

b) 24 år

Ledtråd:
Använd formeln
$y = 75 \cdot 0{,}923^x$

33 $x \approx 10{,}7 \quad (\sqrt{115{,}2} = 10{,}733...)$

Ledtråd:
Använd Pythagoras sats på en
triangel där kateterna betecknas
med x och $2x$ och hypotenusan
är 24.

34 $a > \frac{1}{2}$

Ledtråd:
Bestäm a då värdet av uttrycket
under rottecknet är negativt.

35 • $8 + 9 = 17$

$9^2 - 8^2 = 81 - 64 = 17$

• T ex $37 + 38 = 75$

$38^2 - 37^2 = 1444 - 1369 = 75$

• T ex $3{,}89 + 4{,}89 = 8{,}78$

$4{,}89^2 - 3{,}89^2 =$

$= 23{,}9121 - 15{,}1321 = 8{,}78$

• Anta att talen är x och $x + 1$

$x + (x + 1) = 2x + 1$

$(x + 1)^2 - x^2 =$

$= x^2 + 2x + 1 - x^2 = 2x + 1$

36 a) Fall 1.

b) $a < 0{,}25$ ger fall 1.
$a = 0{,}25$ ger fall 2.
$a > 0{,}25$ ger fall 3.

37 a) $(-0{,}5; 0)$

b) *Förklaring:*
Funktionen $f(x) = px^2 + px + r$ har en maximipunkt på x-axeln om funktionen endast har ett nollställe.
Det innebär att $px^2 + px + r = 0$ endast har en lösning.
Vi löser ekvationen
$px^2 + px + r = 0$

$x = -0{,}5 \pm \sqrt{0{,}5^2 - \frac{r}{p}}$

$0{,}5^2 - \frac{r}{p} = 0$ som kan skrivas
$p = 4r$ ger endast en lösning.

38 a) 145

b) Nej, figur nummer 4 har t ex 22 punkter.

c) $n^2 + \frac{n(n-1)}{2}$

4

4101 169°

Lösning:
Andel flickor $= \frac{15}{32} = 0{,}46875 \approx$
$\approx 46{,}9\%$
Medelpunktsvinkel $=$
$= 0{,}469 \cdot 360° \approx 169°$

4102 a)

Längd (cm)	*Avprickning*	*Frekvens*	*Relativ frekvens*
48		0	0 %
49	////	4	24 %
50	/	1	6 %
51	~~////~~	5	29 %
52	/	1	6 %
53	/	1	6 %
54	//	2	12 %
55	///	3	18 %

b)

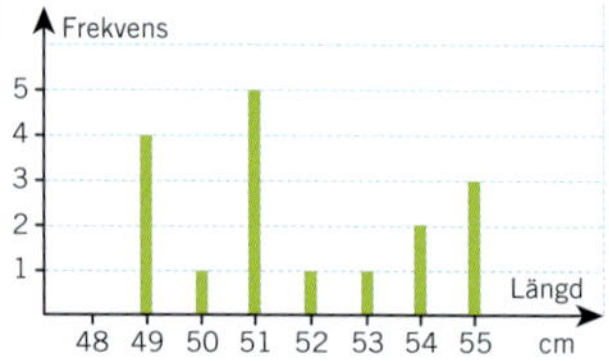

c)

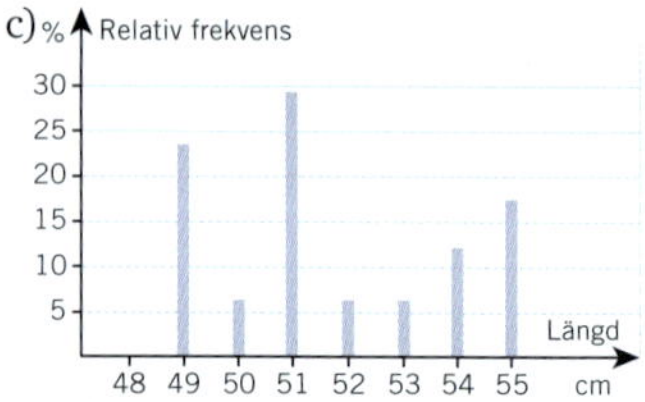

4103 a)

Blod-grupp	*Frekvens*	*Relativ frekvens*	*Medelpunkts-vinkel*
A	4	26,7 %	96°
B	2	13,3 %	48°
AB	1	6,7 %	24°
0	8	53,3 %	192°

b)

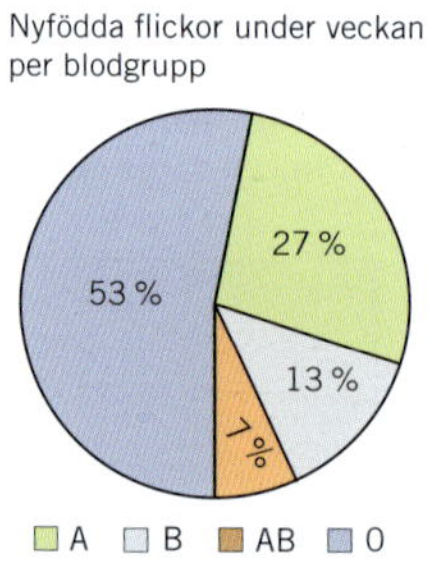

4104 a)

Klass	*Avprickning*	*Frekvens*
$2000 \le x < 2500$		0
$2500 \le x < 3000$	/	1
$3000 \le x < 3500$	////	4
$3500 \le x < 4000$	~~////~~ ///	8
$4000 \le x < 4500$	////	4

b)

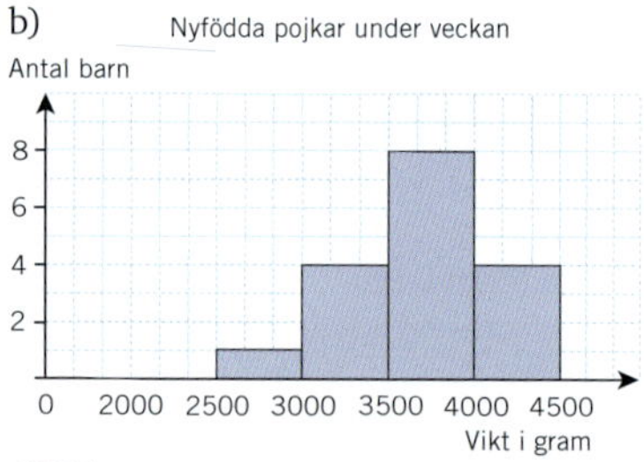

4105

Klass	*Frekvens*	*Relativ frekvens*
$2000 \le x < 2400$	1	3 %
$2400 \le x < 2800$	0	0 %
$2800 \le x < 3200$	9	28 %
$3200 \le x < 3600$	7	22 %
$3600 \le x < 4000$	9	28 %
$4000 \le x < 4400$	6	19 %

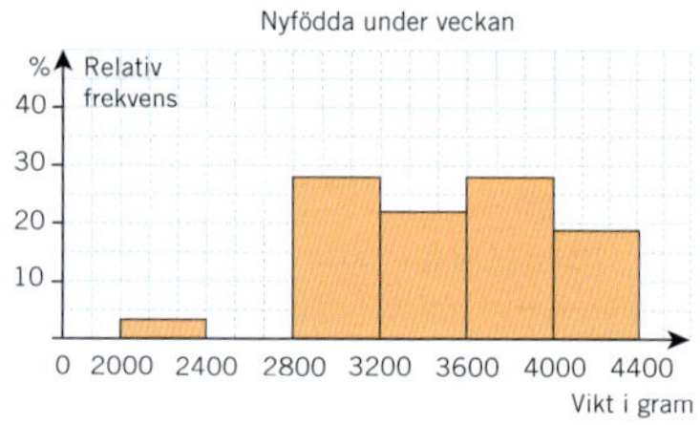

4106 Andelen pojkar över 50 cm ≈
≈ 71 % (12/17).
Andelen flickor över 50 cm ≈
≈ 33 % (5/15).
Andelen barn över 50 cm ≈
≈ 53 % (17/32).
Kommentar:
Medelvärdet av andelarna för pojkar och flickor över 50 cm (52 %) är inte lika med andelen barn över 50 cm (53 %), vilket beror på att antalet pojkar inte är lika med antalet flickor.

4108 a) 800 000

b) 1 000

c) 64 %

d) Stickprovet innehåller endast ungdomar som besöker sajten.

4109 a) Alla producerade lampor, 20 000 st.

b) Alla kontrollerade lampor, 800 st.

Lösning:

$\frac{20\,000}{25} = 800$

c) 375 st

Lösning:

$3 \text{ av } 800 = \frac{3}{800} = 0{,}003\,75$

0,375 % av lamporna var trasiga.

$0{,}003\,75 \cdot 5 \cdot 20\,000 = 375$

4110 Metod 2

Motivering:

Metod 2 bör väljas eftersom det ger ett slumpmässigt urval. Metod 1 ger ett skevt urval, då alla servitörer inte är lika bra. Metod 3 ger ett skevt utval, då alla maträtter inte smakar lika.

4111 8 400 (8 429)

4112 Man bör slumpmässigt välja 18 av kvinnorna och 27 av männen.

4113 a), b) och c) kan ge en skev bild.

Motivering:

a) Risken är stor att personer med extrema åsikter är överrepresenterade bland de som ringer.

b) Högskolestudenter är yngre, friskare och mer välutbildade än befolkningen i övrigt.

c) Alla svenskar besöker inte Systembolaget.

d) Urvalet är slumpmässigt.

4114 a) 10 b) 40 % (39,7)

4117 a) 20 %

Lösning:

Bortfallet = 250 – 200 = 50

$\frac{50}{250} = 0{,}2 = 20\,\%$

b) 34 %

Lösning:

$\frac{85}{250} = 0{,}34 = 34\,\%$

c) 42,5 %

Lösning:

$\frac{85}{200} = 0{,}425 = 42{,}5\,\%$

4118 a) 50 st

Lösning:

5 % av 1 000 =

= 0,05 · 1 000 = 50

b) 5,1 %

Lösning:

$\frac{51}{1\,000} = 0{,}051 = 5{,}1\,\%$

4119 a) 16 %

Lösning:

$\frac{160}{1\,000} = 0{,}16 = 16\,\%$

b) 17 % (16,8)

Ledtråd:

Antalet som tror på en avveckling är 160 + 20 % av 250.

4120 Med 95 % säkerhet skulle mellan 62 % och 68 % av Sveriges befolkning svara Ja.

4121 Bra 40 % och Dåligt 40 %.

Ledtråd:

I undersökningen av bortfallet svarade 45 % *"Bra"*.

4122 a) 2,5 %

b) 7,8 %

c) 384 personer

4205 a) Typvärdet = 24 °C

Medianen = 25 °C

Medelvärdet = 26 °C

b) Medelvärdet = 27 °C

Typvärdet och medianen är oförändrade.

4206 a) 24 *Lösning:*

$3 \cdot 8 = 24$

b) 11 *Ledtråd:*

Lös ekvationen

$6 + 7 + x = 24$

4207 *Förklaring:*

a) Medianpriset ligger i mitten. Antalet begagnade cyklar, som är billigare respektive dyrare än 900 kr, är lika.

b) Arton växlar är det vanligaste antalet växlar på affärens tävlingscyklar.

4208 a) – 2,5 °C c) – 4 °C

b) 50 % d) 25 %

4209 a) Medelvärdet ≈

≈ 252 millisekunder

Medianen =

= 190 millisekunder

b) Medianen

Motivering:

Medelvärdet beskriver inte reaktionstiderna på ett bra sätt. Medelvärdet är högre än tio av de elva värdena. Anledningen är att ett värde avviker mycket från övriga.

4210 a) 30 st

b) Typvärdet = 10 poäng

Medelvärdet ≈10,5 poäng

Lösning:

$\frac{6 \cdot 9 + 10 \cdot 10 + 8 \cdot 11 + 6 \cdot 12}{30} \approx 10{,}5$

Medianen = 10 poäng

Ledtråd:

Medianen är medelvärdet av det 15:e och 16:e värdet placerade i storleksordning.

4211 Medelpriset är 218 kr (217,7...)

Lösning:

I genomsnitt är detsamma som medelvärdet.

$\frac{10 \cdot 180 + 10 \cdot 200 + 25 \cdot 240}{45} =$

$= 217{,}7$

4212 30 g (30,3)

4213 171 cm

Ledtråd:

Beräkna summan av pojkarnas längd och flickornas längd och dividera med antalet elever i klassen.

4214 a) Medianen.
Motivering:
Då ett värde avviker mycket från de övriga är medianen ett bättre lägesmått än medelvärdet.

b) Medelvärdet eller medianen, båda fungerar.

c) Typvärdet.
Motivering:
Bara typvärde kan användas när observationerna är något annat än tal.

4215 4 timmar
Ledtråd:
Hur många timmar arbetade hon totalt under de 10 dagarna?

4216 115 liter/plockare
Ledtråd:
Hur många liter plockade de 8 plockarna tillsammans?

4217 34 år

4218 a) 1 år, 8 år och 9 år

b) 9 år

c) 21 år

4219 a) T ex 1 2 3 4 5 6 7 8 24 30

b) 5 tal *Kommentar:*
5 tal ligger alltid över medianen om alla talen är olika.

4220 Den längsta spelaren kan vara från 202 cm till 208 cm.

4221 2,7 m/s

Tema: Bäst i test

1 a)

$$\frac{0{,}5 \cdot 2{,}0 + 0{,}2 \cdot 3{,}4 + 0{,}1 \cdot 3{,}6 + 0{,}2 \cdot 2{,}7}{1} =$$

$= 2{,}58 \approx 2{,}6$

b) 2,8 (2,75)

c) 1,6
Ledtråd:
Antag att betyget på ångkapaciteten är x.
Ställ upp och lös en ekvation.

d) M6 var bäst i test med totalbetyget 3,0 (2,96).

2 a) Starttid har högst medianbetyg 3,5.
Slätgörning har lägst medianbetyg 2,2.

b) Starttid har störst spridning.
Motivering:
Skillnaden mellan största och minsta värde är 3,0.
Slätgörning har minst spridning.
Motivering:
Skillnaden mellan största och minsta värde är 0,4.
Kommentar:
Vi kommer att visa flera sätt att mäta spridning i det här kapitlet.

4224 0,06 s
Lösning:
Största värdet – minsta värdet =
= 0,18 – 0,12 = 0,06

4225 Största värde, minsta värde, median, nedre och övre kvartil.

4226 a) 27 cm

b) 181 cm

c) Nedre kvartil = 175 cm
Övre kvartil = 188 cm

d) 13 cm
Lösning:
Värdena i storleksordning:
169 172 174 (175) 178 179
180 (181) 183 183 185 (188)
189 190 196

a) Största – minsta =
= 196 – 169 = 27

b) Mittvärdet = 181

c) Nedre kvartil = 175
(mittvärdet i den nedre halvan)
Övre kvartil = 188
(mittvärdet i den övre halvan)

d) Kvartilavstånd =
= övre kvartil–nedre kvartil =
= $Q_3 - Q_1$ = 188 – 175 = 13

4227 a) 30 p

b) 15 p

c) 95 p

d) 50 %

e) 15 st

f) Variationsbredden tar bara hänsyn till största och minsta värdet. Dessa två värden kan avvika mycket ifrån de övriga värdena.
Ledtråd:
Ur lådagrammet kan man avläsa:
Minsta värdet = 75
Nedre kvartilen Q_1 = 85
Medianen = 95
Övre kvartilen Q_3 = 100
Största värdet = 105

4228 a) 75 %

b) 50 %

c) Spridningen är störst bland PB.
Motivering:
Variationsbredden är 55 km/h för PB mot 40 km/h för LB.

d) Spridningen är lika.
Motivering:
Spridningen mätt i kvartilavstånd är 20 km/h både för PB och LB.

4229

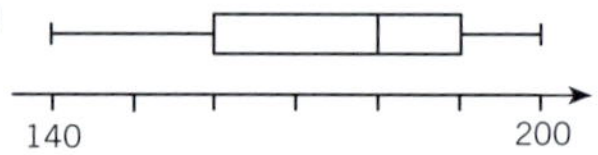

4230 T ex
30 58 65 | 65 66 69 (70)
72 76 78 | 82 83 86
Q_1 = 65
Q_2 = 70
Q_3 = 80

4231 Nej.
Motivering:
Median och variationsbredd kan avläsas ur ett lådagram, men inte medelvärde och typvärde.

4232 När man delar in ett datamaterial i kvartiler är 25 % av värdena större än Q_3. I detta fall är 0,25 · 80 = 20 värden större än Q_3 och Klaras resultat ligger precis ovanför Q_3.

4233 a) 5 p

b) 7 p

Ledtråd:
Skriv de 14 observationerna i storleksordning.

c) 3 p

d) 6 p

e) 7,2 p

4234 18, 19 eller 20

4237 a) 86 µg/m³

b) 23 µg/m³ (23,1...)

Lösning:
Summan av kvadraterna på avvikelserna =
$= (-6)^2 + 39^2 + (-18)^2 + 18^2 +$
$+ (-16)^2 + (-26)^2 + 9^2 =$
$= 3\,218$

$s = \sqrt{\frac{3218}{7-1}}$

4238 Medelvärdet = 10 timmar
Standardavvikelsen ≈
≈ 1,5 timmar.

Ledtråd:
Antalet elever i klassen är
$4 + 4 + 5 + 2 + 5 = 20$

4239 a) Från trädgården:
Medelvärde = 190 g
Standardavvikelse = 66 g
Från affären:
Medelvärde = 190 g
Standardavvikelse = 23 g

b) Äpplen som säljs i affärer är ofta sorterade, vilket betyder att små och stora äpplen sorteras bort.

4240 a) Grupp *A*:
Medelvärde ≈ 30 p
Standardavvikelse ≈ 6 p
Grupp *B*:
Medelvärde ≈ 40 p
Standardavvikelse ≈ 6 p

b) Ja, grupp *B* lyckades bättre.

Motivering:
Enligt stickprovet är spridningen fortfarande densamma i grupperna, men medelpoängen är betydligt högre i grupp ***B***.

4241 a) 13 cm d) 3 cm

b) 67,6 cm e) 2,0 cm

c) 68 cm

4242 Båda kan ha rätt.

Motivering:
Medelvärdet och medianen behöver inte vara samma värde. Standardavvikelsen är roten ur variansen och $\sqrt{289} = 17$.

4243 $\bar{x} \approx 100$ km/h (103,2)
$s \approx 20$ km/h (17,6...)

Tema: Hjärtinfarkt och statistik

1 a) Ca 6,0 mmol/liter

b) Ca 5,3 mmol/liter

c) Ca 8,0 mmol/liter

d) Ca 20 %

Ledtråd:
Den åttonde percentilen
$P_{80} = 7$

2 a) $P_{2,5} \approx 49$ år
2,5 % av de kvinnor som drabbas av hjärtinfarkt gör det innan 49 års ålder.

b) $Q_3 \approx 81$ år
25 % av de män som drabbas av hjärtinfarkt gör det efter 81 års ålder.

c) Kvartilavståndet för män ≈
≈ 19 år.
Kvartilavståndet för kvinnor ≈
≈ 16 år.

d) Medianen för män ≈ 72 år.
Medianen för kvinnor ≈ 80 år.
Kvinnorna är i snitt 8 år äldre när de får sin första hjärtinfarkt.

3 a)

Blod-socker-värde	*Frekvens*	*Kumulerad frekvens*	*Kumulerad relativ frekvens*
3–6	42	42	0,35
6–7	24	66	0,55
7–8	18	84	0,70
8–9	12	96	0,80
9–15	24	120	1

b)

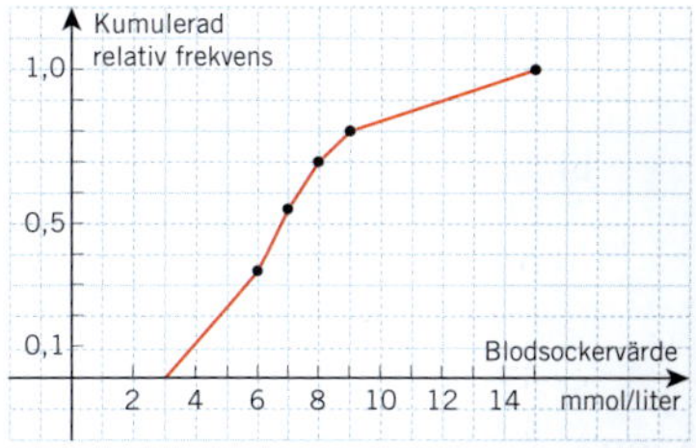

c) $P_{90} \approx 12$
10 % av populationen hade ett högre blodsockervärde än 12 mmol/liter.

4 a) Ca 14 %

b) Ca 48 %

c) Andelen medelkonsumenter var störst i åldersgruppen 45 –54 år och minst i gruppen 75 – 84 år.

4303 a) 68 % (68,2)

Ledtråd:
Värdena ligger inom medelvärdet ± 1 standardavvikelse.

b) 95 % (95,4)

Ledtråd:
Värdena ligger inom medelvärdet ± 2 standardavvikelser.

4304 a) 16 % (15,9)

Ledtråd:
Beräkna summan av
13,6 % + 2,3 %

b) 84 % (84,1)

4305 a) 48 % (47,6)

b) 50 %

c) 34 % (34,1)

d) 2 % (2,3)

4306 a) 50 %

b) 34 % (34,1)

c) 16 % (15,9)

d) 68 % 68,2)

e) 2 % (2,3)

f) 5 % (4,6)

4307 a) Nej
Motivering:
Både *A* och *B* har medelvärdet μ.
b) Ja
Motivering:
B har mindre spridning, alltså är standardavvikelsen mindre.

4308 a) 50 %
b) Ca 2050 räkor (2046)
Ledtråd:
Beräkna 68,2 % av 3000.
c) Ca 500 räkor (477)
Ledtråd:
Beräkna 15,9 % av 3000.
d) Ca 70 räkor (69)

4309 a) 4200 (4205)
Lösning:
50 % + 34,1 % = 84,1 %
$0{,}841 \cdot 5\,000 = 4\,205$
b) 100 (115)

4310 a) Medelvärdet = 124
Motivering:
95 % av värdena finns inom medelvärdet ±2 standardavvikelser (±24)
b) Medelvärdet = 45
Ledtråd:
Medelvärdet ligger mitt emellan 28 och 62.
c) Medelvärdet = 69
Motivering:
84 % av värdena är mindre än medelvärdet + 1 standardavvikelse (+5)

4311 2,3 %

4312 90 bollar (92)

4313 a) 2,3 %
b) 16 % (15,9)
c) En tjej
Motivering:
Spridningen för tjejernas resultat var mindre än för killarnas. 98 % av tjejerna och 84% av killarna hade ett resultat mindre än 40 poäng.

4314 250 (249)
Ledtråd:
170 personer motsvarar 68,2 %.

4315 a)

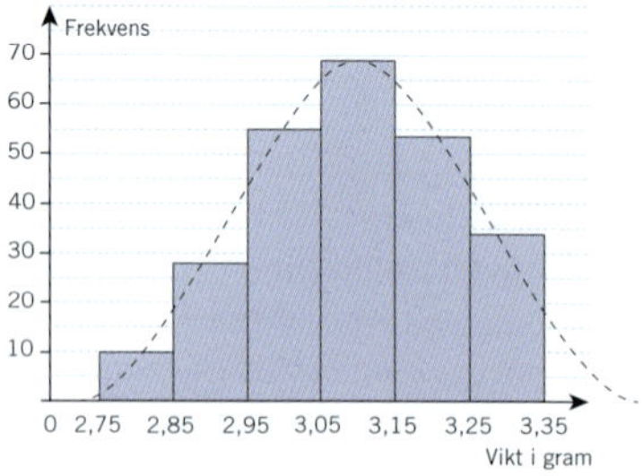

b) $\bar{x} = 3{,}09$ $s = 0{,}13$
c) Ca 70 %

4402 a) Negativ korrelation.
Det finns ett orsakssamband.
Motivering:
När nederbördsmängden ökar minskar antalet besökare.
b) Positiv korrelation.
Det är inget orsakssamband.
Motivering:
En högre temperatur gör att antalet MC-förare ökar och därmed antalet olyckor. Det är inte temperaturen som orsakar olyckorna.
c) Positiv korrelation.
Det är inget orsakssamband.
Motivering:
Personer med större skor (vuxna) är i allmänhet bättre på att lösa ekvationer än personer med små skor.
d) Negativ korrelation.
Det finns ett orsakssamband.
Motivering:
När avståndet ökar minskar oftast genomsnittstemperaturen.
Solinstrålningen är mindre.
e) Det finns troligvis ingen korrelation mellan fruktkonsumtion och ålder.
f) Vad tror du?

4403 a) Bea är yngst och Carl är äldst.
b) Ali motionerar mest och Fia minst.
c) Nej.
Den här undersökningen visar ingen korrelation.

4404 a) Stark negativ korrelation.
b) Svag positiv korrelation.
c) Ingen korrelation.
d) Svag negativ korrelation.

4405
a)

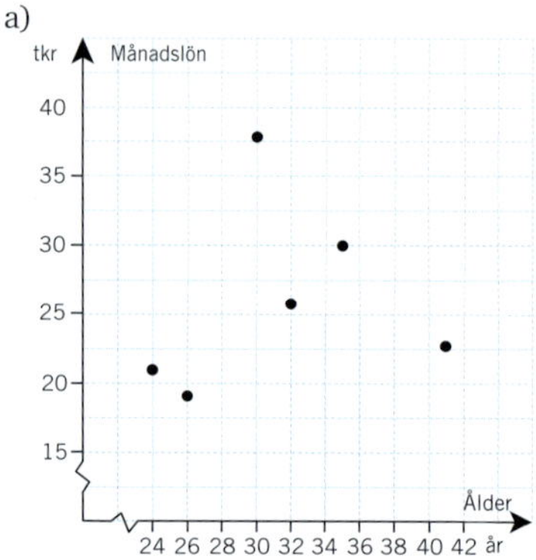

Det finns ingen korrelation.

b)

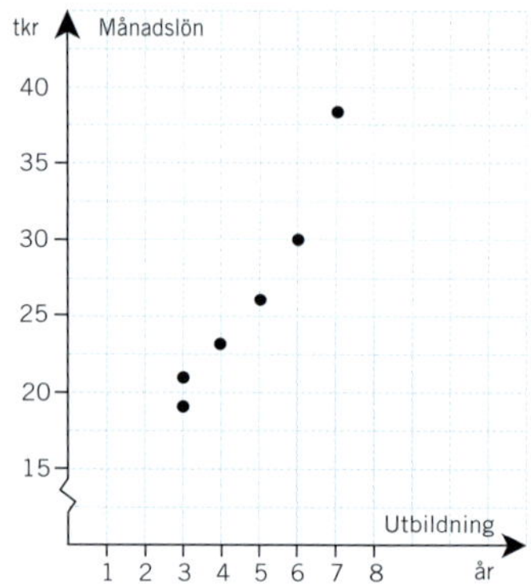

Det finns en stark positiv korrelation.

c)

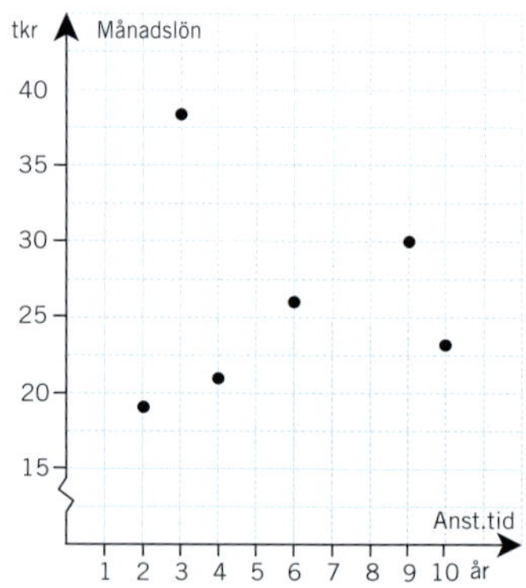

Det finns en svag positiv korrelation. En person avviker från mönstret.

4406 a)

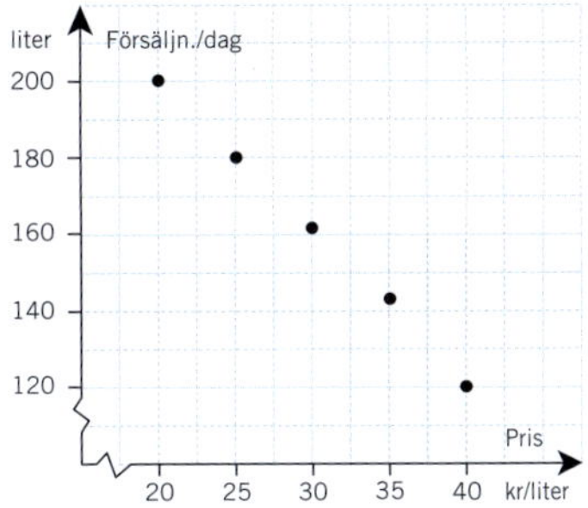

Ja, det finns stark negativ korrelation. När priset höjs minskar försäljningen.

b) 35 kr/liter
Ledtråd:
Priset 40 kr/liter ger intäkten $120 \cdot 40$ kr $= 4\,800$ kr.

4407 a)

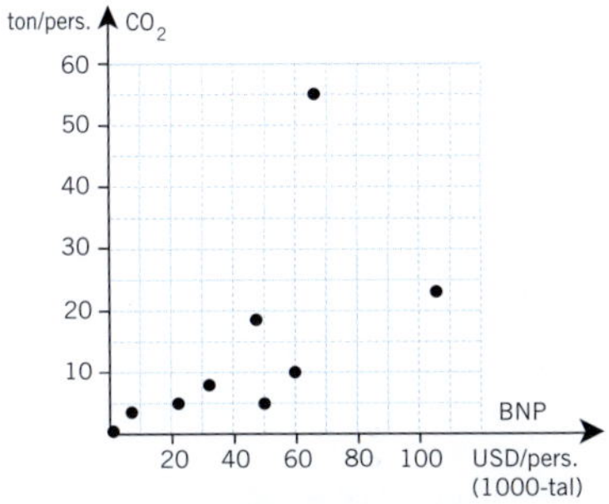

b) Det finns positiv korrelation mellan BNP och koldioxidutsläpp för länderna i tabellen.
Kommentar:
Qatar avviker kraftigt från mönstret.

c) Hög BNP motsvarar hög konsumtion vilket ofta medför höga koldioxidutsläpp.

4408 a) Ja, i spridningsdiagrammet ser vi att det stämmer för de flesta länderna.

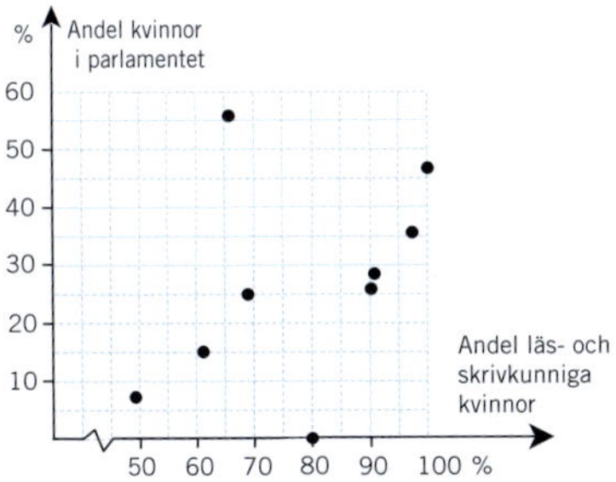

b) Ja, Saudiarabien och Rwanda.
Kommentar:
I Saudiarabien är läskunnigheten hög, men kvinnor får inte arbeta politiskt.
I Rwanda är läskunnigheten låg, men andelen kvinnor i parlamentet är mer än 50 %.

4409

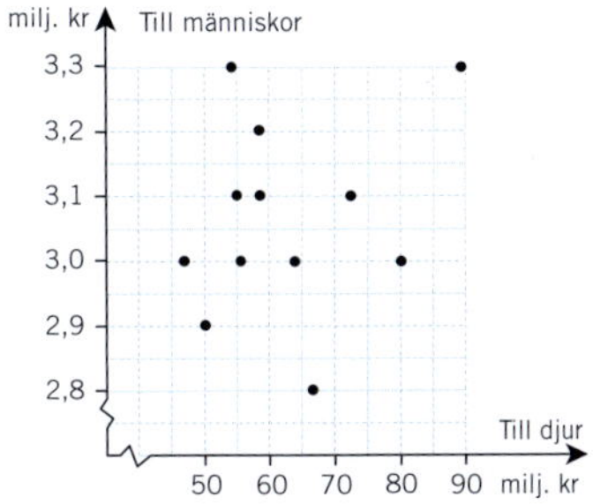

Spridningsdiagrammet visar att det inte finns någon korrelation.

4412 a)

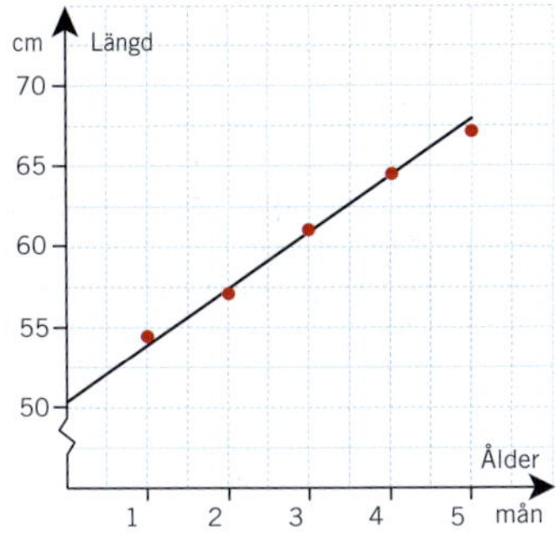

Linjens ekvation
$y = 50{,}5 + 3{,}5x$

b) $y = 51 + 3{,}3x$
$(y = 50{,}9 + 3{,}3x)$

c) $y = 3\,300 + 500x$
$(y = 3\,297 + 507x)$

4413 a) $y = 0{,}5x + 2$

b) $y = 0{,}3x + 3$

4414 a) $y = 2{,}06x - 36{,}7$

b) 140 (138,4)

4415 a) $y = 251 \cdot 0{,}95^x$
Lösning:
$a = 251.0491588$
$b = .9508692649$

b) 251 kr (enligt modellen)

4416 a) $y = 0{,}00607x^2 + 0{,}314x$

b) 77 m

c) Ca 70 km/h (68,5)

4417 500 liter.
$y = -30{,}5x + 616$
där x °C är medeltemperatur och y liter oljeförbrukningen. Modellen ger förbrukningen 500 liter (494) då medeltemperaturen är 4,0 °C.

4418 a) $y = -4{,}86x^2 + 9{,}85x + 1{,}43$
Lösning:
Quadreg på räknaren ger
$a = -4.859375$
$b = 9.849375$
$c = 1.43103125$

b) Vi skriver in punkterna i räknaren och gör en kvadratisk regression. Räknaren ger
$y \approx -4{,}86x^2 + 9{,}85x + 1{,}43$
Vi undersöker funktionen grafiskt.

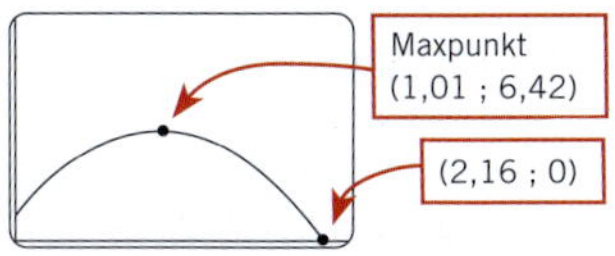

Definitionsmängd:
$0 \le x \le 2{,}2$
Värdemängd:
$0 \le y \le 6{,}4$
Motivering:
Stenen slår i marken efter tiden 2,2 sekunder och stenens högsta höjd är 6,4 meter.

4419 a) Linjär modell:
$y = 52{,}3x + 37{,}8$
Kvadratisk modell:
$y = 10{,}75x^2 + 20{,}05x + 48{,}55$
Exponentiell modell:
$y = 48{,}9 \cdot 1{,}623^x$

b) Linjär modell: 14,6 år
Kvadratisk modell: 7,5 år
Exponentiell modell: 5,8 år

4420 a) Ja.
Motivering:
Två punkter räcker för att bestämma k och m i
$y = kx + m$.
$y = \frac{5x}{3} + \frac{1}{3}$

b) Ja.
Motivering:
Två punkter räcker för att bestämma konstanterna C och a i $y = Ca^x$
$y \approx 1{,}32 \cdot 1{,}52^x$

c) Nej.
Motivering:
Det finns inte en bestämd funktion utan flera olika kvadratiska funktioner som går genom punkterna.
Två punkter räcker inte för att bestämma a, b och c i $y = ax^2 + bx + c$.

4421 Tian har rätt.
Motivering:
En exponentiell funktion är antingen avtagande eller växande. Punkterna har samma y-värde, dvs funktionens värde är varken växande eller avtagande.

4422 Företagaren bör satsa ca 4 200 kr på reklam varje månad.
Motivering:
Om vi anpassar en andragradsfunktion där vinsten y kr varierar med x kr i reklam får vi $y = -1{,}79x^2 + 14{,}88x - 3{,}64$ vars max $y \approx 27{,}3$ fås då $x \approx 4{,}2$.

Tema: Budgetering och kostnadsanalys

1 a) 3 900 kr (3 909)
Ledtråd:
Individuella hushållskostnader och 1/5 av de gemensamma hushållskostnaderna.

b) 18 765 kr
Lösning:

Mia:	3 230 kr
Emma:	3 370 kr
Anna:	3 000 kr
Jonas:	3 440 kr
Christian:	3 455 kr
Gemensamt:	2 270 kr
TOTALT:	18 765 kr

c) Nej.
Motivering:
$\frac{7\,250}{18\,765} \approx 0{,}39 = 39\,\%$

d) Ca 32 600 kr
Ledtråd:
Hushållskostnaderna per månad och 1/12 av övriga kostnader.

2 a) Resultatet = 520 000 kr

b) 13 %
Lösning:
$\frac{520\,000}{4\,000\,000} \approx 0{,}13 = 13\,\%$

c) 22 %
Lösning:
De fasta kostnaderna =
= 540 000 kr + 230 000 kr +
+ 34 000 kr + 76 000 kr =
= 880 000 kr
$\frac{880\,000}{4\,000\,000} \approx 0{,}22 = 22\,\%$

d) 3 480 000 kr
Lösning:
De totala kostnaderna är 3 480 000 kr.

e) 774 000 kr
Lösning:
Resultat =
$= 4\,000\,000 \cdot 1{,}15 -$
$2\,600\,000 \cdot 1{,}15 -$
$880\,000 \cdot 0{,}95 =$
$= 774\,000$

3 a) 19 % (18,88...)

b) 10 224 kr
Lösning:
Förbrukningen är 0,71 liter/mil.
800 mil · 0,71 liter/mil =
= 568 liter
568 liter · 18 kr/liter = 10 224 kr

c) 40 kr/mil
Ledtråd:
Totala kostnaden är 32 224 kr.

d) Ja.
Motivering:
Månadskostnaden är 2 685 kr enligt modellen.

e) Minskning med 8500 kr/år ger värdet 19 500 kr
Minskning med lika många procent /år ger värdet 24 000 kr (24 013)

f) $V(t) = 45\,000 - 8\,500t$
$V(t) = 45\,000 \cdot 0{,}81^x$ (0,811...)

g) $K(x) = 22\,000 + 13x$ (12,78)

Diagnos 4 A

1 a)

Klass	*Frekvens*
$25 \le x < 30$	3
$30 \le x < 35$	4
$35 \le x < 40$	8
$40 \le x < 45$	7
$45 \le x < 50$	2
Summa	24

b)
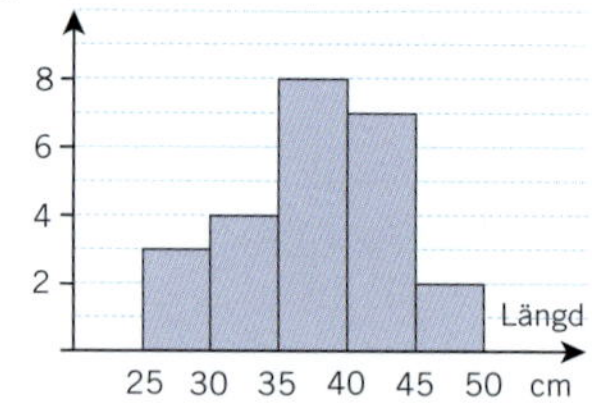

2 a) Populationen var 740 elever.
Stickprovet var 120 elever.
Bortfallet var 45 elever.
Lösning:
Stickprovet: 5 · 24 = 120
Bortfallet: 120 – 75 = 45

b) 65 % var positiva.
Lösning:
Antalet positiva i stickprovet:
0,8 · 75 + 0,4 · 45 =
= 60 + 18 = 78
Andelen positiva i stickprovet:
78/120 = 0,65 = 65 %
Andelen positiva på skolan antas vara detsamma som i stickprovet, dvs 65 %.

3 Bortfall, mätfel och urvalsfel.

4 a) 25 %
Ledtråd:
Ett lådagram delar in materialet i fyra lika stora delar.

b) Median, kvartilavstånd och variationsbredd.
Motivering:
Median avläses vid strecket i lådan.
Kvartilavståndet beräknas med hjälp av nedre och övre kvartil vilka avläses vid lådans början och slut.

Variationsbredd beräknas med hjälp av största och minsta värde som avläses vid lådagrammets början och slut.
Medelvärde och typvärde kan ej bestämmas eftersom de enskilda värdena inte visas i lådagrammet.

5 a) Typvärdet är –2 °C.
Ledtråd:
Värdet med störst frekvens.

b) Variationsbredden är 7 °C.
Lösning:
Största värdet – minsta värdet =
= 4 – (– 3) = 7

c) Medelvärdet är –0,5 °C.
Lösning:
$\frac{\text{Summan av alla värden}}{\text{antalet värden}} =$
$= \frac{-7}{14} = -0,5$

d) Medianen är –1 °C.

e) Kvartilavståndet är 3 °C.
Lösning d) och e):
Talen i storleksordning:
–3 –3 –2 (–2) –2 –2 (–1 –1)
0 0 (1) 1 3 4
Medianen är medelvärdet av talen i mitten, dvs –1.
Kvartilavståndet =
= övre kvartil – nedre kvartil =
= 1 – (–2) = 3 .

6 a) Summan är noll.

b) Standardavvikelsen är 9,5 (9,52…)
Lösning:
Medelvärdet = 179 cm
Summan av kvadraterna på avvikelserna = $(-12)^2 + (-8)^2 +$
$+ (-7)^2 + (-5)^2 + (-4)^2 +$
$+ (-1)^2 + 0^2 + 6^2 + 15^2 + 16^2 =$
= 816

$s = \sqrt{\frac{816}{10-1}}$

7 a) 68 % (68,2)
Lösning:
34,1 % + 34,1 % = 68,2 %
68,2 % av värdena ligger inom medelvärdet ± 1 standardavvikelse.

b) 16 % (15,9)
Lösning:
13,6 % + 2,3 % = 15,9 %
15,9 % av värdena är mindre än medelvärdet – 1 standardavvikelse.

8 $y = 49 + 2,7x$

Blandade övningar kapitel 4

1 a) 5 995 kr

b) 600 kr

2 De som inte svarar på en enkät eller intervju vid en statistisk undersökning kallas bortfall.

3 a) Nedre kvartilen = 84
Övre kvartilen = 97

b)

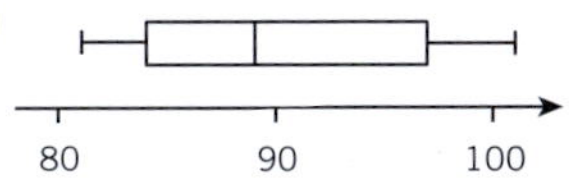

4 Vid beräkningen av standardavvikelsen används kvadraterna på avvikelserna från medelvärdet.

5 Nej.
Motivering:
Enligt de båda första diagrammen har 150 elever (100 + 50) ett resultat över 45. Enligt det sista diagrammet är det 100 elever som har ett resultat över 45.

6 a) Typvärdet är 4,15 m.

b) Medelvärdet är 3,85 m.

c) Medianen är 4,10 m.

d) Medianen är lämpligast. Ett avvikande värde (2,70 m) ger ett lågt medelvärde men påverkar ej medianens värde.

7 1 240 timmar (1 244)
Ledtråd:
Använd klassernas mittvärden.

8 a)

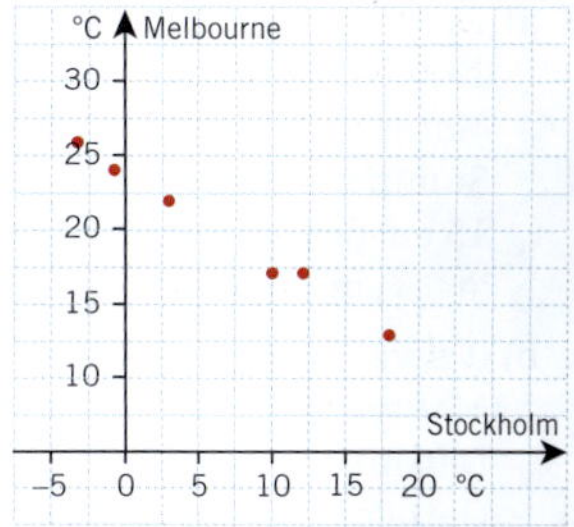

b) $y = 24 - 0,6x$
Lösning:
Räknaren ger
$y = ax + b$
$a = -0.6041\ldots$
$b = 23.760\ldots$

c) 20 °C

9 a) 130 patienter.

b) 16 % (15,9)

10 a) Medelvärdet är 153 g (152,6…)
Standardavvikelsen är 22 g. (21,5…)

b) 60 kg (61, 0…)

11 35% (35,2)
Ledtråd:
Beräkna summan av antalet positiva bland de som svarade (0,4 · 1 140) och i bortfallet (0,2 · 360).

12 a) Medelvärde 30
Median 40
Variationsbredd 50

b) 1, 83, 91; 2, 81, 92; 3, 79, 93; 4, 77, 94; 5, 75, 95; 6, 73, 96; 7, 71, 97
Motivering:
Två tal är mindre än 70 och två tal är större än 70. Summan av talen är 300.
Antag att 55 är det minsta talet. Då är det största talet 55 + 90 = 145. Eftersom 55 + 56 + 70 + 145 > 300 så är detta omöjligt.
De fem talen i storleksordning är x, 55, 70, y, z.
Villkoren $x + y + z = 175$, $x > 0$, $z - x = 90$ och $y > 70$ ger tillsammans $0 < x < 7,5$.

13 a) T ex
13,0; 0,5; 0,5; 0,5; 0,5.
Motivering:
Summan av sträckorna är 15 cm och variationsbredden är 13 cm – 0,5 cm = 12,5 cm.

b) 0 ≤ variationsbredden < 15 cm
Motivering:
Den minsta delsträckan $x > 0$.
Detta medför att variationsbredden = $(15 - x)$ cm < 15 cm.
Alla sträckorna kan vara lika långa, 3 cm.
Variationsbredden är då 0.

Blandade övningar kapitel 1–4

1 $y = 3x - 8$

2 a) $\begin{cases} x = 1{,}4 \\ y = 1{,}8 \end{cases}$ b) $\begin{cases} x = 5 \\ y = -1 \end{cases}$

3 a) $x_1 = -1$, $x_2 = 3$
b) $x_1 = -2$, $x_2 = 4$

4 a) $Q_1 = 40$ p
b) 50 personer
Ledtråd:
25 % av 250 personer.
c) För att beräkna medelvärdet måste man veta de olika resultaten eller summan av dem och detta kan inte avläsas i lådagrammet.

5
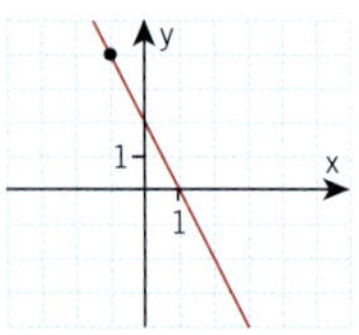

6 $f(5) - f(4) = 12$

7 $x = 85°$, $y = 110°$

8 a) Medelvärdet = 115 g /vecka
b) Medianen = 355 g per treveckorsperiod
Ledtråd:
Beräkna medianen av ökningarna
380 g 350 g 360 g 290 g

9 a) $x_1 = \sqrt{2}$
$x_2 = -\sqrt{2}$
b) $x = 5^{\frac{1}{5}}$
c) $x = \lg 5$
d) $x = 100$

10 a) 90°
Motivering:
De fyra trianglarna är kongruenta.
Vinkeln $CMD = \dfrac{360°}{4} = 90°$
b) 45°
Motivering:
$\wedge CAD$ är randvinkel till medelpunktsvinkeln CMD.
c) 45°
Motivering:
$\wedge CED$ är randvinkel på samma cirkelbåge som $\wedge CAD$.

11 Ja.
Motivering:
$(x - 4)^2 + 8x - x^2 =$
$= x^2 - 8x + 16 + 8x - x^2 = 16$
Uttryckets värde är alltid 16.

12 a) $x = 6$
b) $x = 4$ *Lösning:*
$2^x = 2 \cdot 2^3$
$2^x = 2^4$
$x = 4$
c) $x = 1$ *Lösning:*
$2^x \cdot 2^2 = 2^{3x}$
$2^{x+2} = 2^{3x}$
$x + 2 = 3x$
$2 = 2x$
$x = 1$
d) $x = 3$ *Lösning:*
$\dfrac{2^{4x}}{2^3} = 2^{3x}$
$2^{4x-3} = 2^{3x}$
$4x - 3 = 3x$
$x = 3$

13 **A** – graf C
Motivering:
Grafen har en maximipunkt eftersom formeln har negativ x^2-term.
B – graf B
Motivering:
Funktionens nollställen är $x = 0$ och $x = 4$.
C – graf A
Motivering:
Funktionens nollställen är $x = 0$ och $x = -4$.
D – graf E
Motivering:
Punkten (1, 2) ligger på grafen.
E – graf D
Motivering:
Punkten (1; 0,5) ligger på grafen.

14 a) $x = 2$
b) $y = 64$
Ledtråd:
Upphöj båda leden till 3.

15 a) $x_1 = -2$ $x_2 = 4$
b) (–3, 7)
Ledtråd:
Två punkter på kurvan med samma y-värde ligger på samma avstånd från symmetrilinjen.

16 a) $x_1 = -3 + i$ $x_2 = -3 - i$
b) Axel har rätt: Det finns inga reella lösningar eftersom funktionen saknar nollställen.
Ösil har rätt: Det finns två komplexa lösningar.

17 a) Slumpa fram 250 nummer i intervallet 1 till 1 500. Välj elever med dessa nummer i en elevförteckning.
b) Välj första eleven slumpmässigt (nr 1–6) och ta sedan var 6:e elev från listan.
c) Välj slumpvis 4 inackorderade elever och 246 av de övriga.

18 7,5 m × 7,5 m
Ledtråd:
Anta att uteplatsen sida idag är x m.
Lös ekvationen $(x + 5)^2 - x^2 = 100$

19 $f(10) = 170$
Ledtråd:
Bestäm linjens ekvation.

20 Ja.
Motivering:
$f(2) = 6$ ger ekvationen
$2^2 - a \cdot 2 = 6$
Ekvationens lösning är $a = -1$.

21 $y = -\frac{5}{16} \cdot (x-2)(x-8)$

Ledtråd:
Nollställena $x = 2$ och $x = 8$ ger $y = k(x-2)(x-8)$.
k bestäms med hjälp av skärningspunkten med y-axeln.

22 (–11, 121)

Ledtråd:
Lös den ekvation du får om du tecknar ett uttryck för k-värdet för linjen genom punkterna (1, 1) och (x, x^2) och sätter detta uttryck lika med –10.

23 Ja.

Motivering:
$\wedge A = \wedge ACD = \wedge BCD = x$
(likbent triangel , bisektris).

$\wedge B = \wedge BDC = y$
(likbent triangel).

1) $x + 2x + y = 180$
(vinkelsumma ΔABC).
$\wedge ADC = x + y$
(yttervinkelsatsen).

2) $x + y + y = 180$
$(\wedge ADC + \wedge BDC =$ rak vinkel).

Ekvation 1) och 2) ger
$x = 36°$ och $y = 72°$

I ΔACD är vinklarna 36°, 36° och 108°.
I ΔBCD är vinklarna 72°, 72° och 36°.

24 1,5 m

25 a) Vuxenbiljett x kr
Barnbiljett y kr

$$\begin{cases} x + 3y = 700 \\ 2x + y = 650 \end{cases}$$

b) Ja, 1 000 kr räcker.
Motivering:
$x = 250$ och $y = 150$
$2x + 3y =$
$= 2 \cdot 250 + 3 \cdot 150 = 950$

26 $x = 37°$ och $y = 53°$

27 $x_1 = 84$, $x_2 = 98$

28 a) 2 500 barn/år (2497)

b) 2,5 %/år (2,496...)

29 a) $x \approx 1,95$
Rita grafen till
$f(x) = 2000 \cdot 1,05^x$
och till $f(x) = 2200$.
Lösningen är x-värdet i skärningspunkten.

b) $x \approx 1,95$

c) Sätt in $x = 1,95$ i funktionen
$f(1,95) = 2000 \cdot 1,05^{1,95} \approx 2200$
(2199,6...)

30 $a = 16$ $b = -0,5$

Ledtråd:
Sätt in $x = 4$, $y = -0,5$ och lös ekvationerna.

31 Mellan 38 % och 93 %.

Lösning:
Om *alla* av de som inte deltog skulle ha röstat *Ja*:
$0,45 \cdot 0,84 + 0,55 \cdot 1 =$
$= 0,928 \approx 0,93$
Om *ingen* av de som inte deltog skulle ha röstat *Ja*:
$0,45 \cdot 0,84 + 0,55 \cdot 0 =$
$= 0,378 \approx 0,38$

32 a) $x = 9,0$ cm
$y = 6,0$ cm
Ledtråd:
Använd topptriangelsatsen och Pythagoras sats.

b) $A = 15$ cm^2

33 Punkterna ligger i rät linje.

Motivering:
Lutningen $k = 2$ både för linjen genom punkt 1 och 2 och för linjen genom punkt 2 och 3. Eftersom lutningen för linjerna är densamma och punkt 2 är gemensam för linjerna, ligger alla tre punkterna på samma räta linje.

34 Ja det är sant.

Motivering:
Vi får veta att medelvärdet är detsamma som medianen. (Lådagrammet visar endast medianen) Vi kan se att värdena inte är symmetriskt fördelade runt medelvärdet och därmed inte normalfördelade.

35 Hon levde för ca 8 700 år sedan.

36 38 cm (37,947...)

Ledtråd.
Rektangelns sidor kan bestämmas med hjälp av ekvationen
$x(48 - x) = 432$.
Sidorna är 12 cm och 36 cm.

37 Grafen ligger alltid över x-axeln och saknar därför nollställen. Det innebär att ekvationen saknar reella rötter.

38 Stinas påstående är falskt.

Motivering:
Medianen som var 21 p är resultatet i mitten. På var sida om medianen är det 14 elever, så om hon hade haft 21 p hade det varit sant. Nu är det fler elever, som har sämre poäng än Stina, än som har bättre.

39 a) Medelvärdet = 58

b) Medelvärdet $= a + \frac{b-a}{3}$

c) $a = \mu - \sigma$ och $b = \mu + 2\sigma$ ger

Medelvärdet =
$= \mu - \sigma + \frac{\mu + 2\sigma - (\mu - \sigma)}{3} =$
$= \mu - \sigma + \frac{3\sigma}{3} = \mu - \sigma + \sigma = \mu$

40 $a = 19$

Ledtråd:
Maximipunkten ligger på grafens symmetrilinje.

41 a) Röd linje: $y = 0,5x$
Blå linje: $y = 3x$

b) Hypotenusans längd
$c = \sqrt{20}$ längdenheter $\approx 4,47$ l.e.

c) $h = 0,5a$
$c = \sqrt{1,25a^2} = \sqrt{1,25}\, a$

d) Exakt: $a = \frac{\sqrt{10}}{\sqrt{1,25}} \cdot b$

Approximativt: $a \approx 2,83$b

Lösning:
$c_{\text{röd}} = \sqrt{1,25a^2}$
$c_{\text{blå}} = \sqrt{10b^2}$
$\sqrt{1,25a^2} = \sqrt{10b^2}$
$\sqrt{1,25}\, a = \sqrt{10}\, b$
$a = \frac{\sqrt{10}}{\sqrt{1,25}} \cdot b$

5102 a) $\begin{cases} x = 3 \\ y = -1 \\ z = 5 \end{cases}$

Ledtråd:
x kan beräknas ur ekvation 1 och sedan kan y beräknas ur ekvation 2.

b) $\begin{cases} x = 7 \\ y = 5 \\ z = 2 \end{cases}$

Ledtråd:
Lös ut x ur ekvation 1 och lös ut z ur ekvation 2. Sätt sedan in dessa uttryck i ekvation 3.

c) $\begin{cases} x = 7 \\ y = 3 \\ z = 4 \end{cases}$

5103 a) $\begin{cases} x = 12 \\ y = 8 \\ z = 19 \end{cases}$

Ledtråd:
Börja t ex med att addera ekvation 1 och 2 samt addera ekvation 1 och 3.

b) $\begin{cases} x = 2 \\ y = 3 \\ z = -1 \end{cases}$

c) $\begin{cases} x = 1 \\ y = 3 \\ z = 5 \end{cases}$

5104 a) En bricka väger 31 g.

b) En mutter väger 16 g.

c) En bult väger 48 g.

Ledtråd:
Lös ekvationssystemet
$2B + 2m + b = 159$
$B + 3m = 96$
$B + m + 2b = 126$
I ekvationssystemet betecknas vikten på en bult (B), en mutter (m) och en bricka (b).

5105 Nej

Motivering:
$x = 10$, $y = -3$ och $z = 2$ är en lösning till ekvation 1 och 2, men inte till ekvation 3.

5106 T ex

$\begin{cases} x + y + 2z = 22 \\ 2x + y - z = -3 \\ 5x - 2z = 5 \end{cases}$

Ledtråd:
Välj en x-term (t ex x), en y-term (t ex y) och en z-term (t ex $2z$)
Beräkna konstanttermen då $x = 5$, $y = -3$ och $z = 10$
$5 - 3 + 2 \cdot 10 = 22$

5107 a) $\begin{cases} x = 18 \\ y = 12 \\ z = 9 \end{cases}$

Ledtråd:
Lös ut y ur ekvation 1 och z ur ekvation 2. Sätt sedan in dessa uttryck i ekvation 3.

b) $\begin{cases} x = 4 \\ y = 10 \\ z = 12 \end{cases}$

5108 $\begin{cases} x = 2/3 \\ y = -1/3 \\ z = 2 \end{cases}$

5109 a) Ja, det är möjligt.

Motivering:
Då $a = 4$ och $b = 2$ satisfierar lösningen samtliga ekvationer.

b) Nej, det är inte möjligt.

Motivering:
Det finns inget värde på a och b som tillsammans med lösningen satisfierar samtliga ekvationer.

5111 a) $x = 25$

b) $x = 7$

c) Lösning saknas.

Motivering:
Kvadratroten ur ett tal är alltid ett positivt tal. Kvadrering ger den falska roten $x = 5$.

d) $x = 2$

Ledtråd:
$x = -1$ är en falsk rot

5112 a) $x = 4$ c) $u = 7$

b) $x = 2$ d) $x_1 = 2$ $x_2 = 3$

5113 En falsk rot är en lösning som uppkommer vid omformning av ekvationen men som inte är en lösning till den ursprungliga ekvationen.

5114 $x = 4$

5115 $x = 4$

Ledtråd:
Skriv om till $\sqrt{x} = 6 - x$ och kvadrera sedan.

5116 a)

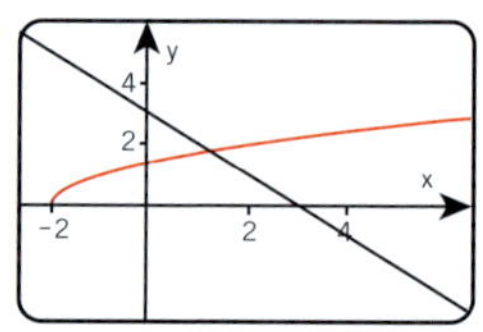

En skärningspunkt

b)

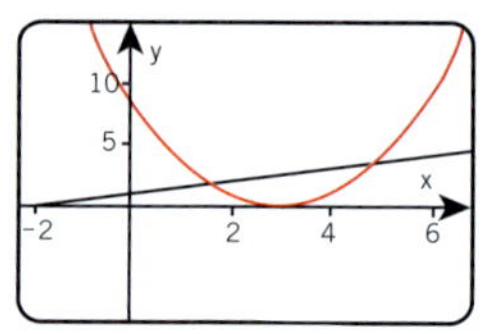

Två skärningspunkter

5117 a) $x_1 = 16$ $x_2 = 81$

b)

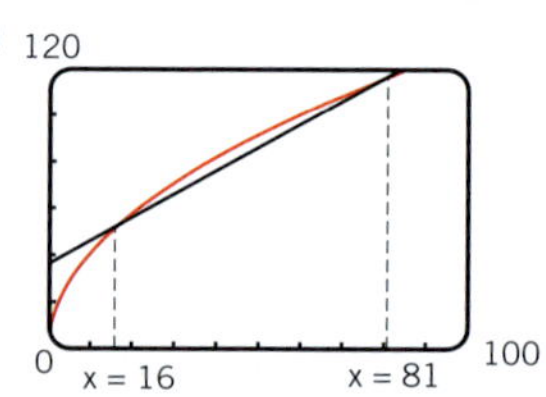

5118 a) $t = \frac{4}{9}$

b) $x = 9$

c) $x_1 = 0 \quad x_2 = -1$

d) $x = 3$

Ledtråd:
Börja med att lösa ut rot-uttrycket. Avsluta med att pröva rötterna.

5120 a) $x_1 = 1 \quad x_2 = -1$
$x_3 = \sqrt{5} \quad x_4 = -\sqrt{5}$

b) $x_1 = 2 \quad x_2 = -2$

Lösning:
$x^2 = t$ ger $t^2 - 2t - 8 = 0$
Lösningsformel ger
$t_1 = 4$ och $t_2 = -2$
$x^2 = 4$ ger $x = \pm 2$
$x^2 = -2$ saknar reell lösning.

c) $x_1 = 4 \quad x_2 = -4$
$x_3 = 2 \quad x_4 = -2$

Ledtråd:
Sätt $x^2 - 2 = t$

5121 Ja.
Motivering:
Båda ekvationerna ger
$x_1 = 16$ och $x_2 = 1$

5122 a) $x_1 = 288 \quad x_2 = 99$

b) $t = 16$

Ledtråd:
Skriv om till
$\sqrt{t+9} = 1 + \sqrt{t}$
Kvadrera och lös sedan ut kvarvarande rotuttryck
$2\sqrt{t}$
Kvadrera igen eller sätt
$\sqrt{t} = x$

c) $s = 3$

5123 a) $\begin{cases} x_1 = 2 \\ y_1 = 1 \end{cases} \quad \begin{cases} x_3 = 1 \\ y_3 = 2 \end{cases}$

$\begin{cases} x_2 = -2 \\ y_2 = -1 \end{cases} \quad \begin{cases} x_4 = -1 \\ y_4 = -2 \end{cases}$

Ledtråd:
Lös ut x eller y ur den andra ekvationen och sätt in i den första.

b) $\begin{cases} x_1 = 28 \\ y_1 = 13 \end{cases} \quad \begin{cases} x_3 = 13 \\ y_3 = 28 \end{cases}$

$\begin{cases} x_2 = -28 \\ y_2 = -13 \end{cases} \quad \begin{cases} x_4 = -13 \\ y_4 = -28 \end{cases}$

5124 a) $x = \frac{z^2 y}{1 - z^2}$

b) $a = \frac{b(N^2 + n^2)}{N^2 - n^2}$

5125 a) $x = \frac{1}{625}$

b) $x_1 = 8 \quad x_2 = 27$

Ledtråd:
Sätt t ex $x^{1/3} = t$

5129 a) 77

b) 77

c) 23

d) 8

Ledtråd:
$56 = 7 \cdot 8$

5130 a) $x = \frac{\lg 8}{\lg 5} \approx 1{,}292$

b) $x = \frac{\lg 12}{\lg 3} \approx 2{,}262$

c) $x = \lg 250 \approx 2{,}398$

d) $x = \frac{\lg 2}{\lg 1{,}05} \approx 14{,}207$

5131 a) $x = 5 \cdot 6 = 30$

b) $x = 20/4 = 5$

c) $x = 15$

d) $x = 2^3 = 8$

5132 a) $x = \frac{\lg (14/3)}{\lg 1{,}08} \approx 20{,}02$

b) $x = \frac{\lg (38/82)}{\lg 0{,}65} \approx 1{,}79$

c) $x = \frac{\lg (101/31)}{5 \cdot \lg 2} \approx 0{,}34$

d) $x = -\frac{\lg (305/67)}{0{,}6 \cdot \lg 0{,}5} \approx 3{,}64$

5133 a) Ska vara $\lg 37 - \lg 8 =$
$= \lg \frac{37}{8}$

b) Ska vara $\lg 5x^2 =$
$= \lg 5 + \lg x^2 = \lg 5 + 2 \lg x$

5134 a) $x = 72$

Ledtråd:
Högerledet kan skrivas
$\lg 3^2 + \lg 2^3$

b) $x = 125$

Ledtråd:
Högerledet kan skrivas $3 \lg 5$

c) $x = 0{,}3$

Ledtråd:
$2 = \lg 100$

5135 a) 1

b) 0 *Ledtråd:*
Använd logaritmlagen för en produkt.

5136 a) 3,3

Ledtråd:
$\lg 2000 = \lg 2 + \lg 1000$

b) 0,9 *Ledtråd:*
$\lg 2^3 = 3 \lg 2$

5137 a) $x = 2$

Lösning:
$2 \lg x = \lg 2x$

Alt.1
$\lg x^2 = \lg 2x$
$x^2 = 2x$
$x = 2 \quad (x = 0$ falsk rot)

Alt.2
$2 \lg x = \lg 2 + \lg x$
$\lg x = \lg 2$
$x = 2$

b) $x = \pm 0{,}5$

Ledtråd:
$1 - x^2 = 0{,}75$

c) $x = 16$

Ledtråd:
$\frac{x^2}{4} = 3x + 16 \quad (x > 0)$

5138 a) $x = \frac{\lg 2}{\lg (4/3)} \quad (\approx 2{,}41)$

Ledtråd:
Logaritmlagarna ger
$\lg 2 + x \lg 3 = x \lg 4$
som kan skrivas om till
$\lg 2 = x(\lg 4 - \lg 3)$

b) $x = \frac{\lg (5/7)}{\lg (4/3)} \quad (\approx -1{,}17)$

5139 $A^y = 10^{\lg A^y}$ eller
$A^y = (10^{\lg A})^y = 10^{y \cdot \lg A}$
enligt potenslag,
vilket ger $10^{\lg A^y} = 10^{y \cdot \lg A}$,
dvs $\lg A^y = y \cdot \lg A$
VSB

5140 $x_1 = 10 \quad x_2 = 100$
Ledtråd:
Logaritmera båda leden och sätt $\lg x = t$.

Tema: Några linjära fysikaliska samband

1 a) Grafen är en rät linje genom origo. Grafen visar en proportionalitet.
b) 2,5 m/s
c) $s = 2{,}5t$
d) Grafen är en rät linje genom origo och punkten (4, 20).

2 a) 360 ohm
b) $U = 360I$
c) 0,25 ampere

3 a) T ex (5 ; 96,5)
b) 19,3 g/cm^3
c) $m = 19{,}3V$
d) 4,27 cm^3

4 a) 10 m/s
b) $\Delta v = 30$ m/s
c) 0,375 m/s^2
d) $v = 10 + 0{,}375t$

5 $l = 120 + 20F$

6 a) Resistansen R ohm vid temperaturen t °C är $R = 305{,}7 + 2{,}08t$.
b) För varje grads temperaturökning ökar resistansen med 2,08 ohm.
c) 17,5 °C

Blandade övningar från kurs 2c

1 $-6x^2 + 21x - 18$

2 a) $x_1 = 0 \quad x_2 = 10$
b) $x = \lg 2$
c) $x = 4^{1/5}$
d) $x_1 = 0 \quad x_2 = -1$

3 a) $x_1 = \frac{3}{2} \quad x_2 = -\frac{1}{2}$
b) $x = 72$
Ledtråd:
Använd logaritmlagarna.
c) $x = 7$
Ledtråd:
Dividera först med 2 och kvadrera sedan.
$x = 3$ är en falsk rot.

4 $x = a \quad y = b \quad z = a - b$

5 a) $x = 2$
b) $x = 12$
c) $x = 2$
Ledtråd:
Använd logaritmlagarna.

6 a) $(x - 10)^2 - 100$
b) $(x + 2{,}5)^2 - 6{,}25$ eller
$\left(x + \frac{5}{2}\right)^2 - \frac{25}{4}$

7 Lösningsformeln ger:

$$x = \frac{3}{2} \pm \sqrt{\left(\frac{3}{2}\right)^2 - \frac{9}{2}}$$

$$x = \frac{3}{2} \pm \sqrt{\frac{9}{4} - \frac{18}{4}}$$

$$x = \frac{3}{2} \pm \sqrt{\frac{-9}{4}}$$

$$x = \frac{3}{2} \pm \frac{3i}{2}$$

8 $\begin{cases} x = -1 \\ y = 0 \\ z = 2 \end{cases}$

9 $y = \frac{5x^2}{9} - \frac{10x}{3} + 5$
Ledtråd:
$y = ax^2 + bx + 5$ går genom punkterna (3, 0) och (6, 5).

10 $\lg 16 \approx 1{,}2$
Ledtråd:
Använd logaritmlag för $\lg 4^2$ eller $\lg (4 \cdot 4)$.

11

x	$f(x)$	$g(x)$	$f(g(x))$	$g(f(x))$
2	3	9	80	16
−3	8	4	15	81

12 a) Den högra vinkeln i den nedre triangeln betecknas v. Toppvinkeln i den nedre triangeln kan då skrivas $90° - v$ och den nedre vinkeln i den övre triangeln kan skrivas v (rak vinkel).
Eftersom två vinklar är lika är trianglarna likformiga.
b) $\frac{L - a}{b} = \frac{c}{a}$ (likformighet)
$L - a = \frac{bc}{a}$
$L = \frac{bc}{a} + a$

13 a) $x = 20^{1/5{,}5} \approx 1{,}72$
b) $x = 27{,}9^2 \approx 778$
c) $x = \lg (8/5) \approx 0{,}204$

14 a) $y = 101{,}8 \cdot 0{,}882^x$
b) 102 kPa
Kommentar:
Normalt lufttryck vid havsytan är 101,3 kPa.
c) $0 < y \leq 102$
Kommentar:
Lufttrycket sjunker ju högre upp du kommer, men är alltid större än noll.

15 a) $y = 0{,}0153x + 1\,284{,}25$

b) 1 283,87 mm

16 a) $x = 7$

Kommentar:

$x = 2$ är en falsk rot.

b)

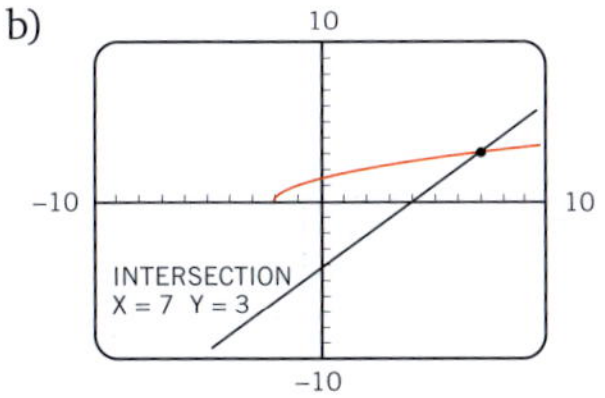

17 a) $x = -0{,}12$ insatt i ekvationen ger

$VL = 4 \cdot 5^{2 \cdot (-0{,}12) + 1} \approx 13{,}6$

$HL = 8 \quad VL \neq HL$

$x = -0{,}12$ är inte en lösning.

b) $x = \dfrac{\lg 2/\lg 5 - 1}{2} \approx -0{,}28$

Ledtråd:

Division med 4 ger $5^{2x+1} = 2$

Logaritmering ger

$(2x + 1) \cdot \lg 5 = \lg 2$

18 a) $y = \dfrac{x(6 - x)}{4{,}5}$

b) $x = 4{,}5$ och $x = 1{,}5$.

19 a) $h(0{,}5) = 4{,}75$ m.

Efter 0,5 sekunder är bollens höjd över marken 4,8 m (4,75).

b) Högsta höjd är 5,6 m (5,55).

Ledtråd:

Beräkna $h(0{,}9)$. Kurvans maxpunkt ligger på symmetrilinjen $x = 0{,}9$.

Symmetrilinjen ligger mitt mellan lösningarna till ekvationen $h(x) = 0$

20 a) $x_1 = 2 \qquad x_2 = 18$

b) $k = 6$ och $k = -6$.

Ledtråd:

Då ekvationen löses med *pq*-formeln ska uttrycket under rottecknet vara noll.

21 $b > 1$

Ledtråd:

Kvadrering och omskrivning ger

$x^2 + (2b - 2)x + b^2 - 1 = 0$

Undersök med lösningsformeln.

22 *Ledtråd:*

Låt talen vara a och $a + 2$.

Utveckla och förenkla

$(a + 2)^2 - a^2$

REGISTER

KÄLLFÖRTECKNING TILL BILDER

Siffrorna anger sida och bildens placering på sidan

Foton:

Heikne, Hans 10, 50, 70:1, 89, 103, 113, 121, 150, 166, 221, 228, 233, 241, 281

IBL Bildbyrå AB, Stockholm
Babiak, André 142
Begsteiger 98
Bergherm, Bernt 22
Bildbyrån 125
Bradbury, Paul 216
Broborn, Lennart 217
Carlson, Gary 238
Cheadl, Chris 37
Cunningham, Frazer 177
Davies, Ethel/Image State72
Erich Lessing Archive 147:2
Eriksson, Göte/Naturfotograferna 112
Eurocampiglio 57
Everett Collection 94
Eyevine 143
Forsberg, Jonas 220
Good, Anders 219
Greenberg, Jeff 260
Grossruck, Bernard 147:1
Gustafsson, Mikael 32
Halaska, Jacob 109
Hasselbarg, Daniel 70:2
Heeb, Christian 162-163
Igelmund, H J 6-7
Iannace, Mirko 43
Image Source 234
Jirouskova, Markela 276
Johansson, Per 52
Kamerapress 123, 19
Katsumata, Ei 84-85
Kayser, Henryk 86
Kinsman, Edward 144
Koene, Ton 67
Korach, Mujo 259
Kordcom 210-211
Kouyioumtzis Haki 53
Larsson, Helena 73
Leo, Klara 157, 261
Lindau, Åke 206
Lundberg, Tor 122, 225
Lynch, Wayne 160
Martinsson, Magnus 182
Maslennikov, André 15, 82, 227, 254
Morrow, Pat 133
McPhoto 146:1, 226
Myers, Amy 134
Nature PL 252
Norenlind, Nils-Johan 79:1-2
Poelzer 131
Remsberg, Edvin 161
Rex Features 68, 74, 151, 200, 244, 262
Rhösman, Björn 146:2
Sandbring, Håkan 195
Schaad, Andreas 223
Science Photo Library 49, 145, 146:3, 158, 247, 267
Sjölin, Patrik 256
Stuwart, Andrew 230
Suzio, Dan 236
Töve, Jan 36
Valkonen, Jorma 184
VisionsBotanical 95
Waldhaeusl 42
Wallin, Johanna 212
Willig, Klaus 247
Österberg, Cecilia 178

Snitsbilder AB
Lorentzon, Johan 257

Illustrationer:

Johan Hesselstrand 124, 168, 176, 181, 196, 208

Matematiska illustrationer:

Björn Magnusson
Mats Karlsson